农村供电所 农电工实用手册

《农村供电所农电工实用手册》编写组 编

U0262204

中国水利水电出版社
www.waterpub.com.cn

内 容 提 要

本手册是为适应新形势下农电工的工作需要而编写的。根据国家有关规定，农电工主要从事 10 kV 及以下配电网的运行维护、农村供电所营销服务工作。本手册的内容以实用为宗旨，共五篇：农电工职业道德和行为规范；农电工必备基本知识和技能；农村电网建设与运行维护管理；农村供电所营销管理和优质服务；新时期农村供电所建设。为方便农电工查阅使用，尽量以表格和图的形式来阐述必要的内容。

本手册可配合农电工岗位轮训培训教材、农网配电营业工岗位培训教材使用，是农电工日常学习、培训、工作必备的案头工具书，也可供农电管理人员及有关技术人员参考。

图书在版编目（CIP）数据

农村供电所农电工实用手册/《农村供电所农电工实用手册》编写组编 . —北京：中国水利水电出版社，2011.1（2022.3 重印）
ISBN 978 - 7 - 5084 - 8230 - 9

Ⅰ.①农… Ⅱ.①农… Ⅲ.①农村配电-手册 Ⅳ.①TM727.1 - 62

中国版本图书馆 CIP 数据核字（2010）第 253656 号

书 名	农村供电所农电工实用手册
作 者	《农村供电所农电工实用手册》编写组 编
出版发行	中国水利水电出版社 （北京市海淀区玉渊潭南路 1 号 D 座 100038） 网址：www. waterpub. com. cn E - mail：sales@waterpub. com. cn 电话：（010）68367658（营销中心）
经 售	北京科水图书销售中心（零售） 电话：（010）88383994、63202643、68545874 全国各地新华书店和相关出版物销售网点
排 版	中国水利水电出版社微机排版中心
印 刷	清淞永业（天津）印刷有限公司
规 格	184mm×260mm 16 开本 34.5 印张 818 千字
版 次	2011 年 1 月第 1 版 2022 年 3 月第 4 次印刷
印 数	6501—7500 册
定 价	**98.00 元**

凡购买我社图书，如有缺页、倒页、脱页的，本社营销中心负责调换

《农村供电所农电工实用手册》
编写组成员名单

主　　编：李军华　王晋生

副 主 编：任　毅　尚志刚

编写人员：焦玉林　许　杰　李云红　尹　力　刘　云

　　　　　严江波　唐彦斌　刘小荣　刘晓娟　李　培

　　　　　杜哲强　杨　军　谢电波　李禹萱　张　帆

　　　　　曹军利　曹建华　杭　飞　李　轩　李晓晖

　　　　　邱志帆　刘小林　白朝晖　张密盈　李佳辰

　　　　　宋小正　周小云　刘长军　李立华　肖长春

　　　　　孙　慧　金　玲　黄　伦　闫社武　张　莉

　　　　　王　朝　孙　颖　吕一斌　翁广宗　钟磊波

前　言

　　20世纪末，根据国发〔1999〕2号《国务院批转国家经贸委关于加快农村电力体制改革加强农村电力管理意见的通知》、国办发〔1998〕134号《国务院办公厅转发国家计委关于改造农村电网改革农电管理体制实现城乡同网同价请示的通知》文件精神，必须改革乡镇电管站的农村用电模式，在中国农村用电乡镇轰轰烈烈地开展了改造农村电网，将乡镇电管站改革为县供电企业所属的农村供电所，其人财物纳入县供电企业统一管理的活动。将当时在乡镇电管站工作的农村电工，通过培训考核择优聘用，实行合同制管理，统称为农电工。

　　原国家电力公司以及后来成立的国家电网公司和中国南方电网公司一直都高度重视农电工管理工作，注重对农电工的培训和业务技能提高工作。前不久国家电网公司以国家电网农〔2009〕1429号文，提出进一步加强农电工管理工作的意见（以下简称《意见》）。《意见》对农电工给出了明确的定位：农电工是指在农村从事10kV以下配电网运行维护、农村供电所营销服务，由农村低压电网维护管理费支付劳动报酬的人员。《意见》将农电工队伍视为公司人力资源的重要组成部分，是实施国家电网公司"新农村、新电力、新服务"农电发展战略的生力军。《意见》规范了今后农电工的招聘工作：一般应聘用具有电力或相近专业中等职业教育学历以上、年龄在30周岁及以下的毕业生，并逐年扩大高层次学历人员的招聘比例。遵循"统一考试，择优聘用"的准则，优先招聘高素质人员和紧缺的专业人员。

　　本手册就是为适应新形势下农电工的工作需求而编写的。根据国家有关规定，农电工主要从事10kV及以下配网运行维护、营销服务工作。因此，手册的内容以10kV及以下的配网运行维护、营销服务为主。在经过对国家电网公司、中国南方电网公司的直管县、代管县以及其他类型的管理体制的县供电公司的农村供电所的调查后，认为手册的内容应以实用为宗旨，故而将手册定名为《农村供电所农电工实用手册》以区别于别的电工手册，突出手册的农电性和实用性。

　　本手册分为五篇共十八章。第一篇农电工职业道德和行为规范，包括农电工应具备的素质品德和农电工行为规范两章。第二篇农电工必备基本知识和技能，包括农电工应通晓的基本知识和农电工应掌握的基本技能两章。第三篇农村电网建设与运行维护管理，包括农村电网建设与改造、农村电气化、10kV配电台区工程设计技术要求、配电线路建设、10kV变电所建设、高低压电器、接地保护装置、室内外配线和配电台区运行维护管理九章。第四篇农村供电所营销管理和优质服务，包括农村供电所营销管理、农村供电所线损管理以及优质服务和用电检查三章。第五篇新时期农村供电所建设，包括农村供电所管理、规范化管理农村供电所考核与标准化示范供电所建设两章。为方便农电工查阅使用，我们尽量减少赘述，以醒目的表格和图形的形式阐述必要的内容。

该手册初稿完成后，曾请部分县供电公司、农村供电所、农电工师傅等提出宝贵意见和建议，据此，对手册内容取舍及内容安排均做了较大的改动。可以说如果没有他们的参与，这本手册也不可能面世。因此借手册出版的机会，谨向西安供电局孟村供电所段宏亮、鱼化供电所王文欣、安村供电所梁卫峰、二府庄供电所梁军、引镇供电所张乃民、秦俑供电所张生起、岐山县电力局城关供电所刘涛、北郭供电所刘晓军表示诚挚的谢意！同时也为手册编写提供大力支持和帮助的西安供电局、陕西省地方电力（集团）有限公司、西安工程大学、湖北松滋县电力局、西安电子科技大学、浙江省舟山电力局等单位表示真诚的感谢！

农村供电所是为农业、农村、农民（"三农"）服务的前沿阵地，是做好新农村、新电力、新服务（"三新"）农电服务的重要环节，农电工就是国家电网公司和中国南方电网公司中面向"三农"的第一线员工，他们的精神风貌和业务技能直接关系到企业的形象和优质服务质量。愿该手册能成为农电工日常工作中不可缺少的工具。由于我们在内容上基本按照农电工岗位培训大纲、农网配电营业工岗位技能鉴定大纲的要求取舍，因此，本手册可配合农电工岗位轮训培训教材、农网配电营业工岗位培训教材使用。本手册亦可供关心农村供电所成长发展、关心农电工这一职业群体的各界人士参考。

本手册由李军华、王晋生任主编，任毅、尚志刚任副主编。提供资料并参加部分编写工作的还有：许杰、李培、杜哲强、杨军、谢电波、李禹萱、张帆、曹军利、曹建华、杭飞、李轩、李晓晖、邱志帆、刘小林、任毅、白朝晖、张密盈、李佳辰、宋小正、周小云、肖长春、孙慧、金玲、黄伦、闫社武、张莉、吕一斌、钟磊波等。

由于编写时间仓促，手册中定会存在疏漏或错误，恳请读者批评指正。

作者

2011 年 1 月

目　录

第三篇　农村电网建设与运行维护管理

第五篇　新时期农村供电所建设

第一篇 农电工职业道德和行为规范

第一章 农电工应具备的素质品德

第一节 树立"八荣八耻"的社会主义荣辱观

胡锦涛总书记提出"八荣八耻"的社会主义荣辱观,为推进"依法治国"和"以德治国"相结合的治国方略,加强社会主义思想道德建设,构建社会主义和谐社会提供了强大思想武器。树立和践行社会主义荣辱观,用社会主义荣辱观统领思想道德建设,进一步落实国家电网公司"三个十条",落实"三抓一创"(抓发展、抓管理、抓队伍、创一流)的工作思路,更好地开展"四个服务"(服务党和国家、服务电力客户、服务发电企业、服务经济社会发展),大力弘扬公司企业精神,加快推进"一强三优"(电网坚强、资产优良、服务优质、业绩优秀)现代企业建设步伐,具有深远的历史意义和重要的现实意义。

一、以热爱祖国为荣、以危害祖国为耻

民族精神的核心是爱国主义,爱国主义的具体表现就是岗位作贡献。供电企业每一名职工,都应该牢固树立爱岗敬业崇高理念,坚持企业的利益高于自己的利益,自觉地把个人的前途命运同企业的兴衰发展紧密地联系在一起,把对祖国和公司的热爱化作建设"一强三优"现代公司伟大事业的无穷力量。

二、以服务人民为荣、以背离人民为耻

供电企业是服务社会的国有企业,以经济效益为中心是我们的目标,但不是终极目标。电网企业作为掌控国民经济的"命脉",就要求它必须服务党和国家的工作大局、服务电力客户、服务发电企业、服务社会发展,保持国民经济稳定持续快速发展,这是电网企业的根本宗旨。"四个服务"是电网企业道德建设的核心所在。

三、以崇尚科学为荣、以愚昧无知为耻

电力企业是技术密集型企业,当前科技进步在电力企业的应用已经突飞猛进,它的应用带来了电网企业的巨大发展进步,彰显了科学技术对推动加快电网新技术发展的巨大影响力。电网企业员工适应这种变化是历史的必然选择,不学技术、不加快知识更新,必然会被历史所淘汰。

四、以辛勤劳动为荣、以好逸恶劳为耻

无论多么伟大的事业，都必须要靠脚踏实地的辛勤劳动，才能一步步到达光辉的顶点。

五、以团结互助为荣、以损人利己为耻

团结互助出凝聚力、战斗力和创造力。供电企业讲团结，一是体现在团结治网上，发电企业与电网企业紧密团结，可以削峰填谷，共创效益，更好地服务社会；二是体现在与电网紧密相连的企业用户上，电网的运行信息要及时告知用户企业，要坚持开展"三公调度"；三是体现在内部的输、变、配、营销各个环节上，各个环节要团结互助。

六、以诚实守信为荣、以见利忘义为耻

诚信是立身之本、发展之道。供电企业讲诚信尤为重要，要坚持供电企业"十项承诺"，努力做到"有诺必践"、"一诺千金"，大力营造诚信电力的良好口碑，让虚假、虚伪、谎言、欺瞒等行为远离供电企业。"95598"电话要一拨就灵，在规定的故障报修时间必须到达现场。在企业内部管理上，要求真务实，基础管理要做实，资料报表真实可信，有参考价值，对工作有用。

七、以遵纪守法为荣、以违法乱纪为耻

遵纪守法是公民应尽的社会责任和道德义务，供电企业员工首先要遵守职业纪律。在工作行为上，要侧重抓好"三违"（违章指挥、违章操作、违反劳动纪律）治理，坚决纠正有令不行、有禁不止的违纪行为。要加强员工法纪教育，建立健全反腐倡廉运行机制，有效预防职务犯罪事件发生。

八、以艰苦奋斗为荣、以骄奢淫逸为耻

艰苦奋斗是中华民族的传统美德，要加强对员工特别是青年一代的艰苦奋斗、优秀电业传统精神教育。每一个员工都要牢记所肩负的建设"一强三优"现代公司的历史使命，牢固树立艰苦奋斗的思想准备，发扬特别能战斗的团队作风，在电网建设与经营管理、技术科研等不同的工作中，依靠吃苦奉献精神谋求企业大发展。

胡锦涛总书记提出的"八荣八耻"新道德观，概括精辟，寓意深刻，代表了先进文化的前进方向，体现了社会主义基本道德规范的本质要求，是世界观、人生观、价值观的重要内容，是社会主义道德的鲜明指向。供电企业职工要努力实践，自觉、全面遵循，为倡导新时期、新阶段的社会新风尚作出贡献。

第二节　牢记电业员工道德规范

一、爱国守法

（1）热爱祖国。了解中华民族悠久历史，继承优良传统文化，懂得国旗、国徽的内涵，会唱国歌；牢固树立中华民族自尊、自信、自强的精神和祖国利益至上的意识；艰苦奋斗，奋发图强，为把中国建设成为富强、民主、文明的社会主义国家做贡献。

（2）奉公守法。学习《中华人民共和国宪法》和国家基本法律，遵守国家法律法规，依法行使权利和履行义务；不参加非法组织和非法活动，不搞封建迷信，自觉抵制"黄、赌、毒"的侵害，敢于同违法行为和邪恶势力做斗争，维护社会和企业的稳定。

（3）依法经营。熟悉社会主义市场经济基本法律法规，认真执行电力法律法规和相关法律政策，严格遵守电力市场秩序，依法办电，依法治企，自觉维护国家利益和正常的经济秩序，维护企业自身和用户的合法权益。

二、关爱社会

（1）倡导文明。提倡健康文明的生活方式，积极参加创建文明行业、文明单位、文明城市、文明村镇、文明社区等活动；自觉遵守社会公约、条例、守则等有关规定，带头移风易俗，做文明公民，树行业新风。

（2）助人为乐。增强社会责任感、正义感，热心公益事业，关心帮助他人，踊跃参与社会扶贫济困活动，致力于建立相互友爱的人际关系；见义勇为，敢于挺身而出与违法犯罪行为做斗争，勇于制止损害公共利益和公共秩序的不良行为。

（3）保护环境。增强环境保护意识，自觉遵守环保法规，善待自然，绿化、净化、美化生活环境，讲究公共卫生，爱护花草树木、人文景观，努力节约资源。

三、诚实守信

（1）诚信做人。以诚实守信为基本准则，说老实话，办老实事，做老实人，表里如一；对自己，加强修养，完善人格，扬善去恶，光明磊落；对工作，求真务实、恪守职责，坚持真理、修正错误，以诚实的劳动创造财富、获取报酬。

（2）办事公道。按原则和政策办事，对外办理业务坚持公开、公平、公正的原则，秉公办事，一视同仁，不徇私情；处理事务实事求是，言行一致，客观公正。

（3）信守承诺。在社会经济交往和工作关系中，守信用、讲信誉、重信义，认真履行合同、契约和社会服务承诺；珍重合作关系，不任意违约，不制假售假，做到互帮、互让、互惠、互利。

四、遵章守纪

（1）服从大局。牢固树立"全网一盘棋"思想，听从上级指挥，做到令行禁止，雷厉风行，局部服从全局，个人服从整体；坚决贯彻"安全第一、预防为主"的方针，严格执行电网调度指令，自觉维护电网正常、稳定的运营秩序。

（2）严守规章。严格遵守企业的各项规章制度，认真执行工作标准、岗位规范和作业规程；模范遵守劳动纪律，不发生违章违纪行为，杜绝违章指挥和违章操作。

（3）保守秘密。严格遵守保密法规和保密纪律，不泄露国家秘密和企业商业秘密，妥善保管涉密文件和资料，不传播、不复制机密信息和文件，不携带机密资料出入公共场所，自觉维护国家安全和企业利益。

五、敬业爱岗

（1）紧密配合。大力弘扬集体主义精神和团队精神，正确处理开展竞争与团结协作的关系；上下班次互相负责，上下工序互相把关，单位部门之间紧密配合，不各自为政，不推诿扯皮，不搞内耗，齐心协力干好工作。

（2）同心同德。上下级互相尊重，领导支持下级工作，维护职工民主权利，关心群众疾苦，自觉接受群众监督；下级服从上级管理，对工作勇于负责，创造性地完成领导交办的任务，维护企业的整体利益和形象。

（3）团结友善。同事间和睦相处，互相帮助，相互扶持，善待他人；一切以工作为重，求同存异，不计较个人恩怨得失，做到处事宽容、大度，善于理解和谅解别人，努力营造心情舒畅、温暖和谐的工作氛围。

六、优质服务

（1）恪守宗旨。坚持"人民电业为人民"的服务宗旨，坚持"客户至上、服务第一"的价值观念，忠实履行电网企业承担的义务和责任，满腔热情地为社会、为客户和发电企业服务，做到让政府放心、客户满意。

（2）真挚服务。坚持"优质、方便、规范、真诚"的服务方针，认真执行供电规范化服务标准和文明服务行为规范，自觉接受社会监督，虚心听取客户意见，做到服务态度端正、服务行为规范、服务纪律严明、服务语言文明。

（3）讲求质量。牢固树立以质量求生存、求发展的思想，做到办理业务认真、抢修事故及时、执行政策严格，不断提高服务质量和服务技术水平，保证客户用上安全、优质、可靠、经济的电能。

七、团结协作

（1）热爱本职。了解电力发展史和现状，明确电网公司在社会发展中肩负的责任，树立强烈的事业心和责任感；立足本职，不断进取，做到干一行、爱一行、专一行，为企业改革发展稳定勇挑重担，乐于奉献。

（2）钻研业务。努力学习政治、业务和科学文化知识，熟练掌握本职业务和工作技能，不断学习新知识，掌握新技术，努力提高思想道德素质、专业技术素质和实际工作能力，做本专业的行家能手。

（3）追求卓越。有强烈的市场意识、竞争意识和创新意识，认真履行岗位职责，勤奋工作、勇于创新、精益求精，高标准、高质量地完成自己承担的各项任务，努力创造一流成果和突出业绩。

八、文明礼貌

（1）仪容端庄。仪容自然大方、端庄，修饰文雅；衣着整洁、协调，工作岗位穿职业装，岗位标识佩戴规范；举止稳健，言行得体，态度谦和，精神饱满。

（2）文明待人。在与他人交往中，以礼相待，与人为善，亲切诚恳，宽宏大度；发生矛盾互谅互让，参加活动守时守约，交谈时和颜悦色，出行时互相礼让；待人礼貌热情，使用文明用语和普通话，不讲脏话。

（3）家庭和睦。增强家庭伦理观念，自觉履行赡养老人、孝敬父母的义务，自觉承担抚养、教育子女的责任；夫妻之间平等相待、互敬互爱，实行计划生育；家庭生活精打细算，勤俭持家；邻里之间相互帮助，和睦相处。

第三节　遵守公司员工守则

国家电网公司和中国南方电网公司员工守则见表1-1。

表1-1 公司员工守则

国家电网公司员工守则	中国南方电网公司员工守则（职业操守）
一、遵纪守法，尊荣弃耻，争做文明员工 公司倡导做事先做人，人人争做遵守党纪国法、弘扬社会主义荣辱观的文明员工。 二、忠诚企业，奉献社会，共塑国网品牌 公司信赖忠诚企业的员工，员工应热爱企业，维护企业利益，奉献爱心，履行社会责任，共同塑造"国家电网"品牌，树立公司开放、进取、诚信、负责的良好社会形象。 三、爱岗敬业，令行禁止，切实履行职责 公司倡导员工恪守职业道德，切实提高执行力，严格遵守各项规章制度，做到令行禁止，忠于职守，尽职尽责，全力以赴做好本职工作。 四、团结协作，勤奋学习，勇于开拓创新 公司倡导员工发扬团队精神，精诚团结，相互协作，努力学习，重视知识更新，争做知识型员工，勇于开拓，锐意进取，不断推动工作创新，为公司发展作出新的贡献。 五、以人为本，落实责任，确保安全生产 公司员工应树立安全理念，提高安全意识，贯彻安全要求，落实安全责任，完善安全措施，消除安全隐患，筑牢安全基础，以人员、时间、力量"三个百分之百"保安全，做到安全可控、能控、在控，确保人身安全、设备安全、确保电网安全稳定。 六、弘扬宗旨，信守承诺，深化优质服务 公司员工应认真践行"四个服务"的公司宗旨，严格执行"三个十条"，切实履行服务承诺，落实长效机制，坚持高标准为客户提供优质服务。 七、勤俭节约，精细管理，提高效率效益 公司员工应树立勤俭办企业的思想，按照建设节约型社会、节约型企业的要求，从一点一滴做起，实施精细化管理，精打细算，开源节流，向管理要效益。同时，要通过科学的、精细化的管理，切实提高工作效率。 八、努力超越，追求卓越，建设一流公司 公司员工应大力弘扬"努力超越、追求卓越"的企业精神，万众一心，众志成城，积极投身建设"一强三优"现代公司的各项工作之中，为实现"建设世界一流电网、建设国际一流企业"的宏伟目标而努力奋斗	一、热爱祖国、热爱南网、热爱岗位 坚持国家、人民的利益高于一切，坚持"对中央负责、为五省区服务"的宗旨，肩负"主动承担社会责任，全力做好电力供应"的使命。忠诚南网事业，维护南网利益，实践南网文化，维护南网形象，与公司同呼吸、共命运。爱岗敬业，适岗胜任，干一行、爱一行、专一行、精一行，在岗位上享受自我价值实现的幸福。 二、遵纪守法、忠于职守、令行禁止 自觉遵守国家法律法规，自觉遵守公司各项规章制度。认真履行岗位职责，把好每一个关口，关注每一个细节。坚决贯彻"安全生产1号令"、"依法经营2号令"，服从组织决定，贯彻上级意图，有令必行，有禁则止，做到本职工作不能在我手里出现差错，领导交办的事情不能在我手里延误，公司的形象不能因我受到损害。 三、客户至上、诚实守信、优质服务 以客户为中心，把提高供电可靠率、减少客户停电时间作为优质服务工作的主线，增强服务意识，创新服务内容，完善服务手段，提高服务水平，兑现服务承诺，为客户提供优质、方便、规范、快捷的服务，赢得政府认可、社会尊重、客户满意。 四、努力学习、精通业务、勤奋工作 主动学习，团队学习，终身学习，管理人员着重提升政策水平、业务水平和管理技能，专业技术人员着重提升技术攻关和技术创新能力，一线员工着重提升安全知识技能和岗位专业技能。在什么岗位，懂什么技能，努力成为本业务系统的专家。高标准、严要求、快节奏，肯干事、会干事、干成事。 五、开拓创新、敬业奉献、团结协作 保持干事创业的激情，发扬敬业奉献的精神，有追求，精益求精，不断创新。有恒心，持之以恒，坚持不懈。有力量，自我加压，百折不挠。尊重差异，互相支持，主动配合，互相补位。 六、廉洁从业、清白做人、干净干事 遵守廉洁从业规定，做人讲原则，做事守规则。恪守职业道德，慎微慎初，防微杜渐。严以律己，常思贪欲之害，常除非分之想。落实到位，讲实话，办实事，求实效。 七、节约环保、居安思危、艰苦创业 务必继续保持谦虚、谨慎、不骄、不躁的作风，务必继续保持艰苦奋斗的作风，增强忧患意识、节约意识、环保意识，清醒地看到发展过程中面临的严峻挑战，清醒地看到前进道路上存在的风险困难，众志成城，顽强拼搏，不胜不休

第四节 严禁以电谋私的若干规定

严禁以电谋私的若干规定见表1-2。

表1-2   严禁以电谋私的若干规定

项 目	内 容
严格禁止的20条以电谋私行为	(1) 公开或变相索要用户的钱、物，占为己有。 (2) 采用限定用户购买其指定产品或材料、强制用户接受其指定的设计或施工单位等不正当竞争手段，从中获得好处。 (3) 违反规定，搞强制性服务，从中收费。 (4) 私自承揽或转包用户供用电工程，从中获取利益。 (5) 利用介绍用户供用电工程之机，收受钱物或其他好处。 (6) 私自改接或投切供配电设备，收受钱物或其他好处。 (7) 在用户与第三方之间，充当设备选购经纪人，从中私自收取中介费或其他好处。 (8) 在供用电中，故意刁难用户，借以达到私人目的。 (9) 私自为用户搞工程设计或受聘于用户，从中获取个人利益。 (10) 为亲朋提供供用电方便，从中获得利益。 (11) 在用户工程中，故意拖延前期工作、施工时间或在安装、调试中故意留有尾巴，借以获取利益。 (12) 法定无偿服务变为有偿服务或擅自提高收费标准。 (13) 违反规定擅自改变计划用电指标，从中收受好处。 (14) 借推广机电产品机会，私自收受制造厂钱物。 (15) 违反调度纪律，私自对关系户或亲朋所在地，少限电少停电，从中获得好处。 (16) 电费抄收人员，私自改变不同电价电量的比例，从中获得好处。 (17) 随意拉闸断电，借以索要好处。 (18) 违反规定，私自减免供电工程贴费、电费违约金等，从中收受好处。 (19) 在查处违约用电、窃电中，采取损害国家和企业利益，获取好处。 (20) 其他利用电业职权，获得不正当利益
供电主业和多种经营应彻底分开	接受用户用电申请、供电方案审定、供电工程贴费收取、用户受电工程中间检查和竣工检验、电能表计安装及校验、用户工程管理、用户负荷管理、用电监察、用户供电设备及电工作业人员管理等供电企业的主业，不得划给多种经营企业管理，已经划拨出去的，应当收归主业；凡兼有主业和多种经营双重性质的部门，必须将主业与多种经营彻底分开
用户工程设计、施工安装、选购设备的权利归用户	用户新建、扩建或改建的电气工程按有关规定审批后，用户有权按照自己的意愿选择设计、施工安装单位和选购合格的材料、设备，供电企业用电管理部门不得无理阻拦或拒绝竣工检验
用户合格机电产品的使用和进网运行	经国家鉴定合格并允许进网运行的机电产品，供电企业及其主管部门，不得阻拦用户使用和进网运行
向社会公告项目	供电企业要向社会公开统一收费的项目、收费标准并公告法定的处罚规定，接受社会的监督
到用户处工作的规定	供用电工作人员需到用户工作或联系业务的，都必须佩戴证件。施工人员应主动向用户出示派工单。用电监察人员应主动出示检查证件。不符合上述要求的，用户有权拒绝其进入
事故抢修要求	供电企业要加强事故抢修力量和增加投入，事故抢修部门24h都应有人值班，并保证电话畅通。除不可抗力外，10kV及以下事故检修处理在城镇一般不超过8h，在农村不得超过24h
赞助费	供电企业内部召开的各种会议和组织的活动，不得收受用户的赞助费

注 以电谋私是指从事电力供应业务的单位、主管部门及其工作人员，利用电力供应的独占地位，动用供电的职权或通过其他非正当途径，为小团体或个人获得额外利益的行为。原电力工业部于1994年5月4日以电监察〔1994〕271号文制定了《严禁以电谋私的若干规定》。本表即据此文件编制。

第五节　遵守国家电网公司三个"十条"

一、供电服务"十项承诺"

《供电服务"十项承诺"》是公司对客户作出的庄严承诺。公司视信誉为生命，弘扬宗旨，信守承诺，不断提升客户满意度，持续为客户创造价值。

（1）城市地区：供电可靠率不低于99.90％，居民客户端电压合格率不低于90％；农村地区：供电可靠率和居民客户端电压合格率，经国家电网公司核定后，由各省（市、区）电力公司公布承诺指标。

（2）供电营业场所公开电价、收费标准和服务程序。

（3）供电方案答复期限：居民客户不超过3个工作日，低压电力客户不超过7个工作日，高压单电源客户不超过15个工作日，高压双电源客户不超过30个工作日。

（4）城乡居民客户向供电企业申请用电，受电装置检验合格并办理相关手续后，3个工作日内送电。

（5）非居民客户向供电企业申请用电，受电工程验收合格并办理相关手续后，5个工作日内送电。

（6）当电力供应不足，不能保证连续供电时，严格执行政府批准的限电序位。

（7）供电设施计划检修停电，提前7天向社会公告。

（8）提供24小时电力故障报修服务，供电抢修人员到达现场的时间一般不超过：城区范围45分钟；农村地区90分钟；特殊边远地区2小时。

（9）客户欠电费需依法采取停电措施的，提前7天送达停电通知书。

（10）电力服务热线"95598"24小时受理业务咨询、信息查询、服务投诉和电力故障报修。

二、"三公"调度"十项措施"

《"三公"调度"十项措施"》是公司坚持开放透明、依法经营，正确处理与合作伙伴关系的基本准则。公司主动接受监管和监督，依法合规经营，不断提高服务发电企业水平。

（1）坚持依法公开、公平、公正调度、保障电力系统安全稳定运行。

（2）遵守《电力监管条例》，每季度向有关电力监管机构报告"三公"调度工作情况。

（3）颁布《国家电网公司"三公"调度工作管理规定》，规范"三公"调度管理。

（4）严格执行购售电合同及并网调度协议，科学合理安排运行方式。

（5）统一规范调度信息发布内容、形式和周期，每月10日统一更新网站信息。

（6）建立问询答复制度，对并网发电厂提出的问询必须在10个工作日内予以答复。

（7）完善网厂联系制度，每年至少召开两次网厂联席会议。

（8）聘请"三公"调度监督员，建立外部监督机制。

（9）建立责任制，严格监督检查，将"三公"调度作为评价调度机构工作的重要内容。

（10）严肃"三公"调度工作纪律，严格执行《国家电网公司电力调度机构工作人员"五不准"规定》。

三、员工服务"十个不准"

《员工服务"十个不准"》是公司对员工服务行为规定的底线、不能逾越的"红线"。

（1）不准违反规定停电、无故拖延送电。

（2）不准自立收费项目、擅自更改收费标准。

（3）不准为客户指定设计、施工、供货单位。

（4）不准对客户投诉、咨询推诿塞责。

（5）不准为亲友用电谋取私利。

（6）不准对外泄漏客户的商业秘密。

（7）不准收受客户礼品、礼金、有价证券。

（8）不准接受客户组织的宴请、旅游和娱乐活动。

（9）不准工作时间饮酒。

（10）不准利用工作之便谋取其他不正当利益。

第六节　开展"爱心活动"、实施"平安工程"

围绕一个主题：奉献爱心、营造和谐。

培育两个理念：爱心理念、平安理念。

当好三个角色：做公司的好员工、做家庭的好成员、做社会的好公民。

确保四个目标：电网安全、员工平安、企业稳定、社会和谐。

倡导五个关爱：关爱企业、关爱他人、关爱自己、关爱家庭、关爱社会。

党员员工要保持党员的先进性：

坚定理想信念，争做实践"三个代表"的模范。

提高素质能力，争做攻坚克难完成任务的模范。

牢记党的宗旨，争做实现"四个服务"的模范。

创造一流业绩，争做创建"一强三优"现代公司的模范。

遵守党的纪律，争做贯彻中央决策的模范。

永葆政治本色，争做弘扬正气的模范。

执行国家电网公司农电服务"八个强化、八个严禁"工作规定：

（1）强化大局服务意识，严禁失职渎职、作风飘浮。

（2）强化制度执行考核，严禁有章不循、职责缺失。

（3）强化服务行为监督，严禁态度鲁莽、做事敷衍。

（4）强化服务承诺兑现，严禁虚假浮夸、失信客户。

（5）强化电费电价管理，严禁搭车收费、谋取私利。

（6）强化停电流程控制，严禁随意下令、擅自操作。

（7）强化服务品牌宣传，严禁破坏形象、损害声誉。

（8）强化应急事件处理，严禁拖延隐瞒、推诿塞责。

国家电网公司企业文化建设名词释义见表1-3。

表1-3　　　　　　　　　　国家电网公司企业文化建设名词释义

名词	释义
四化	集团化运作、集约化发展、精益化管理、标准化建设，是实现公司发展方式转变的基本要求
三集五大	实施人力资源、财务、物资集约化管理，构建大规划、大建设、大运行、大生产、大营销体系，是转变公司发展方式的核心内容
企业文化"四统一"	坚持"统一的核心价值观，统一的发展目标，统一的品牌战略，统一的管理标准"，是公司统一的优秀企业文化建设的基本内容和重要基础
一特四大	建设特高压电网，促进大煤电、大水电、大核电和大型可再生能源基地建设，是公司能源发展战略的重要内容
一流四大	建设一流人才队伍、实施大科研、创造大成果、培育大产业、实现大推广，是公司科技发展战略的基本要求
内质外形	加强内质外形建设，内强素质，外塑形象，是建设"一强三优"现代公司的客观要求和重要保证。公司品牌是内质外形建设成果的集中体现。 内强素质：提高安全素质、质量素质、效益素质、科技素质、队伍素质； 外塑形象：塑造认真负责的国企形象、真诚规范的服务形象、严格高效的管理形象、公平诚信的市场形象、团结进取的团队形象
社会责任	公司主要承担六项共同责任和六项特定责任。 共同责任：科学发展责任、安全供电责任、卓越管理责任、科技创新责任、沟通合作责任、全球视野责任； 特定责任：优质服务责任、服务三农责任、员工发展责任、伙伴共赢责任、企业公民责任、环保节约责任
两个转变（战略途径）	转变公司发展方式、转变电网发展方式，是公司科学发展的战略途径。 转变公司发展方式——按照集团化运作、集约化发展、精益化管理、标准化建设的要求，实施人力资源、财务、物资集约化管理，构建大规划、大建设、大运行、大生产、大营销体系，实现公司发展方式转变。 转变电网发展方式——建设以特高压电网为骨干网架，各级电网协调发展，具有信息化、自动化、互动化特征的坚强智能电网，实现电网发展方式转变
三抓一创	抓发展、抓管理、抓队伍、创一流，是公司实施战略重点的工作思路
战略重点	大力实施电网发展战略、经营管理战略、人才兴企战略、科技发展战略、信息化战略、金融支撑战略、产业支撑战略、国际化战略、企业文化战略、品牌发展战略等，推动公司又好又快发展
三个建设	全面加强党的建设、企业文化建设、队伍建设，是公司发展的战略保障
基本信条和行动准则	以人为本，忠诚企业，奉献社会是公司的基本信条和行动准则

第七节　履行员工誓词

国家电网公司和中国南方电网公司的员工誓词见表1-4。

表 1-4　　　　　　　　　　　　　　员　工　誓　词

国家电网公司员工誓词	中国南方电网公司员工誓词
我是国家电网人。 胸怀"建设世界一流电网，建设国际一流企业"的企业愿景； 牢记"奉献清洁能源，建设和谐社会"的企业使命； 履行"服务党和国家工作大局、服务电力客户、服务发电企业、服务经济社会发展"的企业宗旨； 恪守"诚信、责任、创新、奉献"的核心价值观； 弘扬"努力超越、追求卓越"的企业精神； 忠诚企业，奉献社会，为实现"一强三优"现代公司的战略目标而努力奋斗！ **释义：** **企业愿景** "建设世界一流电网，建设国际一流企业"的企业愿景，是公司的奋斗方向，是国家电网人的远大理想，是公司一切工作的目标追求。 世界一流电网——以特高压电网为骨干网架、各级电网协调发展、具有信息化、自动化、互动化特征的坚强智能电网。 国际一流企业——具有科学发展理念、持续创新活力、优秀企业文化、强烈社会责任感和国际一流竞争力的现代企业。 **企业使命** "奉献清洁能源，建设和谐社会"是企业使用，其涵义是：充分发挥电网功能，保障更安全、更经济、更清洁、可持续的电力供应，促使发展更加健康、社会更加和谐、生活更加美好。 **企业宗旨（四个服务）** "服务党和国家工作大局、服务电力客户、服务发电企业、服务经济社会发展"的企业宗旨，体现了公司政治责任、经济责任和社会责任的统一，是公司一切工作的出发点和落脚点。 **核心价值观** "诚信、责任、创新、奉献"的核心价值观，是公司的价值追求，是公司和员工实现愿景和使命的信念支撑和根本方法。 诚信——企业立业、员工立身的道德基石； 责任——勇挑重担、尽职尽责的工作态度； 创新——企业发展、事业进步的根本动力； 奉献——爱国爱企、爱岗敬业的自觉行动。 **企业精神** "努力超越、追求卓越"的企业精神，是公司和员工勇于超越过去、超越自我、超越他人，永不停步，追求企业价值实现的精神境界。 **一强三优（战略目标）** 把国家电网公司建设成为电网坚强、资产优良、服务优质、业绩优秀的现代公司，是公司的科学发展的战略目标。 **基本价值理念** 公司把企业愿景、企业使命、企业宗旨、核心价值观和企业精神作为基本价值理念，明确宣示公司的奋斗方向、存在意义、重要责任、价值追求和精神境界，表明公司对国家、对客户、对合作伙伴、对员工、对社会所遵循的基本行为准则和价值判断。它是公司企业文化的灵魂，是公司生存、发展的动力源泉	我是光荣的南网人，自觉践行南网方略，积极投身南网事业，恪守职业操守，远离职业禁区，想尽办法去完成每一项任务，为实现公司战略目标努力奋斗！ **释义：** **南网方略** 一、公司宗旨：对中央负责　为五省区服务。 二、公司使命：主动承担社会责任　全力做好电力供应。 三、战略目标：打造经营型、服务型、一体化、现代化的国内领先、国际著名企业。 四、发展思路：强本　创新　领先。 五、公司生命线：电网安全稳定。 六、工作方针："六个更加注重"。 七、公司令：安全生产1号令，依法经营2号令。 八、主题形象。 九、企业理念： 安全理念——一切事故都可以预防 经营理念——企业效益为重　社会效益优先 服务理念——服务永无止境 行为理念——想尽办法去完成每一项任务 廉洁理念——清白做人　干净干事 团队理念——讲原则，重感情，团结和谐有战斗力；高标准，严要求，严谨结合带队伍；上下同欲，政令畅通，人人快乐工作 **职业禁区** 一、严禁违反安全规定 (1) 严禁一切违反国家安全管理制度和安全生产工作规程的行为。 (2) 严禁一切违反公司安全管理制度和安全生产工作规程的行为。 二、严禁违背行风规定 (1) 严禁随意停电、限电。 (2) 严禁乱加价、乱收费、乱摊派。 (3) 严禁人情电、关系电、权力电。 (4) 严禁为客户工程指定设计、施工、供货单位。 (5) 严禁对客户吃、拿、卡、要。 (6) 严禁内外串通窃电或隐瞒窃电行为。 (7) 严禁推诿、搪塞客户咨询、查询、投诉、举报等服务诉求。 (8) 严禁泄露客户商业秘密。 三、严禁违反财经纪律 (1) 严禁违背国家财经法律、法规和政策。 (2) 严禁违背会计准则、程序和违反公司财务规定。 (3) 严禁截留、侵占、转移、挪用公司资金和资产。 (4) 严禁私设"账外账"、"小金库"。 (5) 严禁未经授权或批准，擅自以公司名义进行考察、谈判、签约、提供担保和证明。 四、严禁缓报虚报瞒报 (1) 严禁向上级主管部门提供不真实的报表、报告。 (2) 严禁在发生重大、特大事故时的任何形式缓报、虚报和瞒报。 五、严禁泄露企业秘密 (1) 严禁违反国家保密法律法规和公司有关保密工作的制度、规定的行为。 (2) 严禁以不正当手段获取职权范围外的秘密信息。 (3) 严禁未经授权或批准，擅自携带、传递、公开发布国家秘密和企业秘密。 (4) 严禁对失泄密事件情况的瞒报、虚报、延报和不及时采取补救措施的行为。 六、严禁谋取非法利益 (1) 严禁任何形式的行贿、受贿与索贿。 (2) 严禁利用职务之便为自己或他人谋取私利。 (3) 严禁在与公司有业务往来或者有竞争关系的机构中非法获取个人利益。 (4) 严禁利用公司或关联公司尚未公开的信息从事内幕交易。 (5) 严禁以任何欺诈和不当的手段获取任何经济利益。 七、严禁损害公司形象 (1) 不发表任何有损公司形象的言论。 (2) 不做出任何有损公司形象的事情

第二章 农电工行为规范

第一节 农电工文明服务行为规范

农电工文明服务行为规范及具体要求见表2-1～表2-5。

表 2-1 文 明 服 务 行 为 规 范

项 目	主 要 内 容
供电营业职工文明服务	（1）供电营业职工是指在各级供电企业中从事客户代表、装表接电、用电检查、营业抄表、营业收费、用电业扩、业扩施工、咨询服务、电力紧急服务、负荷管理等岗位工作的人员。 （2）供电营业职工文明服务行为规范是供电营业职工在自己的工作岗位上实现文明服务的行为准则和规定，它包括基础行为规范，外在形象规范、一般行为规范和具体行为规范四个方面
基础行为规范	品质、技能、纪律是文明服务行业规范的基础规范，是对供电营业职工在职业道德方面提出的总体要求，也是落实文明服务行为规范必须具备的综合素质。供电营业职工必须养成良好的职业道德，牢固树立"敬业爱岗、诚实守信、办事公道、服务人民、奉献社会"的良好风尚
外在形象规范	着装、仪容和举止是供电营业职工的外在表现，它既反映员工的个人修养，更代表企业的形象。因此，只有规范员工个人的外在形象、仪表举止，才能赢得客户的良好印象和信任
一般行为规范	接待、会话、服务、沟通属文明服务的一般日常行为，供电营业职工的一言一行事关工作质量、工作效率和企业的形象。必须从客户的需求出发，科学、规范地做好接待和服务工作，赢得客户的满意和信赖
具体行为规范	具体行为规范是指与业务工作更直接相关的一些服务行为规范。柜台、电话（网络）及现场都是我们为客户服务的具体场合。要通过高效、真诚、周到、优质的服务，让客户高兴而来，满意而去，赢得更多客户的信赖与好评，为供电企业开辟更广阔的市场
人员行为规范	（1）基本素质要求：供电所人员必须具有良好的职业道德，牢固树立"敬业爱岗、诚实守信、办事公道、服务人员、奉献社会"的良好风尚。 品质：要求热爱电业、忠于职守； 技能：要求勤奋学习、精通业务； 纪律：要求遵章守纪、廉洁自律。 （2）外在形象要求： 着装：要求统一、整洁、得体； 仪容：要求自然、大方、端庄； 举止：要求文雅、礼貌、精神。 （3）一般服务行为要求：供电所人员的一言一行事关工作质量、工作效率和企业的形象，必须从客户的需要出发，科学、规范地做好接待和服务工作，赢得客户的满意和信赖。 接待：要求微笑、热情、真诚； 会话：要求亲切、诚恳、谦虚； 服务：要求快捷、周到、满意； 沟通，要求冷静、理智、策略。 （4）具体行为规范要求： 柜台服务：要求优质、高效、周全： 电话服务：要求畅通、方便、高效； 现场服务：要求安全，守信、满意

表 2 - 2   基础行为规范具体要求

项　目	具　体　要　求
品质： 热爱电业 忠于职守	(1) 坚持"人民电业为人民"的服务宗旨，为客户提供忠实、高效的服务，做到让政府放心、领导满意、客户高兴。 (2) 具有强烈的职业责任心和事业感，做到对工作兢兢业业，对同志满腔热忱，对客户服务周到。 (3) 强化市场观念和竞争意识，讲求优质服务和经济效益，维护客户和供电企业的共同利益。 (4) 树立诚信观念和信用意识，真诚对待客户，做到诚实守信、恪守承诺、公平、公正。 (5) 讲究文明礼貌、仪表仪容，做到尊重客户、礼貌待人，使用文明用语。 (6) 发扬团队精神，维护企业整体形象，部门之间、上下工序之间、员工之间相互尊重，团结协作
技能： 勤奋学习 精通业务	(1) 勤奋学习科学文化知识，积极参加文化、技术培训，努力达到中等以上文化专业水平。 (2) 刻苦钻研业务，精通本职工作，熟练掌握与本职工作相关的业务知识，达到中级以上专业技术水平。 (3) 苦练基本功和操作技能，精通业务规程、岗位操作规范和服务礼仪。 (4) 不断充实更新现代业务知识和工作技能，努力学习和运用最新的科学技术。 (5) 加强思想业务修养，增加综合业务能力，不断提高分析、认识、解决问题的能力，提高交往、协调能力和应变能力以及应付突发事件等方面的能力
纪律： 遵章守纪 廉洁自律	(1) 遵纪守法，掌握与本职业务相关的法律知识，模范地执行国家的各项法律法规。 (2) 严格遵守企业的各项规章制度，自觉执行劳动纪律、工作标准、作业规程和岗位规范。 (3) 严格遵守作息时间，不迟到、不早退，工作时间不打私人电话，不擅自离开岗位、乱串岗位，不聊天胡扯，不做与工作无关的事情。 (4) 廉洁自律，秉公办事，不以电谋私，不吃拿卡要，不损害客户利益

表 2 - 3   外在形象规范具体要求

项　目	具　体　要　求
着装： 统一 整洁 得体	(1) 服装正规、整洁、完好、协调、无污渍。扣子齐全、不漏扣、错扣。 (2) 在左胸前佩戴好具有统一编号的服务证(牌)。 (3) 衬衣下摆束入裤腰或裙腰内，袖口扣好，内衣不外露。 (4) 着西装应打好领带、扣好衬衣领扣。西装上袋不能插笔，尽量少装东西，两个下袋袋盖应在外面，尽量不装和少装东西。裤袋不装东西。不挽袖口和裤脚。 (5) 鞋、袜保持干净、卫生。穿西装应穿皮鞋，鞋面光亮洁净。在工作场所不打赤脚、不穿拖鞋
仪容： 自然 大方 端庄	(1) 头发梳理整齐，不染彩色头发，不戴夸张的饰物。 (2) 男职工修饰得当，头发前不覆额、侧不掩耳、后不触领，不留胡须。 (3) 女职工淡妆上岗，修饰文雅，且与年龄、身份相符。工作时间不能当众化妆。 (4) 颜面和手臂保持清洁，不留长指甲，不染彩色指甲。 (5) 保持口腔清洁，工作前忌食葱、蒜等具有刺激性气味的食品
举止： 文雅 礼貌 精神	(1) 精神饱满，注意力集中，无疲劳状、忧郁状、不满状和痛苦状。 (2) 保持微笑，目光平视客户；不左顾右盼、心神不定、心不在焉，所答非所问。 (3) 坐姿良好，上身自然挺直，两肩平衡放松，后背与椅背保持一定间隙，不用单手或双手托腮。 (4) 不跷二郎腿，不抖动腿；椅子过低时，女职工应双膝并拢侧向一边。 (5) 避免在客户面前打哈欠、伸懒腰、打喷嚏、挖耳朵、挖鼻孔等，实在难以控制时，应侧向回避。 (6) 不能在客户面前双手抱胸，尽量减少不必要的手势动作和让客户误解的手势动作。 (7) 站姿端正，抬头、挺胸、收腹，双手下垂置于大腿外侧或双手交叠自然下垂；双脚并拢，脚跟相靠，脚尖微开。 (8) 走路步伐有力，步幅适当、节奏适宜

表 2-4 　　　　　　　　　　　　　　　　　　**一般行为规范的具体要求**

项　目	具　体　要　求
接待： 微笑 热情 真诚	(1) 接待客户热情周到，做到来有迎声、去有送声、有问必答、百问不厌。 (2) 迎送客户时，主动问好和话别，设置专门接待员的地方，接待客户至少要迎三步，客户离去至少要送三步。 (3) 无论办理的业务是否对口，接待人员都要认真倾听，热心引导，快速衔接，并为客户提供准确的联系人，联系电话和地址
会话： 亲切 诚恳 谦虚	(1) 使用文明礼貌用语，严禁说脏话、忌语、不文明的口头语、习惯语。 (2) 语音清晰、语气诚恳，语调平和，语意明确，言简意赅，提倡讲普通话。 (3) 与客户交谈时要专心致志，面带微笑，不能目光呆滞无神、反应冷淡。 (4) 尽量少用生僻的电力专业术语，以免影响与客户的交流效果。 (5) 认真倾听，注意谈话艺术，不随意打断客户的话语
服务： 快捷 周到 满意	(1) 认真仔细询问客户的办事意图，快速办理相关业务。 (2) 遇到两位以上客户前来办理业务时，既要认真办理前面一位客户的业务，又不冷落后面一位客户，应主动礼貌地与后面的客户打招呼，请其稍候。 (3) 接到同一客户的较多业务时，要帮助他们分出轻重缓急，合理安排待办业务的前后顺序，缩短待事时间。 (4) 遇到不能办理的业务时，要向客户说明情况，争取客户的理解和谅解
沟通： 冷静 理智 策略	(1) 耐心听取客户的意见，虚心接受客户的批评，诚恳感谢客户提出的建议，做到有则改之，无则加勉。 (2) 如果属自身工作失误，要立即向客户赔礼、道歉。 (3) 自己受了冤枉、误解、委屈时，要冷静处理，不能感情用事，不能顶撞和训斥客户，更不能与客户发生争执、骂街、大打出手。 (4) 自己拿不准的问题，不回避、不否定、不急于下结论，应及时向领导汇报后再答复客户。 (5) 遇见熟人，应点头或微笑示意，不能因此影响手中的工作或怠慢正在办理业务的客户。 (6) 坚持"先外后内"的原则，当有客户前来办理业务时，应立即放下手中的工作，马上接待客户。 (7) 客户办完业务离开时，应微笑状与客户告别。 (8) 因前一位客户业务办理时间过长，让下一位客户久等时，应礼貌地向客户致歉。 (9) 因系统出现故障而影响业务办理时，如短时间内可以恢复的，应请客户稍候，并致歉；如需较长时间才能恢复工作的，除应向客户道歉外，应留下客户的联系电话，再另行预约。 (10) 当客户的要求与政策法规及本企业的规章制度相悖时，要向客户耐心解释，争取客户理解，不能与客户发生争执；当客户过于激动时，可由专人接待并做好进一步解释工作。 (11) 残疾人及行动不便的客户前来办理业务时，应主动上前搀扶，代办填表等

表 2-5 　　　　　　　　　　　　　　　　　　**具体行为规范的具体要求**

项　目	具　体　要　求
柜台服务： 优质 高效 周全	(1) 至少提前5分钟上岗，检查计算机、打印机以及触摸服务器等，做好营业前的各项准备工作。 (2) 实行首问负责制，即被客户首先访问到的工作人员，有责任引导客户办好各种手续。 (3) 接待客户时应起身相迎，微笑示座，认真倾听，准确答复。 (4) 需要客户填写业务登记表时，要将表格用双手递给客户，并提示客户参照书示范样本填写。 (5) 认真审核客户填写的业务登记表，如发现填写有误，应礼貌地请客户重新填写，并给予热情的指导和帮助。为对他们实行上门服务，可请客户留下联系电话和地址。对听力不好的老年人、讲话声音可适当提高，语速适当放慢。 (6) 临下班时，对于正在处理中的业务应照常办理，办理完毕后方可下班。下班时仍有等候办理业务的客户，不可生硬拒绝，应迅速请示领导，视具体情况加班办理

项 目	具 体 要 求
电话（网络）服务： 畅通 方便 高效	（1）时刻保持电话畅通，电话铃响3声内接听（超过3声的应首先道歉），应答时要首先问候，然后报出单位（部门）名称。 （2）受理客户咨询业务时，应耐心、细致地答复。不能当即答复的问题，应向客户致歉，并留下联系电话，研究或请示领导后，尽快答复。 （3）接到客户电话报修时，详细询问故障情况，如判断是客户内部故障，电话引导和协助客户排除故障；如无法判断故障原因或判断确属于电业部门维修范围内的故障，要详细记录客户的姓名、电话、地址，立即通知抢修部门前去处理。 （4）因线路检修引起停电时，应主动向客户道歉，并告知客户预计恢复供电的大约时间。 （5）接到客户投诉或举报时，应向客户致谢，详细记录具体情况后，立即转递有关部门或领导处理。投诉电话应在5日内，举报电话应在10日内给予答复。 （6）当客户打错电话时，应礼貌地做出说明。遇到骚扰电话时，应严正指出其错误行为，但不能使用脏话。 （7）在接听电话过程中，应根据实际情况随时说"是"、"对"等，以示在专心聆听，重要内容要注意重复、确认。 （8）通话过程中，需等客户先挂断电话后再挂电话，不可强行挂断。 （9）负责网上业务查询、报装、投诉和咨询服务的人员，要制作分门别类的各种表格，方便客户正确使用。 （10）网页制作直观，色彩明快，图标精美，首行文字应键入"感谢您进入×××网页"字样。 （11）网上内容包括停电通知、电费电价、业务流程、日常用电常识及各项电力政策法规等，并设有导航服务系统和"请点击"的字样。 （12）准时打开网络服务器，及时回复业务受理情况，公布办理结果
现场服务： 安全 守信 满意	（1）在服务前，应与客户预约时间，讲明工作内容和工作地点，请客户予以配合。 （2）与客户会面时，应主动出示证件，并进行自我介绍。 （3）遵守客户内部有关规章制度，尊重客户的风俗习惯。 （4）现场工作时，需借用客户物品（如椅子等），应征得客户同意，用完后先清洁再轻轻放回原处，并向客户致谢。 （5）需进入客户室内时，应先按门铃或轻轻敲门，主动出示证件或做自我介绍，征得同意后，戴上鞋套，方可入内。工作结束时，应及时清理工作现场并向客户致谢。 （6）发现客户有违约或窃电行为时，用电检查等人员应依据有关法规礼貌地向客户指出。遇到态度蛮横、拒不讲理的客户，要及时报告给有关部门，不要与其吵闹，防止出现过激行为。 （7）发现因客户责任引起的电能计量装置损坏，应礼貌地与客户分析损坏原因，由客户确认，并在工作单上签字。 （8）用电工程验收中，发现有不符合规程要求的问题时，应向客户耐心说明，并留下书面整改意见。 （9）尽量满足客户的合理要求，遇有客户提出非正当要求或要求无法达到时，应向客户委婉说明。 （10）如损坏了客户原有设施，必须遵循客户意愿恢复原貌或等价处理，达到客户完全满意。 （11）工作中，如给交通安全带来不便，要有安全措施，并悬挂施工单位标志、安全标志以及礼貌标志，取得过往行人和车辆的谅解与支持。 （12）工作结束后，应清理好现场，不能留有残留物或污迹，做到设备清洁和场地清洁。同时，应主动征求客户意见，并将本部门的联系电话留给客户

第二节 农电工文明规范服务用语和忌语

农电工文明规范服务用语和忌语见表 2-6。

表 2-6 文明规范服务用语与忌语

序号	服务内容	文明服务规范用语	忌 语
1	称谓	老大娘、老大爷、师傅、同志、先生、女士、小姐、小朋友	喂！老头儿！老太婆、伙计、哥们儿
2	客户进门	您好！请坐，请问您有什么事？	干什么？那边等着，那边坐着
3	为客户办理业务时	请问、请稍候、我们马上为您办理	急什么！等着！你没看见我正忙着吗？
4	客户所办的业务不属于自己的职责时	对不起，您的事情请到××处找××同志，请往这边走	不知道！我管不着！
5	所办业务一时难以答复需请示领导时	请稍候，我们马上研究一下。对不起，请留下您的电话号码，我们改日答复您	我们办不了！找领导去
6	客户交款	您这是××元钱，应找您××元，请点清收好。您这是××元钱，正好，不找零，谢谢	快交钱！给您！拿着
7	与客户交谈时	您好、请、谢谢、打扰了、劳驾、麻烦一下、再见	少废话！少啰唆！你有完没完
8	客户离开时	请您走好，再见	快走吧
9	到客户处	您好，我是××电业局的×××，来抄电表（收费、装表、换表等）	电业局的
10	离开客户时	打扰了，再见！谢谢您的合作	
11	接客户电话时	您好！我是××电业局，请问您有什么事？	什么事？我忙着！不知道
12	客户打错电话时	同志，您打错了，这里是电业局	错了
13	未听清楚，需要客户重复时	对不起，我没听清楚，请您再说一遍，谢谢您	听不着
14	接到电话问题不属于本岗位职责时	同志，对不起，请您挂××电话找××，好吗？	我不管
15	工作出现差错时	对不起，我错了，请原谅，请多批评	错了，有什么了不起
16	受到客户批评时	您提的意见我们一定慎重考虑，有利于改进我们工作的，我们一定虚心接受，欢迎多提宝贵意见	有意见找领导去！愿上哪告上哪告
17	遇有个别客户蛮不讲理时	不要着急，有话慢慢说，如果您有不同意见，可以请有关方面解决	你愿找谁找谁，我没法跟你谈
18	填发电费通知单	这是您的电费通知单，电量是××，电费是××，请收好	给！拿着单子
19	客户询问电费	微机里有储存，请您先通过触摸屏幕来查看，如有不明白的地方，我再给您解释	那边，自己看去

续表

序号	服务内容	文明服务规范用语	忌语
20	遇客户无理拒缴电费，多次做工作无效时	根据《电力法》第××条规定，经过批准，给予停电，请做好准备	不交电费，还想用电，就给你停电
21	与客户电话预约验表	请您×日×时在家等候，我们为您验表	等着吧！有空就去了
22	客户询问电表损坏原因时	对不起，电表损坏原因需经过检定才能确定，然后答复您	不知道
23	客户电表损坏（丢失）时	劳驾！请您介绍一下电表损坏（丢失）的情况好吗？	赔表吧
24	电表"自走"经确认不属于供电企业的责任	对不起，经工作人员检测，您家的电表自走属内部原因	自己查，我们不管
25	客户对校验结果不相信时	同志，经检定您家的电表确实合格。如果您还不放心，我们可以与您一起到技术监督部门复验	不信有什么办法
26	客户怀疑电表有误差不按时缴电费时	本月电费您还是按时缴纳，如果怀疑电表超差，可以申请验表，如确实超差，我们会在下月退还电费差额	先交了电费再说
27	收验电表费时	同志，请交××元钱验表费，若电表超差，验表费将返还给您	验表，先交钱
28	为客户换表后	请您打开开关，看看是否有电	换完了！自己试去吧
29	遇有障碍物需挪动时	请您把这个挪动一下好吗？谢谢	挪一边去
30	需要借用椅子等物时	同志，借用一下您的椅子可以吗？	给我用用
31	借用客户物品归还时	您的××用完了，谢谢	完工了，拿去吧
32	发现客户违约窃电时	同志，您违反了《电力法》第××条规定，请您立即停止这种行为	违约窃电还有理
33	客户前来询问图纸审核情况时	您好！请坐，您的图纸正在审核中，请稍候	听通知，等着吧
34	在审核图纸中发现问题时	您好！此处设计不符合规程要求，请修改一下	标准都不知道，快改去
35	到现场竣工验收时	我们前来竣工验收，请协助我们工作	喂！来验收了
36	验收中发现问题时	经检查发现，此处不符合规程要求，请尽快修改	怎么搞的？水平这么低
37	客户工程验收合格时	您的工程经验收合格，可以申请送电	就算合格吧
38	客户询问停电时	因为线路检修（或线路故障），导致您那里停电了，请谅解。大约会在×时送电	不知道
39	接故障报修电话时	您好！××电业局，×号为您服务，请您稍候，我们将立即派人前去修复	等着吧

续表

序号	服务内容	文明服务规范用语	忌 语
40	客户要求修理内线时	很抱歉，屋内设备不属于我们管辖范围，建议您找××部门处理	我们管不着
41	客户报错地址未见人去修理又来电话时	对不起，我们已经去过了，但没找到，请详细报一下您的地址	怎么搞的！地址都说不清，让我们白跑一趟
42	客户向我们道谢时	别客气，这是我们应该做的	算了，算了
43	客户参观检查工作时	您好！我叫×××，负责××工作，欢迎检查指导	哪来的？看什么？

第二篇　农电工必备基本知识和技能

第三章　农电工应通晓的基本知识

第一节　中华人民共和国法定计量单位

计量单位通常都是用字母表示的，因此必须牢记这些字母，如表3-1～表3-3所示。

表 3 - 1　　　　　　　　　　　　汉 语 拼 音 字 母 表

字母		名称		字母		名称	
大写	小写	注音字母	汉字读音	大写	小写	注音字母	汉字读音
A	a	ㄚ	啊	N	n	ㄋㄝ	奈
B	b	ㄅㄝ	拜	O	o	ㄛ	喔
C	c	ㄘㄝ	猜	P	p	ㄆㄝ	牌
D	d	ㄉㄝ	呆	Q	q	ㄑㄧㄡ	求
E	e	ㄜ	厄	R	r	ㄚㄦ	啊儿
F	f	ㄝㄈ	艾佛	S	s	ㄝㄙ	艾思
G	g	ㄍㄝ	该	T	t	ㄊㄝ	泰
H	h	ㄏㄚ	哈	U	u	ㄨ	乌
I	i	ㄧ	衣	V	v	万ㄝ	外
J	j	ㄐㄧㄝ	街	W	w	ㄨㄚ	哇
K	k	ㄎㄝ	凯	X	x	ㄒㄧ	希
L	l	ㄝㄌ	艾勒	Y	y	ㄧㄚ	呀
M	m	ㄝㄇ	艾摸	Z	z	ㄗㄝ	栽

注　1. V只用来拼写外来语、少数民族语言和方言。

　　2. 字母的手写体依照拉丁字母的一般书写习惯。

汉语拼音字母和英文字母虽然都是采用的拉丁字母，但它们的名称音和在文字中的读音是不同的。这一点在实际应用中往往忽略，多将以汉语拼音字母组成的缩写词按英文字母的名称音阅读。

希腊字母在实际中见得不多，但个别字母还是很常见的，应该有所了解，如电阻的单位欧姆就是希腊字母表中的最后一个字母 Ω。

表 3 - 2 英 文 字 母 表

字　母				名　称		字　母				名　称	
正体		斜体		国际音标	汉字读音	正体		斜体		国际音标	汉字读音
大写	小写	大写	小写			大写	小写	大写	小写		
A	a	*A*	*a*	[ei]	艾	N	n	*N*	*n*	[en]	艾恩
B	b	*B*	*b*	[bi:]	毕	O	o	*O*	*o*	[ou]	欧
C	c	*C*	*c*	[si:]	西	P	p	*P*	*p*	[pi:]	批
D	d	*D*	*d*	[di:]	地	Q	q	*Q*	*q*	[kju:]	克尤
E	e	*E*	*e*	[i:]	意	R	r	*R*	*r*	[ɑ:(r)]	啊
F	f	*F*	*f*	[ef]	艾夫	S	s	*S*	*s*	[es]	艾斯
G	g	*G*	*g*	[dʒi:]	基	T	t	*T*	*t*	[ti:]	梯
H	h	*H*	*h*	[etʃ]	艾去	U	u	*U*	*u*	[ju:]	由
I	i	*I*	*i*	[ai:]	阿伊	V	v	*V*	*v*	[vi:]	维依
J	j	*J*	*j*	[dʒei]	吉	W	w	*W*	*w*	['dʌblju:]	达勃留
K	k	*K*	*k*	[kei]	开	X	x	*X*	*x*	[eks]	艾克司
L	l	*L*	*l*	[el]	艾乐	Y	y	*Y*	*y*	[wai]	歪
M	m	*M*	*m*	[em]	艾姆	Z	z	*Z*	*z*	[zed] [zi:]	载

注　用汉字标注的读音，仅供参考。

表 3 - 3 希 腊 字 母 表

字　母				名　称	
正　体		斜　体		英文表示	汉字读音
大写	小写	大写	小写		
A	α	*A*	*α*	alpha	阿尔法
B	β	*B*	*β*	beta	贝塔
Γ	γ	*Γ*	*γ*	gamma	嘎马
Δ	δ	*Δ*	*δ*	delta	德耳塔
E	ε	*E*	*ε, χ*	epsilon	尼普西隆
Z	ζ	*Z*	*ζ*	zeta	截塔
H	η	*H*	*η*	eta	艾塔
Θ	θ	*Θ*	*θ, ϑ*	theta	西塔
I	ι	*I*	*ι*	iota	约塔
K	κ, ϰ	*K*	*κ, ϰ*	kappa	卡帕
Λ	λ	*Λ*	*λ*	lambda	兰姆达
M	μ	*M*	*μ*	mu	廖
N	ν	*N*	*ν*	nu	纽
Ξ	ξ	*Ξ*	*ξ*	xi	克西
O	o	*O*	*o*	omicron	奥密克戎
Π	π	*Π*	*π*	pi	派
P	ρ	*P*	*ρ*	rho	若
Σ	σ	*Σ*	*σ*	sigma	西格马
T	τ	*T*	*τ*	tau	套
Υ	υ	*Υ*	*υ*	upsilon	由普西隆
Φ	φ, ϕ	*Φ*	*φ, ϕ*	phi	菲
X	χ	*X*	*χ*	chi	喜
Ψ	ψ	*Ψ*	*ψ*	psi	普西
Ω	ω	*Ω*	*ω*	onega	欧米嘎

中华人民共和国法定计量单位（以下简称法定单位）包括：

（1）国际单位制的基本单位，见表 3-4。

表 3-4　　　　　　　　　　国际单位制的基本单位

量的名称	单位名称	单位符号	量的名称	单位名称	单位符号
长度	米	m	热力学温度	开〔尔文〕	K
质量	千克（公斤）	kg	物质的量	摩〔尔〕	mol
时间	秒	s	发光强度	坎〔德拉〕	cd
电流	安〔培〕	A			

（2）国际单位制的辅助单位，见表 3-5。

表 3-5　　　　　　　　　　国际单位制的辅助单位

量 的 名 称	单 位 名 称	单 位 符 号
平面角	弧度	rad
立体角	球面度	sr

（3）国际单位制中具有专门名称的导出单位，见表 3-6。

表 3-6　　　　　　　　国际单位制中具有专门名称的导出单位

量的名称	单位名称	单位符号	其他表示式例	量的名称	单位名称	单位符号	其他表示式例
频率	赫〔兹〕	Hz	s^{-1}	磁通量	韦〔伯〕	Wb	V·s
力;重力	牛〔顿〕	N	$kg·m/s^2$	磁通量密度,磁感应强度	特〔斯拉〕	T	Wb/m^3
压力,压强;应力	帕〔斯卡〕	Pa	N/m^2	电感	亨〔利〕	H	Wb/A
能量;功;热	焦〔耳〕	J	N·m	摄氏温度	摄氏度	℃	
功率;辐射通量	瓦〔特〕	W	J/s	光通量	流〔明〕	lm	cd·sr
电荷量	库〔仑〕	C	A·s	光照度	勒〔克斯〕	lx	lm/m^2
电位;电压;电动势	伏〔特〕	V	W/A	放射性活度	贝可〔勒尔〕	Bq	s^{-1}
电容	法〔拉〕	F	C/V	吸收剂量	戈〔瑞〕	Gy	J/kg
电阻	欧〔姆〕	Ω	V/A	剂量当量	希〔沃特〕	Sv	J/kg
电导	西〔门子〕	S	A/V				

（4）国家选定的非国际单位制单位，见表 3-7。

表 3-7　　　　　　　　国家选定的非国际单位制单位

量的名称	单位名称	单位符号	换算关系和说明	量的名称	单位名称	单位符号	换算关系和说明
时间	分 〔小〕时 天（日）	min h d	1min=60s 1h=60min=3600s 1d=24h=86400s	速度	节	kn	1kn=1n mile/h =(1852/3600)m/s （只用于航行）
平面角	〔角〕秒 〔角〕分 度	(″) (′) (°)	1″=(π/648000)rad （π 为圆周率） 1′=60″=(π/10800)rad 1°=60′=(π/180)rad	质量	吨 原子质量单位	t u	$1t=10^3 kg$ 1u≈ $1.6605655×10^{-27} kg$
旋转速度	转每分	r/min	$1r/min=(1/60)s^{-1}$	体积	升	L,(1)	$1L=1dm^3=10^{-3}m^3$
				能	电子伏	eV	$1eV≈1.6021892×10^{-19}J$
长度	海里	n mile	1n mile=1852m （只用于航程）	级差	分贝	dB	
				线密度	特〔克斯〕	tex	1tex=1g/km

(5) 由以上单位构成的组合形式的单位。

(6) 由词头和以上单位所构成的十进倍数和分数单位见表 3－8。

法定单位的定义、使用方法等，由国家计量局另行规定。

表 3－8　　　　　　　　　　用于构成十进倍数和分数单位的词头

所表示的因数	词头名称	词头符号	所表示的因数	词头名称	词头符号	所表示的因数	词头名称	词头符号
10^{18}	艾［可萨］	E	10^{2}	百	h	10^{-9}	纳［诺］	n
10^{15}	拍［它］	P	10^{1}	十	da	10^{-12}	皮［可］	p
10^{12}	太［拉］	T	10^{-1}	分	d	10^{-15}	飞［母托］	f
10^{9}	吉［咖］	G	10^{-2}	厘	c	10^{-18}	阿［托］	a
10^{6}	兆	M	10^{-3}	毫	m			
10^{3}	千	k	10^{-6}	微	μ			

表 3－4～表 3－8 说明：

(1) 周、月、年（年的符号为 a），为一般常用时间单位。

(2) ［］内的字，是在不致混淆的情况下，可以省略的字。

(3) （）内的字为前者的同义语。

(4) 角度单位度分秒的符号不处于数字后时，用括弧。

(5) 升的符号中，小写字母 l 为备用符号。

(6) 人民生活和贸易中，质量习惯称为重量。

(7) 公里为千米的俗称，符号为 km。

(8) 10^{4} 称为万，10^{8} 称为亿，10^{12} 称为万亿，这类数词的使用不受词头名称的影响，但不应与词头混淆。

(9) 单位中的字母的大小写不能随意改动，应严格按规定书写。

第二节　法定计量单位使用规则

法定计量单位使用规则见表 3－9～表 3－11。

表 3－9　　　　　　　　　　法定计量单位名称使用规则及例示

使 用 规 则	正 确 例 示	错 误 例 示
1. 单位与词头的名称，只宜在叙述性文字中使用	槐庄水电站总装机容量已达一万千瓦特（注："万"是数词，"千"是词头名称，"瓦特"是单位名称） 槐庄水电站总装机容量已达十兆瓦	槐庄水电站总装机容量已达 10 千千瓦（注：词头符号及词头名称不能重叠使用） 功率：十兆瓦特（注：非叙述性文字）
2. 组合单位中的乘号没有名称	牛·米　N·m　读作"牛顿米"	牛顿乘米
3. 组合单位中的除号其名称为"每"，只出现一次，中文名称与符号的顺序一致	$\dfrac{焦}{秒}$　焦/秒　Js^{-1} 读作"焦耳每秒" m/s 读作"米每秒" $\dfrac{J}{kg\cdot K}$　J／（kg·K）读作"焦耳每千克开尔文"	焦耳除以秒　秒分之焦耳　每秒焦耳 秒米　米秒　每秒米 每千克开尔文焦耳　焦耳每千克每开尔文

续表

使　用　规　则	正　确　例　示	错　误　例　示
4. 书写单位名称不加表示乘或除的符号或其他符号	电阻率单位 $\Omega\cdot m$ 的名称是"欧姆米"密度单位 kg/m^3 的名称是"千克每立方米"	欧姆·米　欧姆—米　［欧姆］［米］千克/立方米　［千克］/［立方米］
5. 乘方形式单位名称是指数名称在前,单位名称在后,指数名称由数字加"次方"二字构成	断面惯性矩单位 m^4 的名称是"四次方米"断面系数单位 m^3 的名称是"三次方米"转动惯量单位 $kg\cdot m^2$ 的名称是"千克二次方米"	米四次方米三次方　米立方　立方米千克乘二次方米　千克　平方米千克米平方
6. 长度的 2 次和 3 次幂若是表示面积和体积,指数名称为"平方"和"立方"	m^2 读作平方米m^3 读作立方米dm^3 读作立方分米	米平方　平方米立方　立方　方分米立方
7. 单位的名称或符号必须作为一个整体使用,不得拆开	20 摄氏度　20℃	摄氏 20 度　20℃

表 3 - 10　　　　法定计量单位符号使用规则及例示

使　用　规　则	正　确　例　示	错　误　例　示
1. 法定单位和词头的符号,一律用正体,不附省略点,且无复数形式。字母一般用小写体,若单位名称来源于人名,则其符号的第一个字母用大写体	m　Ω　Wb　Pa　K　mm　dBkg　g	*m*　*m·Ω*　*Wb*　*Pa*　°K　MMdb　KG　KGS　Kg　Kgm　grgm
2. 词头符号的字母表示的因数小于 10^6 时用小写体,大于或等于 10^6 时用大写体	k　h　da　d　c　m　μ　n　pf　a　M　G　T　P　E	
3. 作为符号使用的法定单位的简称(表 3-4～表 3-8 中名称栏中去掉方括号内的字,如无方括号则简称同全称),称为"中文符号"。这些中文符号可构成组合单位的中文符号,中文符号可以在初中、小学教材和普及书刊中使用	Ω 欧,N 牛,t 吨G 吉,p 皮L(1)升$\Omega\cdot m$ 欧·米,GHz 吉赫［兹］	欧姆,牛顿 nt,公吨吉咖,皮可立升,公升,c·c欧姆·米,吉赫芝
4. 单位相乘构成组合单位的符号表示形式如右栏所示;单位相乘构成组合单位的中文符号表示形式如右栏所示	N·m　NmNmPa·s牛·米帕·秒	N×mPa×s牛米　［牛］［米］　牛·［米］牛—米　牛顿·米(牛)(米)帕秒[帕][秒]　帕·[秒]秒—秒帕斯卡·秒　(帕)(秒)
5. 单位相除构成组合单位的符号表示形式如右栏所示;单位相除构成组合单位的中文符号表示形式如右栏所示	kg/m^3　$kg\cdot m^{-3}$　$\dfrac{kg}{m^3}$$m\cdot s^{-1}$　m/s　$\dfrac{m}{s}$千克/米^3　千克·米$^{-3}$米/秒　米·秒$^{-1}$	kg/m^3　$kgm^{-3}$$m/s$　ms^{-1}(表示每毫秒)千克/米^3　千克/立方米米/秒
6. 运算时组合单位的除号可用水平横线表示	$\dfrac{kg}{m^3}$　$\dfrac{千克}{米^3}$　$\dfrac{m}{s}$　$\dfrac{米}{秒}$	
7. 组合单位某单位的符号又是词头符号时,应将它置于右侧	力矩单位:N·m	m·NmN(是"毫牛顿",而不得"米牛顿")

23

续表

使　用　规　则	正　确　例　示	错　误　例　示
8. 分子为1的组合单位符号用负数幂的形式表示	m^{-1}　$m\cdot s^{-1}$ s^{-1}	1/m　1/s
9. 分母中包括两个以上单位符号时,整个分母应加圆括号	$W/(K\cdot m)$　瓦/(开·米)	W/K/m W/(K·m)
10. 词头的符号和单位的符号之间不得有空隙,也不加表示相乘的任何符号,并按名称或简称读音,不得按字母名称读音	kW 读作千瓦特或千瓦 μF 读作微法拉或微法 kVA 读作千伏安 mm 读作毫米	kW 读成"开达不留" μ·F 读成"谬艾夫""谬法" kVA 读成"开维艾" m·m　m/m 读成"艾姆艾姆""米厘"
11. 国际单位制词头符号不得单独使用	THz 太赫 mg 毫克	T　不是太拉而是"特斯拉" m　不是"毫"而是"米"
12. 摄氏温度的单位℃,可作为中文符号使用,可与其他中文符号构成组合单位		
13. 非物理量的单位(如:件、台、人、圆等)可用汉字与符号构成组合单位	件/h　次/min	

14. 公式、数据表、曲线图、刻度盘、产品铭牌等,也可用于叙述性文字中

表:

标称截面(mm²)	导线外径(mm)	导线重量(kg/km)

图:

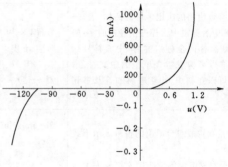

盘:

铭牌:

叙述性文字:

槐庄水电站总装机容量已达 10MW

续表

使 用 规 则	正 确 例 示	错 误 例 示
15. 计算中,所有量值都采用法定单位表示,词头以相应的 10 的幂代替,计算结果仍可用词头表示	$110kV \times 100A = 110 \times 10^3 V \times 100A = 11 \times 10^6 VA = 11MVA$	
16. 表示范围的数值时,单位不要重复使用	$10 \sim 20℃$ $10 \sim 20$ 摄氏度 $20℃ \pm 2℃$ $80mm \pm 2mm$	$10℃ \sim 20℃$ 摄氏 $10 \sim 20$ 度 $20 \pm 2℃$ $80 \pm 2mm$
17. 与法定计量单位不相同的符号与名称应停止使用	Hz 赫兹 kHz 千赫,MHz 兆赫 cd 坎德拉 μF 微法 kΩ 千欧 A 安 r/min 转/分 s 秒 min 分 h 小时 a 年 K 开 mol 摩 mol/L 摩/升	周、周波、周/秒 千周、兆周 烛光、新烛光、支光、支 μ、微、谬 K、KΩ、千(开) a、amp rpm sec、S、(") (') hr y,yr °K,开氏度、绝对度 deg 克分子、克原子、克当量、val,TomM

表 3－11 **法定计量单位词头使用规则及例示**

使 用 规 则	正 确 例 示	错 误 例 示
1. 不得使用重叠的词头	nm 纳米 am 阿米 pF 皮法 MW 兆瓦 mg 毫克 Mg 兆克	mμm 毫微米 nnm 纳纳米 $\mu\mu$F 微微法 kkW 千千瓦 μkg 微千克 kkg 千千克
2. 国际单位制词头的部分中文名称置于单位名称的简称前构成中文符号时,避免与中文数词混淆,必要时加圆括号	3(千秒)$^{-1}$(此处千为词头) 3 千秒$^{-1}$(此处千为数词) 2(千米)^2 2 千米^2	3 千秒$^{-1}$ 2 千米^2
3. 亿(10^8)、万(10^4)仍可使用,但不是词头	万公里可记作"万 km"或"10^4 km" 万吨公里可记作"万 t·km"或"10^4 t·km"万千瓦可记作"万 kW"或"10^4 kW"	
4. 词头 h、da、d、c(百、十、分、厘)用于某些长度、面积和体积的单位中,但根据习惯也可用于其他场合		

续表

使　用　规　则	正　确　例　示	错　误　例　示
5. 有些非法定单位,可以按习惯用国际单位制词头构成倍数或分数单位	mci　mGal　mR　kcal	
6. 法定单位中的摄氏度以及非十进制的单位,不得与国际单位制词头构成倍数或分数单位	60℃　100℃ 720°50′30″	6da℃　1h℃ 7.2h°5da′3da″
7. 相乘构成的组合单位加词头时,词头通常加在组合单位中的第一个单位之前	力矩的单位:N·m 加词头 k 为 kN·m	N·hm
8. 不在组合单位的分子分母中同时采用词头	MV/m mmol/kg(kg 中的 k 不作为词头对待)	kV/mm
9. 组合单位分母是长度、面积和体积单位时,按习惯与方便,分母中可选用词头构成倍数或分数单位	g/cm²	
10. 通过相除或乘和除构成的组合单位加词头时,词头加在分子中第一个单位之前,分母中不用词头。kg 不作为有词头单位对待	kJ/mol J/kg	J/mmol mJ/g
11. 倍数单位和分数单位的指数,指包括词头在内的单位的幂	$1cm^2 = 1 \times (10^{-2}m)^2$ 　　　$= 1 \times 10^{-4}m^2$ 　　　$= 10^{-4}m^2$ $1\mu s^{-1} = 1 \times (10^{-6}s)^{-1}$ 　　　$= 1 \times 10^{+6}s^{-1}$ 　　　$= 10^6 s^{-1}$	$1cm^2 = 1 \times 10^{-2}m^2$ 　　　$= 10^{-2}m^2$ $1\mu s^{-1} = 1 \times 10^{-6}s^{-1}$ 　　　$= 10^{-6}s^{-1}$
12. 国际单位制的倍数单位和分数单位,应使量的数值处于 0.1~1000 范围内,习惯使用的单位不受上述限制	1.2×10^4N 可写成 12kN;0.00394m 可写成 3.94mm;11401Pa 可写成 11.401kPa 3.1×10^{-8}s 可写成 31ns 机械制图的长度单位用 mm 导线截面的面积单位用 mm²	

第三节　常用物理量名称符号及其物理量单位名称和单位符号

常见物理量名称符号及单位名称和符号见表 3-12。

表 3-12　　　　　常见物理量名称符号及单位名称和符号

量 的 名 称	量　符　号	单 位 名 称	单 位 符 号
时间和空间			
[平面]角	α、β、γ、θ、φ 等	弧度	rad
立体角	Ω	球面度	sr
长度	l,(L)	米	m
宽	b	米	m
高	h	米	m
厚	δ,(d,t)	米	m
半径	r,R	米	m

续表

量 的 名 称	量 符 号	单 位 名 称	单 位 符 号
直径	d,D	米	m
程长,距离	s	米	m
面积	$A,(S)$	平方米	m^2
体积,容积	V	立方米	m^3
时间,时间间隔,持续时间	t	秒	s
角速度	ω	弧度每秒	rad/s
角加速度	α	弧度每二次方秒	rad/s^2
速度	v,u,w,c	米每秒	m/s
加速度	a	米每二次方秒	m/s^2
重力加速度,自由落体加速度	g	米每二次方秒	m/s^2
周期			
周期	T	秒	s
时间常数	$\tau,(T)$	秒	s
频率	$f,(v)$	赫[兹]	Hz
转速	n	每秒	s^{-1}
		转每分	r/min
角频率	ω	弧度每秒	rad/s
		每秒	s^{-1}
力学			
质量	m	千克	kg
密度	ρ	千克每立方米	kg/m^3
相对密度	d		
线密度	pl	千克每米	kg/m
动量	p	千克米每秒	kg · m/s
动量矩,角动量	L	千克二次方米每秒	kg · m^2/s
转动惯量	$I,(J)$	千克二次方米	kg · m^2
力	F	牛[顿]	N
重力	$W,(P,G)$	牛[顿]	N
力矩	M	牛[顿]米	N · m
转矩,力偶矩	T	牛[顿]米	N · m
压力,压强	p	帕[斯卡]	Pa
弹性模量	E	帕[斯卡]	Pa
摩擦系数	$\mu,(f)$		
功	$W,(A)$	焦[耳]	J
能[量]	$E,(W)$	焦[耳]	J
势能,位能	$E_p,(V)$	焦[耳]	J
动能	$E_k,(T)$	焦[耳]	J
功率	P	瓦[特]	W
热学			
热力学温度	T,Θ	开[尔文]	K
摄氏温度	t,θ	摄氏度	℃
线[膨]胀系数	a_1	每开尔文	K^{-1}
热,热量	Q	焦[耳]	J
热流量	Φ	瓦[特]	W
电学和磁学			
电流	I	安[培]	A
电荷(量)	$Q,(q)$	库[仑]	C

续表

量 的 名 称	量 符 号	单 位 名 称	单 位 符 号
电荷[体]密度	$\rho,(\eta)$	库[仑]每立方米	C/m^3
电荷面密度	σ	库[仑]每平方米	C/m^2
电场强度	$E,(K)$	伏特每米	V/m
电位,(电势)	υ,φ	伏[特]	V
电位差,(电势差),电压	U	伏[特]	V
电动势	E	伏[特]	V
电通[量]密度,电位移	D	库[仑]每平方米	C/m^2
电通[量],电位移通量	Ψ	库[仑]	C
电容	C	法[拉]	F
介电常数,(电容率)	$\varepsilon,\in$	法[拉]每米	F/m
真空介电常数,(真空电容率)	$\varepsilon_0,\in_0$	法[拉]每米	F/m
电极化强度	P	库[仑]每平方米	C/m^2
电偶极矩	$p,(p_e)$	库[仑]米	$C \cdot m$
电流密度	$J(S,\delta)$	安[培]每平方米	A/m^2
电流线密度	$A,(a)$	安[培]每米	A/m
磁场强度	H	安[培]每米	A/m
磁位差,(磁势差)	U_m	安[培]	A
磁通势,(磁位势)	F,F_m	安[培]	A
磁通[量]密度,磁感应强度	B	特[斯拉]	T
磁通[量]	Φ	韦[伯]	Wb
磁矢位,(磁矢势)	A	韦[伯]每米	Wb/m
自感	L	亨[利]	H
互感	M,L_{12}	亨[利]	H
磁导率	μ	亨[利]每米	H/m
真空磁导率	μ_0	亨[利]每米	H/m
[面]磁矩	m	安[培]平方米	$A \cdot m^2$
磁化强度	H_i,M	安[培]每米	A/m
磁极化强度	B_i,J	特[斯拉]	T
[直流]电阻	R	欧[姆]	Ω
[直流]电导	G	西[门子]	S
电阻率	ρ	欧[姆]米	$\Omega \cdot m$
电导率	γ,σ,κ	西[门子]每米	S/m
磁阻	R_m	每亨[利]	H^{-1}
磁导	$\Lambda,(P)$	亨[利]	H
绕组的匝数	N		
相数	m		
极对数	p		
相[位]差,相[位]移	φ	弧度	rad
阻抗,(复数阻抗)	Z	欧[姆]	Ω
阻抗模,(阻抗)	$|Z|$	欧[姆]	Ω
电抗	X	欧[姆]	Ω
[交流]电阻	R	欧[姆]	Ω
品质因数	Q		
导纳,(复数导纳)	Y	西[门子]	S
导纳模,(导纳)	$|Y|$	西[门子]	S
电纳	B	西[门子]	S
[交流]电导	G	西[门子]	S

续表

量 的 名 称	量 符 号	单 位 名 称	单 位 符 号
功率,有功功率	P	瓦[特]	W
无功功率	$Q,(P_q)$	乏	var
表观功率,视在功率	$S,(P_e)$	伏安	V·A
电能[量]	W	焦[耳]或千瓦[特][小]时	J 或 kW·h

第四节 电工常用化学元素的物理特性

电工常用化学元素的物理特性见表3-13。

表 3-13 　　　　　　　　　　电工常用化学元素的物理特性

元素符号	名称	密度(20℃)(g/cm³)	熔点(101323Pa)(℃)	沸点(101323Pa)(℃)	导热系数[10²W/(m·K)]	线胀系数(0～100℃)(10⁻⁶℃)	电阻率(0℃)(mΩ·m)	电阻温度系数(0℃)(10⁻³℃)
Ag	银	10.49	960.8	2210	4.187	19.7	15.9	4.29
Al	铝	2.6984	660.1	2500	2.219	23.6	26.35	4.23
Ar	氩	1.784×10^{-3}	−189.2	−185.7	1.7×10^{-4}			
Au	金	19.32	1063	2966	2.973	14.2	20.65	3.5
B	硼	2.34	2300	2675		8.3(40℃)	18×10^{12}	
Ba	钡	3.5	710	1640		19.0	500	
Be	铍	1.84	1283	2970	1.465	11.6(20～60℃)	66	6.7
Br	溴	3.12(液态)	−7.1	58.4			67×10^7	
C	碳	2.25(石墨)	3727(高纯度)	1830	0.239	0.6～4.3	13750	0.6～1.2
Ca	钙	1.55	850	1440	1.256	22.3	36	3.33
Cd	镉	8.65	321.03	765	0.921	31.0	75.1	4.24
Cl	氯	3.214×10^{-3}	−101	−33.9	0.72×10^{-4}		100×10^9	
Co	钴	8.9	1492	2870	0.691	12.4	50.6	6.6
Cr	铬	7.19	1903	2642	0.670	6.2	129	2.5
Cu	铜	8.96	1083	2580	3.936	17.0	16.7～16.8	4.3
F	氟	1.696×10^{-3}	−219.6	188.2			20(℃)	
Fe	铁	7.87	1537	2930	0.754	11.76	97(20℃)	6.0
Ga	镓	5.91	29.8	2260	0.293	18.3	137	3.9
Ge	锗	5.323	958	2880	0.586	5.92	8.6×10^6	1.4
H	氢	0.0899×10^{-3}	−259.04	−252.61	17×10^{-4}		520×10^6	
Hg	汞	13.546(液)	−38.87	356.58	0.082	182	940.7	0.99
K	钾	0.87	63.2	765	1.005	83	65.5	5.4
Li	锂	0.531	180	1347	0.712	56	85.5	4.6
Mg	镁	1.74	650	1108	1.537	24.3	44.7	4.1
Mn	锰	7.43	1244	2150	0.05(−192℃)	37	1850(20℃)	1.7
Mo	钼	10.22	2625	4800	1.424	4.9	51.7	4.71
N	氮	1.25×10^{-3}	−210	−195.8	25.12×10^{-5}			
Na	钠	0.9712	97.8	892	1.340	71	42.7	5.47
Ne	氖	0.8999×10^{-3}	−248.6	−246.0	0.00046			
Ni	镍	8.90	1453	2732	0.921	13.4	684	5.9～8.0
O	氧	1.429×10^{-3}	−218.83	−182.97	247.02×10^{-8}			

续表

元素符号	名称	密度(20℃) (g/cm³)	熔点 (101323Pa) (℃)	沸点 (101323Pa) (℃)	导热系数 [10^2W/ (m・K)]	线胀系数 (0~100℃) (10^{-6}℃)	电阻率 (0℃) (mΩ・m)	电阻温度系数 (0℃) (10^{-3}/℃)
P	磷	1.83	44.1	280		125	$1×10^{18}$	−0.456
Pb	铅	11.34	327.3	1750	0.348	29.3	188	4.2
Pt	铂	21.45	1769	4530	0.691	8.9	92~96	3.99
S	硫	2.07	115	444.6	$26.42×10^{-4}$	64	$2×10^{24}$ (20℃)	
Sb	锑	6.68	630.5	1440	0.188	8.5~10.8	390	5.1
Se	硒	4.808	220	685	(29.3~76.6) $×10^{-4}$	37	120	4.45
Si	硅	2.329	1412	3310	0.837	2.8~7.2	100	0.8~1.8
Sn	锡	7.298	231.91	2690	0.628	23	115	4.4
Ti	钛	4.508	1677	3260	0.151(a)	8.2	421~478	3.97
U	铀	19.05	1132	3930	0.297	6.8~14.1	790	1.95
V	钒	6.1	1910	3400	0.310	8.3	290	2.18~2.76
W	钨	19.3	3380	5900	1.662	4.6(20℃)	248~260	2.8
Xe	氙	$5.495×10^{-3}$	−112	−108			51	4.82
Zn	锌	7.134(25℃)	419.505	907	1.130	39.5	57.5	4.2

注　1. 此表按化学元素的符号在拉丁字母表中的顺序排列。

　　2. 数据旁括号内的温度指该数据的特定温度。

　　3. 对液体元素，线胀系数栏的数据为体胀系数。

第五节　电工常用数学及计算公式

电工常用数学及计算公式见表3-14~表3-18。

表3-14　　　　　　　　　　　　　　　电工常用数学符号

符号	含义	符号	含义	符号	含义	符号	含义
＋	加、正号	X^2	X平方	∞	无穷大	secα	正割
－	减、负号	X^3	X立方	％	百分比	cecα	余割
×	乘	X^n	X的几次方	π	圆周率(3.1416)	$R、r$	半径
÷	除	$\sqrt{}$	平方根	°	度	$D、d$	直径
＝	等于	$\sqrt[3]{}$	立方根	′	分	$L、l$	长
≠	不等于	$\sqrt[n]{}$	n次方根	″	秒	$B、b$	宽
≈	约等于	□	正方形	logX	对数	$H、h$	高
：	比	▭	长方形		(以10为底)	$d、\delta$	厚
.	小数点	▱	平行四边形	lnX	自然对数	~	自……至……
( )	圆括号、小括号	⊥	垂直	max	最大	‖ ‖	绝对值
[ ]	方括号、中括号	∥	平行	min	最小	$\int$	不定积分
{ }	花括号、大括号	∠	角	K	常数		
＜	小于	∟	直角	sinα	正弦	$\int_0^n$	定积分(如由 0到n的积分)
＞	大于	△	三角	cosα	余弦		
≤	小于或等于	○	圆形	tgα	正切	$\iint$	重积分
≥	大于或等于	∽	相似于	ctgα	余切		

表 3－15　　　　　　　　　　**电工常用三角函数及计算公式**

分类	公 式
1. 定义	（见右图） $\sin\alpha=\dfrac{a}{c}$；$\cos\alpha=\dfrac{b}{c}$；$\tan\alpha=\dfrac{a}{b}$； $\cot\alpha=\dfrac{b}{a}$；$\sec\alpha=\dfrac{a}{b}$；$\csc\alpha=\dfrac{c}{a}$

图：直角三角形，斜边 c，对边 a，邻边 b，角 α

2. 四个象限中的角的三角函数符号

象限	sin	cos	tan	cot
I	+	+	+	+
II	+	－	－	－
III	－	－	+	+
IV	－	+	－	－

3. 任意角的三角函数

函数	$-\alpha$	$90°\pm\alpha$	$180°\pm\alpha$	$270°\pm\alpha$	$360°-\alpha$
sin	$-\sin\alpha$	$+\cos\alpha$	$\mp\sin\alpha$	$-\cos\alpha$	$-\sin\alpha$
cos	$+\cos\alpha$	$\mp\sin\alpha$	$-\cos\alpha$	$\pm\sin\alpha$	$+\cos\alpha$
tan	$-\tan\alpha$	$\mp\cot\alpha$	$\pm\tan\alpha$	$\mp\cot\alpha$	$-\tan\alpha$
cot	$-\cot\alpha$	$\mp\tan\alpha$	$\pm\cot\alpha$	$\mp\tan\alpha$	$-\cot\alpha$

4. 基本公式

$$\sin^2\alpha+\cos^2\alpha=1$$
$$\csc^2\alpha-\cot^2\alpha=1$$
$$\sec^2\alpha-\tan^2\alpha=1$$
$$\tan\alpha=\frac{\sin\alpha}{\cos\alpha}\qquad \cot\alpha=\frac{\cos\alpha}{\sin\alpha}$$

5. 和差角公式

$$\sin(\alpha\pm\beta)=\sin\alpha\cos\beta\pm\cos\alpha\sin\beta$$
$$\cos(\alpha\pm\beta)=\cos\alpha\cos\beta\mp\sin\alpha\sin\beta$$
$$\tan(\alpha\pm\beta)=\frac{\tan\alpha\pm\tan\beta}{1\mp\tan\alpha\tan\beta}$$
$$\cot(\alpha\pm\beta)=\frac{\cot\alpha\cot\beta\pm1}{\cot\beta\pm\cot\alpha}$$

6. 倍角公式

$$\sin2\alpha=2\sin\alpha\cos\alpha$$
$$\cos2\alpha=\cos^2\alpha-\sin^2\alpha$$
$$=1-2\sin^2\alpha=2\cos^2\alpha-1$$
$$\tan2\alpha=\frac{2\tan\alpha}{1-\tan^2\alpha}\qquad \cot2\alpha=\frac{\cot^2\alpha-1}{2\cot\alpha}$$

7. 半角公式

$$\sin\frac{\alpha}{2}=\pm\sqrt{\frac{1-\cos\alpha}{2}}$$
$$\cos\frac{\alpha}{2}=\pm\sqrt{\frac{1+\cos\alpha}{2}}$$
$$\tan\frac{\alpha}{2}=\pm\sqrt{\frac{1-\cos\alpha}{1+\cos\alpha}}=\frac{1-\cos\alpha}{\sin\alpha}=\frac{\sin\alpha}{1+\cos\alpha}$$

分类	公　式
8. 斜三角形	正弦定理 $\dfrac{a}{\sin A}=\dfrac{b}{\sin B}=\dfrac{c}{\sin C}=2R$ 余弦定理 $c^2=a^2+b^2-2ab\cos C$ 三角形面积 $S=\sqrt{s(s-a)(s-b)(s-c)}=\dfrac{1}{2}ab\sin C$ 其中 $s=\dfrac{1}{2}(a+b+c)$　$A+B+C=180°$

9. 常用三角函数值

角度 α 函数	0°	30°	45°	60°	90°	120°	150°	180°	240°
$\sin\alpha$	0	$\dfrac{1}{2}$	$\dfrac{\sqrt{2}}{2}$	$\dfrac{\sqrt{3}}{2}$	1	$\dfrac{\sqrt{3}}{2}$	$\dfrac{1}{2}$	0	$\dfrac{\sqrt{3}}{2}$
$\cos\alpha$	1	$\dfrac{\sqrt{3}}{2}$	$\dfrac{\sqrt{2}}{2}$	$\dfrac{1}{2}$	0	$-\dfrac{1}{2}$	$-\dfrac{\sqrt{3}}{2}$	-1	$-\dfrac{1}{2}$
$\tan\alpha$	0	$\dfrac{\sqrt{3}}{3}$	1	$\sqrt{3}$	∞	$-\sqrt{3}$	$\dfrac{\sqrt{3}}{3}$	0	$\sqrt{3}$
$\cot\alpha$	∞	$\sqrt{3}$	1	$\dfrac{\sqrt{3}}{3}$	0	$-\dfrac{\sqrt{3}}{3}$	$-\sqrt{3}$	∞	$-\sqrt{3}$

表 3 – 16　　　　电工常用复数计算公式

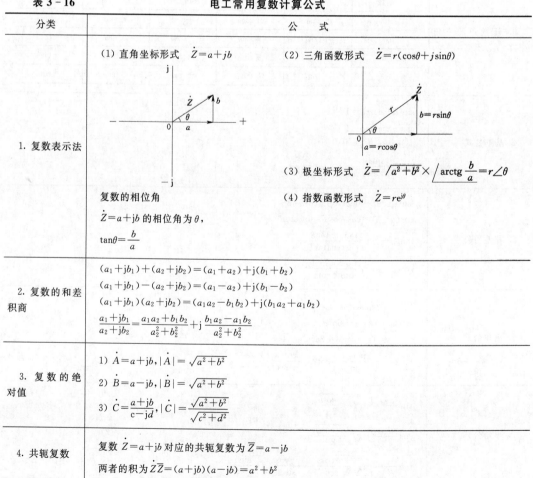

分类	公　式
1. 复数表示法	(1) 直角坐标形式　$\dot{Z}=a+jb$　　(2) 三角函数形式　$\dot{Z}=r(\cos\theta+j\sin\theta)$ (3) 极坐标形式　$\dot{Z}=\sqrt{a^2+b^2}\times\angle{\arctan\dfrac{b}{a}}=r\angle\theta$ (4) 指数函数形式　$\dot{Z}=re^{j\theta}$ 复数的相位角 $\dot{Z}=a+jb$ 的相位角为 θ, $\tan\theta=\dfrac{b}{a}$
2. 复数的和差积商	$(a_1+jb_1)+(a_2+jb_2)=(a_1+a_2)+j(b_1+b_2)$ $(a_1+jb_1)-(a_2+jb_2)=(a_1-a_2)+j(b_1-b_2)$ $(a_1+jb_1)(a_2+jb_2)=(a_1a_2-b_1b_2)+j(b_1a_2+a_1b_2)$ $\dfrac{a_1+jb_1}{a_2+jb_2}=\dfrac{a_1a_2+b_1b_2}{a_2^2+b_2^2}+j\,\dfrac{b_1a_2-a_1b_2}{a_2^2+b_2^2}$
3. 复数的绝对值	1) $\dot{A}=a+jb$, $\lvert\dot{A}\rvert=\sqrt{a^2+b^2}$ 2) $\dot{B}=a-jb$, $\lvert\dot{B}\rvert=\sqrt{a^2+b^2}$ 3) $\dot{C}=\dfrac{a+jb}{c-jd}$, $\lvert\dot{C}\rvert=\dfrac{\sqrt{a^2+b^2}}{\sqrt{c^2+d^2}}$
4. 共轭复数	复数 $\dot{Z}=a+jb$ 对应的共轭复数为 $\overline{Z}=a-jb$ 两者的积为 $\dot{Z}\overline{Z}=(a+jb)(a-jb)=a^2+b^2$

表 3-17　电工学基本计算公式

项　目	公　式
1. 直流电路中电压、电流、电阻三者之间的关系(欧姆定律)	$I=\dfrac{U}{R}$；$U=IR$；$R=\dfrac{U}{I}$
2. 直流电路的功率	$P=UI=\dfrac{U^2}{R}=I^2R$
3. 金属导体的电阻	$R=\rho\dfrac{l}{S}$ 式中　l—导体的长度(m)； 　　　S—导体的截面积(mm^2)； 　　　ρ—电阻率($\Omega\cdot\text{mm}^2/\text{m}$,或 $10^{-6}\Omega\cdot\text{m}$)
4. 电阻与温度的关系	$R_{\text{t}}=[1+a(t-20)]R_{20}$ 式中　R_{t}—导体在 t℃时的电阻(Ω)； 　　　R_{20}—导体在 20℃时的电阻(Ω)； 　　　a—导体的电阻温度系数(℃$^{-1}$)； 　　　t—温度(℃)
5. 电阻串联的总值	$R=R_1+R_2+R_3$
6. 电阻并联的总值	$\dfrac{1}{R}=\dfrac{1}{R_1}+\dfrac{1}{R_2}+\dfrac{1}{R_3}$ 或 $G=G_1+G_2+G_3$
7. 电阻复联的总值	$R=R_1+\dfrac{R_2R_3}{R_2+R_3}$
8. 交流电路中电压、电流、阻抗三者之间的关系(欧姆定律)	$I=\dfrac{U}{Z}$；$U=IZ$；$Z=\dfrac{U}{I}$ $Z=\sqrt{R^2+X^2}$
9. 电阻、电感串联的阻抗值	$Z=\sqrt{R^2+X_{\text{L}}^2}$　$X_{\text{L}}=2\pi fL$
10. 电阻、电容串联的阻抗值	$Z=\sqrt{R^2+X_{\text{C}}^2}$　$X_{\text{C}}=\dfrac{1}{2\pi fC}$
11. 电阻、电感、电容串联的总阻抗值	$Z=\sqrt{R^2+(X_{\text{L}}-X_{\text{C}})^2}$ $=\sqrt{R^2+X^2}$ $X=X_{\text{L}}-X_{\text{C}}$

式中　Z—阻抗(Ω)；
　　　R—电阻(Ω)；
　　　X_{L}—感抗(Ω)；
　　　X_{C}—容抗(Ω)；
　　　X—电抗(Ω)；
　　　L—电感(H)；
　　　C—电容(F)；
　　　f—频率(Hz)

续表

项　目	公　式
12. 阻抗串联的总值	$Z=\sqrt{(R_1+R_2+R_3)^2+(X_1+X_2-X_3)^2}=\sqrt{R^2+X^2}$ $R=R_1+R_2+R_3 \quad X=X_1+X_2-X_3$ 注意：$Z\neq Z_1+Z_2+Z_3$
13. 交流电路的功率	$S=UI=\dfrac{U^2}{Z}=I^2Z$ $P=S\cos\varphi=UI\cos\varphi=I^2R$；$\cos\varphi=\dfrac{R}{Z}=\dfrac{P}{S}$ $Q=S\sin\varphi=UI\sin\varphi=I^2X$；$\sin\varphi=\dfrac{X}{Z}=\dfrac{Q}{S}$ 式中　$\cos\varphi$—功率因数
14. 交流并联电路的总电流	$I=\sqrt{I_1^2+I_2^2+2I_1I_2\cos(\varphi_1-\varphi_2)}$ $\varphi_1=\arctan\dfrac{X_1}{R_1}$；$\varphi_2=\arctan\dfrac{X_2}{R_2}$ $\varphi=\arctan\dfrac{I_1\sin\varphi_1+I_2\sin\varphi_2}{I_1\cos\varphi_1+I_2\cos\varphi_2}$ 式中　I—并联电路总电流； I_1—第一支路电流； I_2—第二支路电流； φ_1—第一支路电流 I_1 与电压 U 之间的相角； φ_2—第二支路电流 I_2 与电压 U 之间的相角； φ—总电流 I 与电压 U 之间的相角 注意：$I\neq I_1+I_2$

表 3－18　　常用面积体积计算公式

三角形面积计算公式

图　形	尺　寸　符　号	面　积　A
三角形	h—高 l—周长 a、b、c—对应角 A、B、C 的边长	$A=\dfrac{bh}{2}=\dfrac{1}{2}cb\sin\alpha$ $l=a+b+c$
直角三角形	a、b—两直角边长 c—斜边	$A=\dfrac{ab}{2}$ $c=\sqrt{a^2+b^2}$ $a=\sqrt{c^2-b^2}$ $b=\sqrt{c^2-a^2}$

续表

图　形	尺　寸　符　号	面　积　A
锐角 三角形	h—高	$A=\dfrac{bh}{2}$ $\quad=\dfrac{b}{2}\sqrt{a^2-\left(\dfrac{a^2+b^2-c^2}{2b}\right)^2}$ 设 $s=\dfrac{1}{2}(a+b+c)$ 则 $A=\sqrt{s(s-a)(s-b)(s-c)}$
钝角 三角形	a、b、c—边长 h—高	$A=\dfrac{bh}{2}$ $\quad=\dfrac{b}{2}\sqrt{a^2-\left(\dfrac{c^2-a^2-b^2}{2b}\right)^2}$ 设 $s=\dfrac{1}{2}(a+b+c)$ 则 $A=\sqrt{s(s-a)(s-b)(s-c)}$
等边 三角形	a—边长	$A=\dfrac{\sqrt{3}}{4}a^2=0.433a^2$
等腰 三角形	b—两腰 a—底边 h_a—a 边上的高	$A=\dfrac{1}{2}ah_a$

四边形面积计算公式

图　形	尺　寸　符　号	面　积　A
正方形	a—边长 d—对角线	$A=a^2$ $a=\sqrt{A}=0.707d$ $d=1.414a=1.414\sqrt{A}$
长方形	a—短长 b—长边 d—对角线	$A=ab$ $d=\sqrt{a^2+b^2}$
平行 四边形	a、b—邻边 h—对边间的距离	$A=bh=ab\sin\alpha$ $\quad=\dfrac{\overline{AC}\ \overline{BD}}{2}\sin\beta$

图　形	尺　寸　符　号	面　积　A
梯形	$CE=AB$ $AF=CD$ $a=CD$（上底边） $b=AB$（下底边） h—高	$A=\dfrac{a+b}{2}h$
任意四边形	a、b、c、d 为四边长，d_1、d_2 为两对角线，φ 为两对角线夹角	$A=\dfrac{1}{2}d_1d_2\sin\varphi=\dfrac{1}{2}d_2(h_1+h_2)$ $=\sqrt{(p-a)(p-b)(p-c)(p-d)-abcd\cos\alpha}$ $P=\dfrac{1}{2}(a+b+c+d)$ $\alpha=\dfrac{1}{2}(\angle A+\angle C)$ 或 $=\dfrac{1}{2}(\angle B+\angle C)$

圆环、部分圆环、抛物面面积计算公式

图　形	尺　寸　符　号	面　积　A
圆环	R—外半径 r—内半径 D—外直径 d—内直径 t—环宽 D_{pj}—平均直径	$A=\pi(R^2-r^2)$ $=\dfrac{\pi}{4}(D^2-d^2)$ $=\pi D_{pj}t$
部分圆环	R—外半径 r—内半径 t—环宽 R_{pj}—圆环平均半径	$A=\dfrac{\alpha\pi}{360}(R^2-r^2)$ $=\dfrac{\alpha\pi}{360}R_{pj}t$
抛物线形	b—底边 h—高 l—曲线长 S—$\triangle ABC$ 的面积	$l=\sqrt{b^2+1.3333h^2}$ $A=\dfrac{2}{3}bh=\dfrac{4}{3}S$

多面体体积和表面积计算公式

图　形	尺　寸　符　号	体积（V）、底面积（F）、表面积（S）、侧表面积（S_1）
立方体	a—棱 d—对角线	$V=a^3$ $S=6a^2$ $S_1=4a^2$

续表

图　形	尺　寸　符　号	体积（V）、底面积（F） 表面积（S）、侧表面积（S_1）
长方体 （棱柱）	a、b、h—边长 O—底面对角线交点	$V=abh$ $S=2(ab+ah+bh)$ $S_1=2h(a+b)$
三棱柱	a、b、c—边长 h—高 O—底面对角线交点	$V=Fh$ $S=(a+b+c)h+2F$ $S_1=h(a+b+c)$
棱锥	f—一个组合三角形的面积 n—组合三角形个数 O—锥体各对角线交点	$V=\dfrac{1}{3}Fh$ $S=nf+F$ $S_1=nf$
正六 棱柱	a—底边长 h—高 d—对角线	$V=\dfrac{3\sqrt{3}}{2}a^2h=2.5981a^2h$ $S=3\sqrt{3}a^2+6ah=5.1962a^2+6ah$ $S_1=6ah$ $d=\sqrt{h^2+4a^2}$
棱台	F_1、F_2—两平行底面的面积 h—底面间的距离 a—一个组合梯形面积 n—组合梯形个数	$V=\dfrac{1}{3}h(F_1+F_2+\sqrt{F_1F_2})$ $S=an+F_1+F_2$ $S_1=an$
圆柱体	r—底面半径 h—高	$V=\pi r^2h$ $S=2\pi r(r+h)$ $S_1=2\pi rh$
空心 圆柱体 （管）	R—外半径 r—内半径 $\overline{R}$—平均半径 t—管壁厚度 h—高	$V=\pi h(R^2-r^2)$ $=2\pi\overline{R}th$ $S=S_1+2\pi(R^2-r^2)$ $S_1=2\pi h(R+r)$ $=4\pi h\overline{R}$

图　形	尺　寸　符　号	体积（V）、底面积（F） 表面积（S）、侧表面积（S_1）
斜截直圆柱	h_1—最小高度 h_2—最大高度 r—底面半径	$V=\pi r^2\dfrac{h_1+h_2}{2}$ $S=\pi r(h_1+h_2)+\pi r^2\left(1+\dfrac{1}{\cos\alpha}\right)$ $S_1=\pi r(h_1+h_2)$
圆锥体	r—底面半径 h—高 l—母线长	$V=\dfrac{1}{3}\pi r^2 h$ $S_1=\pi r\sqrt{r^2+h^2}=\pi rl$ $l=\sqrt{r^2+h^2}$ $S=S_1+\pi r^2$
圆台	R、r—底面半径 h—高 l—母线长	$V=\dfrac{\pi h}{3}(R^2+r+Rr)$ $S_1=\pi l(R+r)$ $l=\sqrt{(R-r)^2+h^2}$ $S=S_1+\pi(R^2+r^2)$
球	r—半径 d—直径	$V=\dfrac{4}{3}\pi r^3=\dfrac{\pi d^3}{6}=0.5263d^3$ $S=4\pi r^2=\pi d^2$
球扇形 （球楔）	r—球半径 a—拱底圆半径 h—拱高 α—锥角（弧度）	$V=\dfrac{2}{3}\pi r^2 h\approx 2.0944r^2 h$ $S=\pi r(2h+a)$ 侧表面（锥面部分） $S_1=\pi ar$
球冠 （球缺）	r—球半径 a—拱底圆半径 h—拱高	$V=\dfrac{\pi h}{6}(3a^2+h^2)$ $=\dfrac{\pi h^2}{3}(3r-h)$ $S=\pi(2rh+a^2)$ $=\pi(h^2+2a^2)$ 侧面积（球面部分） $S_1=2\pi rh=\pi(a^2+h^2)$
圆环体	R—圆环体平均半径 D—圆环体平均直径 d—圆环体截面直径 r—圆环体截面半径	$V=2\pi^2 Rr^2=\dfrac{1}{4}\pi^2 Dd^2$ $S=4\pi^2 Rr=\pi^2 Dd$ $=39.478Rr$

续表

图 形	尺 寸 符 号	体积（V）、底面积（F） 表面积（S）、侧表面积（S_1）
球带体	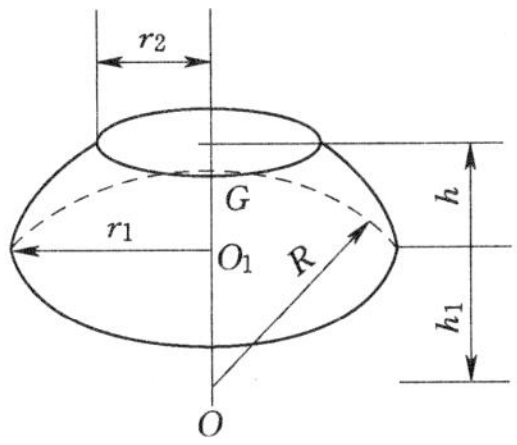 R—球半径 r_1、r_2—底面半径 h—腰高 h_1—球心 O 至带底圆心 O_1 的距离	$V=\dfrac{\pi h}{6}(3r_1^2+3r_2^2+h^2)$ $S_1=2\pi Rh$ $S=2\pi Rh+\pi(r_1^2+r_2^2)$
桶形	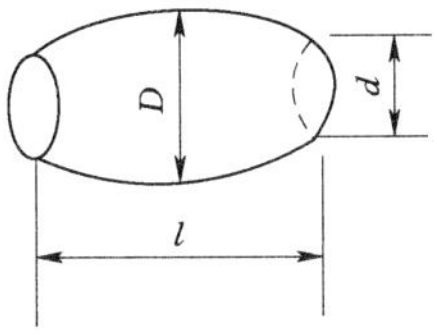 D—中间断面直径 d—底直径 l—桶高	对于抛物线形桶板 $V=\dfrac{\pi l}{15}\left(2D^2+Dd+\dfrac{3}{4}d^2\right)$ 对于圆弧形桶板 $V=\dfrac{\pi l}{12}(2D^2+d^2)$
椭球体	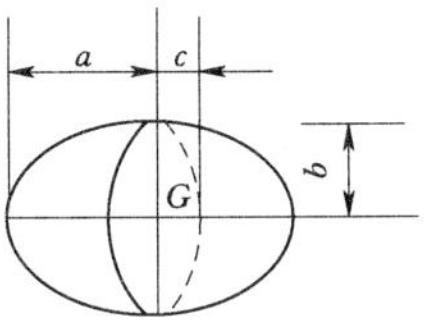 a、b、c—半轴	$V=\dfrac{4}{3}abc\pi$ $S=2\sqrt{2b}\sqrt{a^2+b^2}$
交叉圆柱体	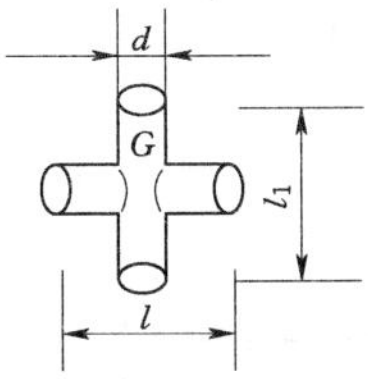 d—圆柱直径 l_1、l—圆柱长	$V=\pi r^2\left(l+l_1-\dfrac{2r}{3}\right)$
截头方锥体	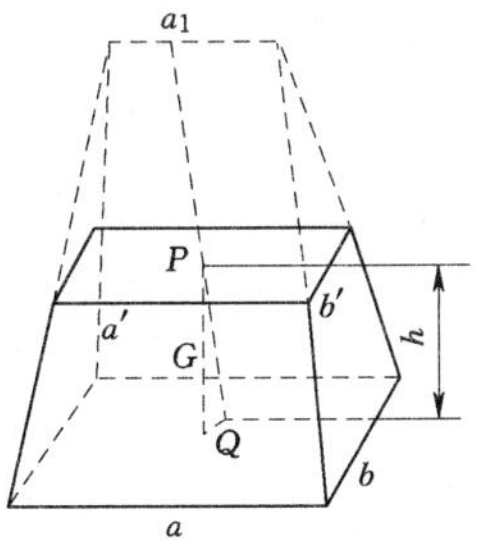 a'、b'、a、b—上、下底边长 h—高 a_1—截头棱长	$V=\dfrac{h}{6}[ab+(a+a')(b+b')$ $+a'b']$ $a_1=\dfrac{a'b-ab'}{b-b'}$
楔形体	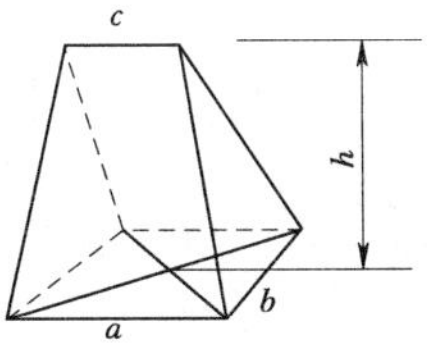 a、b—下底边长 c—棱长 h—棱与底边距离(高)	$V=\dfrac{(2a+c)bh}{6}$

39

表 3-18(e)　　　　　　　物料堆体体积计算公式

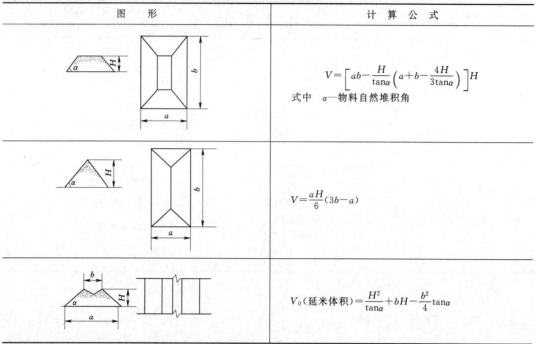

图　形	计　算　公　式
	$V=\left[ab-\dfrac{H}{\tan\alpha}\left(a+b-\dfrac{4H}{3\tan\alpha}\right)\right]H$ 式中　α—物料自然堆积角
	$V=\dfrac{aH}{6}(3b-a)$
	$V_0(延米体积)=\dfrac{H^2}{\tan\alpha}+bH-\dfrac{b^2}{4}\tan\alpha$

第六节　额定电压与额定电流

额定电压与额定电流见表 3-19～表 3-22。

表 3-19　　　　　　2kV 以下电气设备与系统的额定电压　　　　　　单位：V

直　流		单　相　交　流		三　相　交　流	
受电设备	供电设备	受电设备	供电设备	受电设备	供电设备
1.5	1.5				
2	2				
3	3				
6	6	6	6		
12	12	12	12		
24	24	24	24		
36	36	36	36	36	36
		42	42	42	42
48	48				
60	60				
72	72				
		100+	100+	100+	100+
110	115				

续表

直 流		单 相 交 流		三 相 交 流	
受电设备	供电设备	受电设备	供电设备	受电设备	供电设备
		127*	133*	127*	133*
220	230	220	230	220/380	230/400
400▽,440	400▽,460			380/660	400/690
800▽	800▽				
1000▽	1000▽				
				1140**	1200**

注　1. 受电设备的额定电压也是系统的额定电压。

2. 直流电压为平均值，交流电压为有效值。

3. 在三相交流栏中，斜线"/"之上为相电压，斜线之下为线电压，无斜线是线电压。

4. 带"＋"号者为只用于电压互感器、继电器等控制系统的电压。带"▽"号是为使用于单台供电的电压。带"＊"号者只用于矿井下、热工仪表和机床设备系统的电压。带"＊＊"号者只限于煤矿井下及特殊场合使用的电压。

5. 所列额定电压适用于直流和50Hz交流的系统、电气设备和电子设备。不适用于下列设备，但不予限制：

(1) 电气设备和电子设备内部的非通用供电电源及其连接器件和设备。

(2) 铁路信号和自动闭塞装置。

(3) 专用试验设备。

(4) 汽车、拖拉机用电气设备。

(5) 蓄电池供电的运输设备。

表 3－20　　　　3kV 及以上三相交流电气设备与系统的额定电压　　　　单位：kV

受电设备与系统额定电压	供电设备额定电压	设备最高电压	受电设备与系统额定电压	供电设备额定电压	设备最高电压
3	3.15	3.5	35		40.5
6	6.3	6.9	63		69
10	10.5	11.5	110		126
	13.8*		220		252
	15.75*		330		363
	18*		500		550
	20*		750		

注　1. 对应于750kV 的设备最高电压待定。

2. 带"＊"号者只用作发电机电压。

3. 与发电机配套的受电设备的额定电压可采用供电设备额定电压，其设备最高电压由供需双方研究确定。但发电机断路器、隔离开关等的额定电压可在各专业标准中具体规定。

表 3－21　　　　　　　　安全电压的额定电压　　　　　　　　单位：V

项　　目	额 定 值 的 等 级
安全电压	42，36，24，12，6

注　1. 适用范围：当电气设备需要采用安全电压来防止触电事故时，应根据使用环境、人员和使用方式等因素选用本表中所列的不同等级安全电压额定值。

2. 本表不适用于水下等特殊场所，也不适用于有带电部分能伸入人体内的医疗设备。

3. 本表中的"安全电压"相当于国际电工委员会出版物中的《安全特低电压》(Safety extra－low voltage)。

4. 安全电压等级：为防止触电事故而采用的由特定电源供电的电压系列。系列的上限值，在任何情况下，在两导体间或任一导体与地之间均不得超过交流（50～500Hz）有效值50V。

5. 当电气设备采用了超过24V 的安全电压时，必须采取防止直接接触带电体的保护措施。

表 3－22			电气设备额定电流					单位：A	
额定电流等级	额定值的等级								
1 以下	1A 以下的额定电流等级，按 R10 化整值的十进分数值来选用（R10×10^{-n}，式中 n 为正整数）								
1	1.25	1.5	2	2.5	3.15	4	5	6.3	8
10	12.5	16	20	25	31.5	40	50	63	80(75)
100	125(120)	160(150)	200	250	315(300)	400	500	630(600)	800(750)
1000	1250(1200)	1600(1500)	2000	2500	3150(3000)	4000	5000	6300(6000)	8000
10000	12500(12000)	16000(15000)	20000	25000					
25000 以上	25000A 以上的额定电流等级，按 R10 优先数系的十进倍数值来选用（R10×10^n，式中 n 为正整数）								

注　1. 本表适用于下列以电流为主参数来命名或标注型号的交、直流电气设备和电子设备，如：①高压电器；②低压电器；③半导体整流器和整流变压器；④电焊设备；⑤日用电器和插头插座；⑥电流互感器、限流电抗器和电瓷套管；⑦电工仪器和仪表；⑧电子直流稳压电源装置；⑨专用电器。

2. 本表不适用于下列设备和回路：①无线电通信用的接收、发送机和信号呼唤机的内部闭合回路；②计量、检测仪器和控制回路；③热继电器的热元件和熔断器的熔断片；④变压器和电磁铁的绕组。

3. 括号内的值，仅限于老产品使用。

第七节　电气信息结构文件

电气信息结构文件见表 3－23。

表 3－23		电气信息结构文件的文件种类	
	种　类		说　明
功能性文件	功能性简图	概略图	表示系统、分系统、装置、部件、设备、软件中各项目之间的主要关系和连接的相对简单的简图。在旧国家标准中称为系统图，现改用概略图这一术语更为确切。表示在过程流动线中主要包含非电气装置的一个系统的概略图，称为流程简图。概略图通常采用单线表示法，可作为教学、训练、操作和维修的基础文件 主要采用方框符号的概略图。旧国家标准中也称框图。在一些出版物中把框图称为"方框图"这是欠准确的 在地图上表示诸如发电厂、变电所和电力线、电信设备和传输线之类的电网的概略图，可称为网络图
		功能图	用理论的或理想的电路而不涉及实现方法来详细表示系统、分系统、装置、部件、设备、软件等功能的简图，称为功能图 用于分析和计算电路特性或状态的表示等效电路的功能图，也可称为等效电路图 主要使用二进制逻辑元件符号的功能图，称为逻辑功能图。先前称为"纯逻辑简图"，现被否定
		电路图	表示系统、分系统、装置、部件、设备软件等实际电路的简图，采用按功能排列的图形符号来表示各元件和连接关系，以表示功能而无需考虑项目的实体尺寸、形状或位置。电路图可为了解电路所起的作用、编制接线文件、测试和寻找故障、安装和维修等提供必要的信息
		端子功能图	表示功能单元的各端子接口连接和内部功能的一种简图。可以利用简化的（假如合适的话）电路图、功能图、功能表图、顺序表图或文字来表示其内部的功能
		程序图[表][清单]	详细表示程序单元、模块及其互连关系的简图[表][清单]，其布局应能清晰地识别其相互关系

续表

种 类			说　明
功能性文件	功能性表图	功能表图	用步或/和转换描述控制系统的功能、特性和状态的表图
		顺序表图[表]	表示系统各个单元工作次序或状态的图[表],各单元的工作或状态按一个方向排列,并在图上成直角绘出过程步骤或时间,如描述手动控制开关功能的表图
		时序图	按比例绘出时间轴的顺序表图
位置文件	总平面图		表示建筑工程服务网络、道路工程、相对于测定点的位置,地表资料、进入方式和工区总体布局的平面图
	安装图[平面图]		表示各项目安装位置的图
	安装简图		表示各项目之间连接的安装图
	装配图		通常按比例表示一组装配部件的空间位置和形状的图
	布置图		经简化或补充以给出某种特定目的所需信息的装配图
接线文件	接线图[表]		表示或列出一个装置或设备的连接关系的简图[表]
	单元接线图[表]		表示或列出一个结构单元内连接关系的接线图[表]
	互连接线图[表]		表示或列出不同结构单元之间连接关系的接线图[表]
	端子接线图[表]		表示或列出一个结构单元的端子和该端子上的外部连接(必要时包括内部接线)的接线图[表]
	电缆图[表][清单]		提供有关电缆,如导线的识别标记、两端位置以及特性、路径和功能(如有必要)等信息的简图[表][清单]
项目表	元件表、设备表[零件表]		表示构成一个组件(或分组件)的项目(零件、元件、软件、设备等)和参考文件(如有必要)的表格。IEC 62027:2000《零件表的编制》附录 A 对尚在使用的通用名称,例如设备表、项目表、组件明细表、材料清单、设备明细表、安装明细表、订货明细表、成套设备明细表、软件组装明细表、产品明细表、供货范围、目录、结构明细表、组件明细表、分组件明细表等建议使用"零件表"这一标准的文件种类名称,而以物体名称或成套设备名称作为文件标题
	备用元件表		表示用于防护和维修的项目(零件、元件、软件、散装材料等)的表格
说明文件	安装说明文件		给出有关一个系统、装置、设备或元件的安装条件以及供货、交付、卸货、安装和测试说明或信息的文件
	试运转说明文件		给出有关一个系统、装置、设备或元件试运行和起动时的初始调节、模拟方式、推荐的设定值以及为了实现开发和正常发挥功能所需采取的措施的说明或信息的文件
	使用说明文件		给出有关一个系统、装置、设备或元件的使用说明或信息的文件
	维修说明文件		给出有关一个系统、装置、设备或元件的维修程序的说明或信息的文件。例如维修或保养手册
	可靠性或可维修性说明文件		给出有关一个系统、装置、设备或元件的可靠性和可维修性方面的信息的文件
	其他文件		可能需要的其他文件,例如手册、指南、样本、图纸和文件清单

第八节　常用电气图形符号

常用电气图形符号见表3-24。

表 3-24　　　　常用电气图形符号(摘自 GB/T 4728.2～11—1998～2000)

图形符号	名称及说明	图形符号	名称及说明
(一)符号要素			
形式1　□ 形式2　▭ 形式3　○	物件,例如 ——设备 ——器件 ——功能单元 ——元件 ——功能 符号轮廓内应填入或加上适当的符号或代号,以表示物件的类别。如: 步进电动机一般符号 设计需要时,可采用其他形状的轮廓,如: 电铃	— — — — — — — — — —	边界线 用于表示物理上、机械上或功能上相互关联的对象组的边界 短长线可任意组合 (注:图框中套装的围框,需用双短长线绘制)
形式1　▭ 形式2　▭	外壳(球或箱)罩 如设计需要,可以采用其他形状的轮廓 如果罩具有特殊的防护功能,可加注以引起注意 若肯定不会引起混乱,外壳可省略。如外壳与其他物件有连接,则必须示出外壳。如: PNP 半导体管 集电极接管壳的 NPN 半导体管 必要时,外壳可断开画出	┌ ─ ─ ─ ┐ │ │ └ ─ ─ ─ ┘ 200% ⬚★	屏蔽 护罩 例如为了减弱电场或电磁场的穿透程度,屏蔽符号可以画成任何方便的形状。如: ——屏蔽导体 ——绕组间有屏蔽 的双绕组单相变压器 防止无意识直接接触通用符号 星号应由具备无意识直接接触防护的设备或器件的符号代替

44

续表

图形符号	名称及说明	图形符号	名称及说明
(二) 限定符号			
==	直流 电压可标注在符号右边，系统类型可标注在左边。如： 2/M == 220/110V 表示电压 220/110V 两线带中间线的直流系统	$I=0$	预调 允许调节的条件可标注在符号旁 示例：仅在电压等于零时才允许预调
∼	交流		步进动作 可加注数字以表示步进数
∼50Hz	频率值或频率范围可标注在符号的右边。如： 交流 50Hz	5	表示可步进调节 5 步
3/N∼400/230V50Hz	电压值可标注在符号右边相数和中性线存在时可标注在符号左边，如： 交流，三相带中性线 400V，相线和中性线间的电压为 230V，50Hz		连续可变性 示例：连续可变的预调
3/N∼50Hz/TN—S	标志系统，则要在符号上加上相应标志 示例交流，三相，50Hz，具有一个直接接地点且中性线与保护导体全部开的系统	G	自动控制 被控制量可标注在符号旁 示例：自动增益控制放大器
∼∼	具有交流分量的整流电流（当需要与整流并滤波的电流相区别时使用）	→	按箭头方向的单向力、单向直线运动
+	正极性	←→	双向力，双向直线运动 示例：滑臂 3 向端子 2 移动时频率增加
−	负极性		
N	中性（中性线）		
M	中间线		按箭头方向的单向环形运动、单向旋转、双向扭转
	可调节性，一般符号		双向环形运动、双向旋转、双向扭转
	非线性可调		两个方向均受到限制的双向环形运动、双向旋转、双向扭转
	可变性，内在的，一般符号		
	可变的、内在的、非线性		振动（摆动）

45

续表

图形符号	名称及说明	图形符号	名称及说明
（二）限定符号			
→—	单向传送，单向流动。例如能量、信号、信息	▭•	气体材料
→←—	同时双向传送 同时发送和接收	▭△	驻极体材料
←→	非同时双向传送 交替发送和接收	▭▷	半导体材料
▭	材料，未规定类型	▨	绝缘材料
▨	固体材料	┛	热效应
⌣	液体材料	﹜	电磁效应
（三）常用的其他符号			
形式 1 ------ ——→ - -↶- - -	连接，例如 ——机械的 ——气动的 ——液压的 ——光学的 ——功能的 示例：表示力或运动方向的机械连接 具有旋转方向指示的机械连接 当使用形式 1 符号太受限制时，使用此符号	├----	手动控制操作件，一般符号
		┟----	带有防止无意操作的手动控制操作件
		┒---	拉拔操作
		┌----	旋转操作
		E----	按动操作
形式 2 ═══		◇----	接近效应操作
- -◁- -	自动复位 三角指向复位方向	◈----	接触操作
- - -∨-	自锁 非自动复位，能保持给定位置的器件	○┤---	紧急操作，"蘑菇头"式的
- - -√-	脱开自锁	⊗---	手轮操作
- -˅-	进入自锁	✓---	脚踏式操作
- - -▽-	两器件间的机械连锁	⌐---	杠杆操作
-⌐┘-	脱扣的闭锁器件		
-⌐┐-	锁扣的闭锁器件	◇---	用可拆卸的手柄操作
- -▢-	阻塞器件	⌽	钥匙操作

续表

图形符号	名称及说明	图形符号	名称及说明
	（三）常用的其他符号		
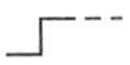	曲柄操作	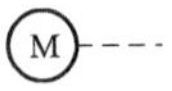 Ⓜ----	电动机操作
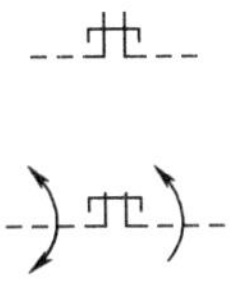	连接着的机械联轴器 示例： 旋轴用的单向联轴器自由滑轮	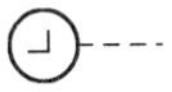 ⊙----	电钟操作
		◁----	半导体操作件
	制动器 示例： 带制动器并被制动的电动机 带制动器未制动的电动机	⊖-------	液压控制
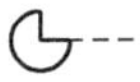		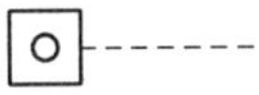 □-------	计数器控制
		⊥	接地，一般符号 地，一般符号
	滚子操作		抗干扰接地 无噪声接地
	凸轮操作		
	示例：仿型凸轮 仿型样板，仿型凸轮（展开图） 用仿型凸轮和滚子操作		保护接地
	贮存机械能操作		接机壳 接底板 如意思已很明确，则图中的影线可省略，此时表示机壳或底板的线条应加粗，如：
	单向作用的气动或液压操作		
	双向作用的气动或液压控制操作		故障（指明假定故障的位置）
	借助电磁效应操作		闪络 击穿
	电磁器件操作，如过电流保护		永久磁铁
	热器件操作，如过电流保护	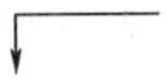	动（如滑动）触点

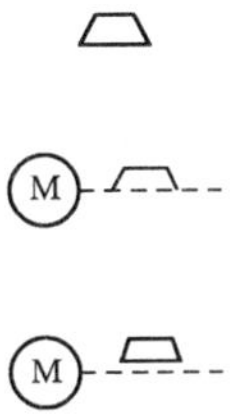

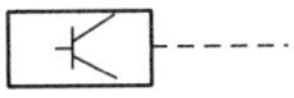

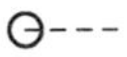

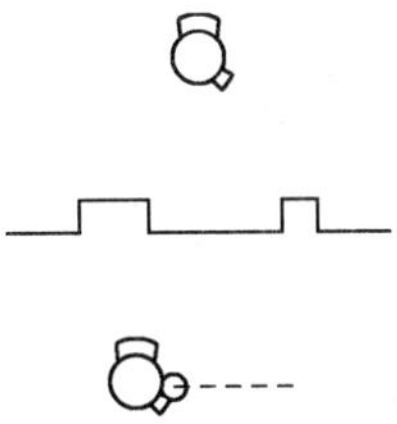

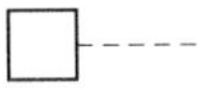

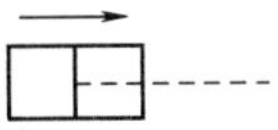

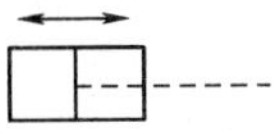

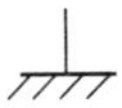

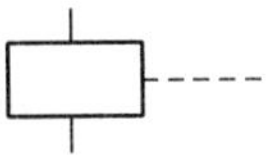

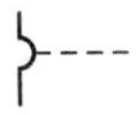

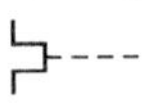

图形符号	名称及说明	图形符号	名称及说明
（四）导线和连接器件			
形式1 形式2 3 $=== 110V$ $2×120mm^2 Al$ $3/N-400/230V50Hz$ $3×120mm^2+1×50mm^2 Al$	连线、连接，连线组。如：导线、电缆、电线、传输通路等 　如用单线表示一组导线时,导线的数可标以相应数量的短斜线或一个短斜线后加导线的数字 　连线符号的长度取决于简图的布局 　示例：三根导线 　可标注附加信息,如： 　电流种类、配电系统、频率、电压、导线数、每根导线的截面积、导线材料的化学符号 　导线数后面标其截面积,并用"×"号隔开,若截面积不同时,应用"+"号分别将其隔开,电气信息量标在导线上方,导线结构量标在导线下方 　示例： 　直流电路,110V,两根120mm² 的铝导线 　三相电路,400/230V,50Hz,三根 120mm² 的导线,一根 50mm² 的中性线,均为铝导线	形式1 形式2	导线的双重连接 仅在设计认为必要时使用
			断开的连接片
			插头和插座式连接器如 U 连接　阳—阳
			阳—阴
			有插座的阳—阳
			电缆密封终端,表示带有一根三芯电缆
			电缆密封终端,表示带三根单芯电缆
n N	中性点 N n 星形连接导线数		直通接线盒,表示带有三根导线 多线表示
		3　　3	单线表示
形式1　　形式2	接通的连接片		电缆接线盒,表示带 T 形连接的三根导线 多线表示
●	连接,连接点		
○	端子	3　　3 3	单线表示
	端子板 可加端子标志		
形式1 形式2	T 形连接 在形式1符号中增加连接符号		电缆气闭套管,表示带三根电缆

续表

图形符号	名称及说明	图形符号	名称及说明
（五）基本无源元件			
1. 电阻器			
	电阻器，一般符号		带滑动触点和预调电位器
	可调电阻器		带固定抽头的电阻器示出两个抽头
	压敏电阻器 变阻器		分路器 带分流和分压端子的电阻器
	带滑动触点的电阻器		碳堆电阻器
	带滑动触点和断开位置的电阻器		电热元件
	带滑动触点的电位器		
2. 电容器			
	电容器，一般符号		热敏极性电容器
	穿心电容器，旁路电容器		压敏极性电容器
	极性电容器，例如电解电容		差动可调电容器
	可调电容器		定片分离可调电容器
	预调电容器		
3. 电感器			
	电感器,线圈,绕组,扼流圈		步进移动触点可变电感器
	示例:带磁芯的电感器		可变电感器
	磁芯有间隙的电感器		
	带磁芯连续可变电感器		带磁芯的同轴扼流圈
	带固定抽头的电感器,示出两个抽头		穿在导线上的铁氧体磁珠

续表

图形符号	名称及说明	图形符号	名称及说明

（五）基本无源元件

4. 铁氧体磁芯和磁存储器矩阵

	铁氧体磁芯		有五个绕组的铁氧体磁芯 可附加关于电流方向，电流对应的幅度及由剩磁状态所决定的逻辑状态方面的信息
或	磁通/电流方向指示符号 本符号表示一水平线垂直穿过磁芯，代表一个磁芯绕组，同时它还给出电流与磁通的方向关系		
	有一个绕组的铁氧体磁芯，斜线可视为反映电流与磁通方向关系的反射器，如下所示：磁通 电流 或 电流 磁通	n	一个有 n 匝绕组的铁氧体磁芯
			具有两个电极的压电晶体
			具有三个电极的压电晶体

（六）半导体管器件

	具有一处欧姆接触的半导体区，垂直线表示半导体区，水平线表示欧姆接触	θ	热敏二极管
形式1 形式2 形式3	具有多处欧姆接触的半导体区示出两处欧姆接触的例子		单向击穿二极管 电压调整二极管 齐纳二极管
	耗尽型器件导电沟道		双向击穿二极管
	增强型器件导电沟道		反向二极管（单隧道二极管）
	整流结		双向二极管
	用电场影响半导体层的结，例如在结型场效应半导体管中：P区影响N层 N区影响P层		表示绝缘栅场效应半导体管（IGFET）的沟道导电型 P型衬底上的N型沟道，示出耗尽型IGFET N型衬底上的P型沟道，示出增强型IGFET
	发光二极管（LED）一般符号		绝缘栅

续表

图形符号	名称及说明	图形符号	名称及说明
（六）半导体管器件			
	不同导电型区上的发射极 带箭头的斜线表示发射极 N 区上的 P 型发射极		不同导电型区上的集电极 斜线表示集电极
	N 区上的 n 个 P 型发射极		不同导电型区上的 n 个集电极
	P 区上的 N 型发射极		不同导电型区之间的转变，P 转 N 或 N 转 P，短斜线表示沿垂直线从 P 到 N 或从 N 到 P 的转变点。欧姆接触不应画在短斜线上
	P 区上的 n 个 N 型发射极		
（七）电能的发生与转换			
1. 绕组及其连接的限定符号			
	一个绕组 1. 独立绕组的个数应用短线的数目或在符号上加数字表示出来示例： 三个绕组 六个绕组 2. 独立绕组符号也可用于表示各种外部连接的绕组示例： 互不连接的三相绕组 m 个互不连接的 m 相绕组	Y	星形连接的三相绕组 本符号用加注数字表示相数，可用于表示星形连接的多相绕组
			中性点引出的星形连接的三相绕组
			曲折形成互连星形的三相绕组
			双三角形连接的六相绕组
	两相四端绕组		多边形连接的六相绕组
	两相绕组		星形连接的六相绕组
V	V 形（60°）连接的三相绕组		中性点引出的叉形连接的六相绕组
	中性点引出的四相绕组		
T	T 形连接的三相绕组	GS	中性点引出的星形连接的三相同步发电机
△	三角形连接的三相绕组 本符号用加注数字表示相数，可用于表示多边形连接的多相绕组	GS	每相绕组两端都引出的三相同步发电机
△	开口三角形连接的三相绕组		

续表

图形符号	名称及说明	图形符号	名称及说明
（七）电能的发生与转换			
1. 绕组及其连接的限定符号			
	三相并励同步旋转变流机		三相绕线式转子感应电动机
	三相鼠笼式感应电动机		有自动起动器的三相星形连接的感应电动机
	单相鼠笼式有分相绕组引出端的感应电动机		限于一个方向运动的三相直线感应电动机
2. 变压器和电抗器			
形式 1 形式 2 形式 3	双绕组变压器 瞬时电压的极性可以在形式 2 中表示，见形式 3 示例：示出瞬时电压极性的双绕组变压器，流入绕组标记端的瞬时电流产生助磁通	形式 1 形式 2	星形—三角形连接的三相变压器
	扼流圈 电抗器	形式 1	
形式 1 形式 2	电流互感器 脉冲变压器	形式 2	电压互感器

续表

图形符号	名称及说明	图形符号	名称及说明
(七)电能的发生与转换			
3. 电能变换器			
	直流/直流变换器		桥式全波整流器
	整流器		逆变器
4. 原电池、蓄电池和电池组			
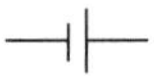	原电池 蓄电池 原电池或蓄电池组 长线代表阳极、短线代表阴极		
5. 电能发生器			
	电能发生器的一般符号 旋转的电能发生器用符号圆形Ⓖ	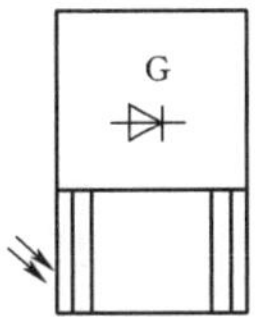	用非电离辐射热源的热离子二极管发生器
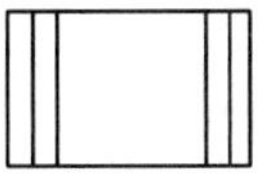	热源一般符号	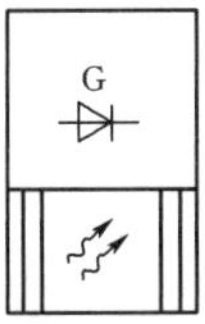	用放射性同位素热源的热离子二极管发生器
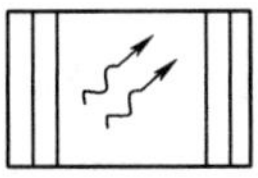	放射性同位素热源		
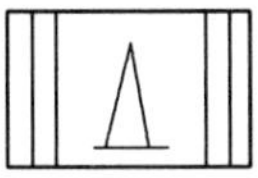	燃烧热源	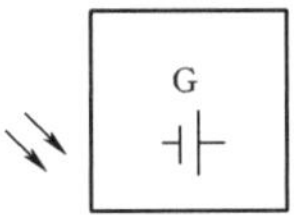	光电发生器
(八)开关、控制和保护装置			
1. 限定符号			
	接触器功能		位置开关功能: (1)当不需要表示接触的操作方法时,这个限定符号可用在简单的触点符号上,以表示位置开关。 (2)当在两个方向都用机械操作触点时,这个符号应加在触点符号的两边
×	断路器功能		
—	隔离开关功能		
	负荷开关功能		
■	由内装的测量继电器或脱扣器起动的自动释放功能		自动返回功能。例如:弹性返回 这个符号可用来指示自动返回

53

续表

图形符号	名称及说明	图形符号	名称及说明
		（八）开关、控制和保护装置	
		1. 限定符号	
○	无自动返回（保持原位）功能 这个符号可用来指示无自动返回功能。本规定实施时，它的使用应当标注	⊝→	开关的正向操作： （1）此符号应该用于指明一个机动装置的正向操作方向，在所示方向上是安全的或符合要求的。它表明操作确保所有的触点都在启动装置的相应位置 （2）如果触点表示连接，这个符号将适用于所有连接触点，除非另有说明
		2. 触点	
形式1 形式2	动合（常开）触点 本符号可用作开关的一般符号		（多触点组中）比其他触点提前释放的动断触点
			当操作器件被吸合时延时闭合的动合触点
	动断（常闭）触点		当操作器件被释放时延时断开的动合触点
			当操作器件被吸合时延时断开的动断触点
	先断后合的转换触点		当操作器件被释放时延时闭合的动断触点
	中间断开的双向转换触点		双动合触点
形式1 形式2	先合后断的转换触点		双动断触点
			当操作器件被吸合时，暂时闭合的过渡动合触点

续表

图形符号	名称及说明	图形符号	名称及说明
（八）开关、控制和保护装置			
2. 触点			
	当操作器件被释放时,暂时闭合的过渡动合触点		（多触点组中）比其他触点滞后释放的动断触点
	当操作器件被吸合或释放时,暂时闭合的过渡动合触点		当操作器件吸合时延时闭合。释放时延时断开的动合触点
	（多触点组中）比其他触点提前吸合的动合触点		有自动返回的动合触点
			无自动返回的动合触点
	（多触点组中）比其他触点滞后吸合的动合触点		有自动返回的动断触点
3. 开关、开关装置和起动器			
	手动操作开关一般符号		接触器 接触器的主动合触点（在非动作位置触点断开）
	具有动合触点且自动复位的按钮开关		具有由内装的测量继电器或脱扣器触发的自动释放功能的接触器
	具有动合触点且自动复位的拉拔开关		接触器 接触器的主动断触点
	具有动合触点但无自动复位的旋转开关		断路器
	具有正向操作的动合触点的按钮开关（如报警开关）		位置开关,动合触点
	具有正向操作的动断触点且有保持功能的紧急停车开关（操作"蘑菇头"）		位置开关,动断触点

55

续表

图形符号	名称及说明	图形符号	名称及说明
（八）开关、控制和保护装置			
3. 开关、开关装置和起动器			
	位置开关，对两个独立电路作双向机械操作		手工操作带有闭锁器件的隔离开关
	动断触点能正向断开操作的位置开关		三个动断主触点，具有正向断开操作而辅助动合触点无正向操作的开关
	热敏开关，动合触点 θ 可用动作温度代替		电动机启动器一般符号，特殊类型的启动器可在一般符号内加限定符号
	热敏开关，动断触点		步进启动器
	隔离开关		调节—启动器
	具有中间断开位置的双向隔离开关		可逆式电动机直接在线接触器式启动器
	负荷开关（负荷隔离开关）		星—三角启动器
			自耦变压器式启动器
	具有由内装的测量继电器或脱扣器触发的自动释放功能的负荷开关		带可控硅整流器的调节—启动器
4. 有或无继电器			
形式1 形式2	操作件一般符号 继电器线圈一般符号 具有几个绕组的操作器件，在符号内画同绕组数的斜线		缓慢吸合继电器的线圈
			缓吸缓放继电器的线圈

续表

图形符号	名称及说明	图形符号	名称及说明

（八）开关、控制和保护装置

5. 测量继电器和有关器件

图形符号	名称及说明	图形符号	名称及说明
※	测量继电器 与测量继电器有关的器件 (1)星号 ※ 必须由表示这个器件参数的一个或多个字母或限定符号按下述顺序代替： ——特性量和其变化方式 ——能量流动方向 ——整定范围 ——重整定比(复位比) ——延时作用 ——延时值 (2)特性量的文字符号应该和已有标准相一致 (3)类似的测量元件数量的数字可包括在此符号内 (4)此符号可作为整个器件的功能符号或仅表示器件的驱动元件	$I\leftarrow$	反向电流
		I_d	差动电流
		I_d/I	差动电流百分比
		$I \perp$	对地故障电流
		I_N	中性线电流
		I_{N-N}	两个多相系统中性线之间的电流
		P_α	相角为 α 时的功率
		⊣(	反延时特征
		$U=0$	零电压继电器
		$I\leftarrow$	逆电流继电器
U ⏚	对机壳故障电压	$P<$	负功率继电器
U_{rsd}	剩余电压		

6. 接近和接触敏感器件

图形符号	名称及说明	图形符号	名称及说明
◇	接近传感器	[◇	磁铁接近动作的接近开关,动合触点
◇ ◇ ⊣⊢	接近传感器器件方框符号操作方法可以表示出来 示例: 固体材料接近时操作的电容性的接近检测器	Fe ◇	铁接近时动作的接近开关,动断触点
K◇---	接触传感器	※	记录仪表 说明:同指示仪表
K◇	接触敏感开关动合触点	※	积算仪表,如电能表 说明:同指示仪表从积算仪表传输重复读数的遥测仪表也可使用本符号 本符号可以和记录仪表组合来表示组合仪表 符号顶部的矩形数表示多费率表所测的不同费率的数量
◇	接近开关动合触点		

续表

图形符号	名称及说明	图形符号	名称及说明
	(八)开关、控制和保护装置		
	6.接近和接触敏感器件		
W	记录式功率表	→Wh	从动电能表(转发器)
W | var	组合式记录功率表和无功功率表	→Wh	从动电能表(转发器),带有打印装置
⌇ (录波器符号)	录波器	Wh Pmax	带最大需量指示器电能表
h	小时计 计时器	Wh Pmax	带最大需量记录器电能表
Ah	安培小时计	varh	无功电能表
Wh	电能表(瓦时计)	⊗	灯,一般符号 信号灯,一般符号 如果要求指示颜色,则在靠近符号处标出下列代码: RD—红 YE—黄 GN—绿 BU—蓝 WH—白 如果要求指示灯类型,则在靠近符号处标出下列代码: Ne—氖 Xe—氙 Na—钠 ARC—弧光 Hg—汞 FL—荧光 I—碘 IR—红外线 IN—白炽 UV—紫外线 EL—电发光 LED—发光二极管
→Wh	电能表,仅测量单向传输能量		
→Wh	电能表,计算从母线流出的能量		
←Wh	电能表,计算流向母线的能量		
↔Wh	电能表,计算双向流动能量(输出或输入)		
Wh	复费率电能表,两个短线的是二费率电能表		
Wh P>	超量电能表		
Wh→	带发送器电能表		

图形符号	名称及说明	图形符号	名称及说明
（八）开关、控制和保护装置			
7. 保护器件			
	熔断器一般符号		熔断器式开关
	熔断器烧断后仍可使用，一端用粗线表示的熔断器		熔断器式隔离开关
	带机械连杆的熔断器（撞击式熔断器）		熔断器式负荷开关
	具有报警触点的三端熔断器		火花间隙
	具有独立报警电路的熔断器		双火花间隙
	任何一个撞击式熔断器熔断而自动释放的三极开关		避雷器
			保护用充气放电管
			保护用对称充气放电管
8. 其他符号			
	静态开关一般符号： 1. 用小圆表示的节点，不应加到本符号中 2. 可加入适当的限定符号，以表示静态开关的功能		静态开关，只能通过单向电流
	静态（半导体）接触器		静态继电器一般符号，示出了半导体动合触点 可加入用以表示驱动元件型号的限定符号

续表

图形符号	名称及说明	图形符号	名称及说明
		(九) 测量仪表、灯和信号器件	
✳	指示仪表 说明：星号应由被测量单位的文字符号、化学分子式、图形符号等代替		带指示灯的开关
V	电压表		单极限时开关
A $I\sin\varphi$	无功电流表		双极开关
W Pmax	一台积算仪表最大需求量指示器		多路单极开关（如用于不同照度）
var	无功功率表		两路单极开关
$\cos\varphi$	功率因数表		中间开关等效电路图
φ	相位计		调光器
Hz	频率计		单极拉线开关
	电信插座的一般符号 可用以下的文字或符号区别不同插座： TP—电话 FX—传真 M—传声器 ◁—扬声器 FM—调频 TV—电视 TX—电传		按钮
			带有指示灯的按钮
			防止无意操作的按钮（例如借助打碎玻璃罩等）
		t	限时设备 定时器
	开关，一般符号		定时开关

图形符号	名称及说明	图形符号	名称及说明
钥匙开关 看守系统装置		投光灯，一般符号	

（九）测量仪表、灯和信号器件

图形符号	名称及说明	图形符号	名称及说明
	钥匙开关 看守系统装置		投光灯，一般符号
	照明引出线位置，示出配线		聚光灯
	在墙上的照明引出线，示出来自左边的配线		泛光灯
	灯，一般符号		气体放电灯的辅助设备
	荧光灯，一般符号 发光体，一般符号		在专用电路上的事故照明灯
	示例： 三管荧光灯		自带电源的事故照明灯
	五管荧光灯		热水器，示出引线

（十）建筑安装平面布置图

1. 发电站和变电所

规划（设计）的	运行的		规划（设计）的	运行的	
		发电站			变电所、配电所
		水力发电站			风力发电场

2. 网络

图形符号	名称及说明	图形符号	名称及说明
	地下线路		过孔线路
	水下（海底）线路		具有埋入地下连接点的线路
	架空线路		具有充气或注油堵头的线路
	管道线路 附加信息可标注在管道线路的上方，如管孔的数量 示例： 6孔管道的线路		具有充气或注油截止阀的线路

续表

图形符号	名称及说明	图形符号	名称及说明
2. 网络			
	具有旁路的充气或注油堵头的线路		线路集中器 自动线路集中器。示出信号从左至右传输。左边较多线路集中,右边较少线路 示例:电线杆上的线路集中器
	电信线路上交流供电		
	电信线路上直流供电		防电缆蠕动装置 该符号应标在入口"蠕动"侧 示例: 示出防蠕动装置的入孔,该符号表示向左边的蠕动装置被制止
	地上防风雨罩的一般符号,罩内的装置可用限定符号或代号 示例:放大点在防风雨罩内		
			保护阳极 阳极材料的类型可用其化学字母来加注 示例: 镁保护阳极
	交接点 输入和输出可根据需要画出		
3. 音响和电视的分配系统			
	有天线引入的前端,示出一馈线支路 馈线支路可从圆的任何点上画出		
			主干桥式放大器,示出三个馈线支路
	无本地天线引入的前端,示出一个输入和一个输出通路		
	桥式放大器,示出具有三个支路或激励输出 (1)圆点表示较高电平的输出 (2)支路或激励输出可从符号斜边任何方便角度引出		(支路或激励馈线)末端放大器,示出一个激励馈线输出

第九节　电气设备、装置和元器件常用文字符号

电气设备、装置和元器件常用文字符号见表3-25、表3-26。

表 3-25　　　　　　　　　电气设备、装置和元器件常用基本文字符号

设备、装置和元器件种类	举例	单字母符号	双字母符号	设备、装置和元器件种类	举例	单字母符号	双字母符号
组件、部件	结构单元	A		电容器	电容器（组）	C	
	功能单元	A			辅助供电电源（电容储能）	C	
	功能组件	A		二进制元件 延迟元件 存储元件	单稳态逻辑元件	D	
	分离元件放大器	A			双稳态逻辑元件	D	
	磁放大器	A	AM		组合逻辑元件	D	
	激光器	A			数字集成电路和元件、插件	D	
	微波发射器	A			计算机	D	
	印制电路板	A	AP		存储器	D	
	电子管放大器	A	AV		延迟线	D	
	半导体管放大器	A	AT		寄存器	D	
	集成电路放大器	A	AJ		磁带记录机	D	
	控制屏台、控制器	A	AC		盘式记录机	D	
	支架盘	A	AR	其他元器件	本表其他地方未规定的器件	E	
	计算机终端	A			发热器件	E	EH
	发射/接收器	A			热元件	E	
	同步装置	A	AS		发光器件	E	
	抽屉柜	A	AD		照明灯	E	EL
	本表其他地方未提及的组件、部件	A			空气调节器	E	EV
非电量到电量变换器或电量到非电量变换器	热电传感器	B		直接动作式保护器件	过电压放电器件	F	
	热电池	B			放电器	F	FD
	光电池	B			放电间隙	F	FG
	测功计	B			避雷器	F	FL
	半导体换能器	B			具有瞬时动作的限流保护器件	F	FA
	送话器	B			具有延时动作的限流保护器件	F	FR
	拾音器	B					
	扬声器	B			具有延时和瞬时动作的限流保护器件	F	FS
	扩音机	B					
	耳机	B			熔断器	F	FU
	受话器	B			限压保护器件	F	FV
	自整角机	B		信号发生器 发电机电源	旋转发电机	G	
	旋转变压器	B			同步发电机	G	GS
	磁带或穿孔读出器	B			异步发电机	G	GA
	模拟和多级数字变换器或传感器（用作指示和测量）	B			蓄电池	G	GB
					旋转式或固定式变频机	G	GF
	压力变换器	B	BP		信号发生器	G	GS
	位置变换器	B	BQ		振荡器	G	
	旋转变换器（测速发电机）	B	BR		振荡晶体	G	
	温度变换器	B	BT		直流发电机	G	GD
	速度变换器	B	BV		交流发电机	G	GA

续表

设备、装置和元器件种类	举例	单字母符号	双字母符号	设备、装置和元器件种类	举例	单字母符号	双字母符号
信号发生器 发电机电源	永磁发电机	G	GM	模拟元件	模拟集成电路	N	
	水轮发电机	G	GH		运算放大器	N	
	汽轮发电机	G	GT		混合模拟/数字器件	N	
	风力发电机	G	GW		反馈控制器	N	NC
信号器件	声响指示器	H	HA		放大器	N	
	光指示器	H	HL		电压稳定器	N	
	指示灯	H	HL	测量设备 试验设备	测量仪表	P	
继电器 接触器	继电器	K			指示器件	P	
	中间继电器	K	KM		记录器件	P	
	瞬时接触继电器	K	KA		积算测量器件	P	
	瞬时有或无继电器	K	KA		示波器	P	
	交流继电器	K	KA		打印机	P	
	闭锁接触继电器(机械闭锁或永磁铁式有或无继电器)	K	KL		视频或字符显示单元	P	
	双稳态继电器	K	KL		电流表	P	PA
	继电器构成的功能单元	K			电压表	P	PV
	继电器保护装置	K			(脉冲)计数器	P	PC
	量度继电器	K			电能计量表	P	PJ
	机电继电器	K			记录仪器	P	PS
	静态继电器	K			时钟、操作时间表	P	PT
	控制继电器	K	KC	电力电路的开关器件	断路器	Q	QF
	时间继电器	K	KT		隔离开关	Q	QS
	信号继电器	K	KS		负荷开关	Q	QL
	极化继电器	K	KP		电动机起动器	Q	QS
	簧片继电器	K	KR		电动机保护开关	Q	QM
	频率继电器	K	KF		自动开关	Q	QA
	延时有或无继电器	K	KT		转换开关	Q	QC
	逆流继电器	K	KR		刀开关	Q	QK
	热继电器	K	KH		一次电路中的接触器	Q	QM
	接地继电器	K	KE	电阻器	电阻器	R	
	接触器(用于二次回路中)	K	KM		变阻器	R	
电感器 电抗器	感应线圈	L			分流器	R	
	线路陷波器	L			放电电阻	R	
	电抗器(并联和串联)	L			电位器	R	RP
	电感器、电抗器永磁铁	L			测量分路表	R	RS
	铁氧体	L			热敏电阻器	R	RT
电动机	电动机	M			压敏电阻器	R	RV
	力矩电动机	M	MT		起动电阻器	R	RS
	直流电动机	M	MD		制动电阻器	R	RB
	交流电动机	M	MA		频敏电阻器	R	RF
	同步电动机	M	MS		附加电阻器	R	RA

续表

设备、装置和 元器件种类	举例	单字母 符号	双字母 符号	设备、装置和 元器件种类	举例	单字母 符号	双字母 符号
控制、记忆、 信号电路的开 关器件选择器	拨号接触器	S		调制器 变换器	电码变换器	U	
	连接极	S			A/D 或 D/A 变换器	U	
	控制开关	S	SA		整流器	U	
	选择开关	S	SA		无功补偿器	U	
	按钮开关	S	SB		电动发电机组	U	
	终点开关	S	SE	电子管 晶体管	气体放电管	V	
	脚踏开关	S	SF		二极管	V	
	旋转开关	S	SR		晶体管	V	
	限位开关	S	SL		晶闸管	V	
	微动开关	S	SS		电子管	V	VE
	接近开关	S	SP		控制电路用电源的整流器	V	VC
	行程开关	S	ST	传输通道 波导天线	导线	W	
	触摸按钮	S	ST		电缆	W	
	机电式有或无传感器(单 级数字传感器)	S			母线	W	
	液体标高传感器	S	SL		波导	W	
	压力传感器	S	SP		波导定向耦合器	W	
	位置传感器(包括接近传 感器)	S	SQ		偶极天线	W	
	转数传感器	S	SR		抛物天线	W	
	温度传感器	S	ST	端子 插头 插座	连接插头和插座	X	
变压器	变压器	T			接线柱	X	
	电力变压器	T	TM		电缆封端和接头	X	
	信号变压器	T	TS		焊接端子板	X	
	DC/DC 变换器	T			连接片	X	XB
	自耦变压器	T	TA		测试插孔	X	XJ
	整流变压器	T	TR		插头	X	XP
	电炉变压器	T	TF		插座	X	XS
	磁稳压器	T	TS		端子板	X	XT
	电流互感器	T	TA	电气操作的 机械器件	气阀	Y	
	电压互感器	T	TV		电磁铁	Y	YA
	控制电路电源用变压器	T	TC		电磁制动器	Y	YB
调制器 变换器	鉴频器	U			电磁离合器	Y	YC
	解调器	U	UD		电磁吸盘	Y	YH
	变频器	U	UF		电动阀	Y	YM
	编码器	U			电磁阀	Y	YV
	变流器	U		终端设备 混合变压器 滤波器 均衡器 限幅器	电缆平衡网络	Z	
	逆变器	U			压缩扩展器	Z	
					晶体滤波器	Z	
					网络	Z	

注　1. 基本文字符号有单字母符号和双字母符号。单字母符号应优先采用。

　　2. 单字母符号是用拉丁字母将各种电气设备、装置和元器件划分为 3 大类,每一大类用一个专用单字母符号表示。如"R"表示电阻器类,"C"表示电容器类等。

表 3 - 26　　　　　　　电气设备、装置和元器件常用辅助文字符号

序号	文字符号	代表的功能、状态和特征	文字符号来源	序号	文字符号	代表的功能、状态和特征	文字符号来源
1	A	电流	Ampere	34	L	左	Left
2	A	模拟	Analog	35	L	限制	Limiting
3	AC	交流	Altemating current	36	L	低	Low
4	A AUT	自动	Automatic	37	LA	闭锁	Laching
				38	M	主	Main
5	ACC	加速	Accelerating	39	M	中	Medium
6	ADD	附加	Add	40	M	中间线	Mid-wire
7	ADJ	可调	Adjustability	41	M MAN	手动	Manual
8	AUX	辅助	Auxiliarv				
9	ASY	异步	Asynchronizing	42	N	中性线	Neutral
10	B BRK	制动	Braking	43	OFF	断开	Open,off
				44	ON	闭合	Close,on
11	BK	黑	Black	45	OUT	输出	Output
12	BL	蓝	Blue	46	P	压力	Pressure
13	BW	向后	Backward	47	P	保护	Protection
14	C	控制	Control	48	PE	保护接地	Protective earthing
15	CW	顺时针	Clockwise	49	PEN	保护接地与中性线共用	Protective earthing neutral
16	CCW	逆时针	Counter clockwise				
17	D	延时（延迟）	Delay	50	PU	保护不接地	Protective unearthing
18	D	差动	Differential	51	R	记录	Recording
19	D	数字	Digital	52	R	右	Right
20	D	降	Down,lower	53	R	反	Reverse
21	DC	直流	Diect current	54	RD	红	Red
22	DEC	减	Decrease	55	R RST	复位	Reset
23	E	接地	Earthing				
24	EM	紧急	Emergency	56	RES	备用	Reservation
25	F	快速	Fast	57	RUN	运转	Run
26	FB	反馈	Feedback	58	S	信号	Signal
27	FW	正、向前	Forward	59	ST	起动	Start
28	GN	绿	Green	60	S SET	置位,定位	Setting
29	H	高	High				
30	H	热	Heat	61	SAT	饱和	Saturate
31	IN	输入	Input	62	STE	步进	Stepping
32	INC	增	Increase	63	STP	停止	Stop
33	IND	感应	Induction	64	SYN	同步	Synchronzing
				65	T	温度	Temperature

续表

序号	文字符号	代表的功能、状态和特征	文字符号来源	序号	文字符号	代表的功能、状态和特征	文字符号来源
66	T	时间	Time	70	V	速度	Velocity
67	TE	无噪声（防干扰）接地	Noiseless earthing	71	V	电压	Voltage
68	UV	紫外线	Ultraviolet	72	WH	白	White
69	V	真空	Vacuum	73	YE	黄	Yellow

注 1. 辅助文字符号是用以表示电气设备、装置和元器件以及线路的功能、状态和特征的，如"SYN"表示同步，"L"表示限制等。

2. 辅助文字符号一般放在基本文字符号单字母的后边，合成双字母符号，如"Y"是表示电气操作的机械器件类的基本文字符号，"B"是表示制动的辅助文字符号，两者组合成"YB"，则成为电磁制动器的文字符号。若辅助文字符号由两个以上字母组成时，允许只采用其第一位字母进行组合，如"SYN"为同步，"M"表示电动机，"MS"表示同步电动机。辅助文字符号也可以单独使用，如"ON"表示闭合，"OFF"表示断开，"PE"表示接地保护等。

3. 双字母符号是由一个表示种类的单字母符号与另一个字母组成，其组合形式应以单字母符号在前，另一个字母在后。例如"GB"表示蓄电池，"G"为电源的单字母符号。只有当单字母符号不能满足要求需要进一步划分时才采用双字母符号，以便较详细地表述电气设备、装置和元器件。如"F"表示保护类器件，而"FU"表示熔断器，"FR"表示具有延时动作的限流保护器件等。双字母符号的第一位字母只允许按表3-28中的单字母所表示的种类使用，第二位字母通常选用该类设备、装置和元器件的英文名词的首位字母，或常用缩略或约定俗成的习惯用字母。例如"G"为电源单字母符号，"Synchronous generator"为同步发电机的英文名，"Asynchronous generator"为异步发电机的英文名，其双字母符号，分别为"GS"和"GA"。

第十节　常用电工材料

一、常用导电材料

常用导电材料见表3-27～表3-36。

表3-27　　　　　　　　　　**常用导电材料的分类及用途特点**

导电材料分类	用途特点
传送电流用导电材料	如导线，电缆、电磁线等，这类材料要求电阻低、机械强度高，用量大，一般用铜和铝
保护性导电材料	熔点较低的易熔金属，如铅、锡、锌和铅、镉、锡、铋等的合金，用作熔断器中的熔片或熔丝，以保护电器、线路等
碳石墨导电材料	用作电动机及发电机中的电刷
电阻材料	电阻率较大的金属和非金属导电材料，如铁、镍等金属、铁镍铬铝等几种金属按不同成分组成的各种合金、非金属导电材料碳等。用于制造电阻丝和电阻片，以供制作各种电阻器和变阻器

表 3-28　　　　　　　　　　　　　导电金属的特性和用途

金属名称	特　　性	用　　途
银	有最好的导电性和导热性,抗氧化性好,易压力加工,焊接性好	航空导线,耐高温导线、射频电缆等导体和镀层,瓷电容器极板等
铜	有好的导电性和导热性,良好的耐蚀性和焊接性,易压力加工	各种电线、电缆用导体,母线和载流零件等
金	导电性仅次于银和铜,抗氧化性特好,易压力加工	电子材料等特殊用途
铝	有良好的导电性、导热性、抗氧化性和耐蚀性,密度小,易压力加工	各种电线、电缆用导体,母线,载流零件和电缆护层等
钠	密度特小,延展性好,熔点低,活性大,易与水作用	有可能作实用的导体
钼	有高的硬度和抗拉强度,耐磨,熔点高,性脆,高温易氧化,需特殊加工	超高温导体,电焊机电极,电子管栅极丝及支架等
钨	抗拉强度和硬度很高,耐磨,熔点高,性脆,高温易氧化,需特殊加工	电光源灯丝,电子管灯丝及电极,超高温导体和电焊机电极等
锌	耐蚀性良好	导体保护层和干电池阴极等
镍	抗氧化性好,高温强度高,耐辐照性好	高温导体保护层,高温特殊导体,电子管阳极和阴极等零件
铁	机械强度高,易压力加工,电阻率比铜大 6~7 倍,交流损耗大,耐蚀性差	在输送功率不大的线路上作广播线、电话线和爆破线等
铂	抗氧化性和抗化学剂性特好,易压力加工	精密电表及电子仪器的零件等
锡	塑性高,耐蚀性好,强度和熔点低	导体保护层,焊料和熔丝等
铅	塑性高,耐蚀性好,密度大,熔点低	熔丝,蓄电池极板和电缆护层等
汞	液体,沸点为 357℃,加热易氧化,蒸汽对人体有害	汞弧整流器,汞灯和汞开关等

表 3-29　　　　　　　　　　　　　纯金属的导电性能

名称	符号	密度 (g/cm³)	熔点 (℃)	抗拉强度 (MPa)	电阻率 (20℃)(nΩ·m)	电阻温度系数 (20℃)(10⁻³℃)
银	Ag	10.50	961.93	156.8~176.4	15.9	3.80
铜	Cu	8.90	1084.5	196~215.6	16.9	3.93
金	Au	19.30	1064.43	127.4~137.2	24.0	3.40
铝	Al	2.70	660.37	68.6~78.4	26.5	4.23
钠	Na	0.97	97.8		46.0	5.40
钼	Mo	10.20	2620	686~980	47.7	3.30
钨	W	19.30	3387	980~1176	54.8	4.50
锌	Zn	7.14	419.58	107.8~147	61.0	3.70
镍	Ni	8.90	1455	392~490	69.0	6.0
铁	Fe	7.86	1541	245~323.4	97.8	5.0
铂	Pt	21.45	1772	137.2~156.8	105.0	3.0
锡	Sn	7.30	231.96	14.7~26.5	114.0	4.20
铅	Pb	11.37	327.5	9.8~29.4	219.0	3.90
汞	Hg	13.55	−38.87		958.0	0.89

表 3-30　　　常用导电材料的物理参数

名称	密度 (g/cm³)	20℃时电阻率 ρ (Ω·mm²/m)	平均电阻温度系数 α (由0~100℃)1℃	熔点 (℃)	名称	密度 (g/cm³)	20℃时电阻率 ρ (Ω·mm²/m)	平均电阻温度系数 α (由0~100℃)1℃	熔点 (℃)
铝	2.7	0.0283	0.004	657	铜	8.83	0.0172	0.00393	1083
青铜	8.8~8.9	0.055	0.004	900	锡	7.3	0.114	0.00438	232
钨	19.32	0.055	0.005	3300	铅	11.34	0.222	0.00387	327.4
黄铜	8.6	0.07	0.002	960	钢	7.8	0.15	0.00625	1400

注　平均电阻温度系数 α 为金属在 0~100℃ 的范围内,温度每升高 1℃ 时增加的电阻值百分数。

表 3-31　　　导电合金的名称及性能

合金名称	性能				
	电导率 (%IACS)[①]	抗拉强度 (MPa)	硬度 HB	延伸率 (%)	软化温度 (℃)
银铜(Cu-0.1Ag)	96	343~441	95~110	2~4	280
铁铜(Cu-0.1Fe-0.03P)	92	402~451	100~120	7~10	425
镉铜(Cu-1Cd)	85	588	100~115	2~6	280
铬铜(Cu-0.5Cr)	85	490	110~130	15	500
锆铜(Cu-0.2Zr)	90	392~471	120~130	10	480
铬锆铜(Cu-0.5Cr-0.15Zr)	80	539	140~160	10	520
镍硅铜(Cu-4Ni₂-Si)	55	588~686	150~180	6	450
钴铍铜(Cu-0.3Be-1.5Co)	50	735~883	210~240	5~10	400
铁钴锡铜(Cu-1.5Fe-0.8Co-0.6Sn)	50	588~686	150~180	5~10	475
铍铜(Cu-2Be-0.3Co)	22~25	1275~1442	350~420	1~2	400
钛铜(Cu-4.5Ti)	10	883~1079	300~350	2	450
镍锡铜(Cu-9Ni-6Sn)	11	1177~1373	350~400	2	450
锡磷青铜(Cu-7Sn-0.2P)	10~15	686~883	200~250	7	300
硅锰青铜(Cu-1Mn-3Si)	11~13	637~735	150~200	2~5	350
锌白铜(Cu-15Ni-20Zn)	8~10	785~922	230~270	2	300
铝镁硅(Al-0.5~0.9Mg-0.3~0.7Si)	>53	294~353		4	
铝镁(Al-0.65~0.9Mg)	53~56	226~255		2	
铝镁铁(Al-0.5~0.8Fe-0.2Mg)	58~61	113~127		>15	
铝锆(Al-0.1Zr)	58~60	177~186		2	
铝硅(Al-0.5~1Si)	50~53	255~324		0.5~1.5	

①　1913 年国际电工学会规定,退火工业纯铜在 20℃ 时的电阻率等于 17.241nΩ·m,为标准电导率,以 100%IACS 表示,IACS 即指国际退火工业纯铜标准。

表 3-32　　　常用裸电线的类别型号与名称

类别	型号	名称	类别	型号	名称
圆线同心绞架空导线	JL	铝绞线	电工圆铜线	TR	软圆铜线
	JLHA2	铝合金绞线		TY	硬圆铜线
	JL/G1A	钢芯铝绞线		TYT	特硬圆铜线
	JL/G1AF	防腐型钢芯铝绞线	电工圆铝杆	A,A2,A4, A6,A8	纯铝电工圆铝杆
	JLHA1/G1A	钢芯铝合金绞线			
	JL/LHA2	铝合金芯铝绞线		RE—A, RE—A2, RE—A4, RE—A6, RE—A8	稀土铝电工圆铝杆
	JL/LB1A	铝包钢芯铝绞线			
	JLHA2/LB1A	铝包钢芯铝合金绞线			
	JG1A	钢绞线			
	JLB1A	铝包钢绞线			

类　别	型　号	名　称	类　别	型　号	名　称
电工圆铝线	LR	软圆铝线	镀银软圆铜线	TRY	镀银软圆铜线（镀银铜线）
	LY4	H4 状态硬圆铝线	电工铜编织线	TZ—20	20 型斜纹铜编织线
	LY6	H6 状态硬圆铝线		TZ—15	15 型斜纹铜编织线
	LY8	H8 状态硬圆铝线		TZ—10	10 型斜纹铜编织线
	LY9	H9 状态硬圆铝线		TZQ	扬声器音圈用斜纹铜编织线
镀锡圆铜线（镀锡铜线）	TXR	镀锡软圆铜线		TZX—20	20 型斜纹镀锡铜编织线
	TXRH	可焊镀锡软圆铜线		TZX—15	15 型斜纹镀锡铜编织线
电工用铜、铝及其合金扁线	TBR	软铜扁线		TZX—10	10 型斜纹镀锡铜编织线
	TBY1	H1 状态硬铜扁线		TZXQ	扬声器音圈用镀锡斜纹铜编织线
	TBY2	H2 状态硬铜扁线		TZXP	屏蔽保护用镀锡斜纹铜编织线
	LBR	软铝扁线	电工铜编织线	TZZ—15	15 型直纹铜编织线
	LBY2	H2 状态硬铝扁线		TZZ—10	10 型直纹铜编织线
	LBY4	H4 状态硬铝扁线		TZZ—07	07 型直纹铜编织线
	LBY8	H8 状态硬铝扁线	架空绞线用硬铝线	LY9	硬拉硬圆铝线
	TDR	软铜带	架空绞线用铝—镁—硅系合金圆线	LHA1 注：A 为高强度系列 　B 为耐热系列 　C 为高强度耐热系列 　D 为高强度高导电率系列 　E 为耐腐蚀系列	架空绞线用高强度铝—镁—硅合金圆线
	TDY1	H1 状态硬铜带			
	TDY2	H2 状态硬铜带			
电工用铜、铝及其合金母线	TMR	软铜母线			
	TMY	硬铜母线			
	LMR	软铝母线			
	LMY	硬铝母线			
镀镍圆铜线	TRN	镀镍软圆铜线（镀镍铜线）			
电工软铜绞线	TJR1	1 型软铜绞线			
	TJR2	2 型软铜绞线			
	TJR3	3 型软铜绞线			
	TJRX1	1 型镀锡软铜绞线			
	TJRX2	2 型镀锡软铜绞线			
	TJRX3	3 型镀锡软铜绞线	电缆编织屏蔽用铝合金圆线	LHP1 注：性能代号 1 表示，抗拉强度 300MPa，伸长率 3%，电阻率 0.03284Ω·mm²/m 性能代号 2 表示，抗拉强度 220MPa，伸长率 6%，电阻率 0.05388Ω·mm²/m	第 1 种性能电缆编织屏蔽用铝合金圆线 第 2 种性能电缆编织屏蔽用铝合金圆线
	TTR	软铜天线			
	TS	铜电刷线			
	TSR	软铜电刷线			
	TSX	镀锡铜电刷线			
电力牵引用接触线	CTY	圆形铜接触线			
	CTG（G 省略）	双钩形铜接触线			
	CGLN	内包梯形钢，钢、铝复合接触线			
电力牵引用接触线	CGLW	外露异形钢，钢、铝复合接触线			
	CGLHD	内包钢单线，钢、铝及铝合金复合接触线			
	CGLHJ	内包钢绞线，钢、铝及铝合金复合接触线			
	CLHA	热处理铝镁硅稀土合金接触线			

续表

类　别	型　号	名　称	类　别	型　号	名　称
电工异型铜排及铜合金排	TPT	梯形铜排	电工用铝包钢线	LB1A（20SAA 型）	A 型 1 级铝包钢线
	TH11PT	一类梯形银铜合金排		LB1B（20SAB 型）	B 型 1 级铝包钢线
	TH12PT	二类梯形银铜合金排		LB2(27SA)	2 级铝包钢线
	TPQ	七边形铜排		LB3(30SA)	3 级铝包钢线
	TPA	凹形铜排		LB4(40SA)	4 级铝包钢线
	TH12PA	凹形银铜合金排		注：括号内的型号为 IEC 铝包钢线的等级，其相应的导电率为 20.3%,27%,30%,40%IACS（国际退火铜标准）	
	TPY	哑铃形铜排			

表 3 - 33　　　　　　　　各种规格导线的标称截面及根数直径

标称截面（mm²）	固定敷设用导线	固定敷设用柔软导线	移动设备用导线	特别柔软电线
	根数/单根直径(mm)			
0.2			7/0.20	12/0.15
0.3			7/0.23	16/0.15
0.4			7/0.26	23/0.15
0.5	1/0.80	7/0.30	7/0.30	28/0.15
0.6	1/0.90	7/0.32	19/0.20	34/0.15
0.7	—	—	—	40/0.15
0.8	1/1.00	7/0.39	19/0.23	45/0.15
1.0	1/1.13	7/0.43	19/0.26	32/0.20
1.5	1/1.37	7/0.52	19/0.32	48/0.20
2.0	1/1.60	7/0.60	49/0.23	64/0.20
2.5	1/1.73	19/0.41	49/0.26	77/0.20
3.0	1/2.00	19/0.45	49/0.28	98/0.20
4.0	1/2.24	19/0.52	77/0.26	126/0.20
5.0	1/2.50	19/0.58	98/0.26	154/0.20
6.0	1/2.73	19/0.64	77/0.32	189/0.20
8.0	7/1.20	19/0.74	98/0.32	259/0.20
10	7/1.33	49/0.52	126/0.33	323/0.20
16	7/1.70	49/0.64	209/0.32	513/0.20
25	7/2.12	98/0.58	209/0.39	798/0.20
35	7/2.50	133/0.58	285/0.39	1121/0.20
50	19/1.83	133/0.68	323/0.45	1596/0.20
70	19/2.14	189/0.68	444/0.45	999/0.30
95	19/2.50	259/0.68	592/0.45	1332/0.30
120	37/2.00	259/0.76	555/0.52	1702/0.30
150	37/2.24	336/0.74	703/0.52	2109/0.30
185	37/2.50	427/0.74	854/0.52	2590/0.30
240	61/2.24	427/0.85	1125/0.52	3360/0.30

表 3-34　　　　　　　　　　铜排、铝排的规格性能

尺　寸　(mm)		铜　　　排		铝　　　排	
厚度	宽度	允许电流(A)	质量(kg/m)	允许电流(A)	质量(kg/m)
20	3	275	0.53	215	0.16
25	3	340	0.67	265	0.20
30	4	475	1.07	365	0.32
40	4	625	1.42	480	0.43
40	5	700	1.78	540	0.54
50	5	860	2.22	665	0.68
50	6	955	2.67	740	0.81
60	6	1125	3.20	870	0.97
80	6	1480	4.27	1150	1.30
100	6	1810	5.33	1425	1.62
66	8	1320	4.27	1025	1.30
80	8	1690	5.69	1320	1.73
100	8	2080	7.11	1625	2.16
60	10	1475	5.33	1150	1.62
80	10	1900	6.71	1480	2.16
100	10	2400	8.89	1900	2.70

表 3-35　　　　　　　常用金属电阻材料的分类成分及用途

分类	成 分 及 用 途
康铜丝	以铜、镍为主要成分(镍与钴占 39%～41%、锰占 1%～2%、余量为铜),俗称冷阻丝。它具有较高的电阻系数和较低的电阻温度系数,一般用作起动、分流、调节电阻器和仪器仪表中的可变电阻等
新康铜丝	以铜、锰、铝、铁为主要成分(锰占 10.8%～12.5%、铝占 2.5%～4.5%、铁占 1%～1.6%、余量为铜),完全不用镍,是一种新型的电阻材料,因其性能与康铜丝基本相似,故称其为新康铜
锰铜丝	以锰、镍、铜为主要成分,具有较高的电阻系数和很小的电阻温度系数,与铜配对时的热电动势很小以及电阻长期稳定等特点。它主要用来制造精密测量仪器仪表中的电阻元件及分流器等
镍铬丝及铁铬铝丝	镍铬丝及铁铬铝丝由于具有高的电阻率及高温抗氧化性,除了可用作电阻材料外,还是目前主要的电热材料

表 3-36　　　　　　康铜、新康铜和锰铜丝的主要技术参数

项　目	单　位	性　能　参　数						
		康铜	新康铜	精密级锰铜			分流锰铜	
				0 级	1 级	2 级	F_1	F_2
熔点	℃	1260	970	960	960	960	960	960
密度	g/cm³	8.9	8	8.4	8.4	8.4	8.4	8.4
电阻系数 (20℃)	Ω·mm²/m	0.44～0.50	0.45～0.52	0.24～0.48	0.42～0.48	0.42～0.48	0.30～0.40	0.39～0.48
电阻温度系数 $\alpha \times 10^{-6}$/℃ $\beta \times 10^{-6}$/℃		≤30		-2～+2 0～-0.7	-3～+5 0～-0.7	-5～+10 0～-0.7	0～10 0～-0.25	0～40 0～-0.7
抗拉强度 软态硬态	N/mm²×10	40～60 ≥65	40～55	35～55 ≥65	35～55 ≥65	35～55 ≥65	40～55 ≥60	40～55 ≥60
与铜配对时的热电动势 (0～100℃)	μV/℃	-43		≤1	≤1	≤1.5	≤2	≤2
最高工作温度	℃	500	400	100	(0～50℃范围内则电阻率更为稳定)			

二、常用电热材料

常用电热材料见表3-37～表3-39。

表3-37　　　　　　　　　　　**常用电热材料的种类和特性**

类别		品　种	最高使用温度 (℃)	应　用　范　围	特　点
金属电热材料	铁基合金	1Cr13Al4 0Cr25Al5 0Cr13Al6Mo2 0Cr21Al6Nb 0Cr27Al7Mo2	950 1250 1250 1350 1400	应用广泛,适用于大部分中、高温工业电阻炉	电阻率比镍基类高,抗氧化性好;比重轻,价格较低;有磁性;高温强度不如镍基合金
	镍基合金	Cr15Ni60 Cr20Ni80 Cr30Ni70	1150 1200 1250	适用于 1000℃ 以下的中温电阻炉	高温强度高,加工性好,无磁性;价格较高,耐温较低
	重金属	钨 W 钼 Mo	2400 1800	适用于较高温度工业炉	价格较贵,须在惰性气体或在真空条件下使用
	贵金属	铂	1600	适用于特殊高温要求的加热炉	价格贵,可在空气中使用
非金属电热材料	石墨	C	3000	广泛应用于真空炉等高温设备	电阻温度系数大,需配调压器、须在真空或还原气氛中使用
	碳化硅	SiC	1450	常做成器件使用,需配调压器	高温强度高;硬而脆,易老化
	二硅化钼	MoSi2	1700	常做成器件使用,需配调压器	抗氧化性好,不易老化,耐急冷急热性差

注　利用电阻材料的电热效应是工业上获取热能的主要途径。电加热在加热工艺、热处理等领域得到广泛应用,如电阻炉、实验电炉和多种家用电热器。其优点是使用方便、干净无污染、热效率高、可进行局部加热并易于实现温度自动控制。目前工业上常用的电热材料可分为金属电热材料和非金属电热材料两大类,各大类又分为若干主要品种。

表3-38　　　　　　　　　　　**常用电热合金的技术参数**

性　能	镍铬合金		铁铬铝合金				铂	铝	钼	钨
	Cr20Ni80	Cr15Ni60	1Cr13Al4	0Cr13Al6Mo2	0Cr25Al5	0Cr27Al7Mo2				
密度(g/cm³)	8.4	8.2	7.4	7.2	7.1	7.1	21.5	10.2	16.6	19.3
线膨胀系数(20～1000℃)(×10⁻⁶/℃)	14	13	15.4	15.6	16	16	8.9	6.1	6.5	5.9
比热容[×4186.8J/(kg·℃)]	0.105	0.110	0.117	0.118	0.118	0.118	0.0317	0.075	0.034	0.034
传热系数[×1.163Ω/(m²·℃)]	14.4	10.8	12.6	11.7	11.0	10.8	59.4	126	46.8	111.5
熔点灼值(℃)	1400	1390	1450	1500	1500	1520	1773	2622	2996	3400
抗张强度(×10N·mm²)	65～80	65～80	60～75	70～85	65～80	70～80	16～18	80～120	30～45	110
伸长率(%)	≥20	≥20	≥12	≥12	≥12	≥10				
反复弯曲次数	—	—	≥5	≥5	≥5	≥5				
20℃时电阻率(Ω·mm²/m)	1.09±0.05	1.12±0.05	1.23±0.08	1.40±0.10	1.4±0.10	1.50±0.10	0.106	0.0563	0.124	0.0549

表 3-39　　　　　　　　　　　　　　电热材料的选用原则

选用原则	说　明
具有高的电阻系数	在相同功率下选用高电阻系数的电热材料耗材最省且可减小元件占据的空间。当流过的电流一定时能产生较高的热量
电阻温度系数要小	这样可提高电热材料在高温下工作的功率的稳定性;具有负值的电阻温度系数的材料还可减少材料在高温下因缺陷部分而引起的烧断事故
具有足够的耐热性	高温下不变形、不易挥发、不与炉衬和炉内气体发生化学反应,具有高温下足够的力学性能和化学稳定性
热膨胀系数不能太大	若高温下外形尺寸变化太大,易引起短路等故障
应具有良好的加工性能	便于加工成各种所需要的形状,同时铆、焊也要容易
材料来源及价格	我国的电热材料已形成完整的体系,铁铬铝系列的电热合金的工作温度可达 1400℃,能满足大部分工业热处理设备的需要,是我国电热材料的主体材料。因此应首选合金材料。纯金属与非金属材料的使用温度虽高于合金型材料,但需采取防氧化措施;另外使用时还需配以低电压大电流的调压装置,使设备费用增大

三、常用绝缘材料

常用绝缘材料见表 3-40~表 3-49。

表 3-40　　　　　　　　　　　　绝缘材料按化学性质分类及用途

分　类	用　途
无机绝缘材料	如云母、石棉、大理石、瓷器、玻璃、硫黄等,主要用于电机电器的绕组绝缘、开关的底板、绝缘子等
有机绝缘材料	如虫胶、树脂、橡胶、棉纱、纸、麻、蚕丝、人造丝、聚氯乙烯、聚乙烯、交联聚乙烯、SF_6 气体、绝缘油等,大部用以制造绝缘漆、绕组导线的被覆绝缘物以及在变压器和高压开关中起散热、绝缘、灭弧作用
混合绝缘材料	为以上两种材料经加工制成的各种成型绝缘材料,如:石棉纸、石棉布、人造云母板等。广泛用于电机和电器中

表 3-41　　　　　　　　　　　　　　绝缘材料的耐热等级

耐热等级	绝　缘　材　料	极限工作温度(℃)
Y	木材、棉花、纸、纤维等天然纺织品 以醋酸纤维和聚酰胺为基础的纺织品 易于热分解和熔化点较低的塑料(脲醛树脂)	90
A	工作于矿物油中的 Y 级材料 用油或油树脂复合胶浸过的 Y 级材料 漆包线、漆布、漆丝的绝缘及油性漆、沥青漆等	105
E	聚酯薄膜和 A 级材料复合、玻璃布、油性树脂漆 聚乙烯醇缩醛高强度漆包线、乙酸乙烯耐热漆包线	120
B	聚酯薄膜、经合适树脂粘合式浸涂覆的云母、玻璃纤维、石棉等制品 聚酯漆、聚酯漆包线	130
F	以有机纤维材料补强和石棉带补强的云母片制品、玻璃丝和石棉、玻璃漆布、 以玻璃丝布和石棉纤维为基础的层压制品 以无机材料作补强和石棉带补强的云母粉制品 化学热稳定性较好的聚酯和醇酸类材料、复合硅有机聚酯漆	155

续表

耐热等级	绝 缘 材 料	极限工作温度（℃）
H	无补强或以无机材料为补强的云母制品、加厚的 F 级材料、复合云母、有机硅云母制品、硅有机漆、硅有机橡胶聚酰亚胺复合玻璃布、复合薄膜、聚酰亚胺漆等	180
C	不采用任何有机粘合剂及浸渍剂的无机物，如：石英、石棉、云母、玻璃和电瓷材料等	180 以上

注 C 级绝缘的极限工作温度的具体数值，应根据不同的物理、机械、化学和电气性能确定之。

表 3 - 42　　　　　　　　　　矿物油的分类与性能

性　能		变压器油			电容器油		电缆油	
		10 号	25 号	45 号	1 号	2 号	高压充油	35kV 油
运动黏度(×10⁻⁶m²/s)	20℃	≤30	≤30	≤30	30～45	37～45	8～18	—
	50℃	7.5～9.6	8.5～9.6	6～9.6	9～12	9～12	3.5～6	—
闪点(闭口杯)(℃)不低于		135	135	135	135	135	125	250
凝点(℃)不高于		—10	—25	—45	—45	—45	—60	—12
酸值(mgKOH/g)不大于		0.03	0.03	0.03	0.02	0.02	0.008	0.01
灰分(%)不大于		0.005	0.005	0.005	0.005	0.004		
体积电阻率(cΩ·m)	20℃	—	—	—	—	10^{14}～10^{15}		
	100℃	—	—	—	—	≥10^{13}		
介质损耗角正切×10⁻³	20℃	≤5	0.5～5	5(70℃)	≤5	≤5	≤1.5	10～13
(50Hz)	100℃	2.5～25	1～25		≤2①	≤2①		
介电常数(50Hz)	20℃					2.1～2.3		
介电强度(kV/mm)	20℃	16～18	18～21		20～23	20～23	≥20	14～16

注 25 号变压器油是配电变压器中最常用的变压器油，它应符合表中所列的各项性能品质指标。由于变压器油在运行中经常受到水分、温度、金属、机械混杂物、光线和设备清洗干净程度等外界因素的影响，会使其劣化而影响设备安全运行。因此，应注意对变压器中变压器油的观测，必要时予以过滤或更换。

① 在 10^3 Hz 下。

表 3 - 43　　　　　　　　　　合成油的分类与性能

性　能		烷基苯	苯基二甲基乙烷(PXE)	烷基萘	异丙基联苯(MIPB)	苯甲基硅油	聚丁烯	三氯联苯(PCB)
运动黏度(×10⁻⁶m²/s)	20℃	6.5～8.5	—	3.2(30℃)	—	100～200(25℃)	13820	—
	50℃	3～4	—	—	5.3(40℃)	—	—	—
闪点(闭口杯)(℃)不低于		125	148	154	142	280②	165②	173②
凝点(℃)不高于		—65			—48	—40	—10	—23
酸值(mgKOH/g)不大于		0.008					0.3	0.0025
体积电阻率(cΩ·m)	100℃	—	2.5×10^{14}①	2.5×10^{14}①	3.7×10^{14}	≥10^{14}	≥10^{14}	8×10^{12}
介质损耗角正切(×10⁻³)		30～40	30①	30①	40	≤20①	≤50①	300
(50Hz)	100℃							
介电常数(50Hz)	20℃	2.2	2.5	2.5	2.5～2.6	2.6～2.8	2.1～2.3	4.6～4.7
介电强度(kV/mm)	20℃	≥24	37	—	≥24	35～40	35～50	5.9

① 在 80℃ 下。

② 开口杯。

表 3－44　　　　　　　　　　　　常用电工薄膜的特性和用途

品　种	特　　　　　性	用　　　　途
聚丙烯薄膜	具有较高电气性能、机械性能和化学稳定性,介质损耗比电容较低,浸渍性能较差	可用作电容器介质
聚酯薄膜（涤纶薄膜）	具有较高的抗张强度,较高的绝缘电阻和击穿强度,易醇解和水解,耐碱性和耐电晕性差	可用作低压电机、电器线圈匝间、端部包扎绝缘,衬垫绝缘,电磁线绕包绝缘,E 级电机槽绝缘和电容器介质
聚萘酯薄膜	耐气候性优良,弹性好,易水解但比聚酯薄膜慢	可用作 F 级电机槽绝缘、导线绕包绝缘和线圈端部绝缘
芳香簇聚酰胺薄膜	耐溶剂性好,具有一定电气和机械性能,耐变压器油性能好	可用作 F、H 级电机槽绝缘
聚酰亚胺薄膜	能耐所有的有机溶剂和酸,不耐强碱,不推荐油中使用,有较好的耐磨、耐电弧、辐照性能	可用作 H 级电机、微电机槽绝缘,电机,电器绕组和起重电磁铁外包绝缘以及导线绕包绝缘
聚四氟乙烯薄膜	具有很高的耐热耐寒性能。超过 300℃ 性能下降。有良好的电气及化学稳定性,在电弧作用下不碳化此种薄膜不易粘结	可用作工作温度为 －60～250℃ 电容器介质,电器、仪表、无线电装置的层间衬垫绝缘和耐热电磁铁、安装线、耐热电缆、耐热导线绝缘
全氟乙丙烯薄膜	具有优良的高频特性,介质损耗小,吸湿性小,化学稳定性好,在高温高压下可自粘或与其他材料粘结	可用作电线、同轴电缆的包覆层和印制电路板
聚苯乙烯薄膜	有良好的电气性能,介质损耗小,耐热性和柔软性差,抗冲击、抗撕裂强度低	可用作高频电信电缆绝缘和电容器介质
聚乙烯薄膜	机械性能和耐热性较差,长期工作温度为 70℃	可用作电信电缆绝缘及工作温度不超过 70℃ 的电缆绝缘护层

表 3－45　　　　　　　　　　　　漆管的技术性能、特性和用途

品　种	型号	耐热等级	常态	缠绕后	受潮后	热态	特　性　和　用　途
			\<多列标题\>击穿电压(kV)				
油性漆管	2710	A	5～7	2～6	1.5～5	—	具有良好的电气性能和弹性,但耐热性、耐潮性、耐霉性差。可作电机、电器、仪表等设备的引出线和连接线绝缘
油性玻璃漆管	2714	E	＞5	＞2	＞2.5	—	
聚氨酯涤纶漆管	—	E	3～5	2.5～3	2～4	3～5(105℃)	具有良好的弹性和一定的电气性能和机械性能。适用于电机、电器、仪表等设备的引出线和连接线绝缘
醇酸玻璃漆管	2730	B	5～7	2～6	2.5～5	—	具有良好的电气性能和机械性能,耐油和耐热性好,但弹性稍差。可代替油性漆管作电机、电器、仪表等设备引出线和连接线绝缘
聚氯乙烯玻璃漆管	2731	B	5～7	4～6	2.5～4	—	具有优良的弹性和一定的电气性能、机械性能和耐化学性。适于作电机、电器、仪表等设备的引出线和连接线绝缘
有机硅玻璃漆管	2750	H	4～7	1.5～4	2～6	—	具有较高的耐热性和耐潮性,良好的电气性能。适于作 H 级电机、电器等设备的引出线和连接线绝缘
硅橡胶玻璃丝管	2751	H	4～9	—	2～7	3～7(180℃)	具有优良的弹性、耐热性和耐寒性,电气性能和机械性能良好。适用于在 －60～180℃ 工作的电机、电器和仪表等设备的引出线和连线绝缘

注　各种漆管储存期 6 个月。

表 3－46　　　　　　　　　　　　　层压管的品种、特性和用途

品　　种	型号	耐热等级	特　性　和　用　途
酚醛纸管	3520	E	电气性能好。适于作电机、电器绝缘结构件。可在变压器油中使用
	3522	E	电气性能好，介质损耗较小。适于作无线电和电信装置中的绝缘结构件
	3523	E	具有良好的机械加工性。适于作电机、电器绝缘结构件，可在变压器油中使用
酚醛布管	3526	E	具有较高的机械强度和一定的电气性能。适用于作电机、电器绝缘结构件，可在变压器油中使用
环氧酚醛玻璃布管	3640	B、F	具有高的电气性能和机械强度，耐潮性和耐热性较好。适于作电机、电器绝缘结构件，可在高电场强度、潮湿环境或变压器油中使用
有机硅玻璃布管	3650	H	具有高的耐热性，耐潮性好。适于作 H 级电机、电器绝缘结构件

表 3－47　　　　　　　　　　　　　层压板和品种、特性和用途

品　　种	型号	耐热等级	特　性　和　用　途
酚醛层压纸板	3020	E	具有高的介电性能，耐油性好。适用于电器设备中作绝缘结构件，可在变压器油中使用
	3021	E	耐油。机械强度高。适用于变压器油中以及电气设备中作绝缘结构件
	3022	E	有较高耐潮性。适用于高湿度环境下工作的电气设备中作绝缘结构件
	3023	E	介质损耗小。用作无线电、电话及高频设备中的绝缘结构件
酚醛层压布板	3025	E	机械强度高。适用于电器设备中的绝缘结构件，并可在变压器油中应用
	3027	E	吸水性小，介电性能好。适用于高频无线电装置中作绝缘结构件
酚醛层压玻璃布板	3230	B	机械性能、耐水和耐热性比层压纸、布板好，但粘合强度低。适用作电工设备中的绝缘结构件，并可在变压器油中使用
苯胺酚醛层压玻璃布板	3231	B	电气性能和机械性能比酚醛玻璃板好，粘合强度与布板相近。可代替布板用作电机、电器中的绝缘结构件
环氧酚醛层压玻璃布板	3240	B	具有高的机械性能、介电性能和耐水性。适用于电机、电器设备中作绝缘结构零部件，可在变压器油中的潮湿条件下使用
有机硅环氧层压玻璃布板	3250	H	具有较高的耐热性、机械性能和介电性能。适用于热带型电机、电器中作绝缘结构件使用
有机硅层压玻璃布板	3251	H	耐热性好，其机械强度稍低于 3250 板，适用于耐热 180℃ 及热带型电机、电器中作绝缘结构零部件使用
聚酰亚胺层压玻璃布板		C	具有很好的耐热性、耐辐照。用作 H 级电机、电器的绝缘结构件
聚二苯醚层压玻璃布板		H	具有优良的耐热性和机械性能，耐辐照，耐腐蚀，能熄灭电弧。适于作 H 级电机、电器绝缘结构件
酚醛纸复铜箔板	3420（双面）3421（单面）	E	具有高的抗剥性能，较好的机械性能和电气性能、机械加工性能。适用作无线电、电子设备和其他电器设备中的印刷电路板
环氧酚醛玻璃布复铜箔板	3440（双面）3441（单面）	F	具有较高的抗剥性能和机械强度，电气性能和耐水性好。用于制造工作温度较高的无线电、电子设备及其他设备中的印制电路板
防电晕环氧玻璃布板		F	具有较稳定的低电阻，适于作高压电机槽部的防晕材料

表 3-48　　　　　　　　　　绑扎带的品种和技术性能

性能 ＼ 品种	聚酯绑扎带	环氧绑扎带	聚芳烷基醚酚绑扎带	聚胺—酰亚胺绑扎带
胶含量(%)	27±3	25±2	27±3	30±3
其中可熔性树脂占总胶量(%)	97	93	—	—
挥发物(%)	3±0.5	3±0.5	—	—
环抗张力(N/cm²)常态	80000~110000	90000~124000	—	>60000
环抗张力(N/cm²)热态	保留 60%~65% (130℃)	保留 60%~65% (130℃)	>6000 (180℃)	>5000 (180℃)
耐热等级	B	F	H	H
储存期(月)常态	3	—	3	1
5℃	—	1	—	—
工作预热温度(℃)	80~100	80~100	—	80~100
缠绕拉力(N/cm)	140~200	140~200	140~200	140~200
烘焙固化工艺温度和时间(℃/h)	①80~90/2 ②110~120/2 ③130~140/17~20	①80~90/2 ②110~120/2 ③130~155/17~20	①80~90/2 ②140/2 ③160/2 ④180/15~16	①80/2 ②100~120/4 ③160/2 ④180/2 ⑤200/2

表 3-49　　　　　　　　常用粘带的品种、技术性能、特性和用途

品种		厚度(mm)	抗张强度(N/mm)(纵向)	延伸率(%)(纵向)	击穿强度(kV/mm)			体积电阻率(cΩ·m)			介质损耗角正切(10⁶Hz)	特性和用途
					常态	受潮后	热态	常态	受潮后	热态		
薄膜粘带	聚乙烯薄膜粘带	0.22~0.26	12.5~15.6	4600~4800	>30	—	—	10¹³~10¹⁶	—	—	0.02~0.03	有一定的电气性能和机械性能,柔软性好,粘结力较强,但耐热性低于 Y 级。可用于一般电线接头包扎绝缘
	聚乙烯薄膜纸粘带	0.10	60	—	>10	—	—	—	—	—	—	包扎服贴,使用方便。可代替黑胶布带作电线接头包扎绝缘
	聚氯乙烯薄膜粘带	0.14~0.19			>10							性能与聚乙烯薄膜贴带相似。供作电压 500~6000V 电线接头包扎绝缘
	聚酯薄膜粘带	0.055~0.17	—		>100							耐热性较好,机械强度高。可用作半导体器件密封绝缘和电机线圈绝缘
	聚酰亚胺薄膜粘带	0.045~0.07	108~125	250~450	190~210	120~150	130~150(180℃)	>10¹⁵	>10¹⁵	>10¹²(180℃)	0.003	电气、机械、耐热性优良,成型温度较高(180~200℃)。可作 H 级电机线圈和槽绝缘
	聚酰亚胺薄膜粘带	0.05	90~100	400~500	>120		80(180℃)	>10¹⁶		>10¹⁵(180℃)	0.001	同上,但成型温度更高(300℃以上)。可用于 H 级或 C 级电机,潜油电机线圈绝缘或槽绝缘

续表

品种		厚度 (mm)	抗张强度 (N/mm) (纵向)	延伸率 (%) (纵向)	击穿强度 (kV/mm)			体积电阻率 (cΩ·m)			介质损耗 角正切 (10^6Hz)	特性和用途
					常态	受潮后	热态	常态	受潮后	热态		
织物粘带	环氧玻璃粘带	0.17	抗张力 >120N	—	击穿电压 >6kV	弯折后 3.8	—	> 10^{14}	> 10^{13}	> 10^{12} (130℃)	—	具有较高的电气和机械性能。供作变压器铁芯绑扎材料,属B级绝缘
	硅橡胶玻璃粘带	—	抗张力>120N	—	击穿电压 3~5kV	—	—	10^{13}~ 10^{14}	10^{12}~ 10^{13}			同上,但柔软性较好
无底材粘带	自粘性硅橡胶三角带	—	5~8	360~500	20~30	—	—	10^{14}~ 10^{15}			0.0014~0.01	具有耐热、耐潮、抗振动、耐化学腐蚀等特性;抗张强度较低。适用于半叠包法作高压电机线圈绝缘
	自粘性丁基橡胶带	—	>1.5	>4000	>20	—	—	10^{15}			0.02	有硫化型、非硫化型两种。胶带弹性好,伸缩性大,包扎紧密性好,主要用于电力电缆连接和端头包扎绝缘

四、电磁线

电磁线产品型号中文字代号的含义见表3-50。

表3-50 电磁线产品型号中文字代号的含义

类别(以绝缘层区分)				导体		派生
绝缘漆	绝缘纤维	其他绝缘层	绝缘特性	导体材料	导体特征	
Q—油性漆	M—棉纱	B—玻璃膜	B—编织	T—铜线	B—扁线	1—第一种
QA—聚氨酯漆	SB—玻璃丝	V—聚氯乙烯	C—醇酸浸渍	L—铝线	D—带箔	2—第二种
QC—硅有机漆	SR—人造丝	YM—氧化膜	E—双层	TWC—无磁性铜	J—绞制	3—第三种
QH—环氧素漆	ST—天然丝		G—硅有机浸渍		R—柔软	
QQ—缩醛漆	Z—纸		J—加厚			
QXY—聚酰胺酰亚胺漆			N—自粘性			
QY—聚酰亚胺漆			N·F—耐冷冻			
QZ—聚酯漆			S—三层彩色			

注 1. 电磁线是在金属线材上被覆盖绝缘层的导线,广泛用来绕制电机、电器、电信设备、仪器仪表等产品中的绕组或线圈。电磁线分为漆包线、绕包线、无机绝缘电磁线和特种电磁线四大类。

2. 表中的字母是汉语拼音字母,是中文汉语拼音的字头组合。

五、磁性材料

磁性材料的特点和用途见表 3-51～表 3-55。

表 3-51　　　　　　　　　　　　　磁性材料的种类特点和用途

类别	主要品种	磁性能特点	用途
软磁材料	电工用纯铁	具有高的饱和磁感应强度、高的磁导率和低的矫顽力。纯度越高，磁性能越好	继电器铁芯、电磁铁磁轭，一般在直流或低频下使用
	低碳钢片（无硅钢片）	磁导率高，矫顽力低，易于饱和	用作家用电器中的小电机、小变压器等的铁芯
	硅钢片（电工钢片）	在铁内加入少量的硅冶炼而成，磁性能较好	用于电力变压器、电机、互感器铁芯
	铁镍合金	详见表 3-52	
	铁铝合金	详见表 3-53	
	铁氧体软磁材料	详见表 3-54	
永磁材料（硬磁材料）	铝镍钴合金	组织结构稳定，具有优良的磁性能，矫顽力大，剩磁较大，最大磁能积较大，有较低的温度系数，是磁性能较优的一种永磁材料	用于能产生恒定磁通的磁路中，作为磁场源
	铁氧体永磁材料	以氧化铁为主，不含镍、钴等贵重金属，价廉，材料的矫顽力高，电阻率高。缺点是剩磁感应强度较低，温度系数较大	用于各种永磁式电机，在许多方面可以取代铝镍钴永磁材料

表 3-52　　　　　　　　　　　　　铁镍合金的牌号和特性用途

类别	牌号	特性	用途举例
高矩形系数	1J51 1J52 1J34	B_s 高，H_c 大，μ 较低，具有矩形的磁滞回线	中小功率磁放大器，双极性脉冲变压器，磁调制器，直流电压变换器和记忆元件
高磁感应强度	1J50 1J54 1J46	非取向材料，具有较高的 B_s 值，μ 低，H_c 值较大	中小功率电源变压器，扼流圈，微型电机铁芯
高磁导率	1J79 1J80 1J83 1J76	具有高的 μ_i 和 μ_m，低的 H_c、B_s	弱磁场下应用的高灵敏小型功率变压器、零序电源互感器、小功率磁放大器、高频电源、精密电表中的动定铁片
高初磁导率	1J85 1J86 1J77	具有最高的 μ_i 及相当高的 μ_m 极低的 H_c，低的 B_s，低的损耗值	
超薄带	1J79	有较高的矩形比值，较低的 H_c，开关系数小	磁带机、数字电压表、数字电路和脉冲电路的开关元件，各种高频变压器

表 3－53 　　　　　　　　铁铝合金的牌号和特性用途

牌号	含铝量范围（%）	特　性	主　要　用　途
1J6	5.5～6.0	在铁铝合金中有最高的饱和磁感应强度，其磁性能不如硅钢片，但有较好的耐腐蚀性	微电机、电磁阀等的铁芯
1J12	11.6～12.4	其 μ 和 B_s，介于 1J6 与 1J16 之间，性能与 1J50 相近，有高的电阻率，抗应力，耐辐射等	控制微电机、中小功率音频变压器、脉冲变压器和继电器等铁芯
1J13	12.8～14.0	与纯镍比，其 B_s 高，H_c 低，饱和磁致伸缩系数相近，但抗腐蚀性不如纯镍	水声和超声器件，如超声清洗、超声探伤、研磨、焊接等器件
1J16	15.5～16.3	在铁铝合金中，它的 μ 最高，H_c 最低，但 B_s 不高	在低磁场下工作的小功率变压器、磁放大器、互感器、磁屏蔽等

表 3－54 　　　　　　　部分铁氧体软磁材料的牌号和性能用途

牌号	初磁导率 μ_i（$\times 4\pi \times 10^{-7}$H/m）	饱和磁感应强度 B_s（T）	矫顽力 H_c（A/m）	居里点 T_c（℃）	电阻率 ρ（Ω/m）	适应频率 f（MHz）	主要用途
R20	20	0.30	1200	350	10^4	80	磁芯
R60	60	0.35	320	300	10^3	12	磁棒
R100	100	0.25	240	250	10^3	0.5～12	磁棒
R200	200	0.26	120	200	10^3	≤5	小电器
R1K	1000	0.34	32	150	1	0.5	变压
R6K	6000	0.32	20	100	10～1	0.2	变压
R10K	10000	0.32	12	85	10～1	0.1	变压

表 3－55 　　　　　　　　硅钢片的牌号和应用范围

分　类		牌　号	厚度（mm）	应　用　范　围
热扎硅钢片	热扎电机钢片	DR1200—100 DR740—50 DR1100—100 DR650—50	1.0、0.50	中小型发电机和电动机
		DR610—50 DR530—50 DR510—50 DR490—50	0.5	要求损耗小的发电机和电动机
		DR440—50 DR400—50	0.5	中小型发电机和电动机
		DR360—50 DR315—50 DR290—50 DR265—50	0.5	控制微电机、大型汽轮发电机
	热扎变压器钢片	DR360—35 DR320—35	0.35	电焊变压器、扼流圈
		DR320—35 DR280—35 DR250—35 DR360—50 DR315—50 DR290—35	0.35 0.50	电抗器和电感线圈

续表

分类			牌　号	厚度(mm)	应用范围
冷轧硅钢片	无取向	电机用	DW530—50 DW470—50	0.50	大型直流电机、大中小型交流电机
			DW360—50 DW330—50	0.50	大型交流电机
		变压器用	DW530—50 DW470—50	0.50	电焊变压器、扼流器
			DW310—35 DW270—35	0.35	电力变压器、电抗器
			DW360—50 DW330—50	0.50	
	单取向	电机用	DQ230—35 DQ200—35 DQ170—35 DQ151—35	0.35	大型发电机
			DQ350—50 DQ320—50 DQ290—50 DQ260—50	0.50	
			G1、G2、G3、G4（日本牌号）	0.05、0.2 0.08	中高频发电机、微电机
		变压器用	DQ230—35 DQ200—35 DQ170—35 DQ151—35	0.35	电力变压器、高频变压器
			DQ290—35 DQ260—35 DQ230—35 DQ200—35	0.35	电抗器、互感器
			G1、G2、G3、G4（日本牌号）	0.05、0.2 0.08	电源变压器、高频变压器、脉冲变压器、扼流器

六、其他材料

其他材料的相关指标见表 3-56～表 3-59。

表 3-56　　　　常用润滑油 7 个牌号的品质标准

项　目	标　准						
	10	20	30	40	50	70	90
(1) 黏度（50℃）（厘泊）	7～13	17～23	27～33	37～43	47～53	67～73	87～93
(2) 残碳（%），不大于	0.15	0.15	0.25	0.25	0.3	0.5	0.6
(3) 酸值（mgKOH/g 油），不大于	0.14	0.16	0.20	0.35	0.35	0.35	0.35
(4) 灰分（%）不大于	0.007	0.007	0.007	0.007	0.007	0.007	0.007
(5) 水溶性酸和碱	无	无	无	无	无	无	无
(6) 机械杂质（%），不大于	0.005	0.005	0.007	0.007	0.007	0.007	0.007
(7) 水分（%）	无	无	无	无	无	痕迹	痕迹
(8) 闪点（℃），不低于	165	170	180	190	200	210	220
(9) 凝点（℃），不高于	-15	-15	-10	-10	-10	0	0

注　润滑油（又称机油）广泛用于各种转动设备中，可减少摩擦力，降低机械的摩擦损失，保护设备不受腐蚀，以及冷却摩擦表面。

表 3－57　　　　　　　　常用润滑脂的名称牌号及适用场合

润滑脂名称及牌号		适 用 场 合
钙基润滑脂	1 号	温度较低的工作条件
	2 号	中小型滚珠轴承和温度不高于 55℃ 的轻负荷高速机械的摩擦部分
	3 号	中型电动机滚珠轴承、发电机及其他温度在 60℃ 以下中等负荷、中转速的机械摩擦，并可短期密封金属零件
	4 号	汽车、水泵轴承、重负荷自动机械的轴环，发电机、纺织机和其他温度在 80℃ 以下重负荷低转速机械的摩擦
钠基润滑脂	1 号	温度不高于 115℃，并且在没有水或湿气存在的条件下
	2 号	与 1 号相似，可用于 135℃ 以下的机械摩擦部分的润滑
钙钠基润滑脂（轴承润滑脂）	1 号	具有耐溶、耐水、不适于低温等性能，用于工作温度为 80～100℃ 轴承的润滑，如滚珠轴承、小电动机和发电机的滚动轴承以及其他高温轴承等
	2 号	
复合钙基润滑脂（高温润滑脂）	1 号	抗水性能好，用于 150～200℃ 高温及潮湿条件下工作的摩擦部分的润滑
	2 号	
	3 号	
	4 号	
石墨润滑脂		用于汽车刹车弹簧、钢丝绳、起重机、拖拉机部件和其他粗糙的重负载的摩擦部分润滑
钡基润滑脂		耐水、耐高温和耐高压，适用于抽水机、船舶推进器的润滑
铝基润滑脂		具有高度的耐水性，适用于航运机器摩擦部分的润滑及金属表面的防腐蚀
工业凡士林		适用于长期保管的高级金属物品和工厂生产出来的金属零件和机器的防腐蚀，在温度不超过 45℃、负载不大时，也可当作减摩滑脂用

注　润滑脂（俗称黄油），是一种半固体油膏，附着力强，不易流失、润滑密封及防护作用好。主要用作润滑剂，也可用来保护金属表面不受腐蚀。

表 3－58　　　　　皮带传动方式计算皮带轮直径和变速关系的公式

项目	公式	符 号 说 明
皮带线速度	$v=\pi\times D_1\times n_1\times\eta$ $=\pi\times D_2\times n_2$	v——皮带线速度（m/min），平皮带线速度不得超过 30m/min，三角皮带线速度不得超过 25m/min；
传动比	$K=\dfrac{n_1}{n_2}\approx\dfrac{D_2}{D_1}$	n_1——原动机转速（r/min）； n_2——被传动机械的转速（r/min）；
皮带轮转速	$n_1=\dfrac{D_2}{D_1}\times\dfrac{n_2}{\eta}$ $n_2=\dfrac{D_1}{D_2}\times n_1\times\eta$	D_1——原动机轴上的皮带轮直径（m）； D_2——被传动机械轴上的皮带轮直径（m）； η——传动效率，见表 3－59；
皮带轮直径	$D_1=\dfrac{D_2}{\eta}\times\dfrac{n_2}{n_1}$ $D_2=D_1\times\eta\times K$	K——传动比，此值不应大于 5

注　皮带传动是农业机械最常用的传动方式，有平皮带传动和三角皮带传动两种方式。改变皮带轮的大小就可以改变被传动机械的转速。

表 3－59　　　　　　　　各种机械传动方式传动效率比较表

传 动 方 式	效率 η	传 动 方 式		效率 η
普通平皮带式	0.94～0.98	齿轮式	磨光齿	0.99
平皮带附惰轮式	0.95～0.98		精削齿	0.98
三角皮带式	0.8～0.98		未加工粗齿	0.96
钢带式	0.98～0.99	轴承	不良润滑	0.94
			良好润滑	0.97
			油环式	0.98
纱绳式	0.9		滚珠轴承	0.99

第四章　农电工应掌握的基本技能

第一节　电气测量仪表

电气测量仪表与测量的基本知识，见表 4-1～表 4-7。

表 4-1　　　　　　　　　　电气测量仪表的误差和准确度等级

名　称	表 达 方 式
绝对误差	仪表的指示值 A_x 和被测量的实际值 A_0 之间的差值，叫做绝对误差，以 Δ 表示 $$\Delta = A_x - A_0$$ 在计算时，可以用标准表（用来标定工作仪表的高准确度仪表）的指示值作为被测量的实际值
相对误差	绝对误差 Δ 与被测量的实际值 A_0 的比值，通常用百分数表示，以 γ 表示相对误差，则有 $$\gamma = \frac{\Delta}{A_0} \times 100\%$$ 由于被测量的实际值和仪表的指示值通常相差不大，工程中常用仪表的指示值 A_x 近似地代替仪表的实际值 A_0 进行计算，即 $$\gamma = \frac{\Delta}{A} \times 100\%$$
引用误差	是指绝对误差 Δ 与仪表测量上限 A_m（即仪表的满刻度值）比值的百分数，用 γ_m 表示，即 $$\gamma_m = \frac{\Delta}{A_m} \times 100\%$$ 由于仪表的测量上限是一个常数，而仪表的绝对误差又大体上保持不变，所以可以用引用误差来表示仪表的准确度
仪表的准确角	仪表的准确度等级 K 的百分数，就是由最大绝对误差 Δ_m 所决定的最大引用误差，即 $$K\% = \frac{\mid \Delta_m \mid}{A_m}$$
仪表准确度等级	仪表准确等级	0.1	0.2	0.5	1.0	1.5	2.5	5.0
	基本误差（％）	±0.1	±0.2	±0.5	±1.0	±1.5	±2.5	±5.0

表 4-2　　　　　　　　　　电气测量仪表表盘上符号的意义

一、测量单位文字符号		一、测量单位文字符号	
符　号	意　义	符　号	意　义
kA	千安，电流表	V	伏特表，电压表
A	安培表，电流表	mV	毫伏表
mA	毫安表	μV	微伏表
μA	微安表	MW	兆瓦，功率表
kV	千伏电压表	kW	千瓦，功率表

续表

一、测量单位文字符号		二、表示仪表工作原理图形符号	
符　号	意　义	符　号	意　义
W	功率表		电动系仪表
Mvar	兆乏，无功功率表		电动系比率表
kvar	千乏，无功功率表		铁磁电动系仪表
var	无功功率表		铁磁电动系比率表
MHz	兆赫，频率表		
kHz	千赫，频率表		感应系仪表
Hz	赫兹表，频率表		
TΩ	太欧，绝缘电阻表		静电系仪表
MΩ	兆欧表，绝缘电阻表		
kΩ	千欧，电阻表		电子系仪表
Ω	欧姆表，电阻表		
mΩ	毫欧表，电阻表	有效值　平均值	整流系仪表（带半导体整流器和磁电系测量机构）
μΩ	微欧表，电阻表		
H	电感表		热电系仪表（带接触式热变换器和磁电系测量机构）
mH	毫亨表，电感表		
μH	微亨表，电感表	三、电流种类符号	
μF	微法表，电容表	符　号	意　义
PF	皮法表，电容表	═	直流
kWh	千瓦时表，电能表	∼	交流（单相）
φ	功率因数角度表	≂	直流和交流
S	同步表	≋	具有单元件的三相平衡负载交流
cosφ	功率因数表	四、准确度等级符号	
sinφ	无功功率因数表	符　号	意　义
二、表示仪表工作原理图形符号		1.5	以标度尺量限百分数表示的准确度等级，例如1.5级
符　号	意　义		
	磁电系仪表		
	磁电系比率表		
	电磁系仪表		
	电磁系比率表		

续表

四、准确度等级符号		七、端钮、调零器符号	
符　号	意　义	符　号	意　义
1.5	以标度尺长度百分数表示的准确度等级，例如1.5级	✳	公共端钮（多量限仪表和复用电表）
1.5	以指示值的百分数表示的准确度等级，例如1.5级	⏚	接地用的端钮（螺钉或螺杆）
五、工作位置的符号		⏚	与外壳相连接的端钮
符　号	意　义		
⊥	标度尺位置为垂直的	(虚线圆)	与屏蔽相连接的端钮
⎤	标度尺位置为水平的	↔	调零器
60°	标度尺位置与水平面倾斜成一角度例如60℃	八、按外界条件分组符号	
六、绝缘强度的符号		符　号	意　义
符　号	意　义	⌂	Ⅰ级防外磁场（例如磁电系）
☆0	不进行绝缘强度试验	÷	Ⅰ级防外电场（例如静电系）
☆2	绝缘强度试验电压为2kV	Ⅱ Ⅱ	Ⅱ级防外磁场及电场
七、端钮、调零器符号		Ⅲ Ⅲ	Ⅲ级防外磁场及电场
符　号	意　义		
—	负端钮	Ⅳ Ⅳ	Ⅳ级防外磁场及电场
＋	正端钮		
△A	A组仪表	△C	C组仪表
△B	B组仪表		

表4-3　　　　　　　　　　　　　　　基准器和标准器

类别	定 义 和 分 类
基准器	指用当代最先进技术，以最高的精确度和稳定性建立起来的专门用以规定、保持和复现某种物理计量单位的特殊量具或仪器。根据基准的不同性质和用途可分为主基准器、副基准器、比较基准器和工作基准器。一般把主基准器划作一级基准，各种副基准器划作二级基准，工作基准属于三级基准
标准器	根据基准复现的量值，制成不同等级的标准量具或仪器称为标准器，按不同精度也可把标准器分为一级、二级和三级标准。一级标准的量值是由精度更高的基准来确定。然后把量值由上一级标准向下一级标准进行传递，一直传到不同精度级别的工作量具或工作仪器

表4-4　　　　　　　　　　　　指示式仪表技术特性和应用范围

名称	测量范围		消耗功率	最高准确度等级	过载能力	制成仪表类型	应 用 范 围
	电流（A）	电压（V）					
磁电系	$10^{-11}\sim10^2$	$10^{-3}\sim10^3$	<100mW	0.1	小	A、V、Ω 检流计钳形表	直流电表且与多种变换器配合扩大使用范围，作比率表
电磁系	$10^{-3}\sim10^2$	$1\sim10^3$	较磁电系大，略小于电动系	0.1	大	A、V、Hz、$\cos\varphi$ 同步表、钳形表	用于 50Hz~5kHz 安装式电表及一般实验室用交（直）流表
电动系	$10^{-3}\sim10^2$	$1\sim10^3$	较大	0.1	小	A、V、W、Hz、$\cos\varphi$ 同步表	用于 50Hz~10kHz 作交直流标准表及一般实验室用表
铁磁电动系	$10^{-3}\sim10^2$	$10^{-1}\sim10^3$	较小	0.2	小	A、V、W、Hz、$\cos\varphi$	用于工频，主要作安装式电表
静电系		$10\sim5\times10^5$	几乎不消耗	0.1	大	V、象限静电计	较多应用于高压测量、频率达 10^8Hz
感应系	$10^{-1}\sim10^2$	$10\sim10^3$	较小	0.5	大	主要用于电度表	用于工频，测量交流电路中电能
热电系	$10^{-3}\sim10$	$10\sim10^3$	小	0.2	小	在高频线路中应用	在高频线路中应用，频率 $<10^8$Hz
整流系	$10^{-5}\sim10$	$10^{-3}\sim10^3$	小	1.0	小	A、V、Ω、$\cos\varphi$、Hz、万用表	作万用表，频率从 50Hz~5kHz
电子系		$5\times10^{-3}\sim5\times10^2$	较小	1.0		A、V、Ω、Hz、$\cos\varphi$	在弱电线路中应用，频率 $<10^8$Hz

注 指示式仪表是用标度盘和指针指示电量的仪表。其特点是直接将被测量转换为可动部分的偏转角位移，并通过指示器在标尺上示出被测量（电流、电压、功率、频率、电阻等）的大小，按使用方式可分安装式和可携式两类。

表4-5　　　　　　　　　　　常用电流表和电压表的型号和量限范围

名 称		型号	系别	准确度等级	量 限 范 围	备 注
直流	电流表电压表	$1C2-\dfrac{A}{V}$	磁电系	1.5	电流：1~500mA，1~10000A 电压：3~3000V	电流自 75A 起外附分流器；电压自1000V 起带专用附加电阻
直流	电流表电压表	$1KC-\dfrac{A}{V}$	磁电系	1.5 2.5	电流：1~10A，20~500A 电压：30~600V 无零位：20~30V，50~75V 　　　　100~150V，160~240V 　　　　170~250V，180~270V	指针端带有触点，可与控制电路相连，20~500A 需外附分流器

续表

名　　称		型号	系别	准确度等级	量限范围	备　注
直流	电流表电压表	$6C2-\dfrac{A}{V}$	磁电系	1.5	电流：$1\sim500mA$，$1\sim50A$，$75\sim10000A$ 电压：$1.5\sim600V$，$0.75\sim1.5kV$	电流在$75\sim10000A$外附定值分流器 电压在$0.75\sim1.5kV$外附定值附加电阻
直流	电流表电压表	$42C3-\dfrac{A}{V}$	磁电系	1.5	电流：$1\sim500mA$，$1\sim50A$，$75\sim10000A$ 电压：$1.5\sim600V$，$0.75\sim1.5kV$	电流在$75\sim10000A$外附定值分流器 电压在$0.75\sim1.5kV$外附定值附加电阻
直流	电流表电压表	$C19-\dfrac{A}{V}$	磁电系	0.5	电流：$25\sim580mA$，$2.5\sim30A$ 电压：$0.75\sim600V$	另有C13、C32、C40、C41、C48、C59等型号
交流	电流表电压表	$1T1-\dfrac{A}{V}$	磁电系	2.5	电流：$0.5\sim200A$，$5\sim10000A$ 电压：$1.5\sim600V$，$1\sim380kV$	电流$5\sim10000A$经电流互感器接通 电压$1\sim380kV$经电压互感器接通
交流	电流表电压表	$6L2-\dfrac{A}{V}$	整流系	1.5	电流：$0.5\sim50A$，$5\sim10000A$ 电压：$3\sim600V$，$1\sim380kV$	电流$5\sim10000A$经电流互感器接通 电压$1\sim380kV$经电压互感器接通
交流	电流表电压表	$42L6-\dfrac{A}{V}$	整流系	1.5	电流：$0.5\sim50A$，$5\sim10000A$ 电压：$3\sim600V$，$1\sim380kV$	电流$5\sim10000A$经电流互感器接通 电压$1\sim380kV$经电压互感器接通
交、直流	电流表电压表	$T10-\dfrac{A}{V}$	电磁系	0.2 0.5	电流：$0\sim200mA$，$0\sim10A$ 电压：$0\sim600V$	另有T19、T21、T22、T23、T25、T28、T51等型号
钳形交流电流表		T—301	整流系	2.5	$0\sim250A$，$0\sim600A$，$0\sim1000A$	
钳形交流电流、电压表		T—302	整流系	2.5	电流：$0\sim1000A$ 电压：$0\sim500V$，$0\sim600V$	另有：MG4电流、电压表。MG26电流、电压表。MG28电流、电压表。MG31袖珍型电流、电压表
钳形交流电流、电压表		MG24	整流系	2.5	电流：$0\sim50A$，$0\sim250A$ 电压：$0\sim300\sim600V$	
钳形交、直流电流表		MG20	电磁系	5	$0\sim100A$，$0\sim200A$，$0\sim300A$，$0\sim400A$，$0\sim500A$，$0\sim600A$	
		MG21	电磁系	5	$0\sim750A$，$0\sim1000A$，$0\sim1500A$	

表 4－6　　常用电流互感器型号与技术数据（二次额定电流均为5A）

型号	额定电压（V）	额定一次电流（A）	在相应准确级下的额定二次负荷 $\cos\varphi=0.8$（滞后）（Ω）			
			0.5	B	1	3
LFZB6—10		5，10，15，20，30，40，50，75，100，150，200，300	0.4	0.6	—	—
LFZJB6—10		100，150，200，300	0.4	0.6	—	—
LZZB6—10		5，10，15，20，30，40，50，75，100，150，200，300	0.4	0.6	—	—
LZZJB6—10		100，150，200，300，400，500，600，800，1000，1200，1500	0.4	0.6	—	—
LDZJB6—10	10000	400，500	0.8	1.2		
LDZJB6—10		600，800，1000，1200，1500	1.2	1.6		
LMZB6—10		1500，2000	2	2	—	—
LZZQB6—10		3000，4000	2.4	2.4	—	—
		100，150，200，300	0.6	0.8		
		400，500	0.8	1.2		
		600，800，1000，1200，1500	1.2	1.6		

续表

型号	额定电压（V）	额定一次电流（A）	在相应准确级下的额定二次负荷 cosφ=0.8（滞后）（Ω）			
			0.5	B	1	3
LQK6—0.38 LQKB6—0.38	380	5、10、15、20、30、40、50、75、100、150、200	0.2	—	0.3	0.6
LMZ6—0.38 LMK6—0.38		300、400	0.2	—	0.3	—
LMZJ6—0.38 LMKJ6—0.38		300、400、500、600、800	0.4	—	0.6	1
LMZB6—0.38 LMKB6—0.38		1000、1200、1500、2000、3000	0.8	—	1.2	2

注　1. 电流互感器的接线则应遵守"串联"的原则，即一次侧和被测电路串联，二次侧和所接仪表相连；对某些转动力矩与电流方向有关的仪表，在接入互感器时，必须使仪表和互感器连接后，仪表内电流的方向与不用互感器而直接使用时相同。

　　2. 电流互感器的二次侧一端钮必须接地。

　　3. 电流互感器二次侧不得开路。不允许在其二次回路中装设熔断器。

表 4－7　　　　　常用电压互感器型号与技术数据（额定频率 50Hz）

型　号	额定电压（V）			二次绕组在相应准确级下的额定容量（VA） cosφ=0.8（滞后）			辅助绕组额定容量（VA）	二次绕组极限容量（VA）（cosφ=0.8～1）	连接组
	一次绕组	二次绕组	剩余电压绕组	0.5	1	3			
JDZ6—3	3000	100	—	25	40	100	—	200	1/1—12
JDZ6—6	6000			50	80	200		400	
JDZ6—10	10000								
JDZX6—3	3000/$\sqrt{3}$	100/$\sqrt{3}$	100/3	25	40	100	40	200	
JDZX6—6 JDZX6—10	6000/$\sqrt{3}$ 10000/$\sqrt{3}$			50	80	200		400	1/1/1—12—12
JDG6—0.38	380	100	—	15	25	60	—	100	1/1—12

注　1. 电压互感器的接线应遵守"并联"的原则，即其一次侧和被测电路并联，二次侧和仪表相连。

　　2. 电压互感器的二次侧一端钮必须接地。

　　3. 接在电压互感器二次绕组上的负荷不应超过在相应准确度下的额定容量。如 JDZ—6—3 型电压互感器二次绕组在 3 级准确度下所带负荷不应超过 100VA 额定容量。

　　4. 电压互感器一、二次侧不允许短路。在其一、二次回路都应装设熔断器。

　　数字显示安装式电气测量仪表的型号意义、外形尺寸及规格型号见图 4－1、图 4－2 和表 4－8、表 4－9。

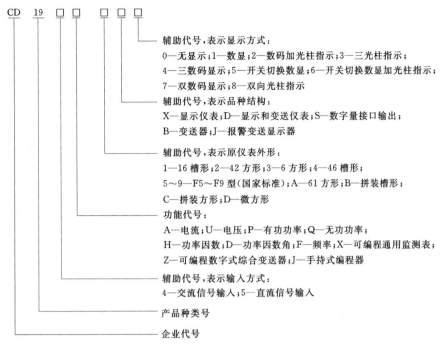

CD 19 □□ □□□

辅助代号,表示显示方式:
0—无显示;1—数显;2—数码加光柱指示;3—三光柱指示;
4—三数码显示;5—开关切换数显;6—开关切换数显加光柱指示;
7—双数码显示;8—双向光柱指示

辅助代号,表示品种结构:
X—显示仪表;D—显示和变送仪表;S—数字量接口输出;
B—变送器;J—报警变送显示器

辅助代号,表示原仪表外形:
1—16 槽形;2—42 方形;3—6 方形;4—46 槽形;
5～9—F5～F9 型(国家标准);A—61 方形;B—拼装槽形;
C—拼装方形;D—微方形

功能代号:
A—电流;U—电压;P—有功功率;Q—无功功率;
H—功率因数;D—功率因数角;F—频率;X—可编程通用监测表;
Z—可编程数字式综合变送器;J—手持式编程器

辅助代号,表示输入方式:
4—交流信号输入;5—直流信号输入

产品种类号

企业代号

图 4-1　数显安装式电表型号意义

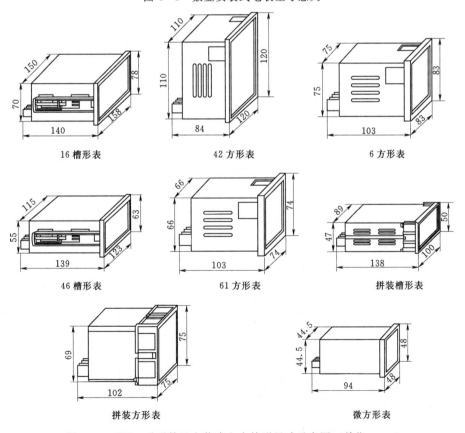

16 槽形表　　42 方形表　　6 方形表

46 槽形表　　61 方形表　　拼装槽形表

拼装方形表　　微方形表

图 4-2　CD19 系列数显安装式电表外形尺寸示意图（单位：mm）

表 4−8　　　　　　　CD19 系列数显安装式电表名称及型号

名　称	数　显　表				
	16 槽形表	42 方形表	6 方形表	46 槽形表	61 方形表
	型号	型号	型号	型号	型号
交流电流表	CD194I—1×1	CD194I—2×1	CD194I—3×1	CD194I—4×1	CD194I—A×1
直流电流表	CD195I—1×1	CD195I—2×1	CD195I—3×1	CD195I—4×1	CD195I—A×1
交流电压表	CD194U—1×1	CD194U—2×1	CD194U—3×1	CD194U—4×1	CD194U—A×1
直流电压表	CD195U—1×1	CD195U—2×1	CD195U—3×1	CD195U—4×1	CD195U—A×1
三相有功功率表	CD194P—1×1	CD194P—2×1	CD194P—3×1	CD194P—4×1	CD194P—A×1
三相无功功率表	CD194Q—1×1	CD194Q—2×1	CD194Q—3×1	CD194Q—4×1	CD194Q—A×1
频率表	CD194F—1×1	CD194F—2×1	CD194F—3×1	CD194F—4×1	CD194F—A×1
功率因数表	CD194H—1×1	CD194H—2×1	CD194H—3×1	CD194H—4×1	CD194H—A×1
功率因数角度表	CD194D—1×1	CD194D—2×1	CD194D—3×1	CD194D—4×1	CD194D—A×1

名　称	数　显　表			数显加光柱表	
	拼装槽形表（马赛克屏专用）	拼装方形表（马赛克屏专用）	微方形表	16 槽形表	42 方形表
	型号	型号	型号	型号	型号
交流电流表	CD194I—B×1	CD194I—C×1	CD194I—D×1	CD194I—1×2	CD194I—2×2
直流电流表	CD195I—B×1	CD195I—C×1	CD195I—D×1	CD195I—1×2	CD195I—2×2
交流电压表	CD194U—B×1	CD194U—C×1	CD194U—D×1	CD194U—1×2	CD194U—2×2
直流电压表	CD195U—B×1	CD195U—C×1	CD195U—D×1	CD195U—1×2	CD195U—2×2
三相有功功率表	CD194P—B×1	CD194P—C×1		CD194P—1×2	CD194P—2×2
三相无功功率表	CD194Q—B×1	CD194Q—C×1		CD194Q—1×2	CD194Q—2×2
频率表	CD194F—B×1	CD194F—C×1		CD194F—1×2	CD194F—2×2
功率因数表	CD194H—B×1	CD194H—C×1			
功率因数角度表	CD194D—B×1	CD194D—C×1			

名　称	双向光柱表		三光柱表		双数显表	三数显表
	16 槽形表	42 方形表	16 槽形表	42 方形表	42 方形表	42 方形表
	型号	型号	型号	型号	型号	型号
交流电流表			CD195I—1×3	CD195I—2×3		CD194I—2×4
交流电压表			CD194U—1×3	CD194U—2×3		CD194U—2×4
直流电流表	CD195I—1×8	CD195I—2×8				
直流电压表	CD195U—1×8	CD195U—2×8				
三相有功功率表	CD194P—1×8	CD194P—2×8				

名　称	双向光柱表		三光柱表		双数显表	三数显表
	16 槽形表	42 方形表	16 槽形表	42 方形表	42 方形表	42 方形表
	型号	型号	型号	型号	型号	型号
三相无功功率表	CD194Q—1×8	CD194Q—2×8				
组合电压表					CD194U—2×7	

注 1. 双向光柱表显示被测量的正、负情况。零信号，光柱零点在中心位置。

2. 三光柱表可直观地显示三相电流、电压的平衡情况，并可起到绝缘监测作用。

3. 双数显表可同时显示电压、频率两个量。

4. 三数显表可同时显示三相电流或三相电压。

5. 数显表替代原有指针式仪表，测量显示电流、电压、有功功率、无功功率、频率、相角和功率因数等参量，具有精度高、稳定、可靠、无读数误差和抗振动等特点，其技术数据如下：

(1) 精度等级：1.0、0.5、0.2 级，光柱指示 2%。

(2) 显示位数：$3\frac{1}{2}$ 位、4 位、$4\frac{1}{2}$ 位。

(3) 标称输入：AC/DC 电流 5A，电压 100V、220V、380V。

(4) 输入过量程：1.2 倍持续，10 倍额定电流 5s，2 倍额定电压 1s。

(5) 辅助电源：AC/DC 80～270V，$3\frac{1}{2}$ 位表 AC 220V±10%。

(6) 电源功耗：<3VA。

(7) 绝缘电阻：>100MΩ。

(8) 平均无故障工作时间：≥50000h。

(9) 工作条件：环境温度为 0～50℃，相对湿度≤90%，无腐蚀性气体。

(10) 工频耐压：2kV（有效值）。

表 4-9　　　　　　　CD19 系列数显安装式电表外形及开孔尺寸（mm）

指针表型号	外形代号	面框外形尺寸	屏装配合尺寸	开孔尺寸	最小安装距离		总长	不带插头总长	备注
					a	b			
16 槽形	1	158×78	150×70	151×71	190	95	150	140	
42 方形	2	120×120	110×110	111×111	160	160	93	84	
6 方形	3	83×83	75×75	76×76	125	125	112	103	
46 槽形	4	123×63	115×55	116×56	155	75	149	139	
61 方形	A	74×74	66×66	67×67	115	115	112	103	
拼装槽形	B		100×50				147	138	马赛克屏专用
拼装方形	C		75×75				111	102	马赛克屏专用
微方形	D	48×48	44.5×44.6	44.5×44.5	70	70	97	89	

第二节　便携式电工仪表

常用的便携式电工仪表有兆欧表、接地电阻测量仪、钳形电流表、万用表等，详见表 4-10～表 4-25。

表 4-10　　　　　　　　　常用兆欧表的种类、特点及用途

类别	典型电路图	结构构成	主要系列	特点及用途
交流发电机式	VD1 E C R₁ R₂ G G C VD2 L	交流发电机、整流器、磁电式、双动圈流比计	ZC1 ZC7 ZC11 ZC25 ZC40	结构简单，工作可靠，价格便宜，适用于测量电器和线路的绝缘电阻
直流发电机式	R₁ E R₂ G G L	直流发电机磁电式双动圈流比计	0101 2525 5050 1010	结构简单、价格便宜，工作电压较低，适用于测量电器的绝缘电阻
整流式	T VD2 R₂ S2 E VD1 R₁ R₃ G S1 C₁ C₂ L L N H	交流电源变压器整流器流比计	ZC13	工作平稳、电压低，适用于测量低压电器的绝缘电阻
晶体管式	振荡器 → 变压器升压 稳压 → 倍压整流 DC电源 → 测量机构	直流电源振荡器升压器倍压整流器流比计	ZC14 ZC15 ZC30 ZC44	体积小、重量轻，工作电压高，适用于测量电器和线路的绝缘电阻

表 4-11　　　　　　　　　常用兆欧的技术数据

型　　号	准确度等级	额定电压（V）	量　　限
0101	1.0	100	100
5050	1.0	500	500
1010	1.0	1000	1000
2525	1.0	250	250
ZC7	1.0 1.0 1.0 1.5	250 500 1000 2500	500 500 2000 5000
ZC11—2	1.0	250	1000
ZC11—3	10	500	2000
ZC11—4	1.0	1000	5000
ZC11—5	1.5	2500	10000
ZC11—7	1.0	250	50
ZC11—8	1.0	500	100
ZC11—10	1.5	2500	2500
ZC25—2		250	250
ZC25—3	1.0	500	500
ZC25—4		1000	1000

型　号	准确度等级	额定电压（V）	量　　限
ZC30—1	1.5	2500	20000
ZC30—2		5000	50000
ZC40—3	1.0	250	500
ZC40—4	1.0	500	1000
ZC40—5	1.0	1000	2000
ZC40—6	1.5	2500	5000
ZC44—3	1.5	250	200
ZC44—4	1.5	500	500

表 4 - 12　　　　　　　　　　兆 欧 表 的 选 择 方 法

被 测 对 象	被测设备额定电压（V）	应选兆欧表额定电压（V）
线圈绝缘电阻	≤500	500
	>500	1000
电力变压器线圈、电机线圈的绝缘电阻	≤500	500～1000
	>500	1000～2500
发电机线圈的绝缘电阻	≤500	1000
低压电器	≤500	500～1000
高压电器	>1200	2500
高压电瓷、母线	>1200	2500
低压线路	≤500	500～1000
高压线路	>1200	2500

注　根据被测对象和被测设备额定电压来选择兆欧表额定电压。

表 4 - 13　　　　　　　　　　兆 欧 表 使 用 方 法

项目	内　　容
兆欧表电路原理图	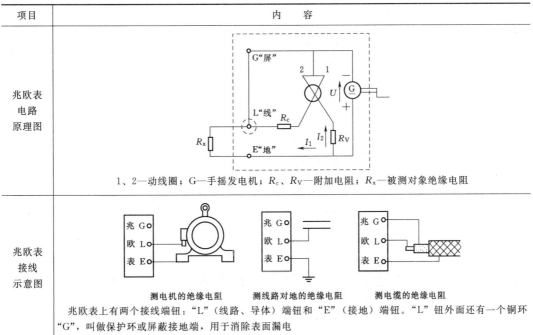 1、2—动线圈；G—手摇发电机；R_c、R_V—附加电阻；R_x—被测对象绝缘电阻
兆欧表接线示意图	测电机的绝缘电阻　　测线路对地的绝缘电阻　　测电缆的绝缘电阻 兆欧表上有两个接线端钮："L"（线路、导体）端钮和"E"（接地）端钮。"L"钮外面还有一个铜环"G"，叫做保护环或屏蔽接地端，用于消除表面漏电

续表

项目	内　　　容
安全注意事项	（1）使用兆欧表摇测设备绝缘时，最好由两人操作。 （2）测量用的导线应使用绝缘线，其端部应有绝缘套。 （3）禁止测量带电设备。 （4）在带电设备附近测量绝缘电阻时，测量人员和兆欧表的位置必须选择适当，保持安全距离，以免兆欧表引线或引线支持物触碰带电部分。移动引线时，必须注意监护，防止工作人员触电。 （5）测量电容器时，兆欧表必须在额定转速状态下，方可用测电笔接触电容器；测得读数后也必须在额定转速状态下将测电笔离开电容器，这时方可停止摇测

使用注意事项	测量前的准备	（1）兆欧表应水平放置。在未接线前，先摇动手摇发电机，看指针是否在"∞"处，再将"L"和"E"两个接线柱短接，慢慢地摇动发电机，看指针是否到"0"处。对于半导体兆欧表不宜用短路校验。 （2）应使用两条单独的引线。 （3）被测电气设备表面应擦拭清洁，不得有污物，以免影响测量的准确性
	测量电气设备的绝缘电阻	测量电气设备的绝缘电阻时，必须先切断设备的电源。对具有较大电容的设备（如电容器、变压器、电机、电缆线路等），必须先进行放电
	测架空线路和母线的绝缘电阻	不能全部停电的双回架空线路和母线，在被测回路的感应电压超过12V或当雷雨发生时，禁止对架空线路及与架空线路相连接的电气设备进行测量
	读数原则	测量电容器、电缆、大容量变压器和电机的绝缘电阻时，被测对象要有一定的充电时间。一般以兆欧表转动1min后测出的读数为准
	兆欧表转速	摇测绝缘时，兆欧表转速一般应为120r/min。当被测设备电容量大时，可将转速提高到130r/min

表 4-14　　　　兆欧表常见故障及修理方法

常见故障	主　要　原　因	修　理　方　法
测量机构部分		
指针有卡滞现象	（1）线圈上或铁芯与极掌间有杂物。 （2）导流丝碰触固定部分。 （3）铁芯松动与线圈相碰。 （4）线圈变形并与铁芯极掌相碰。 （5）表盘上有细纤维与指针相碰	用肉眼或用放大镜找出故障原因，进行排除
指针指不到"∞"位置	（1）导流丝变形。 （2）电源电压不足。 （3）电压回路电阻数值增大。 （4）电压线圈局部短路或断路	（1）修理或更换导流丝。 （2）修理电源。 （3）调换回路电阻。 （4）重绕电压线圈
指针超出"∞"位置	（1）有"∞"平衡线圈的兆欧表，该线圈短路或断路。 （2）电压回路电阻值变小。 （3）导流丝变形	（1）重新绕制平衡线圈。 （2）调换回路电阻。 （3）修理或更换导流丝
指针不指零位	（1）电流（或电压）回路电阻值变化。 （2）导流丝性能变化。 （3）电流线圈或零点平衡线圈有短路或断路	（1）调整或更换回路电阻。 （2）修理或更换导流丝。 （3）重新绕制线圈
可动部分不平衡	（1）指针弯曲或变形。 （2）平衡锤上螺丝松动。 （3）轴承松动	（1）校正指针。 （2）重新固定平衡锤上螺丝。 （3）调整轴承螺丝

续表

常见故障	主 要 原 因	修 理 方 法
测 量 机 构 部 分		
指针位移较大	(1) 轴尖磨损或生锈。 (2) 轴承碎裂或有杂物	(1) 磨修或重配轴尖。 (2) 清除杂物或更换轴承
手 摇 发 电 机 部 分		
发电机摇不动,有卡住现象或摇时很重	(1) 发电机转子、定子相碰。 (2) 增速齿轮啮合不好或已损坏。 (3) 滚珠轴承脏,润滑油干涸。 (4) 小机盖固定螺丝松动。 (5) 转轴弯曲	(1) 重新装配,使定、转子间隙合适。 (2) 调整齿轮位置或更换。 (3) 清洗轴承,并上润滑油。 (4) 调整小机盖位置,紧固螺丝。 (5) 拆下转轴校正、调直
摇动摇柄打滑,无电压输出	(1) 偏心轮固定螺丝松动。 (2) 调速器弹簧松动或弹性不足	(1) 调整偏心轮位置,紧固偏心轮螺丝。 (2) 旋动调速器螺母,拉紧弹簧,使摩擦点压紧摩擦轮
发电机电压不稳定	(1) 调速器装置螺丝松动,调速轮摩擦点接触不紧。 (2) 调速器弹簧松动或弹性不足	(1) 固定调速器上螺丝。 (2) 调整或更换弹簧
摇动摇柄时有抖动现象	(1) 发电机转子不平衡。 (2) 转轴不直	(1) 将转子放在平衡架上调整平衡。 (2) 矫正转轴
机壳漏电	(1) 内部引线或发电机弹簧引出线碰壳。 (2) 受潮	(1) 检查线路,消除碰壳现象。 (2) 用烘箱烘干,温度控制在 60~80℃
无输出电压或电压很低	(1) 绕组断线。 (2) 电路断线。 (3) 碳刷接触不良或磨损	(1) 重新绕制。 (2) 检查出断线处并重新焊牢。 (3) 调整碳刷与整流环接触面或更换碳刷
摇时手感沉重且输出电压低	(1) 整流环间有磨损、有碳粒或其他东西造成短路。 (2) 整流环击穿短路。 (3) 发电机转子绕组短路。 (4) 发电机并联电容器击穿。 (5) 内部接线短路	(1) 用汽油清洗整流环。 (2) 修理或更换整流环。 (3) 重绕转子绕组。 (4) 更换电容器。 (5) 找出并处理短路接线
摇时碳刷有声响和火花	(1) 碳刷与整流环磨损,表面不光滑,接触不良。 (2) 碳刷位置偏移	(1) 更换碳刷;用细砂纸磨修。整流环,然后用汽油清洗。 (2) 调整碳刷位置,使其在整流环正中,并接触良好

表 4-15　接地电阻表型号规格与技术数据

型 号	名 称	外形尺寸（长×宽×高） （mm×mm×mm）	量 限 （Ω）	准 确 度
ZC8	接地电阻表	170×110×164	1/10/100 10/100/1000	在额定值的30%以下时,为±1.5%;在额定值30%以上时,为±5%
ZC29—1		172×116×125	10/100/1000	
ZC34A	半导体接地电阻表	180×120×110	2/20/200	±2.5%

注　接地电阻表,俗称"接地摇表",是用来测量接地装置接地电阻的携带式仪表;也可用来测量低电阻导体的电阻值。

表 4 - 16　　　　　　　　　　　接地电阻表使用方法及注意事项

项目	内　　容
接地电阻表接线方法	三端钮接地电阻表　　　　　　　　　　四端钮接地电阻表 接地电阻表由手摇发电机、电流互感器、滑线电阻及检流计组成，全部置于一个铝合金铸成的外壳内。仪器表面一般设三个端钮"E"（地）"P"（电位）、"C"（电流），或四个端钮"C_1"、"P_1"、"P_2"，"C_2"。四个端钮的仪表还可以测量土壤电阻率
接地电阻表使用方法	(1) 将接地摇表放置水平位置，检查并调整零位调整器，使检流计指针指在中心线上。 (2) 把被测接地装置的接地引下线解扣并与仪表的"E"接线柱相连；在距接地极 E' 为 20m 处插入电位探针 P'，在距 P' 为 20m 处插入电流探针 C'，使 E'、P'、C' 在一条直线上。用绝缘电线将 P' 与 P 接线柱相连，C' 与 C 接线柱相连。 (3) 将仪表"倍率标度"置于最大倍数，慢摇发电机摇把，同时旋动"测量标度盘"，使检流计指针平衡。 (4) 当指针接近中心线时，加快发电机摇动速度达 120r/min 以上，再调整"测量标度盘"，使指针指于中心线上。 (5) 如果"测量标度盘"的读数小于 1，应将"倍率标度"置于较小的倍数，再重新调整"测量标度盘"，以便得到正确的读数。 (6) "测量标度盘"读数乘以倍率标度，即为所测的电阻值
接地电阻表使用注意事项	(1) 当检流计灵敏度不高时，可将电位探针 P' 插入土中浅些；灵敏度不够时，可沿电位探针 P' 和电流探针 C' 注入一些水，使期湿润。 (2) 测量时，接地体引线要与设备断开。 (3) 当接地极 E' 和电流探针 C' 之间的距离大于 20m 时，或电位探针 P' 的位置插在偏离 E'、C' 之间的几何直线几米以外时，测量的误差可不计；但 E'、C' 间的距离小于 20m 时，则应将电位探针 P' 正确地插于 E' 和 C' 的直线中间

表 4 - 17　　　　　　　　　　钳形电流表的型号规格与技术数据

名　　称	型　号	准确度等级	量　　限
钳形交流电流表	T—301	2.5	10/25/50/100/250A 10/25/100/300/600A 10/30/100/300/1000A
钳形交流电流、电压表	T—302	2.5	10/50/250/1000A 300/600V
交直流两用钳形电流表	MG20	5.0	100/200/300/400/500/600A
	MG21		750/1000/1500A
袖珍式钳形交流电流、电压表	MG24	2.5	5/25/50A；300/600V 5/50/250A；300/600V
	MG26		5/50/250A，10/50/150A；300/600V

续表

名　称	型　号	准确度等级	量　限
袖珍式多用钳形表	MG38	5	交流：50/100/250/500/1000A；50/250/500V 直流：0.5/10/10mA；50/250/500V 电阻：10/100kΩ/1MΩ 晶体管放大系数：0～250
电压、电流、功率三用钳形表	MG41—VAW	2.5	交流电流：10/30/100/300/1000A 交流电压：150/300/600V
		5	交流功率：1/3/10/30/100kW
袖珍式多用钳形表	MG28	5	交流：5/25/50/100/250/500A；50/250/500V 直流：0.5/10/100mA；50/250/500V 电阻：1/10/100kΩ
袖珍式钳形表	MG31	5	交流：5/25/50A；450V 电阻：50kΩ
			交流：50/125/250A；450V 电阻：50kΩ
	MG33		交流：5/50，25/100，50/250A；150/300/600V 电阻：300Ω

表 4-18　　　　　　钳形电流表使用方法及注意事项

项目	内　容
钳形电流表外形示意图	　　钳形电流表仅限于在电压 500V 及以下的电路中使用，除可测量交流电流外，有的还可测量交流电压、电阻、功率及电网的泄漏电流。钳形表的突出优点是不必切断电路就可测量，但其准确度较低
钳形电流表使用方法	（1）测量前应先估计被测电流、电压或电阻的大小，选择合适的量程。或先选用较大量程，然后再视被测量的大小，逐渐减少量程。 （2）测量电流时，应按动手柄使钳口张开。把被测电线（必须是一相）穿到钳口中，可从表盘上读出被测电流值。 （3）为使读数准确，应使钳口两个面很好结合。如有杂音，可将钳口重新开合一次。如果声音依然存在，可检查结合面上是否有污垢存在。如有污垢，可用汽油擦干净。 （4）测量完毕，一定要把调节开关放在最大电流量程的位置上。以免下次使用时，由于未经选择量程而造成仪表损坏。 （5）测量小于 5A 以下的电流时，为读数准确，条件又许可，可将电线多绕几圈后放进钳口，实际电流值为读数除以电线圈数
钳形电流表使用注意事项	（1）注意钳形电流表的电压等级和电流值档位。 （2）测量时应戴绝缘手套，穿绝缘鞋。观察表计时要特别注意人体、头部与带电部分保持足够的安全距离。 （3）测量回路电流，钳口必须钳在有绝缘层的电线上，同时要与其他带电部分保持安全距离，防止相间短路事故发生。测量中禁止更换电流挡位。 （4）测量低压熔断器和水平排列的低压母线电流时，事前应将各相熔断器和母线用绝缘材料加以保护隔离，以免引起相间短路．同时应注意不得触及其他带电部分

表 4－19 　　　　　　　　　　　　　　　钳形电流表常见故障及修理方法

常 见 故 障	主 要 原 因	修 理 方 法
有一挡或数挡无指示，其余正常	(1) 紧固开关松动。 (2) 分线开关连线断	(1) 拧紧开关。 (2) 接好断线
电流挡读数偏小，电压挡正常	(1) 钳口接触不良。 (2) 线圈间短路	(1) 修正钳口使之接触良好。 (2) 重新绕制
电流、电压挡读数均偏小	内磁式钳形表磁铁退磁	进行充磁，也可采用减小与表头的串联电阻值进行调整
某挡读数不准	相应电阻值变化	调整相应的电阻
电流挡无读数	二次线圈、开关异常	用万用表检查并处理
全部无指示	电路有断线处	检查并处理

表 4－20 　　　　　　　　　　　　　　　　万 用 表 的 分 类

类别	特点及功能	主要产品系列
袖珍式万用表	体积小，结构简单，价格便宜，通常只能测量 500V 以下的交直流电压，500mA 以下的直流电流，1MΩ 以下的电阻	MF15　MF16　MF27 MF30　MF72
中型便携式万用表	体积价格适中，可测量 2500V 以下交直流电压，10A 以下（至 μA 级）直流电流，20MΩ 以下电阻	500 型　MF4　MF10 MF14　MF25　MF64
电子电路测量用万用表	灵敏度高，频率响应好，功能齐全，价格较贵，可测量高频电路参数	MF45　MF60　MF63
高精度万用表	具有放大电路，价格贵，可测量交直流电流、电压等	
数字式万用表	将被测模拟量转换成数字量，液晶显示，精度高，读数方便，功能齐全	PF5　PF3　2215　2010 DT890C　DT890D

注　万用表是电工经常使用的多用途、多量程仪表，可测量电阻、交直流电压、直流电流及音频电平，有的还可以测量交流电流、电感、电容以及晶体管的 β（h_{FE}）值等。它具有功能多、量程宽、灵敏度高、价格低和使用方便等优点，是电工、电子、广播通信等行业不可缺少的通用测量仪器，也是机电、电子设备维修的通用仪表。

表 4－21 　　　　　　　　　　　　　　新型指针式万用表的型号和技术数据

型号	种类	量　限	灵敏度或压降	准确度等级
MF—64 型	A	50μA～0.25～2.5～12.5～25～125～500mA～2.5A	≤0.6V	2.5
	V	0.5V	20kΩ/V	5.0
		2～10～50～200V		2.5
		500～1000V	8kΩ/V	
	A $\sim$	0.5～5～25～50～250mA～1A	≤1.2V	5.0
	V $\sim$	10～50～250～500～1000V	4kΩ/V	
	Ω	2kΩ～20kΩ～200kΩ～2MΩ～20MΩ	25Ω 中心	2.5
	hfe	0～400（NPN、PNP）		
	dB	0～+56dB（四挡）		
	V电池	0～1.5V	12Ω 负载	5.0

续表

型号	种类	量　　限	灵敏度或压降	准确度等级
MF—72型 袖珍式	A̲	100μA	0.25V	2.5
		0.5～5～50～500mA～2.5A	0.5V	
	V̲	250mV	10kΩ/V	5.0
		1～2.5～12.5～50～250～500V		2.5
		1000V	5kΩ/V	
	V~	10～50～250～500V	3kΩ/V	5.0
	Ω	2kΩ～10kΩ～100kΩ～1MΩ	25Ω 125Ω 中心	2.5
	hfe	0～400（NPN、PNP）		
	dB	0～+22～+56dB		
	输出功率	0～12～24W		
MF368型 高灵敏度 袖珍式	A̲	50μA	≤0.15V	2.5
		2.5～25mA～0.25～2.5A	≤0.6V	
	V̲	0.5V	20kΩ/V	5.0
		2.5～10～50～250V		2.5
		500V	9kΩ/V	
		1500V		5.0
	V~	2.5～10～50～250～500～1500V	9kΩ/V	5.0
	Ω	2kΩ～20kΩ～200kΩ～2MΩ～20MΩ	20Ω 中心	2.5
	hfe	0～1000（NPN、PNP）		
	LED V	0～3V		
	LED I	0～0.15～1.5～15～150mA		
	dB	-22～+66dB（六挡）		
MF96CX型 高灵敏度 全功能	A̲	20μA（表头直接外接）	60mA	2.5
		25μA	170mA	
		0.1～1～10～100mA～1～5A	≤0.6V	
	V̲	1～5～12.5～50～125V	50kΩ/V	2.5
		500V	10kΩ/V	
		2500V		5.0
	A~	5A	≤1V	5.0
	V~	10～50～250～500～2500V	10kΩ/V	
	Ω	5kΩ～50kΩ～500kΩ～5MΩ～100MΩ	20Ω 中心	2.5
	CX	0～1μF～1000μF（阻尼<8s）	10μF 中心	10.0
		0～10nF～10μF（阻尼<4s）	100nF 中心	5.0
		0～100pF～0.1μF（阻尼<4s）	1nF 中心	
	蜂鸣器	供电电源9V 外电阻0～150Ω 发声		
	输出功率	0～0.1～10W		
	dB	-10～+22dB		

表 4-22　　　　　　　　　　　**指针式万用表使用方法与注意事项**

项目	内　　容
指针式万用表使用方法	（1）调零。测量之前若指针不对零位要进行机械调零，使指针指在零位。测量电阻时应将两根表笔短接，观看指针是不是在欧姆值的零位，若不在零位要进行欧姆调零。若调不到零，则说明电池电压太低应换上新电池。如更换欧姆挡量程，则需重新进行欧姆调零。欧姆挡调零电位器是为了防止新电池电压偏高及旧电池电压偏低对测量影响而设置的。 （2）测量 2500V 交流或直流高压时，测试笔应分别置于"2500V"及"－"插孔。测量时先将电表架在绝缘支架上，然后将被测部件电源切断。电路中有固定大电容时，应先将电容器短路放电。将表笔与被测电路固定好后，再接通电源进行测量。 （3）读数。看表姿态要正确，反射镜中应看不到指针的重影。刻度盘上有多条标度尺分别表示各被测量的大小，不要看错标尺和刻度值
指针式万用表使用注意事项	（1）接线要正确。要注意接线柱或插孔的用途和标志。红接线柱或标有"＋"号的插孔接红色表笔；黑接线柱或标有"－"、"※"的插孔接黑色表笔。有的万用表备有单独的测电阻用的接线柱。"－"、"※"端为测量电压、电流、电阻的公共端钮。测量直流电压和电流时注意"＋"、"－"插孔别接错。测直流电压时，红表笔接被测电压的正端，黑表笔接被测电压的负端。测直流电流时，电流从红表笔流入，从黑表笔流出。由于"＋"插孔为表内电源的负极，"－"插孔为表内电源的正极，因此要注意万用表欧姆挡表笔的正负极性，红表笔与表内电池负极相连，黑表笔与表内电池正极相连。在用欧姆挡判别整流元件的极性及三极管引脚时需特别注意。 （2）测量挡位（种类、量程）要正确。测量种类旋钮的位置要与被测量符合。测量电流、电压时所选量程要使指针偏转至满刻度 $1/2$ 以上，测量电阻时所选量程要使指针在 $1/10\sim20$ 倍欧姆中心值范围内。指针越接近欧姆中心值，测量误差越小；越接近标尺左端准确度越低。倍率的选择应使指针在欧姆刻度较稀的地方。用电阻挡判断小功率晶体管时，不要用 $R\times1$ 挡；判断低电压晶体管时，不要用 $R\times10k$ 挡。对不能估计的电流或电压值的测量，先放在高量程挡位试测，然后再改换至合适的挡位进行测量。 （3）测量大电流、高电压时应避免带电旋转转换开关挡位。 （4）用万用表测量交流电压时，要注意被测电压的波形。万用表交流电压挡的刻度是按正弦波电压经过整流后的平均值换算成交流有效值来刻度的。非正弦量电压或电流有效值可选用电动式或电磁式仪表来测量。 （5）测量低电阻时要注意接触电阻；在测量高电阻（大于 $10k\Omega$）时应注意不可加入并联电路（最常见的现象是将人手接触表笔或电阻引线，使人体成为一个并联电路，而人体的阻值大约 $2k\Omega$，大大影响准确度）。 （6）不允许带电测量线路的电阻及元件的电阻，必须将被测电路与电源切断。由于欧姆表是由表内干电池供电的，因此，决不能测量带电的电阻，否则不但测量值不准确，还可能损坏万用表。 （7）不要用欧姆挡直接测量微安表表头及检流计的内阻，否则将因电流过大而损坏被测元件。用欧姆挡暂时不测电阻时要防止两表笔短接。 （8）万用表测量结束后应随手把转换开关拨至空挡或交流电压最高挡，以免他人误用损坏仪表。还可避免由于将量程停在欧姆挡，不慎把表笔碰在一起致使表内电池长时间放电
指针式万用表安全注意事项	（1）在未接入电路进行测量时，需检查转换开关是否在所测挡次位置上，不得放错。 （2）在测量电流或电压时，如果对被测电压、电流值不清楚，应将量程置于最高挡次上。转换量程时，需注意不可带电转换。 （3）测量时，必须注意表笔的插孔是否所测的项目。 （4）测量电阻时，必须将被测回路的电源切断后，方可进行。 （5）测量 2500V 交流或直流高压时，要注意人身安全

表 4-23　　　　　　　　　指针式万用表常见故障与修理方法

故障位置	常见故障	可能原因	修理方法
直流电流挡	各量程误差有正、有负	(1) 表头本身特性改变。 (2) 分流电阻某挡焊接不良。 (3) 分流电阻烧坏或短路	(1) 检查磁铁有无异样、动圈安装是否端正、极掌与铁芯间有无杂物等。 (2) 重新焊牢。 (3) 更换分流电阻
	各挡无指示	(1) 表头线圈脱焊或断路。 (2) 与表头串联的电阻损坏或脱焊。 (3) 表头被短路。 (4) 分挡开关未接通	(1) 找出断头处焊牢。 (2) 更换电阻或将脱焊处焊牢。 (3) 更换表头线圈或检查出短路处并加以排除。 (4) 接通分挡开关
	指示极快，但在大电流量程时又无指示	大电流量程（如 500mA，1A）的分流电阻短路	更换电阻
	误差大，且均为正误差	(1) 表头的串联电阻有短路现象或电阻值变小了。 (2) 表头灵敏度偏高。 (3) 分流电阻值偏高	(1) 更换电阻。 (2) 采用退磁、更换游丝、重绕线圈的办法解决。 (3) 降低分流电阻值
	误差大，且均为负误差	(1) 表头灵敏度降低。 (2) 表头串联电阻值增大	(1) 恢复灵敏度。 (2) 更换电阻
直流电压挡	小量限时误差大	小量限的附加电阻值变化	更换变值电阻
	某量限时不通	(1) 转换开关烧坏或接触不良。 (2) 转换开关接触点与附加分压电阻脱焊	(1) 更换或修理转换开关。 (2) 将脱焊处重新焊牢
	直流电压挡全部不通，无指示	(1) 直流电压开关公用接点脱焊。 (2) 最小量限挡分压电阻断线或损坏	(1) 焊牢公用触点。 (2) 焊牢断线或更换损坏的电阻
	某一量限后各挡均不通	出现不通的那个量限分压电阻脱焊或引线断线	将脱焊处焊牢或将断线处接好
交流电压挡	误差很大，有时偏低 50% 左右	全波整流器中部分元件击穿	更换击穿的整流元件
	指针指示极小或仅轻微摆动	整流器被击穿	更换整流器
	各量限指示均偏低	整流元件性能不好，反向电阻变小	更换整流元件
电阻挡	正、负端短路时指针调不到零位	(1) 电池容量不足。 (2) 转换开关接触电阻增大。 (3) 电池两端接片上有氧化物或锈蚀	(1) 更换新电池。 (2) 清洗转换开关，并加少许凡士林油。 (3) 用细砂纸打磨电池两端接片
	调欧姆零位时指针跳跃不稳	(1) 调零电位器阻值选配不当。 (2) 调零电位器接触不良	(1) 更换调零电位器。 (2) 重新装紧动片，使其接触良好
	各量程均无指示	(1) 量程转换开关公共引线断线。 (2) 电位器中心焊接点引线脱焊。 (3) 电池未接通，无电压输出	(1) 将公共引线焊牢。 (2) 将中心焊接点引线焊牢。 (3) 检查电池接线，使其接通

续表

故障位置	常见故障	可能原因	修理方法
电阻挡	个别量限误差很大	该挡分流电阻变值或烧坏	更换电阻
	个别量限不通	(1) 转换开关接触不良。 (2) 测量线路有断路处	(1) 改变动片弯曲程度，使其与定片接触良好。 (2) 将断路处焊好

表 4-24　　　　　　　　　**DT—890D 型数显式万用表技术数据**

测量项目	测量范围	灵敏度	基本误差
直流电流	200μA	100nA	±（0.5%读数+1 数位）
	2mA	1μA	±（0.5%读数+1 数位）
	20mA	10μA	±（0.5%读数+1 数位）
	200mA	100μA	±（0.75%读数+1 数位）
	2000mA	1mA	±（2%读数+5 数位）
	10A	10mA	±（2%读数+5 数位）
交流电压	200mV	100μA	±（0.5%读数+5 数位）400Hz 在所有量程 45～125Hz
	2V	1mA	
	20V	10mA	
	200V	100mA	±（1%读数+5 数位）
	750V	1V	
直流电压	200mV	100μV	
	2V	1mV	
	20V	10mV	±（0.25%读数+1 数位）
	200V	100mV	
	1000V	1V	
交流电流	200μA	100nA	±（0.75%读数+5 数位）
	2mA	1μA	±（0.75%读数+5 数位）
	20mA	10μA	±（0.75%读数+5 数位）
	200mA	100μA	±（0.75%读数+5 数位）
	2000mA	1mA	±（2%读数+5 数位）
	10A	10mA	±（2%读数+5 数位）
电阻	200Ω	100mΩ	±（0.5%读数+3 数位）
	2kΩ	1Ω	±（0.3%读数+1 数位）
	20kΩ	10Ω	±（0.3%读数+1 数位）
	200kΩ	100Ω	±（0.3%读数+1 数位）
	2MΩ	1kΩ	±（0.75%读数+2 数位）
	20MΩ	10kΩ	±（2.5%读数+5 数位）
电容量	200pF	1pF	±（1.5%读数+5 数位）
	2μF	0.001μF	±（2%读数+5 数位）
	20μF	0.01μF	±（2%读数+5 数位）
温度测量	−20～1370℃	1℃	±（3°+1 数位）150℃ 以下 ±3%读数 150℃ 以上
电导测量	200nS	0.1nS	±（1.5%读数+10 数位）

续表

测量项目	测量范围	灵敏度	基本误差
二极管测试	测试电压：2.8V 最大测试电流：3mA		
三极管测试	测试状态：10μA、2.8V h_{FE}范围：0～1000 （NPN、PNP）		
通断测试	电阻范围：大约200Ω以下时，发出蜂鸣声响应时间：100mS以下		

注　1. 数字显示仪表是利用半导体脉冲数字电路自动地将被测量数值用数字形式直接显示出来的一种电子仪表，是当前较先进的测量仪表，它具有如下特点：

（1）读数方便、清晰、准确，不会像指针式仪表随使用者读数时站立角度不同而产生读数误差。

（2）测量速度快，参数采样，选择量程测量过程全部自动化，可在极短的时间内巡检所有被测数据。

（3）可以多参数输入，多功能输出。输出的数码信息可连接外围设备进行打印、绘图和储存等，也可直接输入计算机进行数字处理和调整控制生产过程。

（4）可以直接测量动态参数和参数变化过程。

2. 数显万用表以分辨力表示灵敏度。

3. h_{FE}为半导体管直流放大倍数。

表 4 – 25　　　　　　　　**DT—890D 型数字式万用表使用方法**

项　目	内　容
DT—890D 型数字万用表结构特点	（1）低挡普及型。从面板上看，数显万用表是由液晶显示屏、量程转换开关与测试插孔组成。表笔插孔有 4 个。标有 COM 字样的为公共插孔，通常插入黑表笔；标有 V/Ω 字样插孔应插入红表笔，用以测量电阻值和交直流电压值。测量交直流电流有两个插孔，分别标有 mA 和 20A_max 字样，供不同量程挡选用，也插入红表笔。 （2）液晶显示屏直接以数字形式显示测量结果，并且还能自动显示被测数值的单位和符号（例如：Ω、kΩ、MΩ、mV、V、mA、A、μF 等）。最大显示数字为 ±1999。由于其首位不能显示 0～9 的所有数字，只能显示称做"半位"的 1，习惯叫 $3\frac{1}{2}$ 位数字万用表。数显万用表位数越多，它的灵敏度越高。如较高挡的 $4\frac{1}{2}$ 位表，最大显示值为 ±19999。 （3）量程转换开关位于表的中间。由于最大显示数为 ±1999，不到满度 2000，所以量程挡的首位数几乎都是 2，如 200Ω、2kΩ。数显万用表的量程也较指针万用表要多。DT—890D 型的电阻量程从 200Ω 至 200MΩ 就有 7 挡；除了直流电压、电流和交流电压及 h_{FE} 外，还增加了指针式表少见的交流电流和电容量等测试挡

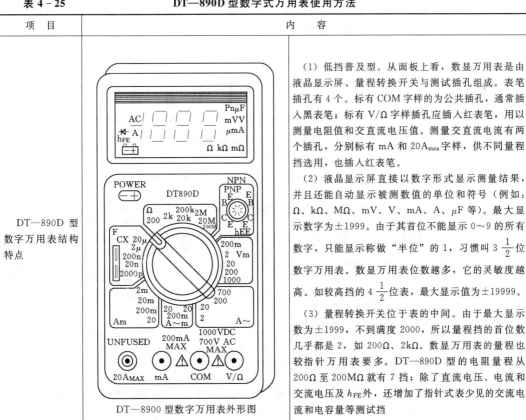

DT—8900 型数字万用表外形图

续表

项　目	内　容
DT—890D 型数字万用表使用注意事项	（1）使用前应先估计一下被测量值的大小范围，尽可能选用接近满度的量程。这样可提高测量精度。如果预先不能估计被测量值的大小，可从最高量程挡开始测，逐渐减少到恰当的量程位置。如测量显示结果只有"半位"上的读数 1，表示被测数值已超出所在挡测量范围（称为溢出），可换高一挡量程测试。 （2）刚测量时显示屏的数值会有跳数现象，这是正常的（类似指针式表的表针摆动）。应待显示数值稳定后（1～2s）才能读数。为读数正确提高准确度，测试前应先清除被测元器件引脚上的氧化层和锈污。 （3）转换量程开关用力不可过猛，且要慢。在开关到位后再轻轻地左右拨动一下，看是否真实到位，确保量程开关接触良好。严禁在测量的同时拨动量程开关，特别是在高电压、大电流下，以防产生电弧烧毁量程开关。 （4）测 10Ω 以下精密小电阻时（200Ω 挡），应先将两表笔短接，测出表笔线电阻（约 0.2Ω），最后在测量中减去这一数值。 （5）使用时应力求避免误操作，如用电阻挡去测 200V 交流电压等，以免带来不必要的损失。 （6）测试一些连续变化的电量和过程时最好与指针式万用表结合使用，这样既直观方便，又读数准确。如测电解电容器的充、放电过程、测热敏电阻、光敏二极管等。 （7）数字万用表设置了 15min 自动断电电路，自动断电后若要重新开启电源可连续按动电源开关两次。在使用过程中若产生很大的测量误差，并在显示屏左下方出现如右图所示符号时应及时更换电池　　　　　　　　　　　　需更换电池标记
测量电阻的方法	将红黑表笔分别插入 V/Ω 和 COM 插孔，量程开关拨到适当挡位，打开万用表电源开关，显示数为 1（半位）。这时将两表笔跨接到待测电阻两引脚上，数值稳定后显示的就是测量结果。更换不同电阻挡时不象指针式表那样重新调零，数字表是自动调零的
测量二极管的方法	蜂鸣器和二极管挡　　　　测二极管极性方法 在电阻量程挡内，附设了如上图所示的蜂鸣器和二极管挡。该挡有两个功能：①检查线路的通断。蜂鸣器有声响时，表示被测线路通（R＜70Ω）；无声响则表示不通。这样一来在眼睛看被测线路的同时可凭听觉来判断线路的通断，提高了测试效率。被测线路不能带电，否则会产生错误判断。②可测二极管的极性和正向压降值。测 1N4001 型整流二极管的方法见上图右方，量程开关打到蜂鸣器和二极管挡，用红、黑两表笔分别接触二极管的两个引脚。如显示溢出数"1"，说明是反向，交换两表笔则必然为正向测试。这样得到的读数为二极管的正向压降。这时，红表笔所接的引脚为二极管的正极，黑表笔所接则为负极。假如两次测量均显示溢出数"1"（硅堆除外）或两次均有压降读数的话，表明该二极管已损坏。应注意在数字万用表中，红表笔带正电，黑表笔带负电，正好与指针万用表相反。指针万用表判断二极管极性的方法不能用到数字万用表中。另外，因数字万用表的各电阻挡的测量电流很小，均小于 1mA。因此对二极管、三极管等非线性元件通常不测正向电阻而测正向压降，利用这一点，可判断出二极管的制作材料是锗还是硅。一般锗管的正向压降为 0.15～0.3V，硅管为 0.5～0.7V
h_{FE} 的测量方法	DT—890D 型设置了 h_{FE} 插孔。所测数值不能作为三极管的参数依据，仅能供选管时参考。因为该表所测的 h_{FE} 是在低电压、小电流状态条件下（$U_{ce}=2.8V$，$I_b=10\mu A$）进行的，测得的数值一般偏小

项　目	内　容
交直流电压和电流测量方法	DT—890D 型数字万用表有较宽的电压和电流测量范围。直流电压为 0～1000V；交流电压为 0～700V；交直流电流均为 0～20A。交流显示值均为有效值。测直流时能自动转换和显示极性，不必调换表笔重测
电容测量方法	DT—890D 型表测电容器容量的范围为 1pF～20μF。除设置自动调零电路外。还设置了保护电路。测电容器的方法很简单，只要置量程开关于 C_x 挡，将电容器的两引脚分别插入标有 C_x 处的两插孔中即可。既不需要表笔，也无需考虑电容器的极性及电容器充放电等情况

第三节　电压、电流和功率的测量

电压、电流和功率的测量见表 4-26～表 4-32。

表 4-26　　　　　　电压、电流大、中、小量值的分类标准

量　值	直　　流		交　　流	
	电流（A）	电压（V）	电流（A）	电压（V）
大量值	$10^2～10^5$	$10^2～10^6$	$10^3～10^5$	$10^3～10^5$
中量值	$10^{-6}～10^2$	$10^{-4}～10^2$	$10^{-3}～10^3$	$10^{-9}～10^{-4}$
小量值	$10^{-17}～10^{-6}$	$10^{-9}～10^{-4}$	$10^{-7}～10^3$	$10^{-7}～10^{-3}$

表 4-27　　　　　　测量电流用仪器仪表的测量范围和误差范围

仪器仪表种类	测量范围（A）	误差范围（%）	仪器仪表种类	测量范围（A）	误差范围（%）
指示仪表	直流 $10^{-7}～10^2$ 交流 $10^{-4}～10^2$	2.5～0.1 2.5～0.1	交流互感器	交流 $10^{-1}～10^4$②	0.2～0.005
直流电位差计	直流 $10^{-7}～10^4$①	0.1～0.005	磁位计	直流 交流 10^2 以上	0.1
分流器	直流 $10～10^4$②	0.5～0.02	检流计	直流 $10^{-11}～10^{-6}$	根据定标
霍尔效应大电流仪	直流 $10^3～10^5$	2～0.2	电子测量放大器	直流 $10^{-12}～10^{-4}$ 交流 $10^{-10}～10^{-4}$	2～0.1 0.5～0.1
直流互感器	直流 $10^3～10^5$	2～0.2	电容放大器	直流 $10^{-15}～10^{-5}$	5～2

①　根据选用的辅助设备而定。

②　指扩大量限器具性能。

表 4-28　　　　　　测量电压用仪器仪表的测量范围和误差范围

仪器仪表种类	测量范围（A）	误差范围（%）	仪器仪表种类	测量范围（A）	误差范围（%）
指示仪表	直流 $10^{-3}～5×10^5$②	2.5～0.1	分压器	交流 $10～10^3$①	0.5～0.01
	交流 $10^{-3}～5×10^5$	2.5～0.1		直流 $10～10^3$①	0.2～0.001
直流电位差计	直流 $10^{-4}～2$	0.1～0.001		交流 $10～10^3$①	0.2～0.001
交流电位差计	交流 $10^{-4}～2$	0.5～0.1	电压互感器	交流 $10^2～10^5$①	0.5～0.005
数字电压表	直流 $10^{-4}～10^3$	0.1～0.002	检流计	直流 $10^{-9}～10^{-7}$	根据定标
	交流 $10^{-4}～10^3$	0.1～0.05	电子测量放大器	直流 $10^{-7}～10^{-3}$	2.5～0.1
附加电阻	直流 $10～10^3$①	0.5～0.01		交流 $10^{-7}～10^{-2}$	2.5～0.1

①　指扩大量限器具性能。

②　静电系电压表可直接测量交、直流线路中的高电压。

表 4 - 29　　　　　　　　　中量值电流、电压的测量方法

项目	内　容
测量电流	测量电流电路图 测量电流时至少应满足 $$\frac{r}{R} \leqslant \frac{1}{5} \times \frac{\gamma}{100}$$ 式中　r—电流表电阻（Ω）； 　　　R—负载电阻（Ω）； 　　　γ—允许的相对误差。 否则，电流表串入后将改变被测电流实际值
测量电压	测量电压电路图 测量电压时，至少应满足 $$\frac{R}{r_g} \leqslant \frac{1}{5} \times \frac{\gamma}{100}$$ 式中　r_g—电压表电阻（Ω）； 　　　R—负载电阻（Ω）； 　　　γ—允许的相对误差。 否则，电压表并入后将改变被测电压实际值
分流器	分流器计算公式 $$R_{FL} = \frac{R_c}{n-1}$$ 式中　R_{FL}—电流表的分流电阻（Ω）； 　　　R_c—电流表测量机构内阻（Ω）； 　　　n—量限扩大倍数，等于扩大后量限除以扩大前量限
倍压器	倍压器计算公式 $$R_{BY} = (m-1) R_c$$ 式中　R_{BY}—电压表的倍压电阻（Ω）； 　　　m—量限扩大倍数，等于扩大后的电压量限除以扩大前的电压量限； 　　　R_c—电压表测量机构内阻（Ω）

表 4 - 30　　　　　　　各种功率测量仪器仪表的测量范围和误差

被　测　量	仪　器　仪　表	测　量　范　围	误　差　（%）
直流功率	电压表、电流表	1～600V, 0.1mA～50A	2.5～0.1
	功率表	1～1000V, 0.025～10A	2.5～0.1
	电位差计	由分压器分流器测量范围而定	0.1～0.005
	数字功率表	直接接通 100V, 5A	0.1～0.02
单相交流功率	功率表	1～1000V, 0.025～10A	2.5～0.1
	交流电位差计	小功率	0.5～0.1
	交直流比较仪	10～100V, 0.01～10A	0.1～0.01
	数字功率表	直接接通 1000V, 5A	0.1～0.02
三相交流功率	三相功率表一个， 单相功率表一个， 单相功率表三个	直接接通 1～1000V, 0.025～10A	2.5～0.1

表 4 - 31 **直流电路功率测量方法**

项　目	内　容	
用电流表、电压表测量	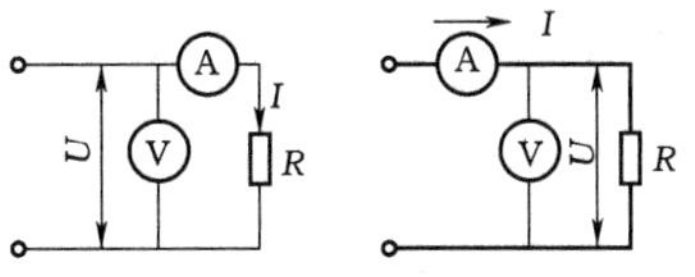 用电流表、电压表测功率 图(a)　　　　图(b)	用电流表和电压表分别测出负载 R 上的电流与电压，间接测得直流功率为 $P=UI$。测量线路如左图。注意图（a）和图（b）的接法不同，其测量结果略有误差，在一般情况下多采用图（a）接法，在低压大电流或精密测量时，采用图（b）的接法为宜
用功率表测量	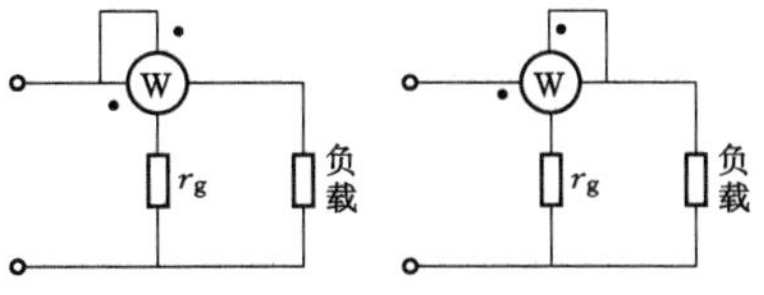 图(a)　　　　图(b)	功率表电压线圈的两种接法都有方法误差，在一般情况下多采用图（a）接法，在低压大电流或精密测量时，采用图（b）的接法为宜

表 4 - 32 **交流电路功率测量方法**

项　目	内　容
功率表选择方法	功率表的选择必须使功率表的额定电压、额定电流和额定功率因数，略大于或等于被测电路的相应参数
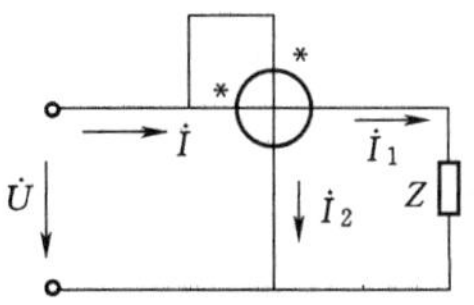 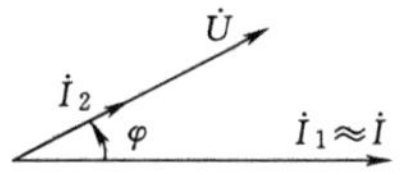 单相功率表直接接入电路	方法一：　　　　　　　　方法二： 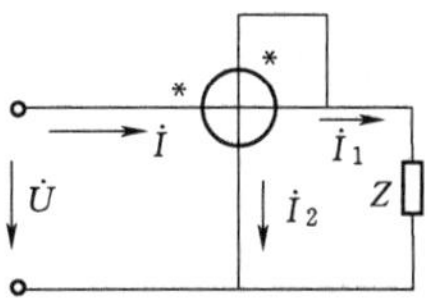 电路图 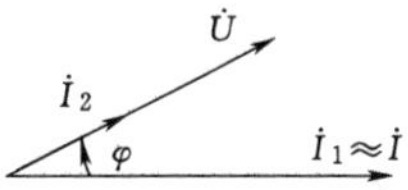　　　　　　　　　电路图 $P=UI_1\cos\varphi$　　　　$P=UI_1\cos\varphi$ 相量图　　　　　　　　　相量图
单相功率表通过电流、电压互感器间接接入电路	功率表通过电流、电压互感器间接接入电路图 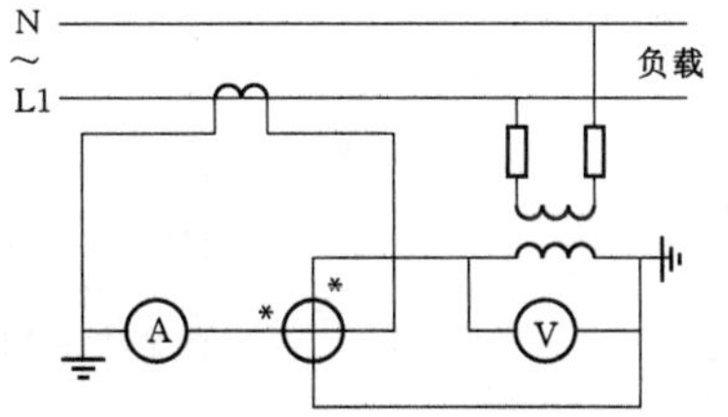 N ~ L1 负载 功率表的读数方法 $P=C\alpha$ $C=\dfrac{U_n I_n}{\alpha_m}$ 式中　P—实际功率值（W）; 　　　C—分格常数（W/格）; 　　　U_n—所使用功率表的额定电压（V）; 　　　I_n—所使用功率表的额定电流（A）; 　　　α_m—功率表标度尺满刻度的格数

项 目	内 容	
用一个单相功率表测量对称三相四线制电路的有功功率	用一个功率表测量对称三相四线制电路功率电路图	三相电路总功率为 $$P = 3W$$ 式中 W—功率表的读数
用两个单相功率表测量三相三线电路的有功功率	用两个功率表测量三相三线制电路功率电路图	三相电路总功率为 $$P = W_1 + W_2$$ 式中 W_1、W_2—两个功率表的读数
用三个单相功率表测量不对称三相四线制电路有功功率	用三个功率表测量不对称三相四线制电路的功率电路图	三相电路总功率为 $$P = W_1 + W_2 + W_3$$ 式中 W_1、W_2、W_3—三个功率表的读数
用一个单相功率表测量完全对称三相电路无功功率	用一个功率表测量完全对称三相电路无功功率电路图	三相电路无功功率为 $$Q = \sqrt{3}\,W$$ 式中 W—功率表读数
用两个单相功率表测量完全对称三相电路的无功功率	用两个功率表测量完全对称三相电路的无功功率电路图	三相电路无功功率为 $$Q = \frac{\sqrt{3}}{2}(W_1 + W_2)$$ 式中 W_1、W_2—两个功率表的读数

项　目	内　容	
借助人工中性点用两表法测量简单不对称三相电路无功功率	借助人工中性点用两表法测量简单不对称的三相电路的无功功率电路图 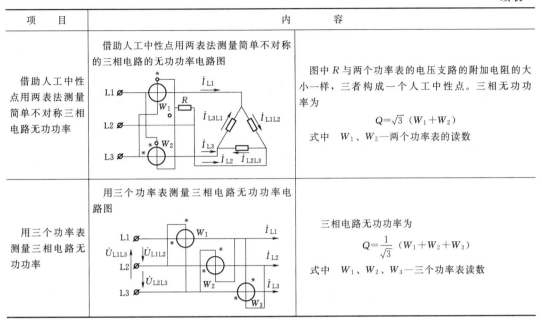	图中 R 与两个功率表的电压支路的附加电阻的大小一样，三者构成一个人工中性点。三相无功功率为 $$Q=\sqrt{3}\,(W_1+W_2)$$ 式中　W_1、W_2——两个功率表的读数
用三个功率表测量三相电路无功功率	用三个功率表测量三相电路无功功率电路图	三相电路无功功率为 $$Q=\frac{1}{\sqrt{3}}\,(W_1+W_2+W_3)$$ 式中　W_1、W_2、W_3——三个功率表读数

第四节　电路参数的测量

电路参数的测量相关指标见表 4-33～表 4-36。

表 4-33　　　　直流电阻测量仪器仪表的测量范围和误差范围

测量手段	测量范围（Ω）	误差范围（%）	测量手段	测量范围（Ω）	误差范围（%）
双电桥	$10^{-6}\sim10^2$	2～0.01	欧姆表	$10^{-2}\sim10^6$	5～0.5
安培表、毫伏表	$10^{-3}\sim10^6$	1～0.2	单电桥	$10\sim10^6$	1～0.01
电位差计	$10^{-2}\sim10^6$	0.1～0.005	电容充放电	$10^{11}\sim10^{14}$	1～0.1
数字欧姆表	$10^{-2}\sim10^8$	0.1～0.02	超高阻电桥	$10^8\sim10^{23}$	1～0.03
检流计	$10^6\sim10^{12}$	5～1		$10^{14}\sim10^{17}$	5～1
直流放大器	$10^4\sim10^{12}$	5～0.5	三次平衡电桥	$10^{-6}\sim10^3$	2～0.01

表 4-34　　　　中、小直流电阻的测量方法

项　目	内　容
中、小电阻测量电路图	电流表、电压表测电阻电路图

续表

项　目	内　　　容
测量中值电阻	在中值电阻测量时用毫安表，伏特表
测量小值电阻	在小值电阻测量时用安培表，毫伏表
被测电阻阻值	被测电阻 $R_x = U/[I-(U/R_v)]$，U、I 分别为电压表、电流表的读数，R_v 为电压表内阻，当 $R_v \gg R_x$ 时，$R_x \approx U/I$。I/I_v 或 R_v/R_x 的比值越大，方法误差越小。由于通过被测电阻的电流受电阻元件允许功率的限制，不可能随意增加

表 4-35　　　　　　　　交流电路中电阻、电感、电容的测量方法

对　象	方　法	量　限	工　作　频　率 （Hz）	误　差 （%）
电阻 R	电桥法： （1）交流阻抗电桥 （2）直流下测出 R_1 用时间常数电桥测 τ	$0.01 \sim 10^4 \Omega$	1000	$0.1 \sim 0.01$
电感 L（空心）	电桥法： （1）交流阻抗电桥。 （2）变压器电桥	$0.1\mu H \sim 1000H$ $10^{-2}\mu H \sim 10^5 H$	$50 \sim 1000$（1000） 1000，1592	$0.1 \sim 1$ 0.01
	谐振法 Q 表	$0.1 \sim 100mH$	$50k \sim 300M$	1
电感 L（有直流偏置铁芯电感）	电桥法： 交流阻抗电桥（应允许加直流偏置）	$<1000H$	$50 \sim 1000$	1
电感 L（无直流偏置的铁芯电感）	直读法： 电流、电压表法	$>1mH$	50	$2 \sim 5$
	电桥法： 交流阻抗电桥（当工作电流小，不计铁芯非线性时）	$<1000H$	$50 \sim 1000$	—
电容 C $10^{-6} \sim 10^2 pF$	电桥法： （1）交流阻抗电桥。 （2）变压器电桥。 （3）数字电容电桥	下限到 $1pF$ 下限到 $10^{-6}pF$ 下限到 $10^{-2}pF$	$500 \sim 10000$（常用 1000） 1000，1592 120，400，1000，1592，10^6	$0.02 \sim 1$ $0.0001 \sim 0.1$ 0.1
	谐振法 Q 表	$30 \sim 500pF$	$30k \sim 100M$	1
	直读法： 电子式 pH 计	$1 \sim 50pF$	1000	1
电容 C $10^2 pF \sim 10^3 \mu F$	电桥法： （1）交流阻抗电桥。 （2）变压器电桥。 （3）数字电容电桥	$10^2 pF \sim 10^3 \mu F$ 上限到 $10^4 pF$ 上限到 $10^3 \mu F$	$50 \sim 10000$（常用 1000） 1592 120，400，1000，1592	$0.02 \sim 1$ $0.0001 \sim 0.1$ 0.1
	直读法： （1）电流、电压表法。 （2）电磁系或电动系法拉计（少用）	— $1 \sim 10\mu F$	— 50	1 1

续表

对　　象	方　　法	量　　限	工　作　频　率（Hz）	误　差（%）
电容 C >1000μF	电桥法：低频四臂电桥	1000μF～10F	≤50	1
	充电法	下限到1000μF	直流	5～10
电容 C（电解电容）1～2000μF	电桥法： (1) 交流阻抗桥（需外加直流偏置。若无偏置，施加电容上电压应小于0.5～1V)。	1～10³μF	50	1
	(2) 数字电桥（有的允许加偏量，有的不允许加偏量）	1～10μF	100	1

表 4-36　交流电路中电阻时间常数、电容介质损耗、电感线圈品质因数和互感的测量方法

对　　象	方　　法	量　　限	工作频率（Hz）	误差（%）
电阻时间常数 τ	电桥法： (1) 六臂交流电桥。 (2) 时间常数电桥。 (3) 变压器电桥	10^{-9}～10^{-7}s	1000	—
电容介质损耗 $\mathrm{tg}\delta$	电桥法： (1) 交流阻抗电桥。 (2) 西林电桥。 (3) 数字电桥		1000 50 1000	0.5 0.5 0.1
	谐振法：Q 表	0.0001～1	50k～300M	1
电感线圈品质因数 Q	电桥法： $\left(\text{通过测 } L \text{ 及 } r,\ Q=\dfrac{\omega L}{r}\right)$	—	100	1
	谐振法：Q 表	20～800	50k～100M 最高可达300M	5～10 此时精度略有下降
互感 M	电桥法： (1) 交流阻抗电桥。 (2) 互感电桥		1000 1000	0.5 0.5
	直读法： 电流电压表法	—	50	1
	冲击检流计法	—	—	1

第五节　电工常用工具使用

电工常用工具使用方法和注意事项见表 4-37～表 4-42。

表4-37　　　　　　　　　　　　　电工随身携带常用工具

类　别	使用方法和注意事项
工具夹和工具袋	（1）工具夹是装夹电工随身携带常用工具的器具。工具夹常用皮革或帆布制成，分为插装一件、三件和五件工具等几种。使用时，佩挂在背后右侧的腰带上，以便随手取用和归放工具。 （2）工具袋常用帆布制成，是用来装锤子、凿子、手锯等工具和零星器材的背包。工作时一般斜挎肩上
低压验电器（试电笔）	钢笔式电笔 螺钉旋具式电笔　　数字显示式 试测带不带电 正确握法　错误握法 钢笔验电器握法　　螺钉旋具式验电器握法 **低压电笔使用方法示意图** 　（1）使用以前，先检查电笔内部有无柱形电阻（特别是借来的、别人借后归还的或长期未使用的电笔更应检查），若无电阻，严禁使用。否则，将发生触电事故。 　（2）一般用右手握住电笔，左手背在背后或插在衣裤口袋中。 　（3）人体的任何部位切勿触及与笔尖相连的金属部分。 　（4）防止笔尖同时搭在两线上。 　（5）验电前，先将电笔在确实有电处试测，只有氖管发光，才可使用。 　（6）在明亮光线下不易看清氖管是否发光，应注意避光

类　别	使 用 方 法 和 注 意 事 项
螺钉旋具（旋凿、起子、改锥、螺丝刀）	绝缘套管　　　　　　　　　　　　绝缘套管 一字形螺钉旋具　　　　　　　十字形螺钉旋具 穿心金属杆螺钉旋具（电工禁用） **螺钉旋具分类示意图** （1）一字形螺钉旋具常用的有 50mm、100mm、150mm 和 200mm 等规格. 电工必备的是 50mn 和 150mm 两种。十字形螺钉旋具专供紧固或拆卸十字槽的螺钉使用，常用的有四种规格：Ⅰ号适用于直径为 2.0～2.5mm 的螺钉，Ⅱ号适用于 3～5mm 的螺钉，Ⅲ号适用于 6～8mm 的螺钉，Ⅳ号适用于 10～12mm 的螺钉。 （2）电工不可使用金属杆直通柄顶的螺钉旋具，否则很容易造成触电事故。 （3）使用螺钉旋具紧固或拆卸带电的螺钉时，手不得触及螺钉旋具的金属杆，以免发生触电事故。 （4）为了防止螺钉旋具的金属杆触及皮肤或触及邻近带电体，应在金属杆上套上绝缘管
钢丝钳（手钳）	齿口　刀口　铡口 钳口 绝缘管 钳头　　钳柄 **有绝缘柄钢丝钳（电工钳）电工钳使用方法**　　**裸柄钢丝钳（电工禁用）**　　**正确握法** 剪切导线用刀口　　剪切钢丝用侧口　　扳旋螺母用齿口　　弯绞导线用钳口 （1）常用电工钳有 150mm、175mm 和 200mm 三种规格。 （2）使用前，应检查绝缘柄的绝缘是否良好。 （3）用电工钳剪切带电导线时，不得用钳口同时剪切相线和中性线，或同时剪切两根相线。 （4）钳头不可代替手锤作为敲打工具使用
尖嘴钳	尖嘴钳也有裸柄和绝缘柄两种。裸柄尖嘴钳电工禁用，绝缘柄的耐压强度为 500V，常用的有 130mm、160mm、180mm，200mm 四种规格。其握法与电工钳的握法相同。 （1）尖嘴钳的头部尖细，适于在狭小的工作空间操作。 （2）带有刀口的尖嘴钳能剪断细小金属丝。 （3）尖嘴钳能夹持较小的螺钉、线圈和导线等元件。 （4）制作控制线路板时，可用尖嘴钳将单股导线弯成一定圆弧的接线鼻子（接线端环）

类　别	使 用 方 法 和 注 意 事 项
断线钳（斜口钳）	断线钳，有裸柄、管柄和绝缘柄三种，其中裸柄断线钳禁止电工使用。绝缘柄断线钳的耐压强度为 1000V。其特点是剪切口与钳柄成一角度，适用于狭小的工作空间和剪切较粗的金属丝、线材和电线电缆。常用的有 130mm、160mm、180mm、200mm 四种规格
剥线钳	剥削小直径导线接头绝缘层的专用工具。使用时，将要剥削的导线绝缘层长度用标尺定好，右手握住钳柄，用左手将导线放入相应的刀口槽中（比导线芯直径稍大，以免损伤导线），用右手将钳柄向内一握，导线的绝缘层即被割破拉开，自动弹出
电工刀	用来剖削导线线头，切割木台缺口，削制木榫的专用工具。 （1）剖削导线绝缘层时，刀口应朝外，刀面与导线应成较小的锐角。 （2）电工刀刀柄无绝缘保护，不可在带电导线或带电器材上剖削，以免触电。 （3）电工刀不许代替手锤敲击使用。 （4）电工刀用毕，应随即将刀身折入刀柄
活络扳手	用来紧固和拧松螺母的一种专用工具。 　　旋动涡轮就可调节扳口的大小。常用的活络扳手有 150mm、200mm、250mm、300mm 四种规格。由于它的开口尺寸可以在规定范围内任意调节，所以特别适于在螺栓规格多的场合使用。 （1）使用时，应将扳唇紧压螺母的平面；扳动大螺母时，手应握在近柄尾处。扳动较小的螺母时，应握在接近头部的位置。施力时手指可随时旋调涡轮，收紧活络扳唇，以防打滑。 （2）活络扳手不可反用，以免损坏活络扳唇，也不可用钢管接长手柄来施加较大的力矩。 （3）活络扳手不可当作撬棒或手锤使用

类　别	使用方法和注意事项
电工用凿	（1）圆榫凿。又称麻线凿或鼻冲。用于在混凝土结构的建筑物上凿打木榫孔。电工常用的圆榫凿有 16 号和 18 号两种，前者可凿直径约 8mm 的木榫孔，后者可凿直径约 6mm 的木榫孔。凿孔时，用左手握住圆榫凿，随凿随转，并经常拔出凿身，使灰沙、碎砖及时排出，以免凿身涨塞在孔中。 （2）小扁凿。用来在砖墙上凿打方形榫孔。电工常用凿口宽约 12mm 的小扁凿。凿孔时，也要经常拔出凿身，以利排出灰沙，碎砖，同时观察墙孔开凿得是否平整，大小是否合适，孔壁是否垂直。 （3）大扁凿。用来凿打角钢支架和撑脚等的埋设孔穴。电工常用凿口宽约 16mm 的大扁凿。使用方法与小扁凿相同。 常用长凿的直径有 19mm、25mm 和 30mm 三种，其长度则有 300mm、400mm 和 500mm 等多种。凿孔时也应不断旋转凿身，以便及时排出碎屑
手锤	手锤由锤头、锤柄和楔子组成。手锤的规格以锤头的重量来表示，常用的有 0.25kg、0.5kg 和 1.0kg 等几种，锤柄一般用比较坚韧的木材（如檀木、胡桃木等）制成，长度一般在 300～350mm 之间。无论哪一种规格的手锤，锤头孔都做成椭圆形，而且孔的两端都比中间大，成凹鼓形。这样，便于装紧锤柄。为了防止锤头脱落，一般将带有倒刺的斜楔（金属或硬木楔子）打入锤柄顶端。使用手锤时，为了锤击有力，应握在手柄的末端。锤击时，应对准工件，并使锤头整个表面与其接触，以免损坏锤面和工件
手锯	手锯由锯弓和锯条组成。锯弓用来安装锯条，它分为可调式和固定式两种。固定式锯弓只能安装一种长度的锯条，可调式锯弓通过调整可安装几种长度的锯条。 锯条根据锯齿齿距的大小，分为细齿（1.1mm）、中齿（1.4mm）和粗齿（1.8mm）三种，可根据所锯材料的软硬、厚薄选用。锯割软材料（如紫铜、青铜、铅、铸铁、低碳钢和中碳钢等）或较厚的材料时，应选用粗齿锯条；锯割硬材料或较薄的材料（如工具钢、合金钢、管子、薄钢板、角铁等）时，应选用细齿锯条。一般来说，锯割薄材料时，在锯割截面上至少应有三个锯齿同时参加锯割。这样。就可防止锯齿被钩住或崩断

117

表 4-38　　　　　　　　　　　　基本绝缘安全工器具

类　别	使用方法和注意事项
10kV 高压验电器	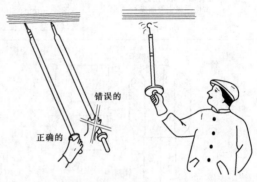 高压验电器又称高压测电器、高压测电棒。10kV 高压验电器由金属钩、氖管、氖管窗、绝缘棒、护环和握柄等部分组成。 （1）使用以前，应先在确有电源处试测，只有证明验电器确实良好，才可使用。 （2）验电时，应逐渐靠近被测带电体，直至氖管发光。只有氖管不亮，才可直接接触带电体。 （3）室处测试，只能在气候良好的情况下进行；在雨、雪、雾天和湿度较高时，禁止使用。 （4）测试时，必须戴上符合耐压要求的绝缘手套，手握部位不得超过护环。 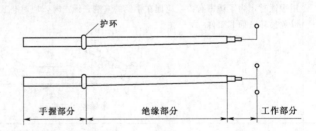 （5）不可一人单独测试，身旁应有人监护。测试时应防止发生相间或对地短路事故。人体与带电体应保持足够距离（电压 10kV 时，应在 0.7m 以上）。 （6）对验电器每半年应作一次预防性试验
绝缘操作杆	 工作部分。它具有完成特定操作的功能，大多由金属材料制作，也有用绝缘材料制作的，其式样因功能不同而异。 绝缘部分。绝缘部分主要起隔离作用，一般采用胶木、纸箔管、塑料管、电木、环氧玻璃布管等绝缘材料制作。 手握部分。这是操作人员手握的部位，大多采用与绝缘部分相同的材料制成。绝缘部分与手握部分连接处设有绝缘罩护环，其作用是使绝缘部分与手握部分有明显的隔离，提示操作人员正确把握用具。 绝缘操作杆是间接带电作业的主要工具，用于取出绝缘子，拔出弹簧销子，解开、绑扎导线操作等作业

类　别	使用方法和注意事项

绝缘操作杆规格

| 规格 | 棒　长 | | 工作部位长度（mm） | 绝缘部位长度（mm） | 手握部位长度（mm） | 棒身直径（mm） | 钩子宽度（mm） | 钩子终端直径（mm） |
	全长（mm）	节数						
500V	1640	1		1000	455			
10kV	2000	2	185	1200	615	38	50	13.5
35kV	3000	3		1950	890			

绝缘操作杆

（1）必须根据线路电压等级选择相应耐压强度的绝缘杆。

（2）绝缘杆管内必须清理干净并封堵，以防止潮气侵入。堵头可采用环氧酚醛玻璃布板制作，堵头与管内壁应使用环氧树脂粘牢密封。

（3）使用前应仔细检查绝缘杆各部分的连接是否牢固，有无损坏和裂纹，并用清洁干燥的毛巾擦拭干净。

（4）手握绝缘杆进行操作时，手不得超过护环。

（5）操作时要戴干净的线手套或绝缘手套，以防止因手出汗而降低绝缘杆的表面电阻，使泄漏电流增加，危及操作者的人身安全。

（6）雨天室外使用的绝缘杆，应加装喇叭形防雨罩，防雨罩宜装在绝缘部分的中部，罩的上口必须与绝缘部分紧密结合，以防止渗漏，罩的下口与杆身应保持20～30mm距离。

（7）平时不使用时，绝缘杆应保存在配电室内，水平放在木架上，不可放在地下或靠墙立放，以免受潮

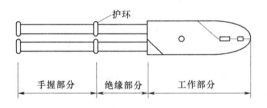

绝缘夹钳

绝缘夹钳简称绝缘夹或绝缘钳，主要用于安装和拆卸高压熔断器的熔体或执行其他类似工作。一般用于35kV及以下电力系统，35kV以上的电气设备禁止使用。

绝缘夹钳由工作部分（钳口）、绝缘部分和手握部分组成，各部分的制作材料与绝缘操作杆相同。绝缘钳的工作部分是一个紧固的夹钳，并有一个或两个管形钳口，用以夹持高压熔断器的绝缘管。

绝缘夹钳的最小长度与工作电压的关系

| 电压（kV） | 室内设备（m） | | 室外设备及架空线用（m） | |
	绝缘部分	手握部分	绝缘部分	手握部分
10及以下	0.45	0.15	0.75	0.20
35及以下	0.75	0.20	1.20	0.20

（1）绝缘夹钳不许用来装接地线，以免操作时接地线在空中游荡而造成接地短路和触电事故。

（2）在潮湿环境中，应使用专用的防雨或防潮绝缘夹钳。

（3）操作时要戴护目眼镜、绝缘手套、穿绝缘靴（鞋）或站在绝缘台（垫）上，手握绝缘夹钳应保持平衡，操作时应精神集中。

（4）绝缘夹钳应保存在特制的箱子内，以免受潮

续表

类　别	使用方法和注意事项
短路接地线	短路接地线可用来防止设备因突然来电（如错误合闸送电）而带电，并消除临近感应电压或放尽已断开电源的电气设备上的剩余电荷。这是必不可少的安全用具，对保护工作人员的人身安全有着重要的作用。 短路接地线由四部分组成： （1）短路各相用的软导线及接地用的软导线。 （2）将接地软导线连接接地极的夹头。 （3）将短路软导线连接到设备上的各相导电部分的夹头。 （4）三相绝缘杆。 使用短路接地线应注意以下几点： （1）短路软导线连接到导电部分的夹头必须坚固，以防止突然来电时所产生的动力使其脱落，并且要便于安装、紧固和拆卸；接地软导线的夹头的大小，应适合于连接到接地极的接头上。 （2）所有夹头与软导线的连接都必须用螺丝连接，以使接触可靠，绝缘杆应符合安装点的电压等级相应的绝缘要求。 （3）在每次装设前，均应详细检查，破损者及时修理或更换，禁止使用不符合规定的接地线。 （4）接地线必须使用专用的线夹固定在导体上，严禁用缠绕的方法进行接地或短路，因为一是在通过短路电流时，由于接触不良产生过早的烧毁，二是在流过短路电流时，由于接触电阻大，较大的电压降将加到检修设备上，这是很危险的。 （5）对短路接地线应每半年试验一次
绝缘罩	由绝缘材料制成，用于遮蔽带电导体或非带电导体的保护罩
绝缘隔板	由绝缘材料制成，用于隔离带电部件，限制工作人员人体活动范围的绝缘平板

表 4－39　　　　　　　　　　　　　辅助绝缘安全工器具

类　别	使用方法和注意事项
绝缘手套	绝缘手套用绝缘性能良好的特种橡胶制成，用于防止泄漏电流、接触电压和感应电压对人体的伤害。在 1kV 以下设备或线路上带电工作时，绝缘手套是绝缘操作用具；在 1kV 以上带电设备上工作时，绝缘手套是绝缘防护用具。 （1）绝缘手套应有足够的长度，戴上后，至少应超出手腕 100mm，总长度不小于 400mm。手套的伸入部分应有相当的长度，以便拉到上衣衣袖上。对绝缘手套有严格的电气强度要求，因此严禁用普通手套或医疗、化工用的手套来取代绝缘手套。 （2）使用前绝缘手套应进行外观检查，不应有粘胶、裂纹、气泡和外伤。通常采用压气法来检查绝缘手套是否漏气，即使只有微小漏气，该手套也应报废，不得继续使用。戴上绝缘手套后，手容易出汗，因此应在绝缘手套内衬上吸汗手套（如普通线手套），以增加手与带电体的绝缘强度。 （3）平时绝缘手套应放在干燥、阴凉处。现场应放置在特制的木架上。 （4）每半年对使用的绝缘手套进行工频耐压试验一次

类　别	使用方法和注意事项
绝缘靴	绝缘靴是用特种橡胶制成的，里面有衬布，外面不上漆，这与涂光亮黑漆的普通橡胶水鞋在外观上有所不同。 （1）绝缘靴不得当作雨靴使用，普通橡胶鞋也不得取代绝缘靴。绝缘靴应经常检查，如果发现严重磨损、裂纹和外伤。则应停止使用。 （2）每半年对使用的绝缘靴进行工频耐压试验一次。 （3）雨天或阴暗潮湿天气，在室外操作高压设备时，除戴绝缘手套外，还应穿绝缘靴。此外，也提倡平时作业时穿绝缘靴，因为配电装置的接地网不一定能满足设计要求
绝缘胶垫	绝缘胶垫是用特种橡胶制成的，其表面有防滑槽纹，绝缘垫的尺寸至少应为750mm×750mm，厚度不小于4mm。 （1）绝缘垫不得与酸、碱、油类物质和化学药品等接触，并且要保持清洁、干燥，不受阳光直射，远离热源，每隔一段时间应使用温水清洗一次。不使用时，应存放在通风干燥的室内。 （2）每年对使用中的绝缘胶垫进行工频耐压试验一次
绝缘站台	绝缘站台的台面，由直纹无节干燥的条形木栅板制成，台面油漆后支撑在绝缘瓷瓶上（瓷瓶应无裂纹、破损）。绝缘站台的最小尺寸为750mm×750mm。为便于移动，打扫和检查，其最大尺寸不得超过1500mm×1000mm。台面板条间距不得大于25mm，以免站在其上时鞋跟陷入板条间。台面的边缘不得伸出支持绝缘瓷瓶的边缘。支撑台面的绝缘瓷瓶高度（从地面至站台面）不应小于100mm。 （1）绝缘站台是电工带电操作用的辅助保护用具，它可取代绝缘靴和绝缘垫。 （2）绝缘站台应放置在坚硬、干燥的地点。用于室外时，如果地面松软，则应在站台下面垫一块坚实的垫板，以免台脚陷入泥土或站台触及地面而降低其绝缘性能

表 4 - 40　　　　　　　　　　电工作业一般防护用具

类　别	使用方法和注意事项
安全帽	安全帽是一种对人体头部受外力伤害起防护作用的特殊帽子。由帽壳、帽衬、下颏带、后箍等组成。帽壳又包括帽舌、帽檐、顶筋、透气孔、插座、栓衬带孔及下颏带挂座等。 （1）安全帽佩戴时，帽箍底边至头顶部的垂直距离称为佩戴高度应为80～90mm。 （2）安全帽佩戴时，头顶与帽壳内顶之间的垂直距离（不包括顶筋空间），塑料衬应为25～50mm；棉织或化纤带应为30～50mm。 （3）企业必须购买有产品检验合格证的产品，购入的产品经验收后，方准使用。 （4）安全帽使用期，从产品制造完成之日计算： 1）植物枝条编织帽不超过两年。 2）塑料帽、纸胶帽不超过两年半。 3）玻璃钢（维纶钢）橡胶帽不超过三年半。 （5）企业安技部门应按上条规定对到期的安全帽进行抽查测试，合格后方可继续使用，以后每年抽验一次，抽验不合格则该批安全帽即报废。 （6）安全帽不应贮存在酸、碱、高温、日晒、潮湿等场所，更不可和硬物存放在一起

类　别	使用方法和注意事项
安全带	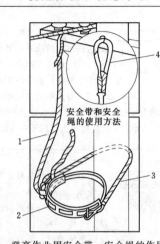 登高作业用安全带、安全绳的作用 1—安全绳；2—安全带；3—腰上围杆绳；4—保险钩 　　安全带是高处作业工人预防坠落伤亡的防护用品，由带子、绳子和金属配件组成，总称为安全带。适用于围杆、悬挂、攀登等高处作业使用。腰带必须是一整根，其宽度为 40～50mm，长度为 1300～1600mm。护腰带宽度不小于 80mm，长度为 600～700mm。腰带上附加小袋一个。电工、电信、园林等工种围在杆上作业时使用围杆带（围杆绳）。安全绳是安全带上保护人体不坠落的系绳，用自锁钩预先挂好在牢固的架构上或吊绳上，垂直、水平和倾斜均可；自锁钩可在吊绳上自由移动，能适应不同作业点工作。 　　(1) 安全带应高挂低用，防止摆动碰撞，使用 3m 以上长绳应加缓冲器，自锁扣用吊绳例外。 　　(2) 不准将绳打结使用，也不准将钩直接挂在安全绳上使用，应挂在连接环上用。 　　(3) 安全带上的各种部件不得任意拆掉。更换新绳时要注意加绳套。 　　(4) 安全带使用两年后，按批量购入情况，抽验一次。 　　(5) 使用频繁的绳，要经常做外观检查，发现异常时，应立即更换新绳。带子使用期限为 3～5 年，发现异常应提前报废。 　　(6) 安全带应储藏在干燥、通风的仓库内，不准接触高温、明火、强酸和尖锐的坚硬物体，也不准长期曝晒

表 4-41　　　　　　　　　　　　**登高作业工具使用方法和注意事项**

类　别	使用方法和注意事项
脚扣	铁齿　扣环　　　防滑胶套　扣环 铁齿脚扣　　　　　橡胶脚扣

类　别	使 用 方 法 和 注 意 事 项
脚扣	脚扣又称铁脚，是一种攀登电杆的工具。脚扣分为两种：一种是扣环上有铁齿，供登木杆用。另一种是扣环上裹有橡胶，供登混凝土杆用。脚扣有大小号之分，以供攀登粗细不同的电杆使用。混凝土杆脚扣可用于木杆攀登，但木杆脚扣不宜用来攀登混凝土杆。雨天和冰雪天禁止攀登混凝土杆。 　　(1) 登杆前首先应检查脚扣是否损伤，型号与杆径是否相配，脚扣防滑胶套是否牢固可靠，然后将安全带系于腰部偏下位置，戴好安全帽。 　　(2) 登杆时，双手搂杆，上身离开电杆，臀部向后下方坐，使身体成弓形。 　　(3) 当左脚向上跨扣时，左手同时向上扶住电杆；右脚向上跨扣时，右手扶住电杆。登杆过程中应注意：只有左脚踏实后，身体重心移到左脚上，右脚抬起，再开始移动身体，双手双脚配合要协调。以上动作如图 (a)、(b)、(c) 所示。为了保证在杆上进行作业时人体保持平稳，两只脚扣应如图 (d) 所示方法定位。

用脚扣登杆

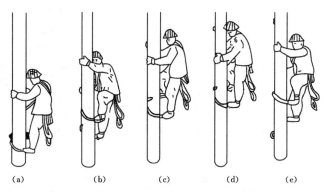

脚扣登杆练习

图 (a)、(b)、(c) 上杆程序，图 (d)、(e) 下杆程序

　　(4) 下杆时，同样要手脚协调配合，往下移动身体，其动作与上杆时相反。

　　(5) 在脚扣上高处作业人体站立姿势，如下图。

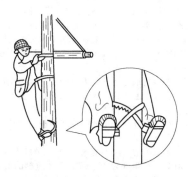

　　(6) 脚扣攀登速度较快，容易掌握，但在杆上操作不灵活、不舒适，容易疲劳，所以只适于在杆上短时工作用

类　别	使用方法和注意事项
踏板	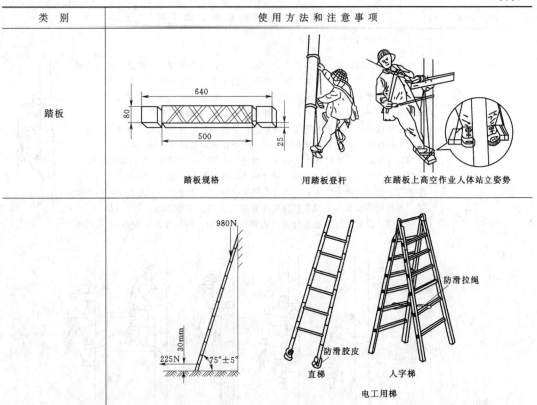 踏板规格　　　用踏板登杆　　　在踏板上高空作业人体站立姿势
梯子	电工用梯 梯子分为直梯（也称靠梯）和人字梯两种直梯多为竹梯，其规格有 13 挡、15 挡、17 挡、19 挡和 21 挡等，常用于室外登高作业，也可作为室内配线的爬高工具。直梯的两脚应绑扎胶皮之类的防滑材料。人字梯多为硬木制作，其中间应绑扎两道防滑安全绳，其四脚也应绑扎防滑材料。人字梯主要用于室内攀高作业。 (1) 使用前应严格检查梯子是否损伤、断裂，脚部有无防滑材料和是否绑扎防滑安全绳。 (2) 梯子放置必须稳固，梯子与地面的夹角为 60°左右为宜，顶部应与建筑物靠牢。靠在管子上的梯子，上端应使用绳子系牢。不能稳固放置的梯子，应有人扶持或用绳索将梯子下端与固定物体绑牢。 (3) 在直梯上作业，为了扩大活动幅度和不致因用力过度而重心不稳，应一脚站在梯面上，另一脚伸过横挡再弯回站立，同时不得站在直梯的最高两挡进行操作。此外，直梯不得缺挡，不得把直梯架设在木箱等不稳固的支持物上使用。 (4) 人字梯放好后，要检查四只脚是否同时着地。作业时不可站立在人字梯最上面两挡工作。站在人字梯的单面工作时，也要将另一只脚伸过横挡再弯回站立（与在直梯上站立的姿势相同）。 (5) 在室内通道上使用人字梯时，地面应有人监护，或采取防止门突然打开的措施。 (6) 在梯子上工作，应备有工具袋，上下梯子时工具不得拿在手中，工具和物体不得上下抛递，要防止落物伤人。 (7) 在室外高压线下或高压室内搬动梯子时，应放倒由两人抬运，并且与带电体保持足够的安全距离。 (8) 木直梯的长度不应超过 5m，宽度不应小于 300mm，踏板间距为 275～300mm；木直梯使用时的工作角度为 75°±5°；作木直梯的滑移检验时，将 980N 的载荷加在梯顶部的第二个踏板上，然后将 225N 水平静拉力施加在距试验表面 30mm 的梯脚上，两上梯脚在整个试验表面上不得有位移
吊篮（工具袋）	吊篮用钢丝扎成圆桶形骨架，外面蒙覆帆布。吊篮上的吊绳一端系结在操作者的腰带上，另一端系结吊篮垂向地面，随操作者的需要吊物上杆或送回杆下

表 4 - 42	其 他 工 器 具
项　目	内　容
手电钻	手电钻有很多种，按构造可分为单向单速钻和多速正反转钻，按手柄形状可分为双柄、枪柄、后托架、环柄等，按手电钻的使用范围分为标准型、重型和轻型。重型电钻输出功率和转矩都较大，主要用于各种钢材的钻削；轻型电钻输出功率和转矩较小，主要用于有色金属、塑料的钻削，也可用于普通钢材和铸铁的钻削；标准型电钻的使用范围和性能介于重型和轻型之间。按电钻使用电源分类，有直流电钻和交流电钻，交流电钻又可分为单相和三相两种。手电钻还有其他一些分类方法。 手电钻主要由电动机、传动机构、开关、钻夹头、壳体等部分组成 双柄电钻　枪柄电钻 锤钻调节开关　定位螺栓 从动齿盘　电动机 主动齿盘　传动机构 辅助手柄 电源开关　钻夹头　主轴 冲击钻外形　　　　冲击钻结构
钻头	手电钻装用的钻头有多种，常用的钻头是麻花钻头。钻头柄部用来夹持、定心和传递动力。钻头柄部可以制成直柄式和锥柄式。13mm 以下的钻头一般制成直柄式，而 13mm 以上的钻头则制成锥柄式 工作部分　颈部　柄部 扁尾 导向部分 直柄麻花钻头　　　　锥柄麻花钻头
电烙铁的作用	电烙铁是钎焊（也称锡焊）的热源，其规格有 15W、25W、45W、75W、100W、300W 等多种。功率在 45W 以上的电烙铁，通常用于强电元件的焊接，弱电元件的焊接一般使用 15W、25W 功率等级的电烙铁
电烙铁的分类	电烙铁有外热式和内热式两种。 内热式的发热元件在烙铁头的内部，其热效率较高；外热式电烙铁的发热元件在外层，烙铁头置于中央的孔中，其热效率较低 外热式电烙铁　　　　内热式电烙铁
电铬铁功率选用原则	电烙铁的功率应选用适当，功率过大不但浪费电能，而且会烧坏弱电元件；功率过小，则会因热量不够而影响焊接质量（出现虚焊现象）。在混凝土和泥土等导电地面使用电烙铁，其外壳必须可靠接地，以免触电

项　目	内　容
钎焊材料的分类	（1）焊料。焊料是指焊锡或纯锡，常用的有锭状和丝状两种。丝状焊料称为焊锡条，通常在其中心包有松香，使用很方便。 （2）焊剂。焊剂有松香、松香酒精溶液（松香 40%、酒精 60%）、焊膏和盐酸（加入适量锌，经化学反应才可使用）等几种。松香适用于所有电子器件和小线径线头的焊接；松香酒精溶液适用于小线径线头和强电领域小容量元件的焊接；焊膏适用于大线径线头的焊接和大截面导体表面或连接处的加固搪锡；盐酸适用于钢制件连接处表面搪锡或钢制件的连接焊接
喷灯外形及结构	喷灯是一种利用喷射火焰（火焰温度可高达 900℃以上）对工件进行加热的工具，常用于铅包电缆铅包层焊接，大截面铜导线连接处搪锡，以及其他电气连接表面防氧化镀锡等。按使用燃料的不同，喷灯分为煤油喷灯（MD）和汽油喷灯（QD）两种 喷灯外形示意图　　　　喷灯结构示意图 1—筒体；2—加油阀；3—预热燃烧盘；　　1—燃烧腔；2—喷气孔；3—挡火罩；4—调节阀； 4—火焰喷头；5—喷油针孔；6—放油　　5—加油孔盖；6—打气筒；7—手柄；8—出气口； 调节阀；7—打气阀；8—手柄　　　　　9—吸油管；10—油筒；11—铜辫子；12—点火碗； 　　　　　　　　　　　　　　　　　　13—疏通口螺丝；14—汽化管
喷灯使用方法	（1）检查。使用喷灯前，应仔细检查油桶是否漏油，喷嘴是否畅通，丝扣处是否漏气等。 （2）加油。旋下加油阀上的螺栓，按喷灯要求的燃料倒入适量煤油或汽油，一般以不超过油桶容积的 3/4 为宜，保留部分容积储存压缩空气，以维持必要的空气压力。注油后旋紧加油孔的螺栓，擦净撒在桶外的油，并再次检查喷灯各处是否漏油。 （3）预热。在预热燃烧盘（杯）中倒入汽油，点火将喷头加热。 （4）喷火。在燃烧盘中的汽油尚未烧完之前，打气 3～5 次，将放油调节阀旋松，使阀杆开启，喷出油雾，喷灯即点燃喷火，而后继续打气，到火力正常时为止。 （5）熄火。先关闭放油调节阀，直到火焰熄灭，再慢慢旋松加油阀螺栓，放出油桶内的压缩空气
使用喷灯安全事项	（1）不得在煤油喷灯的油桶内加入汽油，也不得在汽油喷灯的油桶内加入煤油。 （2）对汽油喷灯加汽油时，应先熄火，再将加油阀上的螺栓旋松。听到放气声后不可继续旋松螺栓，以免汽油喷出。待空气放完，才可开盖加油。加油时周围不得有明火。 （3）打气压力不可过高，只要喷灯能正常喷火即可。打完气之后，应将打气柄卡在泵盖上。 （4）工作时应注意火焰与带电体之间的安全距离。通常，10kV 以下应大于 1.5m，10kV 以上应大于 3m。 （5）使用过程中，油桶内的油量不得小于油桶容积的 1/4。否则，油桶过热将发生事故。 （6）经常检查油路密封圈零件配合处有无渗漏跑气现象。 （7）喷灯使用完毕，应将剩气放掉

第六节 导线连接和封端工艺

导线连接和封端操作技能，见表 4-43～表 4-49。

表 4-43 **导线连接的基本要求**

项 目	内 容
导线连接的重要性	在低压系统中，导线连接点是故障率最高的部位。电气设备和线路能否安全可靠地运行，在很大程度上取决于导线连接和封端的质量
导线连接的方式	导线连接的方式很多，常见的有铰接、缠绕连接、焊接、管压接等。出线端与电气设备的连接，有直接连接和经接线端子连接
导线连接的基本要求	(1) 接触紧密，接头电阻不应大于同长度、同截面导线的电阻值。 (2) 接头的机械强度不应小于该导线机械强度的 80%。 (3) 接头处应耐腐蚀，防止受外界气体的侵蚀。 (4) 接头处的绝缘强度与该导线的绝缘强度应相同

表 4-44 **绝缘导线接头绝缘层的剖削工艺**

项 目	方 法 工 艺 要 求
基本要求	绝缘导线连接前，应先剥去导线端部的绝缘层，并将裸露的导体表面清擦干净。剥去绝缘层的长度一般为 50～100mm，截面积小的单股导线剥去长度可以小些，截面积大的多股导线剥去长度应大些
4mm² 以上塑料硬线绝缘层剖削	钢丝钳勒去塑料硬线绝缘层 (1) 用左手捏住导线，根据所需线头长度用钢丝钳的钳口切割绝缘层，但不可切入芯线。 (2) 用右手握住钢丝钳头部用力向外移，勒去塑料绝缘层。 (3) 剖削出的芯线应保持完整无损。如果芯线损伤较大，则应剪去该线头，重新剖削
4mm² 以上塑料硬线绝缘层剖削	(1) 根据所需线头长度，用电工刀以 45°倾斜切入塑料绝缘层，应使刀口刚好削透绝缘层而不伤及芯线，见图 (a)。 线头的剖削　　正确剖法　45°　错误剖法 图(a)

项 目	方 法 工 艺 要 求
4mm² 以上塑料硬线绝缘层剖削	（2）使刀面与芯线间的角度保持 45°左右，用力向线端推削（不可切入芯线），削去上面一层塑料绝缘，见图（b）。 （3）将剩余的绝缘层向后扳翻，然后用电工刀齐根削去，见图（c） 图(b)　　图(c)
塑料软线绝缘层的剖削	塑料软线绝缘层只能用剥线钳或钢丝钳剖削（剖削方法同塑料硬线），不可用电工刀来剖，因为塑料软线太软，并且芯线又由多股铜丝组成，用电工刀剖削容易剖伤线芯
双芯塑料护套线绝缘层的剖削	（1）按所需线头长度用电工刀刀尖对准芯线缝隙划开护套层，见图（a）。 图(a) （2）将护套层向后扳翻，用电工刀齐根切去，见图（b）。 图(b) （3）用钢丝钳或电工刀按照剖削塑料硬线绝缘层的方法，分别将每根芯线的绝缘层剖除。钢丝钳或电工刀切入芯线绝缘层时，切口应距离护套层 5～10mm
橡皮线绝缘层的剖削	（1）先按剖削护套线护套层的方法，用电工刀刀尖将编织保护层划开，并将其向后扳翻，再齐根切去。 （2）按剖削塑料线绝缘层的方法削去橡胶层。 （3）将棉纱层散开到根部，用电工刀切去
花线绝缘层的剖削	（1）花线绝缘层分外层和内层，外层是柔韧的棉纱编织物，内层是橡胶绝缘层和棉纱层。 （2）在所需线头长度处用电工刀在棉纱织物保护层四周割切一圈，将棉纱织物拉去。 （3）在距棉纱织物保护层 10mm 处，用钢丝钳的刀口切割橡胶绝缘层（不可损伤芯线）。 （4）将露出的棉纱层松开，用电工刀割断 10mm 将棉纱层散开 割断棉纱层

项　目	方 法 工 艺 要 求
铅包线绝缘层的剖削	(1) 铅包线绝缘层由外部铅包层和内部芯线绝缘层组成，内部芯线绝缘层用塑料（塑料护套）或橡胶（橡胶护套）制成。 (2) 先用电工刀按所需长度切入，将铅包层切割一刀，见图（a）。 (3) 用双手来回扳动切口处，使铅包层沿切口折断，把铅包层拉出来，见图（b）。 (4) 内部绝缘层的剖削方法与塑料线绝缘层或橡胶绝缘层的剖削方法相同，见图（c） 图(a)　　　　图(b)　　　　图(c)
橡套软线（橡套电缆）绝缘层的剖削	橡套软线外包 橡胶护套层，内部每根芯线上又有各自的橡胶绝缘层。其剖削方法与塑料护套线绝缘层的剖削方法大体相同
漆包线绝缘层的去除	(1) 漆包线绝缘层是喷涂在芯线上的绝缘漆层。线径不同，去除绝缘层的方法也不一样。 (2) 直径在1.0mm以上的，可用细砂纸或细砂布擦除；直径为0.6~1.0mm的，可用专用刮线刀刮去。 (3) 直径在0.6mm以下的，也可用细砂纸或细砂布擦除。操作时应细心，否则易造成芯线折断。有时为了保持漆包线芯直径的准确，也可用微火（不可用大火，以免芯线变形或烧断）烤焦线头绝缘漆层，再将漆层轻轻刮去

表 4-45　　　　　　　　　　　铜芯绝缘导线线芯连接工艺

项　目	方 法 工 艺 要 求
单股铜芯导线的直线连接	(1) 先将两导线芯线线头相交成 X 形，见图（a）。 图(a) (2) 互相绞合2~3圈后扳直两线头，见图（b）。 (3) 将每个线头在另一芯线上紧贴并绕6圈，用钢丝钳切去余下的芯线，并钳平芯线末端，见图（c） 图(b)　　　　　　　　6圈　6圈　　　　图(c)

项　目	方　法　工　艺　要　求
单股铜芯导线的 T 形连接	将支路芯线的线头与干线芯线十字相交，在支路芯线根部留出 5mm，顺时针方向缠绕支路芯线，缠绕 6~8 圈后，用钢丝钳切去余下的芯线，并钳平芯线末端。 如果连接导线截面较大，两芯线十字交叉后直接在干线上紧密缠 8 圈即可，如图（a）所示。小截面的芯线可以不打结，见图（b） 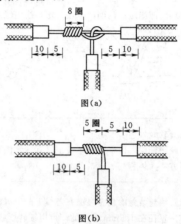 图(a) 图(b)
7 股铜芯导线的直线连接	（1）先将剖去绝缘层的芯线头散开并拉直，再把靠近绝缘层 1/3 线段的芯线绞紧，然后把余下的 2/3 芯线头按图（a）分散成伞状，并将每根芯线拉直。 （2）把两个伞状芯线线头隔根对叉，并拉平两端芯线，见图（b）。 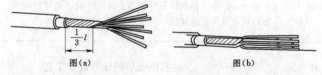 图(a)　　　　图(b) （3）把一端的 7 股芯线按 2、2、3 根分成三组，把第一组 2 根芯线扳起，垂直于芯线，并按顺时针方向缠绕 2 圈，见图（c）。 （4）将余下的芯线向右扳直。再把第二组的 2 根芯线扳直，也按顺时针方向紧紧压着前 2 根扳直的芯线缠线 2 圈，见图（d）。 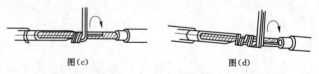 图(c)　　　　图(d) （5）将余下的芯线向右扳直。再把第三组的 3 根芯线扳直，按顺时针方向紧紧压着前 4 根扳直的芯线向右缠绕 3 圈，见图（e）。 （6）切去每组多余的芯线，钳平线端，见图（f）。 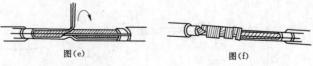 图(e)　　　　图(f) （7）用同样方法再缠绕另一边芯线

项　目	方　法　工　艺　要　求
7 股铜芯导线 T 型连接	（1）将分支芯线散开并拉直，再把紧靠绝缘层 1/8 线段的芯线绞紧，把剩余 7/8 的芯线分成两组，一组 4 根，另一组 3 根，排齐。用旋凿把干线的芯线撬开分为两组，再把支线中 4 根芯线的一组插入干线芯线中间，而把 3 根芯线的一组放在干线芯线的前面把 3 根芯线的一组在干线右边按顺时针方向紧紧缠绕 3～4 圈，并钳平线端，见图（a）。 （2）把 4 根芯线的一组在干线芯线的左边按逆时针方向缠绕 4～5 圈，见图（b）。 （3）钳平线端，见图（c）。 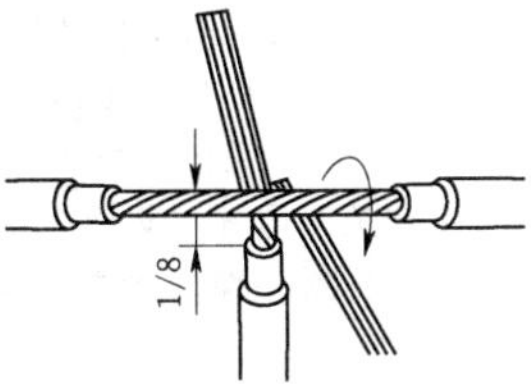 图(a) 　　　　　图(b) 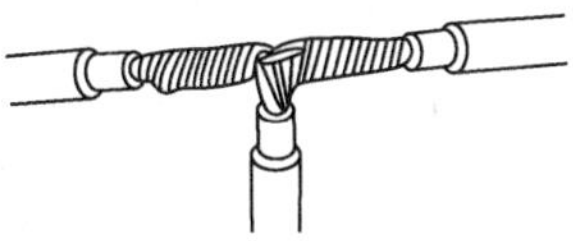　　　　　图(c)
19 股铜芯导线 的直线连接	19 股铜芯导线的直线连接与 7 股铜芯导线的直线连接方法基本相同。由于 19 股铜芯导线的股数较多，可剪去中间的几股，按要求在根部留出一定长度绞紧，隔股对叉，分组缠绕。连接后，在连接处应进行钎焊，以增加其机械强度和改善导电性能
19 股铜芯导线 的 T 形连接	19 股铜芯导线的 T 形连接与 7 股铜芯导线的 T 形连接方法也基本相同，只是将支路芯线按 9 根和 10 根分成两组，将其中一组穿过中缝后，沿干线两边缠绕。连接后，也应进行钎焊
不等径铜芯导线的直线连接	如果要连接的两根铜导线的直径不同，可把细导线线头在粗导线线头上紧密缠绕 5～6 圈，弯折粗线头端部，使它压在缠绕层上，再把细线头缠绕 3～4 圈，剪去余端，钳平切口即可 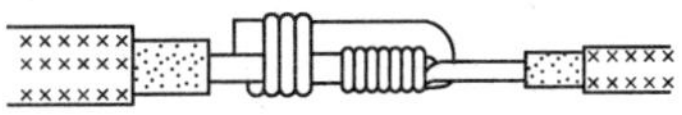
软线与单股硬导线的直线连接	连接软线和单股硬导线时，可先将软线拧成单股硬导线，再在单股硬导线上缠绕 7～8 圈，最后将单股硬导线向后弯曲，以防止绑线脱落 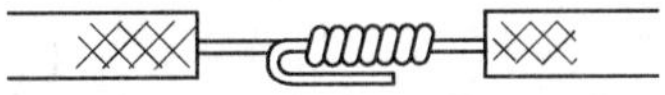
铜芯导线接头的锡焊	（1）截面为 10mm² 及以下的铜芯导线接头，可用 150W 电烙铁进行锡焊。焊接前，先清除接头上的污物，然后在接头涂上一层无酸焊锡膏，待电烙铁烧热，即可锡焊。 （2）截面为 16mm² 及以上的铜芯导线接头，应实行浇焊。浇焊时，先将焊锡放在化锡锅内，用喷灯或在电炉上熔化。当熔化的锡液表面呈磷黄色，就表明锡液已达到高温。此时可将导线接头放在锡锅上面，用勺盛上锡液，从接头上浇下（见下图），直到完全焊牢为止。最后用清洁的抹布轻轻擦去焊渣，使接头表面光滑 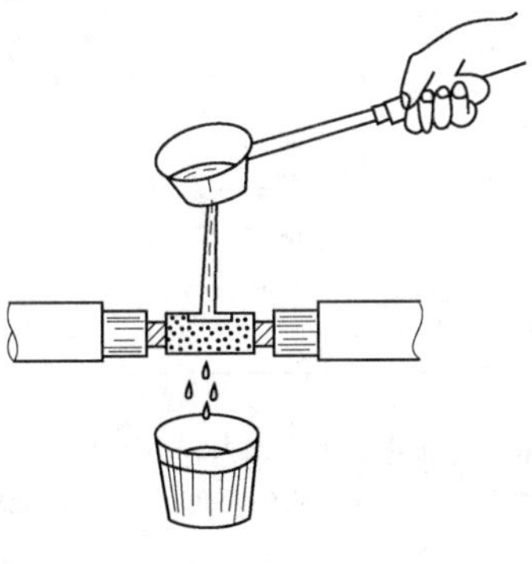

表 4-46 铝芯导线线芯连接工艺

项 目	方 法 工 艺 要 求	项 目	方 法 工 艺 要 求
铝芯导线间的压接管压接	(1) 接线前,先选好合适的压接管,见图(a)。 钳接管 图(a) (2) 清除线头表面和压接管内壁上的氧化层和污物。 (3) 将两根线头相对插入并穿出压接管,使两线端各自伸出压接管 25～30mm,见图(b)。 ←25～30mm→ 图(b) (4) 用压接钳压接,见图(c)。如果压接钢芯铝绞线,则应在两根芯线之间垫上一层铝质垫片。 图(c) (5) 压接后的铝线接头,见图(d)。 图(d) (6) 压接钳在压接管上的压坑数目,室内线头通常为 4 个。铝绞线压坑数目:截面为 16～35mm² 的 6 个;50～70mm² 的为 10 个。钢芯铝绞线压坑数目:截面 16mm² 的为 12 个,25～35mm² 的为 14 个,50～70mm² 的为 16 个,95mm² 的为 20 个,125～150mm² 的为 24 个	并沟线夹螺栓直线或分支连接	(1) 连接前,先用钢丝刷除去导线线头和并沟线夹线槽内壁上的氧化层和污物,涂上凡士林锌膏粉(或中性凡士林)。 (2) 并沟线夹的大小和使用数量与导线截面大小有关。通常,截面为 70mm² 及以下的铝线,用一副小型沟线夹;截面在 70mm² 以上的铝线,用两副大型并沟线夹,两者之间相距 300～400mm。 (3) 将导线卡入线槽,旋紧螺栓,使沟线夹紧紧夹住线头而完成连接。为防止螺栓松动,压紧螺栓上应套以弹簧垫圈 300mm 100mm 并沟线夹螺栓连接

表 4-47 铜芯导线与铝芯导线连接工艺

项 目	方 法 工 艺 要 求
采用铜铝过渡接线端子或铜铝过渡连接管	(1) 铜铝过渡接线端子一端是铝筒,另一端是铜接线板。铝筒与铝导线连接,铜接线板直接与电气设备引出线铜端子相接。 (2) 在铝导线上固定铜铝过渡接线端子,常采用焊接法或压接法。采用压接法时,压接前剥掉铝导线端部绝缘层,除掉导线接头表面和端子内部的氧化层,将中性凡士林加热,融成液体油脂,将其涂在铝筒内壁上,并保持清洁。将导线线芯插入铝筒内,用压接钳进行压接。压接时,先在靠近端子线筒口处压第一个压槽,然后再压第二个压槽。 (3) 如果采用铜铝过渡连接管,把铜导线插入连接管的铜端,把铝导线插入连接管的铝端,然后用压接钳压接
采用镀锌紧固件或夹垫锌片或锡片连接	由于锌和锡与铝的标准电极电位相差较小,因此,在铜、铝之间有一层锌或锡,可以防止电化腐蚀。锌片和锡片的厚度为 1～2mm。此外,也可将铜皮镀锡作为衬垫

表 4 - 48	导线绝缘层的恢复工艺
项　目	**方 法 工 艺 要 求**
导线绝缘层的 要求和所用材料	导线绝缘层破损和导线接头连接后均应恢复绝缘层。恢复后的绝缘层的绝缘强度不应低于原有绝缘层的绝缘强度。恢复导线绝缘层常用的绝缘材料是黄蜡带、涤纶薄膜带和黑胶带，其中黄蜡带和黑胶带选用规格为 20mm 宽的较为适宜
导线绝缘层的 包缠程序	(1) 将黄蜡带从导线左边完整的绝缘层上开始，包缠两个带宽后就可进入连接处的芯线部分。包至连接处的另一端时，也同样应包入完整绝缘层上两个带宽的距离，见图 (a)。 (2) 包缠时，绝缘带与导线应保持约 55° 的倾斜角，每圈包缠压叠带宽的 1/2，见图 (b) 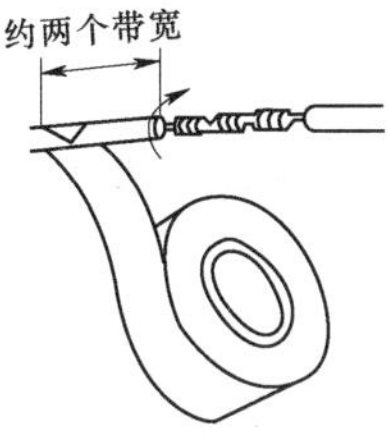 约两个带宽　　　　　　　　1/2 带宽 图(a) 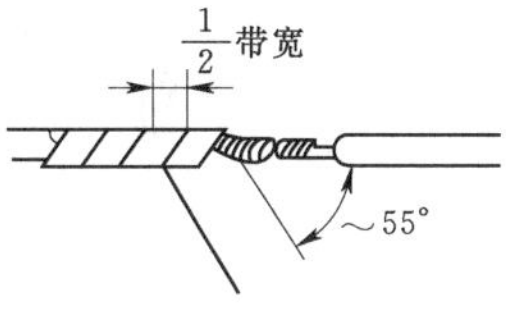　　　　　　　　　　图(b)　～55° (3) 包缠一层黄蜡带后，将黑胶带接在黄蜡带的尾端，按另一斜叠方向包缠一层黑胶带，也要每圈压叠带宽的 1/2，见图 (c)。 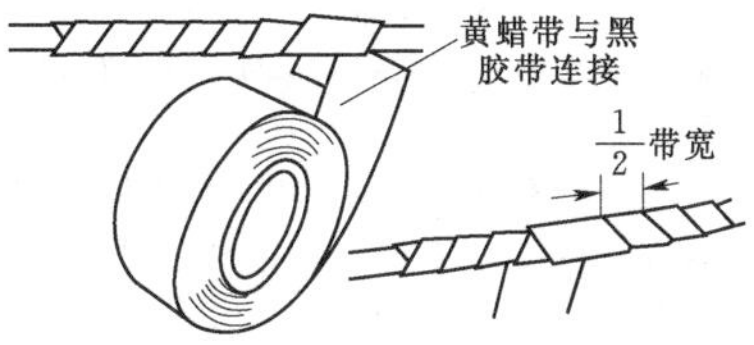 黄蜡带与黑胶带连接　　1/2 带宽 图(c)
导线绝缘层恢 复注意事项	(1) 恢复 380V 线路上的导线绝缘时，必须先包缠 1～2 层黄蜡带（或涤纶薄膜带），然后再包缠一层黑胶带。 (2) 恢复 220V 线路上的导线绝缘时，先包缠一层黄蜡带（或涤纶薄膜带），然后再包缠一层黑胶带，也可只包缠两层黑胶带。 (3) 包缠绝缘带时，不可出现以下图示的几种缺陷，特别是不能过疏，更不允许露出芯线，以免发生短路或触电事故。 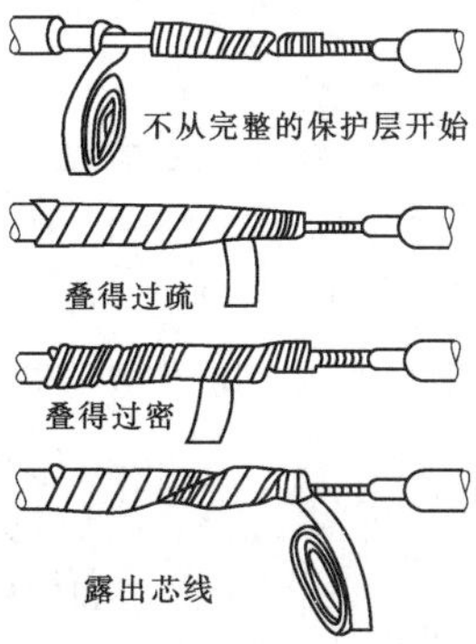 不从完整的保护层开始 叠得过疏 叠得过密 露出芯线 (4) 绝缘带不可保存在温度或湿度很高的地点，也不可被油脂浸染

表 4-49 导线线头与接线端子（接线桩）的连接工艺

项　目	方 法 工 艺 要 求
1. 接线端子示意图	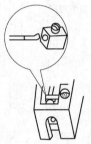 柱形端子　　　螺钉端子　　　具有瓦形垫圈的螺钉端子
2. 单股线芯与针孔接线桩的连接	（1）按要求的长度将线头折成双股并排插入针孔，使压接螺钉顶紧在双股芯线的中间。 （2）线头较粗。双股芯线插不进针孔，也可将单股芯线直接插入，但芯线在插入针孔前，应朝着针孔上方稍微弯曲，以免压紧螺钉稍有松动线头就脱出。 （3）如果线路容量小，可只用一只螺钉压接；如果线路容量较大或对接头质量要求较高，则使用两只螺钉压接
3. 多股线芯与针孔接线桩的连接	（1）先用钢丝钳将多股芯线进一步绞紧，以保证压接螺钉顶压时不致松散。此时应注意，针孔与线头的大小应匹配，见图（a）。 （2）如果针孔过大，则可选一根直径大小相宜的导线作为绑扎线，在已绞紧的线头上紧紧地缠绕一层，使线头大小与针孔匹配后再进行压接，见图（b）。 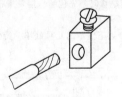 图(a)针孔合适的连接　　　图(b)针孔过大时线头的处理 （3）如果线头过大，插不进针孔，则可将线头散开，适量剪去中间几股，见图（c），然后将线头绞紧就可进行压接。通常7股芯线可剪去1～2股，19股芯线可剪去1～7股。 图(c)针孔过小时线头的处理 （4）无论是单股芯线还是多股芯线，线头插入针孔时必须插到底，导线绝缘层不得插入孔内，针孔外的裸线头长度不得超过3mm

134

项　目	方 法 工 艺 要 求
4. 单股（铜、铝）线芯与螺钉平压式接线桩连接	（1）单股线芯与螺钉平压式接线桩，是利用半圆头、圆柱头或六角头螺钉加垫圈将线头压紧完成连接的。 （2）对载流量较小的单股芯线，先将线头弯成压接圈（俗称羊眼圈），再用螺钉压紧。为保证线头与接线桩有足够的接触面积，日久不会松动或脱落，压接圈必须弯成圆形。 （3）单股线芯压接圈弯制工序图，见图（a）～图（d）。 图（a）　　　图（b）　　　图（c）　　　图（d） 图（a）离绝缘层根部约 3mm 处向外侧折角；图（b）按略大于螺钉直径弯曲圆弧；图（c）剪去芯线余端；图（d）修正圆圈成圆 （4）不规范压接圈示例图，见图（e）～图（l） 图（e）　　　图（f）　　　图（g） 图（h）　　　图（i）　　　图（j） 图（k）　　　图（l） 图（e）的压接圈不完整，接触面积太小；图（f）的线头根部太长，易与相邻导线碰触造成短路；图（g）的导线余头太长，压不紧，且接触面积小；图（h）的压接圈内径太小，套不进螺钉；图（i）的压接圈不圆，压不紧，易造成接触不良；图（j）的余头太长，易发生短路或触电事故；图（k）只有半个圆圈，压不住；图（l）的软线线头未拧紧，有毛刺，易造成短路
5. 截面不超过 10mm² 的 7 股及以下多股线芯压接圈弯制	7 股线芯压接圈弯制工序 图（a）：把离绝缘层根部约 1/2 长的芯线重新绞紧，越紧越好。 图（b）：绞紧部分的芯线，在离绝缘层根部 1/3 处向左外折角，然后弯曲圆弧。 图（a）　　　　　　　图（b） 图（c）：当圆弧弯曲得将成圆圈（乘下 1/4）时，应将余下的芯线向外折角，然后使其成圆，捏平余下线端，使两股芯线平行。 图（d）：把散开的芯线按 2、2、3 根分成三组，将第一组两根芯线扳起，垂直于芯线（要留出垫圈边宽）。  图（c）　　　　　　　图（d）

项　　目	方 法 工 艺 要 求
5. 截面不超过 10mm² 的 7 股及以下多股线芯压接圈弯制	图 (e)：按 7 股芯线直线对接的自缠法加工。 图 (f)：缠成后的 7 股芯线压接圈 　　　　图(e)　　　　　　　　图(f)
6. 截面超过 10mm² 的 7 股以上软导线端头	对于横截面超过 10mm² 的 7 股以上软导线端头，应安装接线耳
7. 压接圈、接线耳与接线桩的连接	(1) 连接前应清除压接圈、接线耳和垫圈上的氧化层及污物。 (2) 将压接圈或接线耳放在垫圈下面。 (3) 压接圈和接线耳的弯曲方向与螺钉拧紧方向应一致。 (4) 用适当的力矩将螺钉拧紧，以保证接触良好。压接时不得将导线绝缘层压入垫圈内
8. 软导线线头与平压式接线桩连接	(1) 线头围绕螺钉一圈后再自缠，见图 (a)。 (2) 自缠一圈后，端头压入螺钉，见图 (b)。 线头压入 　　　图(a)　　　　　　　　图(b)
9. 线头与瓦形接线桩的连接	(1) 为了保证线头不从瓦形接线桩内滑出，压接前应先将已去除氧化层和污物的线头弯成 U 形，见图 (a)。 (2) 将其卡入瓦形接线桩内进行压接。 (3) 如果需要把两个线头接入一个瓦形接线桩内，则应使两个弯成 U 形的线头重合，然后将其卡入瓦形垫圈下方进行压接，见图 (b) 图(a)一个线头连接方法　　　图(b)两个线头连接方法

第七节　线路和设备在建筑物固定件埋设工艺

在建筑物上敷设电气线路和安装电气设备，其固定件埋设工艺见表 2-50～表 4-54。

表 4－50　　　　　　　　　　　　墙 孔 开 凿 工 艺

项　目	方 法 工 艺 要 求
埋设固定件是电工的重要作业内容	在建筑物上敷设电气线路和安装电气设备，必须解决线路和设备在建筑物上的固定问题。为了固定线路和设备，需要在建筑物的墙体、天花板、楼板等处埋设或安装穿墙套管、紧固件、支架等
木榫孔开凿	（1）用小扁凿在砖墙上开凿，应尽量在砖块与砖块之间的夹缝位置凿打，开凿成方形孔，见图（a）。 （2）用圆榫凿在水泥墙（面）上开凿，凿成圆形孔，见图（b）。 图(a)　　　　　　图(b) 木榫孔比木榫应小 1～2mm，而深度则比木榫长度大 5mm 左右。木榫孔应与墙面保持垂直，不得歪斜，同时应保持孔径的口部和底部大体一致，不可出现口大底小的喇叭状
膨 胀 螺 栓 孔开凿	预埋膨胀螺栓，必须在建筑物上钻孔或凿孔，孔径的大小和深度应与膨胀螺栓的规格相匹配。常用膨胀螺栓与孔的配合如下表。 <table><tr><td colspan="6">常用膨胀螺栓与钻孔尺寸的配合　　　　　　　　　　（mm）</td></tr><tr><td>螺栓规格</td><td>M6</td><td>M8</td><td>M10</td><td>M12</td><td>M16</td></tr><tr><td>钻孔直径</td><td>10.5</td><td>12.5</td><td>14.5</td><td>19</td><td>23</td></tr><tr><td>钻孔深度</td><td>40</td><td>50</td><td>60</td><td>70</td><td>100</td></tr></table>
穿墙孔开凿	（1）在砖墙上开凿穿墙孔，常使用无缝钢管制的长凿。 （2）在水泥墙（或混凝土楼板）上开凿穿墙孔则常用中碳钢制的长凿。 （3）室内的穿墙孔，应凿得平直，防止出现前大后小的喇叭状。 （4）穿墙孔应与两侧线路保持在同一水平位置上。 （5）从室内向室外开凿的穿墙孔，室外侧孔口应稍低，以利排水。 （6）穿墙孔径应配合穿墙套管的外径。 （7）穿墙套管的管径一般根据穿墙导线的根数和截面大小来选择，管内导线（包括绝缘层）的总截面不应大于管子有效截面的 40％。 （8）同一穿越点如果需排列多根穿墙套管，则应一管一孔，均匀水平排列。 （9）埋设进户穿墙瓷管时，必须每线一根，并采用弯头瓷管，室外一端的弯头朝下。 （10）所有穿墙套管埋入穿墙孔后，应使用水泥浇封，固定位置，防止活动和移位

表 4－51　　　　　　　　　　**木榫的削制和安装工艺**

项　目	方 法 工 艺 要 求
木榫削制	（1）木榫通常用干燥的松木制成。 （2）砖墙上的木榫，用电工刀削成断面为长 12mm、宽 10mm 的矩形，见图（a）。 （3）水泥墙上的木榫，应削成断面为边长 8～10mm 的正八边形，见图（b）。 （4）在水泥墙上还可使用塑料胀块，塑料胀块的规格有 5mm、6mm、8mm、10mm 等多种，见图（c）。 图(a)　　　　图(b)　　　　图(c) （5）木榫的长度以 25～38mm 为宜。木榫应削得一样粗细，不可削成锥形体。为便于将木榫塞入木榫孔，其头部应倒角

续表

项 目	方 法 工 艺 要 求
木榫安装	安装木榫时，先将其头部插入木榫孔，用手锤轻敲几下，待木榫进入孔内 1/3 处，检查它与墙面是否垂直。如果不垂直，则校正垂直后，再进行敲打，一直打到与墙面齐平为止。木榫在墙孔内的松紧度应合适。过松，达不到紧固目的；过紧，容易将尾部敲坏

表 4 - 52　　　　　　　　膨 胀 螺 栓 安 装 工 艺

项　目	方 法 工 艺 要 求
膨胀螺栓分类	(1) 按结构不同分类，见图 (a)、(b)。 图(a)胀开外壳式　　　　图(b)纤维填料式 (2) 按其所用材质的不同，分为塑料、橡胶和金属三种
膨胀螺栓紧固原理	将螺钉或螺栓旋入胀管，使胀管张开，产生膨胀力，将其和安装设备固定在墙体上
安装	(1) 安装胀开外壳式膨胀螺栓时，先将压紧螺帽放入外壳内，然后将外壳嵌进墙孔，用手锤轻轻敲打，使其外缘与墙面齐平，再将螺栓或螺钉拧入压紧螺帽，螺栓和螺帽就会一面拧紧，一面胀开外壳的接触片，使它挤压在孔壁上。 (2) 安装纤维填料式膨胀螺栓时，将套筒嵌进钻好的墙孔中，再把螺钉拧到纤维填料中，就可把膨胀螺栓的套筒胀紧

表 4 - 53　　　　　角钢支架预埋孔开凿及角钢支架埋设工艺

项　目	方 法 工 艺 要 求
角钢支架预埋孔的开凿	凿孔位置应选在砖缝处，凿打时不要损伤角钢外挡的砖块 外挡　　　　内挡 角钢支架孔的开凿
角钢支架锯口扳岔	埋设支架前，应将埋入建筑物内的部分先锯口扳岔，扳岔方向由角钢支架受力方向决定。终端角钢支架、中间角钢支架和转角角钢支架的扳岔方向各不相同

续表

项　目	方 法 工 艺 要 求
角钢支架埋设	（1）角钢脚与孔壁之间应灌水泥砂浆。水泥标号不低于 400 号，水泥、砂子的配比为 1：2 或 1：3，加水调匀后再加入淘净的硬度较大的青石子或砾石。 （2）灌浆前，先清理墙孔并用水浸湿，然后用条形板将水泥砂浆灌入，接着插入角钢，调整好角钢支架角度，最后将水泥砂浆捣实。养护期满后即可使用。 （3）终端角钢支架埋设示意图，请注意图（a）中扳岔方向与支架受力方向的关系。 （4）转角角钢支架埋设示意图见图（b）。 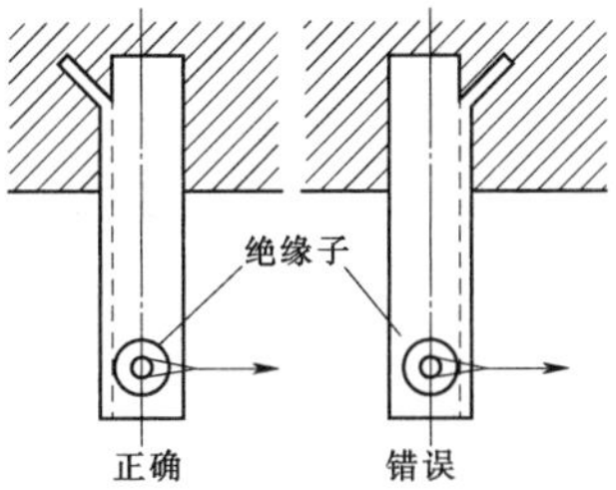 正确　　错误　　　　　　　　　　图（b） 图（a） （5）中间角钢支架埋设示意图，见图（c）。 （6）如果角钢支架较长，悬臂较大或安装的导线较粗，为了增大角钢支架的支撑力，对中间角钢支架，可在支架的下方加一斜撑。对终端角钢支架和转角角钢支架，可在受力方向的背面加装拉脚或撑脚，见图（d）。拉脚和撑脚可用圆钢、扁钢或角钢制成，其一端固定在墙体的开脚螺栓上，另一端固定在角钢支架上 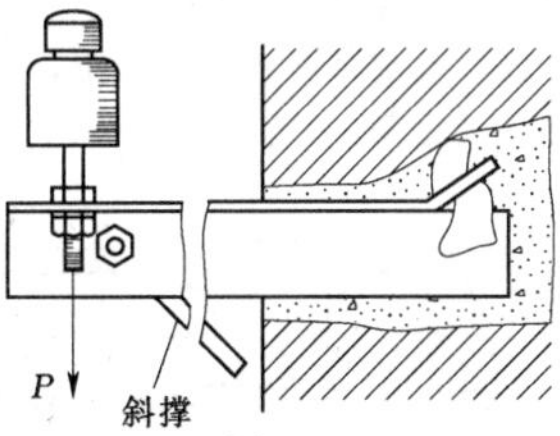 图（c） 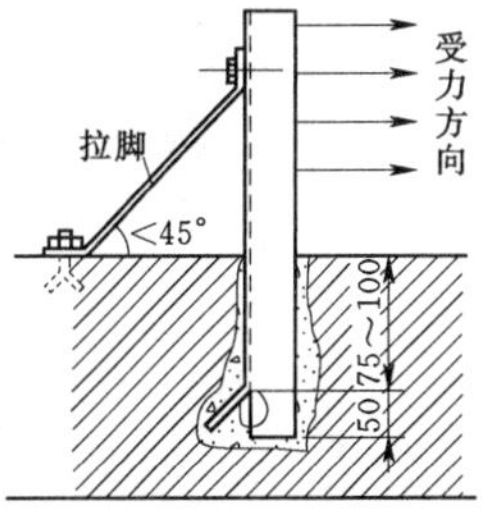　　　　　　　　　图（d）

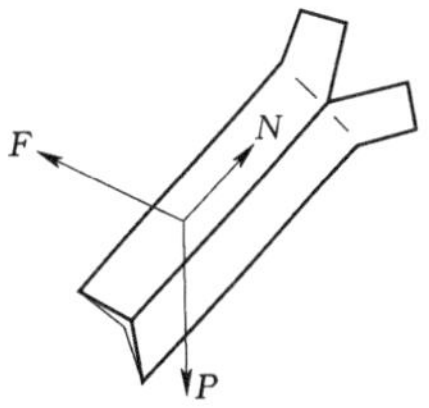

表 4－54　　　　　　　　　开脚螺栓和拉线耳环埋设工艺

项　目	方 法 工 艺 要 求
受力分析	开脚螺栓和拉线耳环都会受到向外的拉力
开脚螺栓埋设	开脚螺栓的埋设也应尽量在砖缝处凿孔，孔口凿成狭长形，长度略大于螺栓开脚的宽度。放入开脚螺栓后在孔内旋转 90°，见图（a）。根据受力方向，在支承点（如图内 A、B 处）用石子压紧，并注入水泥砂浆，见图（b）。也可采用金属膨胀螺栓代替开脚螺栓（但要考虑膨胀螺栓的承受力） 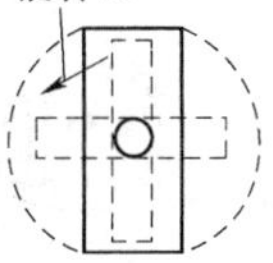 旋转 90°　　　　　　　　　B　A 图（a）开脚旋转 90° 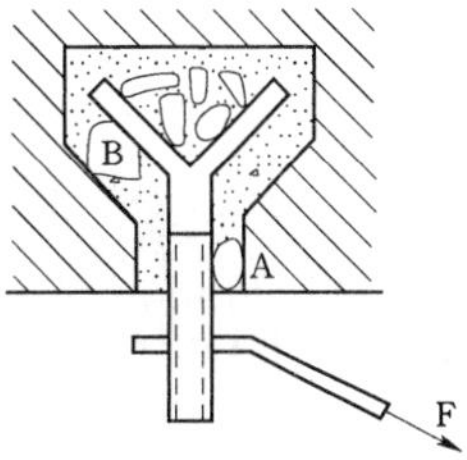　　图（b）在支承点加石子

项　目	方法工艺要求
拉线耳环的埋设	埋设拉线耳环时也应在开脚内塞满石子并注入水泥砂浆，以免开脚受力后并拢。其开孔形状和埋设方法与开脚螺栓相同

第八节　导线管加工工艺

钢管（硬塑料管）布线，对导线管的下料和弯曲工艺，见表4-55和表4-56。

表4-55　　　　　　　　　　手锯锯割操作

项　目	操作工艺要求
锯条安装	手锯是在前推时才起切削作用的，因此安装锯条时应使齿尖的方向朝前（见图）。调整锯条松紧度时，蝶形螺母不宜旋得太紧或太松。旋得太紧，锯条受力过大，在锯割中用力稍有不当，锯条就会折断，旋得太松，锯割时锯条容易扭曲，也易折断，并且锯缝也容易歪斜。检查锯条安装松紧度，可用手扳动锯条，手感觉硬实即可
工件夹持	工件一般夹在台虎钳的左面，锯缝离开钳口侧面约20mm，以防止锯割工件时产生振动。锯缝线条要与钳口侧面保持平行。夹紧要牢靠，但也要防止过大的夹紧力使工件变形
手锯握法	右手满握锯柄，控制锯割推力和压力，左手轻扶锯弓前端，配合左手扶正手锯，不要施加过大的压力

项　　目	操 作 工 艺 要 求
身体姿势	左脚跨前半步，膝部要稍弯曲，右脚在后，右腿伸直。两脚均不要过分用力，身体自然稍向前倾 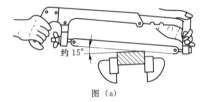
起锯方法	锯条首次接触工件并开始锯割，称为起锯。起锯的好坏，直接影响锯割质量。起锯方法一般有远起锯和近起锯两种。 （1）远起锯。从工件远离操作者的一端起锯，见图（a）。锯齿逐步切入工件。远起锯锯齿不易卡住，并且起锯方便，容易掌握。因此，一般情况下都采用远起锯。 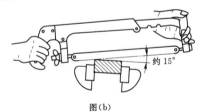 图（a） （2）近起锯。从工件靠近操作者身体的一端起锯，见图（b），这种起锯方法不容易掌握，锯齿容易被工件棱边卡住。 图(b) （3）无论采用哪一种起锯方法，锯条和工件的倾斜角度都不宜超过15°。 （4）为了更好地起锯，可用拇指挡住锯条，使锯条正确地锯在所需的位置上，见图（c）。也可在锯割的位置上先用三角锉刀锉一条2～3mm深的槽，锯条就能稳定地定位 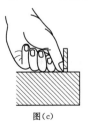 图(c)

续表

项　目	操作工艺要求
锯条利用	（1）为了充分使用锯条上的锯齿，最好利用锯条的全长。合理利用锯条的方法是：在朝前推锯和往后退锯时尽可能拉长距离，但又要使工件不碰到弓架的两端，操作时，往返长度不应小于锯条全长的 2/3。 （2）锯割时，如果锯齿崩掉，则应立即停锯，取出锯弓，将断齿后面的两三个锯齿磨斜后继续使用，见图，使锯条不报废 锯齿崩裂锯条　　　　　修理后锯条
锯割速度	锯割时两臂一般为小幅度的上下摆动式运动，即手锯推进时，身体稍向前倾，双手压向手锯的同时，左手上翘、右手下压；回程时右手上抬，左手自然跟回。对锯缝底面要求平直的锯割，应直线运动。锯割运动的频率一般为 40 次/min 左右，锯割硬材料时慢些，锯割软材料时快些。同时，锯割行程应保持均匀，回程的速度应相对快些
锯割棒料	如果要求锯缝端面平整，则应从一个方向锯到底；如果对锯缝的端面要求不高，则可分几个方向锯下，锯到一定深度，用手折断
锯割管子	（1）锯割前，要画出垂直于轴线的锯割线。 （2）夹持管子时不可太紧，也可用木衬垫夹持，以免将管子夹扁，见图（a）。 （3）锯割过程中．当锯到管子内壁时应停锯，把管子向推锯方向转动一个角度，见图（b），并沿原锯缝继续锯到内壁处。如此不断转动管子，直到锯断为止 图（a）　　　　　　　　图（b）
锯割板料	（1）锯割时尽可能从宽面起锯。 （2）若需要在狭面起锯，可用两个木块夹持板料，连木块一起锯割，见图（a）。这样，既可避免锯齿被钩住，又可增加板料的刚性，使锯割时不产生抖动。 （3）也可将薄板料夹在台虎钳上，用手锯横向推锯，使锯条与薄板接触的齿数增加，避免锯齿崩裂，见图（b） 图（a）　　　　　　　　　图（b）
锯割深缝	如果锯缝很深，超过锯弓高度，则可将锯条转动 90°锯割，见图。锯割的同时，逐渐改变工件的装夹位置，使锯割部分处于钳口附近

续表

项　目	操　作　工　艺　要　求
安全事项	(1) 锯条安装的松紧要适度，推锯速度要适当平稳。 (2) 工件将要锯断时，应及时用手扶住被锯下的部分，防止跌落。 (3) 不可使用无直柄和无锯弓架的手锯，以免手掌被刺伤
注意事项	(1) 锯缝歪斜。锯缝歪斜的原因是：锯割前工件夹持歪斜，锯割时又未顺线找正；锯条安装太松使锯条与锯弓平面扭曲；使用锯齿两面磨损不均的锯条；锯弓未摆正或施力方向歪斜。 (2) 锯齿过快磨损。其原因是：推锯速度过快，施加压力过大. 加工工件的材质过硬和没有加润滑液。 (3) 锯齿崩掉。锯齿崩掉有以下原因： 1) 起锯角度过大，锯齿钩住工件的棱角处。 2) 锯割薄板料时，没有将多件叠在一起锯割或没有用两个木板夹持板料，致使同时接触工件的锯齿减少，锯齿钩住工件；锯割管子时，未转动工件，一口气往下锯割，也会出现锯齿钩住工件现象。 3) 工件材质硬度不均匀，锯割过程中锯条突然遇到硬点、硬块或硬杂质。 4) 操作不当，两手用力不均或者锯条摆动，使某几个锯齿突然切入工件过多。 (4) 锯条折断。锯条折断一般有以下原因： 1) 锯条安装过松或过紧。 2) 工件没有夹持牢固，锯割时锯条摆动。 3) 薄板材露出台虎钳钳口过高，锯割时锯条随工件抖动。 4) 发现锯偏，急于想用锯条纠正锯缝位置，使锯条产生扭曲。 (5) 锯割的工件报废。工件报废有三种类型： 1) 尺寸锯小。 2) 锯缝歪斜，超出允许范围。 3) 起锯时将工件表面拉毛或表面出现凹槽。 引起锯割工件报废的主要原因是：划线尺寸有误，锯割时思想不集中，锯割技术不熟练，操作时粗枝大叶

表 4-56　　　　　　　　　　弯　曲　操　作

项　目	操　作　工　艺　要　求
弯曲工艺分类	将金属材料弯成所需要形状的操作称为弯曲。弯曲时，处于外侧（外层）部分的材料因拉伸而延长，靠内侧（内层）部分的材料因受压缩而缩短，只有处于中间（中间层）部分的材料既未伸长也未缩短。因此，弯曲是使金属材料发生塑性变形的过程，只有塑性好的材料才能弯曲。 金属材料的弯曲分为热弯和冷弯两种，厚度在 5mm 以下的材料，一般可在常温下冷弯
管卡制作工序	在钢板上划好弯曲线，将钢板的弯曲线夹在虎钳钳口平行的位置上，用方头手锤的窄头锤击。经过图（a）～（c）所示三个步骤便可初步成形，最后在半圆模上修整圆弧如图（d），使形状符合要求如图（e） 图(a)　　　图(b)　　　图(c)　　　图(d)　　　图(e) 锤击处

续表

项 目	操 作 工 艺 要 求
管夹头制作工序	在板料上划好弯曲线，并加工好两端的圆弧和孔，然后按图（a）所示方法在虎钳上弯好两端的1、2处，再按图（b）所示方法在相应直径的圆钢上弯出圆弧3，成形如图（c）所示 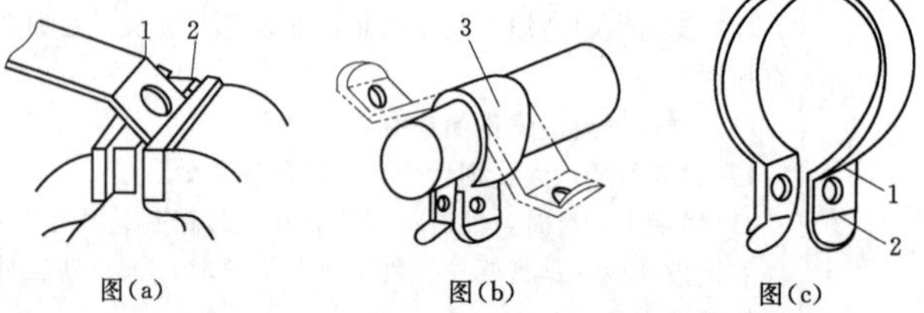 图(a)　　图(b)　　图(c)
电线管弯曲方法	电线管属薄壁钢管，通常有焊缝。弯曲时，切忌焊缝位于弯曲处的内侧或外侧，以避免焊缝出现皱叠、断裂和瘪陷。 电线管手工弯形时，可用自制的弯棒做弯曲工具。弯曲时逐渐移动弯棒，一次弯曲的弧度不可过大。否则，钢管就会弯瘪或弯裂 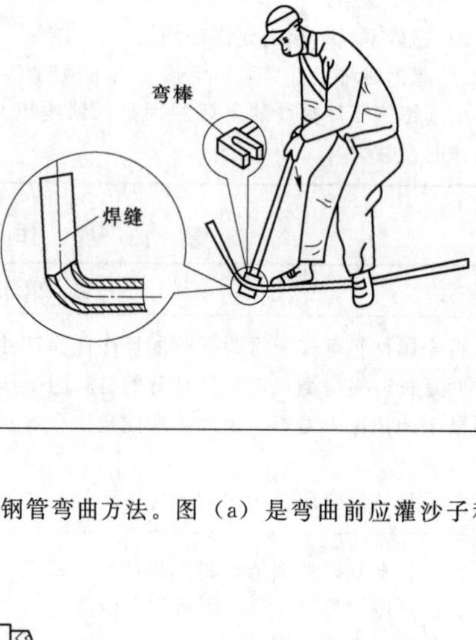 弯棒　焊缝
镀锌钢管的弯曲方法	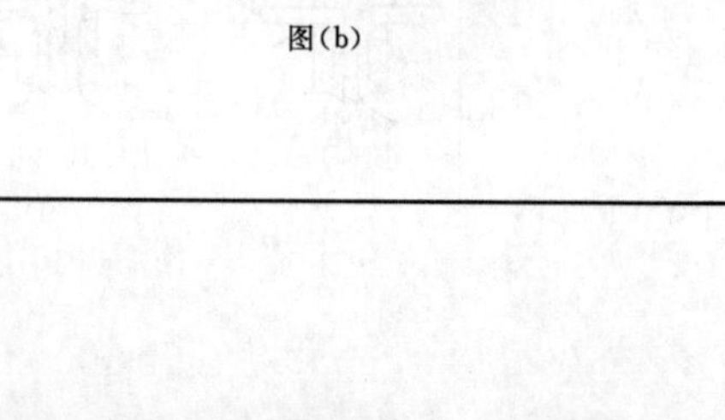 （1）大型电线管或厚壁钢管弯曲方法。图（a）是弯曲前应灌沙子和加木塞；图（b）是弯曲工具和弯曲方法 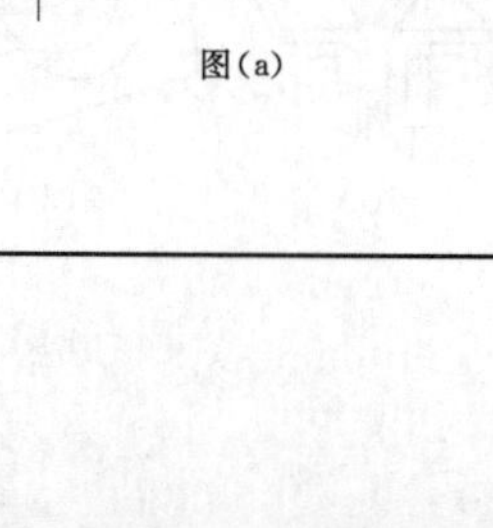 沙子　木塞　木塞　图(a)　　手柄 扣钩 转盘 靠铁 底盘　图(b)

144

项　目	操 作 工 艺 要 求
镀锌钢管的弯曲方法	(2) 搣弯钢管的简易方法见图（c） 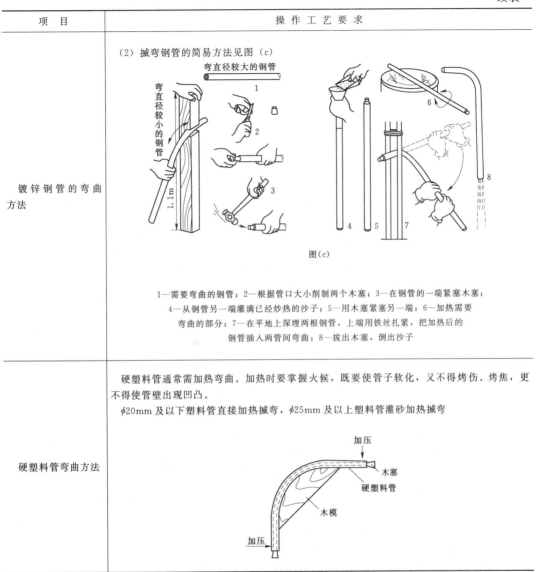 图（c） 1—需要弯曲的钢管；2—根据管口大小削制两个木塞；3—在钢管的一端紧塞木塞； 4—从钢管另一端灌满已经炒热的沙子；5—用木塞紧塞另一端；6—加热需要 弯曲的部分；7—在平地上深埋两根钢管，上端用铁丝扎紧，把加热后的 钢管插入两管间弯曲；8—拔出木塞，倒出沙子
硬塑料管弯曲方法	硬塑料管通常需加热弯曲。加热时要掌握火候，既要使管子软化，又不得烤伤、烤焦，更不得使管壁出现凹凸。 ϕ20mm 及以下塑料管直接加热搣弯，ϕ25mm 及以上塑料管灌砂加热搣弯

第九节　起 重 与 搬 运

起重工具及使用方法见表 4-57 和表 4-58。起重用绳索规格见表 4-59～表 4-62。各种绳扣系结工艺和电杆搬运方式，见图 4-3 和图 4-4。

表 4-57　　　　　　　　　　千斤顶及其使用

项　目	操 作 工 艺 要 求
千斤顶的作用和分类	千斤顶是一种手动小型起重和顶压工具，常用的有螺旋千斤顶（LQ 型）和液压千斤顶（YQ 型）两种

续表

项　目		操 作 工 艺 要 求
螺旋千斤顶	优点	自锁性强，顶起重物后安全可靠
	缺点	顶起速度慢，效率低，起重量小
	技术性能	其起重量一般为 5～50t，起点高度为 250～700mm，起升高度为 130～400mm
	使用注意事项	(1) 使用前应检查丝杠、螺母有无裂纹，是否磨损。 (2) 使用时必须用枕木或木板垫好，以免顶起重物时滑动。此外，还必须将底座垫平校正，以免丝杠承受附加弯曲载荷。 (3) 不许超负荷使用，顶起高度也不得超过规定值。传动部分应经常润滑
液压千斤顶	优点	承受载荷大，上升平稳，安全可靠，操作简单且省力
	技术性能	起重量为 3～320t，起点高度为 200～450mm，起升高度为 130～200mm
	使用注意事项	(1) 使用前应检查起升活塞等部分动作是否灵活，油路是否畅通。 (2) 使用时底座应放置在结实坚固的基础上，下面垫以铁板、枕木，顶部衬设木板，以防顶起的重物滑动。 (3) 大活塞升起高度不许超过规定值，不得任意增加手柄长度，以免千斤顶超负荷工作。 (4) 起重中途停止作业时应锁紧，以确保安全

表 4 - 58　　　　　　　　　　　手 动 葫 芦 及 其 使 用

项　目	操 作 工 艺 要 求
手动葫芦作用和分类	手动葫芦又称滑轮，用来提升或移动各种较重的设备和部件。手动葫芦分为手扳葫芦和手拉葫芦（捯链）两种
手扳葫芦	手扳葫芦是一种轻便的手动牵引起重设备。它有两对平滑自锁的夹钳，像两只鹰爪一样交替夹紧钢丝绳，使吊钩沿钢丝绳作直线运动，从而达到牵引和起吊目的。它除能水平、垂直使用外，还能在倾斜、曲折转弯的工作条件下使用。起重重量有 1.5t 和 3t 两种。手扳葫芦在起吊物件时，可配合滑轮使用。在操作时，扳动手柄即可。使用手扳葫芦时，手柄不能被任何障碍物阻塞，前进杆和反杆不能同时扳动。使用一段时间后，应检查夹钳的磨损情况，避免打滑 1—夹钳装置；2—手柄； 3—拉钩；4—吊钩； 5—钢丝绳
手拉葫芦	手拉葫芦也是一种轻便省力的起吊设备。它结构紧凑，手拉力小，携带方便。起重重量有 0.5～10t 多种。使用时，将挂钩挂在固定稳妥的高处，先将手拉链条反拉，将起重链条倒松，使葫芦有最大的起重距离，然后慢慢拉紧，起吊重物。手拉葫芦只限于短距离内起吊和移动重物，以及绞紧物件。它可在垂直、水平和倾斜等方向使用
手拉葫芦使用安全注意事项	(1) 起吊物件前，应估计其重量，切勿超载使用。 (2) 使用前应仔细检查吊钩、起重链条和制动部分等是否完好，只有确认这些部件完好无损。才可使用。 (3) 起重前应检查上下吊钩是否挂牢，吊钩是否偏歪。起重链条绝对不得绞扭。严禁手拉葫芦斜吊和吊拔埋在地下或凝结在地面上的重物。 (4) 当重物离开地面约 0.2m 时，应停留一段时间，试验制动器部分是否可靠，并检查有无其他不正常现象。确认正常后，再继续将重物起吊至需要高度。 (5) 在起吊过程中，拉动链条应均匀和缓，以防链条跳动或卡住。拉不动时，不可猛拉或增加人员牵拉，而应立即停止使用。检修机件

表 4-59 白棕绳规格

直径（mm）		6	8	10	12	14	16	18	20	22	24
重量（kg/m）		0.03	0.06	0.08	0.11	0.14	0.18	0.23	0.28	0.34	0.40
最小破断力（kN）	I	4.05	6.66	9.20	11.6	16.30	19.60	24.60	31.20	37.60	43.80
	II	2.68	4.40	6.10	7.75	10.90	13.40	16.60	21.10	25.40	19.60
	III	1.76	2.90	4.00	5.09	7.22	8.71	11.00	13.90	16.80	19.60
直径（mm）		26	28	30	32	34	36	40	44	48	52
重量（kg/m）		0.48	0.55	0.63	0.72	0.81	0.91	1.12	1.36	1.61	1.90
最小破断力（kN）	I	49.70	57.10	66.20	74.40	82.40	90.00	109.7	120.1	140.0	162.0
	II	33.80	38.90	44.50	50.10	55.60	60.90	74.40	81.60	95.60	110.3
	III	22.30	25.60	29.90	33.70	37.40	41.00	50.10	54.90	64.30	74.10

注 Ⅰ、Ⅱ、Ⅲ为白棕绳等级。

表 4-60 白棕绳参数

直径（mm）	圆周长（mm）	每捆220m重量（kg）	破断力（kN）	使用的最小滑轮直径（mm）
6	19	6.5	2.00	100
8	25	10.5	3.25	100
11	35	17.0	5.75	150
13	41	23.5	8.00	150
14	44	32.0	9.50	150
16	50	41.0	11.50	200
19	60	52.5	13.00	200
20	63	60.0	16.00	200
22	69	70.0	18.50	220
25	79	90.0	24.00	250
29	91	120	26.00	290
33	103	165	29.00	330
39	119	200	35.00	380

注 使用麻绳时，必须对白棕绳强度进行验算，绳索的允许拉力为

$$T = 7.8D^2R$$

式中 D—绳索的直径（mm）；

R—绳索的单位允许拉力（N/mm²）。

白棕绳用作一般的允许荷重的吊绳时，应按其断面积1kg/mm² 计算。用作捆绑绳时，应按其断面积0.5kg/mm² 计算。用于穿绕滑轮时，滑轮直径应大于绳索直径10 倍以上，如不足10 倍时，必须将绳索的使用拉力降低。对于旧绳应酌情降挡使用，旧绳继拉力一般取新绳的40%～60%。

表 4 - 61　　　　　　　　　　钢 丝 绳 规 格

直径 (mm)	钢丝总断面积 (mm²)	参考重量 (kg/100m)	钢丝绳公称抗拉强度（kN/mm²）				
			1.40	1.55	1.70	1.85	2.00
			钢丝绳破断拉力总和（kN，不小于）				
6.2	0.4	13.53	20.00	22.10	24.30	26.40	28.60
7.7	0.5	21.14	31.30	34.60	38.00	41.30	44.70
9.3	0.6	30.45	45.10	49.90	54.70	159.60	64.40
11.0	0.7	41.44	61.30	67.90	74.50	81.10	87.70
12.5	0.8	54.12	80.10	88.70	97.30	105.50	114.50
14.0	0.9	68.50	101.00	112.00	123.00	134.00	144.50
15.5	1.0	84.57	125.00	138.50	152.00	165.50	178.50
17.0	1.1	102.3	151.50	167.50	184.00	200.00	216.50
18.5	1.2	121.8	180.00	199.50	219.00	238.00	257.50
20.0	1.3	142.9	211.50	234.00	257.00	279.50	302.00
21.5	1.4	165.8	245.50	271.50	298.00	324.00	350.50
23.0	1.5	190.3	281.50	312.00	342.00	372.00	402.50
24.5	1.6	216.5	320.50	355.00	389.00	423.50	458.00

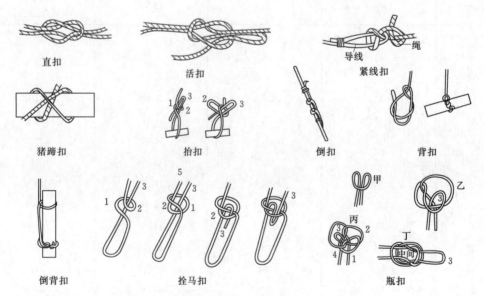

图 4 - 3　各种绳扣系统工艺

注　1. 直扣。用于临时将麻绳的两端绑结在一起。

　　2. 活扣。用途与直扣相同，但它用于需要迅速解开的情况下。

　　3. 紧线扣。紧线时用来绑结导线，也可用作腰绳系扣。

　　4. 猪蹄扣。在传递物件和抱杆顶部等处绑绳用。

　　5. 抬扣。抬重物体时用此扣，调整或解开都比较方便。

　　6. 倒扣。临时拉线（抱杆或电杆起立用）往地锚上固定时用。

　　7. 背扣。在高空作用时，上下传递工具材料等用。

　　8. 倒背扣。垂直吊起轻而细长的物件时用。

　　9. 拴马后。绑扎临时拉绳时用。

　　10. 瓶扣。吊瓷套管等物体多用此扣，物体吊起后可以不摆动，而且扣较较实可靠。

表 4－62 **钢 丝 绳 参 数**

直　径 （mm）		钢丝总 断面积 （mm²）	参考质量 （kg/100m）	钢丝绳公称抗拉强度（kN/mm²）				
				1.40	1.55	1.70	1.85	2.00
				钢丝绳破断拉力总和（kN，不小于）				
8.7	0.4	27.88	26.21	39.00	43.20	47.30	51.50	55.70
11.0	0.5	43.57	40.96	60.96	67.50	74.00	80.60	87.10
13.0	0.6	62.74	58.98	87.80	97.20	106.50	116.00	125.00
15.0	0.7	85.39	80.27	119.50	132.00	145.00	157.50	170.50
17.5	0.8	111.53	104.8	156.00	172.50	189.50	206.00	223.00
19.5	0.9	141.16	132.7	197.50	218.50	239.50	261.00	282.00
21.5	1.0	174.27	163.8	243.50	270.00	269.00	322.00	348.50
24.0	1.1	210.87	198.2	295.00	326.50	358.00	390.00	421.50

注 使用钢丝绳时，必须对强度进行验算，绳索的允许拉力为

$$T=131D^2 \text{ 或 } T=133C^2$$

式中 D—钢丝绳的直径（mm）；

C—钢丝绳的外接圆的周长（mm）。

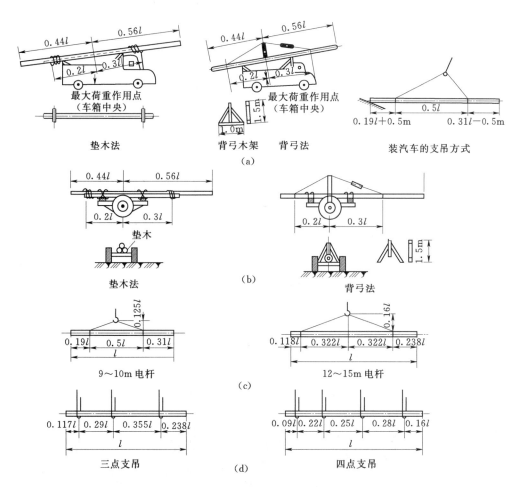

图 4－4　混凝土电杆运输支承支吊方式图解

（a）汽车运输支承方式；（b）胶轮大车运输支承方式；（c）钢筋混凝土电杆平吊方式；（d）人力抬运支承方式

第十节　立杆架线紧线与绑扎工艺

用叉杆、架杆、抱杆起立电杆的操作方法，见表 4-63～表 4-65。紧线器及操作方法见表 4-66 和表 4-67。针式绝缘子绑扎工艺见图 4-5 和图 4-6。

表 4-63　　　　　　　　　　　　叉杆及起立电杆操作方法

项　目	操 作 工 艺 要 求
叉杆组成及作用	叉杆由 U 形铁叉和细长的圆杆组成。叉杆在立杆时用来临时支撑电杆和用于起立 9m 以下的木单杆
叉杆起立木单杆操作步骤	(1) 在杆坑中立一滑板并对准杆根，以便杆根下滑，防止杆根冲坏坑壁。 (2) 将电杆移至坑口，使杆根顶住滑板。 (3) 用杠子将电杆头部抬起，随即用叉杆 [见图 (a)] 顶住，再逐步向杆根交替移动叉杆 [见图 (b)]，使杆头不断升高。当杆头升高到一定高度时，增加三根叉杆，使电杆起立。 (4) 当电杆起立到将近垂直时，将一根叉杆转到对面，以防电杆向对面倾倒，并抽出滑板，同时将另两根叉杆分别向左、右岔开，使三根叉杆成三角位置支撑电杆，以防电杆向左、右倾斜 [见图 (c)] 图(a)叉杆　　　　　图(b)叉杆起立木单杆　　　　　图(c)叉杆支撑木单杆

表 4-64　　　　　　　　　　　　架杆规格及起立电杆操作方法

项　目	操 作 工 艺 要 求
架杆规格	架杆由两根相同的细长圆杆组成，圆杆顶（梢）部直径不应小于 80mm，根部直径不应小于 120mm，长度为 4～6m。距顶端 300～500mm 处用铁丝做成长度为 300～350mm 的链环，将两根圆杆连起来，在距圆杆底部 600mm 处安装把手（穿入长 300mm 的螺栓） 单位：mm

150

续表

项　目	操 作 工 艺 要 求
架杆起立电杆操作步骤	架杆用来起立单杆和临时支撑电杆 抬起电杆　　　　支架杆　　　　移动架杆　　　　立起电杆 1—架杆；2—临时拉线

表 4 - 65　　　　　　　　　人字形抱杆规格及特点

项　目	操 作 工 艺 要 求
人字形抱杆规格	抱杆有单抱杆和人字形抱杆两种。人字形抱杆是将两根相同的细长圆杆，在顶端用钢绳交叉绑扎成人字形。抱杆高度按电杆高度的 1/2 选取，抱杆直径平均为 16～20mm，根部张开宽度为抱杆长度的 1/3，其间用 ϕ2mm 钢绳联锁
人字形抱杆特点	人字形抱杆在立杆作业中应用较广 (1) 比单抱杆的起重量大。 (2) 稳定性好，可减少用于固定的临时拉线。 (3) 装置简单，竖立方便

表 4 - 66　　　　　　　　　紧线器及其操作方法

项　目	操 作 工 艺 要 求
紧线器作用和分类	紧线器，又称紧线钳和拉线钳，用来收紧室内瓷瓶线路和室外架空线路的导线。紧线器的种类很多，常用的有平口式和虎头式两种。平口式紧线器亦称鬼爪式紧线器。它由钳口、拉环、棘爪、棘轮、扳手等部分组成。虎头式紧线器又称钳式紧线器，它的前部有用于夹紧导线的钳口、翼形螺母和螺栓，后部有用来绞紧架空线的棘轮装置，并有两用扳手一只。扳手的一端有一个可旋动钳口螺母的孔，另一端有 一个可以绞紧棘轮的孔 扳手　　　棘爪　　　　　　　　　夹线钳　　　　　棘轮 钳口　　　拉环　棘轮　　　　　板手　收线器 平口式紧线器　　　　　　　　　虎头式紧线器

151

续表

项 目	操 作 工 艺 要 求
平口式紧线器操作	(1) 上线。一手握住拉环，另一手握住下钳口往后推移。将需要拉紧的导线放入钳口槽中，放开手中的下钳口，利用弹簧夹住导线。 (2) 收紧。把一段钢绳穿入紧线盘的孔中。将棘爪扣住棘轮，然后利用棘轮扳手前后往返运动，将导线逐渐拉紧。 (3) 放松。将导线拉紧到一定程度并扎牢后，将棘轮扳手推前一些，使棘轮产生间隙，此时用手将棘爪向上扳开，被收紧的导线就会自动放松。 (4) 卸线。用一手握住拉环，另一手握住下钳口往后推。此时如果发现钳口导线过紧。则可用其他工具轻轻敲击下钳口，被夹持的导线就会自动卸落
虎头式紧线器操作	虎头式紧线器的使用方法与平口式紧线器基本相同。区别在于夹紧导线的方式不同。虎头式紧线器上线时，先旋松翼形螺母，钳口自动弹开，将导线放入钳口后旋紧翼形螺母即可
紧线器使用注意事项	(1) 应根据导线的粗细，选用相应规格的紧线器。 (2) 使用紧线器时，如果发现有滑线（逃线）现象，应立即停止使用，采取措施（如在导线上绕一层铁丝）将导线确实夹牢后，才可继续使用。 (3) 在收紧时，应紧扣棘爪和棘轮. 以防止棘爪脱开打滑

表 4-67 导线弛度测量尺

项 目	操 作 工 艺 要 求					
架空导线弛度参考值	弛度（m） 挡距（m） 环境温度（℃）	30	35	40	45	50
	−40	0.06	0.08	0.11	0.14	0.17
	−30	0.07	0.09	0.12	0.15	0.19
	−20	0.08	0.11	0.14	0.18	0.22
	−10	0.09	0.12	0.16	0.20	0.25
	0	0.11	0.15	0.19	0.24	0.30
	10	0.14	0.18	0.24	0.30	0.38
	20	0.17	0.23	0.30	0.38	0.47
	30	0.21	0.28	0.37	0.47	0.58
	40	0.25	0.35	0.44	0.56	0.59
导线弛度测量尺使用方法	导线弛度测量尺又称弧垂标尺，用来测量室外架空线路导线弛度。使用时应根据上表所示值，先将两把导线弛度测量尺上的横杆调节到同一位置上；接着将两把标尺分别挂在所测档距的同一根导线上（应挂在近瓷瓶处），然后两个测量者分别从横杆上进行观察，并指挥紧线；当两把测量尺上的横杆与导线的最低点成水平直线时，即可判定导线的弛度已调整到预定值	挂口 横杆 尺杆 导线弛度测量尺 外形示意图				

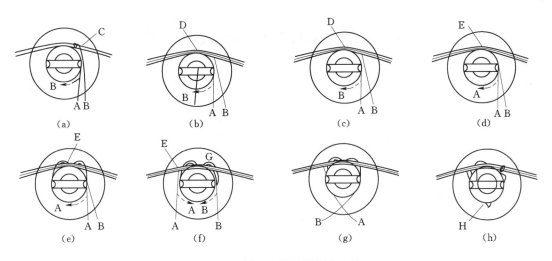

图 4-5 针式绝缘子侧绑法工艺

(a) 将绑扎线对折，环套于绝缘子右边的导线上，如图中 C 点；(b)、(c) 将绑线的 B 头，在绝缘子的边槽绕绑两圈，其跨过电线处 D 点由上而下将电线紧绑在绝缘子上；(d)、(e) 将绑线 A 头同样绑扎两圈，但跨过电线 D 处，则由下而上将电线紧绑在绝缘子上，如图中 E 点；(f) 将绑线头 A、B 再分别沿槽向左和向右绞扎于导线，如图中 F 和 G 点；(g)、(h) 将绑扎线两头 A、B 绞合在一起拧成小辫，将绑线收紧即完成，如 H 点

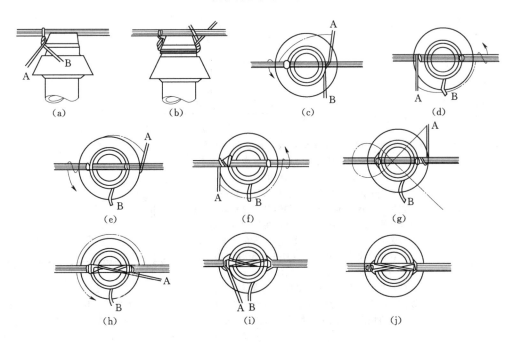

图 4-6 针式绝缘子顶绑法工艺

(a)、(b) 先将绑线对折，绞扎于绝缘子左侧导线上，然后将两线头 A、B 分开两端，沿绝缘子边槽绕至绝缘子的右侧，交叉绞合（同左侧）；(c)、(d) 将绑线头 A 在右侧绕导线一圈后，沿槽绕至绝缘子左侧，在导线上绕一圈后，再沿绝缘子边槽将导线绕回右侧，同样在导线上卷绕一圈；(e)、(f) 是照图(c)、(d) 重复绕一次；(g)、(h) 将绑线头 A 照图示作十字交叉于导线的上部；(i)、(j) 将绑线头 A 再沿边槽绕至绝缘子左侧返回，使其与绑线头 B 相遇，拧小辫收紧即成

第十一节 电杆拉线制作安装工艺

电杆拉线制作安装工艺见表 4-68。

表 4-68   电杆拉线制作安装工艺

项　目	主　要　内　容
拉线的类型	(1) 普通拉线。普通拉线应用在终端杆、角度杆、分支杆及耐张杆等处，主要作用是用来平衡固定性不平衡荷载 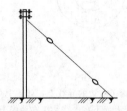 (2) 人字拉线。人字拉线，是由两把普通拉线组成，装在线路垂直方向电杆的两侧，多用于中间直线杆，是用来加强电杆防风倾倒的能力。例如海边、市郊、平地及风大场所等环境，一般每隔 7～10 基电杆作一个人字拉线 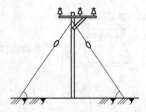 (3) 十字拉线。十字形拉线一般在耐张杆处装设，为了加强耐张杆的稳定性，安装顺线路人字形拉线和横线路人字形拉线，总称十字形拉线 (4) 水平拉线。水平拉线又称为高桩拉线，在不能直接作普通拉线的地方，如跨越道路等地方，则可作水平拉线。作法是在道路的另一侧或不妨碍人行道旁立一根拉线杆，在杆上作一条拉线埋入地下，这样拉线在电杆和拉线杆中间跨过道路等处，就有一定高度，不会妨碍车辆的通行 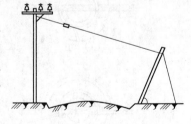 (5) 共用拉线。共用拉线应用在直线线路上，如在同一电杆上，一侧导线粗，一侧导线细，于是两侧荷载不一样产生了不平衡张力；装设拉线又没有地方，只好把拉线拉在第二根电杆上 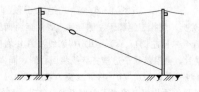

续表

项　目	主　要　内　容
拉线的类型	（6）Y 形拉线。Y 形拉线主要应用在电杆较高、横担较多、架设多条导线，因而受力不均匀，这样可以在张力合成点上下两处安装 Y 形拉线，或者门形电杆在张力合成点附近一般也装设 Y 形拉线。如跨越铁路、公路、河流等档距较大的地方，前后两杆有的都是门型杆，须安装 Y 形拉线 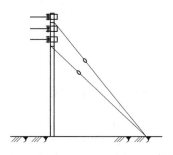 （7）弓形拉线。在地形或周围自然环境的限制不能安装普遍拉线时，一般可安装弓形拉线 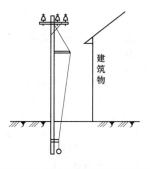
拉线的组成	拉线上把固定在电杆横担下部 200～300mm 处。 受力较大的拉线底把应用钢筋制成拉线棒，采用混凝土拉线盘代替地横木拉线一般采用镀锌铁线和镀锌钢绞线制成。 为了便于拉线的绞合和制作，拉线的股数常为奇数，拉线的股数和截面应按不平衡荷载的大小计算确定。拉线的最少股数或最少截面，如下表 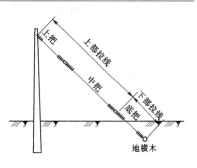

拉线最少股数或最小截面

线路电压	高压杆	低压杆
铁线（股）	5/7	3/5
钢绞线（mm²）	50	35

项 目	主 要 内 容
拉线的长度确定方法	(1) 拉线的预割量。上部拉线的预割量等于拉线全长加上把与中把附加长度减下部拉线出土长度。其中，拉线全长等于下部拉线出土点到上部拉线固定外杆中心的直线长度；上下把附加长度等于缠绑电杆及上、中把缠绕所需要的长度；下部拉线出土长度等于下部拉线出土点到底把拉线环的直线长度。 (2) 加装拉紧绝缘子及调正器（花篮螺丝）的拉线预割量。上部拉线预割量等于拉线全长加上把与中把的附加长度，再加绝缘子上下把附加长度，减下部拉线出土长度和花篮螺丝长度。其中，花篮螺丝长度等于花篮螺丝两端螺杆顶间的直线长度
装设拉线的基本原则	(1) 拉线应根据电杆的受力情况装设。终端杆拉线应与线路方向对正；转角杆拉线应与线路分角线对正；防风拉线应与线路垂直。当线路转角在45°及以下时，可只设置分角拉线；超过45°时，则在线路中心线延长线上设置拉线。 (2) 拉线与电杆的夹角一般为45°，但受地形限制时，也允许不大于30°角装设。 (3) 拉线坑的深度可按受力大小决定，一般为1.2~1.5m深，以地横木或拉线盘承受最大拉力情况下不被拉动为原则，根据受力大小经过计算选择
拉线制作	(1) 拉伸铁线然后绞合。根据需要的长度将铁线放开，将两端临时固定在树上或其他地方，由5~6人集中在中间把铁线拉直。按需要长度剪截，按规定的股数绞合在一起。在绞合过程中，不可太松但也不要过紧，以防绞合不均产生抽筋，使拉线各股受力不平衡，而造成运行中拉线断股。 (2) 拉线把的制作。拉线把的制作方法，一般分为自缠法和另缠法两种。自缠法是将拉线的折回部作为缠绕绑线。在运行中不必要拆开和调正的拉线采用自缠法，对于需要拆开调正的端头则应用另缠法。通常在拉线的横木、拉线环、拉线瓷瓶处都采用自缠法固定。拉线环的上部以及水平拉线靠拉线桩一端都采用另缠法。 用自缠法缠绕时，一般只缠5段，后一段圈数比前一段圈数少一圈。如果股数较多（一般超过9股时），可采取双线缠绕，缠绕5段后将多余的剪去。自缠法和另缠法的圈数和长度可参考下表： 拉线自缠回数及另缠长度 表格

拉线自缠回数及另缠长度

拉线股数	自缠最多回数	另缠长度 A (mm)	另缠长度 B (mm)
7 股以下	10	200	100
9~11 股	15	250	130
13 股以上	20	300	160

拉线自缠回数及另缠长度

项　目	主　要　内　容
拉线制作	（3）底把拉线环作法。 1）底把一般采用自缠法，首先制作底把拉线环，可直接用手搣成。 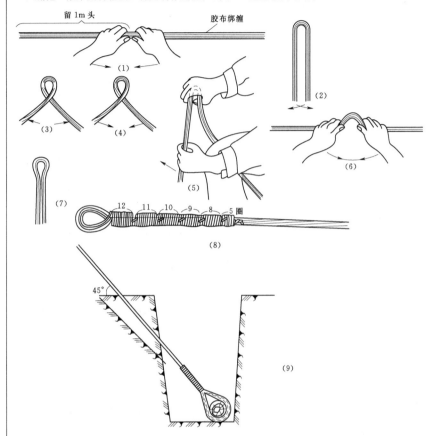 2）为了防止抽筋，在搣弯之前先在搣弯处用小铜线或黑胶布绑缠三道，拉线环搣成之后，即可进行缠绑。 3）底把拉线环做好之后，将另一端用自缠法缠绕在地横木上并用卡钉固定。底把完全制成后，即可埋入拉线抗内，拉线环露出地面长度为600mm。 4）底把的埋设方向应与拉线方向相同，拉线坑须挖一马道，以便敷设拉线，避免拉线变形，影响受力。 （4）拉线上把与电杆固定。 1）拉线上把对于采用自缠法木杆的绑扎，将编好的拉线贴紧，用卡钉（扒银子）固定，然后将拉线围绕过来以自缠进行缠绕。 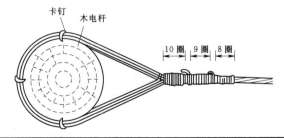

157

续表

项 目	主 要 内 容
拉线制作	2）为不使电杆受到拉线作用而损坏，常在拉线与电杆接触处用铁板敷垫，并将垫板用卡钉固定。 3）对于水泥杆，可先制作拉线环，在制作拉线环时，在拉线环里边套入心形环，以免拉线环受力变形，影响拉线的强度。拉线环的制作方法与底把相同，然后套入拉线抱箍螺栓上
收紧拉线	（1）拉紧绝缘子装设。 1）拉紧绝缘子的装设位置，应使拉线断线而沿电杆下垂时，绝缘子离地面的高度在 2.5m 以上，不致触及行人。同时使绝缘子距电杆最近应在 2.5m 以上，以便在杆上作业时不致触及接地部分 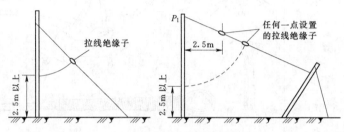 2）拉紧绝缘子两侧的拉线一般采用自缠法。如下图所示。拉紧绝缘子的型号可按下表选择。 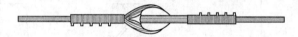 拉紧绝缘子选用表 表格见下 （2）收紧拉线。拉线上把与下把完成之后，即可用紧线器将拉线收紧，见下图。收紧方法是将上部拉线穿过底把拉线环，用力将端头折回，将折回靠近拉线环的一股抽出绞入紧线器，作为紧线器的尾巴，紧线器叼住上把开始收紧拉线。紧好后将另几股合拢，用另缠法进行缠绕。 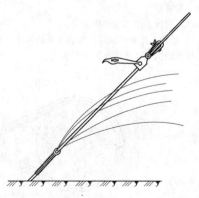

拉紧绝缘子选用表

型 号	铁线 （股）	钢绞线 （mm²）
J—2	3～5	35～50
J—4.5	7～9	70
J—9	>11	95

项　　目	主　要　内　容
拉线调整装置安装	拉线安装之后，在运行中可能发生松弛现象，对于拉线的松紧程度必须给以调整。除了拉线底把和中把连接处采用另缠法可以调整之外，还可采用花篮螺丝这一调整装置，花篮螺丝应装设在中把和底把之间。在制作拉线环时，应先把花篮螺丝杆套入拉线环中。在收紧前，两端螺杆均旋进螺母中，但须使彼此保留较大的间隙，似便继续旋入调整。  为了使花篮螺丝免受意外的松退，须使用 8 号镀锌铁线一根，两端由花篮螺杆的环孔内穿过，在螺栓中间互相绞拧 1~2 次，再分别向螺母两侧绕拧 3~4 圈，最后两端绞结
钢绞线拉线制作	拉线受力较大，一般超过 9 股时，因制作较困难，多采用相等强度的钢绞线。钢绞线和普通的 8 号镀锌铁线的互换如表所示。拉线底把超过 9 股时，一般采用拉线棒。 8 号线与钢绞线互换表 接下表

固定铁线
绑缠
环心螺栓

8 号线与钢绞线互换表

钢绞线根数×股数×钢绞线直径（mm）	相当于 8 号铁线的股数
1×7×6.0 (7/2.0)	5
1×7×6.6 (7/2.2)	7
1×7×7.8 (7/2.6)	9
1×7×9.0 (7/3.0)	12

由于钢绞线材料质地较硬，制作拉线时不采用自缠法，一般多应用另缠法和卡子法。卡子法是应用 U 形螺丝和压舌将拉线紧固住，如下图所示。

U 形螺丝相互距离一般为 130mm，小于 50mm^2 的钢绞线应用 3 个卡子 2 个压舌；70~100mm^2 钢绞线应用 4 个卡子 3 个压舌；大于 100mm^2 的应用 5 个卡子 4 个压舌。应用卡子法作完拉线不应有明显的歪扭，钢线应很紧的压在压舌中。所有拉线环内侧均应装有心形环

第三篇　农村电网建设与运行维护管理

第五章　农村电网建设与改造

第一节　农村中低压配电网建设与改造基本原则

农村中低压配电网建设与改造基本原则见表 5-1。

表 5-1　　　　　　　　　　农村中低压配电网建设与改造基本原则

项　目	基　本　原　则
中压配电网	（1）农村配电变压器台区应按"小容量、密布点、短半径"的原则建设与改造，配电变压器应选用节能型。 （2）变压器容量选择以现有负荷为基础，适当留有裕度。 （3）容量在 315kVA 及以下的配电变压器宜采用柱上或屋顶安装，低压侧配电装置应选用多功能配电柜（箱），不宜建配电房。容量在 315kVA 以上的配电变压器宜采用室内安装。 （4）配电变压器台应达到以下安全要求： 1）柱上及屋顶安装式变压器底部对地面净空距离不得小于 2.5m，并在明显位置设置安全警示标志。 2）落地安装式变压器应建围墙（栏），并设有明显的安全警示标志。变压器底座基础应高于当地最大洪水位，但不得低于 0.3m。 （5）配电变压器的高压侧应安装熔断器和避雷器。 （6）城镇 10kV 配电网宜采用环网接线，开环运行；农村 10kV 配电网以单辐射式为主，较长的主干线或分支线应装设分段或分支开关设备。应推广使用自动重合器和自动分段器，并留有配电自动化的发展裕地。 （7）导线的选择应满足 DL/T 601、SDJ 206 的要求，选用钢芯铝绞线，主干线分线截面不小于 35mm²，在城镇或特殊地段可采用绝缘导线。 （8）负荷密度小的地区可采用单相变压器或单、三相混合供电方式。 （9）在农村一般选用不低于 10m 的混凝土杆，集镇内宜选用不低于 12m 的混凝土杆。 （10）广播、电话、有线电视等其他弱电线路不得与电力线路同杆架设
低压配电网	（1）配电变压器低压侧出线应安装避雷器，总开关采用自动空气开关或交流接触器，并加装剩余电流动作保护器。 （2）低压配电线路布局应与农村发展规划相结合，严格按照 DL/T 499 标准进行建设与改造。 （3）低压线路导线截面不得小于 25mm²（铝绞线）。但在集镇内，为保证用电安全，通过经济技术比较，可采用绝缘导线。 （4）线路架设应符合有关规程要求。电杆宜采用不小于 8m 的混凝土杆，穿越和易接近带电体的拉线应装拉线绝缘子。

续表

项　目	基　本　原　则
低压配电网	（5）接户线的相线、中性线或中性保护线应从同一电杆引下，档距不应大于 25m，超过时，应加装接户杆。 （6）接户线应采用绝缘线，铝芯线的导线截面不应小于 6mm²，铜芯线的导线截面不应小于 2.5mm²。进户线必须与通信线、广播线分开进户。进户线穿墙时应装设硬质绝缘管，并在户外做滴水弯。用户应加装控制开关、熔断器和家用剩余电流动作保护器。 （7）未经电力企业同意，广播、电话、有线电视等其他线路不得与电力线路同杆架设
低压计量装置	（1）用户用电必须实行一户一表计量，公用设施用电必须单独装表计量。 （2）严禁使用国家明令淘汰及不合格的电能表，电能表选用应符合 GB/T 50063、GB/T 16934 等标准的要求。 （3）应按农村居民用电负荷合理选择电能表。一般按用电负荷不小于 2kW/户进行配置。 （4）电能表箱应满足坚固、安全、易于抄表和防锈蚀、防雨等要求
无功补偿	（1）农网无功补偿，坚持"全面规划、合理布局、分级补偿、就地平衡"及"集中补偿与分散补偿相结合，以分散补偿为主；高压补偿与低压补偿相结合，以低压补偿为主；调压与降损相结合，以降损为主"的原则。 （2）变电所应安装并联补偿电容器，补偿容量宜按主变压器容量的 10%～15% 配置。 （3）积极采用性能可靠，技术先进的集合式、自愈式电容器，适当采用微机监测和自动投切无功装置。 （4）配电变压器的无功补偿，可按配电变压器容量的 10% 配置。容量在 100kVA 及以上的配电变压器宜采用无功自动补偿装置。 （5）10kV 线路无功补偿电容器不应与配电变压器同台架设
中低压配电网任务、重点研究内容及重点推广项目	（1）任务： 1）经济发达的县城实现配网自动化。 2）积极推广应用智能化开关设备。 3）逐步实现以自动重合器与自动分段器和熔断器配合的农村馈线自动化。 4）研究、推广实用的中、低压配电方式。 （2）重点研究内容： 1）研究中、低压单相一三相混合配电方式及其适用范围。 2）研究县城配网自动化方案。 3）研究开发 10kV 调容、低空载损耗配电变压器。 4）研究新型低压绝缘导线及施工技术。 5）研究开发抗干扰、大容量剩余电流动作保护器和新型无死区保护器。 6）建立适应农村配电网的可靠性指标评价体系。 （3）重点推广项目： 1）因地制宜地推广采用单相一三相混合配电方式。 2）选用节能型配电变压器，近期在推广 S9 系列的同时，可大力推广 S11 型卷铁芯变压器；在技术经济比较合理的情况下，采用全密封变压器或非晶合金变压器。 3）季节性负荷变化大的地区，积极采用调容量变压器。 4）配电变压器外露带电部分实现绝缘化，防止触电和窃电。 5）低压线路向绝缘化方向发展，低压绝缘线路推广采用集束绝缘线。 6）推广采用集保护、控制、计量、无功补偿、防雷等功能于一体的配电柜。 7）按分级保护方式，配备剩余电流动作保护器，形成二级或三级保护。 8）推广应用复合绝缘材料的电气设备和线路绝缘子。 9）推广应用线路预绞线金具。 10）积极采用低压架空绝缘导线四框式敷设工艺。 11）推广应用新型熔断器

续表

项　目	基　本　原　则
平行集束导线供电模式的特点	（1）平行集束导线分为方形和星形两种，其技术创新点是导线束中各线芯相互绝缘并由带筋连成一体，组成平行集束。 （2）全网主干和分支线路均以三相四线制供电。 （3）安全可靠，节能，维护费用低。 （4）不论安装在电杆上或家门前墙上都非常简便。在树木绿化带安装时，不需修剪林木。 （5）避免漏电和窃电
平行集束导线供电模式的优点	（1）减小电压降，电抗小于 $0.1\Omega/km$，而裸线电网的电抗约为 $0.3\Omega/km$。 （2）减小线损，线损率一般在 $5\%\sim10\%$ 之间。 （3）施工简便，架设快速便利，不需要横担及瓷件，还可以减少大量的金属消耗和工时。 （4）高压电、低压电、街灯线、电话线和广播电视线均可使用同一电杆。 （5）减少间隙（可用较短电杆或者沿墙布置），使道路设计有更大的自由。 （6）在树林中穿越时，无需伐树、修枝。 （7）即使在电杆折断时也能可靠地保障供电。 （8）能带电作业。 （9）导线束的总直径小于四根裸线的直径，因而减小下雪、覆冰和刮风造成的负载，减少导线所受的张力。 （10）减小火灾危险。 （11）与裸线相比，雷电造成的损失大大减小，故障率要降低 $4\sim6$ 倍。 （12）综合造价较低。与常规架空裸导线线路相比，综合造价基本持平，但运行费用和远期效益具有明显优势
平行集束导线应用试点工作	（1）做好试点工程的规划。按照农村电网建设与改造规划的整体要求，选择电网状况、负荷情况和地理环境都具有代表性的台区进行试点，以利于下一步的推广工作。 （2）加强对试点项目的全过程管理。从选择试点、工程立项、工程设计、编制概算、材料采购、工程施工、竣工验收和决算等方面，都要有专人负责，并及时对各种运行参数和测试结果进行分析、总结，定期上报有关信息。 （3）加强对平行集束导线供电模式设计、导线采购和施工安装工作的技术指导，保证工程建设质量。 （4）在工程设计方面：根据台区的供电范围和负荷分布情况，使配电变压器位置尽量靠近负荷中心；确定合理的线路走廊，根据负荷情况选择导线截面；电杆的选择要考虑与导线材料相匹配，可比常规裸线线路适当降低。分支线采取三相四线制方式，将用户负荷平均分配到各相上，使重组后的三相负荷尽可能平衡。 （5）在材料选择方面，要特别注意产品质量。平行集束导线的外绝缘材料有三种，分别为：聚氯乙烯、聚乙烯和交联聚乙烯；导线材料有两种，分别为铜芯和铝芯。根据前一段的试点情况，星形平行集束导线，由于受生产工艺及包装运输因素所限，导线截面不宜超过 $35mm^2$；方形平行集束导线，由于其在生产和装盘过程中是以平板方式出现，生产工艺简单，运输密度较大，在架设后可自动归成方形，导线截面可达到 $95mm^2$。 （6）产品采购中严把质量关，加强招标、投标管理。 （7）在施工安装方面，除了要遵循架空绝缘导线的施工规范外，还要特别注意在放线、紧线时，不能损伤导线外绝缘。在分支点破股引线时，要采取专用施工工具和连接金具，不能损坏线间绝缘。要想使平行集束导线应用达到预期效果，必须保证工程质量，其中导线本身的质量和施工工艺质量是关键

续表

项　目	基　本　原　则
推广使用 S11 型卷铁芯变压器	(1) S11 型卷铁芯变压器具有绕制工艺简单、重量轻、体积小、噪音低、损耗少、维护简便、运行费用节省、节能效果明显等特点，比较适合我国农村电网的负荷特性和技术要求，在全国推广使用具有较好的效果和实用性。 (2) 单相卷铁芯变压器比传统的单相变压器具有明显的优势，在农村电网采用单相供电方式的地区应优先选用这类卷铁芯变压器。在现有生产技术水平和生产工艺条件下，三相卷铁芯配电变压器选用的容量一般为 315kVA 及以下。 (3) 我国卷铁芯变压器生产厂家大体分为以下三类： 　1) 掌握关键退火技术，具备全过程生产卷铁芯变压器能力的厂家，约占总数（共 169 家）的 20%。 　2) 采购主要部件进行组装的厂家，约占总数的 65%。 　3) 为其他产品（如箱式变）配套生产卷铁芯变压器的厂家，约占 15%。 (4) 卷铁芯配电变压器的铁芯结构主要为框形不断轭结构，又可分为平面排列单框、双框、两内框一外框、四框及立体排列三框式结构。铁芯截面形状，一是阶梯型，二是 R 型（近似圆截面）。 (5) 技术方式主要分为技术引进开发和自主开发两种。铁芯材料来源国产和进口均有，进口材料主要来源于日本、俄罗斯
农村电网建设选用卷铁芯配电变压器指导意见	(1) 单相卷铁芯配电变压器与叠铁芯变压器相比，降低空载损耗和空载电流所取得的经济效益更加明显，因此，采用单相供电方式的地区应优先选用卷铁芯配电变压器。 (2) 根据卷铁芯配电变压器的特点，三相卷铁芯配电变压器宜选用的容量为 315kVA 及以下。 (3) 为提高变压器运行可靠性、减少运行维护量和提高变压器的防盗能力，农村电网所用的卷铁芯配电变压器宜选用箱盖焊封的全密封结构。建议制造企业进一步解决瓷套管等易损部件的替代问题，提高变压器可靠性，使变压器真正达到完全免维护。 (4) 用户在选用变压器之前，应对制造厂的生产条件、产品型式试验报告、采用的材料和工艺、产品质量和运行情况等进行全面考察。 (5) 为防止不合格的卷铁芯配电变压器进入农村电网，用户在接收新变压器时，应对关键技术指标进行验收试验，并应注意运输颠簸可能对卷铁芯变压器性能参数造成的影响，以及对其全密封性能如何进行考核等问题。 (6) 针对农村电网平均负载率低、损耗大的特点，在农村电网建设和改造中应积极采用空载损耗值和空载电流值均低的配电变压器。随着变压器制造水平的进一步提高，S11 系列性能参数的卷铁芯变压器的性能价格比将越来越趋于合理，因此建议更多地采用 S11 系列的配电变压器

第二节　农村电网建设与改造工程安全管理

农村电网建设与改造工程安全管理见表 5 - 2。

表 5－2　　　　　　　　　　　**农村电网建设与改造工程安全管理**

项　目	主　要　内　容
施工单位施工人员分类管理要求	（1）农网建设与改造工程施工人员分为专业人员和临时工两大类。专业人员是指电力施工企业的在册人员、乡镇供电所和农村电工人员；临时工是指根据工程需要临时雇佣的技术工人或从事体力劳动的人员（如挖坑、放线的农民工）。 （2）专业人员（个人或集体）： 1）均应持有合格的上岗证书或相应电压等级的电工证书；属于集体承包工程项目的，应按照《农网改造工程质量管理规定》的要求通过资格审查并在供电企业工程管理部门备案。 2）工作前应掌握施工任务特点、工艺技术要求、工程质量标准，安全注意事项等。 （3）施工单位雇佣的临时工（含停薪留职职工、退休聘用人员、借用外单位职工、民工、实习生、短期参加劳动的其他人员）办理用工手续。长期临时工应经过体检、安规培训，考试合格后方可录用、上岗，并建立档案。对于短期协助挖坑、立杆、放线等体力劳动的农民工，施工单位应与被雇佣方（乡、村或个人）签订劳动协议，明确安全责任，并进行必要的安全教育与培训。 （4）短期临时工分到施工班组，要有正式职工带领工作。长期临时工应纳入本单位职工范围进行安全管理，劳动保护应按国家规定和本行业管理标准执行。 （5）临时工进驻施工现场作业前，工作负责人应有针对性地对其进行安全教育，交待清楚施工现场的安全措施及存在的危险因素和预防措施。当临时工从事有危险的工作时，必须在有经验的专业人员带领和监护下进行。 （6）对有组织的临时工，应指定期其中一人为安全负责人
农网建设与改造工程施工安全措施管理	（1）加强对施工现场的管理，严格执行原国家电力公司制定的《农网建设与改造工程施工现场安全措施》。 （2）安全技术措施： 1）在编制施工计划和施工方案的同时，必须编制安全技术措施计划（可根据施工具体项目或分阶段编制），经单位领导批准后与施工同步执行。 2）在保证安全组织措施和技术措施的计划中所需的安全工器具，应由安监职能部门确认后合格方可购置。 3）在全部停电和部分停电的电气设备上工作时，必须完成下列技术措施：停电（断开电源）、验电、挂接地线、装设遮栏和悬挂示牌。 （3）安全组织措施： 1）工作票制度。 2）安全施工作业票制度。 3）安全措施票制度。 4）工作许可制度。 5）工作监护制度和现场看守制度。 6）工作间断和转移制度。 7）工作终结、验收和恢复送电制度。 （4）安全施工措施： 1）所有建设与改造工程必须有安全措施。安全措施必须在开工前向全体施工人员交待清楚，否则不得开工。 2）重要的临时设施、重要的施工工序、特殊作业、多工种交叉作业、重大起重运输作业、在运行生产区域内的带电作业等工程，都必须在施工前编制出施工方案和安全措施，落实专责人负责，并经单位领导及有关部门批准后严格执行。执行过程应有专人把好安全关。 3）技术人员在编制安全施工措施时，必须明确指出该项施工的主要危险点，并有针对性地采取防护措施

项　目	主　要　内　容
对安全施工工作的检查和例行工作	（1）各项目法人单位将不定期对安全施工工作进行检查。检查的主要内容如下： 1）检查安全责任制：安全生产第一责任人是否到位，是否落实了安全施工责任制，是否做到"五同时"（计划、布置、检查、总结、考核）。 2）检查施工管理：施工中是否执行了各项安全管理制度，各级安全机构是否发挥了基本功能。 3）检查施工安全隐患：查施工现场存在的事故隐患，查违章违纪，查安全设施及安全标志的设置，查文明施工情况。 4）检查事故处理：是否真正做到了"四不放过"，是否按照有关规定进行调查、处理、统计和上报。 （2）建设项目单位应派专人进驻施工现场，检查安全措施执行情况，及时反馈安全信息，必要时可下达危及人身安全通知单及习惯性违章作业处罚单，并上报有关部门。 （3）地（市）、县（市）建设项目委托管理单位每月至少两次到施工现场进行安全检查及质量检查，发现问题提出限期整改意见。 （4）做好下列例行工作：安全监督与安全网例会、安全日活动、安全分析会、安全检查和安全通报
事故调查处理	（1）施工过程中发生的人身或设备事故及时上报。对于发生的特大、重大事故、施工人身死亡、两人及以上施工人身重伤和性质严重的设备损坏事故，施工单位必须在24h内上报工程建设项目单位。工程建设项目单位应按《农电事故调查统计规程》（DL/T 633）要求，上报国家电网公司农电工作部。 （2）工程建设单位要会同施工单位共同作好对事故的调查与处理工作，本着"四不放过"的原则，分析事故原因，明确事故责任，并形成准确完整的事故报告。向有关方面进行通报
考核与奖惩	（1）各建设项目单位和施工单位对农网建设与改造安全施工工作制定安全施工目标，定期逐级对施工安全工作进行考核。 （2）各单位实行以责论处的原则设立奖励基金，并制定安全施工奖惩办法。对农网建设与改造工程中安全工作成绩突出，有一定贡献的单位和个人给予表彰，对发生事故的责任者进行处罚。 （3）国家电力公司将不定期对农网建设与改造施工安全情况进行通报

第三节　农村电网建设与改造工程安全措施

农村建设与改造工程安全措施见表5-3。

表5-3　　　　　　　　农村电网建设与改造工程安全措施

项　目	主　要　内　容
施工现场安全管理的基本要求	（1）凡参加农网建设与改造工程的施工单位，必须建立现场施工安全管理网络。制定安全管理办法，指定安全总负责人；各作业组均应设置专（兼）职安全员，并经工程业主单位确认，签定相应的安全施工协议。 （2）施工单位安排工作应全面考虑人员特点，并进行有针对性的安全教育或培训，达到"三不伤害"（不伤害自己、不伤害别人、不被别人伤害）的目的。没有经过安全教育和培训，或培训考试不合格者不得上岗。 （3）开工前，工作负责人应根据本措施和具体施工内容，制定和采取可靠的现场安全措施，并向全体施工人员宣读和讲解，在确认施工人员理解后，方可开工。 （4）任何个人或单位都有权拒绝执行违反安全规程的任务；发生争议时应由上一级安监部门裁决。 （5）工程开工前，工作负责人必须对照以下施工现场安全施工的主要措施，组织全体施工人员学习与工作相关的安全知识，向全体施工人员指明带电部位，明确危险所在

项　目	主　要　内　容
施工现场十不准	（1）不准无安全用具的人员进入施工现场。 （2）不准无工作票进行停电工作和近电（以规程规定为准）工作。 （3）不准在大雾、雷雨和5级以上大风时登杆。 （4）不准在没有确认停电的情况下接近电力设备。 （5）不准使用未经检测或已过有效期的安全工器具。 （6）不准采取突然剪断导线的方法撤线。 （7）不准在高空作业中上下抛掷物品、工具。 （8）不准使用皮尺测量带电导体。 （9）不准以约时方式进行停、送电工作。 （10）不准野蛮装卸电杆和其他电力器材
变电工程施工现场安全施工的主要措施	（1）施工人员进入有运行设备的施工现场，必须按规定穿戴好工作服、绝缘鞋、安全帽；一般基建施工，按有关规定执行，但不得穿高跟鞋、拖鞋、裙装或短裤。不得将金属爬梯带进运行设备区。 （2）主变、开关、构架等大型设备、物件的安装，应符合起重安全工作的有关规定。使用吊车时，应支放稳妥，注意上方物体和设备，尤其应注意带电设备（或导线）。起重工作要有专人指挥，并事前约定起重方法和命令信号；起重臂下和重物下方严禁人员停留或走动。 （3）注意保护瓷绝缘设备的瓷质不被损坏。 （4）在变电站内进行挖掘作业时，要事先了解地下管网、线缆的埋设情况，在地面设置明显标志，必要时应停电作业，禁止掏挖土方。土质松软时，应采取防塌方措施。 （5）架构上工作应按照高处作业要求使用安全工器具，传递物品应使用绳索，不得上下抛掷；使用工具要抓紧握牢，避免碰伤他人或设备。 （6）电气焊工作人员应持证上岗，工作时应佩戴相应的劳动保护用品；对充油设备作业时应注意防火、防爆。 （7）参加变压器吊芯工作的人员，工作时不得随身装有金属物件。所用工器具要造册编号，易脱落的工器具应与身体用绳索连接；工作完毕按号清点工具，发现缺件时不得报完工。 （8）使用电动工、器具或移动式电动工具应事先了解其性能，并遵守有关操作规程。使用前，应放置绝缘物上，接通电源后确认工作正常、外壳无漏电现象方可使用。使用交流电源应从具有漏电保护器的配电箱引出，箱内设备及连接导线应完好无损，质量合格。 （9）施工人员发现不安全因素应及时报告工作负责人。 （10）夏天注意防止中暑，冬天注意预防煤气中毒
高低压线路工程立杆工作施工现场安全施工的主要措施	（1）所有线路改造工程均应办理工作票。 （2）挖坑、爆破、打地锚等作业应遵守下列规定：居民区或道路附近施工时应设围栏，夜间应加挂红灯；爆破时注意疏散周围人员；打地锚作业应由有经验者担任，并严格遵守规程规定。 （3）在运行线路的杆塔旁挖坑时，应采取防倒杆措施。 （4）立杆前应检查杆身，确认外观合格后方可组立。 （5）立杆时要有专人指挥，事前规定立杆方法和命令信号，分工明确、服从指挥；立杆的工、器具应严格检查，不得随意代用；人工立杆前应开好"马道"，立杆过程应严格遵守施工工艺；使用机械立杆时，着力点应在杆身重心以上，避免杆身空中颠倒。 （6）任何人员不得在起重缆绳上方跨越，起重缆绳如有转角，其内侧不得有人员停留；除指定人员外，其他人员应在杆塔高度1.2倍距离以外站立，任何人都不得在重物下方停留或走动；在居民区或道路附近施工时，应设专人看护，避免行人或无关人员进入危险地段；起立到位的电杆应在确认杆位无误后及时；按工艺要求回土夯实，然后撤除牵引绳具；整体组立大型杆塔时，应制定施工安全细则

项　目	主　要　内　容
高低压线路工程杆上工作施工现场安全施工的主要措施	（1）大雾、雷雨和 5 级以上大风时禁止登杆。 （2）杆上作业必须按照有关规程要求系安全带、戴安全帽；上杆前必须检查杆身有无缺陷，并确认杆根埋土坚实牢固，否则应采取可靠的加固措施；登杆工具、安全器具应在试验合格保证期内。 （3）安全带应系在电杆及牢固的构件上，扣好扣环，并确认不会从杆顶、横担端头脱落；转移作业位置时，不应失去安全器具的保护。 （4）使用梯子登杆（或在墙面工作）时要支放稳妥并有人扶持或绑扎牢固。 （5）杆上工作人员应防止掉落物体，上下传递物品应使用绳索，禁止抛掷；杆下不准无关人员逗留；屋面工作视同高处作业，不得麻痹大意、忽视安全措施，操作人员应轻踩轻放，防止摔跌。 （6）在接近带电线路及与带电线路发生交叉、跨越的新建线路上工作时，应按规程要求办理工作票、履行工作许可手续并施行相应安全措施。 （7）登杆作业必须设专人监护。 （8）在低压主干线路上引下接户线时应停电施工，施工前应验电并挂接地线
高低压线路工程敷设线路施工现场安全施工的主要措施	（1）放线或紧线工作应统一指挥、统一信号；每个工作小组应派有专业人员领队。 （2）与带电线路发生交叉、跨越或接近时应采取有效措施，如搭设跨越门型架、用绳索控制放线高度等，防止接触带电导体，必要时可停电作业；跨越道路、河流或其他弱电线路时，应搭设跨越门型架并派专人看守，避免伤及行人或引发事故；看守人员应以信号旗与指挥者联系；跨越房屋或穿越居民区的线路应严格遵守有关规程的规定。 （3）严禁在无通信联络及视野不清的情况下放线。 （4）紧线前应确认杆根牢固，必要时应采取临时加固措施；严禁用拖拉机或其他车辆作紧线的动力。 （5）紧线前应确认导线的接头牢固，确认导线未被滑轮、横担、树枝、房屋等物体卡住；在处理紧线障碍时，不应跨在导线上方或在转角内侧，以防跑线引起伤害。 （6）当采用旧导线牵引新导线方法进行换线工作时，应监视新旧导线连接处不被滑轮、树枝等卡住，以免将电杆拽倒
高低压线路工程撤线、撤杆施工现场安全施工的主要措施	（1）在涉及停电工作或所交叉跨越的线路带电时，工作负责人办理工作许可手续后应向施工人员说明工作内容、工作方法和安全注意事项。 （2）应按耐张段撤除旧线。登杆前应采取临时加固措施。叉叉杆或临时拉线；先撤直线杆两边相导线，后撤中间相导线。以避免产生较大扭矩；严禁用突然剪断导线的办法撤旧线；与撤线无关人员应撤到倒杆距离之外。 （3）撤杆前应拆除构件；登杆前应检查临时加固措施是否良好；一般情况下不应采用破坏性倒杆。 （4）用吊车拔电杆时，应将起重绳索系牢于电杆重心以上部位；确认起重臂上方及附近无任何带电设备；起拔时密切注意吊车的稳定
高低压线路工程装卸和运输电杆施工现场安全施工的主要措施	（1）装运电杆时应码放整齐，不得超载；分散卸车时每次均应重新绑扎牢固方可继续运输，避免电杆滚动伤人。 （2）卸车时应由专人指挥，不得使电杆自由滚动下滑，应有有效制动措施。 （3）用绳索牵引电杆上山下山时，应将电杆绑扎牢固，并应避免地面磨损绳索；电杆经过的路线下滑方向和两侧 5m 内不得有无关人员停留或通过。 （4）人力扛抬电杆时，必须步调一致，同起同落，轻抬轻放。 （5）用人力车分散运输时，应尽量降低重心，并应绑扎牢固，防止滚动伤人

续表

项　目	主　要　内　容
配电台架工程施工现场安全施工的主要措施	（1）配电台架上的工作属高处作业，应遵守本措施有关"杆上工作"的规定，并杜绝习惯性违章（如不系安全带等）；近电（改造）作业应办理工作票及相关手续，实施安全措施（停电、验电、挂接地线等）。 （2）配电变压器的安装（更换）应严格遵守各项工艺要求；起重前应确认承重架构、起重缆绳牢固可靠；使用吊车应严防碰触上方及附近架构或设备，保持与带电导体的安全距离。 （3）配电变压器底部距地面净空不得小于 2.5m，其间不得安装有助于攀缘的设备或架构。 （4）配电箱（柜）的安装不应有助于攀缘配变台架。建议：与小容量配电变压器配用的小型箱柜可并列安装于变台架上，其余则应安装于配电台架外延部分，高度与配电变压器相同。 （5）不符合上项要求的应进行整改；整改确有困难的可在高低压带电部分加装绝缘护套或采取其他隔电措施；亦可按照落地安装的变压器处理

第六章 农村电气化

第一节 水电农村电气化标准

水电农村电气化标准（SL 30—2003）见表 6-1。

表 6-1 　　　　　　　　　　　水电农村电气化标准（SL 30—2003）

项　目	内　容
1. 水电农村电气化县建设的任务、目标和实施范围	(1) 为适应全面建设小康社会，加快推进社会主义现代化的需要，按照新时期国家对发展农村水电、建设水电农村电气化的要求，制定了《水电农村电气化标准》（SL 30—2003）。该标准于2003年7月8日由中华人民共和国水利部发布，从2003年12月1日起实施。 (2) 本标准适用于县（市、区、旗，下同）及市（地、州、盟、下同）水电农村电气化的规划、实施及验收。 (3) 水电农村电气化的规划、实施及验收除应符合本标准外，尚应符合国家现行有关标准的规定
2. 基本条件	(1) 水电农村电气化建设应符合水资源（水量、水能、水质、水域）统一管理与河流综合开发治理的要求，坚持为农业、农村、农民服务的方向，与经济建设、江河治理、扶贫开发、生态建设相结合，推进农村现代化进程和经济社会可持续发展。 (2) 水电农村电气化建设县应编制完成水电农村电气化规划，并纳入水利规划和当地经济社会发展总体规划。 (3) 水电农村电气化建设应坚持分散开发、就地成网、就近供电、自发自供、联网运行的原则。 (4) 水电农村电气化电网建设应坚持独立配电公司方向，推进电力体制改革，建立现代企业制度。 (5) 各级政府应建立健全水电农村电气化建设组织机构。 (6) 各级水行政主管部门对农村水电有效行使行业管理职能。 (7) 经政府授权，确立水行政主管部门履行国有水利水电资产出资人职责。 (8) 水电农村电气化建设县应编制完成农村水电现代化实施方案并取得成效。 (9) 水电农村电气化建设应积极参与省内农村水电资产的战略性重组，逐步实现规模经济集约化经营
3. 电源和电网建设的原则和标准	(1) 电源、电网应同步规划，协调发展。 (2) 电源建设应以开发农村水电资源为主，优先开发调节性能好的水电站。因地制宜利用风能、太阳能、生物质能等新能源发电。 (3) 电网建设应适应城乡经济社会发展对用电的需求，提倡跨县联网和跨区域联网，调剂余缺，保证安全、可靠、经济供电。 (4) 电源、电网工程建设必须注意符合环保要求，美化环境。 (5) 电源、电网建设必须采用新技术、新工艺、新设备、新材料，新建水电站和变电站应实现无人值班、少人值守。对现有设备应加快技术改造，提高现代化水平。 (6) 电网应建立调度综合自动化系统

项 目	内 容
4. 用电水平	(1) 全县乡、村通电率应达到100%，户通电率应达到98%以上，牧区、少数民族地区、边境地区、偏远山区县可适当降低，但不应低于95%。 (2) 全县供电可靠率应达到95%以上，晚高峰时段农村用电保证率应达到90%以上。 (3) 丰水期全县实行小水电代燃料的户应达到20%以上。 (4) 全县人均年用电量应达到500kW·h以上，牧区、少数民族地区、边境地区、偏远山区县可适当降低，但不应低于400kW·h。 (5) 全县户均年生活用电量应达到500kW·h以上，牧区、少数民族地区、边境地区、偏远山区县可适当降低，但不应低于350kW·h。 (6) 由农村水电提供的电量应占全县乡镇及以下农村用电量的50%以上。县内资源不足，宜提倡通过异地开发水电或与其他农村水电供电区联网，调剂解决
5. 农村水电行业管理	(1) 各级水行政主管部门农村水电管理机构应健全、职责明确、工作到位。 (2) 应完成农村水能资源规划，建立水能资源开发许可、有偿使用和市场交易制度。 (3) 农村水电设计市场、设备市场、建设市场应规范、透明、公开，监督管理有力。 (4) 农村水电企业职工须经职业技能培训，取得资格证书后持证上岗。 (5) 农村水电企业应加强科学管理，电站应开展以"两票三制"（操作票、工作票、交接班制、巡回检查制、设备定期试验轮换制）为中心的安全、文明生产，电网企业应开展以提高服务质量为中心的创建文明示范窗口活动。 (6) 农村水电企业法人治理机构完善，决策、执行、监督职责明确，形成制衡、约束和激励机制。 (7) 农村水电企业规章制度健全，职工人数、技能和知识结构应符合农村水电行业规定。 (8) 农村用电管理应做到"五统一"（统一电价、统一发票、统一抄表、统一核算、统一考核）、"四到户"（收费到户、销售到户、抄表到户、服务到户）、"三公开"（电量公开、电价公开、电费公开）。 (9) 农村水电企业应加强管理现代化建设，初步实现管理系统信息化。 (10) 县电网电压合格率应达到95%以上，发电、变电主要设备年平均事故率应低于0.5次/（台·年），杜绝重大设备及人身伤亡事故，高压电网综合网损率应低于10%，低压线损率应低于12%。 (11) 设备完好率。 1) 发电厂（站）主要设备完好率应达到100%，其中一类设备应占80%以上。 2) 35kV及以上输变电主要设备完好率应达到100%，其中一类设备应占80%以上。 3) 10（6）kV线路及配电台区设备完好率应达到95%以上，其中一类设备应占75%以上
6. 经济、社会、生态效益	(1) 农村水电企业的劳动生产率增长率、净资产收益率，应高于本省（自治区，直辖市，下同）农村水电行业的平均水平。 (2) 全县国内生产总值、农民人均纯收入、地方财政收入的年均增长率应高于本省的平均水平。 (3) 文化教育、科技卫生事业有较大发展，人民物质文化生活质量有明显提高。 (4) 在江河治理、水土保持、保护生态、改善环境、提高森林覆盖率等方面成效显著
7. 水电农村电气化市	(1) 全市70%以上的县应实现水电农村电气化。 (2) 有独立配电公司的市，应建成连接水电农村电气化县电网的市电网，实现现代化调度
8. 验收程序及方法	(1) 水电农村电气化县建设的达标验收工作，应先由各县依据水电农村电气化县标准进行自验，全面达标后，写出自验报告，经市、省行政主管部门审查同意，由县人民政府经市人民政府报请省人民政府申报验收。 水电农村电气化市的验收工作参照执行。 (2) 省人民政府验收合格后，由水利部会同国务院有关部门审批，授予"水电农村电气化县"或"水电农村电气化市"称号。 (3) 水电农村电气化县建设应建立五年一个目标，滚动发展的机制。按时达标的县继续纳入水电农村电气化建设计划，不断增补具备建设条件的县参与水电农村电气化建设，不断扩大建设范围，提高农村电气化水平。 对达到标准的市参照执行

第二节　国家电网公司新农村电气化标准

国家电网公司新农村电气化标准见表 6-2～表 6-4。

表 6-2　　　　　　　　　　　　　　新农村电气化村标准（试行）

项　目	内　容
1. 用电水平	(1) 户通电率 100%。 (2) 人均年生活用电量：东部≥240kW·h；中西部≥150kW·h。 (3) 农副产品加工基本实现电气化
2. 电能质量及降损节能	(1) 居民客户端电压合格率≥96%。 (2) 台区低压线损率≤10%
3. 配电设施与管理	(1) 村配电网络结构合理，与村庄整体布局协调统一。接户线和用户配电装置安装规范、标准。 (2) 台区低压线路供电半径不超过 0.5km。 (3) 配电台区设备配置完善，均采用节能型设备。 (4) 低压配电装置完好率达到 100%，其中一类设备达到 95% 以上。 (5) 满足用电需求，不发生由于配电网供电能力不足造成的限电
4. 用电管理	(1) 成立有村委会领导参加的用电协调组，协助供电所搞好村域内的电网规划、用电管理、安全管理和电力设施保护工作，供用电秩序和谐规范。 (2) 生活照明用电实行"一户一表"。低压进户线按每户不小于 4kW 容量配置，铝芯绝缘导线截面不小于 6mm²，铜芯绝缘导线截面不小于 2.5mm²。 (3) 供电企业与客户全部签订供用电合同。 (4) 未发生农村触电伤亡事故
5. 供电服务	(1) 服务承诺兑现率 100%。 (2) 客户评价满意率≥98%

表 6-3　　　　　　　　　　　　　新农村电气化乡（镇）标准（试行）

项　目	内　容
1. 新农村电气化村建设水平	全乡（镇）所有行政村中，经省公司发文确认达到国家电网公司"新农村电气化村标准"的行政村比率不低于 30%
2. 用电水平	(1) 户通电率达到 100%。 (2) 全乡（镇）人均年生活用电量：东部≥200kW·h；中西部≥130kW·h。 (3) 农副产品加工基本实现电气化
3. 电能质量及降损节能	(1) 供电可靠率 RS3≥99.5%。 (2) 居民客户端电压合格率≥96%。 (3) 10kV 综合线损率≤7%。 (4) 低压线损率≤10%
4. 电网设施与管理	(1) 供电可靠。全乡（镇）至少有 1 座 35kV 及以上变电所，并实现双电源供电。 (2) 线路供电半径：10kV 线路供电半径不超过 15km，低压线路供电半径不超过 0.5km。 (3) 变电所全部实现无人值班，变电所有载调压主变比率 100%，节能型主变比率 100%，配电变压器均为 S9 及以上低损变压器，10kV 及以上开关无油化率 100%。 (4) 输、变、配电设备完好率达 100%，其中一类设备达 95% 以上。低压配电装置完好率达 95% 以上，其中一类设备 90% 以上。 (5) 电网发展满足当地经济社会发展的用电需求，不发生由于电网输送能力不足造成的拉限电

项 目	内 容
5. 用电管理	(1) 成立有乡（镇）政府领导参加的用电协调组，协助县供电企业搞好电网规划、用电管理、安全管理和电力设施保护工作，供用电环境有序、规范。 (2) 生活照明用电采用"一户一表"。 (3) 供电企业与客户全部签订供用电合同
6. 供电服务	(1) 服务承诺兑现率 100%。 (2) 客户评价满意率 ≥98%。 (3) 供电营业窗口达到规范化服务标准要求

表 6-4　　　　　　　　　　　**新农村电气化县标准（试行）**

项 目	内 容
1. 新农村电气化乡（镇）建设水平	全县所有供电所中，至少有 20% 的供电所获得国家电网公司"新农村电气化乡（镇）建设示范单位"称号
2. 用电水平	(1) 户通电率达到 100%。 (2) 全县人均年用电量：东部≥2300kW·h；中西部≥1400kW·h。 (3) 全县人均年生活用电量：东部≥260kW·h；中西部≥170kW·h
3. 电能质量及降损节能	(1) 供电可靠率 RS3≥99.5%。 (2) 综合电压合格率≥97%。 (3) 综合线损率≤7%。 (4) 低压线损率≤11%
4. 电网设施与管理	(1) 县（市、区）政府把农村电气化建设纳入了地方经济发展规划和新农村建设规划。 (2) 电网可靠、布局合理。110（66）kV、35kV 变电所实现双电源供电，县城 10kV 主干线采用环网供电、开环运行接线方式，110（66）kV、35kV 电网容载比为 1.8~2.1。 (3) 变电所全部实现无人值班，变电所有载调压主变比率达到 80% 以上，节能型主变比率 100%，配电变压器均为 S9 及以上低损变压器，10kV 及以上开关无油化率 100%。 (4) 输、变、配电设备完好率达 100%，其中一类设备达 95% 以上。低压配电装置完好率达 95% 以上，其中一类设备 90% 以上。 (5) 县调自动化系统达到实用化要求。 (6) 电网发展满足地方经济社会发展的用电需求，不发生由于电网输送能力不足造成的拉限电
5. 供电服务	(1) 依法供用电，建立和谐有序的供用电环境。 (2) 95598 客户服务系统达到实用化要求，具备咨询、查询、投诉、报修功能。 (3) 服务承诺兑现率 100%。 (4) 客户评价满意率≥98%。 (5) 供电营业窗口规范化服务达标率 100%

第七章　10kV 配电台区工程
设计技术要求

第一节　配电线路路径和气象条件

一、线路路径

（1）配电线路的路径，应与城镇总体规划相结合，与各种管线和其他市政设施协调，线路杆塔位置应与城镇环境美化相适应。

（2）配电线路路径和杆位的选择应避开低洼地、易冲刷地带和影响线路安全运行的其他地段。

（3）乡镇地区配电线路路径应与道路、河道、灌渠相协调，不占或少占农田。

（4）配电线路应避开储存易燃、易爆物的仓库区域。配电线路与有火灾危险性的生产厂房和库房、易燃易爆材料场以及可燃或易燃、易爆液（气）体储罐的防火间距不应小于杆塔高度的 1.5 倍。

二、气象条件

（1）配电线路的最大设计风速值，应采用离地面 10m 高处，10 年一遇 10min 平均最大值。如无可靠资料，在空旷平坦地区采用风速不应小于 25m/s，在山区宜采用附近平坦地区风速的 1.1 倍且不应小于 25m/s。

（2）配电线路通过市区或森林等地区，如两侧屏蔽物的平均高度大于杆塔高度的 2/3，其最大设计风速宜比当地最大设计风速减少 20%。

（3）配电线路邻近城市高层建筑周围，其迎风地段风速值应较其他地段适当增加，如无可靠资料时，一般应按附近平地风速增加 20%。

（4）配电线路设计采用的年平均气温应按下列方法确定：

1）当地区的年平均气温在 3～17℃ 之间时，年平均气温应取与此数邻近的 5 的倍数值。

2）当地区的年平均气温小于 3℃ 或大于 17℃ 时，应将年平均气温减少 3～5℃ 后，取与此数邻近的 5 的倍数值。

（5）配电线路设计采用导线的覆冰厚度，应根据附近已有线路运行经验确定，导线覆冰厚度宜取 5mm 的倍数。

典型气象区划分，见表 7-1。

表 7-1　　　　　　　　　　　　典型气象区划分

气象区		I	II	III	IV	V	VI	VII	VIII	IX
大气温度（℃）	最高	+40								
	最低	-5	-10	-10	-20	-10	-20	-40	-20	-20
	覆冰	-5								
	最大风	+10	+10	-5	-5	+10	-5	-5	-5	-5
	安装	0	0	-5	-10	-5	-10	-15	-10	-10
	雷电过电压	+15								
	操作过电压、年平均气温	+20	+15	+15	+10	+15	+10	-5	+10	+10
风速（m/s）	最大风	35	30	25	25	30	25	30	30	30
	覆冰	10①							15	
	安装	10								
	雷电过电压	15	10							
	操作过电压	0.5×最大风速（不低于15）								
覆冰厚度（mm）		0	5	5	5	10	10	10	15	20
冰的密度（g/cm³）		0.9								

① 一般情况下覆冰同时风速 10m/s，当有可靠资料表明需加大风速时可取 15m/s。

第二节　导　　线

一、导线型式选择

（1）配电线路应采用多股绞合导线，导线技术性能应符合 GB/T 1179—2008 圆线同心绞架空导线、GB 14049—1993 额定电压 10kV、35kV 架空绝缘电缆、GB 12527—2008 额定电压 1kV 及以下架空绝缘电缆等规定。

（2）钢芯铝绞线及其他复合导线，应按最大使用张力或平均运行张力进行计算。

（3）风向与线路垂直情况导线风荷载的标准值应按式（7-1）计算

$$W_X = \alpha \mu_s d L_w W_0 \qquad (7-1)$$

式中　W_X——导线风荷载的标准值（kN）；

　　　α——风荷载档距系数；

　　　μ_s——风荷载体型系数，当 $d<17$mm，取 1.2，当 $d \geqslant 17$mm，取 1.1，覆冰时，取 1.2；

　　　d——导线覆冰后的计算外径（m）；

　　　L_w——水平档距（m）；

　　　W_0——基准风压标准值（kN/m²）。

（4）城镇配电线路，遇下列情况应采用架空绝缘导线：

1）线路走廊狭窄的地段。

2）高层建筑邻近地段。

3）繁华街道或人口密集地区。

4）游览区和绿化区。

5）空气严重污秽地段。

6）建筑施工现场。

（5）导线的设计安全系数，不应小于表 7-2 所列数值。

表 7-2　　　　　　　　　　　　导线设计的最小安全系数

绝缘导线种类	一　般　地　区	重　要　地　区
铝绞线、钢芯铝绞线、铝合金线	2.5	3.0
铜绞线	2.0	2.5

二、配电线路导线截面选择

（1）结合地区配电网发展规划，每个地区的导线截面规格宜采用 3～4 种。导线截面不宜小于表 7-3 所列数值。

表 7-3　　　　　　　　　　　　导　线　截　面　　　　　　　　　　　单位：mm²

导线种类	1～10kV 配电线路			1kV 以下配电线路		
	主干线	分干线	分支线	主干线	分干线	分支线
铝绞线及铝合金线	120（125）	70（63）	50（40）	95（100）	70（63）	50（40）
钢芯铝绞线	120（125）	70（63）	50（40）	95（100）	70（63）	50（40）
铜绞线	—	—	16	50	35	16
绝缘铝绞线	150	95	50	95	70	50
绝缘铜绞线	—	—	—	70	50	35

注　括号内值为圆线同心绞线（见 GB/T 1179）。

（2）校核允许电压降。

1）1～10kV 配电线路，自供电的变电所二次侧出口至线路末端变压器或末端受电变电所一次侧入口的允许电压降为供电变电所二次侧额定电压的 5%。

2）1kV 以下配电线路，自配电变压器二次侧出口至线路末端（不包括接户线）的允许电压降为额定电压的 4%。

（3）校验导线载流量时，裸导线与聚乙烯、聚氯乙烯绝缘导线的允许温度采用 +70℃，交联聚乙烯绝缘导线的允许温度采用 +90℃。

（4）1kV 以下三相四线制的中性线截面，应与相线截面相同。

三、导线的连接

（1）不同金属、不同规格、不同绞向的导线，严禁在档距内连接。

（2）在一个档距内，每根导线不应超过一个连接头。

（3）档距内接头距导线的固定点的距离，不应小于 0.5m。

（4）钢芯铝绞线、铝绞线在档距内的连接，宜采用钳压方法。

（5）铜绞线在档距内的连接，宜采用插接或钳压方法。

（6）铜绞线与铝绞线的跳线连接，宜采用铜铝过渡线夹、铜铝过渡线。

（7）铜绞线、铝绞线的跳线连接，宜采用线夹、钳压连接方法。

（8）导线连接点的电阻，不应大于等长导线的电阻。档距内连接点的机械强度，不应小于导线计算拉断力的 95％。

四、导线弧垂

导线的弧垂应根据计算确定。导线架设后塑性伸长对弧垂的影响，宜采用减小弧垂法补偿，弧垂减小的百分数为：

（1）铝绞线、铝芯绝缘线为 20％。

（2）钢芯铝绞线为 12％。

（3）铜绞线、铜芯绝缘线为 7％～8％。

（4）配电线路的铝绞线、钢芯铝绞线，在与绝缘子或金具接触处，应缠绕铝包带。

第三节　绝缘子、金具

一、配电线路绝缘子选用

（1）1～10kV 配电线路。

1）直线杆采用针式绝缘子或瓷横担。

2）耐张杆宜采用两个悬式绝缘子组成的绝缘子串或一个悬式绝缘子和一个蝴蝶式绝缘子组成的绝缘子串。

3）结合地区运行经验采用有机复合绝缘子。

（2）1kV 以下配电线路。

1）直线杆宜采用低压针式绝缘子。

2）耐张杆应采用一个悬式绝缘子或蝴蝶式绝缘子。

（3）在空气污秽地区，配电线路的电瓷外绝缘应根据地区运行经验和所处地段外绝缘污秽等级，增加绝缘的泄漏距离或采取其他防污措施。

架空配电线路污秽分级标准见表 7-4。

表 7-4　　　　　　　　　　　　架空配电线路污秽分级标准

污秽等级	污秽特征	盐密（mg/cm²）	线路爬电比距（cm/kV）	
			中性点非直接接地	中性点直接接地
0	大气清洁地区及离海岸盐场 50km 以上无明显污染地区	≤0.03	1.9	1.6
I	大气轻度污染地区，工业和人口低密集区，离海岸盐场 10～50km 地区。在污闪季节中干燥少雾（含毛毛雨）或雨量较多时	＞0.03～0.06	1.9～2.4	1.6～2.0

177

污秽等级	污 秽 特 征	盐 密（mg/cm²）	线路爬电比距（cm/kV）	
			中性点非直接接地	中性点直接接地
Ⅱ	大气中等污染地区，轻盐碱和炉烟污秽地区，离海岸盐场3～10km地区。在污闪季节中潮湿多雾（含毛毛雨）但雨量较少时	＞0.06～0.10	2.4～3.0	2.0～2.5
Ⅲ	大气污染严重地区，重雾和重盐碱地区，离海岸盐场1～3km地区，工业与人口密度较大地区，离化学污源和炉烟污秽300～1500m的较严重地区	＞0.10～0.25	3.0～38	2.5～3.2
Ⅳ	大气特别严重污染地区，离海岸盐场1km以内，离化学污源和炉烟污秽300m以内的地区	＞0.25～0.35	3.8～4.5	3.2～3.8

注　本表是根据GB/T 16434—1996高压架空线路和发电厂、变电所环境污秽区分级及外绝缘选择标准制定。

二、绝缘子和金具的机械强度

（1）绝缘子和金具的机械强度应按式（7-2）验算：

$$KF < F_u \qquad (7-2)$$

式中　K——机械强度安全系数；

F——设计荷载（kN）；

F_u——悬式绝缘子的机电破坏荷载或针式绝缘子、瓷横担绝缘子的受弯破坏荷载或蝶式绝缘子、金具的破坏荷载，kN。

（2）绝缘子和金具的机械强度安全系数应符合表7-5的规定。

表 7-5　　　　　　　　　绝缘子及金具的机械强度安全系数

类　型	安　全　系　数		类　型	安　全　系　数	
	运行工况	断线工况		运行工况	断线工况
悬式绝缘子	2.7	1.8	瓷横担绝缘子	3	2
针式绝缘子	2.5	1.5	有机复合绝缘子	3	2
蝴蝶式绝缘子	2.5	1.5	金具	2.5	1.5

（3）配电线路采用钢制金具时，金具应热镀锌，且应符合DL/T 765.1—2001架空配电线路金具技术条件的技术规定。

第四节　导线排列和导线线间距离

一、导线排列形式

（1）1～10kV配电线路的导线应采用三角排列、水平排列、垂直排列。1kV以下配电线路的导线宜采用水平排列。城镇的1～10kV配电线路和1kV以下配电线路宜同杆架设，同一电源的应有明显的标志。

（2）同一地区 1kV 以下配电线路的导线在电杆上的排列应统一。中性线应靠近电杆或靠近建筑物侧。同一回路的中性线，不应高于相线。

（3）1kV 以下路灯线在电杆上的位置，不应高于其他相线和中性线。

二、配电线路的挡距

（1）配电线路的挡距，宜采用表 7-6 所列数值。耐张段的长度不应大于 1km。

表 7-6　　　　　　　　　　　配电线路的挡距（m）

地段 \ 电压	1~10kV	<1kV
城镇	40~50	40~50
空旷	60~100	40~60

注　1kV 以下线路采用集束型绝缘导线时，档距不宜大于 30m。

（2）沿建（构）筑物架设的 1kV 以下配电线路应采用绝缘线，导线支持点之间的距离不宜大于 15m。

三、线间距离

（1）配电线路导线的线间距离，应结合地区运行经验确定。如无可靠资料，导线的线间距离不应小于表 7-7 所列数值。

表 7-7　　　　　　　配电线路导线最小线间距离（m）

线路电压 \ 挡距	40 及以下	50	60	70	80	90	100
1~10kV	0.6 (0.4)	0.65 (0.5)	0.7	0.75	0.85	0.9	1.0
<1kV	0.3 (0.3)	0.4 (0.4)	0.45	—	—	—	—

注　括号内为绝缘导线数值。1kV 以下配电线路靠近电杆两侧导线间水平距离不应小于 0.5m。

（2）同电压等级同杆架设的双回线路或 1~10kV、1kV 以下同杆架设的线路，横担间的垂直距离不应小于表 7-8 所列数值。

（3）同电压等级同杆架设的双回绝缘线路或 1~10kV、1kV 以下同杆架设的绝缘线路，横担间的垂直距离不应小于表 7-9 所列数值。

表 7-8　同杆架设线路横担之间的
最小垂直距离（m）

电压类型 \ 杆型	直线杆	分支和转角杆
10kV 与 10kV	0.80	0.45/0.60①
10kV 与 1kV 以下	1.20	1.00
1kV 以下与 1kV 以下	0.60	0.30

表 7-9　同杆架设绝缘丝路横担之间
的最小垂直距离（m）

电压类型 \ 杆型	直线杆	分支和转角杆
10kV 与 10kV	0.5	0.5
10kV 与 1kV 以下	1.0	—
1kV 以下与 1kV 以下	0.3	0.3

① 转角或分支线如为单回线，则分支线横担距主干线横担为 0.6m；如为双回线，则分支线横担距上排主干线横担为 0.45m，距下排主干线横担为 0.6m。

（4）1～10kV 配电线路与 35kV 线路同杆架设时，两线路导线间的垂直距离不应小于 2.0m。

（5）1～10kV 配电线路与 66kV 线路同杆架设时，两线路导线间的垂直距离不宜小于 3.5m，当 1～10kV 配电线路采用绝缘导线时，垂直距离不应小于 3.0m。

四、其他

（1）1～10kV 配电线路架设在同一横担上的导线，其截面差不宜大于三级。

（2）配电线路每相的过引线、引下线与邻相的过引线、引下线或导线之间的净空距离，不应小于下列数值：

1）1～10kV 为 0.3m。

2）1kV 以下为 0.15m。

3）1～10kV 引下线与 1kV 以下的配电线路导线间距离不应小于 0.2m。

（3）配电线路的导线与拉线、电杆或构架间的净空距离，不应小于下列数值：

1）1～10kV 为 0.2m。

2）1kV 以下为 0.1m。

第五节　电杆、拉线和基础

一、电杆

（1）杆塔结构构件的承载力设计采用的极限状态设计表达式和杆塔结构式的变形、裂缝、抗裂计算采用的正常使用极限状态设计表达式，应符合 GB 50061 的规定。

型钢、混凝土、钢筋的强度设计值和标准值，应按 GB 50061 的规定设计。

（2）各型电杆应按下列条件分别计算荷载：

1）最大风速、无冰、未断线。

2）覆冰、相应风速、未断线。

3）最低气温、无冰、无风、未断线（适用于转角杆和终端杆）。

（3）各杆塔均应按以下 3 种风向计算杆身、导线的风荷载：

1）风向与线路方向相垂直（转角杆应按转角等分线方向）。

2）风向与线路方向的夹角成 60°或 45°。

3）风向与线路方向相同。

（4）风向与线路方向在各种角度情况下，杆塔、导线的风荷载，其垂直线路方向分量和顺线路方向分量，应符合 GB 50061—2010 66kV 及以下架空电力线路设计规范的规定。

（5）杆塔的风振系数 β，当杆塔高度为 30m 以下时取 1.0。

（6）风荷载档距系数 α，应按下列规定取值：

1）风速 20m/s 以下，$\alpha=1.0$。

2）风速 20～29m/s，$\alpha=0.85$。

3）风速 30～34m/s，$\alpha=0.75$。

4）风速 35m/s 及以上，$\alpha=0.7$。

（7）配电线路的钢筋混凝土电杆，应采用定型产品。电杆构造的要求应符合现行国家标准。

（8）配电线路采用的横担应按受力情况进行强度计算，选用应规格化。采用钢材横担时，其规格不应小于：$\angle 63mm \times \angle 63mm \times 6mm$。钢材的横担及附件应热镀锌。

二、拉线

（1）拉线应根据电杆的受力情况装设。拉线与电杆的夹角宜采用 45°。当受地形限制可适当减小，且不应小于 30°。

（2）跨越道路的水平拉线，对路边缘的垂直距离，不应小于 6m。拉线柱的倾斜角宜采用 10°～20°。跨越电车行车线的水平拉线，对路面的垂直距离，不应小于 9m。

（3）拉线应采用镀锌钢绞线，其截面应按受力情况计算确定，且不应小于 $25mm^2$。

（4）空旷地区配电线路连续直线杆超过 10 基时，宜装设防风拉线。

（5）钢筋混凝土电杆，当设置拉线绝缘子时，在断拉线情况下拉线绝缘子距地面处不应小于 2.5m，地面范围的拉线应设置保护套。

（6）拉线棒的直径应根据计算确定，且不应小于 16mm。拉线棒应热镀锌。腐蚀地区拉线棒直径应适当加大 2～4mm 或采取其他有效的防腐措施。

三、基础

（1）电杆基础应符合当地地质条件要求。

（2）单回路的配电线路电杆埋设深度应符合表 7-10 所列数值。

表 7-10 　　　　　　　　　单回路电杆埋设深度 （m）

杆高	8.0	9.0	10.0	12.0	13.0	15.0
埋深	1.5	1.6	1.7	1.9	2.0	2.3

（3）多回路配电线路电杆基础底面压应力、抗拔稳定、倾覆稳定应符合 GB 50061 的规定。

（4）现浇基础的混凝土强度不宜低于 C15 级，预制基础的混凝土强度等级不宜低于 C20 级。

（5）采用岩石制做的底盘、卡盘、拉线盘应选择结构完整、质地坚硬的石料（如花岗岩等）。

（6）配电线路采用钢管杆时，应结合当地实际情况选定。钢管杆的基础型式、基础的倾覆稳定应符合 DL/T 5130—2001 架空送电线路钢管杆设计技术规定的规定。

第六节 变压器台和开关设备

一、变台类型和要求

（1）配电变压器台的位置应在负荷中心或附近便于更换和检修设备的地段。配电变压器应选用节能系列变压器，其性能应符合现行国家标准。

(2) 下列类型的电杆不宜装设变压器台：

1) 转角、分支电杆。

2) 设有接户线或电缆头的电杆。

3) 设有线路开关设备的电杆。

4) 交叉路口的电杆。

5) 低压接户线较多的电杆。

6) 人员易于触及或人员密集地段的电杆。

7) 有严重污秽地段的电杆。

(3) 400kVA 及以下的变压器，宜采用柱上式变压器台。400kVA 以上的变压器，宜采用室内装置。当采用箱式变压器或落地式变压器台时，应符合使用性质、周围环境等条件。

(4) 柱上式变压器台底部距地面高度，不应小于 2.5m。

(5) 落地式变压器台应装设固定围栏，围栏与带电部分间的安全净距，应符合 GB 50060—2008 3～110kV 高压配电装置设计规范的规定。

二、开关设备

(1) 变压器台的引下线、引上线和母线应采用多股铜芯绝缘线，其截面应按变压器额定电流选择，且不应小于 16mm^2。变压器的一、二次侧应装设相适应的电气设备。一次侧熔断器装设的对地垂直距离不应小于 4.5m，二次侧熔断器或断路器装设的对地垂直距离不应小于 3.5m。各相熔断器水平距离：一次侧不应小于 0.5m，二次侧不应小于 0.3m。

(2) 一、二次侧熔断器或隔离开关、低压断路器，应优先选用少维护的符合国家标准的定型产品，并应与负荷电流、导线最大允许电流、运行电压等相配合。

(3) 配电变压器熔丝的选择应符合下列要求：

1) 容量在 100kVA 及以下者，高压侧熔丝按变压器额定电流的 2～3 倍选择。

2) 容量在 100kVA 及以上者，高压侧熔丝按变压器额定电流的 1.5～2 倍选择。

3) 变压器低压侧熔丝（片）或断路器长延时整定值按变压器额定电流选择。

4) 繁华地段，居民密集区域宜设置单相接地保护。

(4) 1～10kV 配电线路较长的主干线或分支线应装设分段或分支开关设备。环形供电网络应装设联络开关设备。1～10kV 配电线路在线路的管区分界处宜装设开关设备。

第七节　防雷及接地

(1) 无避雷线的 1～10kV 配电线路，在居民区的钢筋混凝土电杆宜接地，金属管杆应接地，接地电阻均不宜超过 30Ω。

中性点直接接地的 1kV 以下配电线路和 10kV 及以下共杆的电力线路，其钢筋混凝土电杆的铁横担或金属杆，应与中性保护线（PEN）连接，钢筋混凝土电杆的钢筋宜与中性保护线连接。

中性点非直接接地的 1kV 以下配电线路，其钢筋混凝土电杆宜接地，金属杆应接地，接地电阻不宜大于 50Ω。

沥青路面上的或有运行经验地区的钢筋混凝土电杆和金属杆，可不另设人工接地装置，钢筋混凝土电杆的钢筋、铁横担和金属杆也可不与中性保护线连接。

（2）有避雷线的配电线路，其接地装置在雷雨季节干燥时间的工频接地电阻不宜大于表7－11所列的数值。

表 7－11 电杆的接地电阻

土壤电阻率 （Ω·m）	工频接地电阻 （Ω）	土壤电阻率 （Ω·m）	工频接地电阻 （Ω）
≤100	10	1000～2000	25
100～500	15	>2000	30①
500～1000	25	—	—

① 如土壤电阻率较高，接地电阻很难降到30Ω，可采用6～8根总长不超过500m的放射型接地体或连续伸长接地体，其接地电阻不限制。

（3）柱上断路器应设防雷装置。经常开路运行而又带电的柱上断路器或隔离开关的两侧，均应设防雷装置，其接地线与柱上断路器等金属外壳应连接并接地，且接地电阻不应大于10Ω。

（4）配电变压器的防雷装置位置，应尽量靠近变压器，其接地线应与变压器二次侧中性点以及金属外壳相连并接地。

（5）在多雷区，为防止雷电波或低压侧雷电波击穿配电变压器高压侧的绝缘，宜在低压侧装设避雷器或击穿熔断器。如低压侧中性点不接地，应在低压侧中性点装设击穿熔断器。

（6）1～10kV配电线路，当采用绝缘导线时宜有防雷措施，防雷措施应根据当地雷电活动情况和实际运行经验确定。

（7）为防止雷电波沿1kV以下配电线路侵入建筑物，接户线上的绝缘子铁脚宜接地，其接地电阻不宜大于30Ω。

年平均雷暴日数不超过30d/a的地区和1kV以下配电线被建筑物屏蔽的地区以及接户线与1kV以下干线接地点的距离不大于50m的地方，绝缘子铁脚可不接地。

如1kV以下配电线路的钢筋混凝土电杆的自然接地电阻不大于30Ω，可不另设接地装置。

（8）中性点直接接地的1kV以下配电线路中的中性保护线，应在电源点接地。在干线和分干线终端处，应重复接地。1kV以下配电线路在引入大型建筑物处，如距接地点超过50m，应将中性保护线重复接地。

（9）总容量为100kVA以上的变压器，其接地装置的接地电阻不应大于4Ω，每个重复接地装置的接地电阻不应大于10Ω。总容量为100kVA及以下的变压器，其接地装置的接地电阻不应大于10Ω，每个重复接地装置的接地电阻不应大于30Ω，且重复接地不应少于3处。

（10）悬挂架空绝缘导线的悬挂线两端应接地，其接地电阻不应大于30Ω。

（11）1～10kV绝缘导线的配电线路在干线与分支线处、干线分段线路处宜装有接地线挂环及故障显示器。

（12）配电线路通过耕地时，接地体应埋设在耕作深度以下，且不宜小于0.6m。

（13）接地体宜采用垂直敷设的角钢、圆钢、钢管或水平敷设的圆钢、扁钢。接地体和埋入土壤内接地线的规格，不应小于表7－12所列数值。

表 7-12　　　　　　　　　　接地体和埋入土壤内接地线的最小规格

名　称		地　上	地　下	名　称	地　上	地　下
圆钢直径（mm）		8	10	角钢厚（mm）	—	4
扁钢	截面（mm²）	48	48	钢管壁厚（mm）	—	3.5
	厚（mm）	4	4	镀锌钢绞线（mm²）	25	50

注　电器装置设置的接地端子的引下线，当采用镀锌钢绞线，截面不应小于 25mm²，腐蚀地区上述截面应适当加大，并采取防腐措施。

第八节　对地距离及交叉跨越

一、对地距离

（1）导线对地面、建筑物、树木、铁路、道路、河流、管道、索道及各种架空线路的距离，应符合最高气温情况或覆冰情况求得的最大弧垂和最大风速情况或覆冰情况求得的最大风偏要求。

核对上述距离时，不应考虑由于电流、太阳辐射以及覆冰不均匀等引起的弧垂增大，但应考虑导线架线后塑性伸长的影响和设计施工的误差。

（2）导线与地面或水面的距离，不应小于表 7-13 数值。

表 7-13　　　　　　　　导线与地面或水面的最小距离（m）

线　路　经　过　地　区	线　路　电　压	
	1～10kV	＜1kV
居民区	6.5	6
非居民区	5.5	5
不能通航也不能浮运的河、湖（至冬季冰面）	5	5
不能通航也不能浮运的河、湖（至 50 年一遇洪水位）	3	3
交通困难地区	4.5（3）	4（3）

注　括号内为绝缘线数值。

表 7-14　导线与山坡、峭壁、岩石之间的最小距离（m）

线　路　经　过　地　区	线路电压	
	1～10kV	＜1kV
步行可以到达的山坡	4.5	3.0
步行不能到达的山坡、峭壁和岩石	1.5	1.0

（3）导线与山坡、峭壁、岩石地段之间的净空距离，在最大计算风偏情况下，不应小于表 7-14 所列数值。

二、配电线路与建筑物的距离

（1）1～10kV 配电线路不应跨越屋顶为易燃材料做成的建筑物，对耐火屋顶的建筑物，应尽量不跨越，如需跨越，导线与建筑物的垂直距离在最大计算弧垂情况下，裸导线不应小于 3m，绝缘导线不应小于 2.5m。

（2）1kV 以下配电线路跨越建筑物，导线与建筑物的垂直距离在最大计算弧垂情况下，裸导线不应小于 2.5m，绝缘导线小应小于 2m。

（3）线路边线与永久建筑物之间的距离在最大风偏情况下，不应小于下列数值：

1）1～10kV：裸导线 1.5m，绝缘导线 0.75m（相邻建筑物无门窗或实墙）。

2）1kV 以下：裸导线 1m，绝缘导线 0.2m（相邻建筑物无门窗或实墙）。

3）无风情况下，导线与不在规划范围内城市建筑物之间的水平距离，不应小于上述数值的一半。

注1：导线与城市多层建筑物或规划建筑线间的距离，指水平距离。

注2：导线与不在规划范围内的城市建筑物间的距离，指净空距离。

三、配电线路与绿化设施的距离

（1）1～10kV 配电线路通过林区应砍伐出通道，通道净宽度为导线边线向外侧水平延伸5m，绝缘线为3m，当采用绝缘导线时不应小于1m。

在下列情况下，如不妨碍架线施工，可不砍伐通道：

1）树木自然生长高度不超过2m。

2）导线与树木（考虑自然生长高度）之间的垂直距离，不小于3m。

（2）配电线路通过公园、绿化区和防护林带，导线与树木的净空距离在最大风偏情况下不应小于3m。

表 7-15 导线与街道行道树之间的最小距离（m）

最大弧垂情况的垂直距离		最大风偏情况的水平距离	
1～10kV	<1kV	1～10kV	<1kV
1.5（0.8）	1.0（0.2）	2.0（1.0）	1.0（0.5）

注 括号内为绝缘导线数值。

（3）配电线路通过果林、经济作物以及城市灌木林，不应砍伐通道，但导线至树梢的距离不应小于1.5m。

（4）配电线路的导线与街道行道树之间的距离，不应小于表 7-15 所列数值。

（5）校验导线与树木之间的垂直距离，应考虑树木在修剪周期内生长的高度。

四、配电线路与易燃物距离

（1）1～10kV 线路与特殊管道交叉时，应避开管道的检查井或检查孔，同时，交叉处管道上所有金属部件应接地。

（2）配电线路与甲类厂房、库房，易燃材料堆场，甲、乙类液体贮罐，液化石油气贮罐，可燃、助燃气体贮罐最近水平距离，不应小于杆塔高度的1.5倍，丙类液体贮罐不应小于1.2倍。

五、配电线路与弱电线路交叉

（1）交叉角应符合表 7-16 的要求。

表 7-16 配电线路与弱电线路的交叉角

弱电线路等级	一级	二级	三级
交叉角	≥45°	≥3°	不限制

（2）配电线路一般架在弱电线路上方。配电线路的电杆，应尽量接近交叉点，但不宜小于7m（城区的线路，不受7m的限制）。

六、配电线路与路道桥河距离

配电线路与铁路、道路、河流、管道、索道、人行天桥及各种架空线路交叉或接近，应符合表 7-17 的要求。

表7-17　架空配电线路与铁路、道路、河流、管道、索道及各种架空线路交叉或接近的基本要求

项目	铁路 标准轨距	铁路 窄轨	公路 高速公路、一、二级公路	公路 三、四级公路	电车道 有轨及无轨	河流 通航	河流 不通航	弱电线路 一、二级	弱电线路 三级	电力线路(kV) <1	1~10	35~110	154~220	330	500	特殊管道	一般管道、索道	人行天桥
导线最小截面	电气化线路		铝线及铝合金线 $50\,mm^2$，铜线为 $16\,mm^2$															
导线在跨越档内的接头	不应接头		不应接头	—	不应接头	不应接头	—	不应接头		交叉不应接头	交叉不应接头					不应接头	—	—
导线支持方式	双固定		双固定	单固定	双固定	双固定	单固定	双固定	单固定	单固定	双固定					双固定	—	—
最小垂直距离(m) （基准）	至轨顶		至路面		接触线或承力索 至承力索或接触线；至路面	至常年高水位 至最高航行水位的最高船檣顶	至最高洪水位 冬季至冰面	至被跨越线		至导线						电力线在下面	电力线在下面 至电力线上的保护设施；电力线在下面	—
1~10kV	7.5	6.0	7.0	平原地区配电线路入地	3.0/9.0	6 / 1.5	3.0 / 5.0	2.0	1.0	2	2	3	4	5	8.5	3.0	2.0/2.05	(4)
1kV以下	7.5	6.0	6.0	平原地区配电线路入地	3.0/9.0	6 / 1.0	3.0 / 5.0	1.0		1	2	3	4	5	8.5	1.5/1.5	1.5/1.5	4 (3)

续表

项目 最小水平距离(m) 线路电压	铁路 标准轨距 管轨	铁路 电气化线路	公路 高速公路、一级公路	公路 二、三、四级公路	电车道 有轨及无轨	河流 通航	河流 不通航	弱电线路 一、二级	弱电线路 三级	电力线路(kV) <1	电力线路(kV) 1~10	电力线路(kV) 35~110	电力线路(kV) 154~220	电力线路(kV) 330	电力线路(kV) 500	特殊管道	一般管道、索道	人行天桥
测量基准	电杆外缘至轨道中心		电杆中心至路面边缘	电杆中心至路面边缘	电杆中心至路面边缘 / 电杆外缘至轨道中心	与位小船平等的线路,边导线至斜坡上缘	最高电杆高度	在路径受限制地区,两线路间导线间		在路径受限制地区,两线路边导线间						在路径受限制地区,索道至管道任何部分		导线边线至天桥边缘
1~10kV	交叉:5.0 平行:杆高+3.0		0.5		0.5/3.0	最高洪水位时,有抗洪抢险只航行的河流,垂直距离应商协定		2.0		2.5	2.5	5.0	7.0	9.0	13.0	2.0	2.0	4.0
1kV以下	平行杆高+3.0		0.5		0.5/3.0			1.0								1.5	1.5	2.0
备注	山区入地困难时,应协商,并签订协议		公路分级、城市道路的分级,并参照相关规定					两平行线路在开阔地区的水平距离不应小于电杆高度		两平行线路开阔地区的水平距离不应小于电杆高度						①特殊管道指架设在地面上的输送易燃、易爆物的管道; ②交叉点不应选在管道检查井(孔)处,平行、交叉时,管道、索道应接地		

注 1. 1kV以下配电线路与二、三级弱电线路、与公路交叉时,导线支持方式不限制。
2. 架空配电线路与弱电线路交叉时,交叉档电压等级的木质级架空线路应有防雷措施。
3. 1~10kV电力线路与接户线与工业企业内自用的同电压等级的架空线路交叉时,接户线宜架设在上方。
4. 不能通航河流指不能通船运的河流也不能浮运的河流。
5. 对路径受限制地区的最小水平距离,应符合JT 001的规定。
6. 公路等级应符合JT 001的规定。
7. 括号内数值为绝缘导线线路。

弱电线路和公路的等级划分，见表 7-18 和表 7-19。

表 7-18 弱电线路等级划分

等 级	划 分 标 准
1. 一级线路	首都与各省（自治区、直辖市）所在地及其相互间联系的主要线路；首都至各重要工矿城市、海港的线路以及由首都通达国外的国际线路；由邮电部门指定的其他国际线路和国防线路；铁道部与各铁路局及各铁路局之间联系用的线路，以及铁路信号自动闭塞装置专用线路
2. 二级线路	各省（自治区、直辖市）所在地与各地（市）、县及其相互间的通信线路；相邻两省（自治区、直辖市）各地（市）、县相互间的通信线路；一般市内电话线路；铁路局与各站、段及站段相互间的线路，以及铁路信号闭塞装置的线路
3. 三级线路	县至区、乡的县内线路和两对以下的城郊线路；铁路的地区线路及有线广播线路

表 7-19 公路等级划分

等 级	划 分 标 准
1. 高速公路	为专供汽车分向、分车道行驶并全部控制出入的干线公路。 四车道高速公路一般能适应按各种汽车折合成小客车的远景设计年限年平均昼夜交通量为 25000～55000 辆。 六车道高速公路一般能适应按各种汽车折合成小客车的远景设计年限年平均昼夜交通量为 45000～80000 辆。 八车道高速公路一般能适应按各种汽车折合成小客车的远景设计年限年平均昼夜交通量为 60000～100000 辆
2. 一级公路	为供汽车分向、分车道行驶的公路。 一般能适应按各种汽车折合成小客车的远景设计年限年平均昼夜交通量为 15000～30000 辆。为连接重要政治、经济中心，通往重点工矿区、港口、机场，专供汽车分道行驶并部分控制出入的公路
3. 二级公路	一般能适应按各种车辆折合成中型载重汽车的远景设计年限年平均昼夜交通量为 3000～15000 辆，为连接重要政治、经济中心，通往重点工矿、港口、机场等的公路
4. 三级公路	一般能适应按各种车辆折合成中型载重汽车的远景设计年限年平均昼夜交通量为 1000～4000 辆，为沟通县以上城市的公路
5. 四级公路	一般能适应按各种车辆折合成中型载重汽车的远景设计年限年平均昼夜交通量为：双车道 1500 辆以下；单车道 200 辆以下，为沟通县、乡（镇）、村等的公路

第九节 接 户 线

接户线是指 10kV 及以下配电线路与用户建筑物外第一支持点之间的架空导线。

一、接户线选择

接户线应选用绝缘导线，1～10kV 接户线其截面不应小于下列数值：
铜芯绝缘导线为 25mm²；
铝芯绝缘导线为 35mm²。
1kV 以下接户线的导线截面应根据允许载流量选择，且不应小于下列数值：
铜芯绝缘导线为 10mm²；
铝芯绝缘导线为 16mm²。

二、挡距和线间距离

（1）1～10kV 接户线的挡距不宜大于 40m。挡距超过 40m 时，应按 1～10kV 配电线路设计。1kV 以下接户线的挡距不宜大于 25m，超过 25m 时宜设接户杆。

（2）1～10kV 接户线，线间距离不应小于 0.40m。1kV 以下接户线的线间距离，不应小于表 B.16 所列数值。1kV 以下接户线的中性保护线和相线交叉处，应保持一定的距离或采取加强绝缘措施。

表 7－20　　　　　　　　　1kV 以下接户线的最小线间距离（m）

架 设 方 式	挡距	线间距离	架 设 方 式	挡距	线间距离
自电杆上引下	≤25	0.15	沿墙敷设水平排列或垂直排列	≤6	0.10
	>25	0.20		>6 以上	0.15

三、接户线与其他物体的距离

（1）接户线受电端的对地面垂直距离，不应小于下列数值：

1～10kV 为 4m；

1kV 以下为 2.5m。

（2）跨越街道的 1kV 以下接户线，至路面中心的垂直距离，不应小于下列数值：

有汽车通过的街道为 6m；

汽车通过困难的街道、人行道为 3.5m；

胡同（里、弄、巷）为 3m；

沿墙敷设对地面垂直距离为 2.5m。

（3）1kV 以下接户线与建筑物有关部分的距离，不应小于下列数值：

与接户线下方窗户的垂直距离为 0.3m；

与接户线上方阳台或窗户的垂直距离为 0.8m；

与窗户或阳台的水平距离为 0.75m；

与墙壁、构架的距离为 0.05m。

（4）1kV 以下接户线与弱电线路的交叉距离，不应小于下列数值：在弱电线路的上方为 0.6m；在弱电线路的下方为 0.3m。

如不能满足上述要求，应采取隔离措施。

（5）1～10kV 接户线与各种管线的交叉，应符合表 B.14 和表 7－17 的规定。

四、其他规定

（1）1kV 以下接户线不应从高压引下线间穿过，严禁跨越铁路。

（2）不同金属、不同规格的接户线，不应在挡距内连接。跨越有汽车通过的街道的接户线，不应有接头。

（3）接户线与线路导线若为铜铝连接，应有可靠的过渡措施。

（4）各栋门之前的接户线若采用沿墙敷设时，应有保护措施。

第八章 配电线路建设

第一节 架空配电线路的电杆

架空配电线路的电杆相关参数见表 8-1~表 8-8。

表 8-1   各种杆型的电杆结构和用途

杆 型	杆 顶 结 构	主 要 用 途	拉 线 配 备
直线杆	铁担或陶瓷横担、针式或悬式绝缘子、金具	支持导线、绝缘子、金具的荷重,承受侧面风力以及不太重要的交叉跨越	一种有侧面拉线或顺挡拉线,另一种为无拉线
承力杆	双横担、双绝缘子	用于交叉跨越处,能承受部分导线拉力	有拉线
耐张杆	双担、悬式绝缘子及耐张线夹或者采用蝶式绝缘子	用于架线时的紧线;限制断线事故的扩大,能承受一侧导线的拉力	四面拉线
终端杆	双担、蝶式绝缘子或悬式绝缘子、耐张线夹	用于线路的首端、终端,能承受全部导线的拉力	导线反向拉线
分支杆	上下层分别由两种杆型构成	用于 10kV 及以下由于线外分支,如:T 形向一侧分支,十字形向两侧分支	视需要装设拉线
转角杆	转角在 45°以上,采用悬式绝缘子及耐张线夹,转角在 30°以下,采用双横担、双针式绝缘子	承受两侧导线合力,用在线路转角处	导线的反向拉线或反合力方向拉线

注 杆(塔)是支撑架空输、配电线路和架空地线并使它们之间以及与大地之间保持一定距离的构筑物。杆(塔)
    按其材料分有钢筋混凝土电杆、镀锌钢杆塔、本电杆、铁塔等。钢筋混凝土杆塔施工方便,强度也大,价格便
    宜,故被广泛使用。镀锌钢杆塔,适用于城镇。能美化环境、强度大、使用寿命长,但价格较贵。木电杆,少
    数山区地区使用,取材容易,价格便宜,强度尚可,但易腐朽,使用寿命短,就环境保护和节省材料而言,应
    逐步减少,不宜推广。铁塔,强度大,跨度大,使用寿命长,但施工复杂,造价高。一般适用于高压输电线路
    或跨越江、河、铁路等设施。铁塔的种类很多,按照用途不同,有上字型直线塔、鼓型转角塔、猫型直线塔、
    伞型终端塔、酒杯型跨越塔和桥型换位塔等十多种。有用于支撑导线、架空地线并对地面、地物保持一定安全
    距离的;有用于跨越江河、沟谷、铁路、公路的;有用于变电所进出口处线路引入、引出的;有用于一条线路
    向两个地区供电的或用于线路走向因受地形、地物影响,应设在偏转点上的铁塔等。

表 8-2   环形钢筋混凝土电杆技术数据

电杆长度 (m)	直径 (mm)		配筋 根数×直径 (mm)	段 别	标准弯矩 (kN·m)	体 积 (m³)	质 量 (kg)
	梢 径	根 径					
9	190	310	14×12	上节	25	0.277	788
6	310	390	16×12	下节	45	0.289	799

续表

电杆长度 （m）	直径（mm）		配筋 根数×直径 （mm）	段 别	标准弯矩 （kN·m）	体 积 （m³）	质 量 （kg）
	梢 径	根 径					
9	190	310	12×14	上节	25	0.277	799
6	310	390	14×14	下节	45	0.289	810
10	190	323	14×12	上节	30	0.313	888
8	323	430	16×12	下节	40	0.42	1150
10	190	323	14×14	上节	30	0.313	918
8	323	430	14×14	下节	50	0.42	1164
9	270	390	16×16	上节	45	0.388	1158
6	390	470	30×16	中节	70	0.356	1106
6	470	550	38×16	下节	90	0.44	1386
3	300	300	12×12	中节	20	0.116	344
3	300	300	12×12	下节	20	0.116	340
3	300	300	14×12	中节	20	0.116	346
3	300	300	14×12	下节	20	0.116	342
3	300	300	16×12	中节	25	0.116	352
3	300	300	16×12	下节	25	0.116	348
3	300	300	12×14	中节	25	0.116	353
3	300	300	12×14	下节	25	0.116	349
3	300	300	14×14	中节	25	0.116	357
3	300	300	14×14	下节	25	0.116	353
3	300	300	16×14	中节	30	0.116	362
3	300	300	16×14	下节	30	0.116	358
3	300	300	12×16	中节	30	0.116	36l
3	300	300	12×16	下节	30	0.116	357
3	300	300	14×16	中节	35	0.116	368
3	300	200	14×16	下节	35	0.116	364
3	300	300	16×16	中节	40	0.116	375
3	300	300	16×16	下节	40	0.116	37l
4.5	300	300	12×12	上节	20	0.175	500
4.5	300	300	12×12	中节	20	0.175	504
4.5	300	300	12×12	下节	20	0.175	500

表 8 – 3　　　　　　　　　　　环形预应力钢筋混凝土电杆技术数据

电杆长度 (m)	直径（mm）		配筋 根数×直径 (mm)	段　别	标准弯矩 (kN·m)	体　积 (m³)	质　量 (kg)
	梢　径	根　径					
6	130	210	8×5.5	根	3.56	0.10	256
7	150	243	10×5.5	根	6.94	0.137	355
8	150	256	12×5.5	根	8.06	0.178	469
9	150	270	14×5.5	根	9.06	0.21	548
10	150	283	16×5.5	根	25	0.242	634
10	190	323	20×6	根	20.12	0.324	850
12	190	350	22×6	根	24.38	0.415	1094
9	190	310	24×6	上节	20.00	0.277	745
6	310	390	32×6	下节	45	0.289	771
10	190	323	24×6	上节	25	0.313	843
8	323	430	36×6	下节	55	0.42	1119
9	270	390	32×6	上节	40	0.388	1158
6	390	470	44×6	中节	60	0.356	1106
6	470	550	56×6	下节	100	0.49	1386
4.5	300	300	32×6	上节	25	0.175	500
4.5	300	300	32×6	中节	25	0.175	500
4.5	300	300	32×6	下节	25	0.175	500
6	300	300	32×6	上节	25	0.232	635
6	300	300	32×6	中节	25	0.232	635
6	300	300	32×6	下节	25	0.232	635
9	300	300	32×6	上节	25	0.351	955
9	300	300	32×6	中节	25	0.350	955
9	300	300	32×6	下节	25	0.351	953
4.5	400	400	32×6	上节	45	0.245	672
4.5	400	400	32×6	中节	45	0.245	689
4.5	400	400	32×6	下节	45	0.245	672
6	400	400	32×6	上节	45	0.327	887
6	400	400	32×6	中节	45	0.327	887
6	400	400	32×6	下节	45	0.327	887

表 8-4　　　　　　　　　　环形预应力钢筋混凝土电杆外观质量要求

序号	项 目		合 格 品
1	表面裂缝		纵横向均不允许
2	合缝漏浆	边模合缝处	深度不大于保护层厚；每处长不大于 300mm；累计长不大于杆长 10%；搭接长不大于 100m
		钢板圈（或法兰盘）与杆身结合面	深度不大于保护层厚；环向长不大于 1/4 周长；纵向长不大于 50mm
3	梢端及根端碰伤或漏浆		环向长不大于 1/4 周长；纵向长不大于 50mm
4	内、外表面露筋		不允许
5	内表面混凝土塌落		不允许
6	蜂窝		不允许
7	麻面、粘皮		总面积不大于 5%
8	钢板圈焊口距离		距离不大于 10mm

注　产品出厂前，电杆两端钢筋头应予切除，并采取有效的防腐处理。顶端应用水泥砂浆封实，不能有钢筋头锈印。

表 8-5　　　　　　　　　　环形预应力钢筋混凝土电杆各部分尺寸允许偏差（mm）

序 号	项 目 名 称		合 格 品
1	杆长	整根杆	+20/-40
		组装杆杆段	+10/-10
2	壁厚		+10/-2
3	外径		+4/-2
4	保护层厚度		+10/0
5	弯曲度	杆梢径小于或等于 190mm	不大于 $L/800$（L 为杆长）
		杆梢径或直径大于 190mm	不大于 $L/1000$
6	端部倾斜	杆底	5
		钢板圈	5
		法兰盘	4
7	钢板圈尺法兰盘轴线与杆段轴线偏差		2

注　保护层厚度：

（1）对于预应力混凝土电杆，预应力钢筋直径为 6mm 时或小于 6mm 时，其保护层厚度不得小于 12mm，直径在 6mm 以上时，保护层厚度不得小于 15mm；钢板圈接头端主筋墩头顶部必须有混凝土保护层。

（2）保护层厚度偏差为制造与设计的差值，一般在承载力弯矩检验（强度破坏性试验）后进行测量。如 1 根不合格，允许用 2 根检验备用杆进行复检，如仍有 1 根不符合规定的，则判定该批产品力学性能不合格。

第三篇　农村电网建设与运行维护管理

表 8-6　　10kV 配电线路单柱钢管杆技术数据

名　称	代号	钢杆长度（m）	钢杆直径（mm）梢径	钢杆直径（mm）根部	架设导线 型号	架设导线 最大使用应力（N/mm²）	架设导线 线路转角（°）	钢杆质量（kg）
双回路直线杆	1	12	304	400	LGJ—50	58.8	0	785
双回路 J30°～60°转角杆	2	12	400	600	LGJ—50	58.8	30～60	1530
双回路 90°转角杆	3	12	460	660	LGJ—50	49	90	2204
双回路直线转角杆	4	14.3	412	650	LGJ—95	58.8	10	2353
双回路直线杆	5	12	280	480	LGJ—150	58.8	0	1862
双回路耐张杆（带 0.4kV 单回）	7	14	367	600	LGJ—240	49	0	3127
双回路 90°转角杆	8	15.3	458	840	LGJ—240	49	90	5675
双回路直线杆（带 0.4kV 单回终端）	9	16	233	500	LGJ—240	49	0	2070
双回路直线终端杆（带 0.4kV 单回）	10	14.3	323	680	LGJ—240	49	0	3454
双回路终端杆（带 0.4kV 双回）	11	13.3	508	840	LGJ—240	29.4	0	4028
双回路 30°转角带分支杆（带 0.4kV 双回）	12	13.3	408	740	LGJ—240	29.4	30	3820
双回路 90°转角塔	13	13.5	562.5	900	LGJ—240	58.8	90	6032.3
双回路 50°转角杆	14	17	360	700	LGJ—240	49	50	4435
双回路耐张杆（带 0.4kV 双回）	17	14	380	600	LGJ—240	63.7	0	3556.4
单回路（带 0.4kV 双回路）终端杆	19	15.3	318	700	LGJ—240	49	0	3574
单回路 30°转角杆	21	13.3	378	600	LGJ—120	58.8	30	1728
双回路 J90°转角杆	23	16.45	346	620	LGJ—120	55.664	90	3555
单回路耐张杆	26	10.5	270	500	LGJ—95	58.8		1238
单回路终端杆	28	10.5	313	500	LGJ—95	58.8	0	1682
双回路（带 0.4kV 单回）终端杆	30	16	400	800	LGJ—120	68.6	0	4655
单回路 90°转角杆	22	15.3	518	900	LGJ—150	58.8	90	3885

表 8-7　　10kV 配电线路紧凑型钢管杆技术数据

名　称	产品代号	钢杆长度（m）	钢杆直径（mm）梢径	钢杆直径（mm）根部	架设导线 型号	架设导线 最大使用应力（N/mm²）	架设导线 线路转角（°）	钢杆质量（kg）
双回路直线杆	10ZGS1	12.5	400	800	LGJ—95	58.8		1500
双回路直线杆	10ZGS2	12.5	400	800	LGJ—150	49		1800
双回路（带 0.4kV 单回路）直线终端杆	10—0.4DGS1	14.5	400	800	LGJ—240	49		2400
双回路（带 0.4kV 单回路终端）直线杆	10—0.4ZGS1	14.5	400	800	LGJ—240	49		2200
（带 0.4kV 双回路终端杆）	10—0.4DGS2	13.4	400	800	LGJ—240	58.8		3200
单回路终端杆	10DGD1	13.5	400	800	LGJ—95	58.8		2300
双回路（带 0.4kV 单回路）耐张杆	10—0.4NGS1	14.5	400	800	LGJ—240	49		2700
（带 0.4kV）双回路耐张杆	10—0.4NGS2	14.5	400	850	LGJ—240	58.8		2600
单回路耐张杆	10NGD1	12.15	400	800	LGJ—95	58.8		2100
双回路耐张杆	10NGS1	14.5	400	800	LGJ—240	58.8		

续表

名　　称	产品代号	钢杆长度(m)	钢杆直径(mm) 梢径	钢杆直径(mm) 根部	架设导线 型号	架设导线 最大使用应力(N/mm²)	线路转角(°)	钢杆质量(kg)
双回路 30°转角杆	10JGS1	14.5	400	800	LGJ—150	49	30	2400
双回路 60°转角杆	10JGS2	12.5	400	850	LGJ—95	58.8	60	2500
双回路 90°转角杆	10JGS3	12.5	400	850	LGJ—95	49	90	2800
单回路 30°转角杆	10JGD1	13.7	400	800	LGJ—120	58.8	30	2200
单回路 60°转角杆	10JGD2	13.7	400	850	LGJ—95	58.8	60	2300
单回路 90°转角杆	10JGD3	13.7	400	850	LGJ—150	58.8	90	2900
双回路 30°转角带分支杆	10FGS1	15.5	400	850	LGJ—150	49	30	3100

表 8-8　10kV 配电线路多棱锥形钢管杆技术数据

名　　称	产品代号	钢杆长度(m)	钢杆直径(mm) 梢径	钢杆直径(mm) 根部	架设导线 型号	架设导线 最大使用应力(N/mm²)	线路转角(°)	钢杆质量(kg)
双回直线杆	10SZ	14	230	370	LGJ—95	56.84		1032
(带0.4kV单回分支)双回耐张杆	10SZ	16.1	320	622	LGJ—185	113.68		2465
(带0.4kV)双回13°转角杆	10SJ13	14.6	481	710	LGJ—150	56.84	13	2691
双回30°转角杆	10SJ30	12(14)	450	670	LGJ—185	62.72	30	2759(3384)
(带0.4kV)双回60°转角杆	10SJ60	12.4	761	990	LGJ—150	56.84	60	3689
双回90°转角杆	10SJ90	14	580	840	LGF—95	56.84	90	3504
双回路终端杆	10SD	12	520	720	LGJ—240	19.6～29.4	0	2513
单回终端杆	10DD	11.5	318	510	LGJ—95	56.84		1624
单回30°转角杆	10DJ30	11	340	560	LGJ—185	62.72	30	1609
单回60°转角杆	10DJ60	13	376	600	LGJ—95	56.84	60	1736
单回90°转角杆	10DJ90	13	439	640	LGJ—95	56.84	90	2206

第二节　架空配电线路的导线

架空配电线路的导线相关参数见表 8-9～表 8-24。

表 8-9　导线的型号、名称及使用范围 (GB 1179—1983)

型　号	名　称	使　用　范　围
LJ	铝绞线	适用于受力不大、挡距较小的一般线路
LGJ	钢芯铝绞线	适用于受力大、挡距大的高压线路
LGJF	防腐钢芯铝绞线	适用于周围有腐蚀性气体的高压线路
LGJQ	轻型钢芯铝绞线	适用于一般高压线路

续表

型号	名称	使用范围
LGJJ	加强型钢芯铝绞线	适用于高压或超高压大跨越输电线路
LHACJ	钢芯铝合金绞线	适用于一般高压输电线的大跨越
TJ	铜绞线	适用于一般高、低压线路
LGJX	钢芯稀土铝绞线	适用于一般高、低压线路

注　GB/T 1179—1983 已被 GB/T 1179—1999 代替，GB/T 1179—1999 又被 GB/T 1179—2008 代替，但因生产上使用的大多数是按旧国家标准制造的，故列出以便读者对照。

表 8-10　　　　　　　　**LJ 型铝绞线规格性能（GB 1179—1983）**

导线截面（mm²）	股数×单线直径（mm）	外径（mm）	计算拉断力（N）	载流量（A）户外	载流量（A）户内	20℃时的直流电阻（Ω/km）	质量（kg/km）
16	7×1.7	5.10	2540	105	80	1.98	44
25	7×2.12	6.36	3950	135	110	1.28	68
35	7×2.5	7.50	5500	170	135	0.92	95
50	7×3.0	9.00	7920	215	170	0.64	136
70	7×3.55	10.65	10420	265	215	0.46	191
95	19×2.5	12.50	14000	325	260	0.34	257
120	19×2.8	14.00	18720	375	310	0.27	322
150	19×3.15	15.80	22200	440	370	0.21	407
185	19×3.5	17.50	27450	500	425	0.17	503
240	19×4.0	20.00	35850	610		0.132	656
300	37×3.2	22.40	47750	680		0.106	817
400	37×3.69	25.80	62330	830		0.08	1087

表 8-11　　　　　　　　**LGJ 型钢芯铝绞线规格性能（GB 1179—1983）**

导线截面（mm²）	铝线股数×线径（mm）	钢芯股线×线径（mm）	导线外径（mm）	计算拉断力（N）	户外载流量（A）	20℃时的直流电阻（Ω/km）	质量（kg/km）
10	5×1.6	1×1.2	4.4	2800	73	3.12	36
16	6×1.8	1×1.8	5.4	4450	110	2.04	62
25	6×2.2	1×2.2	6.6	6650	140	1.38	92
35	6×2.8	1×2.8	8.4	10770	170	0.85	150
50	6×3.2	1×3.2	9.6	14100	220	0.65	196
70	7×3.8	1×3.8	11.4	19800	275	0.46	275
95	28×2.08	7×1.8	13.7	31600	335	0.33	404
120	28×2.29	7×2.0	15.2	38400	380	0.27	492
150	28×2.59	7×2.2	17.0	48900	445	0.21	617
185	28×2.87	7×2.5	19.0	60300	515	0.17	771
240	28×3.29	7×2.8	21.6	78000	610	0.132	997
300	28×3.66	7×3.2	24.2	105400	700	0.107	1257
400	28×4.24	19×2.2	28.0	137810	800	0.08	1660

表 8-12　　　　　　　TJ 型铜绞线规格性能（GB 9329—1988）

导线截面 （mm²）	股数×单线 直径（mm）	电线外径 （mm）	计算拉断力 （N）	载流量（A）		20℃时的直流 电阻（Ω/km）	质量 （kg/km）
				户　外	户　内		
4	1×2.24	2.24	1534	50		4.55	35
6	1×2.73	2.73	2280	70	35	3.06	52
10	1×3.53	3.53	3820	95	60	1.84	81
16	7×1.68	5.0	6050	130	100	1.20	143
25	7×2.11	6.3	9550	180	140	0.74	220
35	7×2.49	7.5	13300	220	175	0.54	310
50	7×2.97	8.9	18900	270	220	0.39	440
70	19×2.14	10.6	26600	340	280	0.28	613
95	19×2.49	12.4	36100	415	340	0.20	838
120	19×2.80	14.0	45700	485	405	0.158	1058
150	19×3.15		57800	570		0.123	1324

表 8-13　　　　　　　导线载流量在不同环境温度时的校正系数

环境温度（℃）	10	15	20	25	30	35	40
校正系数 e	1.15	1.11	1.05	1.00	0.94	0.88	0.81

表 8-14　　　　　　　GJ 型镀锌钢绞线规格性能（GB 1179—1983）

公称 截面 （mm²）	钢绞线外径 （mm）	股数×钢丝 外径（mm）	总截面 （mm²）	钢绞线破坏拉断力（不小于，N）						质量 （kg/km）
				钢丝标称抗拉强度（N/mm²）						
				1000	1100	1200	1300	1400	1500	
18	5.4	7×1.8	17.78	16200	17800	19600	21200	22300	24000	158.2
22	6.0	7×2.0	21.98	20100	22100	24200	26200	28200	30200	182.2
25	6.6	7×2.2	26.6	24400	26600	29300	31700	34200	36700	227.2
30	7.2	7×2.4	31.34	29000	32000	34800	37800	40700	43600	270.9
35	7.5	7×2.5	34.35	31500	34600	37800	41000	44100	47300	293.9
50	9.0	7×3.0	49.49	45400	50000	54500	59100	63600	68200	423.7
70	11.0	19×2.2	72.20	65000	71400	77900	84400	90900	97200	615.0
100	13.0	19×2.6	100.89	90500	100500	108500	117500	126500	135500	859.4
120	14.0	19×2.8	116.85	104500	116500	126000	136000	147000	157500	995.0

表 8-15　　　　　　　新国标导线的型号和名称（GB/T 1179—1999）

型　号	名　称
JL	铝绞线
JLHA2、JLHA1	铝合金绞线
JL/G1A、JL/G1B、JL/G2A、JL/G2B、JL/G3A	钢芯铝绞线[①]
JL/G1AP、JL/G2AF、JL/G3AF	防腐型钢芯铝绞线
JLHA2/G1A、JLHA2/G1B、JLHA2/G3A	钢芯铝合金绞线
JLHA1/G1A、JLHA1/G1B、JLHA1/G3A	钢芯铝合金绞线
JL/LHA2、JL/LHA1	铝合金芯铝绞线[②]

续表

型　号	名　称
JL/LB1A	铝包钢芯铝绞线
JLHA2/LB1A、JLHA1/LB1A	铝包钢芯铝合金绞线
JG1A、JG1B、JG2A、JG3A	钢绞线
JLB1A、JLB1B、JLB2	铝包钢绞线

① G1A 或 G1B 型为普通强度钢线，G2A 或 G2B 型为高强度钢线，G3A 或 G3B 型为特高强度钢线。

② 个别小规格实为混绞线。

表 8−16　　　　　　　　　JL 型铝绞线规格性能（GB/T 1179—2008）

规格号	面积（mm²）	单线根数（n）	直径		额定抗拉力（kN）	直流电阻（20℃）（Ω/km）	单位长度质量（kg/km）
			单线（mm）	绞线（mm）			
10	10	7	1.35	4.05	1.95	2.8633	27.4
16	16	7	1.71	5.12	3.04	1.7896	43.8
25	25	7	2.13	6.40	4.50	1.1453	68.4
40	40	7	2.70	8.09	6.80	0.7158	109.4
63	63	7	3.39	10.2	10.39	0.4545	172.3
100	100	19	2.59	12.9	17.00	0.2877	274.8
125	125	19	2.89	14.5	21.25	0.2302	343.6
160	160	19	3.27	16.4	26.40	0.1798	439.8
200	200	19	3.66	18.3	32.00	0.1439	549.7
250	250	19	4.09	20.5	40.00	0.1151	687.1
315	315	37	3.29	23.0	51.97	0.0916	867.9
400	400	37	3.71	26.0	64.00	0.0721	1102.0
450	450	37	3.94	27.5	72.00	0.0641	1239.8
500	500	37	4.15	29.0	80.00	0.0577	1377.6
560	560	37	4.39	30.7	89.60	0.0515	1542.9

表 8−17　　　　　　　JLHA2 型铝合金绞线规格性能（GB/T 1179—2008）

规格号	面积（mm²）	单线根数（n）	直径		额定抗拉力（kN）	直流电阻（20℃）（Ω/km）	单位长度质量（kg/km）
			单线（mm）	绞线（mm）			
16	18.4	7	1.83	5.49	5.43	1.7896	50.4
25	28.8	7	2.29	6.86	8.49	1.1453	78.7
40	46.0	7	2.89	8.68	13.58	0.7158	125.9
63	72.5	7	3.63	10.9	21.39	0.4545	198.3
100	115	19	2.78	13.9	33.95	0.2877	316.3
125	144	19	3.10	15.5	42.44	0.2202	395.4
160	184	19	3.51	17.6	54.32	0.1798	506.1
200	230	19	3.93	19.6	67.91	0.1439	632.7
250	288	19	4.39	22.0	84.88	0.1151	790.8
315	363	37	3.53	24.7	106.95	0.0916	998.9

续表

规格号	面积 （mm²）	单线根数 （n）	直径		额定抗拉力 （kN）	直流电阻 （20℃） （Ω/km）	单位长度 质量 （kg/km）
			单线 （mm）	绞线 （mm）			
400	460	37	3.98	27.9	135.81	0.0721	1268.4
450	518	37	4.22	29.6	152.79	0.0641	1426.9
500	575	37	4.45	31.2	169.76	0.0577	1585.5
560	645	61	3.67	33.0	190.14	0.0516	1778.4
630	725	61	3.89	35.0	213.90	0.0458	2000.7

表 8-18　　　**JLHA1 型铝合金绞线规格性能（GB/T 1179—2008）**

规格号	面积 （mm²）	单线根数 （n）	直径		额定抗拉力 （kN）	直流电阻 （20℃） （Ω/km）	单位长度 质量 （kg/km）
			单线 （mm）	绞线 （mm）			
16	18.6	7	1.84	5.52	6.04	1.7896	50.8
25	29.0	7	2.30	6.90	9.44	1.1453	79.5
40	46.5	7	2.91	8.72	15.10	0.7158	127.1
63	73.2	7	3.65	10.9	23.06	0.4545	200.2
100	116	19	2.79	14.0	37.76	0.2877	319.3
125	145	19	3.12	15.6	47.20	0.2302	399.2
160	186	19	3.53	17.6	58.56	0.1798	511.0
200	232	19	3.95	19.7	73.20	0.1439	638.7
250	290	19	4.41	22.1	91.50	0.1151	798.4
315	366	37	3.55	24.8	115.29	0.0916	1008.4
400	465	37	4.00	28.0	146.40	0.0721	1280.5
450	523	37	4.24	29.7	164.70	0.0641	1440.5
500	581	37	4.47	31.3	183.00	0.0577	1600.6
560	651	61	3.69	33.2	204.96	0.0516	1795.3
630	732	61	3.91	35.2	230.58	0.0458	2019.8

表 8-19　　　**JL/G1A、JL/G1B、JL/G2A、JL/G2B、JL/G3A 型钢芯铝绞线**
规格性能（GB/T 1179—2008）

规格号	钢比 （%）	面积			单线根数		单线直径		直径		额定抗拉力					直流电阻（20℃） （Ω/km）	单位长度质量 （kg/km）
		铝	钢	总和	铝	钢	铝	钢	钢芯	绞线	JL/G1A	JL/G1B	JL/G2A	JL/G2B	JL/G3A		
		mm²					mm		mm		kN						
16	17	16	2.67	18.7	6	1	1.84	1.84	1.84	5.53	6.08	5.89	6.45	6.27	6.83	1.7934	64.6
25	17	25	4.17	29.2	6	1	2.30	2.30	2.30	6.91	9.13	8.83	9.71	9.42	10.25	1.1478	100.9
40	17	40	6.67	46.7	6	1	2.91	2.91	2.91	8.74	14.40	13.93	15.33	14.87	16.20	0.7174	161.5
63	17	63	10.5	73.5	6	1	3.66	3.36	3.66	11.0	21.63	20.58	22.37	21.63	24.15	0.4555	254.4
100	17	100	16.7	117	6	1	4.61	4.61	4.61	13.8	34.33	32.67	35.50	34.33	38.33	0.2869	403.8

续表

规格号	钢比(%)	面积 mm²			单线根数		单线直径 mm		直径 mm		额定抗拉力 kN					直流电阻(20℃)(Ω/km)	单位长度质量(kg/km)
		铝	钢	总和	铝	钢	铝	钢	钢芯	绞线	JL/G1A	JL/G1B	JL/G2A	JL/G2B	JL/G3A		
125	6	125	6.94	132	18	1	2.97	2.97	2.97	14.9	29.17	28.68	30.14	29.65	31.04	0.2304	397.9
125	16	125	20.4	145	26	7	2.47	1.92	5.77	15.7	45.69	44.27	48.54	47.12	51.39	0.2310	503.9
160	6	160	8.89	169	18	1	3.66	3.36	3.36	16.8	36.18	35.29	37.42	36.80	38.67	0.1800	509.3
160	16	160	26.1	186	26	7	2.80	2.18	6.53	17.7	57.69	55.86	61.34	59.51	64.99	0.1805	644.9
200	6	200	11.1	211	18	1	3.76	3.76	3.76	18.8	44.22	43.11	45.00	44.22	46.89	0.1440	636.7
200	16	200	32.6	233	26	7	3.13	2.43	7.30	19.8	70.13	67.85	74.69	72.41	78.93	0.1444	806.2
250	10	250	24.6	275	22	7	3.80	2.11	6.34	21.6	68.72	67.01	72.16	70.44	75.60	0.1154	880.6
250	16	250	40.7	291	26	7	3.50	2.72	8.16	22.2	87.67	84.82	93.37	90.52	98.66	0.1155	1007.7
315	7	315	21.8	337	45	7	2.99	1.99	5.97	23.9	79.03	77.51	82.08	80.55	85.13	0.0917	1039.6
315	16	315	51.3	366	26	7	3.93	3.05	9.16	24.9	106.83	101.70	114.02	110.43	121.20	0.0917	1269.7
400	7	400	27.7	428	45	7	3.36	2.24	6.73	26.9	98.36	96.42	102.23	100.29	106.10	0.0722	1320.1
400	13	400	51.9	452	54	7	3.07	3.07	9.21	27.6	123.04	117.85	130.30	126.67	137.56	0.0723	1510.3
450	7	450	31.1	181	45	7	3.57	2.38	7.14	28.5	107.47	105.29	111.82	109.64	115.87	0.0642	1485.2
450	13	450	58.3	508	54	7	3.26	3.26	9.77	29.3	138.42	132.58	146.58	142.50	154.75	0.0643	1699.1
500	7	500	34.6	535	45	7	3.76	2.51	7.52	30.1	119.41	116.99	124.25	121.83	128.74	0.0578	1650.2

注　表中性能同样适用于 JFL/G1A、JFL/G2A、JFL/G3A 防腐型钢芯铝绞线，但单位长度质量应另行计算。

表 8-20　JL/LHA1 型铝合金芯铝绞线规格性能（GB/T 1179—2008）

规格号	直径		单线根数		面积 mm²			额定抗拉力(kN)	直流电阻(20℃)(Ω/km)	单位长度质量(kg/km)
	单线(mm)	导体(mm)	铝 n	铝合金 n	铝	铝合金	总和			
16	1.76	5.29	4	3	9.78	7.33	17.1	4.07	1.7896	46.8
25	2.21	6.62	4	3	15.3	11.5	26.7	6.29	1.1453	73.1
40	2.79	8.37	4	3	24.4	18.3	42.8	9.82	0.7158	117.0
63	3.50	10.5	4	3	38.5	28.9	67.4	14.80	0.4545	184.3
100	4.41	13.2	4	3	61.1	45.8	107	23.49	0.2863	292.5
125	2.98	14.9	12	7	83.7	48.8	132	29.29	0.2302	364.1
160	3.37	16.9	12	7	107	62.5	170	36.95	0.1798	466.0
200	3.77	18.8	12	7	134	78.1	212	44.78	0.1439	582.5
250	4.21	21.1	12	7	167	97.6	265	55.98	0.1151	728.1
250	3.05	21.4	18	19	132	139	271	64.67	0.1154	746.0
315	3.34	23.4	30	7	263	61.4	325	62.40	0.0916	894.4
315	3.43	24.0	18	19	166	175	341	81.48	0.0916	940.0
400	3.77	26.4	30	7	334	78.0	412	76.82	0.0721	1135.8
400	3.86	27.0	18	19	211	222	433	100.30	0.0721	1193.7
450	3.99	28.0	30	7	376	87.7	464	86.42	0.0641	1277.8
450	4.10	28.7	18	19	237	250	487	112.84	0.0641	1342.9
500	4.21	29.5	30	7	418	97.5	515	96.03	0.0577	1419.8
500	4.32	30.2	18	19	263	278	542	125.38	0.0577	1492.1
560	4.46	31.2	30	7	468	109	577	107.55	0.0515	1590.1
560	3.45	31.1	54	7	505	65.5	570	103.53	0.0516	1573.9

表 8-21   JL/LB1A 型铝包钢芯铝绞线规格性能（GB/T 1179—2008）

规格号	钢比（%）	面积			单线根数		单线直径		直径		额定抗拉力（kN）	直流电阻（20℃）（Ω/km）	单位长度质量（kg/km）
		铝	铝包钢	总和	铝	铝包钢	铝	铝包钢	铝包钢芯	绞线			
		mm²					mm		mm				
16	16.7	15	2.56	17.9	6	1	1.81	1.81	1.81	5.43	5.91	1.7923	59.0
25	16.7	24	4.00	28.0	6	1	2.26	2.26	2.26	6.78	9.00	1.1471	92.1
40	16.7	38	6.40	44.8	6	1	2.85	2.85	2.85	8.55	14.21	0.9169	147.4
63	16.7	60	10.08	70.6	6	1	3.58	3.58	3.58	10.7	21.17	0.4552	232.2
100	16.7	96	16.00	112.0	6	1	4.51	4.51	4.51	13.5	31.84	0.2868	368.6
125	5.6	123	6.85	130	18	1	2.95	2.95	2.95	14.8	29.18	0.2304	384.3
125	16.3	120	19.6	140	26	7	2.43	1.89	5.66	15.4	44.49	0.2308	460.8
160	5.6	158	8.77	167	18	1	3.34	3.34	3.34	16.7	36.38	0.1800	491.9
160	16.3	154	25.00	179	26	7	2.74	2.13	6.40	17.4	56.18	0.1803	589.8
200	5.6	197	10.96	208	18	1	3.74	3.74	3.74	18.7	43.62	0.1440	614.9
200	16.3	192	31.3	223	26	7	3.07	2.39	7.16	19.4	69.27	0.1443	737.2
250	9.8	244	24.0	268	22	7	3.76	2.09	6.26	21.3	67.80	0.1153	830.9
250	16.3	240	39.1	279	26	7	3.43	2.67	8.00	21.7	86.58	0.1154	921.5
315	6.9	310	21.4	331	45	7	2.96	1.97	5.92	23.7	78.33	0.0917	996.4
315	16.3	303	49.3	352	26	7	3.85	2.99	8.98	24.4	107.58	0.0916	1161.1
400	6.9	393	27.2	420	45	7	3.34	2.22	6.67	26.7	97.50	0.0722	1265.3
400	13.0	387	50.2	438	54	7	3.02	3.02	9.07	27.2	124.20	0.0723	1402.9
450	6.9	442	30.6	473	45	7	3.54	2.36	7.08	28.3	107.48	0.0642	1423.4
450	13.0	436	56.5	492	54	7	3.21	3.21	9.62	28.9	139.72	0.0642	1578.2
500	6.9	492	34.0	525	45	7	3.73	2.49	7.46	29.8	119.42	0.0578	1581.6

表 8-22   JG1A、JG1B、JG2A、JG3A 型钢绞线规格性能（GB/T 1179—2008）

规格号	面积（mm²）	单线根数	直径		额定抗拉力				直流电阻（20℃）（Ω/km）	单位长度质量（kg/km）
			单线	绞线	JG1A	JG1B	JG2A	JG3A		
			mm	mm	kN					
4	27.1	7	2.22	6.66	36.3	33.6	39.3	43.9	7.1445	213.3
6.3	42.7	7	2.79	8.36	55.9	51.7	60.2	67.9	4.5362	335.9
10	67.8	7	3.51	10.53	87.4	80.7	93.5	103.0	2.8578	533.2
12.5	84.7	7	3.93	11.78	109.3	100.8	116.9	128.8	2.2862	666.5
16	108.4	7	4.44	13.32	139.9	129.0	199.7	164.8	1.7861	853.1
16	108.4	19	2.70	13.48	142.1	131.2	152.9	172.4	1.7944	857.0
25	169.4	19	3.37	16.85	218.6	201.6	238.9	262.6	1.1484	1339.1
40	271.1	19	4.26	21.31	349.7	322.6	374.1	412.1	0.7177	2142.6
40	271.1	37	3.05	21.38	349.7	322.6	382.3	420.2	0.7196	2148.1
63	427.0	37	3.83	26.83	550.8	508.1	589.3	649.0	0.4569	3383.2

表 8－23　　JLB1A、JLB1B 型铝包钢绞线规格性能（GB/T 1179—2008）

规格号	面积 (mm²)	单线根数	直径		额定抗拉力		直流电阻 (20℃) (Ω/km)	单位长度质量	
			单线 (mm)	绞线 (mm)	JLB1A	JLB1B		JLB1A	JLB1B
					kN			kg/km	
4	12	7	1.48	4.43	16.08	15.84	7.1592	80.1	79.4
6.3	18.9	7	1.85	5.56	25.33	24.95	4.5455	126.2	125.0
10	30	7	2.34	7.01	40.20	39.60	2.8637	200.3	198.5
12.5	37.5	7	2.61	7.84	50.25	49.50	2.2910	250.4	248.1
16	48	7	2.95	8.86	64.32	63.36	1.7898	320.5	317.5
25	75	7	3.69	11.08	93.75	99.00	1.1455	500.7	496.2
40	120	7	4.67	14.02	132.00	158.40	0.7159	801.2	793.9
40	120	19	2.84	14.18	160.80	158.40	0.7194	805.0	797.7
63	189	19	3.56	17.79	240.03	249.48	0.4568	1267.9	1256.4
100	300	37	3.21	22.49	402.00	396.00	0.2884	2017.3	1999.0
125	375	37	3.59	25.15	476.25	495.00	0.2307	2521.7	2498.7
160	480	37	4.06	28.45	580.80	633.60	0.1803	3227.7	3198.3
200	600	37	4.54	31.81	684.00	792.00	0.1442	4034.7	3997.9
200	600	61	3.54	31.85	762.00	792.00	0.1444	4040.6	4003.8

表 8－24　　JLB2 型铝包钢绞线规格性能（GB/T 1179—2008）

规格号	面积 (mm²)	单线根数	直径		额定抗拉力 (kN)	直流电阻 (20℃) (Ω/km)	单位长度质量 (kg/km)
			单线 (mm)	绞线 (mm)			
16	36.2	7	2.56	7.69	39.04	1.7896	216.4
25	56.5	7	3.21	9.62	61.00	1.1454	338.2
40	90.4	7	4.05	12.2	97.61	0.7159	541.1
40	90.4	19	2.46	12.3	97.61	0.7193	543.7
63	142	19	3.09	15.4	153.73	0.4567	856.4
100	226	37	2.79	19.5	244.02	0.2884	1362.6
125	282	37	3.12	21.8	305.02	0.2307	1703.2
160	362	37	3.53	24.7	390.43	0.1803	2180.1
200	452	37	3.94	27.6	488.03	0.1442	2725.1
200	452	61	3.07	27.6	488.03	0.1444	2729.1

第三节 架空配电线路安装

架空配电线路安装见图 8-1～图 8-18。

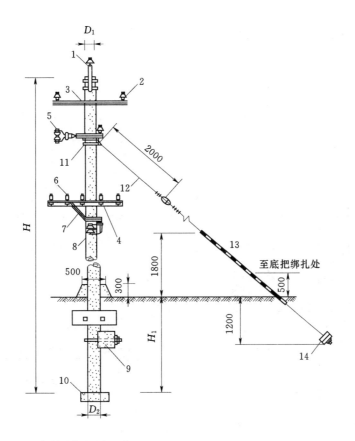

<table>
<tr><td colspan="10" align="center">钢筋混凝土电杆埋深</td></tr>
</table>

杆长 H(m)	8		9		10		11	12	13
梢径 D_1(mm)	150	170	150	190	150	190	190	190	190
底径 D_2(mm)	256	277	270	310	283	323	337	350	363
埋设深度 H_2(mm)	1500		1600		1700		1800	1900	2000

注 表中埋设深度系一般土质情况。

高低压横担层距表(mm)

类 别	最小距离
高压与高压上下层	800
高压与低压上下层	1200
高压与高压转角上下层	500
低压与低压上下层	600
低压与低压转角上下层	300

注 当使用悬式绝缘子及耐张线夹时，应适当加大表中有关距离。

图 8-1 高低压同杆架设钢筋混凝土电杆零件配置图（单位：mm）

1—高压杆头；2—高压针式绝缘子；3—高压横担；4—低压横担；5—高压悬式绝缘子；
6—低压针式绝缘子；7—横担支撑；8—低压蝶形绝缘子；9—卡盘；10—底盘；
11—拉线抱箍；12—拉线上把；13—拉线底把；14—拉线底盘

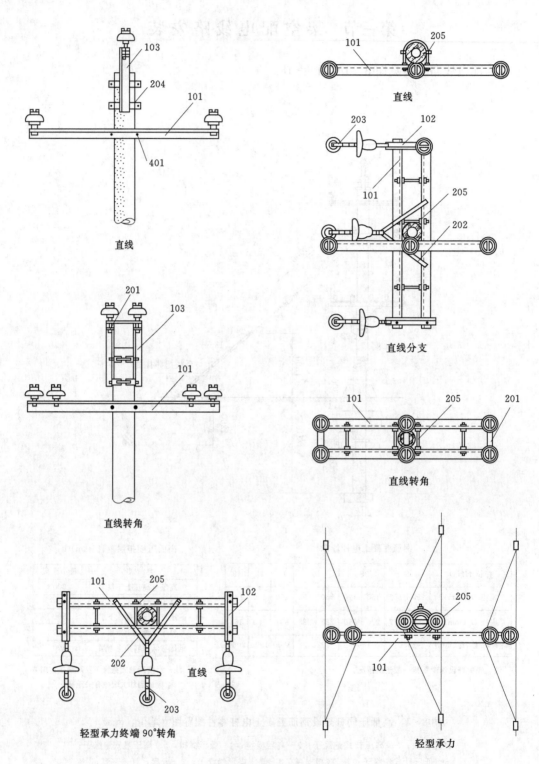

图 8-2 10kV 线路杆头零件配置图之一

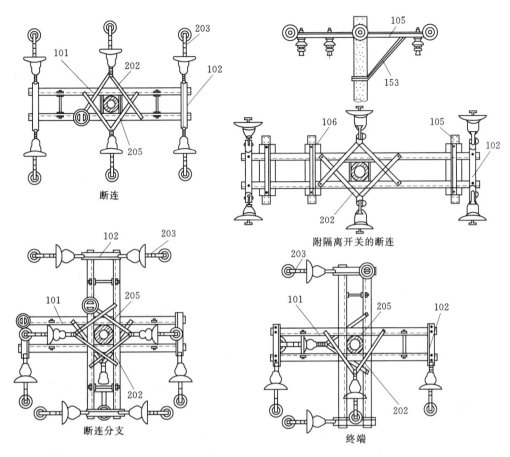

图 8-3   10kV 线路杆头零件配置图之二

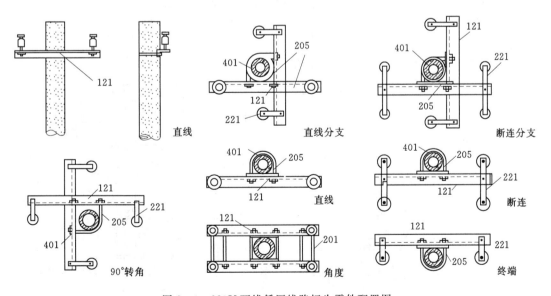

图 8-4   220V 两线低压线路杆头零件配置图

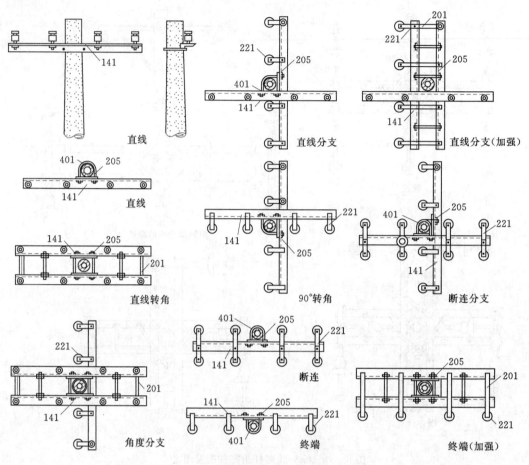

图 8-5 三相四线低压线路杆头零件配置图

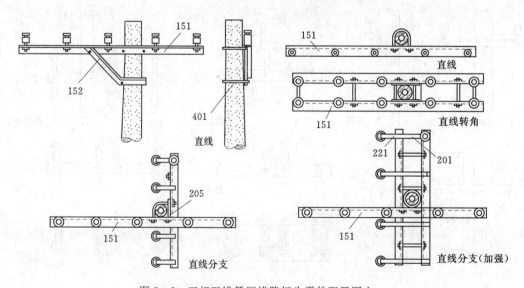

图 8-6 三相五线低压线路杆头零件配置图之一

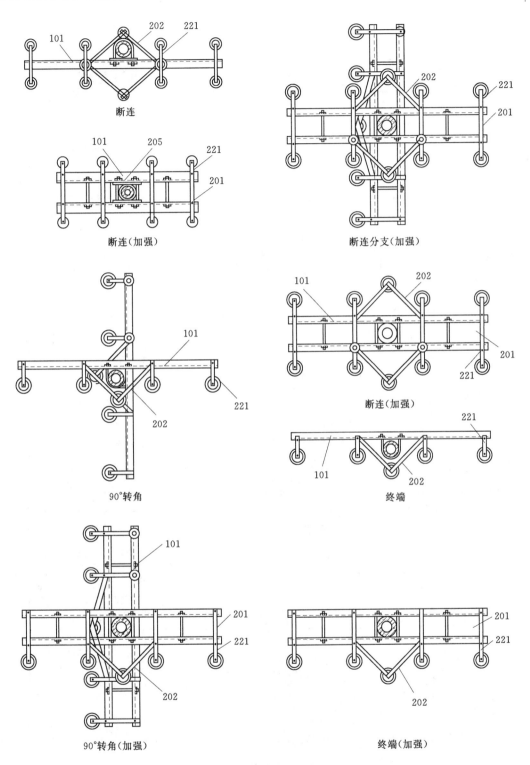

图 8-7　三相五线低压线路杆头零件配置图之二

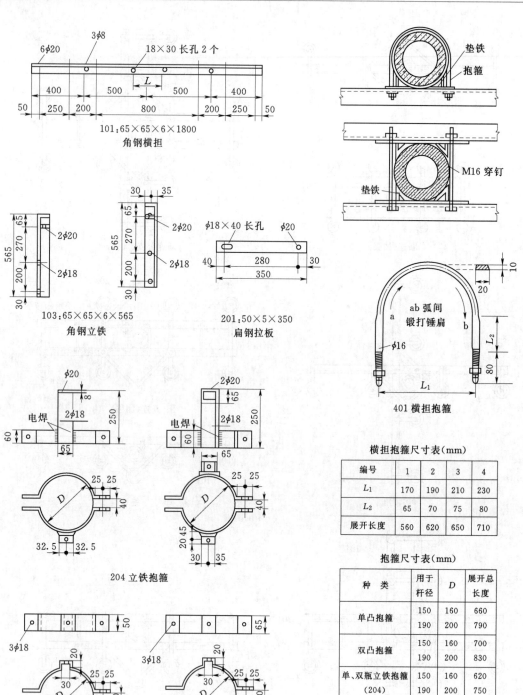

图 8-8 配电线路杆头零件加工图之一（单位：mm）

横担抱箍尺寸表（mm）

编号	1	2	3	4
L_1	170	190	210	230
L_2	65	70	75	80
展开长度	560	620	650	710

抱箍尺寸表（mm）

种 类	用于杆径	D	展开总长度
单凸抱箍	150	160	660
	190	200	790
双凸抱箍	150	160	700
	190	200	830
单、双瓶立铁抱箍（204）	150	160	620
	190	200	750

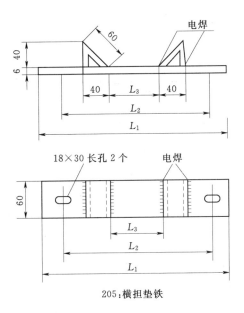

205：横担垫铁

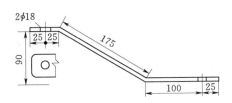

203：50×5×350 扁钢曲形拉板

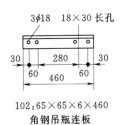

102：65×65×6×460
角钢吊瓶连板

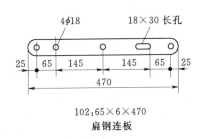

102：65×6×470
扁钢连板

横担垫铁尺寸表（mm）

编号	L_1	L_2	L_3
1	250	170	70
2	270	190	80
3	290	210	90
4	320	230	95

202：40×4×600
扁钢拉板

图 8-9　配电线路杆头零件加工图之二（单位：mm）

209

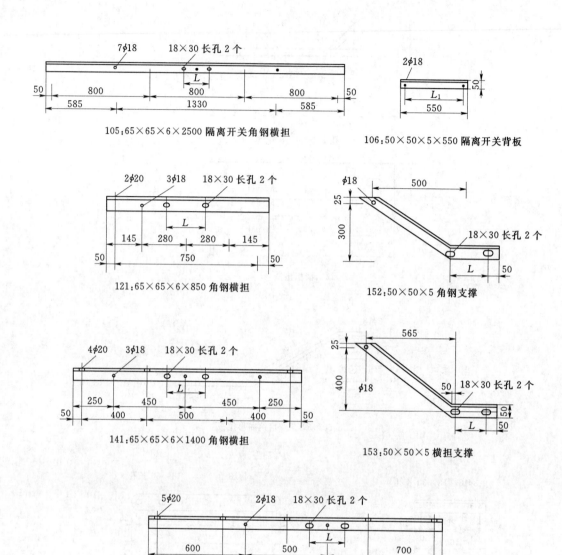

105;65×65×6×2500 隔离开关角钢横担

106;50×50×5×550 隔离开关背板

121;65×65×6×850 角钢横担

152;50×50×5 角钢支撑

141;65×65×6×1400 角钢横担

153;50×50×5 横担支撑

151;65×65×6×1800 角钢横担(反正两根)

221;40×4×250 扁钢曲形拉板

221;40×4×200 扁钢拉板

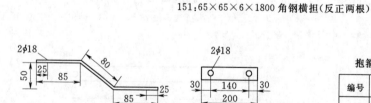

抱箍孔距(L)选用表(mm)

编号	1	2	3	4
L	170	190	210	230

图 8-10　配电线路杆头零件加工图之三（单位：mm）

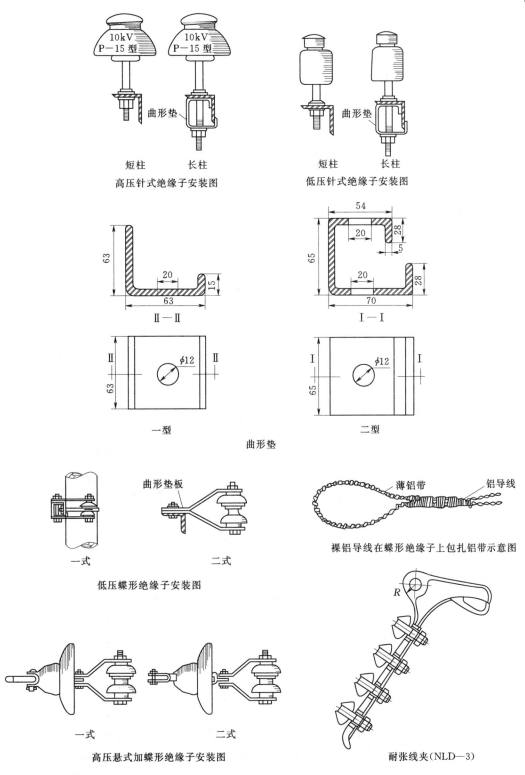

图 8-11　高低压绝缘子安装示意图（单位：mm）

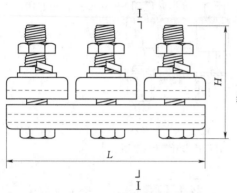

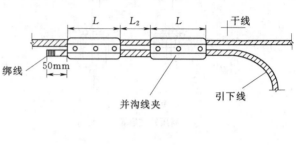

绑线

50mm

并沟线夹

干线

引下线

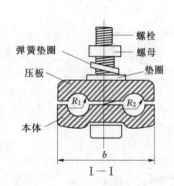

螺栓
螺母
弹簧垫圈
垫圈
压板
本体

I—I

并钩线夹型号规格尺寸表(mm)

类别	型号	b	H	L	R₁	R₂
等径	B—11	45	58	80	6.0	6.0
	B—22	54	63	110	7.5	7.5
	B—33	60	75	130	9.0	9.0
	B—44	75	85	140	11.0	11.0
不等径	B—21	54	63	110	7.5	6.0
	B—31	60	75	130	6.0	9.0
	B—32	60	75	130	7.5	9.0
	B—41	70	85	140	6.0	11.0
	B—42	70	85	140	7.5	11.0
	B—43	70	85	140	6.0	11.0

注　1. 一套并沟线夹包括线夹本体、压板、螺栓、螺母、垫圈
及弹簧垫圈。
2. 线夹材料,本体及压板为铝硅合金,其余零件为钢。
3. 本表摘自南京线路器材厂编《送变电金具手册》。

LJ、LGJ 型导线架空线路母线断连或引下线 T 接时配用并钩线夹个数

导线规格(mm²)		并钩线夹		使用线夹	螺栓	
母线	引下线	类别	型号	个数	规格	个数
35～50	35～50	等径	B—11	1	M12×50	2
70～95	70～95		B—22	2	M12×55	3
120～150	120～150		B—33	2	M16×65	3
185～240	185～240		B—44	3	M16×75	3
70～95	35～50	不等径	B—21	2	M12×55	3
120～150	35～50		B—31	2	M16×65	3
120～150	70～95		B—32	2	M16×65	3
185～240	35～50		B—41	3	M16×75	3
185～240	70～95		B—42	3	M16×75	3
185～240	120～150		B—43	3	M16×75	3

图 8-12　用并钩线夹断连或 T 接导线做法图

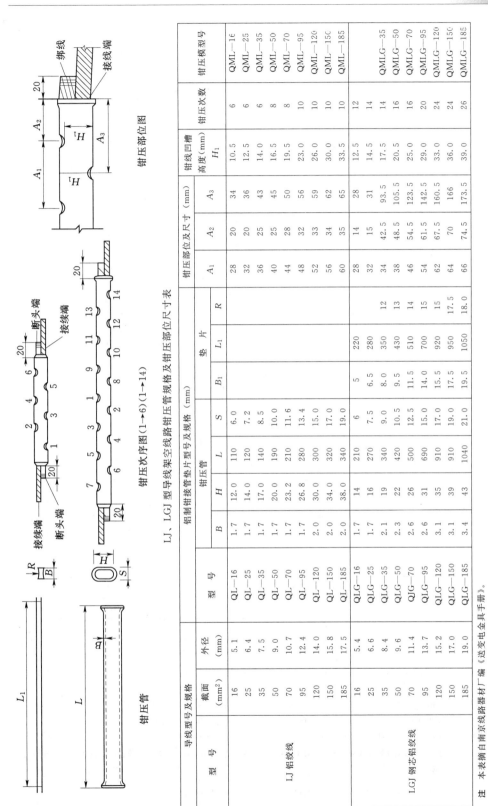

钳压部位图

钳压次序图(1→6)(1→14)

钳压管

LJ、LGJ型导线架空线路钳压管规格及钳压部位尺寸表

导线型号及规格				铝制钳接管垫片型号及规格 (mm)							钳压部位及尺寸 (mm)			钳线凹槽高度(mm) H_1	钳压次数	钳压模型号
				钳压管					垫片							
型号	截面 (mm²)	型号	外径 (mm)	B	H	L	S	B_1	L_1	R	A_1	A_2	A_3			
LJ 铝绞线	16	QL-16	5.1	1.7	12.0	110	6.0	5			28	20	34	10.5	6	QML-16
	25	QL-25	6.4	1.7	14.0	120	7.2	6.5			32	20	36	12.5	6	QML-25
	35	QL-35	7.5	1.7	17.0	140	8.5	8.0			36	25	43	14.0	6	QML-35
	50	QL-50	9.0	1.7	20.0	190	10.0	9.5			40	25	45	16.5	8	QML-50
	70	QL-70	10.7	1.7	23.2	210	11.6	11.5			44	28	50	19.5	8	QML-70
	95	QL-95	12.4	1.7	26.8	280	13.4	14.0			48	32	56	23.0	10	QML-95
	120	QL-120	14.0	2.0	30.0	300	15.0	15.5			52	33	59	26.0	10	QML-120
	150	QL-150	15.8	2.0	34.0	320	17.0	17.5			56	34	62	30.0	10	QML-150
	185	QL-185	17.5	2.0	38.0	340	19.0	19.0			60	35	65	33.5	10	QML-185
LGJ 钢芯铝绞线	16	QLG-16	5.4	1.7	14	210	6	5	220		28	14	28	12.5	12	
	25	QLG-25	6.6	1.7	16	270	7.5	6.5	280		32	15	31	14.5	14	
	35	QLG-35	8.4	2.1	19	340	9.0	8.0	350	12	34	42.5	93.5	17.5	14	QMLG-35
	50	QLG-50	9.6	2.3	22	420	10.5	9.5	430	13	38	48.5	105.5	20.5	16	QMLG-50
	70	QLG-70	11.4	2.6	26	500	12.5	11.5	510	14	46	54.5	123.5	25.0	16	QMLG-70
	95	QLG-95	13.7	2.6	31	690	15.0	14.0	700	15	54	61.5	142.5	29.0	20	QMLG-95
	120	QLG-120	15.2	3.1	35	910	17.0	15.5	920	15	62	67.5	160.5	33.0	24	QMLG-120
	150	QLG-150	15.8	3.1	39	910	19.0	17.5	950	17.5	64	70	166	36.0	24	QMLG-150
	185	QLG-185	19.0	3.4	43	1040	21.0	17.5	1050	18.0	66	74.5	173.5	39.0	26	QMLG-185

图 8-13 用钳压管连接导线示意图

注 本表摘自南京线路器材厂编《送变电金具手册》。

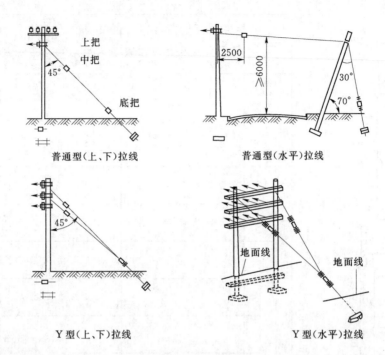

普通型（上、下）拉线　　　　　　　　普通型（水平）拉线

Y型（上、下）拉线　　　　　　　　Y型（水平）拉线

各种类型中把拉线的规格表

每层横担导线数量	二级				四级				五级			
受拉侧横担条数	一	二	三	四	一	二	三	四	一	二	三	四
适应拉线类型	普通型		Y型		普通型		Y型		普通型		Y型	
架空导线截面（mm²）	采用直径为4mm镀锌铁线合成时的中把股数											
16～25	3	3	3	3	3	5	3	3	5	7	5	5
35	3	3	3	3	5	5	5	5	5	7	5	5
50～70	5	7	5	5	5	7	5	7	7	9	7	9
95～120	7	9	7	7	7	9	7	9	9	11	9	11
架空导线截面（mm²）	采用钢绞线时中把的拉线截面（mm²）											
16～25	GJ—25		GJ—25×2		GJ—25		GJ—25×2		GJ—35		GJ—35×2	
35	GJ—25		GJ—25×2		GJ—35		GJ—35×2		GJ—35		GJ—35×2	
50～70	GJ—35		GJ—35×2		GJ—35		GJ—35×2		GJ—35		GJ—35×2	
90～120	GJ—35		GJ—35×2		GJ—50		GJ—50×2		GJ—50		GJ—50×2	

注 1. 表中拉线均系中把规格股数，系指 φ4mm 镀锌铁线的合成股数，并分别为 3 股、5 股、7 股、9 股、11 股。GJ 为钢绞线型号。

2. 拉线的底把可用圆钢拉线棍；如选用 φ4mm 镀锌铁线时，底把应按中把股数加两股（例如三股拉线，则底把应为 3＋2＝5 股）。选用 Y 型共用一底把，则底把拉线合成股数之外再加一股（即 Y 型 5 股时为 10＋1＝11 股）。

3. 当受拉侧的横担上所架设导线截面及导线条数不一致时，应按其中最大的作为选用标准。

4. 拉线应在上把与中把之间加装拉线绝缘子。混凝土电杆的拉线可不加绝缘子，但穿越导线的拉线，应在带电导线的上、下方各装一个拉线绝缘子。

图 8-14　配电线路常见拉线示意图

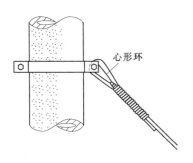

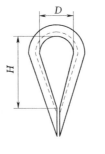

心形环

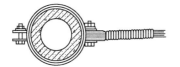

拉线抱箍安装图

心形环尺寸选用表

序号	许用载荷（N）	主要尺寸(mm)		
		D	H	B
0.6	6000	35	56	18
1.0	10000	45	72	23
1.7	17000	55	88	27
3.0	30000	75	120	38

拉线抱箍尺寸表(mm)

D	展开长度
160	660
210	780
260	980

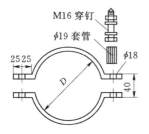

65×6 拉线抱箍

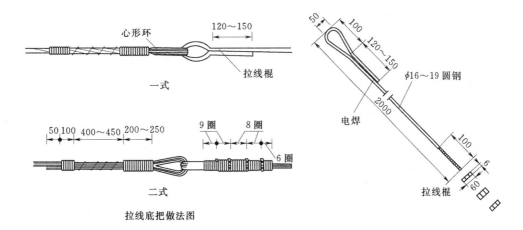

图 8-15　拉线安装做法图（单位：mm）

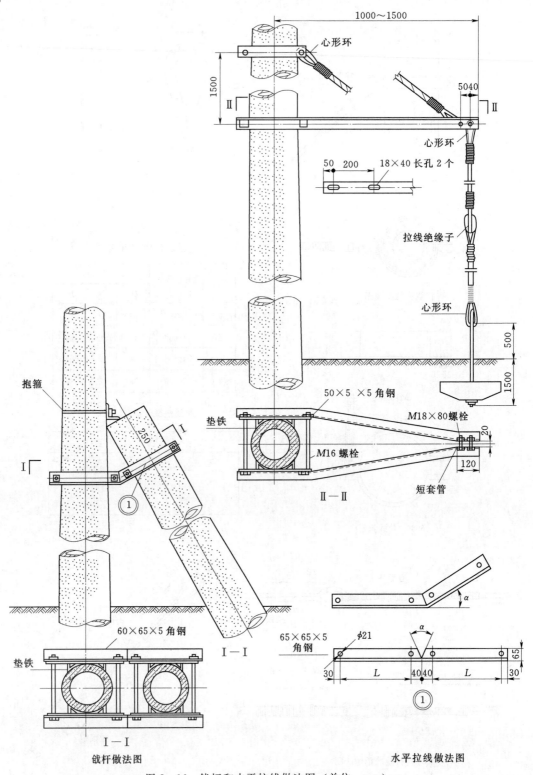

图 8-16 戗杆和水平拉线做法图（单位：mm）

注 L 及 α 根据电杆直径与高度确定。

电杆卡盘安装位置示意图

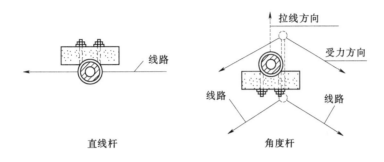

直线杆　　　　　　　　　　　角度杆

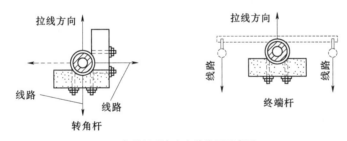

各种杆型卡盘安装位置示意图

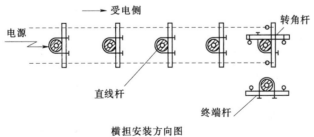

横担安装方向图

图 8-17　钢筋混凝土电杆卡盘、横担安装位置图

注　横担安装位置：①直线杆横担应装在受电侧；②凡终端、转角、分支杆以及导线张力不平衡处的横担，均应装在张力的反方向。

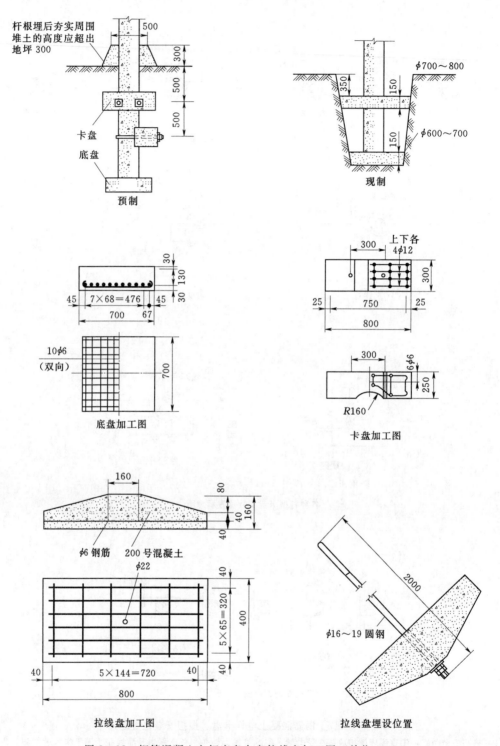

图 8-18　钢筋混凝土电杆底盘卡盘拉线盘加工图（单位：mm）

第四节　电缆配电线路的电缆

一、聚氯乙烯绝缘电力电缆

聚氯乙烯绝缘电力电缆相关参数见表8-25～表8-31，电缆结构见图8-19。

表 8 - 25　　　　　　　　　　　　　电力电缆型号中文字数字的含义

类别、用途	导体	绝缘	内护层	特征	铠装层	外护
N—农用电缆 V—聚氯乙烯塑料绝缘电缆 X—橡皮绝缘电缆 YJ—交联聚乙烯绝缘电缆 Z—纸绝缘电缆	L—铝线芯 T—铜线芯 （一般省略）	V—聚氯乙烯 X—橡皮 Y—聚乙烯	H—橡套 F—氯丁橡皮护套 L—铝套 Q—铅套 V—聚氯乙烯 Y—聚乙烯套	CY—充油 D—不滴流 F—分相护套 P—屏蔽 Z—直流	0—无 2—双钢带 3—细圆钢丝 4—粗圆钢丝	0—无 1—纤维层 2—聚氯乙烯套 3—聚乙烯套

注　电力电缆主要由导体、绝缘层、护套和外护层四部分组成。

（1）导体：采用铜或铝作电缆导体。

（2）绝缘体：包在导体外面起绝缘作用。可分为纸绝缘、橡皮绝缘和塑料绝缘三种。

（3）护套：起保护绝缘层的作用。可分为铅包、铝包、铜包、不锈钢包和综合护套等。

（4）外护层：一般起承受机械外力或拉力的作用，以免电缆受损。主要有钢带和钢丝两种。

表 8 - 26　　　　　　　　　　　　聚氯乙烯绝缘电力电缆敷设场合

型　号		名　　称	敷　设　场　合
铜芯	铝芯		
VV	VLV	聚氯乙烯绝缘聚氯乙烯护套电力电缆	可敷设在室内、隧道、电缆沟、管道、易燃及严重腐蚀地方，不能承受机械外力作用
VY	VLY	聚氯乙烯绝缘聚乙烯护套电力电缆	可敷设在室内、管道、电缆沟及严重腐蚀地方，不能承受机械外力作用
VV22	VLV22	聚氯乙烯绝缘钢带铠装聚氯乙烯护套电力电缆	可敷设在室内、隧道、电缆沟、地下、易燃及严重腐蚀地方，不能承受拉力作用
VV23	VLV23	聚氯乙烯绝缘钢带铠装聚乙烯护套电力电缆	可敷设在室内、电缆沟、地下及严重腐蚀地方，不能承受拉力作用
VV32	VLV32	聚氯乙烯绝缘细钢丝铠装聚氯乙烯护套电力电缆	可敷设在地下、竖井、水中及易燃及严重腐蚀地方，不能承受大拉力作用
VV33	VLV33	聚氯乙烯绝缘细钢丝铠装聚乙烯护套电力电缆	可敷设在地下、竖井、水中及严重腐蚀地方，不能承受大拉力作用
VV42	VLV42	聚氯乙烯绝缘粗钢丝铠装聚氯乙烯护套电力电缆	可敷设在竖井、易燃及严重腐蚀地方，能承受大拉力作用
VV43	VLV43	聚氯乙烯绝缘粗钢丝铠装聚乙烯护套电力电缆	可敷设在竖井及严重腐蚀地方，能承受大拉力作用

注　该产品适用于交流额定电压（U_0/U）0.6/1kV、3.6/6.0kV的线路中，供输配电能使用。

表 8-27　　　　　　　　　聚氯乙烯绝缘电力电缆芯数标称截面范围

型号(铜芯)	型号(铝芯)	芯数	标称截面 0.6/1 (kV)	标称截面 3.6/6 (kV)
VV VY		1	1.5~800	10~1000
	VLV VLY		2.5~1000	10~1000
VV22 VV23	VLV22 VLV23		10~1000	10~1000
VV VY		2	1.5~185	
	VLV VLY		2.5~185	
VV22 VY23	VLV22 VLV23	2	4~185	
VV VY	VLV VLY	3+1	4~300	
VV22 VV23	VLV22 VLV23			
VV32	VLV32			
VV42	VLV42			
VV VY	VLV VLY	4	4~185	
VV22 VV32	VLV22 VLY23			
VV32	VLV32			
VV42	VLV42			

型号(铜芯)	型号(铝芯)	芯数	标称截面 0.6/1 (kV)	标称截面 3.6/6 (kV)
VV VY		3	1.5~300	10~300
	VLY VLY		2.5~300	10~300
VV22 VV23	VLV22 VLV23		4~300	10~300
VV32 VV33	VLV32 VLV23		4~300	16~300
VV42 VV43	VLY42 VLY43		4~300	16~300
VV VV22	VLV VLV22	3+2		
VV VV22	VLV VLV22	4+1	4~185	
VV VV22	VLV VLV22	5		

注　导电线芯长期工作温度不能超过70℃，短路温度不能超过160℃（最长持续时间5s）。电缆敷设时，温度不能低于0℃，弯曲半径应不小于电缆外径的10倍，电缆敷设不受落差限制。

表 8-28　　　　　　　　　聚氯乙烯绝缘电力电缆绝缘标称厚度

导体标称截面 (mm²)	额定电压 0.6/1	额定电压 1.8/3	额定电压 3.6/6	额定电压 6/6 6/10	导体标称截面 (mm²)	额定电压 0.6/1	额定电压 1.8/3	额定电压 3.6/6	额定电压 6/6 6/10
	绝缘标称厚度 (mm)					绝缘标称厚度 (mm)			
1.5、2.5	0.8	—	—	—	150	1.8	2.2	3.4	4.0
4、6	1.0	—	—	—	185	2.0	2.2	3.4	4.0
10	1.0	2.2	3.4	4.0	240	2.2	2.2	3.4	4.0
16	1.0	2.2	3.4	4.0	300	2.4	2.4	3.4	4.0
25	1.2	2.2	3.4	4.0	400	2.6	2.6	3.4	4.0
35	1.2	2.2	3.4	4.0	500~800	2.8	2.8	3.4	4.0
50、70	1.4	2.2	3.4	4.0	1000	3.0	3.0	3.4	4.0
95、120	1.6	2.2	3.4	4.0					

表 8－29　　聚氯乙烯绝缘电力电缆铠装钢带或铝带的层数、厚度和宽度（mm）

| 铠装前假定直径 | 层数×厚度（≥） | | 宽度（≤） | 铠装前假定直径 | 层数×厚度（≥） | | 宽度（≤） |
	钢带	铝带或铝合金带			钢带	铝带或铝合金带	
≤15.0	2×0.2	2×0.5	20	35.1～50.0	2×0.5	2×0.5	35
15.1～25.0	2×0.2	2×0.5	25	50.1～70.0	2×0.5	2×0.5	45
25.1～35.0	2×0.5	2×0.5	30	>70.0	2×0.8	2×0.8	60

注　铠装前假定直径在 10.0mm 以下时，宜用直径为 0.8～1.6mm 的细钢丝铠装，也可采用厚度 0.1～0.2mm 的镀锡钢带重叠绕包一层作为铠装，其重叠率应不小于 25%。

表 8－30　　聚氯乙烯绝缘电力电缆铠装钢丝的直径（mm）

铠装前假定直径	细钢丝直径	粗钢丝直径	铠装前假定直径	细钢丝直径	粗钢丝直径
≤15.0	0.8～1.6		35.1～60.0	2.5～3.15	
15.1～25.0	1.6～2.0	4.0～6.0	>60.0	3.15	4.0～6.0
25.1～35.0	2.0～2.5				

注　钢丝直径不包括钢丝上的非金属防蚀层，如用户要求或同意，允许用比规定直径更大的钢丝。

表 8－31　　聚氯乙烯绝缘电力电缆聚氯乙烯外护套标称厚度（mm）

护套前假定直径	外护套标称厚度	护套前假定直径	外护套标称厚度	护套前假定直径	外护套标称厚度
≤12.8	1.8	41.5～44.2	2.5	72.9～75.7	3.6
12.9～15.7	1.8	44.3～47.1	2.6	75.8～78.5	3.7
15.8～18.5	1.8	47.2～49.9	2.7	78.6～81.4	3.8
18.6～21.4	1.8	50.0～52.8	2.8	81.5～84.2	3.9
21.5～24.2	1.8	52.9～55.7	2.9	84.3～87.1	4.0
24.3～27.1	1.9	55.8～58.5	3.0	87.2～89.9	4.1
27.2～29.9	2.0	58.6～61.4	3.1	90.0～92.8	4.2
30.0～32.8	2.1	61.5～64.2	3.2	92.9～95.7	4.3
32.9～35.7	2.2	64.3～67.1	3.3	95.8～98.5	4.4
35.8～38.5	2.3	67.2～69.9	3.4	98.6～101.4	4.5
38.6～41.4	2.4	70.0～72.8	3.5		

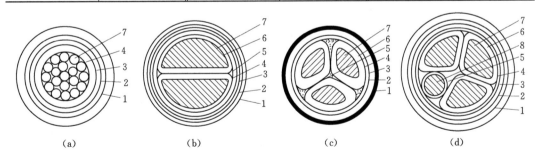

图 8－19　1kV 聚氯乙烯绝缘电力电缆 VV22、VLV22 型结构示意图

（a）单芯电缆；（b）2 芯电缆；（c）3 芯电缆；（d）4 芯电缆

1—聚氯乙烯外护套；2—钢带铠装；3—聚氯乙烯挤包或绕包衬垫；4—聚氯乙烯包带；5—非吸湿性材料填充物；6—聚氯乙烯绝缘；7—铜或铝导体线芯；8—铜或铝中性线导体线芯

二、交联聚乙烯绝缘电力电缆

交联聚乙烯绝缘电力电缆相关参数见表 8-32～表 8-34。

表 8-32　　　　　　　　　交联聚乙烯绝缘电力电缆敷设场合

型　号	名　　称	敷　设　场　合
YJV YJLV	铜芯或铝芯交联聚乙烯绝缘、聚氯乙烯护套电力电缆	敷设在室内、隧道内及管道中，可经受一定的敷设牵引，但电缆不能承受机械外力作用，单芯电缆不允许敷设在磁性材料管道中
YJV22 YJLV22	铜芯或铝芯交联聚乙烯绝缘、聚氯乙烯护套内钢带铠装电力电缆	敷设在室内、隧道内、管道及埋地敷设，电缆能承受机械外力作用但不能承受大的拉力
YJV32 YJLV32	铜芯或铝芯交联聚乙烯绝缘、聚氯乙烯护套内钢丝铠装电力电缆	敷设在高落差地区或矿井中、水中，电缆能承受相当的拉力和机械外力作用

注　1. 1kV 交联电力电缆可以生产阻燃 A 类、B 类、C 类，也可以生产耐火 1kV 交联电力电缆。

　　2. 电缆长期使用时，其线芯最高工作温度不超过 90℃。5s 短路温度不超过 250℃。

　　3. 电缆敷设时不受落差限制，敷设时环境温度不低于 0℃，敷设时电缆的最小弯曲半径，不少于 10 倍电缆外径。

表 8-33　　　　　　　0.6/1kV 交联聚乙烯绝缘电力电缆芯数标称截面范围

型　　号	芯数	标称截面 （mm²）	型　　号	芯数	标称截面 （mm²）
YJV YJLV	1	1.0～630	YJV YJV 22 YJV32 YJLV YJLV22 YJLV32	3+1	4～400
YJV YJV 22 YJV 32 YJLV YJLV22 YJL V32	2	1.0～400	YJV YJV22 YJV32 YJLV YJLV22 YJLV32	4	1.0～400
YJV YJV22 YJV32 YJLV YJLV 22 YJLV32	3	1.0～400	YJV YJV22 YJV32 YJLV YJLV22 YJLV32	5	1.0～400

表 8-34　　　　　　　0.6/1kV 交联聚乙烯绝缘电力电缆技术性能

电缆额定电压	0.6/1kV
线芯直流电阻	按相关标准
工频 5min 耐压试验（kV）	3.5kV 不击穿
绝缘热延伸试验200℃，15min，20N/cm² 压力载荷下最大伸长率不大于（%）	175
冷却后最大永久伸长率（%）	15
4h 工频耐压试验（kV）不击穿	2.4

三、架空绝缘电力电缆

架空绝缘电力电缆相关系数见表 8-35～表 8-38，电缆结构见图 8-20 和图 8-21。

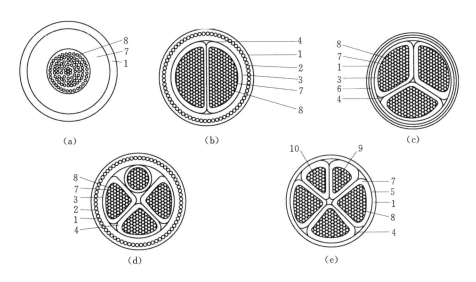

图 8-20 0.6/1kV 交联聚乙烯绝缘电力电缆结构示意图

(a) 单芯；(b) 二芯；(c) 三芯；(d) 四芯；(e) 五芯

1—外护套；2—钢丝；3—内护套；4—填充；5—包带；6—钢带；

7—绝缘；8—导体；9—中性线导体；10—接地保护线导体

表 8-35   0.6/1kV 架空绝缘电力电缆型号中文字含义

类 别	系列代号	导 体			绝 缘		
代号	JK	T（略）	L	LH	V	Y	YJ
含义	架空	铜 （Cu）	铝 （Al）	铝合金 （Al）	聚氯乙烯 （PVC）	高密度聚乙烯 （HDPE）	交联聚乙烯 （XLPE）

注 表示方法示例：

(1) 额定电压 0.6/1kV 铜芯聚氯乙烯绝缘架空电缆，单芯，标称截面为 70mm²，表示为：JKV-0.6/1 1×70。

(2) 额定电压 0.6/1kV 铝合金芯交联聚乙烯绝缘架空电缆，4 芯，标称截面为 16mm²，表示为：JKLHYJ- 0.6/1 4×16。

(3) 额定电压 0.6/1kV 铝芯聚乙烯绝缘架空电缆，4 芯，其中主线芯为 3 芯，标称截面为 35mm²；承载中性导体为铝合金，其标称截面为 50mm²，表示为：JKLY-0.6/1 3×35+1×50。

表 8-36   0.6/1kV 架空绝缘电力电缆芯数与标称截面范围

型 号	芯 数	额定电压 0.6/1kV 标称截面（mm²）
JKV、 JKLV、 JKLHV、 JKLY、 JKLHY、 JKYJ、 JKLYJ、 JKLHYJ、JKTRY、JKTRYJ、JKLGJY	1	16～240
	2，4	10～120
JKLV、JKLY、JKLYJ	3+K*	10～120

注 1. K* 为带承载的中性导体，根据配电工程要求，任选其中截面与主线芯搭配。

2. 架空绝缘电缆主要用于城市、农村配电网中。它结构简单，安全可靠，具有很好的机械性能和电气性能，与裸架空电线相比，敷设间隙小，节约空间，线路电压降减少，尤其是减少供电事故的发生，确保人身安全。

3. 该产品是在铜、铝导体外挤包耐候型聚氯乙烯（PVC）或耐候型黑色高密度聚乙烯（HDPE）或交联聚乙烯（XLPE）或半导电屏蔽层和交联聚乙烯（XLPE）等绝缘材料和屏蔽材料。

表 8-37　　　　　　　　　　0.6/1kV 架空绝缘电力电缆质量（kg/km）

导体标称截面 (mm²)	PVC 绝缘		PE 绝缘		XLPE 绝缘	
	铜芯	铝芯、铝合金芯	铜芯	铝芯、铝合金芯	铜芯	铝芯、铝合金芯
16	178.8	79.8	167.6	68.6	166.8	67.8
25	268.2	113.5	254.6	99.5	253.2	98.5
35	373.8	157.2	354.6	138.0	351.3	134.7
50	513.4	204.1	492.3	183.0	490.8	181.5
70	705.0	271.9	679.7	246.6	678.0	244.9
95	954.5	366.7	920.8	333.0	738.5	330.7
120	1186.5	444.1	1149.8	407.4	1147.4	405.0
150	1481.7	553.7	1436.3	508.3	1433.3	505.3
185	1827.5	682.9	1771.4	626.8	1767.7	623.1
240	2355.4	870.5	2287.4	802.5	2282.9	789.0

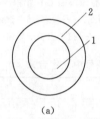 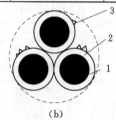

图 8-21　0.6/1kV 架空绝缘电力电缆结构示意图

（a）单芯；（b）三芯

1—导体；2—绝缘层；3—分相标志；L1 相、L2 相、L3 相

表 8-38　　　　　　　　　　0.6/1kV 架空绝缘电力电缆技术参数

导体标称截面 (mm²)	紧压圆形导体中最少单线根数		导体外径 (参考值) (mm)	绝缘标称厚度 (mm)	单芯电缆平均外径上限 (mm)	20℃时导体电阻（Ω/km）不大于				额定工作温度时最小绝缘电阻（MΩ·km）		电缆拉断力（N）不小于		
	铜芯	铝芯及铝合金芯				铜　芯		铝芯	铝合金芯	70℃	90℃	硬铜芯	铝芯	铝合金芯
						硬铜	软铜							
10	6	6	3.8	1.0	6.5	1.906	1.83	3.08	3.574	0.0067	0.67	3471	1650	2514
16	6	6	4.8	1.2	8.0	1.198	1.15	1.91	2.217	0.0065	0.65	5486	2512	4022
25	6	6	6.0	1.2	9.4	0.749	0.727	1.20	1.303	0.0054	0.54	8465	3762	6284
35	6	6	7.0	1.4	11.0	0.540	0.524	0.868	1.007	0.0054	0.54	11731	5177	8800
50	6	6	8.4	1.4	12.3	0.399	0.387	0.641	0.744	0.0046	0.46	16502	7011	12569
70	12	12	10.0	1.4	14.1	0.276	0.268	0.443	0.514	0.0040	0.40	23461	10354	17596
95	15	15	11.6	1.6	16.5	0.199	0.193	0.320	0.371	0.0039	0.39	31759	13727	23880

续表

导体标称截面（mm²）	紧压圆形导体中最少单线根数		导体外径（参考值）（mm）	绝缘标称厚度（mm）	单芯电缆平均外径上限（mm）	20℃时导体电阻（Ω/km）不大于				额定工作温度时最小绝缘电阻（MΩ·km）		电缆拉断力（N）不小于		
	铜芯	铝芯及铝合金芯				铜 芯		铝芯	铝合金芯	70℃	90℃	硬铜芯	铝芯	铝合金芯
						硬铜	软铜							
120	15	18	13.0	1.6	18.1	0.158	0.153	0.253	0.294	0.0035	0.35	39911	17339	30164
150	15	18	14.6	1.8	20.2	0.128	—	0.206	0.239	0.0035	0.35	49505	21033	37706
185	30	30	16.2	2.0	22.5	0.1021	—	0.164	0.190	0.0035	0.35	61846	26732	46503
240	30	34	18.4	2.2	25.6	0.0777	—	0.125	0.145	0.0034	0.34	79823	34679	60329

注 1. 电缆导体的长期允许工作温度：聚氯乙烯、聚乙烯绝缘应不超过 70℃；交联聚乙烯绝缘应不超过 90℃。

2. 短路时（5s 内）电缆的短时最高工作温度：聚氯乙烯绝缘为 160℃；聚乙烯绝缘为 130℃；交联聚乙烯绝缘为 250℃。

3. 电缆的敷设温度应不低于 −20℃。

4. 电缆的允许弯曲半径：电缆外径 $D<25$mm 者，应不小于 $4D$；电缆外径 $D\geqslant25$mm 者，应不小于 $6D$。

5. 当电缆使用于交流系统时，电缆的额定电压至少应等于该系统的额定电压；当使用于直流系统时，该系统的额定电压应不大于电缆额定电压的 1.5 倍。

第五节 电缆配电线路敷设

一、直埋敷设

电力电缆直埋敷设有关距离要求见表 8-39。

表 8-39　　　　　　电力电缆直埋敷设有关距离要求（m）

埋设深度	≤10kV	0.7	电缆与热力管净距（m）	平行	2
	≥35kV	1.0		交叉	0.5
	穿越农田时	另加 0.2	电缆与其他管道净距		0.5
电缆与建筑物基础距离		0.6	电缆与铁道平行间距	一般	3
电缆与行道树距离		0.75		电气化铁道	10
电缆平行净距	≤10kV	0.1	电缆与保护盖板间细土层厚		0.15
	≥35kV	0.25			
	不同部门的电缆	0.5	电缆导管内径		(1.2～1.5) D（D 为电缆直径）
电缆交叉净距	无隔板	0.5			
	有隔板	0.25			

电力电缆与控制电缆直埋敷设间距见图 8-22。

电缆保护板尺寸及埋设方法见图 8-23。

直埋电缆地面标示桩与电缆标示牌见图 8-24。

直埋电缆入户及保护管做法（一）、（二）见图 8-25 及图 8-26。

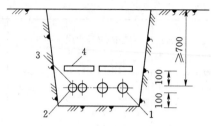

图 8-22　电力电缆与控制

电缆直埋敷设间距（单位：mm）

1—10kV 及以下电力电缆；2—控制电缆；

3—砂或软土；4—保护板

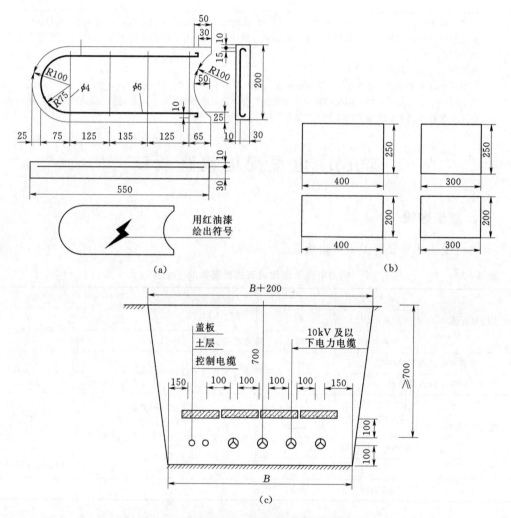

图 8-23　电缆保护板尺寸及埋设方法（单位：mm）

（a）钢筋混凝土电缆保护板；（b）混凝土电缆保保板；（c）电缆保护板在壕沟中埋设方法

注　1. 挖电缆沟时，如遇垃圾等有腐蚀性杂物，须清除并换土。

2. 沟底须铲平夯实，电缆周围上层须均匀密实。

3. 盖板采用预制钢筋混凝土板连接覆盖，如电缆数量较少、无条件做混凝土板时，也可用砖代替。

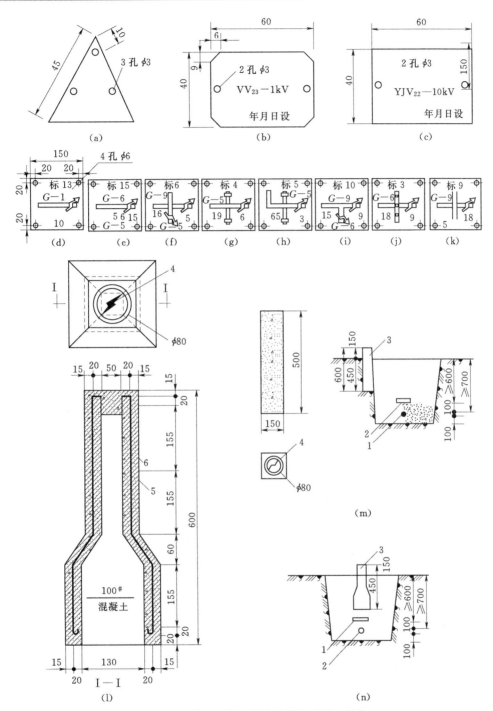

图 8-24　直埋电缆地面标示桩与电缆标示牌（单位：mm）

(a) 控制电缆标志牌；(b) 1kV 及以下电缆标志牌；(c) 10kV 及以下电缆标示牌；(d) 电缆壕沟；(e) 电缆中间接头；(f) 壕沟交叉；(g) 壕沟与管道交叉；(h) 电缆壕沟转弯；(i) 电缆壕沟分支；(j) 壕沟与铁路交叉；(k) 壕沟与道路交叉；(l) 直埋电缆中心标桩；(m) 直埋电缆沟侧方标桩；(n) 直埋电缆中心标桩埋设位置

1—电缆；2—保护板；3—电缆标示桩；4—用红油漆绘出符号；5—ϕ4mm 箍筋；6—ϕ6mm 主筋

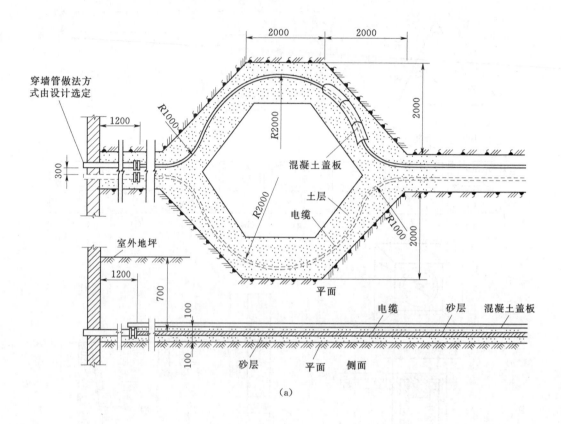

(a)

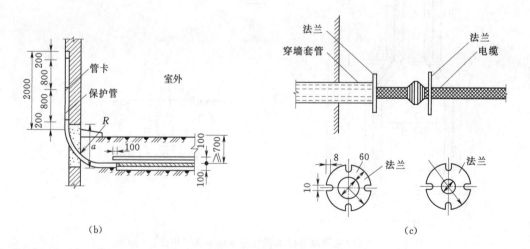

(b)

(c)

图 8-25 直埋电缆入户及保护管做法（一）（单位：mm）
(a) 直埋电缆入户前备用长度做法；(b) 直埋电缆穿附墙保护管入户；
(c) 直埋电缆入户法兰做法

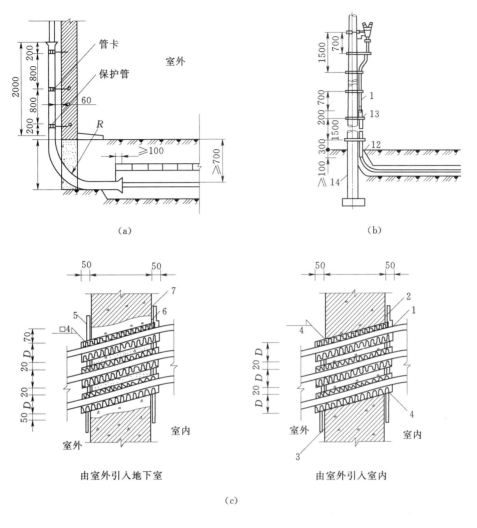

（a）　　　　　　　　　　　　　　　　（b）

由室外引入地下室　　　　　　　　　由室外引入室内

（c）

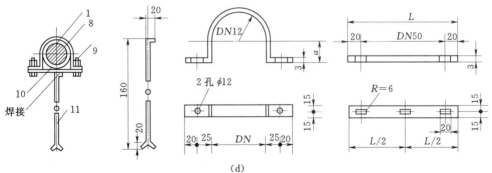

（d）

图 8-26　直埋电缆入户及保护管做法（二）（单位：mm）

（a）直埋电缆穿离墙保护管入户；（b）电缆引至电杆上保护管敷设；

（c）电缆穿墙防水做法；（d）室内保护管离墙安装部件图

1—电缆；2—穿墙套管；3—6mm 厚钢板；4—嵌缝油膏；5—10mm 厚钢板；6—沥青油麻；

7—L50×50×5 护边角钢；8—U 形管卡；9—M8×20 螺栓、螺母、垫圈；10——30×3 卡板；

11—预埋件；12—保护钢管；13—抱箍；14—电杆

229

二、电缆在电缆沟内电缆隧道内敷设

电缆在电缆沟内敷设电缆做法见图 8-27。

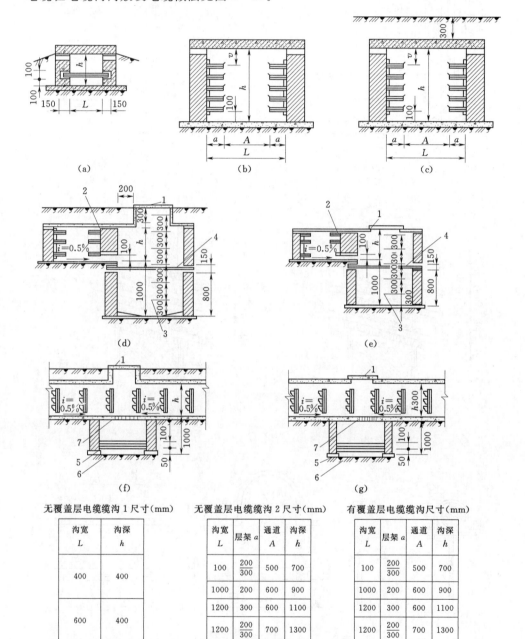

无覆盖层电缆缆沟 1 尺寸（mm）	
沟宽 L	沟深 h
400	400
600	400

无覆盖层电缆缆沟 2 尺寸（mm）			
沟宽 L	层架 a	通道 A	沟深 h
100	200/300	500	700
1000	200	600	900
1200	300	600	1100
1200	200/300	700	1300

有覆盖层电缆缆沟尺寸（mm）			
沟宽 L	层架 a	通道 A	沟深 h
100	200/300	500	700
1000	200	600	900
1200	300	600	1100
1200	200/300	700	1300

图 8-27　电缆在电缆沟内敷设电缆沟做法（单位：mm）

（a）无覆盖室外电缆沟 1；（b）无覆盖室外电缆沟 2；（c）有覆盖室外电缆沟；（d）有覆盖层电缆沟沟侧集水井 1；

（e）无覆盖层电缆沟沟侧集水井 1；（f）有覆盖层电缆沟沟侧集水井 2；（g）无覆盖层电缆沟沟侧集水井 2

1—集水井人孔盖板；2—φ10 接地线；3—铁爬梯；4—角钢 L100×7；

5—卵石或碎石层；6—砂层；7—铁箅子

电缆在电缆沟电缆隧道内敷设做法见图 8-28。

电缆支架形式及电缆在支架上固定方法见图 8-29。电缆支架的安装方法见图 8-30。

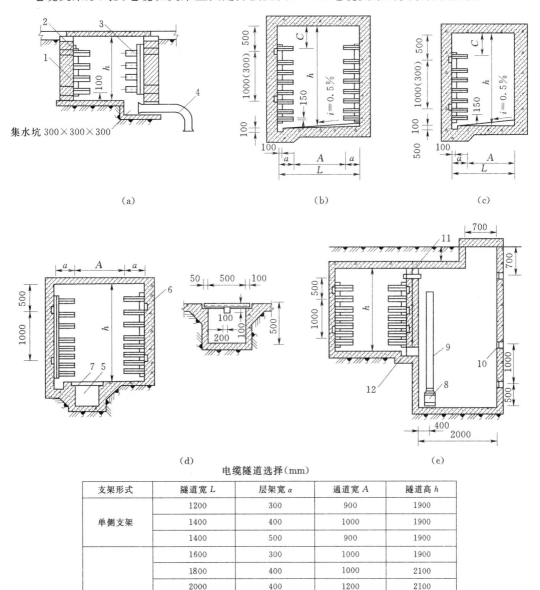

电缆隧道选择（mm）

支架形式	隧道宽 L	层架宽 α	通道宽 A	隧道高 h
单侧支架	1200	300	900	1900
	1400	400	1000	1900
	1400	500	900	1900
双侧支架	1600	300	1000	1900
	1800	400	1000	2100
	2000	400	1200	2100
	2000	5000	1000	2300
	2000	400/500	1100	2300

图 8-28 电缆在电缆沟电缆隧道内敷设做法（单位：mm）

（a）电缆沟集水坑；（b）双侧支架电缆隧道直线段；（c）单侧支架电缆隧道直线段；

（d）电缆隧道集水坑；（e）电缆隧道集水井

1—支架；2—φ10接地线；3—层架；4—排水管；5—集水坑；6—预埋钢板—100×10；

7—铁算子；8—潜水泵；9—排水管；10—预埋块；11—保护管；12—排水沟

231

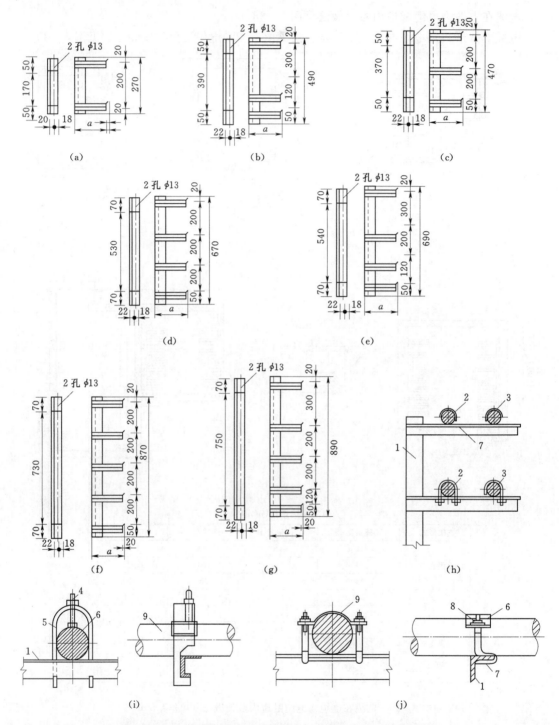

图 8-29　电缆支架形式及电缆在支架上固定方法（单位：mm）

(a) 支架 1；(b) 支架 2；(c) 支架 3；(d) 支架 4；(e) 支架 5；(f) 支架 6；(g) 支架 7；(h) 电缆在支架上
用管卡固定安装；(i) 电缆在支架上用 U 形夹固定安装；(j) 电缆在支架上用 Ⅱ 形夹固定安装

1—支架；2—管卡子；3—单边管卡子；4—螺栓；5—U 形夹；6—压板；

7—Ⅱ 形夹；8—螺母；9—电缆

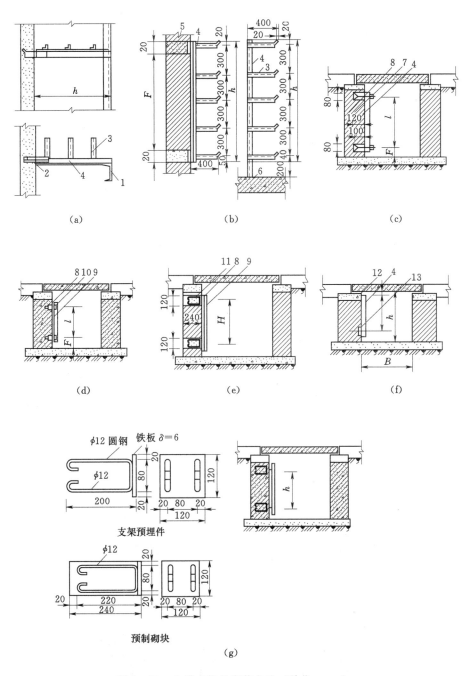

图 8-30 电缆支架的安装方法 (单位: mm)

(a) 过梁支架安装；(b) 支架落地安装；(c) 支架用底脚螺栓固定；(d) 支架用膨胀螺栓固定；

(e) 支架用预制砌块安装；(f) 预埋扁钢固定支架；(g) 支架与预埋件焊接固定

1—过梁；2—L50×5，l=180 预埋角钢；3—层架；4—主架；5—预埋块；

6—预埋件；7—底脚螺栓；8—接地线；9—支架；10—膨胀螺栓；

11—砌块；12—护边角钢；13—预埋扁钢

三、电缆敷设工艺

电缆敷设传动牵引工具牵引力见图 8-31。

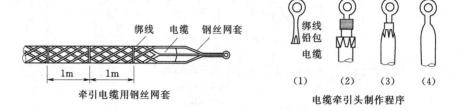

牵引电缆用钢丝网套

电缆牵引头制作程序

电缆最大牵引强度（N/mm²）

牵引方式	牵引头	铜丝网套			
受力部位	铜芯	铝芯	铅套	铝套	塑料护套
允许牵引强度	70	40	10	40	7

各种牵引条件下的摩擦系数

牵引条件	摩擦系数	牵引条件	摩擦系数
钢管内	0.17～0.19	混凝土管,有水	0.2～0.4
塑料管内	0.4	滚轮上牵引	0.1～0.2
混凝土管,无润滑剂	0.5～0.7	砂中牵引	1.5～3.5
混凝土管,有润滑	0.3～0.4		

注 混凝土管包括石棉水泥管。

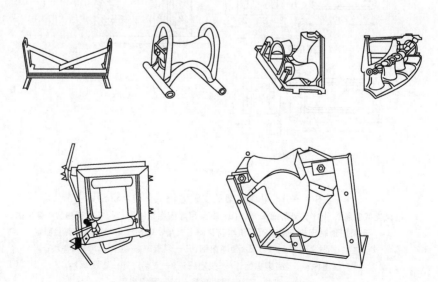

电缆敷设用的各种滚轮

图 8-31 电缆敷设传动牵引工具与牵引力

电缆穿墙、穿楼板、穿井道保护管安装方法见图 8-32。

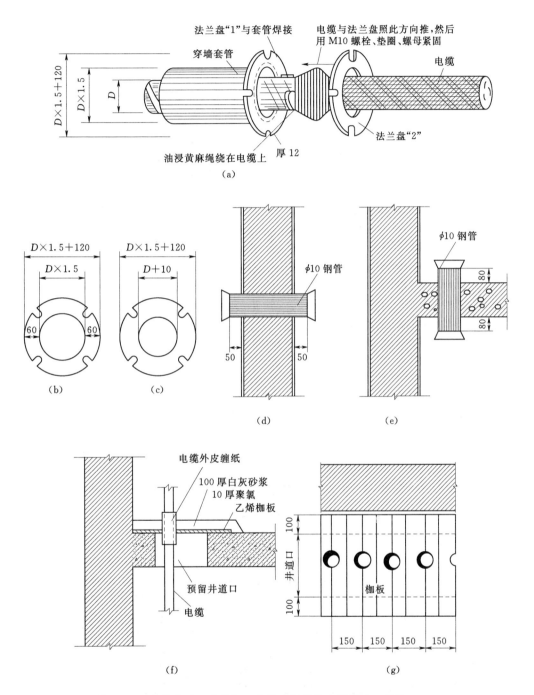

图 8-32 电缆穿墙、穿楼板、穿井道保护管安装做法（单位：mm）

(a) 封闭式电缆穿墙保护管做法图；(b) 法兰盘"1"；(c) 法兰盘"2"；(d) 穿墙保护管；

(e) 穿楼板保护管；(f) 电缆竖井洞口封堵做法示意图；(g) 栅板安装尺寸图

同一电缆沟内数条电缆中间接头位置布局见图 8-33。

硬聚氯乙烯电缆保护管连接方法见图 8-34。

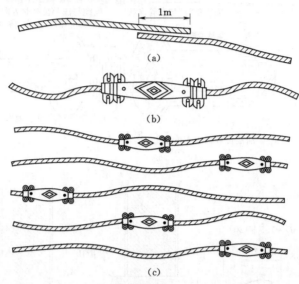

图 8-33　同一电缆沟内数条电缆中间接头位置布局

（a）用中间接头连接的电缆线端的交叉要求；（b）已安装中间接头的电缆线路需要有适当
的回弯裕量；（c）同一电缆沟内数条有中间接头的电缆线路的相互位置布局

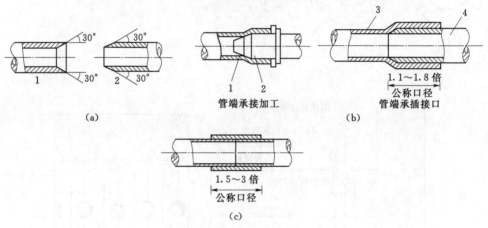

电缆及电缆保护管最小弯曲半径

电缆型式		多芯	单芯	电缆型式		多芯	单芯
控制电缆		10D		交联聚乙烯绝缘电力电缆		15D	20D
橡皮绝缘电力电缆	无铅包、钢铠护套	10D		油浸纸绝缘电力电缆	铅包	30D	
	裸铅包护套	15D			铅包 有铠装	15D	20D
	钢铠护套	20D			铅包 无铠装	20D	
聚氯乙烯绝缘电力电缆		10D		自容式充油（铅包）电缆			20D

注　表中 D 为电缆外径。

图 8-34　硬聚氯乙烯电缆保护管连接方法

（a）连接管管口加工；（b）管口承插做法；（c）硬聚氯乙烯管连接

1—硬质聚氯乙烯管；2—模具；3—阴管；4—阳管

平行集束架空绝缘电缆低压线路施工工艺见表8-40。

表8-40 　　　　　　平行集束架空绝缘电缆低压线路施工工艺

项　目	施 工 步 骤 及 工 艺 要 求
1. 主干线路放线	(1) 将集束导线线盘放于放线架上。 (2) 安装与电杆相匹配的拉线抱箍、U形环。 (3) 在拉线抱箍上悬挂放线滑轮。 (4) 沿悬挂滑轮一侧，进行人工放线。 (5) 集束导线架设后自行变成方形。 (6) 在耐张段的一端安装耐张线夹。将耐张线夹与集束导线组装在一起，将已组装好的耐张线夹通过U形环安装在拉线抱箍上。 (7) 调整耐张线夹的方向。将耐张线夹安装至拉线抱箍时，必须使变成方形的集束导线开口向下
2. 主干线路紧线	(1) 预紧线。预紧线的目的，是为悬垂线夹和耐张线夹的安装位置做好标记。观测导线弧垂。导线弧垂的测量，可以使用线路弧垂测量仪，也可以采用标杆杆上目测进行测量。导线弧垂应按施工设计值确定。 (2) 在耐张段各安装点做好标记，释放集束导线。 (3) 在标记处安装耐张线夹。相邻耐张段之间引线的预留长度一般为1～1.2m。 (4) 紧线并安装已组装的耐张线夹。用紧线器紧线时，紧线器夹口与导线间必须加橡胶护层，以免损伤导线的绝缘层。 (5) 在直线杆上安装悬垂线夹。将悬垂线夹通过U形环与拉线抱箍连接；将导线放入悬垂线夹的橡胶辊中，固定好集束导线；拆除放线滑轮
3. 分支线路	(1) 分支线路的放线、紧线步骤及工艺与主干线路相同。 (2) 分支线与主干线连接。选取与主干线、分支线导线相匹配的防水并沟线夹。在主干线水平张紧处，选取T接下线点。T接下线点可统一选定在电杆的一侧，也可分布在电杆两侧；T接点距耐张线夹及各接点间的距离不得小于150mm。 (3) 安装防水并沟线夹。在主干线路各导线T接处剥掉比防水并沟线夹略长的导线绝缘层，安装防水并沟线夹，拧紧螺栓确保接触良好。安装防水罩，防水罩流水孔应垂直向下，不得装反
4. 档间平行集束导线的连接	(1) 将需要连接的导线端部剥去绝缘层。两端剥去绝缘层的长度各为接线管长度的一半。 (2) 套入热缩管。 (3) 将欲连接的导线端部插入铝合金压接管，用液压钳压紧。 (4) 将热缩管移至连接部位，加热缩紧。一个耐张段内同一根导线的连接点不得超过3处。各接头间距顺导线方向不小于200mm；固定点，如耐张线夹、悬垂线夹等，距最近接头点不小于500mm
5. 接户线	(1) 选取与负荷相匹配的接户线导线。接户线单芯截面积不得小于4mm²。 (2) 安装接户线应使用耐张线夹或四槽绝缘子。接户线长度小于5m时，建筑物上第一支撑点采用四槽绝缘子与尖铁配合固定；接户线长度大于5m时，采用耐张线夹、连板和尖铁配合固定。接户线长度一般不得超过25m。 (3) 测量绝缘电阻。平行集束导线的绝缘电阻的测量，必须与电能表连接之前进行。 (4) 按设计要求的相别接入电能表
6. 集束绝缘电缆绝缘损伤的处理	(1) 电缆若出现硬弯、死弯时，必须锯断处理。 (2) 绝缘层损伤深度在绝缘厚度的10%及以上时应将损伤处进行绝缘修补。可用绝缘自粘带缠绕，每圈绝缘自粘带间，搭压带宽的1/2，缠绕宽度应在两端各留10mm以上的余度。修补后绝缘自粘带的厚度应略大于绝缘层损伤厚度，但不得少于两层；然后再用电工绝缘胶带缠绕，亦不少于两层，且略宽于自粘带缠绕宽度。缠绕时注意防尘埃、防水分
7. 注意事项	(1) 设计的合理性。配电变压器应位于负荷中心附近，合理选择导线截面积，实现短主干多分支，对降损节能具有很重要的作用。 (2) 施工放线工艺。严格按照规程放线施工，防止伤及绝缘、影响施工质量。 (3) 施工中的连接工艺。应连接坚固并保证接触良好，以保证线路安全运行。 (4) 下线点的施工工艺。搞好防水措施，防止雨水对导线的侵蚀

第九章 10kV变电所建设

第一节 低损耗10kV配电变压器

农网改造建设选用低损耗10kV配电变压器，见表9-1~表9-9。

表9-1 S9—M系列低损耗全密闭电力变压器技术数据

型　号	额定容量（kVA）	额定电压（kV）		连接组别	冷却方式	空载损耗（W）	负载损耗（W）	阻抗电压（%）	质量（kg）	
		高压	低压						油	总体
S9—M—315/10F	315					670	3650	4	230	1350
S9—M—400/10F	400					800	4300	4	270	1560
S9—M—500/10F	500					960	5100	4	300	1760
S9—M—630/10F	630					1200	6200	4.5	400	2320
S9—M—800/10F	800	3 6.3 10 ±5%	0.4	Y，yn0 D，yn11	油浸自冷	1400	7500	4.5	450	2750
S9—M—1000/10F	1000					1700	10300	4.5	500	3260
S9—M—1250/10F	1250					1950	12800	4.5	550	3460
S9—M—1600/10F	1600					2400	14500	4.5	650	4150
S9—M—2000/10F	2000					2520	17800	4.5	1170	6090
S9—M—2500/10F	2500					2970	20700	4.5	1360	6920

表9-2 S10—M系列低损耗全密闭电力变压器技术数据

型　号	额定容量（kVA）	额定电压（kV）		连接组别	冷却方式	空载损耗（W）	负载损耗（W）	阻抗电压（%）	质量（kg）	
		高压	低压						油	总体
S10—M—315/10F	315					540	3460	4	300	1600
S10—M—400/10F	400					650	4080	4	365	1855
S10—M—500/10F	500					780	4840	4	400	2100
S10—M—630/10F	630					920	5890	4.5	435	2330
S10—M—800/10F	800	3 6.3 10 ±5%	0.4	Y，yn0 D，yn11	油浸自冷	1120	7120	4.5	500	2770
S10—M—1000/10F	1000					1320	9780	4.5	520	3260
S10—M—1250/10F	1250					1560	11400	4.5	585	3585
S10—M—1600/10F	1600					1880	13770	4.5	665	4700
S10—M—2000/10F	2000					2240	16900	4.5	1210	6900
S10—M—2500/10F	2500					2640	19660	4.5	1420	7840

表 9-3　　　　　S9—M$_a^b$ 系列全密封膨胀散热器电力变压器技术数据

额定容量（kVA）	额定电压（kV）			连接组标号	阻抗电压（%）	空载电流（%）	空载损耗（W）	负载损耗（W）	绝缘油质量（kg）	总体质量（kg）	
	高压	高压分接范围	低压							户内	户外
250	6 6.3 10	±5%	0.4	Y, yn0 D, yn11	4	1.2	560	3050	240	1195	1255
315						1.1	670	3600	255	1380	1440
400						1.0	800	4300	290	1580	1640
500						1.0	960	5100	325	1825	1885
630						0.9	1150	6900	420	2390	2510
800						0.8	1400	8400	480	2570	2690
1000					4.5	0.7	1650	9800	520	2880	3000
1250						0.6	1950	11700	690	3530	3650
1600						0.6	2350	14000	870	4220	4340
2000					5.5	0.6	2700	19000	1070	4980	5100
2500						0.6	3650	21000	1080	5690	5810

注　1. a—户外型；b—户内型。

　　2. 9—低损耗（设计序号），10—更低损耗。

　　3. M—全密封。

表 9-4　　　　　S10—M$_a^b$ 系列全密封膨胀散热器电力变压器技术数据

额定容量（kVA）	额定电压（kV）			连接组标号	阻抗电压（%）	空载电流（%）	空载损耗（W）	负载损耗（W）	绝缘油质量（kg）	总体质量（kg）	
	高压	高压分接范围	低压							户内	户外
250	6 6.3 10	±5%	0.4	Y, yn0 D, yn11	4	1.2	450	3050	240	1195	1250
315						1.1	550	3600	255	1380	1440
400						1.0	660	4300	290	1580	1640
500						1.0	760	5100	325	1825	1885
630						0.9	910	6760	420	2390	2510
800						0.8	1080	8230	480	2570	2690
1000					4.5	0.7	1260	9600	520	2880	3000
1250						0.6	1540	11460	690	3530	3650
1600						0.6	1870	13720	870	4220	4340
2000					5.5	0.6	2250	16500	1070	4980	5100
2500						0.6	3400	19000	1080	5690	5810

注　1. 该系列电力变压器采用进口高导磁优质硅钢片制造铁芯，降低了空载损耗。采用特殊形式的线圈结构，以降低负载损耗、提高机械强度和抗短路冲击能力。

　　2. 采用灵敏度高的突发压力继电器取代气体继电器。采用膨胀散热器取代储油柜。

　　3. 分接开关、活门采用双重密封结构。

　　4. 户内型产品，高压端由电缆引入，低压端由铜排引出。户外型高压端由电缆引入，并加防护罩，低压端可通过封闭母线或电缆箱引出。户内、户外型箱盖与箱沿焊死。

　　5. S9—M$_a^b$、S10—M$_a^b$ 系列电力变压器为 50Hz 三相交流、油浸自冷式全密封铜线变压器。主要适用于石油化工、电力、轻纺、冶金、建材、煤炭等企业的电力系统中，作为配电变压器之用。

表 9-5　　　　　　　　S11—M·R 系列卷铁芯全密封配电变压器技术数据

| 型　号 | 额定容量(kVA) | 额定电压 | | | 连接组标号 | 空载损耗(W) | 负载损耗(W) | 空载电流(%) | 短路阻抗(%) | 质量（kg） | | | 轨距(mm) | 外形尺寸(mm×mm×mm)（长×宽×高，$a×b×c$） |
		高压(kV)	高压分接范围(%)	低压(kV)						器身	油	总体		
S11—M·R—30	30					95	590	1.1		170	85	335	400	1055×635×940
S11—M·R—50	50					130	860	1.0		230	100	430	400	1120×660×1000
S11—M·R—63	63					140	1030	0.95		265	110	495	400	1150×670×1010
S11—M·R—80	80					175	1240	0.88		310	120	550	400	1180×695×1120
S11—M·R—100	100					200	1480	0.85		335	135	590	500	1210×710×1150
S11—M·R—125	125	6 6.3 10 10.5 11	±5	0.4	Y，yn0 D，yn11	235	1780	0.8	4.0	400	150	700	550	1250×720×1175
S11—M·R—160	160					280	2180	0.76		480	170	810	550	1260×725×1205
S11—M·R—200	200					335	2580	0.72		585	190	960	550	1310×735×1225
S11—M·R—250	250					390	3030	0.7		690	220	1150	550	1390×770×1310
S11—M·R—315	315					470	3630	0.65		800	250	1325	550	1425×800×1350
S11—M·R—400	400					560	4280	0.6		960	320	1610	550	1470×860×1390
S11—M·R—500	500					670	5130	0.55		1120	335	1830	660	1500×880×1420
S11—M·R—630	630					805	6180	0.52	4.5	1380	450	2285	660	1540×900×1460

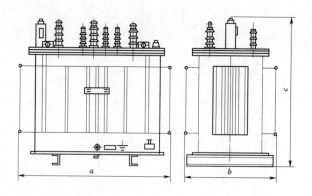

注　1．S11—M·R 系列卷铁芯全密封配电变压器是一种新型高技术产品，适用于 50Hz 三相交流、10kV 及以下电力系统中，作为工厂、矿山、石油、化工及农业配电之用。

　　2．铁芯采用高导磁低损耗冷轧有取向性硅钢带，采用 R 型的铁芯结构，其铁芯为卷绕封闭形，截面接近纯圆形，磁路中没有气隙，磁路合理。铁芯经过良好的退火处理后，彻底消除了内应力。

　　3．绕组采用高、低压绕组套绕，高压绕组直接绕在低压绕组上，两者同心度好，结构紧凑。

　　4．油箱采用膨胀式波纹油箱、全密封结构，减缓了变压器油、变压器绝缘的老化速度。

表 9-6 **SH12—M 系列非晶体合金铁芯全密封配电变压器技术数据**

型号	额定电压			连接组标号	损耗（kW）		空载电流（%）	阻抗电压（%）	质量（kg）			外形尺寸（mm）			轨距（mm×mm）
	高压（kV）	分接范围（%）	低压（kV）		空载	负载			器身	油	总重	长	宽	高	
SH12—M—100/10					0.075	1.50	0.9		450	140	760	1200	570	960	550×550
SH12—M—125/10					0.085	1.80	0.8		520	160	850	1260	610	1010	550×550
SH12—M—160/10					0.10	2.20	0.7		585	200	990	1270	670	1090	550×550
SH12—M—200/10					0.12	2.60	0.6	4	700	250	1160	1360	730	1100	550×550
SH12—M—250/10	6 6.3 10 10.5 11	±5 ±2 ×2.5	0.4	Y，yn0 D，yn11	0.14	3.05	0.6		805	270	1350	1460	790	1130	550×550
SH12—M—315/10					0.17	3.65	0.5		970	290	1570	1570	860	1180	660×660
SH12—M—400/10					0.20	4.30	0.5		1240	410	2030	1750	910	1240	660×660
SH12—M—500/10					0.24	5.10	0.4		1520	480	2330	1800	900	1290	660×660
SH12—M—630/10					0.30	6.20	0.4		1820	540	2800	1900	1060	1300	820×820
SH12—M—800/10					0.35	7.50	0.4		2025	590	2950	2020	1170	1320	820×820
SH12—M—1000/10					0.42	10.30	0.3	4.5	2190	685	3430	2110	1250	1420	820×820
SH12—M—1250/10					0.49	12.80	0.3		2290	770	3580	2200	1320	1460	820×820
SH12—M—1600/10					0.60	14.50	0.3		2750	890	3660	2260	1440	1500	820×820

注　1. 铁芯采用四框卷铁芯结构，用非晶体合金带卷制而成，接缝沿上轭部位均匀分布。

2. 空载损耗非常低，仅为传统硅钢片铁芯类变压器的1/5左右。

3. 油箱采用全密封膨胀式波纹油箱，真空注油。

4. 适用50Hz三相交流、10kV电力系统中。

表 9-7 **D12 系列单相电力变压器技术数据**

型号	额定容量（kVA）	额定电压（kV）		空载损耗（W）	负载损耗（W）	空载电流（%）	短路阻抗 U_k（%）	外形尺寸（mm）			质量（kg）		
		高压	低压					长 L	宽 W	高 H	油	器身	总体
D12—10/10	10			57	240	2.0		590	450	1030	39	100	170
D12—20/10	20			93	380	1.8		590	450	1065	42	110	195
D12—30/10	30			122	500	1.6		590	450	1110	48	140	250
D12—50/10	50			160	660	1.4	3.5	630	500	1160	62	215	335
D12—63/10	63	10	0.23	190	810	1.2		630	500	1220	70	240	370
D12—75/10	75			230	970	1.1		630	500	1285	80	255	420
D12—100/10	100			270	1170	1.0		670	550	1340	90	270	440
D12—125/10	125			310	1440	0.9	4.0	670	550	1390	110	285	480
D12—160/10	160			400	1670	0.8		670	550	1450	130	310	540

续表

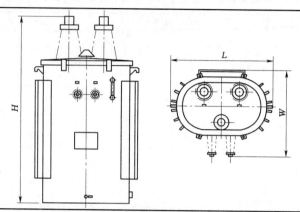

注　1. 10kV级 D12 系列单相电力变压器是特别适用于城网和农网的节能改造，供城乡居民照明、电力用电的配电变压器。

2. 该系列变压器为全密封结构，油箱外壳采用冲压和卷制工艺。铁芯采用新型壳式结构和特种双 H 胶黏结工艺，降低了空载损耗和噪声。安装方式为柱上安装。

表 9 - 8　　　　10kV 级 SCLB8 系列环氧树脂浇注干式电力变压器技术数据

型　号	容量(kVA)	损耗（W） 空载	损耗（W） 负载	阻抗电压(%)	噪声水平(dB)	质量(kg)	外形尺寸（mm） a	b	h	f	g	k	e (轨距)
SCLB8—100/10	100	500	1610	4	50	680	1240	660	960	125	40	45	520
SCLB8—100/10	100	500	1610	6	50	590	1260	660	930	125	40	45	520
SCLB8—160/10	160	680	2150	4	52	800	1260	660	1050	125	40	45	520
SCLB8—160/10	160	650	2250	6	52	850	1370	660	950	125	40	45	520
SCLB8—200/10	200	780	2500	4	52	930	1310	660	1075	125	40	45	520
SCLB8—200/10	200	740	2600	6	52	860	1330	660	1050	125	40	45	520
SCLB8—250/10	250	900	2780	4	52	1120	1370	660	1110	125	40	45	520
SCLB8—250/10	250	860	2820	6	52	1100	1400	660	1090	125	40	45	520
SCLB8—315/10	315	1100	3500	4	52	1230	1390	820	1140	125	40	45	660
SCLB8—315/10	315	1000	3600	6	52	1120	1400	820	1110	125	40	45	660
SCLB8—400/10	400	1200	4000	4	52	1460	1420	820	1295	125	40	45	660
SCLB8—400/10	400	1150	4100	6	52	1280	1410	820	1255	125	40	45	660
SCLB8—500/10	500	1450	4900	4	53	1750	1490	820	1335	125	40	45	660
SCLB8—500/10	500	1400	5000	6	53	1660	1540	820	1305	125	40	45	660
SCLB8—630/10	630	1680	5900	4	53	1990	1510	820	1510	125	40	45	660
SCLB8—630/10	630	1620	6000	6	53	1760	1560	820	1330	125	40	45	660
SCLB8—800/10	800	1900	7100	6	53	2150	1620	820	1520	125	40	45	660
SCLB8—800/10	800	1800	7300	8	53	2150	1660	820	1515	125	40	45	660
SCLB8—1000/10	1000	2200	8300	6	54	2530	1680	990	1595	160	50	55	820
SCLB8—1000/10	1000	2100	8400	6	54	2590	1730	990	1595	160	50	55	820
SCLB8—1250/10	1250	2600	9500	6	55	3080	1790	990	1735	160	50	55	820
SCLB8—1250/10	1250	2400	9600	8	55	3200	1860	990	1765	160	50	55	820
SCLB8—1600/10	1600	3060	12000	6	56	3710	1930	990	1850	160	50	55	820
SCLB8—1600/10	1600	3000	12200	8	56	3740	2010	990	1790	160	50	55	820
SCLB8—2000/10	2000	4100	14700	6	57	4350	2010	1280	1920	200	70	40	1070
SCLB8—2000/10	2000	3900	14900	8	57	4230	2050	1280	1920	200	70	40	1070

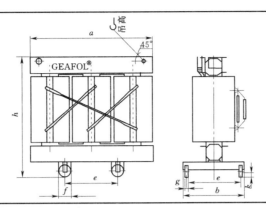

注　1. 额定电压10kV±5%、±2kV×2.5%/0.4kV。

　　2. 连接组标号：D，yn11、Y，yn0。

　　3. 10kV级SCLB8系列环氧树脂浇注干式电力变压器适用于三相交流50Hz（或60Hz）、10kV电力系统中，作为分配电能、变换电压之用。

　　4. 无载调压，调压范围为±5%或±2kV×2.5%。

　　5. 铁芯采用双面绝缘晶粒取向的冷轧电工硅钢片组成。高低压绕组均由真空浇注的铝箔线圈组成，采用环氧树脂和石英粉混合绝缘，绝缘等级为F级。

　　6. 冷却方式有自然空气冷却（AN）和强迫空气冷却（AF）两种。

　　7. 外部连接方式：高低压端子标准出线方式设计为顶部出线，也可采用底部出线；另外，低压端子出线方式亦可采用横排侧出线。

表 9-9　10kV级SCZ9—Z系列环氧树脂浇注有载调压干式电力变压器技术数据

型号	容量 (kVA)	损耗（W） 空载	损耗（W） 负载	空载电流 (%)	阻抗电压 (%)	连接组标号	噪声 (dB)	质量 (kg)	外形尺寸 （长×宽×高，mm×mm×mm）	轨距 (mm×mm)
SCZ9—Z—250/10	250	910	2790	0.8			47	1485	1170×1477×1460	
SCZ9—Z—315/10	315	1080	3330	0.7			48	1700	1170×1477×1510	
SCZ9—Z—400/10	400	1215	3920		4			1900	1230×1482×1498	660×660
SCZ9—Z—500/10	500	1440	4760				50	2230	1330×1490×1585	
SCZ9—Z—630/10	630	1650	5660	0.6				2430	1330×1493×1660	
SCZ9—Z—630/10	630	1600	5790			Y，yn0 D，yn11		2520	1440×1505×1698	
SCZ9—Z—800/10	800	1880	6830				52	2745	1460×1636×1750	
SCZ9—Z—1000/10	1000	2190	8090	0.5				3300	1500×1640×1860	
SCZ9—Z—1250/10	1250	2580	9740		6		53	4070	1590×1692×2058	820×820
SCZ9—Z—1600/10	1600	3030	11470					4900	1690×1657×2075	
SCZ9—Z—2000/10	2000	4140	14060	0.4		D，Yn11	54	5600	1690×1657×2170	
SCZ9—Z—2500/10	2500	4950	16740				55	6360	1990×1886×2200	

注　1. 额定电压：高压10kV；低压0.4kV。

　　2. 具有难燃、防潮、维修简便、能深入负荷中心等优点，在带负荷情况下，通过真空有载分接开关，自动变换变压器一次绕组匝数，以稳定变压器二次绕组的输出电压，从而保证供电质量。

　　3. 有载调压范围：±4kV×2.5%。

　　4. 该系列有载调压变压器并联运行时，必须配置同步控制器，且并列运行台数不可超过4台。

表 9－10　　　　　　　　　　　　　　　双绕组变压器的连接组别

连接组别	相量图和端子接线图	特性及应用
单相 I，I$_0$		用于单相变压器时没有单独特性。不能接成 Y，y 连接的三相变压器组，因此时三次谐波磁通完全在铁芯中流通，三次谐波电压较大，对绕组绝缘极为不利，能接成其他连接的三相变压器组
三相 Y，yn0		绕组导线填充系数大，机械强度高，绝缘用量少，可以实现三相四线制供电，常用于小容量三相三柱式铁芯的配电变压器上。但有三次谐波磁通（数量不是很大），将在金属结构件中引起涡流损耗
三相 Y，zn11		在二次或一次侧遭受冲击过电压时，同一芯柱上的两个半绕组的磁通势互相抵消，一次侧不会感应过电压或逆变过电压，适用于防雷性能高的配电变压器上。但二次绕组需增加 15.5% 的材料用量
三相 Y，d11		二次侧采用三角形连接，三次谐波电流可以循环流动，消除了三次谐波电压。中性点不引出，常用于中性点非有效接地的大、中型变压器上

表 9－11　　　　　　　　　　　　　　　电力变压器并列运行条件

定义	应满足条件
几台变压器一、二次绕组端子各自并联的运行称为变压器并列运行	（1）连接组别标号相同。如不同，在一定条件下可以改变其线端排列而使其相同。在 1～Ⅳ 各组（表 8－3）中改变端子排列顺序，使低压（或高压）相位移动 120°，则在同一组中均能使组别变换。在不同组间，相应地对调两个相别，偶数两组Ⅰ、Ⅱ中线电压相位不变，组别不变；奇数两组Ⅲ、Ⅳ中则使原来的右行结线变为左行结线，以顺时针 2h 改变，组间亦可变换组别，见表 8－4。 （2）电压比相等。如不同，而在任何一台都不会过载时可以并联运行，但应避免空载运行。 （3）短路阻抗相等。如不同，可适当提高短路阻抗高的变压器的二次电压，使并列运行的容量均能充分利用

注　新安装或变动过内外连接线的变压器，并列运行前必须校核三相变压器的连接组别或单相变压器的极性，必须与变压器铭牌和顶盖上的端子标志相一致。

第二节　10kV室外变电所

室外双柱式变台做法图见图9-1。

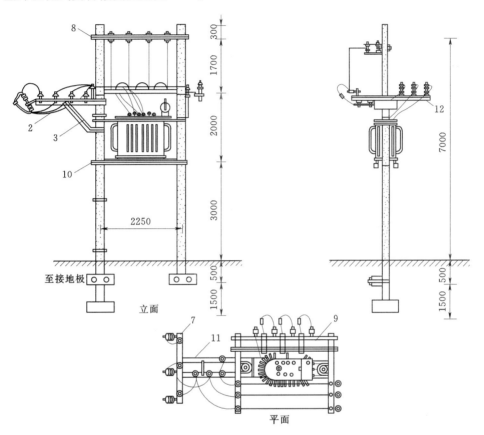

序号	零件名称	规格型号	单位	数量
1	角钢顶担支撑（一反一正）	50×50×6	根	2
2	角钢臂担（一反一正）	65×65×6×1500	根	2
3	角钢支撑（一反一正）	50×50×6	根	2
4	终端杆角钢担	65×65×6×1700	根	1
5	角钢双支撑	50×50×6	根	1
6	角钢顶担	65×65×6×1300	根	1
7	角钢熔断器担	65×65×6×1560	根	1
8	角钢低压四线横担	65×65×6×2540	根	2
9	隔离开关架	65×65×6×2680	根	2
10	变压器台架槽钢	100×48×48×48×5.3×2660	根	2
11	角钢担（一正一反）	65×65×6×2053	根	2
12	双支撑（一正一反）	50×50×6	根	2

图9-1　室外双柱式变台做法图（单位：mm）

室外三柱式变台做法图见图 9-2。

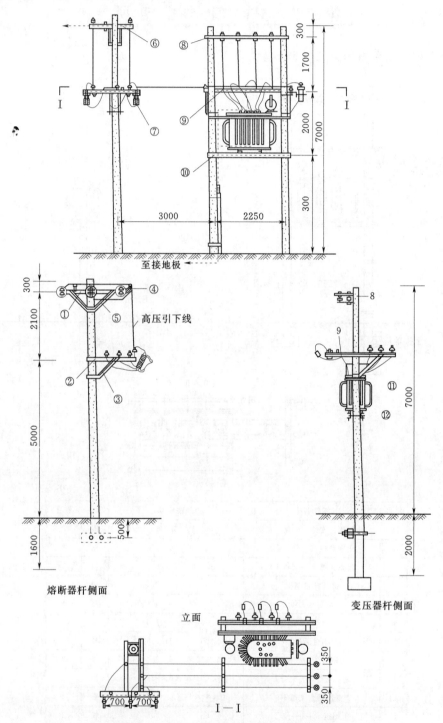

图 9-2　室外三柱式变台做法图（单位：mm）

注　变压器低压侧至隔离开关间导线也可用矩形硬母线。

该型变台零件表同图 9-1。

室外带多功能综合配电箱双柱式变台做法图见图9-3。

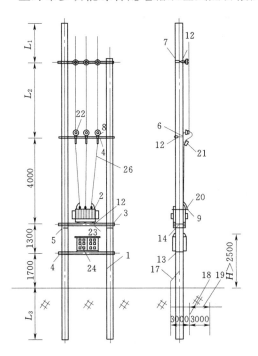

序号	材料名称	规格型号	单位	数量
1	水泥杆φ190	见左下表	根	
2	配电变压器		台	1
3	变压器横架（槽钢）	14号一	块	2
4	开关避雷器横架	L70×7一	块	见左下表
5	变压器抱箍	见左下表	副	
		见左下表	副	
6	圆抱箍	见左下表	副	
		见左下表	副	
7	圆抱箍	φ220	副	0.5
		φ200	副	0.5
8	十字铁	350mm	副	3
9	避雷器挂铁		副	3
10	螺栓	φ16×40	只	11
11	螺栓	φ16×75	只	8
12	双头螺栓	见左下表	只	12
13	双头螺栓	见左下表	只	4
14	双头螺栓	见左下表	只	4
15	圆垫片	见左下表	片	见左下表
16	方垫片	φ21	片	8
17	接地引下线	φ12×2400	支	1
18	直敷接地钢筋	φ16×2000	支	10
19	平敷接地钢筋	φ12	m	20
20	避雷器	HY5WS9—17/15	只	3
21	熔断器	PRW10—10/100A	只	3
22	高压针式绝缘子	P—20T	只	6
23	分头拉铁	600mm	块	2
24	多功能综合配电箱		只	1
25	钢卡子	10mm	只	4
26	塑料铜芯线	BV—25	m	30
27	钢卡子	8mm	只	20

	主杆高度	11m	数量	12m	13m	15m	数量
01	辅杆高度	10m	1基	10m	11mm	13m	1基
04	开关横担	L70×7—	3块	L70×7—	L70×7—	L70×7—	4块
05	变压器抱箍	φ280	1	φ280	φ300	φ320	1
		φ260	1	φ260	φ280	φ300	1
06	圆抱箍	φ240		φ240	φ260	φ280	0.5
		φ220		φ220	φ240	φ260	0.5
12	双头螺丝	φ16×203	8	φ16×203	φ16×203	φ16×203	12
13	双头螺丝	φ16×360	4	φ16×360	φ16×400	φ16×400	4
14	双头螺丝	φ16×330	4	φ16×330	φ16×330	φ16×380	4
15	圆垫片	φ16	15	φ16	φ16	φ16	17
	L1	2200mm		1900mm	1900mm	1800mm	
	L2			1200mm	2100mm	3900mm	
	L3	1800mm		1900mm	2000mm	2300mm	

图9-3　室外带多功能综合配电箱双柱式变台做法图（单位：mm）

注　1. 变压器总容量100kVA及以下时，接地电阻不应大于10Ω；100kVA以上时，不应大于4Ω。

　　2. 变压器横架（槽钢）、开关横担与计量箱支持横担尺寸根据配电变压器容量定：20～80kVA时，选2300mm；100～160kVA时，选2600mm；200～400kVA时，选2900mm。

室外地上变台做法图（一）见图9-4。

室外地上变台做法图（二）见图9-5。

室外带多功能综合配电箱地上变台做法图（一）见图9-6。

室外带多功能综合配电箱地上变台做法图（二）见图9-7。

砌筑高台放置变压器做法见图9-8。

利用配电间屋顶放置变压器做法见图9-9。

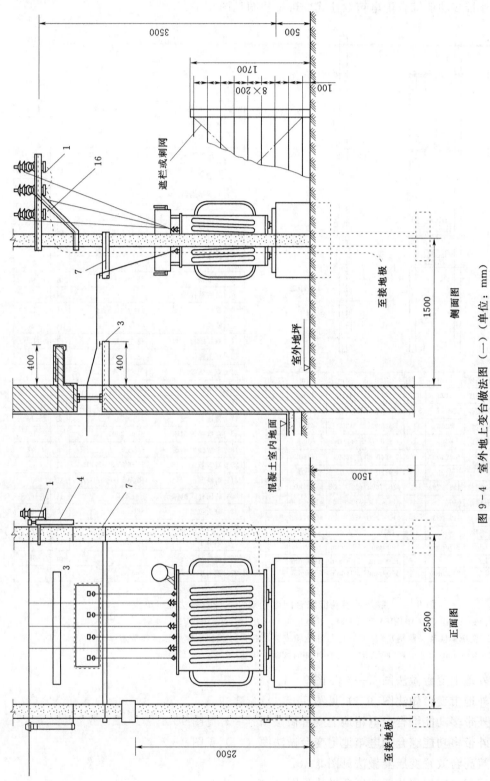

图 9 - 4 室外地上变台做法图 （一） （单位：mm）

注：如无防雨罩时，穿墙板改为室外穿墙套管。零件表见图 9 - 5 内。

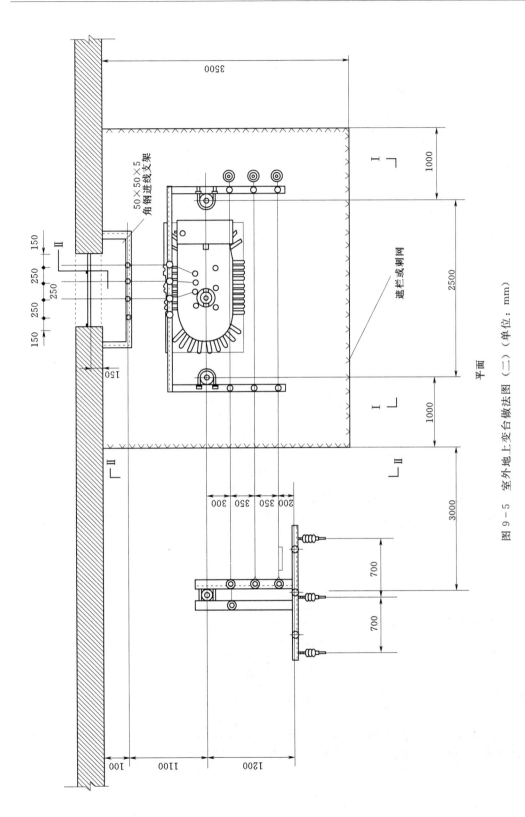

图 9-5 室外地上变台做法图 (二) (单位: mm)

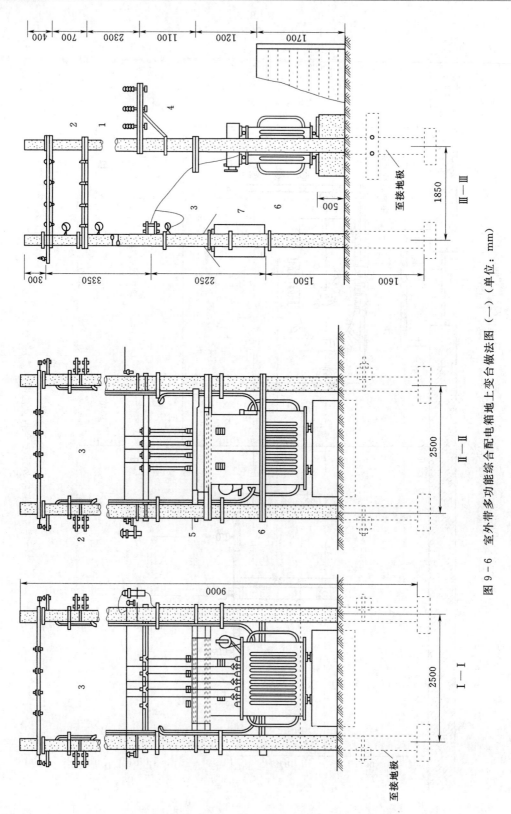

图 9-6　室外带多功能综合配电箱地上变台做法图（一）（单位：mm）

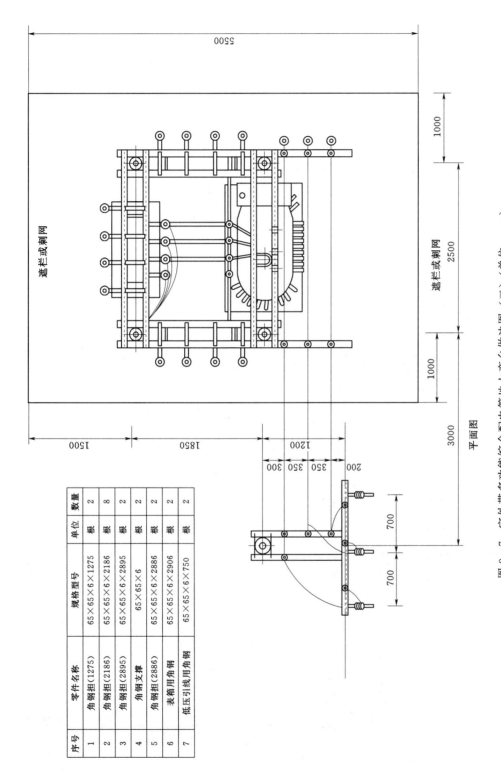

序号	零件名称	规格型号	单位	数量
1	角钢担(1275)	65×65×6×1275	根	2
2	角钢担(2186)	65×65×6×2186	根	8
3	角钢担(2895)	65×65×6×2895	根	2
4	角钢支撑	65×65×6	根	2
5	角钢担(2886)	65×65×6×2886	根	2
6	表箱用角钢	65×65×6×2906	根	2
7	低压引线用角钢	65×65×6×750	根	2

图 9-7　室外带多功能综合配电箱地上变台做法图（二）（单位：mm）

注：安装避雷器时也可另加横担，引线方位上、下均可。

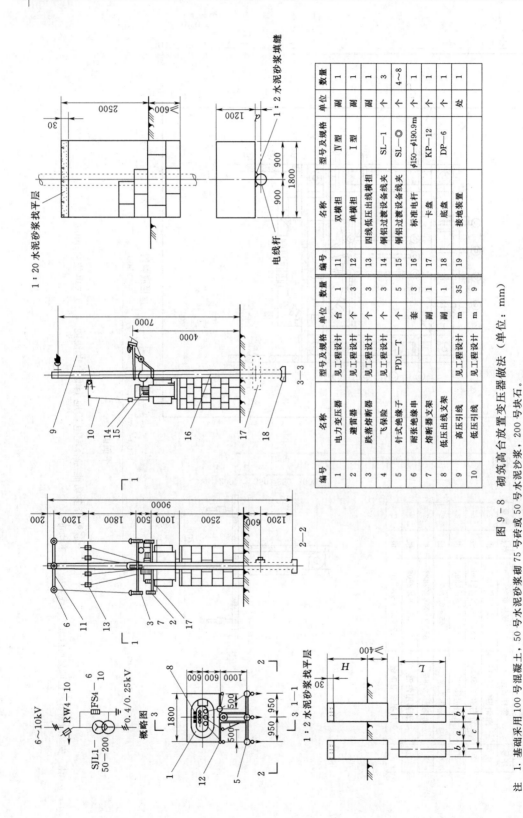

图 9 - 8　砌筑高台放置变压器做法（单位：mm）

注　1. 基础采用 100 号混凝土，50 号水泥砂浆砌 75 号砖或 50 号水泥沙浆，200 号块石。
　　2. 基础需落在老土上。
　　3. 图中 H、L、c 及 a、b、d 在工程设计中选定变压器后提供。

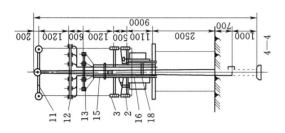

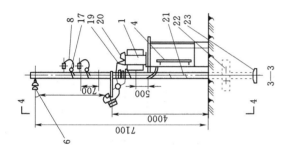

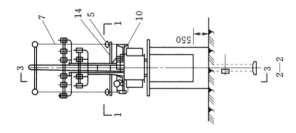

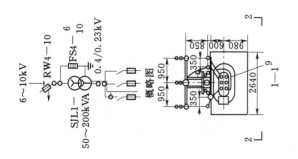

编号	名称	型号及规格	单位	数量
1	电力变压器	见工程设计	台	1
2	避雷器	见工程设计	个	3
3	跌落熔断器	见工程设计	个	3
4	低压配电盘	见工程设计	台	1
5	针式绝缘子	P-10T/15T	个	5
6	耐张绝缘子	见工程设计	组	3
7	高压引线	见工程设计	m	20
8	低压引线	见工程设计	m	50
9	低压引线	见工程设计	m	9
10	单横担	I型	副	1
11	双横担	II型	副	1
12	六线低压出线横担		副	1
13	四线低压出线横担		副	1
14	熔断器支架		副	1
15	钢管	工程决定	根	3
16	钢管	工程决定	根	1~2
17	防水弯头		个	1
18	钢管固定件		套	1
19	铜铝过渡设备线夹	SL-I	个	9
20	铜铝过渡设备线夹	SL-◎	个	4~8
21	电杆	φ150~φ190.9m	根	1
22	卡盘	KP-12	个	1
23	底盘	DP-6	个	1
24	接地装置		处	1

图9-9 利用配电间屋顶放置变压器做法（单位：mm）

屋顶式变台修建安装图见图9-10。

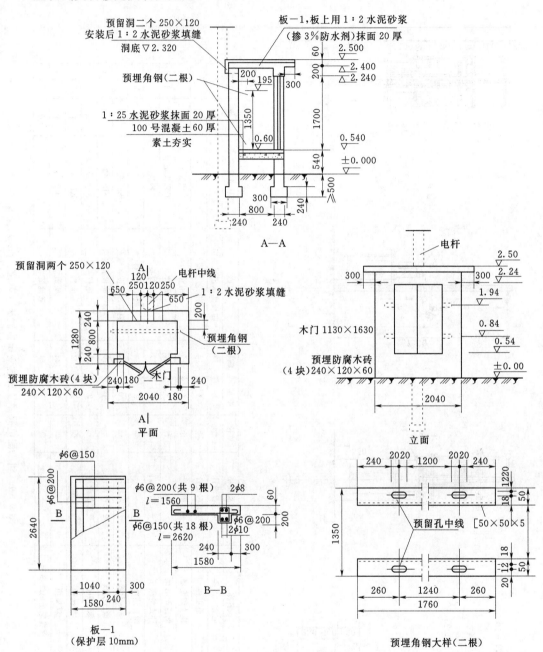

图9-10　屋顶式变台修建安装图（单位：mm）

注　1. 变压器台下的房间内设置低压配电盘。

2. 电杆与砖墙需紧密相联，应先埋设电杆后砌墙，用1∶25水泥砂浆将墙与电杆间缝隙抹平。

3. 砖墙用25号混合砂浆，75号红砖砌240厚实砌墙。

4. 板—1：材料为钢3，200号混凝土。

5. 变压器安装预埋件选定变压器后决定。

避雷器、跌落熔断器在电杆上安装图之一见图9-11。

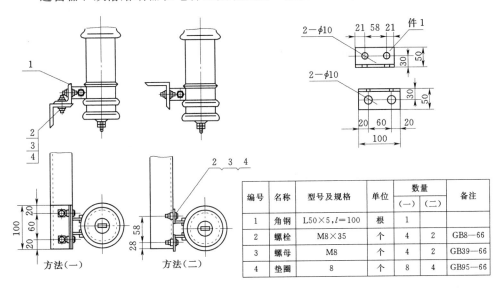

编号	名称	型号及规格	单位	数量		备注
				(一)	(二)	
1	角钢	L50×5, l=100	根	1		
2	螺栓	M8×35	个	4	2	GB8—66
3	螺母	M8	个	4	2	GB39—66
4	垫圈	8	个	8	4	GB95—66

图9-11　避雷器、跌落熔断器在电杆上安装图（一）（单位：mm）

注　1.本图开孔按实际选型避雷器决定。

　　2.全部零件镀锌。

避雷器、跌落熔断器在电杆上安装图之二见图9-12。

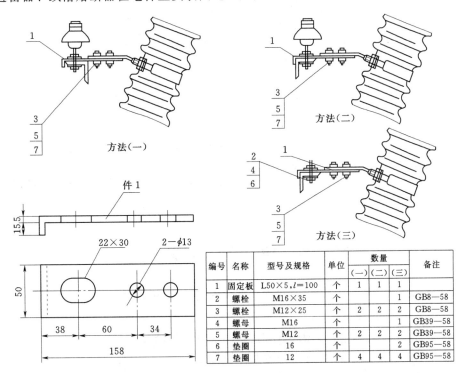

编号	名称	型号及规格	单位	数量			备注
				(一)	(二)	(三)	
1	固定板	L50×5, l=100	个	1	1	1	
2	螺栓	M16×35	个			1	GB8—58
3	螺栓	M12×25	个	2	2	2	GB8—58
4	螺母	M16	个			1	GB39—58
5	螺母	M12	个	2	2	2	GB39—58
6	垫圈	16	个			2	GB95—58
7	垫圈	12	个	4	4	4	GB95—58

图9-12　避雷器、跌落熔断器在电杆上安装图（二）（单位：mm）

注　全部零件镀锌。

变台接地装置做法示例见图9-13。

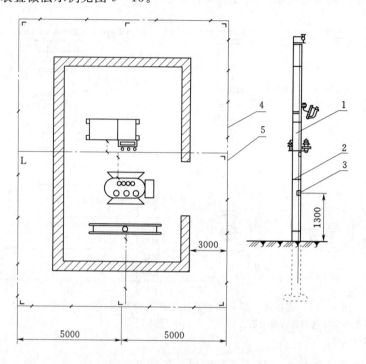

编号	名称	型号及规格	单位	数量
1	接地引下线	GJ—50	m	
2	镀锌铁线	φ3.0	m	
3	并沟线夹	B—1	m	
4	连接线	—25×4	m	
5	接地体	L30×4，L=2500	根	

图9-13　变台接地装置做法示例（单位：mm）

注　1. 接地电阻值要求在4Ω以下，变压器容量不超过100kVA时，接地电阻允许不超过10Ω。

　　2. 杆上不带电的金属件及设备和电缆外皮均应接地。

　　3. 接地引下线，尽量用杆上各种抱箍加以固定，但固定点不得超过1.5m，否则用3.0镀锌铁丝绑于电杆上。

　　4. 零件表中数量由工程设计决定。

第三节　10kV室内变电所

10kV高压架空进线低压架空出线变压器室布置图见图9-14。

10kV高压架空引入线穿墙做法（有避雷器）见图9-15。

10kV高压架空引入线穿墙做法（有避雷器、跌落熔断器）见图9-16。

10kV隔离开关及操作手柄在墙上安装图见图9-17。

10kV隔离开关及操作手柄在侧墙上安装图见图9-18。

10kV负荷开关及操作手柄在墙上安装图见图9-19。

10kV 负荷开关及操作手柄在侧墙上安装图见图 9-20。

低压断路器及操作手柄在墙上安装图见图 9-21。

低压母线在变压器室内做法见图 9-22。

低压母线穿变压器室墙做法见图 9-23。

变压器室高压母线与绝缘子安装图见图 9-24。

变压器室低压母线与绝缘子安装及母线加工图见图 9-25。

高低压母线支柱绝缘子支架安装图见图 9-26。

变压器室母线桥安装做法见图 9-27。

母线与变压器端子及绝缘子安装图见图 9-28。

高压电缆引入低压架空出线变压器室布置图见图 9-29。

高压电缆引入变压器室内做法见图 9-30。

其他常用变压器室布置图见图 9-31。

高、低压开关柜底座安装图见图 9-32。

高压开关柜室高压母线桥安装图见图 9-33。

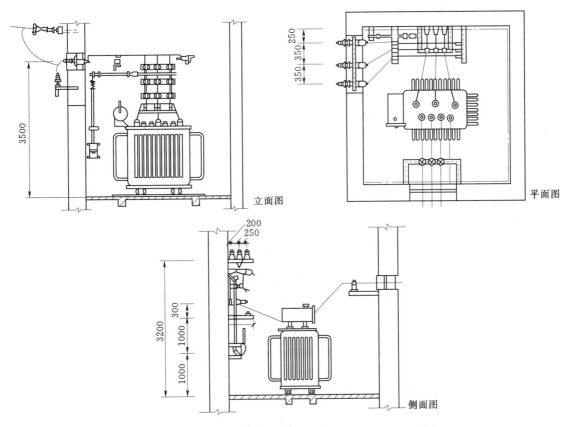

图 9-14　10kV 高压架空进线低压架空出线变压器室布置图（单位：mm）

注　1. 变压器外壳、金属构架等均应接地。

2. 低压中的母线可从墙洞与穿墙板之间的缝隙中穿过，也可沿变压器室地面引出。

3. 母线的安装方式为平放。

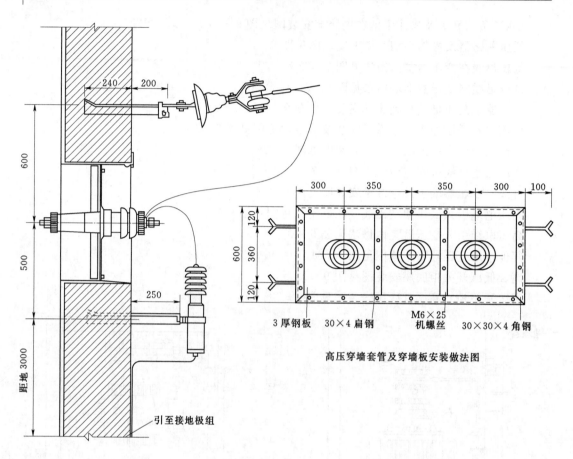

3厚钢板　30×4扁钢　M6×25机螺丝　30×30×4角钢

高压穿墙套管及穿墙板安装做法图

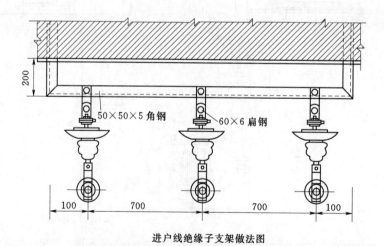

50×50×5角钢　60×6扁钢

进户线绝缘子支架做法图

图9-15　10kV高压架空引入线穿墙做法（有避雷器）（单位：mm）

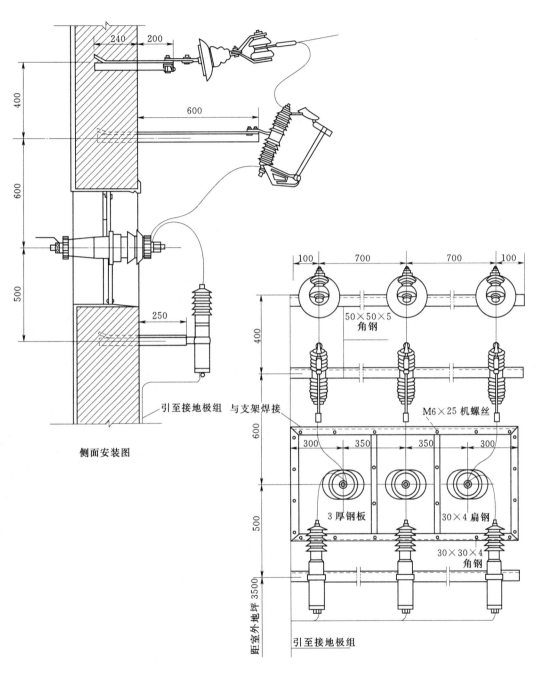

侧面安装图

正面安装图

图 9-16 10kV 高压架空引入线穿墙做法（有避雷器、跌落熔断器）（单位：mm）

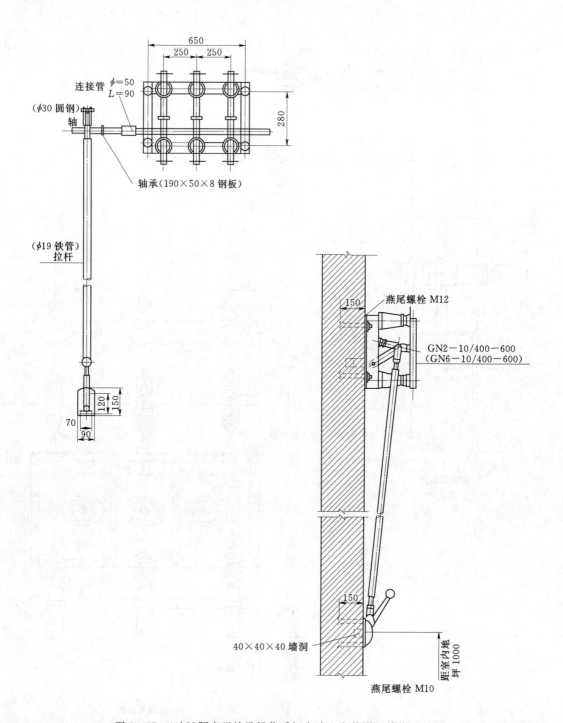

图9-17　10kV隔离开关及操作手柄在墙上安装图（单位：mm）

注　1. 轴延长时需增加轴承，两个轴承的间距不大于1m。

　　2. 隔离开关的刀片打开的角度不小于65°

　　3. 隔离开关的尺寸：有括号者是 GN6—10 型；无括号者是 GN2—10 型。

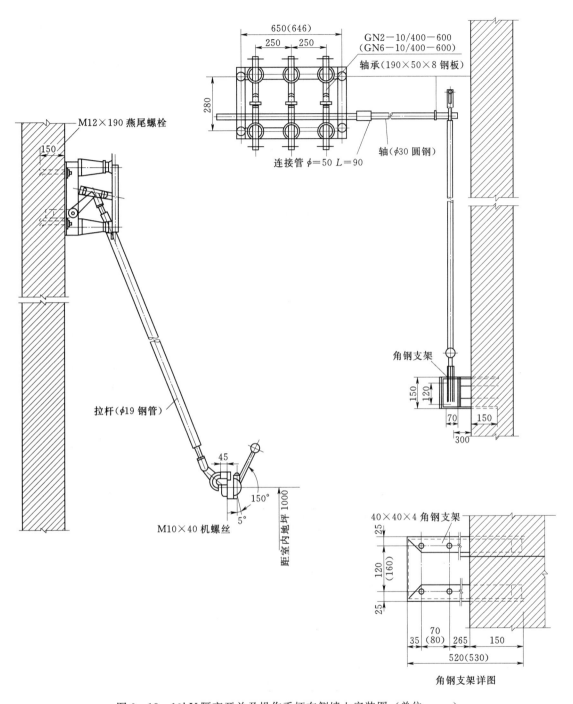

图 9-18　10kV 隔离开关及操作手柄在侧墙上安装图（单位：mm）

注　1. 操作手柄可装在隔离开关的左侧或右侧。

2. 轴延长时需要增加轴承，两个轴承的间距不得大于 1m。

3. 隔离开关刀片打开的角度不小于 65°。

4. 隔离开关的尺寸：有括号者是 GN6—10 型；无括号者是 GN2—10 型。

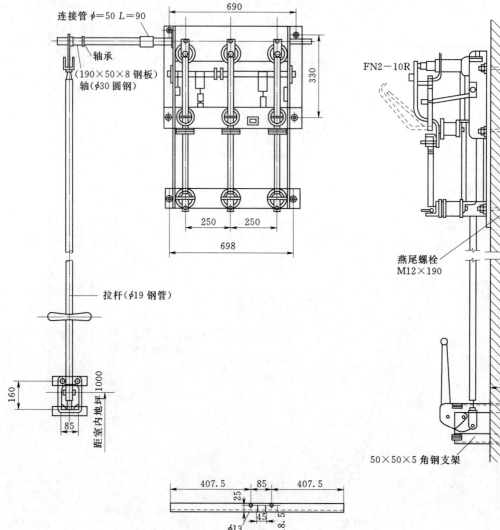

连接管 φ=50 L=90
轴承
(190×50×8 钢板)
轴(φ30 圆钢)
690
330
250 250
698

FN2—10R

燕尾螺栓
M12×190

拉杆(φ19 钢管)

距室内地坪1000
160
85

150
210

50×50×5 角钢支架

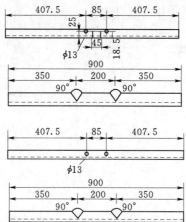

407.5 85 407.5
25
45
18.5
φ13
900
350 200 350
90° 90°

407.5 85 407.5
φ13
900
350 200 350
90° 90°

角钢支架加工尺寸图

图 9-19 10kV 负荷开关及操作手柄在墙上安装图（单位：mm）

注 1. 轴延长时需增加轴承，两个轴承的间距不得大于 1m。

　　2. 负荷开关的刀片打开的角度不得小于 58°。

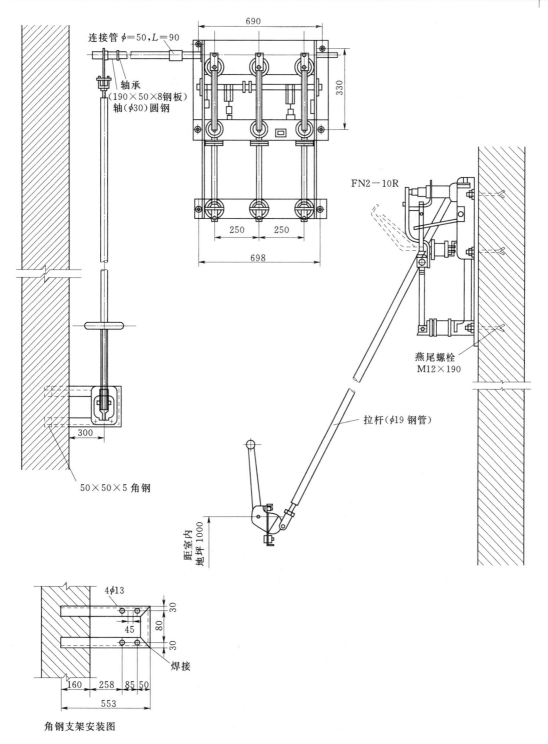

角钢支架安装图

图9-20 10kV负荷开关及操作手柄在侧墙上安装图（单位：mm）

注 1. 操作手柄可装在负荷开关的左侧或右侧。

2. 轴延长时需增加轴承，两个轴承的间距不得大于1m。

3. 负荷开关刀片打开的角度不得小于58°。

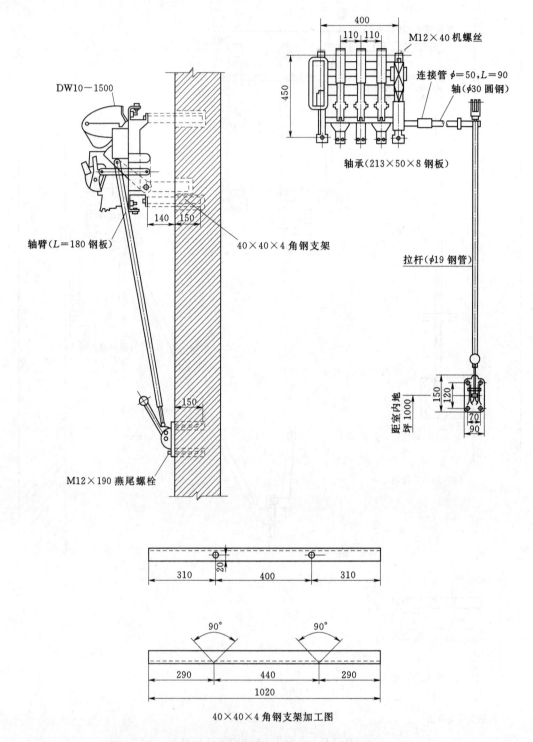

图 9-21　低压断路器及操作手柄在墙上安装图（单位：mm）

注　1. 轴延长时需增加轴承，两轴承的间距不大于 1m。

　　2. 断路器安装后，应调整操作手柄，使其在合闸位置时断路器触头接触良好。

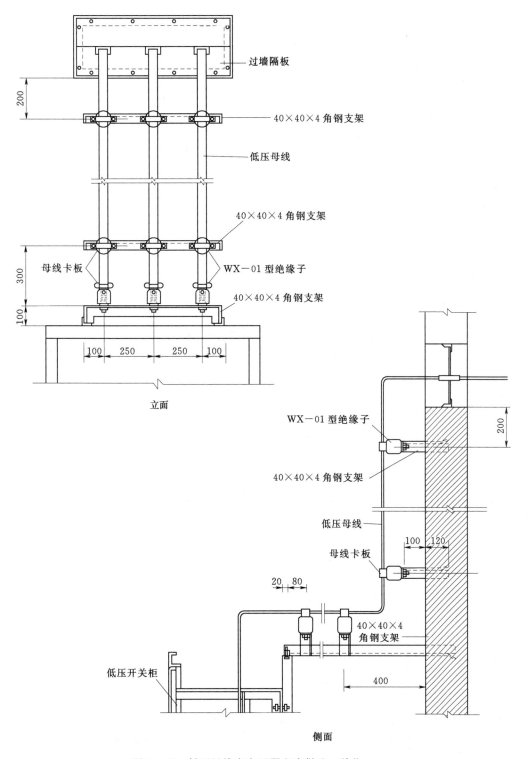

图 9-22 低压母线在变压器室内做法（单位：mm）

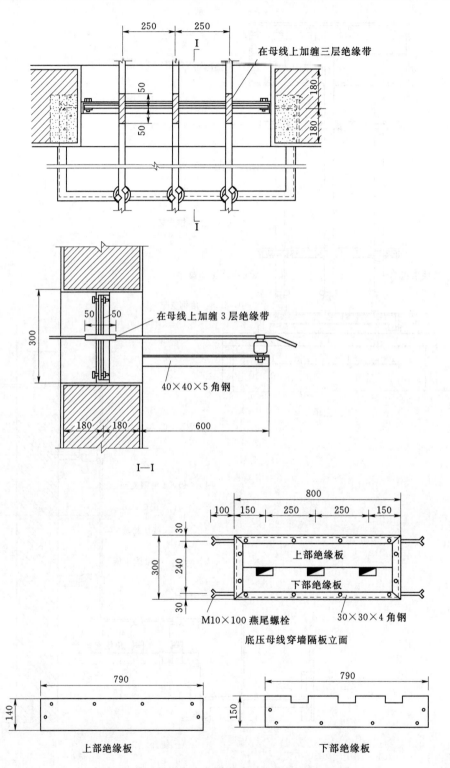

图 9-23　低压母线穿变压器室墙做法（单位：mm）

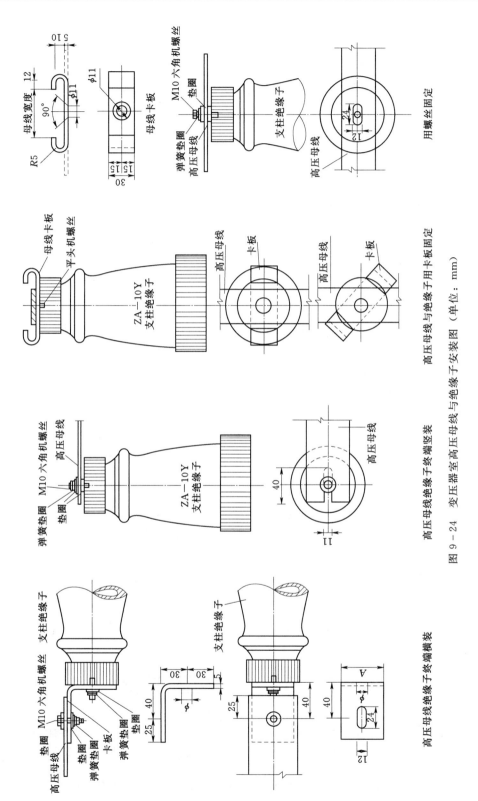

图 9 - 24　变压器室高压母线与绝缘子安装图（单位：mm）

267

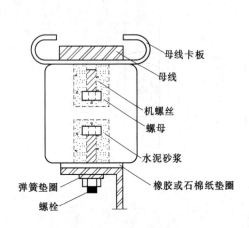

WX—01型电车绝缘子结构图

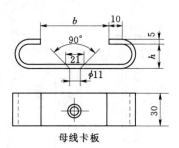

母线卡板

母线卡子规格表

母线截面	40×5	80×6 100×6	100×8
b	55	105	105
h	8	8	12
全长	130	180	190

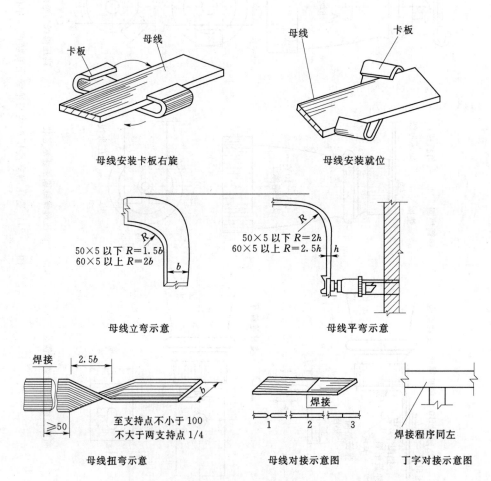

图9-25　变压器室低压母线与绝缘子安装及母线加工图（单位：mm）

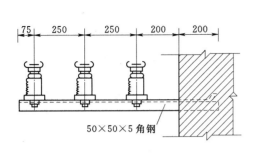

高压绝缘子支架水平安装图

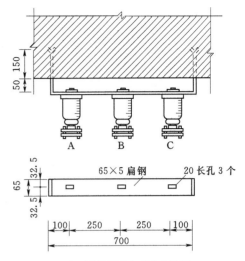

高压绝缘子支架垂直安装图

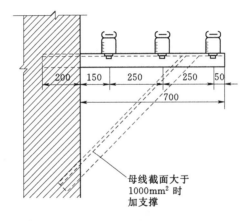

低压绝缘子支架水平安装图

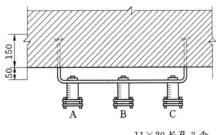

低压绝缘子支架垂直安装图

图9-26 高低压母线支柱绝缘子支架安装图（单位：mm）

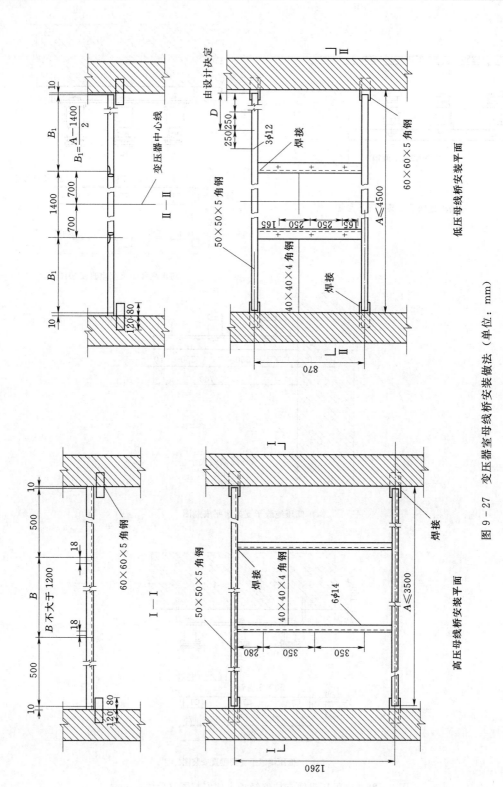

图 9 - 27 变压器室母线桥安装做法（单位：mm）

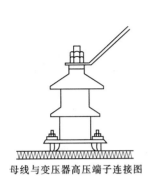

母线与变压器高压端子连接图

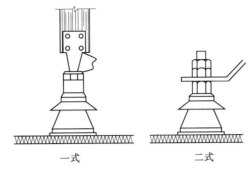

一式　　　　二式

母线与变压器低压端子连接图

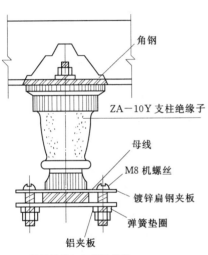

角钢

ZA-10Y 支柱绝缘子

母线

M8 机螺丝

镀锌扁钢夹板

弹簧垫圈

铝夹板

高压母线与绝缘子横装
用夹板安装图

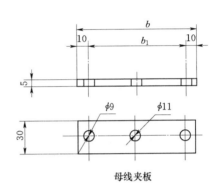

母线夹板

母线夹板规格表（mm）

母线宽度	40～80	100
b	120	140
b₁	100	120

母线夹板配件表

1	母线夹板	硬木浸渍绝缘油
2	螺栓	M6×60 加垫圈
3	母线	依设计规定
4	缠绝缘带	3层黄蜡布

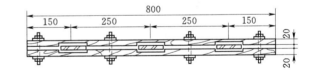

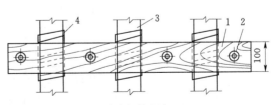

母线夹板做法图

图 9-28　母线与变压器端子及绝缘子安装图

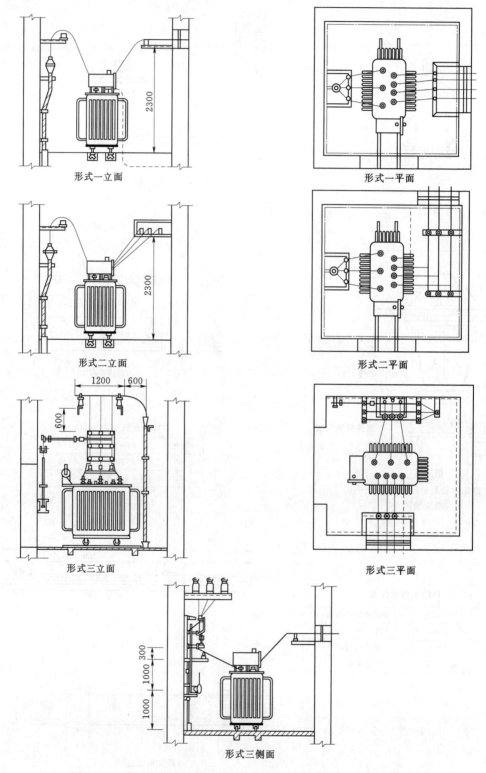

形式一立面　　　　　　　　　形式一平面

形式二立面　　　　　　　　　形式二平面

形式三立面　　　　　　　　　形式三平面

形式三侧面

图 9-29　高压电缆引入低压架空出线变压器室布置图（单位：mm）

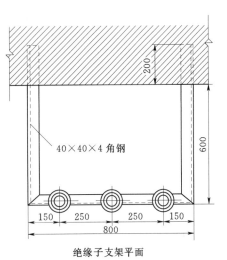

绝缘子支架平面

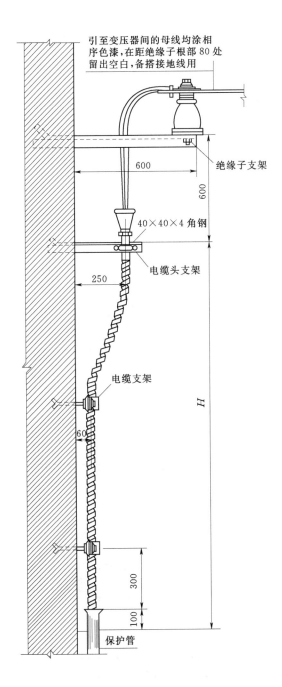

电缆头支架高度表

SJL1 型变压器容量 （kVA）	高度 H （mm）
100～125	1600
160～250	1700
315～400	1900
500～630	2000
800～1000	2100

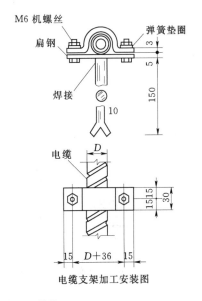

电缆支架加工安装图

图 9-30　高压电缆引入变压器室内做法（单位：mm）

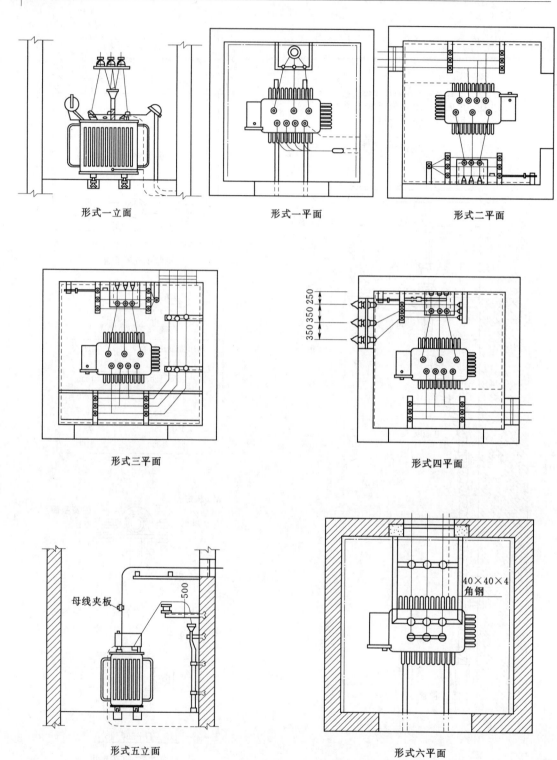

图 9-31 其他常用变压器室布置图（单位：mm）

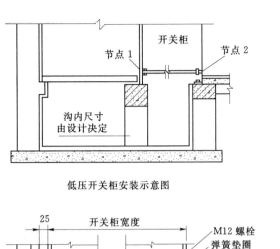

低压开关柜安装示意图

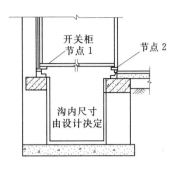

高压开关柜安装示意图

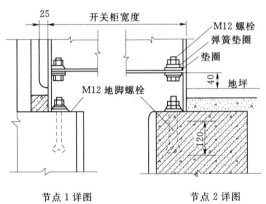

节点1详图　　　节点2详图

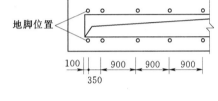

低压开关柜
地脚尺寸图

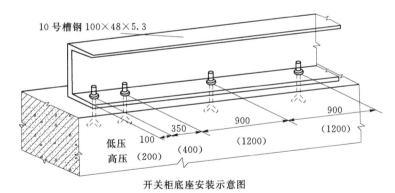

开关柜底座安装示意图

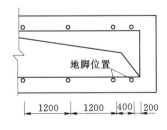

高压开关柜
地脚尺寸图

图9-32　高、低压开关柜底座安装图（单位：mm）

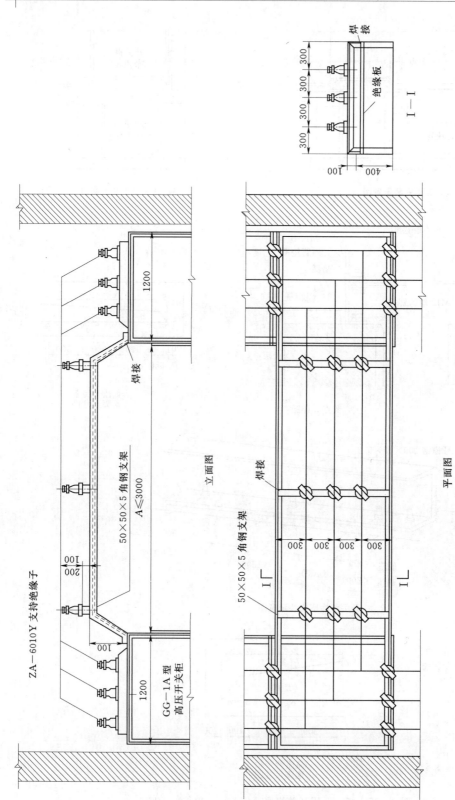

图 9-33　高压开关柜室高压母线桥安装图（单位：mm）

注 1. 本图供 GG-1A 型高压开关柜对面双列平行排列时，柜间母线架设之用。

　　2. 柜间距离大于图注尺寸时，应按工程实际情况调整。

　　3. 支柱绝缘子距离，应不大于 1200mm。

变压器室变压器底座做法见图 9-34。

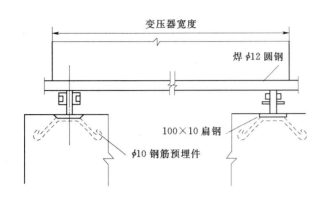

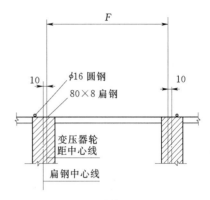

形式一

（不考虑不同容量变压器互换）

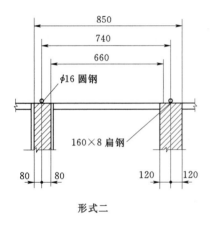

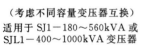

形式二

（考虑不同容量变压器互换）
适用于 SJ1-180~560kVA 或
SJL1-400~1000kVA 变压器

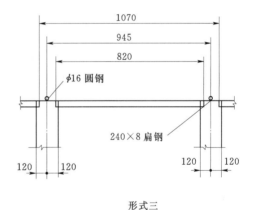

形式三

（考虑不同容量变压器互换）
适用于 SJ1-560~1000
kVA 变压器

型号	容量(kVA)	轮距 F(mm)	质量(kg)	型号	容量(kVA)	轮距 F(mm)	质量(kg)
SJ1（铜线）	50	无轮	508	SJL1（铝线）	100	465	565
	100	660	720		160	550	810
	180	660	1150		200	550	940
	240	660	1550		250	550	1080
	320	660	1700		315	550	1300
	560	820	2585		400	660	1515
	750	1070	3480		500	660	1815
	1000	1070	4400		630	660	2020
					800	820	2920
					1000	820	3440

图 9-34　变压器室变压器底座做法（单位：mm）

开关柜柜室户内进出线做法见图9－35。

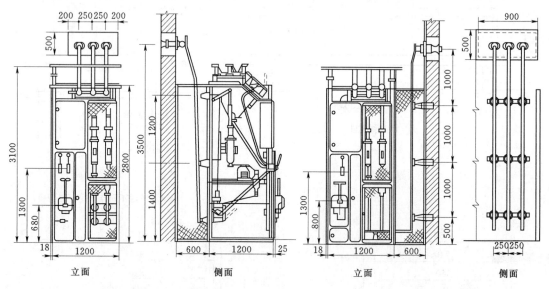

开关柜背面进(出)线做法图 开关柜侧面进(出)线做法图

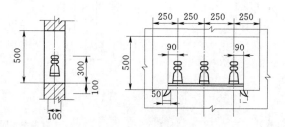

绝缘子竖装穿墙做法图

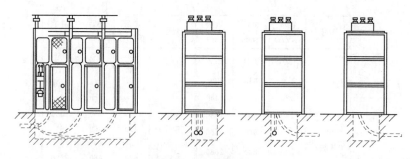

电缆进入开关柜示意图

图9－35 开关柜室户内进出线做法（单位：mm）

注 1. 本图除使用户内穿墙套管外，亦可采用绝缘子竖装穿墙做法。

2. 如采用本方案作为架空线进（出）户时，穿墙套管应改用户外型。

矩形裸母线机械连接工艺图与连接尺寸表见表 9-12。

表 9-12　　矩形裸母线机械连接工艺图与连接尺寸表

连接工艺图	序号	a_1	b_1	c_1	e_1	a_2	b_2	c_2	ϕ	母线连接的类别	母线材料
	1	120	60	30	—	120	60	30	19	120 与 120 直线连接或垂直连接	铝、铜、钢
	2	120	60	30	—	100	50	25	17	120 与 100 垂直连接	铝、铜、钢
	3	120	60	30	—	80	40	20	17	120 与 80 垂直连接	铝、铜、钢
	4	100	50	25	—	100	50	25	17	100 与 100 直线连接或垂直连接	铝、铜、钢
	5	100	50	25	—	80	40	20	17	100 与 80 垂直连接	铝、铜、钢
	6	80	40	20	—	80	40	20	17	80 与 80 直线连接或垂直连接	铝、铜、钢
	7	60	26	17	—	60	26	17	13	60 与 60 垂直连接	铝、钢
	8	60	26	17	—	60	26	17	17	60 与 60 垂直连接	钢
	9	60	26	17	—	50	22	14	13	60 与 50 垂直连接	铝、铜、钢
	10	50	22	14	—	50	22	14	13	50 与 50 垂直连接	铝、铜、钢
	11	40	18	11	—	40	18	11	11	40 与 40 垂直连接	铝、铜、钢
	12	1120	60	30		60,50,40	—	—	13	120 与 60、50、40 垂直连接	铝、铜、钢
	13	100	50	25		60,50,40	—	—	13	100 与 60、50、40 垂直连接	铝、铜、钢
	14	80	40	20		60,50,40,30	—	—	13	80 与 60、50、40、30 垂直连接	铝、铜、钢
	15	60	30	15		40,30	—	—	11	60 与 40、30 垂直连接	铝、铜、钢
	16	60	30	15		25,20	—	—	11	60 与 25、20 垂直连接	铝、铜、钢
	17	50	25	12		40,30,25	—	—	11	50 与 40、30、25、20 垂直连接	铝、铜、钢
	18	40	20	10		20	—	—	7	40 与 20 垂直连接	铝、铜、钢

续表

连接工艺图	序号	连接尺寸(mm)							ϕ	母线连接的类别	母线材料
		a_1	b_1	c_1	e_1	a_2	b_2	c_2			
	19	120	30	15	60	30	—	—	11	120与30垂直连接	铝、铜、钢
	20	120	26	12	50	25,20	—	—	11	120与25、20垂直连接	铝、铜、钢
	21	100	30	15	60	30	—	—	11	100与30垂直连接	铝、铜、钢
	22	100	26	12	50	25,20	—	—	11	100与25、20垂直连接	铝、铜、钢
	23	80	30	15	60	30	—	—	13	80与30垂直连接	钢
	24	80	26	12	50	25,20	—	—	11	80与25、20垂直连接	铝、铜、钢
	25	60	26	17		90	28	17	13	60与60直线连接	铝、铜
	26	50	22	14		75	23	14.5	13	50与50直线连接	铝、钢
	27	60	—	—	—	80	40	20	17	60与60直线连接	钢
	28	50	—	—	—	75	40	17.5	17	50与50直线连接	钢
	29	40	—	—	—	80	40	20	13	40与40直线连接	铝、铜、钢
	30	30	—	—	—	60	30	15	11	30与30直线连接	铝、铜、钢
	31	25	—	—	—	50	26	12	11	25与25直线连接	铝、铜、钢
	32	20	—	—	—	40	20	10	7	20与20直线连接	铝、铜、钢
	33	40	—	—	—	30	—	—	13	40与40垂直连接	铝、铜、钢
	34	40	—	—	—	25	—	—	11	40与25垂直连接	铝、铜、钢
	35	30	—	—	—	30	—	—	13	30与20垂直连接	铝、铜、钢
	36	30	—	—	—	25	—	—	11	30与25、20垂直连接	铝、铜、钢
	37	25	—	—	—	25	—	—	11	25与25、20垂直连接	铝、铜、钢
	38	20	—	—	—	20	—	—	7	20与20垂直连接	铝、铜、钢

注　序号12,钢母线时 $\phi=17$;序号13,钢母线时 $\phi=17$;序号14,不包括 $a_2=30$mm 时的钢母线,其他钢母线 $\phi=17$mm;序号27,钢母线时 $\phi=17$mm。

第四节　10kV室外成套组合变电所

单列组合成套组合变电所布置图见图 9-36。

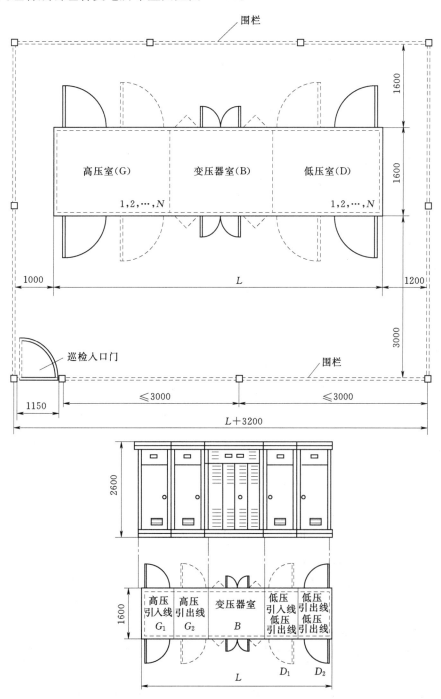

图 9-36　单列组合成套组合变电所布置图（单位：mm）

多列组合成套组合变电所布置图见图 9-37。

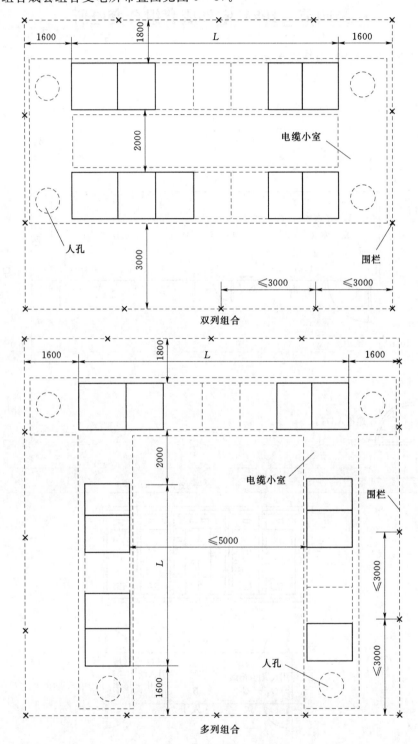

双列组合

多列组合

图 9-37　多列组合成套组合变电所布置图（单位：mm）

注　巡检入口门位置由设计定。

室外成套组合变电所围栏及地面做法见图 9−38。

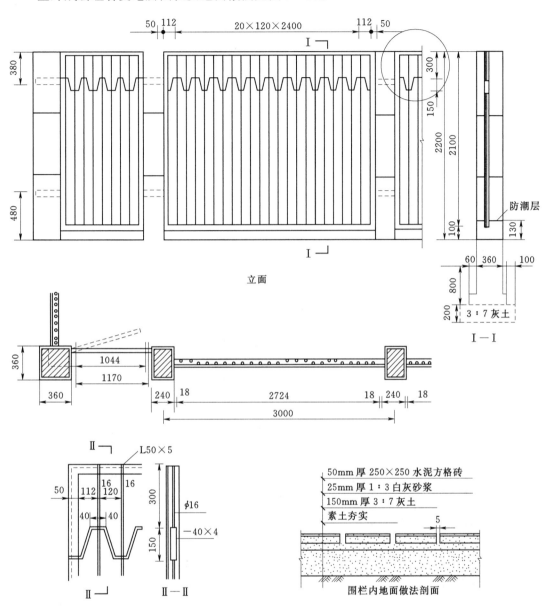

图 9−38　室外成套组合变电所围栏及地面做法（单位：mm）

注　1. 砖垛采用 75 号砖，25 号砂浆。

2. 砖垛应预埋铁件，铁围墙安装就位后与铁件焊接。

3. 砖垛饰面材料由设计人选定。

4. 铁件刷防锈漆一道、绿色油漆两道（或由设计人另定）。

5. 防潮层做法：20mm，1∶3 水泥砂浆加 3‰防水粉。

室外成套组合变电所地下电缆小室做法见图 9−39。

室外成套组合变电所顶板做法见图 9−40。

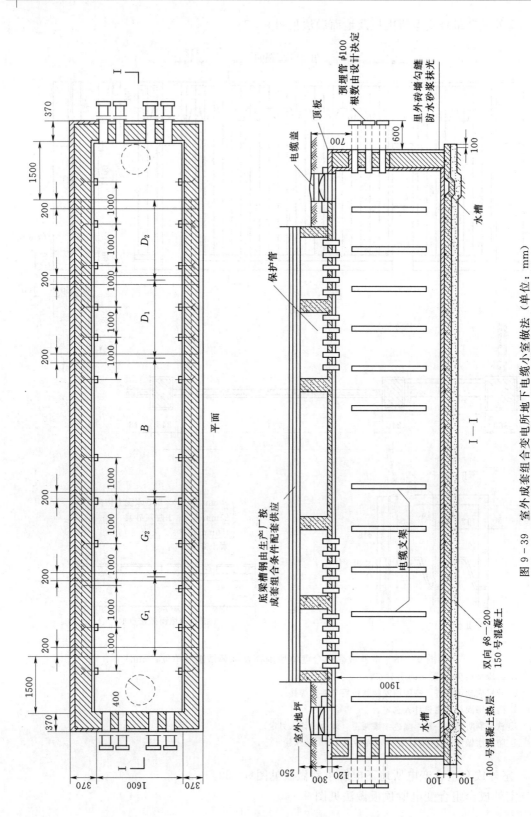

图 9 – 39　室外成套组合变电所地下电缆小室做法（单位：mm）

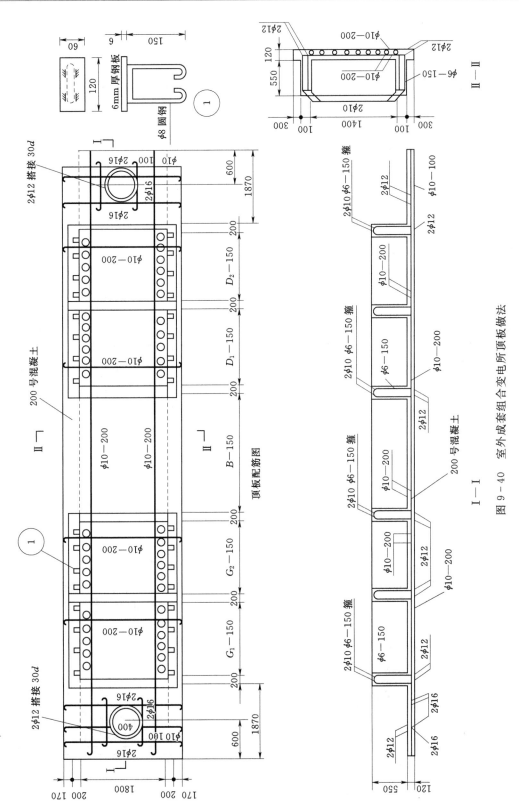

图 9 - 40　室外成套组合变电所顶板做法

室外成套组合变电所高低压室三视图见图 9-41。

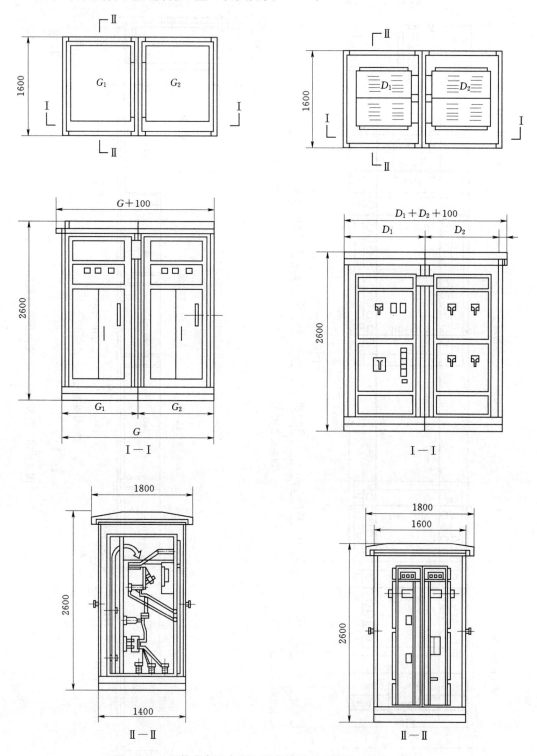

图 9-41　室外成套组合变电所高低压室三视图（单位：mm）

室外成套组合变电所变压器室三视图见图 9-42。

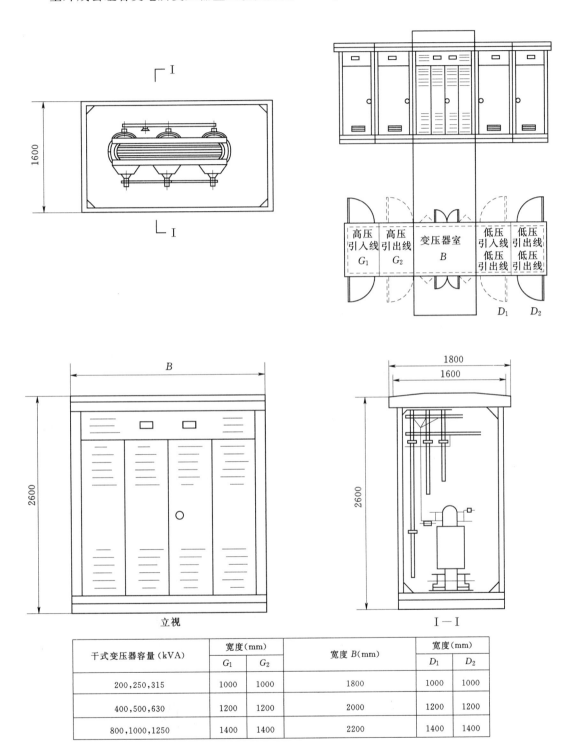

干式变压器容量（kVA）	宽度（mm）		宽度 B（mm）	宽度（mm）	
	G_1	G_2		D_1	D_2
200,250,315	1000	1000	1800	1000	1000
400,500,630	1200	1200	2000	1200	1200
800,1000,1250	1400	1400	2200	1400	1400

图 9-42　室外成套组合变电所变压器室三视图（单位：mm）

室外成套组合变电所六部位安装做法之一见图 9-43。

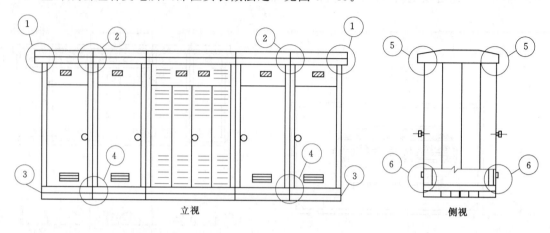

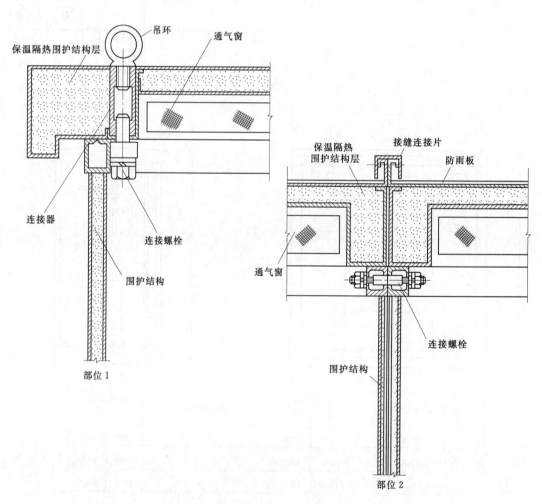

图 9-43 室外成套组合变电所六部位安装做法（一）（单位：mm）

室外成套组合变电所六部位安装做法之一见图 9 - 44。

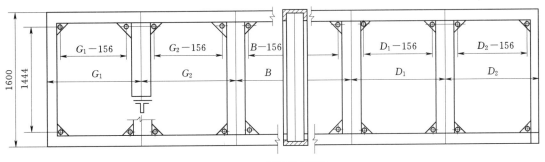

部位③（底梁）

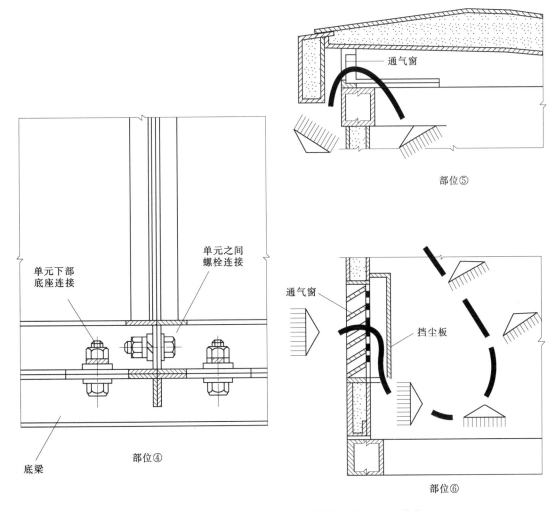

图 9 - 44　室外成套组合变电所六部位安装做法图（二）（单位：mm）

室外成套组合变电所接地网和电缆敷设示意图见图 9 - 45。

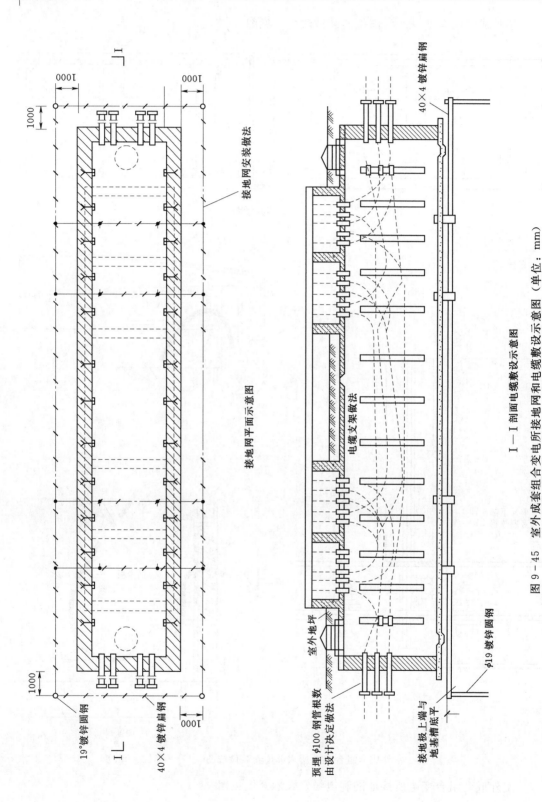

图 9-45　室外成套组合变电所接地网和电缆敷设示意图（单位：mm）

室外成套组合变电所架空引入终端杆做法见图 9-46。

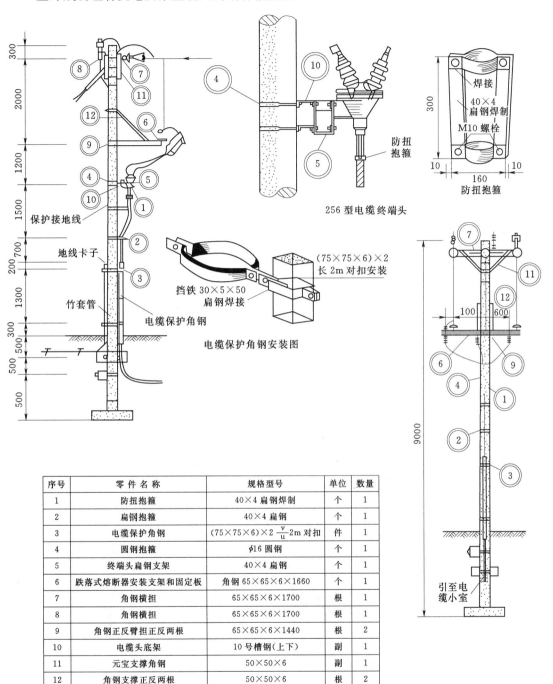

序号	零件名称	规格型号	单位	数量
1	防扭抱箍	40×4 扁钢焊制	个	1
2	扁钢抱箍	40×4 扁钢	个	1
3	电缆保护角钢	(75×75×6)×2 $\frac{v}{u}$ 2m 对扣	件	1
4	圆钢抱箍	φ16 圆钢	个	1
5	终端头扁钢支架	40×4 扁钢	个	1
6	跌落式熔断器安装支架和固定板	角钢 65×65×6×1660	个	1
7	角钢横担	65×65×6×1700	根	1
8	角钢横担	65×65×6×1700	根	1
9	角钢正反臂担正反两根	65×65×6×1440	根	2
10	电缆头底架	10 号槽钢（上下）	副	1
11	元宝支撑角钢	50×50×6	副	1
12	角钢支撑正反两根	50×50×6	根	2

图 9-46　室外成套组合变电所架空引入终端杆做法（单位：mm）

YB—1.2/0.4 系列预装式变电站（又称美式箱变，见图 9-47），专门为我国城市配网而制造的新型产品。主要用于电压为 10kV 的环网系统和城网改造中，既可用于户外，又可用于户内，适用于各类公共场所；各类工矿企业；机场、车站、港口、高速公路、地铁等交通场所。技术参数：

额定电压　　　12kV

额定电流　　　400～630A（高压侧）

　　　　　　　100～2500A（低压侧）

额定容量　　　80～1600kVA

防护等级　　　IP43

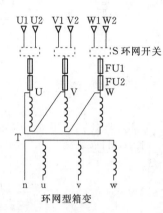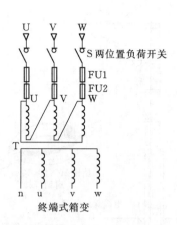

图9-47　YB系列箱式变电站电路图

U1、V1、W1—环网型1路高压端子；U2、V2、W2—环网型2路高压端子；U、V、W—终端型高压端子；

u、v、w、n—低压端子；FU1—后备保护熔断器；FU2—插入式熔断器；T—变压器

NXB—12/0.4型箱式变电站（又称欧式箱变，见图9-48）是在原能源部电力司的领导下，由原能源部电科院和武汉高压研究所负责组织富有生产和使用箱变经验的5个城市供电局和11个生产厂家，在对国内外箱变生产和运行经验认真研究的基础上，结合我国供电现状而联合开发研制的新一代箱式变电站，技术性能满足 GB/T 17467、DL/ 537、ZBK4001 等标准的要求。

图9-48　新一代户外箱式变电站（欧式箱变）外形图

技术参数：

额定电压　　　12kV

额定电流　　　400～630A（高压侧）

100~2500A（低压侧）

额定容量　　50~1600kVA

防护等级　　IP3×（高压侧）

　　　　　　IP2×（变压器）

　　YB系列预装式变电站技术数据见表9-13。YB系列预装式变电站高压一次线路方案见表9-14。

表 9-13 　　　　　　　　　　**YB系列预装式变电站技术数据**

高 压 单 元						
额定电压 （kV）	最高工作电压 （kV）	工频耐受电压 （对地、相间/隔 离断口，kV）	雷电冲击电压 （对地、相间/隔 断口，kV）	额定电流 （A）	额定短时 耐受电流 （2s）（kV）	额定峰值 耐受电流 （kA）
6	6.9	32/36	60/70	400 630	12.5	31.5
10	11.5	42/48	75/85		16	40
35	40.5	98/118	185/215		20	50

低 压 单 元						
额定电压 （V）	主回路 额定电流 （A）	额定短时 耐受电流 （kA）	额定峰值 耐受电流 （kA）	支路电流 （A）	分支回路数 （个）	补偿容量 （kvar）
220/380	100~3200	15 30 50	30 63 110	10~800	1~12	0~360

变 压 器 单 元			
额定容量（kVA）	阻抗电压（%）	分 接 范 围	连 接 规 则
50~2000	4，6	±2×2.5%或±5%	Y，yn0 或 D，yn11

注　1. YB系列预装式变电站由高压开关柜、低压配电屏、配电变压器及外壳四部分组成。高压开关采用压气式负荷开关，变压器为SC9、SCB9系列干式变压器或S9系列油浸变压器。

　　2. 箱体采用良好的隔热通风结构，壁板采用夹心板（即两外侧为钢板，中间为隔热材料），外表面由铝型材包裹，外形美观，隔热性能良好。

　　3. 箱体设有上、下可通风的风道。箱体内可装设温控强迫通风装置和温度自动控制装置。各独立单元装设完善的控制、保护、带电显示和照明系统。

　　4. YB系列预装式变电站为50Hz三相交流、额定电压6~35kV、额定容量50~2000kVA的成套变配电装置，适用于高层建筑（配装干式变压器）、住宅小区、工矿企业、宾馆、医院、商场、机场、码头、铁路及临时设施等场所。

　　5. 该系列变电站适用于环网型和终端型变电站以及移动型变电站。

　　YB系列预装式变电站低压一次线路方案见表9-15。YB系列美式箱式变电站变压器及熔断器技术数据见表9-16。

表 9 - 14　　　　　　　　　　**YB 系列预装式变电站高压一次线路方案**

主回路线路图					
分类	1. 单端不带计量	2. 单端带计量	3. 环网不带计量	4. 环网带计量	5. 双端
方案号及说明	11. 无带电显示 12. 有带电显示	21. 无带电显示 22. 有带电显示 23. 计量置于主开关前	31. 进线端不带接地开关 32. 变压器侧不带接地开关 33. 带三个接地开关	41. 进线端不带接地开关 42. 计量置于主开关前 43. 带三个接地开关	51. 无带电显示,不带计量 52. 有带电显示,不带计量 53. 带计量 54. 变压器端不带接地开关

表 9 - 15　　　　　　　　　　**YB 系列预装式变电站低压一次线路方案**

主回路线路图				
分类	1. 无补偿单级系统	2. 有补偿单级系统	3. 有补偿多级系统	4. 熔断刀开关简化系统
方案号及说明	102 二回路出线 103 三回路出线 104 四回路出线 105 五回路出线 106 六回路出线 107 七回路出线 108 八回路出线	202 二回路出线 203 三回路出线 204 四回路出线 205 五回路出线 206 六回路出线 207 七回路出线 208 八回路出线	301 一加二回路出线 302 二加二回路出线 303 二加三回路出线 304 二加四回路出线 305 三加三回路出线 306 三加四回路出线 307 四加四回路出线 308 五加五回路出线 309 六加六回路出线	402 二回路出线 403 三回路出线 404 四回路出线 405 五回路出线 406 六回路出线 407 七回路出线 408 八回路出线 409 九回路出线

表 9－16　　　　　　YB 系列美式箱式变电站变压器及熔断器技术数据

变压器额定容量（kVA）	空载损耗（W）	负载损耗（W）	空载电流（%）	阻抗电压（%）	额定电压为 6kV		额定电压为 10kV	
					限流熔断器（A）	插入式熔断器型号	限流熔断器（A）	插入式熔断器型号
50	170	870	2.0		40	C06	40	C04
80	240	1250	1.8		50	C08	40	C06
100	290	1500	1.6		50	C08	40	C06
160	390	2200	1.4		80	C10	50	C08
200	470	2600	1.3	4	80	C10	80	C10
250	560	3050	1.2		125	C10	80	C10
315	670	3650	1.1		150	C12	80	C10
400	800	4300	1.0		150	C12	100	C11
500	960	5100	1.0		175	C14	125	C12
630	1150	6200	0.9		175	C14	150	C12
800	1400	7500	0.8	4.5	200	C16	150	C14
1000	1650	10300	0.7		200	C16	200	C16
1250	1950	12000	0.6		200	—	200	C16
1600	2350	14500	0.6		200	—	200	C16

第五节　配电变压器配用熔丝选择与故障处理

农村配电变压器配用熔丝选择与故障处理见表 9－17。

表 9－17　　　　　　农村配电变压器配用熔丝选择与故障处理

项　目	主　要　内　容
熔丝的选择原则	（1）变压器高压侧熔断器的熔丝是根据高压侧的额定电流选择的。其熔丝的额定电流为变压器侧额定电流的 1.5～2.5 倍，则 $$I_1 = (1.5 \sim 2.5)I_{n1}$$ 式中　I_1—高压侧熔丝的额定电流（A）； 　　　I_{n1}—变压器高压侧的额定电流（A）。 变压器容量 80kVA 及以下时，I_{n1} 取 2～2.5；变压器容量 100kVA 及以上时，I_{n1} 取 1.5；变压器容量 20kVA 及以下时，其高压侧熔丝可选用 3A 的熔丝。 （2）变压器低压侧的熔丝可按变压器低压侧额定电流来选择，即 $$I_2 = I_{n2}$$ 式中　I_2—低压侧熔丝额定电流（A）； 　　　I_{n2}—变压器低压侧的额定电流（A）

续表

项 目	主 要 内 容				
熔丝选择规格	10～315kVA 配电变压器配用的熔丝				

额定电压（kV）		10		0.4	
	额定电流（A）	变压器额定电流	熔丝额定电流	变压器额定电流	熔丝额定电流
变压器容量（kVA）					
10		0.58	3	14.4	15
20		1.15	3	28.8	30
30		1.73	5	43.3	50
50		2.89	7.5	72.1	80
63		3.64	10	90.9	100
80		4.62	10	115.5	120
100		5.77	15	144.3	150
125		7.22	15	180.4	200
160		9.24	20	230.9	250
200		11.54	20	288.7	300
315		18.19	30	454.7	475

项 目	主 要 内 容
配变高压侧跌落熔断器（保险器）的故障	（1）烧管故障。 1）常见保险器的烧管故障都在熔丝熔断后发生。中小型电力网中烧管的原因多是熔丝熔断后不能迅速自动跌落，这时电弧在管子内未被切断形成了连续电弧而将管子烧坏，而在大电力网中，烧管则常因故障容量超过了保险器所能遮断的容量。 2）保险管常因上下转动轴安装不正，被杂物阻塞，以及转轴部分粗糙，因而阻力过大，不灵活等原因，以致当熔丝熔断时，保险管仍短时保持原状不能很快跌落，灭弧时间延长而造成烧管。 3）保险器安装的角度（即保险器轴线与垂直线之间的夹角）不合适，也会影响管子跌落的时间。有时由于熔丝附件太粗，保险管孔太细，即使熔丝熔断，熔丝元件也不易从管中脱出使管子不能迅速跌落。 （2）保险管误跌落故障。 保险管不正常跌落的主要原因，是保险管长度与保险器固定接触部分尺寸不合适，一旦遇到大风就会被吹落，有时由于操作后未进行检查，稍一振动便自行跌落。 保险器上部触头的弹簧压力过小，且在鸭嘴（保险器上盖）内的直角突起处被烧伤或磨损，不能挡住管子，也是造成保险器误跌落的原因。 （3）保险器熔丝误断故障。 保险丝误熔断，而且重复发生，常常是因为熔丝选择得过小或与下一级熔丝容量配合不当，发生越级误熔断。这类事故，可能是因为换用大容量的变压器后，未随之更换大容量的保险丝所致。 保险熔丝质量不良，其焊接处受到温度及机械力的作用后脱开，也会发生误断。另外，锡合金焊接的和带丝弦或弹簧的旧式保险熔丝，因受到温度影响后会改变性能，又易氧化生锈，最易发生误熔断
防止故障的措施	（1）对运行中的保险器，要定期停电检查，调整各个接点及活动元件。检查和调整工作一般1～3年进行一次。因缺陷严重现场不能维修的保险器，则应拆回修配。 （2）跌落保险器检查调整的项目和内容，主要包括安装固定是否牢靠，角度是否合适，各部接点有无烧伤，弹力是否合适，各部活动轴是否灵活，保险管长度与固定元件位置是否配合等，小的缺陷可在现场维修、调整，如用小锤、砂布打磨各部接点和转轴等，如有瓷件裂纹、闪络、烧伤、接点烧坏、接点弹簧锈坏等情况，则应更换入厂检修。 （3）在每次操作时，合入保险管后应再试拉，以检查动作是否正确、接触是否良好等

第十章 高低压电器

第一节 避 雷 器

一、阀式避雷器

配电阀式避雷器技术数据见表10-1。电站用阀式避雷器技术数据见表10-2。电机用磁吹阀式避雷器技术数据见表10-3。

表 10-1   **配电用阀式避雷器技术数据**

型 号	额定电压 （kV） （有效值）	工频放电电压 （kV） （有效值）	1.2/50冲击放电电压 （kV） （峰值）	标称电流残压 （kV）（峰值）	
				3kA	5kA
FS—0.22 FS2—0.22	0.25	0.5～0.9	1.7	1.5	
FS—0.38	0.50	1.1～1.6	3.0	3.0	
FS—3 FS2—3 FS3—3 FS4—3 FS4—3G FS6—3 FS7—3 FS8—3 FS10—3	3.8	9～11	21.0		17.0
FS2—6 FS3—6 FS4—6 FS4—6G FS5—6G FS6—6 FS7—6 FS8—6 FS10—6	7.6	16～19	35.0		3.00
FS2—10 FS3—10 FS4—10 FS4—10G FS5—10G FS6—10 FS7—10 FS8—10 FS10—10	12.7	26～31	50.0		50.0

表 10-2　　　　　　　　　　　电站用阀式避雷器技术数据

型号	额定电压 (kV)（有效值）	工频放电电压 (kV)（有效值）	1.2/50 冲击放电电压 (kV)（峰值）	标称电流残压（5kA） (kV)（峰值）
FZ—3	3.8	9～11	20	13.5
FZ—6	7.6	16～19	30	27
FZ—10	12.7	26～31	45	45

表 10-3　　　　　　　　　　　电机用磁吹阀式避雷器技术数据

型号	额定电压 (kV) (有效值)	工频放电电压 (kV) (有效值)	1.2/50 冲击放电电压 (kV) (峰值)	标称电流残压 (kV)（峰值）	
				3kA	5kA
FCD5—2	2.3	4.5～5.7	6	6	6.4
FCD—3 FCD5—3	3.8	7.5～9.5	9.5	9.5	10
FCD—4 FCD2—4 FCD5—4	4.6	9～11.4	12	12	12.8
FCD—6 FCD5—6	7.6	15～18	19	19	20
FCD—10 FCD5—10	12.7	25～30	31	31	33

二、氧化锌避雷器

氧化锌避雷器型号中的符号含义见图 10-1。

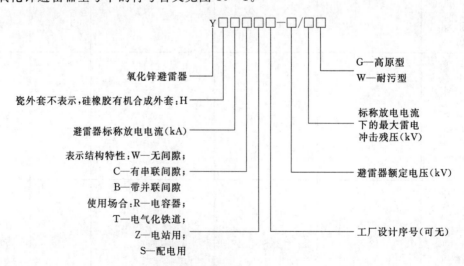

图 10-1　氧化锌避雷器型号中文字、数字含义

带串联间隙氧化锌避雷器技术数据见表 10-4。

表 10 - 4 带串联间隙氧化锌避雷器技术数据

型号	系统标称电压（kV）（有效值）	避雷器额定电压（kV）（有效值）	波前冲击放电的电压陡度（kV/μs）不小于	工频放电电压（kV）（有效值）不大于	1.2/50μs冲击放电电压（kV）（峰值）不大于	波前冲击放电电压（kV）（峰值）不大于	标称电流下残压8/20μs，5kA（kV）（峰值）不大于	陡波电流下残压1/5μs 5kA（kV）（峰值）不大于
Y5C4—7.6/27S	6	7.6	63	16	25	31	27	31
Y5C4—12.7/44S	10	12.7	106	26	36	50.6	44	50.6
Y5C5—7.6/24Z	6	7.6	63	16	22	27.6	24	27.6
Y5C5—12.7/41Z	10	12.7	106	26	33	47	41	47
Y5C4—7.6/24Z	6	7.6	63	16	22	27.6	24	27.6
Y5C4—12.7/41Z	10	12.7	106	26	33	47	41	47

Y5C（B）型内间隙氧化锌避雷器技术数据见表 10 - 5。

表 10 - 5 Y5C（B）型内间隙氧化锌避雷器技术数据

型号	电力系统标称电压（kV）	避雷器额定电压（kV）	避雷器持续运行电压（kV）	工频放电电压大于（kV）	1.2/50μs冲击放电电压小于（kV）	避雷器波前冲击放电电压小于（kV）	避雷器8/20μs，5kA下残压小于（kV）	2h工频耐受电压（kV）
Y5C（B）S—13.2/35	10	13.2	8	26	30	35	35	21
Y5C（B）Z—13.2/35	10	13.2	8	26	30	35	35	21

带串联间隙复合外套氧化锌避雷器技术数据见表 10 - 6。

表 10 - 6 带串联间隙复合外套氧化锌避雷器技术数据

型号	避雷器额定电压（kV）	系统额定电压（kV）	避雷器持续运行电压（kV）	波前冲击放电的波前陡度（kV/μs）不小于	工频放电电压（kV）（有效值）不大于	1.2/50μs冲击电压（kV）（峰值）不大于	波前冲击放电电压（kV）（峰值）不大于	5kA，8/20μs雷电残压（kV）（峰值）不大于	2ms方波通流容量（A）	4/10μs大电流冲击耐受（kA）
YH5CS—12.7	12.7	10	6.6	106	26	50	62.5	45	100	40

带串联间隙瓷外套氧化锌避雷器技术数据见表 10 - 7。

表 10 - 7 带串联间隙瓷外套氧化锌避雷器技术数据

型号	避雷器额定电压（kV）	系统额定电压（kV）	避雷器持续运行电压（kV）	波前冲击放电的波前陡度（kV/μs）不小于	工频放电电压（kV）（有效值）不大于	1.2/50μs冲击电压（kV）（峰值）不大于	波前冲击放电电压（kV）（峰值）不大于	5kA，8/20μs雷电残压（kV）（峰值）不大于	2ms方波通流容量（A）	4/10μs大电流冲击耐受（kA）
Y5CS—7.6	7.6	6	4.0	63	16	35	43.8	27	100	40
Y5CS—12.7	12.7	10	6.6	106	26	50	62.5	45	100	40

0.22～10kV 系列无间隙瓷外套氧化锌避雷器外形尺寸见表 10 - 8。

表 10-8　　　　　0.22～10kV 系列无间隙瓷外套氧化锌避雷器外形尺寸

型　号	总高(mm)	瓷件外径(mm)	总质量(kg)	型　号	总高(mm)	瓷件外径(mm)	总质量(kg)
Y1.5W—0.28	76	φ75	0.25	Y5W—17/45	370	φ120	5.0
Y1.5W—0.50	76	φ75	0.25	Y5WS—5/15	260	φ84	2.0
Y5W—5/13.5	230	φ115	2.5	Y5WS—10/30	260	φ84	2.0
Y5W—10/27	310	φ120	4.5	Y5WS—12/35.8	300	φ84	3.0
Y5W—12/32.4	370	φ120	5.0	Y5WS—12/35	300	φ84	3.0
Y5W—12/32	370	φ120	5.0	Y5WS—15/45.6	300	φ84	3.0
Y5W—15/40.5	370	φ120	5.0	Y5WS—15/45	300	φ84	3.0
Y5W—15/40	370	φ120	5.0	Y5WS—17/50	300	φ84	3.0

0.22～10kV 系列无间隙瓷外套氧化锌避雷器技术数据见表 10-9。

表 10-9　　　　　0.22～10kV 系列无间隙瓷外套氧化锌避雷器技术数据

型　号	避雷器额定电压(kV)	系统额定电压(kV)	避雷器持续运行电压(kV)	避雷器直流参考电压(不小于,kV)	残压≤kU_p操作冲击残压	雷电冲击残压	陡波冲击残压	2ms方波通流容量(A)	4/20μs大电流冲击耐受(kA)	标称爬电距离(mm)
Y1.5W—0.28	0.28	0.22	0.24	0.6	—	1.3	—	100	25	—
Y1.5W—0.5	0.50	0.38	0.42	1.2	—	2.6	—	100	25	—
Y5W—5/13.5	5	3	4.0	7.2	11.5	13.5	15.5	300	65	130
Y5W—10/27	10	6	8.0	14.4	23	27	31	300	65	190
Y5W—12/32.4	12	—	9.6	17.4	27.6	32.4	37.2	300	65	310
Y5W—12/32	12	—	9.6	17.4	27.3	32	36.5	300	65	310
Y5W—15/40.5	15	—	12	21.8	34.5	40.5	46.5	300	65	310
Y5W—15/40	15	—	12	21.8	34	40	46	300	65	310
Y5W—17/45	17	10	13.6	24	38.3	45	51.8	300	65	310
Y5WS—5/15	5	3	4.0	7.5	12.8	15	17.3	100	40	230
Y5WS—10/30	10	6	8.0	15	25.6	30	34.6	100	40	230
Y5WS—12/35.8	12	—	9.6	18	30.6	35.8	41.2	100	40	310
Y5WS—12/35	12	—	9.6	18	29.9	35	40.3	100	40	310
Y5WS—15/45.6	15	—	12	23	39	45.6	52.5	100	40	310
Y5WS—15/45	15	—	12	23	38.3	45	51.8	100	40	310
Y5WS—17/50	17	10	13.6	25	42.5	50	57.5	100	40	310

0.22～10kV 系列无间隙复合外套氧化锌避雷器外形尺寸见表 10-10。

表 10-10　　　　　0.22～10kV 系列无间隙复合外套氧化锌避雷器外形尺寸

型　号	总高(mm)	元件高度(mm)	外套外径(mm)	伞裙数	总质量(kg)
YH1.5W—0.28	134	62	φ83	1	0.4
YH1.5W—0.5	134	62	φ83	1	0.4
YH5WS—10	216	140	φ83	4	1
YH5WZ—10	210	142	φ102	4	1.6
YH5WR—10	210	142	φ102	4	1.6

0.22～10kV 系列无间隙复合外套氧化锌避雷器技术数据见表 10 - 11。

表 10 - 11　　　　　0.22～10kV 系列无间隙复合外套氧化锌避雷器技术数据

| 型　号 | 避雷器额定电压（kV） | 系统额定电压（kV） | 避雷器持续运行电压（kV） | 避雷器直流参考电压（不小于，kV） | 残压≤kU_p | | | 2ms 方波通流容量（A） | 4/20μs 大电流冲击耐受（kA） |
					操作冲击残压	雷电冲击残压	陡波冲击残压		
YH1.5W—0.28	0.28	0.22	0.24	0.6	—	1.3	—	100	25
YH1.5W—0.5	0.5	0.38	0.42	1.2	—	2.6	—	100	25
YH5WS—10	10	6	8.0	15	25.6	30	34.6	100	40
YH5WZ—10	10	6	8.0	14.4	23	27	31	300	65
YH5WR—10	10	6	8.0	14.4	21	27	—	400	65

三、避雷器漏电流及动作记录器

避雷器漏电流及动作记录器安装示意图见图 10 - 2。

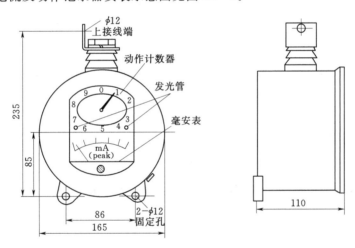

图 10 - 2　避雷器漏电流及动作记录器安装示意图（单位：mm）

注　1. 记录器观察孔上的玻璃有灰尘而影响观察时，可用布或纸擦去灰尘。玻璃内不能有小水珠，若发现有大量水珠，说明记录器密封性能遭到破坏，应予更换。

2. 检查记录器中的计数器时，可用 1000V 及以上绝缘摇表向微法级电容器充电，然后将电容器向记录器放电或用 220V 电源直接向记录器放电。每放一次电，记录器中的记数指针应跳动一次，毫安表指针大幅摆动一下后，恢复到原先位置。

3. 使用外接泄漏电流测量仪时，先将盖子旋开，用普通电视插头（芯线为内空式）插入记录器外接插孔，即可将外接测量仪接入泄漏电流回路。测量完毕，将插孔盖子旋紧。

4. 记录器投入运行后，观察各相记录器中毫安表指示是否基本一致，并及时做好记录。一旦发现毫安表指示变化异常，红色发光管全部发亮，要及时向有关部门反映。

5. 若在雨天或大雾天，记录器中毫安表指示普遍增大，红色发光管全部发亮，说明是瓷套外的泄漏电流增加所引起，应及时清扫瓷套表面污秽。

6. 当运行电压有波动时，记录器中的毫安表指示出现少许变化，这是正常的。

第二节　电　容　器

电力电容器的分类与用途见表 10 - 12。

表 10 - 12　　　　　　　　　　电力电容器的分类与用途

型号	类别	额定电压 (kV)		用　　途
BW BWF BGF BBF BBM BFF BFM	并联电容器	高压	1.05～19.0	提高电力系统及负荷的功率因数，调整电压
		低压	0.23～1.0	
CY CGF CWF	串联电容器	0.6～2.0		降低线路电压降落，提高输电线的输送容量和稳定性，控制电力潮流分布
RY RWF	电热电容器	0.375～2.0		改善 40～24000Hz 感应加热设备的功率因数
OY OWF	耦合电容器	35～750		用于高压工频输电线路中作载波通信及抽取电能
JY JWF	断路器电容器	20～180		并联在断路器的断口上，作均匀电压用
MY MYF MWF ZY DY	储能、直流电容器	1～500		储能电容器主要用于实验室中产生冲击高压、冲击大电流，组成振荡回路，作冲击分压。直流电容器则主要用于产生直流高压，作整流滤波等
AWF AGF	交流滤波电容器	1.25～18.0		滤除电力系统或负荷的高次谐波，并提高系统的功率因数
YD YL	标准电容器	100～1100		与高压电桥配合，测量损耗因数及电容，也可用作分压电容
EW	电动机电容器	0.25～0.66		单相异步电容分相电动机起动或增大转矩，三相异步电动机单相运行

自愈式低压并联电容器技术数据见表 10 - 13。

表 10－13   **自愈式低压并联电容器技术数据**

型号	额定电容 (μF)	额定电流 (A)	接法	高度 (mm)	型号	额定电容 (μF)	额定电流 (A)	接法	高度 (mm)
BGMJ0.23—4—3	240	10	△	280	BGMJ0.4—10—3	199	14.4	△	240
BGMJ0.23—5—3	300	12.6	△	280	BGMJ0.4—12—3	239	17.3	△	280
BGMJ0.4—1—3	20	1.4	△	100	BGMJ0.4—14—3	279	20.2	△	280
BGMJ0.4—1.5—3	30	2.2	△	140	BGMJ0.4～15—3	298	21.7	△	280
BGMJ0.4—2.5—3	50	3.6	△	260	BGMJ0.525—10—3	115	11	△	280
BGMJ0.4—3.3—3	66	4.8	△	260	BGMJ0.525—12—3	139	13.2	△	320
BGMJ0.4～5—3	100	7.2	△	260	BGMJ0.525—15—3	173	16.5	△	320
BGMJ0.4—8—3	159	11.5	△	240					

注 1. 自愈式低压并联电容器主要用于 0.66kV 以下的低压电力线路上，用以改善低压电网的功率因数、降低线路损耗。

2. 其元件采用铝或锌或铝、锌合金的聚丙烯膜绕卷而成，绕卷过程中膜始终保持一定张力，使得元件具有良好的自愈能力。

3. 当膜上的薄弱点在运行过程中被击穿时，通过击穿点的电流能将击穿点附近的金属层蒸发，膜的绝缘能力得以恢复，从而，使电容器得到正常运行。电容器单元内装有安全保护装置，当单元内部发生故障时，将自动切断电源，电容器内还装有内部放电电阻并注以不易燃烧的硅油。

并联电容器装置的组成与结线见表 10－14。

表 10－14   **并联电容器装置的组成与结线**

组 成	结 线 图	
并联电容器装置通常由并联电容器 C、串联电抗器 L、放电线圈 ZC、断路器 QF、继电保护和控制屏等部分组成	高压并联电容器	
并联电容器装置通常由并联电容器 C、串联电抗器 L、放电线圈 ZC、断路器 QF、继电保护和控制屏等部分组成	低压并联电容器	

串联电抗器的选择	串联电抗器容量选取			

n（次）	3	5	7	9
Q_L/Q_C（%）	12～13	6	3	2

串联电抗器性能指标

项 目	性 能 指 标
最大长期允许使用电流	$1.35I_n$（额定电流有效值）
允许过电流冲击	$25I_n 2s$
容量偏差	+10% −0%
线圈温升	$1.35I_n$ 下不高于 55℃
油面温升	$1.35I_n$ 下不高于 50℃

$$Q_L \geqslant \frac{Q_C}{n^2} \times 100\%$$

式中 Q_L—串联电抗器的容量；

      Q_C—电容器组容量；

      n—高次谐波次数

并联电力电容器技术数据和尺寸质量见表 10 - 15。

表 10 - 15　　　　　　　　并联电力电容器技术数据和尺寸质量

型　号	额定电压 (kV)	额定容量 (kvar)	额定电容 (μF)	电容器尺寸 (mm)								质量 (kg)
				L	l_1	l_2	B	h_1	h_2	H	F	
BWF6.6/$\sqrt{3}$—50—1W	6.6/$\sqrt{3}$	50	10.97	443	416	383	163	365	255	555	250	32
BFF6.6/$\sqrt{3}$—50—1W	6.6/$\sqrt{3}$	50	10.97	372	345	312	122	365	255	540	200	24
BWF6.6/$\sqrt{3}$—100—1W	6.6/$\sqrt{3}$	100	21.93	443	416	383	163	640	460	830	250	60
BFF6.6/$\sqrt{3}$—100—1W	6.6/$\sqrt{3}$	100	21.93	443	416	383	163	430	280	620	250	45
BAM6.6/$\sqrt{3}$—100—1W	6.6/$\sqrt{3}$	100	21.93	443	416	383	123	350	240	540	250	25
BAM26.6/$\sqrt{3}$—100—1W	6.6/$\sqrt{3}$	100	21.93	443	416	383	119	425	275	615	250	30
BWF6.6/$\sqrt{3}$—200—1W	6.6/$\sqrt{3}$	200	43.87	699	657	619	174	780	630	970	350	120
BFF6.6/$\sqrt{3}$—200—1W	6.6/$\sqrt{3}$	200	43.87	443	416	383	163	780	600	970	250	78
BAM6.6/$\sqrt{3}$—200—1W	6.6/$\sqrt{3}$	200	43.87	443	416	383	123	640	460	830	250	48
BAM26.6/$\sqrt{3}$—200—1W	6.6/$\sqrt{3}$	200	43.87	443	416	383	119	675	475	865	250	48
BWF6.3—50—1W	6.3	50	4.01	443	416	383	163	365	255	555	250	32
BFF6.3—50—1W	6.3	50	4.01	372	345	312	122	365	255	540	200	24
BWF6.3—100—1W	6.3	100	8.02	443	416	383	163	640	460	830	250	60
BFF6.3—100—1W	6.3	100	8.02	443	416	383	163	430	280	620	250	45
BAM6.3—100—1W	6.3	100	8.02	443	416	383	123	350	240	540	250	25
BAM26.3—100—1W	6.3	100	8.02	443	416	383	119	425	275	615	250	30
BFF6.3—200—1W	6.3	200	16.05	443	416	383	163	780	600	970	250	78

第三节　绝　缘　子

不同电压等级使用的绝缘子名称型号见表 10 - 16。

表 10 - 16　　　　　　　不同电压等级使用的绝缘子名称型号

额定电压 (kV)	0.22	0.38	10	35	110	220
绝缘子名称	PD—1 针式绝缘子	PD—1 或 ED—1、ED—2、ED—3；ED—3 型适用于导线 LJ—35—50；ED—1 适用于 LJ—95—120；ED—2 型，适用于 LJ—70	P—15 针式绝缘子，适用于铁担线路；E—10 型蝶式绝缘子用于 LJ—70 及以下导线的耐张杆，并另加 X—4.5 悬式绝缘子 1 片或 CD—10 型陶瓷横担	X—4.5 悬式绝缘子用于直线杆为 3 片，耐张杆 4 片或 CD—35 陶瓷横担 1 根	X—7 悬式绝缘子 6 片或 X—4.5 型悬式绝缘子 7 片	X—7 型悬式绝缘子 13 片或 X—4.5 型悬式绝缘子 13 片

瓷横担绝缘子机电性能见表10-17。

表 10-17　　　　　　　　瓷横担绝缘子机电性能

型　号	工作电压（kV）	闪络电压（kV）		弯曲破坏负荷（kN）	泄漏距离（mm）	质量（kg）	主要尺寸（mm）	
		50%雷电冲击	工频湿闪				全长（L）	绝缘距离（L₁）
SC—185 SC—185Z	10	185	50	2.45	320	3.0	400	315
SC—210 SC—210Z		210	60	2.45	380	4.2	450	365
S—185 S—185Z		185	50	2.45	320	5.0	470	315
S—210 S—210Z	10	210	60	2.45	380	5.7	520	365

蝴蝶型绝缘子机电性能见表10-18。

表 10-18　　　　　　　　蝴蝶型绝缘子机电性能

型　号	额定电压（kV）	工频电压（kV）			机械破坏负荷（kN）	质量（kg）
		干闪络	湿闪络	击穿		
E—10	10	60	32	78	19.6	3.5
E1—10		60	32	78	19.6	3.5

针式绝缘子机电性能见表10-19。

表 10-19　　　　　　　　针式绝缘子机电性能

型　号	绝缘子额定电压（kV）	工频电压（kV）			泄漏距离（mm）	瓷件抗弯破坏负荷（kN）	质量（kg）
		干闪络	湿闪络	击穿			
P—10T	10	60	32	78	185	137	2
PQ—10T	10	70	40	100	290	—	—
P—15T	15	75	45	98	280	137	3.2
P—20T	20	86	57	111	400	—	6.2
P—35T	35	140	90	185	560	132	9.6
PQ—35T	35	140	90	185	700	132	11.9

注　P表示针式绝缘子；Q表示加强绝缘，T表示铁担直脚。

低压线路绝缘子名称、型号、性能和用途见表10-20。

表 10-20　　　　　　　低压线路绝缘子名称、型号、性能和用途

名　　称	型　号	额定电压（kV）	弯曲破坏负荷（kN）	用　　途
针式绝缘子	PD—1T		7.8	直线杆
	PD—1M		7.8	
	PD—2T		4.9	
	PD—2M		4.9	
	PD—2W		4.9	
瓷横担绝缘子	SD1—1	0.5	2.0	
	SD1—2		2.0	

续表

名　称	型　号	额定电压（kV）	弯曲破坏负荷（kN）	用　途
蝶式绝缘子	ED—1 ED—2 ED—3 ED—4	11.8 9.8 7.8 4.9		耐张杆、转角杆、终端杆
拉紧绝缘子	J—0.5 J—1 J—2 J—4.5 J—9	10 10 15 25	4.9 9.8 19.6 44 88	拉线拉紧绝缘

普通型盘形悬式绝缘子型号机电性能见表 10-21。

表 10-21　　　　普通型盘形悬式绝缘子型号机电性能

型　号	工频耐受电压（kV）			爬电距离（mm）	机械破坏负荷（kN）	质量（kg）
	干闪络	湿闪络	击穿			
X—30C	55	25	90	220	40	3.8
X—45	70	40	110	300	60	5.1
XP—70	70	40	110	300	70	4.6
XP—70	70	40	110	300	70	5.0
XP—70C	70	40	110	300	70	5.2
XP—80	70	40	110	300	80	5.2
XP—80C	70	40	110	300	80	5.2
XP—100	70	40	100	300	100	5.4

户内支柱瓷绝缘子机电性能见表 10-22。

表 10-22　　　　户内支柱瓷绝缘子机电性能

型　号	额定电压（kV）	工频电压（kV）		机械破坏负荷（kN）		雷电冲击耐受电压（kV）	质量（kg）
		干耐受（1min）	击穿	弯曲	拉伸		
ZN—6/4	10	42	74	4	4	75	1.5
ZN—10/8	10	42	74	8	8	75	2.2
ZA—10T	10	42	74	3.75	3.75	75	2.9
ZB—10T	10	42	74	7.5	7.5	75	5.7
ZA—35T	35	100	175	3.75	3.75	185	8.25
ZA—10Y	10	42	74	3.75	3.75	75	2.65
ZB—10Y	10	42	74	7.5	7.5	75	4.70

户外棒形支柱瓷绝缘子机电性能见表 10-23。

表 10-23　　　　户外棒形支柱瓷绝缘子机电性能

型　号	额定电压（kV）	工频电压（kV）		机械破坏负荷		雷电耐受电压（kV）	质量（kg）
		干耐受（1min）	湿耐受（1min）	弯曲（kN）	扭转（N·m）		
ZS—10/4	10	42	30	4	—	75	4.9
ZS—10/4L	10	42	30	4	—	75	4.8

户外—户内铝导体穿墙套管机电性能见表10-24。

表 10-24　　　户外—户内铝导体穿墙套管机电性能

型　号	额定电压（kV）	额定电流（A）	工频电压（kV）			弯曲破坏负荷（kN）	质量（kg）
			干耐受	湿耐受	击穿		
CWWL—10/250—2	10	250	47	30	75	4	6.2
CWWL—10/400—2	10	400	47	30	75	4	6.3
CWWL—10/630—2	10	630	47	30	75	4	6.5
CWWL—10/1000—2	10	1000	47	30	75	4	9.5
CWWL—10/1600—2	10	1600	47	30	75	4	9.5
CWWL—10/2000	10	2000	47	30	75	8	17
CWWL—10/3150	10	3150	47	30	75	8	20
CWWL—10/4000	10	4000	47	30	75	16	30

10kV 户外、户内铜导体穿墙套管机电性能见表10-25。

表 10-25　　　10kV 户外、户内铜导体穿墙套管机电性能

型　号	额定电压（kV）	额定电流（A）	工频电压（kV）			弯曲破坏负荷（kN）	质量（kg）
			干耐受	湿耐受	击穿		
CWB—10/400	10	400	47	34	75	7.5	10
CWB—10/600	10	600	47	34	75	7.5	12
CWB—10/1000	10	1000	47	34	75	7.5	14.5
CWB—10/1500	10	1500	47	34	75	7.5	17

6～10kV 户内铜导体穿墙套管机电性能见表10-26。

表 10-26　　　6～10kV 户内铜导体穿墙套管机电性能

型　号	额定电压（kV）	额定电流（A）	工频电压（kV）			弯曲破坏负荷（kN）	质量（kg）
			干耐受	湿耐受	击穿		
CB—6/600	6	600	36	—	58	7.5	5
CB—10/200	10	200	47	—	75	7.5	6
CB—10/400	10	400	47	—	75	7.5	6.2
CB—10/600	10	600	47	—	75	7.5	6.7
CB—10/1000	10	1000	47	—	75	7.5	10.2
CB—10/1500	10	1500	47	—	75	7.5	10.8

6～10kV 户内铝导体穿墙套管机电性能见表10-27。

表 10-27　　　6～10kV 户内铝导体穿墙套管机电性能

型　号	额定电压（kV）	额定电流（A）	工频电压（kV）			弯曲破坏负荷（kN）	质量（kg）
			干耐受	湿耐受	击穿		
CL—6/250	6	250	36	—	58	4	4.5
CL—6/400	6	400	36	—	58	4	4.6
CL—6/630	6	630	36	—	58	4	4.8
CL—10/250	10	250	47	—	75	4	5.4
CL—10/400	10	400	47	—	75	4	5.5
CL—10/630	10	630	47	—	75	4	5.6

第四节　高 压 开 关 电 器

高压开关电器产品型号含义见图 10-3。

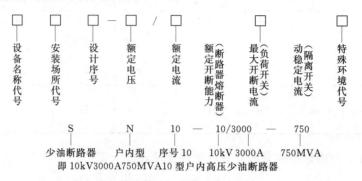

即 10kV3000A750MVA10 型户内高压少油断路器

图 10-3　高压开关电器产品型号

高压开关电器的基本组成及功能见表 10-28。

表 10-28　　　　　　　　　高压开关电器的基本组成及功能

基本组成	主要零件	功能
开闭装置	主灭弧室（包括主触头、载流回路、均压电容等）。辅助切换装置（包括辅助触头和并联电阻等）	开断及关合线路或安全隔离电源
绝缘支撑	瓷瓶、瓷套或其他型式绝缘子	支承开闭装置，并保证对地绝缘
传动系统	各种连杆、齿轮，拐臂以及液压或空气导管等	给开闭装置传递操作命令和操动力
基座	底座（架）或罐体	支承和安装基础
操动机构	弹簧、电磁、液压、气动及手动机构的本体及其配件	控制操作程序，提供操作能量

注　高压开关电器应满足以下要求：

(1) 绝缘安全可靠。应能承受最高工作电压的长期作用和内部过电压、大气过电压的短期作用。

(2) 在额定电流下长期运行时，其温升应符合国家标准。

(3) 有承受短路电流的热效应和电动力效应的能力。

(4) 能安全可靠地关合和开断规定的电流。

(5) 户外工作的高压电器，应能承受自然环境的作用，在规定的使用条件下能安全可靠地运行。

(6) 高压电器的性能应满足使用场所的要求，如额定电压、最高工作电压、额定电流、额定短路开断电流、短时耐受电流等。

高压开关电器的主要技术参数的符号和定义见表 10-29。

表 10-29　　　　　　　　　高压开关电器的主要技术参数的符号和定义

名　称	符号	单位	定　义
额定电压	U_n	kV	产品铭牌上标明的正常工作线电压有效值
最高工作电压	U_{mr}	kV	制造厂所保证的产品可以长期运行的最高线电压有效值
额定电流	I_n	A	产品铭牌上标明的可以长期承载的电流有效值
额定短路开断电流	I_{nb}	kA	在规定条件下，开关能开断的最大短路电流有效值

续表

名　　称	符号	单位	定　义
额定短路关合电流	I_{mk}	kA	在规定条件下，开关能顺利关合的最大短路电流峰值
额定动稳定电流（极限通过电流）	I_{pw}	kA	开关在合闸状态下，能承载的峰值电流
额定热稳定时间	t_{sw}	s	开关在合闸状态下，能承载额定短路开断电流的时间
开断时间	t_b	s 或 ms	从开关接到分闸命令到各相中的电弧最终熄灭为止的一段时间
关合时间	t_c	s 或 ms	从开关接到合闸命令到各相各回路中触头均接通为止的一段时间
自动重合闸无电流间歇时间	t_d	s 或 ms	从开关各相均熄弧时起，至任意相电流重新通过时为止的一段时间
短路合闸金属短接时间	t_{mc}	s 或 ms	从开关各相均接通时起，至分闸操作中各相触头均分离时为止的一段时间

注　额定短路关合电流和额定动稳定电流数值相等，且为额定短路开断电流的2.5倍。

高压开关电器的分类作用和性能见表10-30。

表10-30　　　　　　　　**高压开关电器的分类作用和性能**

分类	作用	负载电流			短路电流		
		长期承载	开断	关合	短时承载	开断	关合
断路器	控制、保护	○	○	○	○	○	○
负荷开关	控制	○	○	○	○	×	⊗
隔离开关	安全隔离	○	×	×	○	×	×
接地开关	保护	×	×	×	○	×	⊗

注　○—有；×—无；⊗—有时具有。

高压开关电器设备及其操动机构的字母代号见表10-31。

表10-31　　　　　　**高压开关电器设备及其操动机构的字母代号**

高压电器名称	字母代号	操动机构名称	字母代号	安装场所	字母代号
全封闭组合电器	ZF	操动机构	C	户内	N
敞开式组合电器	ZH	手动操动机构	S	户外	W
隔离开关	G	电磁操动机构	D		
熔断器	R	电动操动机构	J		
负荷开关	F	弹簧操动机构	T		
真空断路器	Z	气动操动机构	Q		
六氟化硫断路器	L	液压操动机构	Y		
产气断路器	Q	重锤操动机构	Z		
少油断路器	S	箱式操动机构	X		
多油断路器	D	改进型	G		
空气断路器	K				
磁吹断路器	C				
接地断路器	J				
户内式	N				
户外式	W				

高压开关电器设备的选择方法和校验项目见表 10-32。

表 10-32

表 10-32　　　　　　　高压开关电器设备的选择方法和校验项目

项目 设备	按工作电压选择	按工作电流选择	按断路容量选择	按动稳定校验	按热稳定校验
断路器	$U_n \geqslant U^{①②}$	$I_n \geqslant I$	$S_{dn} \geqslant S''$（$S_{0.2}$）或 $I_{nb} \geqslant I''$（$I_{0.2}$）	$I_{pw} \geqslant i_{cj}^{(3)}$	$I_t \geqslant I_\infty \sqrt{\dfrac{t_j}{t}}$
隔离开关	$U_n \geqslant U^①$	$I_n \geqslant I$	—	$I_{pw} \geqslant i_{cj}^{(3)}$	$I_t \geqslant I_\infty \sqrt{\dfrac{t_j}{t}}$
熔断器	$U_n \geqslant U^②$	$I_{nR} \geqslant I_{nj} > I^④$	$I_{dn} \geqslant I''$或 $S_{dn} \geqslant S''$	—	—

注　U_n—设备额定电压（kV）；　　　　　　I_{pw}—设备极限通过电流峰值（kA）；
　　　U—回路工作电压（kV）；　　　　　　$i_{cj}^{(3)}$—回路中可能发生的三相短路电流最大冲击值（kA）；
　　　I_n—设备额定电流（A）；　　　　　　I_t—设备在 t（s）内的热稳定电流（kA）；
　　　I—回路工作电流（A）；　　　　　　I_∞—回路中可能通过的最大稳态短路电流（kA）；
　　　S_{dn}—设备额定断流容量（MVA）；　　t_j—短路电流作用的假想时间（s）；
　　　S''—0s 的短路容量（MVA）；　　　　t—热稳定电流允许的作用时间（s）；
　　　I_{nb}—设备额定短路开断电流（kA）；　I_{nR}—熔断器的额定电流（A）；
　　　I''—短路次暂态电流（A）；　　　　　I_{nj}—熔断器熔件的额定电流（A）；
　　　$S_{0.2}$—0.2s 的短路容量（MVA）；　　U_{nR}—熔断器的额定电压（kV）。
　　　$I_{0.2}$—0.2s 的短路电流（A）；

①　当海拔超过 1000m 时，应与制造厂联系是否需要加强绝缘。

②　当断路器安装在低于额定电压回路（其电压为 U）中时，其断流容量可按下式计算 S_{dn}（U）$= S_{dn} = \dfrac{U}{U_n}$。

③　但对充填石英砂有限流作用的熔断器还必须满足 $U = U_{nR}$，即熔断器的额定电压等于其工作电压。

④　除满足此条件外，在投入空载变压器、静电容器时，要避免由于正常的冲击电流而引起误动作。

常用 10kV 少油断路器技术数据见表 10-33。

表 10-33　　　　　　　　常用 10kV 少油断路器技术数据

名　称	单　位	SN10—10 I	SN10—10 II
额定电压	kV	10	10
额定电流	A	630	1000
额定开断电流	kA	16	31.5
最大关合电流	kA（峰值）	40	79
动稳定电流	kA（峰值）	50	79
2s 热稳定电流	kA	20	31.5
合闸时间	s	不大于 0.2	不大于 0.2
固有分闸时间	s	不大于 0.06	不大于 0.06
额定操作循环		分—0.5s—合分—180s—合分	分—0.5s—合分—180s—合分
配用机构		CD10 I 电磁机构或 CT9 弹簧机构	CD10 II 电磁机构或 CT9 弹簧机构

注　少油断路器，如 SN10—10 型三相户内式断路器，主要用于发电厂、变电所中作为控制、保护高压电气设备之
　　用。SN10—10 I 型断路器配用 CD10 型电磁操动机构或 CT8 型弹簧机构、手力操动机构。少油断路器由基架、
　　传动系统及油箱三部分组成。

ZN28—10 型系列户内高压真空断路器的技术数据见表 10-34。

表 10 - 34　　　　　　ZN 28—10 型系列户内高压真空断路器的技术数据

名　称	单位	ZN28—10—12.5	ZN28—10—20	ZN28—10—25	ZN28—10—31.5
额定电压	kV	10	10	10	10
额定电流	A	630	1000 1250	1000 1250 1600	1250 1600 2000
额定短路开断电流	kA	12.5	20	25	31.5
额定短路关合电流	kA	31.5	50	63	80
额定动稳定电流（峰值）	kA	31.5	50	63	80
额定热稳定电流（峰值）	kA	12.5	20	25	31.5
额定热稳定时间	s	4	4	4	4
额定短路开断电流次数	次	30	30	30	30
1min 工频耐压（有效值）	kV	42	42	42	42
雷电冲击耐压	kV	75	75	75	75
机械寿命	次	10000	10000	10000	10000

注　ZN 28—10 型系列户内高压真空断路器，是以真空作为绝缘及灭弧手段的高压断路器。配用中封玻璃外壳式纵磁场真空灭弧室，操动机构采用 SN 10—10 I、Ⅱ 高压少油断路器广泛应用的 CD10 I、Ⅱ 型电磁操动机构、CT8 型弹簧操动机构。

此类断路器具有体积小、开断性能好、绝缘水平高等特点，适用于装设在固定式开关柜中，作为工矿企业、发电厂、变电所等输配电系统的保护与控制用，也可用于操作频繁的场所。

ZW1—10 型户外高压真空断路器技术数据见表 10 - 35。

表 10 - 35　　　　　　ZW1—10 型户外高压真空断路器技术数据

名　称	单　位	ZW1—10 I —630	ZW1—10 Ⅱ—630
额定电压	kV	10	10
额定电流	A	630	630
额定短路开断电流	kA	6.3	12.5
额定短路关合电流	kA	16	31.5
额定短路电流开断次数	次	30	30
1min 工频干耐压	kV	42	42
雷电冲击耐压（峰值）	kV	75	75
机械使用寿命	次	10000	10000
额定操作顺序		分—0.3s—合分—180s—合分	

注　ZW1—10 型户外高压真空断路器，由导电回路、绝缘系统、密封件及壳体组成。整体结构为三相共箱式。导电回路是由进出线导电杆，动、静端支座，导电夹与真空灭弧室连接而成。外绝缘主要是通过高压瓷套来实现的，内绝缘为复合绝缘，主要是通过箱体内的变压器油来实现的，同时又解决了户外产品内部的凝露问题。这种产品主要用于开断、关合农村电网或小型电力系统的负荷电流、过载电流和短路电流。也可作为城网 10kV 级的分断开关。

LW3—10 Ⅲ 型户外六氟化硫断路器内部结构示意图见图 10 - 4。

LW3—10 I / Ⅱ、LW3—10 Ⅲ 型户外六氟化硫断路器技术数据见表 10 - 36。

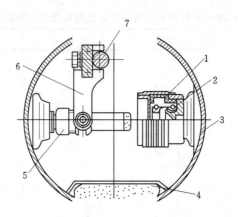

图 10-4　LW3—10Ⅲ型户外六氟化硫断路器内部结构示意图

1—灭弧室；2—静触指头；3—外壳；4—吸附剂；

5—动触头；6—绝缘拨叉；7—主轴

表 10-36　　　　　LW3—10Ⅰ/Ⅱ、LW3—10Ⅲ型户外六氟化硫断路器技术数据

名　　称	单位	型　号	
		LW3—10Ⅰ/Ⅱ	LW3—10Ⅲ
额定电压	kV	10	10
额定电流	A	400，630	400，630
额定短路开断电流	kA	6.3，8，12.5，16	6.3，8，12.5，16
额定短路开断电流次数	次	30	30
额定操作顺序		Ⅰ型：分—180s—合分—180s—合分 Ⅱ型：分—0.5s—合分—180s—合分	分—0.5s—合分—180s—合分
额定关合电流（峰值）	kA	16，20，31.5，40	16，20，31.5，40
额定动稳定电流（峰值）	kA	16，20，31.5，40	16，20，31.5，40
4s 额定热稳定电流	kA	6.3，8，12.5，16	6.3，8，12.5，16
固有合闸时间	s	≤0.06	≤0.06
固有分闸时间	s	≤0.04	≤0.04
1min 工频耐压	kV	42	42
雷电冲击耐压	kV	75	75
最低工作压力	MPa	0.35	0.35
额定工作压力	MPa	0.25	0.25
年漏气率	%	<1	<1
机械寿命	次	10000	10000
配用操动机构		Ⅰ型：手动弹簧储能 Ⅱ型：AC/DC 220V	手动操动或电动分、合闸

注　1. 六氟化硫断路器的总体结构是将断路器三极装于一个底箱上，内部相通，箱内有三相联动轴，通过三个主拐臂、三个绝缘拉杆操动导电杆，每极为上下两绝缘筒构成断口和对地的外绝缘，内绝缘则用 SF₆ 气体。箱体有两个自封阀，一个供充放气用，另一个安装电接点真空压力表。

2. 采用了旋弧纵吹式与压气式相结合的高效灭弧方式，当电弧从弧触指转移到环形电极上时，电弧电流通过环形电极流过线圈产生磁场，磁场和电弧电流相互作用使电弧旋转，压力升高，并在喷口形成高效气流，将电弧冷却，当介质恢复足够时，电弧在电流过零时熄灭。

六氟化硫断路器的运行维护与检修见表 10-37。

表 10-37　　　　　　　　　　　六氟化硫断路器的运行维护与检修

项　目	内　容
正常巡视	每天不少于 2 次。其中一次在高峰负荷时，一次在夜间
特殊巡视	(1) 在下述情况下安排临时巡视：过负荷，出现大风、雷雨、大雾、大雪、冰雹等时。 (2) 气温突然骤降或持续高温时。 (3) 短路故障跳闸后。 (4) 新装或大修后，在投入运行 4h 内
巡视要求	(1) 是否漏气。 (2) 零部件有无损坏、变形、松脱。 (3) 是否过热。 (4) 有无异常声响。 (5) 分合指示位置是否与断路器位置对应。 (6) 必要时，打开机构箱检查关键部件的位置，如脱扣板是否复位、各部位搭扣尺寸是否合适等。 (7) 辅助开关接点状况是否良好，断开距离是否合格。 (8) 有无鸟雀做窝。 (9) 操作电压是否正常
维护	对六氟化硫断路器的维护，应检查调整分、合闸位置，检查紧固螺母螺钉，根据气温调整闭锁压力、传动部分和润滑机构。
小修	应更换烧损和磨损的零件，更换老化的密封圈，更换受腐蚀的绝缘件，清洗烘干后装配调整，此项工作应在制造厂派人指导下进行。
本体检修	(1) 非正常漏气，即 SF_6 压力迅速下降或年漏气率大于 2%。 (2) 累计短路开断电流（各次短路开断电流累加值）大于 208kA。 (3) 主回路电阻大于 $130\mu\Omega$。 (4) 42kV、1min 工频耐压试验有击穿、放电及闪络现象。 (5) 有开关卡、滞现象，造成分、合闸速度过低等

项目	序号	项　目　名　称	IEC376	GB 12022
SF_6 新气质量标准	1	纯度 (SF_6)		≥99.8%
	2	空气 (N_2+O_2)	≤0.05%	≤0.05%
	3	四氟化碳 (CF_4)	≤0.05%	≤0.05%
	4	湿度 (H_2O) ($\times10^{-6}$)	≤15	≤8
	5	酸度 (以 HF 计) ($\times10^{-6}$)	≤0.3	≤0.3
	6	可水解氟化物 (以 HF 计) ($\times10^{-6}$)	≤1.0	≤1.0
	7	矿物油 ($\times10^{-6}$)	≤10	≤10
	8	毒性	生物试验无毒	生物试验无毒

自动重合器技术数据见表 10-38。

表 10 - 38　　　　　　　　　　　自动重合器技术数据

名　称	单位	SF₆ 重合器（LCW）	真空重合器（ZCW）
额定电压	kV	10	10
最高工作电压	kV	11.5	11.5
额定电流	A	400，630	630
额定短路开断电流	kA	6.3，8，12.5，16	6.3，12.5，16，20
额定短路电流开断次数	次	30	30
电流互感器变比		200/5，300/5，400/5，600/5	200/5，300/5，400/5，600/5
1min 工频耐受电压	kV	42	42
雷电冲击耐受电压	kV	75	75
机械寿命	次	10000	10000
脱扣电压	V	DC，AC—220	DC，AC—220
控制装置外施电压	V	AC—220	AC—220
反时限曲线	条	9（可选）	9（可选）
定时限启动电流	A	1.5～5	1.5～5
重合闸动作闭锁次数	次	1～4	1～4
重合闸时间	s	2～60（可调）	2～60（可调）
复位时间	s	5～180（可调）	5～180（可调）
固有分闸时间	s	≤0.04	≤0.06
固有合闸时间	s	≤0.06	≤0.06
SF₆ 额定气压（20℃）	MPa	0.35	
SF₆ 最低工作气压（20℃）	MPa	0.25	
SF₆ 气体含水量（体积比）	×10⁻⁶	≤150	
年漏气率	%	≤1	

注　自动重合器按灭弧介质不同，可分为六氟化硫重合器和真空重合器两种。它是由一种控制装置进行自动控制、操作的机电一体化高压开关。其合闸采用 10kV 干式小容量电源变压器（开关内配）提供合闸电源，操动机构是外配的低压电磁机构。重合器的控制装置有遥控接口与远动装置（RTU）配合，以无线电、载波进行遥控、遥信的高压智能开关，用于中、小型变电所 10kV 出线开关和 10kV 线路保护装置。在不同的条件下，按事先设定的程序自动开断、重合、闭锁供电线路，自动鉴别故障状态，其后自动复位或闭锁。

自动分段器技术数据见表 10 - 39。

表 10 - 39　　　　　　　　　　　自动分段器技术数据

型号	额定电压（kV）	额定电流（A）	固有分闸时间（s）	闭锁记忆次数（可调）	复位时间（s）	最小启动电流（A）
FLW—10	10	400，630	≤0.08	1，2，3	20，40，60，80，100，120，140，160，180，200	80，160，240，320，400，480，560，640
FDW—10	10	400，630	≤0.08	1，2，3	20，40，60，80，100，120，140，160，180，200，220	80，160，240，320，400，560，640

注　自动分段器是一种能够记忆线路故障电流出现的次数，并在达到其整定的次数后，在无电流情况下自动分闸并闭锁。且具有开断负荷电流的能力。

自动重合器与自动分段器在10kV配电线路上配合使用概略图见图10-5。

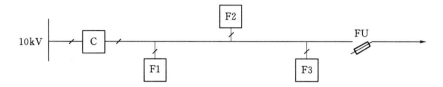

图10-5　自动重合器与自动分段器在10kV配电线路上配合使用概略图

C—自动重合器；F1、F2、F3—自动分段器；FU—跌落式熔断器

10kV户外跌落熔断器技术数据见表10-40。

表 10-40　　　　　　　　　　10kV户外跌落熔断器技术数据

型　号	额定电压 (kV)	额定电流 (A)	开断电流（kA）		分、合负荷电流 (A)	单极质量 (kg)
			上限	下限		
RW10—10（F）		50			50	5.7
RW10—10（F）	10	100			100	6.7
RW10—10（F）		200			200	7.7
RW11—10		100	6.6	0.015	100	6.5
RW11—10（F）		100	6.6	0.015	100	7.0
RW11—10F（W）		100	6.6	0.015	100	8.7
RW11—10	10	200	12.5	0.27	200	6.8
RW11—10（F）		200	12.5	0.27	200	8.5
RW11—10F（W）		200	12.5	0.27	200	9.0
RW—10F（W）	10	100	6.3	0.017	130	
RW—10F（W）		200	6.3	0.017	130	
PRWG1—10F（W）	10	100	6.3	0.017	100	
RW3—10	10	3～200				6.4～9.5
RW3—10（Z）	10	3～200				6.4～9.5
RW4—10	10	2～200				6.5

跌落熔断器消弧管规格尺寸见表10-41。

表 10-41　　　　　　　　　　跌落熔断器消弧管规格尺寸

额定电压 (kV)	额定电流 (A)	额定开断容量（MVA）		管径（内径、外径） (mm)	管长 (mm)
		上限	下限		
	3～50	50	10	ϕ9、ϕ16	250～300
10	5～100	100	10～20	ϕ13、ϕ19	～300
	100～150	150	20～30	ϕ13、ϕ23	～300
	100～200	200	30～40	ϕ17、ϕ25	～300

第五节　低　压　电　器

低压电器正常使用环境条件见表10-42。

表 10－42　　　　　　　　　　　　　低压电器正常使用环境条件

项　目	内　　容			
海拔高度	≤2500m			
周围空气温度	(1) 不同海拔的最高温度：			

海拔（m）	h≤1000	1000<h≤1500	1500<h≤2000	2000<h≤2500
最高空气温度（℃）	40	37.5	35	32.5

项　目	内　　容
	(2) 最低空气温度： 1) ＋5℃（适用于水冷电器）。 2) －10℃（适用于某些特定条件的电器，如电子式电器及部件等）。 3) －25℃。 4) －40℃（订货时指明）。
空气相对湿度	最湿月份的月平均最大相对湿度为90％，同时该月的平均最低温度为25℃，并考虑到温度变化发生在产品表面上的凝露
安装倾斜度	对安装方法有规定或动作性能受重力影响的电器，其安装倾斜度大于5°
振动和冲击	无显著摇动和冲击振动的地方
环境	在无爆炸危险的介质中，且介质中无足以腐蚀金属和破坏绝缘的气体与尘埃（含导电尘埃）
雨雪	在没有雨雪侵袭的地方

低压电器的分类和用途见表 10－43。

表 10－43　　　　　　　　　　　　低压电器的分类和用途

分类	名称	主要品种	用　　途
配电电器	断路器	万能式空气断路器 塑料外壳式断路器 限流式断路器 直流快速断路器 灭磁断路器 漏电保护断路器	用作交、直流线路的过载、短路或欠电压保护，也可用于不频繁通断操作电路。灭磁断路器用于发电机励磁电路保护。漏电保护断路器用于人身触电保护
	熔断器	有填料封闭管式熔断器 保护半导体器件熔断器 无填料密闭管式熔断器 自复熔断器	用作交、直流线路和设备的短路和过载保护
	刀开关	熔断器式刀开关 大电流刀开关 负荷开关	用作电路隔离，也能接通与分断电路额定电流
	转换开关	组合开关 换向开关	主要作为两种及以上电源或负载的转换和通断电路用

分类	名称	主要品种	用　途
控制电器	接触器	交流接触器 直流接触器 真空接触器 半导体接触器	用作远距离频繁地起动或控制交直流电动机以及接通分断正常工作的主电路和控制电路
	控制继电器	电流继电器 电压继电器 时间继电器 中间继电器 热过载继电器 温度继电器	在控制系统中，作控制其他电器或作主电路的保护之用
	启动器	电磁启动器 手动启动器 综合启动器 自耦减压启动器 Y—△启动器	用作交流电动机的起动或正反向控制
	控制器	凸轮控制器 平面控制器	用于电气控制设备中转换主回路或励磁回路的接法，以达到电动机起动、换向和调速
	主令电器	按钮 限位开关 微动开关 万能转换开关	用作接通、分断控制电路，以发布命令或用作程序控制
	电阻器	铁基合金电阻器	用作改变电路参数或变电能为热能
	变阻器	励磁变阻器 起动变阻器 频敏变阻器	用作发电机调压以及电动机的平滑起动和调速
	电磁铁	起重电磁铁 牵引电磁铁 制动电磁铁	用于起重操纵或牵引机械装置

低压电器型号组成和含义见图 10-6。

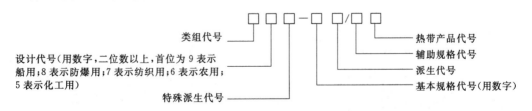

图 10-6　低压电器型号组成和含义

低压电器型号中的类组代号见表 10-44。

表 10-44　　　　　　　　　　　低压电器型号中的类组代号

类别代号	名称	组别代号																			
		A	B	C	D	G	H	J	K	L	M	P	Q	R	S	T	U	W	X	Y	Z
H	负荷开关				单投		防护		开启式					熔断器式	双投					其他	组合开关
R	熔断器			插入式			汇流排式			螺旋式	密闭管式				快速	有填料封闭管式					其他	自复
D	断路器										灭磁				快速			框架式		其他	塑料外壳式
K	控制器					鼓形					平面				凸轮					其他	
C	接触器				高压			交流	真空		灭磁	中频			时间	通用				其他	直流
Q	起动器	按钮式		电磁式				减压							手动		油浸		星三角	其他	综合
J	控制继电器				漏电					电流			热		时间	通用	温度			其他	中间
L	主令电器	按钮						接近开关	主令控制器						主令开关	脚踏开关	旋钮	万能转换开关	行程开关	其他	
Z	电阻器		板形元件	冲片元件	铁路铝带型元件	管形元件						非线性电力电阻			烧结元件	铸铁元件			电阻器		硅碳电阻元件
B	变阻器			旋臂式						励磁		频敏	起动		石墨	起动调速	油浸起动	液体起动	滑线式	其他	
T	调整器				电压																
M	电磁铁												牵引					起重		液压	制动
A	其他		触电保护器	插销	信号灯		接线盒			电铃											

低压电器型号中的派生代号和热带代号见表 10-45。

表 10 - 45 低压电器型号中的派生代号和热带代号

派生字母	代 表 意 义	派生字母	代 表 意 义
A·B·C·D···	结构设计稍有改进或变化	K	开启式
C	插入式	H	保护式、带缓冲装置
J	交流、防溅式	M	灭磁、母线式、密封式
Z	直流、防震、正向、重任务、自动复位	Q	防尘式、手车式
W	失压、无极性、出口用、无灭弧装置	L	电流的、折板式、漏电保护
N	可逆、逆向	F	高返回、带分励脱扣
S	三相、双线圈、防水式、手动复位、三个电源、有锁住机构	X	限流
P	单相、电压的、防滴式、电磁复位、两个电源	TH TA	湿热带 干热带 ｝为热带产品代号，加注在全型号的最后位置

低压电器检修周期见表 10 - 46。

表 10 - 46 低 压 电 器 检 修 周 期

名称	频繁工作的检修周期		一般的检修周期		名称	频繁工作的检修周期		一般的检修周期	
	大修	小修	大修	小修		大修	小修	大修	小修
断路器	6个月	3个月	1~2年	6个月	接触器	1年	15天	1年	1个月
按钮	6个月	1个月	—	1个月	熔断器	—	15天	—	1个月
刀形开关	2~3年	6个月	2~3年	6个月	电磁闸	6个月	7天	6个月	15天
万能转换开关	3个月	15天	1年	1个月	电动气阀	—	7天	—	15天
控制器	6个月	15天	1年	1个月	电阻器	1年	3个月	1年	3个月
限位开关	3个月	15天	6个月	1~2个月	变阻器	6个月	1个月	6个月	2个月
电磁式继电器	1年	15天	1年	1个月					

低压负荷开关的类型和使用场合见表 10 - 47。

表 10 - 47 低压负荷开关的类型和使用场合

类 别		系列型号	使 用 场 合	说 明
开关板刀开关		HD（单投） HS（双投）	中央手柄式：用作隔离开关 侧面操作手柄式：用于动力箱 中央正面杠杆操作机构式：用于正面操作、后面维修的开关柜中 侧方正面操作机构式：用于正面两侧操作、前面维修的开关柜中	HD11~14 为全国统一设计产品，可取代 HD1~3
带有熔断器的刀开关	开启式负荷开关	HK	用于低压线路中，作一般电灯、电阻和电热等回路的控制开关用，也可作为分支线路的配电开关；三极开关适当降低容量，可用于不频繁地控制小容量异步电动机起动与停止	HK1 系列全国统一设计产品 刀开关熔丝应按产品说明书选择自备
	防护式负荷开关	HH	有较大的分闸和合闸速度，常用于操作次数较多的小型异步电动机全压起动及线路末端的短路保护；带有中性接线柱的负荷开关可作为照明回路的控制开关	HH4 为全国统一设计产品，可取代同容量的其他系列老产品 60A 以下者为 RC1A 型，100A 以上者为 RT0 型

类　别		系列型号	使　用　场　合	说　明
带有熔断器的刀开关	刀熔开关	HR	可供配电系统中作为短路保护及电缆、导线过载保护用；还可用于不频繁地接通和分断不大于其额定电流的电路，但不适用于控制电动机	HR3 为全国统一设计产品，可代替低压配电中刀开关和熔断器的组合电器 熔断器为 RT0 系列有填料封闭管式
	组合开关	HZ	HZ5 作电流 60A 以下的机床线路的电源开关；控制线路中的转换开关，以及电动机的起动、停止、变速、换向等 HZ10 作电流 100A 以下的换接电源开关；三相电压的测量；调节电热电路中电阻的串接开关；控制不频不操作的小容量异步电动机的正反转	HZ5 可代替 HZ1～HZ13 系列产品 HZ10 为全国统一设计产品，可取代 HZ1、HZ2 等老产品 HZ—10M 系列气密式，用于一些有腐蚀性气体的场合

低压负荷开关选用原则见表 10-48。

表 10-48　　　　　　　　　　　低压负荷开关选用原则

项　目	原　则
结构型式	结构型式的选择，应根据所在线路中的作用及所在配电装置中的安装位置来确定
额定电压和额定电流	额定电压、额定电流的选定，应等于或大于负荷线路的额定电压、额定电流
电动稳定性电流和热稳定性电流	电动稳定性电流和热稳定性电流的选择，应等于或大于线路中可能出现的最大短路电流
控制电动机	用于控制电动机的开关，其额定电流应大于电动机的启动电流（可达电动机额定电流的 6～7 倍，甚至更大）
熔体选择	熔体的选择应根据用电设备，如变压器、电热器、照明电路等来选择，熔体的额定电流宜等于或稍大于实际负荷电流；对配电线路，熔体的额定电流宜等于或略微小于线路的安全电流；对于电动机，熔体的额定电流 I_{nR} 可按下式计算 $$I_{nR} = kI_{nM}$$ 式中　I_{nM}—电动机的额定电流； 　　　k—选用系数，一般取 1.5～2.5
组合开关类型选择	组合开关的类型和接线方式较多，选择时除按上述几点来选择之外，对于电动机负载，应按产品说明书中规定的可控制电动机的最大容量来选择开关的型号，决不允许超载运行

低压熔断器的类型及适用场合见表 10-49。

表 10-49　低压熔断器的类型及适用场合

类别	特　点	适　用　场　合	说　明
RC1 系列半封闭插入式	无特殊熄弧措施，极限分断能力较小，最大仅 3000A（有效值）	适用于额定电流至 200A 的线路末端或分支电路中作为电缆及电气设备的短路保护	RC1A 为 RC1 系列的改进产品，性能有较大改善
RL 系列有填料封闭螺旋式	使用石英砂填料，极限分断能力有所提高，最大达 50000A（有效值），并有较大的热惯性	用于配电线路中作为过载及短路保护，也常用于机床控制线路，以保护电动机	
RM 系列无填料密闭管式	结构简单，为可拆换式，更换熔体方便，并具有一定的极限分断能力，最大可达 20000A（有效值）	用于电力网络，配电设备中，作短路保护和防止连续过载之用	RM7 可取代 RM1、RM2、RM3 和 RM10 等系列产品
RT0 系列有填料封闭管式	具有高分断能力，极限分断能力可达 50000A（有效值）；安秒特性较稳定，有限流特性；有红色醒目熔断指示器，便于识别故障电路	用于要求较高、短路电流较大的电力网络或配电装置中，作为电缆、导线、电机、变压器及其他电气设备的短路保护和电缆、导线的过载保护	
RT10、RT11 系列有填料封闭管式	极限分断能力大，可达 50000A（有效值），有熔断显示器，便于识别故障电路	适用于额定电流 100A 及以下的电力网络和配电装置中，作为电缆、导线及电气设备的短路保护和电缆、导线的过载保护	
快速熔断器 RLS 系列螺旋式	动作速度快、分断能力大，极限分断能力可达 50000A（有效值），可在带电压（不带负载）下，不用工具可安全更换熔体	用于额定电流至 100A 的电路中，作硅整流元件、晶闸管及其成套装置的短路保护或某些不允许过电流的过载保护	其结构同 RL 系列
快速熔断器 RS0、RS3 系列有填料封闭管式	分断速度快，分断能力大，具有较大的限流作用	RS0 适用于交流额定电压 750V 及以下，额定电流 480A 及以下电路中，作硅整流元件及其成套装置的短路保护　RS3 适用于交流额定电压 1000V 及以下，额定电流 700A 及以下电路中，作晶闸管及其成套装置的短路保护　RS0、RS3 亦可在某些不允许过电流的电路中，作过载保护	RS0、RS3 两系列结构完全相同。该两系列又都类似 RT0 系列的结构

铅（75%）锡（25%）合金熔丝规格表和熔断电流见表 10-50。

表 10-50　铅（75%）锡（25%）合金熔丝规格表和熔断电流

直径（mm）	近似英规线号	额定电流（A）	熔断电流（A）	直径（mm）	近似英规线号	额定电流（A）	熔断电流（A）
0.51	25	2	3	1.63	16	11	16
0.56	24	2.3	3.5	1.83	15	13	19
0.61	23	2.6	4	2.03	14	15	22
0.71	22	3.3	5	2.34	13	18	27
0.81	21	4.1	6	2.65	12	22	32
0.92	20	4.8	7	2.95	11	26	37
1.22	18	7	10	3.26	10	30	44

注　铅锡合金丝的熔断电流是指 2min 内熔断所需的电流。

铅（≥98%）锑（0.3%～1.5%）合金熔丝规格和熔断电流见表 10-51。

表 10-51　　　　铅（≥98%）锑（0.3%～1.5%）合金熔丝规格和熔断电流

直径（mm）	截面积（mm²）	近似英规线号	额定电流（A）	熔断电流（A）	直径（mm）	截面积（mm²）	近似英规线号	额定电流（A）	熔断电流（A）
0.08	0.005	44	0.25	0.5	0.90	0.60	20	5.0	10
0.15	0.018	38	0.50	1.0	1.02	0.80	19	6.0	12
0.20	0.031	36	0.75	1.5	1.25	1.25	18	7.5	15
0.22	0.038	35	0.80	1.6	1.51	1.79	17	10	20
0.25	0.049	33	0.90	1.8	1.67	2.16	16	11	22
0.28	0.062	32	1.00	2.0	1.75	2.41	15	12	24
0.29	0.066	31	1.05	2.1	1.98	3.08	14	15	30
0.32	0.080	30	1.10	2.2	2.40	4.45	13	20	40
0.35	0.096	29	1.25	2.5	2.78	6.07	12	25	50
0.40	0.126	27	1.50	3.0	2.95	6.84	11	27.5	55
0.46	0.166	26	1.85	3.7	3.14	7.74	10	30	60
0.52	0.212	25	2.00	4.0	3.81	11.40	9	40	80
0.54	0.229	24	2.25	4.5	4.12	13.33	8	45	90
0.60	0.283	23	2.50	5.0	4.44	15.48	7	50	100
0.71	0.400	22	3.00	6.0	4.91	18.93	6	60	120
0.81	0.500	21	3.75	7.5	5.24	21.57	4	70	140

铜熔丝规格和熔断电流见表 10-52。

表 10-52　　　　　　　　铜熔丝规格和熔断电流

直径（mm）	近似英规线号	额定电流（A）	熔断电流（A）	直径（mm）	近似英规线号	额定电流（A）	熔断电流（A）
0.234	34	4.7	9.4	0.70	22	25	50
0.254	33	5.0	10.0	0.80	21	29	58
0.274	32	5.5	11.0	0.90	20	37	74
0.295	31	6.1	12.2	1.00	19	44	88
0.315	30	6.9	13.8	1.13	18	52	104
0.345	29	8.0	16.0	1.37	17	63	125
0.376	28	9.2	18.4	1.60	16	80	160
0.417	27	11.0	22.0	1.76	15	95	190
0.457	26	12.5	25.0	2.00	14	120	240
0.508	25	15.0	29.4	2.24	13	140	280
0.559	24	17.0	34.0	2.50	12	170	340
0.60	23	20.0	39.0	2.73	11	200	400

注　铜丝熔断电流是指 1min 内熔断所需的电流。

普通熔断器选用原则见表 10-53。

表 10－53   普通熔断器选用原则

项 目	选 用 原 则
分断能力	根据被保护负载的性质和短路电流的大小，选择具有相应分断能力的熔断器。例如，车间配电网路的保护用熔断器的选用，因网络短路电流一般较大，因此选用具有高分断能力的熔断器，甚至要有限流作用，如 RT0 系列熔断器。电动机过载保护可选用 RL 系列熔断器；经常发生故障线路的保护可选用"可拆式"熔断器，如 RL、RM 等熔断器；在容易着火或有毒气的地方，可选用封闭式熔断器
电压等级	根据网络电压选用相应电压等级的熔断器。

熔体额定电流	根据被保护负载的性质和容量，选择熔体的额定电流。
	（1）对于变压器、电热器和电灯等较平稳的负载，熔体额定电流应大于或等于实际负载电流。
	（2）对于输配电线路，熔体额定电流应小于或等于线路的安全电流。
	（3）对于电动机过载保护和正常起动保护，熔体的额定电流，可按下式选择：
	对单台电动机的保护，应采用：
	$$I_{nR} = k I_{nM}$$
	式中 I_{nR}—熔体额定电流；
	     I_{nM}—电动机额定电流；
	     k—系数，一般取 1.5～2.5。
	对数台电动机的保护，应采用：
	$$I_{nR} = k I_{nMmax} + \sum I_{nM}$$

熔管额定电流	根据熔体的额定电流等级，确定熔管的额定电流等级
熔断器的配合	在配电系统中，各级熔断器应互相配合，以实现保护的选择性
保护特性匹配	熔断器的保护特性必须与被保护对象的安全热特性相匹配
熔断器接入线路的方式	快速熔断器接入整流电路的方式有接入交流侧、接入整流桥臂和接入直流侧等三种。接入方式不同，熔体额定电流的选择方式亦不同。因此，要根据接入方式来选择熔断器

熔断器熔体额定电流的选择	（1）在整流电路中，熔体额定电流的选择应按下列情况选用：
	接入交流侧时，其熔体额定电流 I_{nR} 可按下式计算：
	$$I_{nR} \geqslant k_1 I_{2max}$$
	式中 I_{2max}—实际使用的最大整流电流；
	    k_1—系数，一般在 0.5～1.5 之间。
	接入整流桥臂与硅元件串联时，电流 I_{nR} 应为：
	$$1.57 I_{nG} \geqslant I_{nR} \geqslant I_A$$
	式中 I_{nG}—硅整流元件额定电流的平均值；
	    I_A—桥臂的实际最大工作电流（有效值）。
	接入直流侧时，其电流为
	$$I_{nR} \geqslant I_{2max}$$
	（2）在晶闸管整流电路中，熔体额定电流的选择如下：
	接入交流侧时，其电流
	$$I_{nR} \geqslant k_1 I_{2max}$$
	式中 k_1—系数，如下表所示
	
	{{TABLE2}}
	接入整流桥臂和直流侧，其电流 I_{nR} 的选择方法与整流电路的相同

额定电压	熔断器额定电压的选择 快速熔断器的额定电压应根据熔断器在熔断后，所承受的实际电压来确定。接入直流侧时，其额定电压应是所在线路直流电压的 1.4～2 倍，才能安全可靠地使用
允通能量 $I^2 t$ 值	熔断器的允通能量 $I^2 t$ 值，要小于硅整流元件的允通能量 $I^2 t$ 值

内嵌表格：

整流电路的形式	单相半波	单相全波	单相桥式	三相半波	三相桥式	双星形六相
k_1	1.57	0.785	1.11	0.575	0.816	0.29

低压空气断路器类别和适用场合见表 10-54。

表 10-54　　　　　　　　　　　　低压空气断路器类别和适用场合

类别	产品系列		适　用　场　合
万能式（框架式）	DW5 系列		有配电用和保护电动机用两种，分别作配电线路电源设备和电动机的过载、短路和欠电压保护；在正常条件下亦可分别作为电路的不频繁转换和电动机的不频繁起动之用
	DW10 系列		用于低压交直流配电线路中，作过载、短路及欠电压保护，在正常条件下，亦可作不频繁转换电路之用
	DW15 系列		用于交流电压至 1140V、电流至 1500A 的电路中作配电和电动机保护用。有配电用开关和保护电动机用开关两种，分别用作配电线路电源设备和电动机的过载、短路及欠电压保护；在正常条件下，亦可分别作电路的不频繁转换和电动机的不频繁起动之用
	新系列		用作主变压器和电路配电开关，额定电流可达 4000A，具有选择性保护
塑料外壳式（装置式）	DZ5 系列	DZ（B）5 型（单极）	主要作开关板控制线路及照明线路的过载和短路保护
		DZ5—20 型（3 极）	作电动机和其他电气设备的过载及短路保护，也可作小容量电动机不频繁的起停操作和线路转换之用
		DZ5—50 型（3 极）	与 DZ5—20 相同，但容量比 DZ5—20 大一级，并可用于交流 500V 及以下电路中
	DZ10 系列		在低压交直流线路中，作不频繁接通和分断电路用；该开关具有过载和短路保护装置，用以保护电气设备、电机和电缆不因过载或短路而损坏
	DZ6、DZ12、DZ13 型		主要用于照明线路中，作线路过载和短路保护，以及作线路不频繁分断和接通之用
	DZ15 系列		作为配电、电动机、照明线路的过载和短路保护及晶闸管交流侧的短路保护用，亦可作为线路不频繁转换及电动机不频繁起动用
	SO60 系列		该系列开关为引进技术的小型开关，适用于交流 50Hz、60Hz，电压 415V 及以下的线路中，作照明线路、电动机的过载和短路保护用
限流式	DWX15 系列框架式		具有快速断开和限制短路电流上升的特点，适用于可能发生特大短路的低压网络中，作配电和保护电动机之用；在正常条件下亦可作线路的不频繁转换和电动机的不频繁起动用
	DZX10 系列塑料外壳式		在集中配电、变压器并联运行或采用环形供电时，要求高分断能力的分支线路中，作为线路和电源设备的过载、短路和欠电压保护；在正常条件下，亦可作线路的不频繁转换之用
直流快速	DS7～DS9 系列	单向动作	用于大容量直流机组、硅整流供电装置和晶闸管整流装置等直流供电线路作过载、短路和逆流保护
	DS10 系列	单双向均可动作	
	DS11、DS12 系列	双向动作	
漏电保护	DZ15L 型		适用于电源中性点接地的电路，作漏电保护，亦可作线路和电动机的过载及短路保护，还可作线路的不频繁转换和电动机的不频繁起动用
	DZ5—20L 型		与 DZ15L 相同，但容量比 DZ15L 小一级，额定电流仅 20A，且无 4 极触头

注　断路器选用原则如下：
(1) 断路器的额定电压≥线路额定电压。
(2) 断路器的额定电流与过电流脱扣器的额定电流≥线路计算负荷电流。
(3) 断路器的额定短路通断能力≥线路中最大短路电流，注意进出线端的短路通断能力是否相等。
(4) 断路器欠电压脱扣器额定电压=线路额定电压。
(5) 选择配电断路器需考虑短延时短路通断能力和延时梯级的配合。
(6) 选择电动机保护用断路器需考虑电动机的启动电流并使其在启动时间内不动作。笼型感应电动机的启动电流按 8～15 倍额定电流计算。
(7) 直流快速断路器需考虑过电流脱扣器的动作方向（极性）、短路电流上升率 di/dt。
(8) 漏电保护断路器需选择合理的漏电动作电流和漏电不动作电流。注意能否断开短路电流，如不能断开短路电流则需和适当的熔断器配合作用。
(9) 灭磁断路器选用时需考虑发电机的强励电压、励磁线圈的时间常数、放电电阻及断开强励电流的能力。

第十一章　接地保护装置

第一节　低压配电系统保护接地形式

TT 系统见图 11-1。

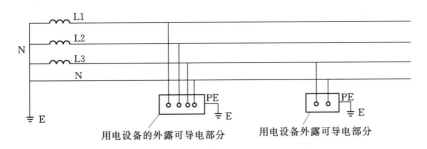

图 11-1　TT 系统

L1、L2、L3—电源的第 1 相、第 2 相和第 3 相；N—中性线；PE—接地保护线；E—接地极

注　电源中性点直接接地；设备的外露可导电部分直接在设备安装处接地，该接地点与电源中性点接地点无电气连接，由于农村负荷分散线路长，故适合农村电网。

IT 系统见图 11-2。

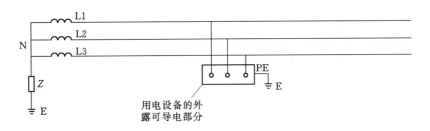

图 11-2　IT 系统

注　电源中性点通过高阻抗接地或不接地，用电设备外露可导电部分在设备安装处直接接地。IT 系统一般不从中性点引出中性线 N。

TN—C 系统见图 11-3。

TN—C—S 系统见图 11-4。

TN—S 系统见图 11-5。

20 世纪 50 年代，通常将 TN 保护接地形式称为"接零"，顾名思义，是认为在三相对称系统中性线上流过的电流为零，也称中性线为零线，所以"接零"。从 20 世纪 90 年

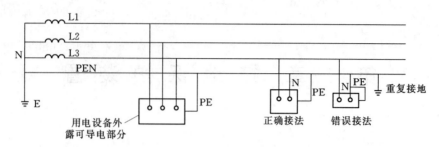

图 11-3　TN—C 系统

注　电源中性点直接接地，从电源中性点引出的中性线既是中性线又是接地保护线，称为中性
　　接地保护线，用 PEN 表示。设备的外露可导电部分用接地保护线直接与 PEN 线相连接。
　　整个系统的中性导体和接地保护导体是合一的，但用电设备的中性导体和保护导体不可合
　　一，要分别与 PEN 连接。

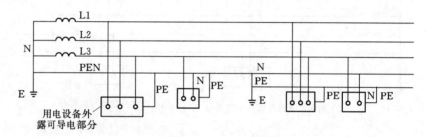

图 11-4　TN—C—S 系统

注　电源中性点直接接地，从电源中性点引出的中性线是中性导体与保护导体合一的，在
　　某处将 PEN 重复接地后将中性导体与保护导体分开，以后也不允许再将中性导体和保
　　护导体合在一起。

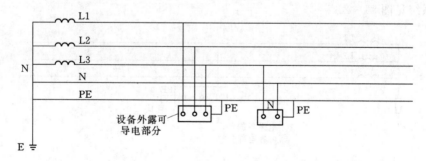

图 11-5　TN—S 系统

注　电源中性点直接接地，引出的中性导体和接地保护导体是分开的，不允许合并，也不
　　允许重复接地，称为三相五线制系统，是推荐的接地保护方式，凡有条件的地方应优
　　先采用，适合于城镇厂矿企业。

代，按照 IEC 的文件，我国很多技术规程已明确低压配电系统的保护接地形式分为 TT、
IT 和 TN 三种型式。但直到现在还有的书上称"接零"，接零这一不规范术语无法区别
TN—C、TN—C—S 和 TN—S 三种系统。因此，应摒弃"接零"的说法。接地装置接地
项目名称及接地电阻值要求见表 11-1。

表 11-1　接地装置接地项目名称及接地电阻阻值要求

接地类别	接 地 项 目 名 称	接地电阻（Ω）
电气设备接地	100kVA 及以上变压器（发电机）	≤4
	100kVA 及以上变压器供电线路的重复接地	≤10
	100kVA 以下变压器（发电机）	≤10
	100kVA 以下变压器供电线路的重复接地	≤30
	高、低压电气设备的联合接地	≤4
	电流、电压互感器二次绕组接地	≤10
	架空引入线绝缘子脚接地	≤20
	装在变电所与母线连接的避雷器接地	≤10
	配电线路中性线每一重复接地装置	≤10
	3～10kV 配、变电所高低压共用接地装置	≤4
	3～10kV 线路在居民区混凝土电杆接地装置	≤30
	低压电力设备接地装置	≤4
	电子设备接地	≤4
	电子设备与防雷接地系统共用接地体	≤1
	电子计算机安全接地	≤4
	医疗用电气设备接地	≤4
	静电屏蔽体的接地	≤4
	电气试验设备接地	≤4
防雷接地	一类防雷建筑物防雷接地装置	≤10
	二类防雷建筑物防雷接地装置	≤10
	三类防雷建筑物防雷接地装置	≤30
	一类工业建筑物防雷接地装置	≤10
	二类工业建筑物防雷接地装置	≤10
	三类工业建筑物防雷接地装置	≤30
	露天可燃气体储气柜的防雷接地	≤30
	露天油罐的防雷接地	≤10
	户外架空管道的防雷接地	≤20
	水塔的防雷接地	≤30
	烟囱的防雷接地	≤30
	微波站、电视台的天线塔防雷接地	≤5
	微波站、电视台的机房防雷接地	≤1
	卫星地面站的防雷接地	≤1
	广播发射台天线塔防雷接地装置	≤0.5
	广播发射台发射机房防雷接地装置	≤10
	雷达站天线与雷达主机工作接地共用接地体	≤1
	雷达试验调试场防雷接地	≤1

第二节　电气设备接地装置

接地极及其构成接地网形状见图 11-6。

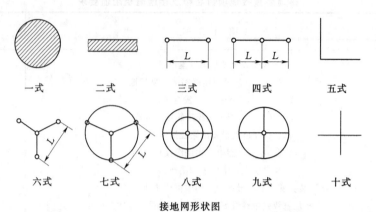

接地网形状图

图 11-6 接地极及其构成接地网形状

注 1. 接地极间距 L 由设计决定，一般宜为 5m。

2. 接地线截面，除设计另有要求外，均采用 40mm×4mm 镀锌扁钢或 φ16mm 圆钢。

3. 接地极与接地线连接处，均需电焊或气焊。

4. 凡焊接处均刷沥青油防腐。

接地导体与接地极连接图见图 11-7。

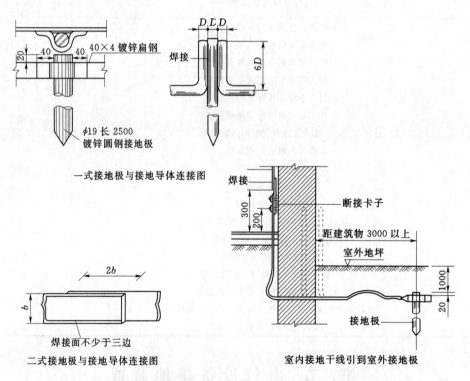

图 11-7 接地导体与接地极连接图（单位：mm）

室内接地干线安装工艺图见图 11-8。

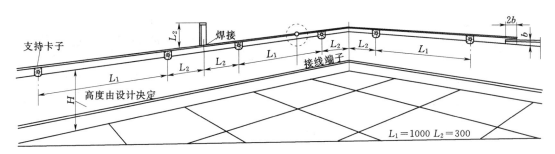

室内接地干线安装示意图

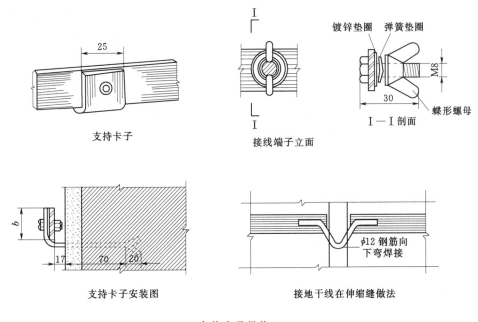

支持卡子规格

接地干线 镀锌扁钢	b
15×4	20
25×4	30
40×4	45

图 11-8 室内接地干线安装工艺图（单位：mm）

注 1. 接地干线及接线端子位置，均由设计图决定。

2. 全部接地线、支持卡子和接线端子一律镀锌。

配电变压器中性点和配电变压器外壳接地工程见图 11-9。

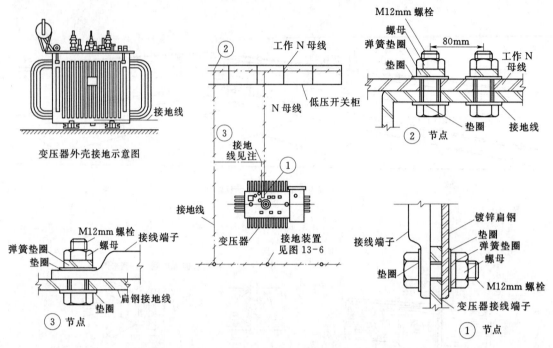

变压器出线 N 母线和接地线安装做法示意图

为测试方便，在变压器中性点的接地回路中，靠近变压器处，做一可拆卸的连接点。

变压器出线处 N 母线规格表

变压器容量 （kVA）	N 母线规格	
	扁钢 （mm×mm）	矩形铝母线 （mm×mm）
180	40×4	
200	40×4	
240	40×4	
250	40×4	
315	40×4	
320	40×4	40×4
400	50×4	
560	80×6	
630	80×6	
750	100×6	
800	100×6	
1000	100×8	

注 1. N 母线温度按 40℃ 考虑。
2. N 母线截面按变压器额定电流的 25% 来考虑。

与钢接地线截面相当的铜或铝接地线的截面

钢（mm×mm）	铜（mm²）	铝（mm²）
15×2	1.3～2	
15×3	3	6
20×4	5	8
30×4 或 40×3	8	16
40×4	12.5	25
60×5	17.5～25	35
80×8	35	50
100×8	47.5～50	70

图 11-9 配电变压器中性点和配电变压器外壳接地工程

电器外露金属外壳、金属管路构架接地做法见图 11-10。

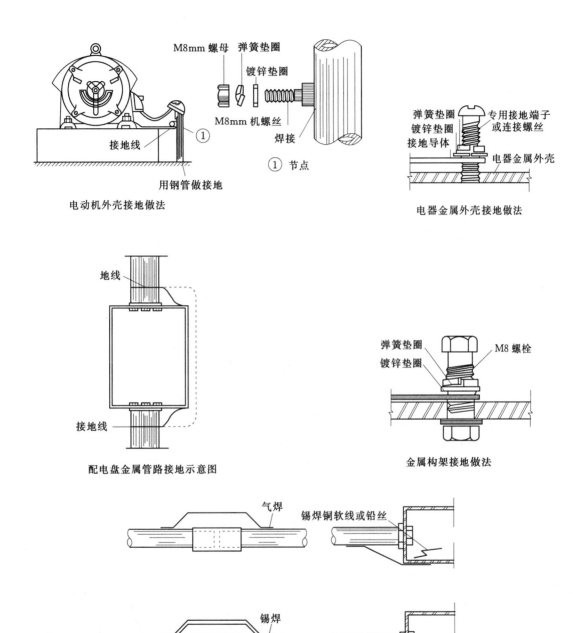

M8mm 螺母　弹簧垫圈

镀锌垫圈

M8mm 机螺丝

焊接

接地线

① 节点

用钢管做接地

电动机外壳接地做法

弹簧垫圈　专用接地端子
镀锌垫圈　或连接螺丝
接地导体
电器金属外壳

电器金属外壳接地做法

地线

接地线

配电盘金属管路接地示意图

弹簧垫圈　M8 螺栓
镀锌垫圈

金属构架接地做法

气焊　锡焊铜软线或铅丝

锡焊

铁管与铁盒跨接地线做法

图 11-10　电器外露金属外壳、金属管路构架接地做法

架空引入线、分支线处重复接地安装工艺见图 11-11。

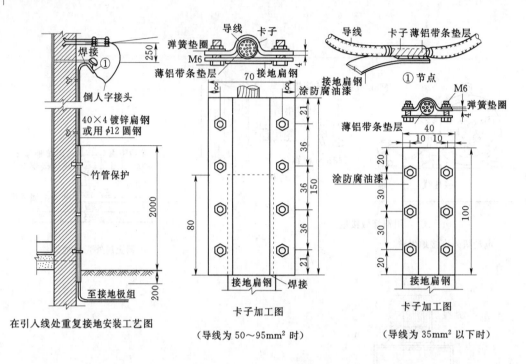

在引入线处重复接地安装工艺图

卡子加工图

（导线为 50～95mm² 时）

卡子加工图

（导线为 35mm² 以下时）

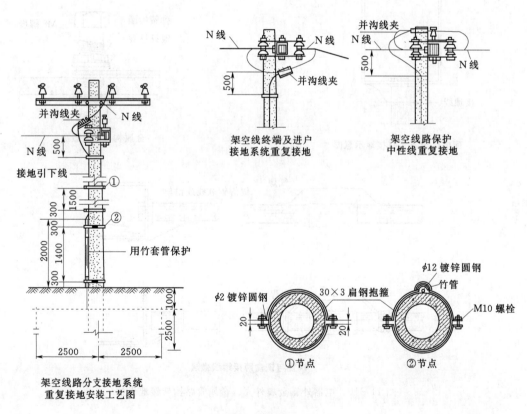

架空线路分支接地系统
重复接地安装工艺图

架空线终端及进户
接地系统重复接地

架空线路保护
中性线重复接地

①节点

②节点

图 11-11　架空引入线、分支线处重复接地安装工艺（单位：mm）

第三节　钢筋混凝土电杆接地装置

单杆接地装置示意图之一见图 11-12。

单杆接地装置示意图之二见图 11-13。

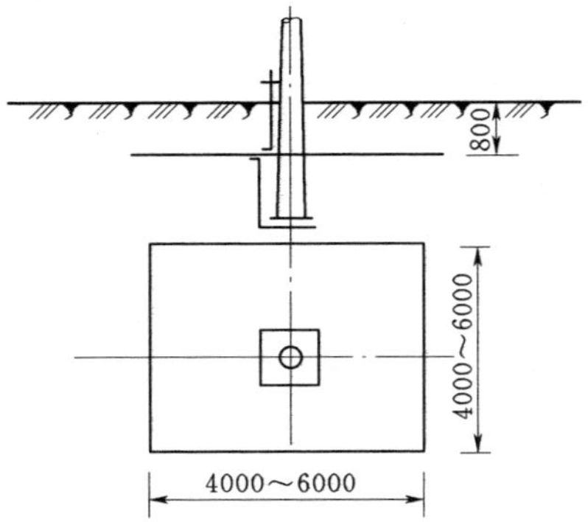

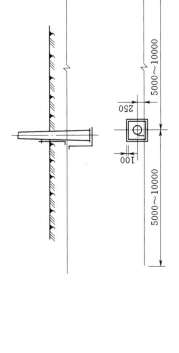

工作量表

工作项目	单位	数量
挖深 0.8m 宽 0.4m 沟，并回填	m	27
	m³	8.64
在沟内敷设圆钢，并焊接连接点	m	35

零件表

型号	序号	名称	规格	长度(mm)	单位	数量	质量(kg) 一件	小计	合计
闭合式	1	接地圆钢及引下线	φ8		m	50	0.395	20.0	22.5
	2	接地板	-40×4	150	块	4	0.2	1.0	
	3	螺栓	M16	50(扣40)	个	1	0.12	0.1	
	4	螺母	AM16		个	1	0.03	0.1	
	5	垫片	16		个	1	0.013		
	6	并沟线夹	JBB-1		副	2	0.66	1.3	

注：1. 要求接地电阻值，在雷雨季干燥时实测不应大于 10Ω，重复接地不应大于 30Ω。
2. 埋入地下之接头必须焊接良好。

图 11-12　单杆接地装置示意图（一）

工作量表

工作项目	单位	数量
挖深 0.8m 宽 0.4m 沟，并回填	m	22
	m³	7.04
在沟内敷设圆钢，并焊接连接点	m	30

零件表

型号	序号	名称	规格	长度(mm)	单位	数量	质量(kg) 一件	小计	合计
放射式	1	接地圆钢及引下线	φ8		m	50	0.395	20.0	22.5
	2	接地板	-40×4	150	块	4	0.2	1.0	
	3	螺栓	M16	50(扣40)	个	1	0.12	0.1	
	4	螺母	AM16		个	1	0.03	0.1	
	5	垫片	16		个	1	0.013		
	6	并沟线夹	JBB-1		副	2	0.66	1.3	

注：1. 要求接地电阻值，在雷雨季干燥时实测不应大于 10Ω。
2. 埋入地下之接头必须焊接良好。

图 11-13　单杆接地装置示意图（二）

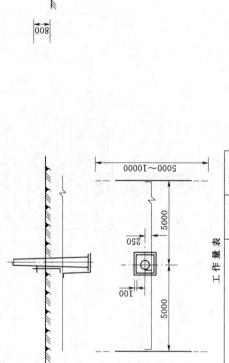

工作量表

工作项目	单位	数量
挖深0.8m宽0.4m沟,并回填	m	50
	m³	16
在沟内敷设圆钢,并焊接连接点	m	58

零件表

型号	序号	名称	规格	长度(mm)	单位	数量	一件	小计	合计
闭合式	1	接地圆钢及引下线	φ8		m	60	0.395	24.0	
	2	接地板	—40×4	150	块	7	0.2	1.4	
	3	螺栓	M16	50(扣40)	个	2	0.12	0.2	28.3
	4	螺母	AM16		个	2	0.03	0.1	
	5	垫片	16		个	2	0.013		
	6	并沟线夹	JBB-1		副	4	0.66	2.6	

注: 1. 要求接地电阻值,在晴雨季干燥时实测不应大于10Ω。
2. 埋入地下之接头必须焊接良好。

图11-15　双杆接地装置示意图(一)

单杆接地装置示意图之三见图11-14。
双杆接地装置示意图之一见图11-15。

工作量表

工作项目	单位	数量
挖深0.8m宽0.4m沟,并回填	m	32
	m³	10.24
在沟内敷设圆钢,并焊接连接点	m	40

零件表

型号	序号	名称	规格	长度(mm)	单位	数量	一件	小计	合计
放射式	1	接地圆钢及引下线	φ8		m	50	0.395	24.0	
	2	接地板	—40×4	150	块	4	0.2	1.0	
	3	螺栓	M16	50(扣40)	个	1	0.12	0.1	26.5
	4	螺母	AM16		个	1	0.03	0.1	
	5	垫片	16		个	1	0.013		
	6	并沟线夹	JBB-1		副	2	0.66	1.3	

注: 1. 要求接地电阻值,在晴雨季干燥时实测不应大于30Ω,否则应增设接地板,以达到要求。
2. 埋入地下之接头必须焊接良好。

图11-14　单杆接地装置示意图(三)

双杆接地装置示意图之二见图 11-16。
双杆接地装置示意图之三见图 11-17。

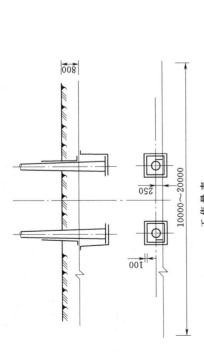

工作量表

工作项目	单位	数量
挖深 0.8m 宽 0.4m 沟，并回填	m	32
	m³	10.24
在沟内敷设圆钢，并焊接连接点	m	48

零件表

型号	序号	名称	规格	长度(mm)	单位	数量	质量(kg) 一件	小计	合计
放射式	1	接地圆钢及引下线	φ8		m	70	0.395	27.6	
	2	接地板	-40×4	150	块	7	0.2	1.4	
	3	螺栓	M16	50(扣40)	个	2	0.12	0.2	
	4	螺母	AM16		个	2	0.03	0.1	
	5	垫片	16		个	2	0.013		
	6	并沟线夹	JBB-1		副	2	0.66	2.6	31.9

注 1. 要求接地电阻值，在雷雨季干燥时实测不应大于30Ω，否则应增设接地板，以达到要求。
2. 埋入地下之接头须必须焊接良好。

图 11-17 双杆接地装置示意图（三）

工作量表

工作项目	单位	数量
挖深 0.8m 宽 0.4m 沟，并回填	m	22
	m³	7.04
在沟内敷设圆钢，并焊接连接点	m	38

零件表

型号	序号	名称	规格	长度(mm)	单位	数量	质量(kg) 一件	小计	合计
放射式	1	接地圆钢及引下线	φ8		m	55	0.395	21.7	
	2	接地板	-40×4	150	块	7	0.2	1.4	
	3	螺栓	M16	50(扣40)	个	2	0.12	0.2	
	4	螺母	AM16		个	2	0.03	0.1	
	5	垫片	16		个	2	0.013		
	6	并沟线夹	JBB-1		副	4	0.66	2.6	26.0

注 1. 要求接地电阻值，在雷雨季干燥时实测不应大于10Ω。
2. 埋入地下之接头须必须焊接良好。

图 11-16 双杆接地装置示意图（二）

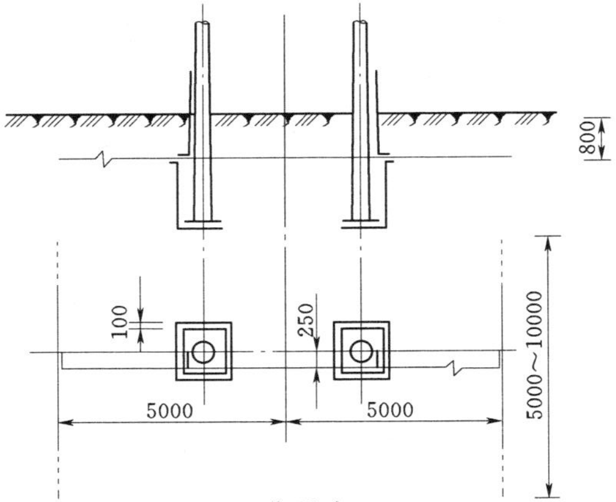

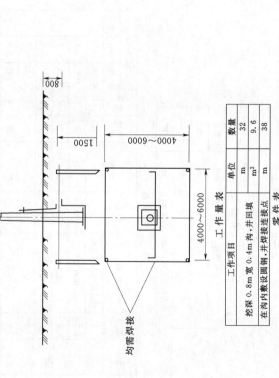

单柱式变台接地装置示意图见图 11-18。
双柱式变台接地装置示意图见图 11-19。

工作量表（双柱式）

工作项目	单位	数量
挖深 0.8m 宽 0.4m 沟,并回填	m	32
	m³	10.24
在沟内敷设圆钢,并焊接连接点	m	48

零件表（双柱式）

型号	序号	名称	规格	长度(mm)	单位	数量	质量(kg) 一件	小计	合计
闭合式	1	接地圆钢及引下线	φ8		m	450	0.395	17.8	
	2	接地圆钢	φ24	1500	根	4	5.3	20.2	
	3	接地板	—40×4	150	块	7	0.2	1.4	
	4	螺栓	M16	50(扣 40)	个	2	0.12	0.2	
	5	螺母	AM16		个	2	0.03	0.1	
	6	垫片	16		个	2	0.013		
	7	并沟线夹	JBB-1		副	8	0.66	5.3	45.0

注 1. 要求接地电阻值,在雷雨季干燥时实测不应大于下列数值:变压器容量 100kVA 以下者为 10Ω;100kVA 及以上者为 4Ω。否则应增设接地板,以达到要求。
2. 埋入地下之接头必须焊接良好。

图 11-19 双柱式变台接地装置示意图

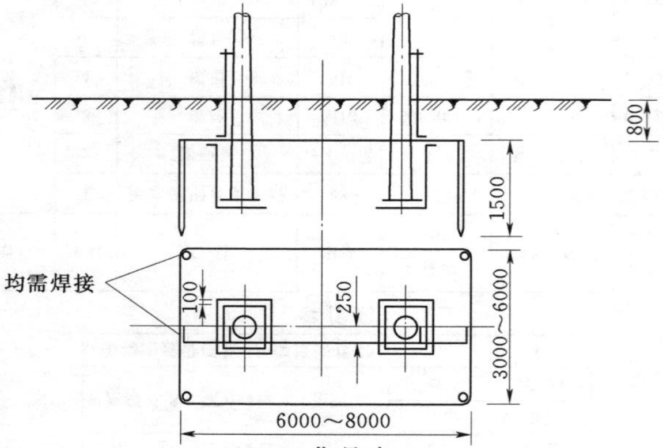

工作量表（单柱式）

工作项目	单位	数量
挖深 0.8m 宽 0.4m 沟,并回填	m	32
	m³	9.6
在沟内敷设圆钢,并焊接连接点	m	38

零件表（单柱式）

型号	序号	名称	规格	长度(mm)	单位	数量	质量(kg) 一件	小计	合计
闭合式	1	接地圆钢及引下线	φ8		m	45	0.395	17.8	
	2	接地圆钢	φ24	1500	根	4	5.3	20.2	
	3	接地板	—40×4	150	块	4	0.2	1.0	
	4	螺栓	M16	50(扣 40)	个	1	0.12	0.1	
	5	螺母	AM16		个	1	0.03	0.1	
	6	垫片	16		个	1	0.013		
	7	并沟线夹	JBB-1		副	6	0.66	4.0	43.2

注 1. 要求接地电阻值,在雷雨季干燥时实测不应大于下列数值:变压器容量 100kVA 以下者为 10Ω;100kVA 及以上者为 4Ω。否则应增设接地板,以达到要求。
2. 埋入地下之接头必须焊接良好。

图 11-18 单柱式变台接地装置示意图

第四节　避　雷　针

独立避雷针安装工艺图之一见图 11-20。

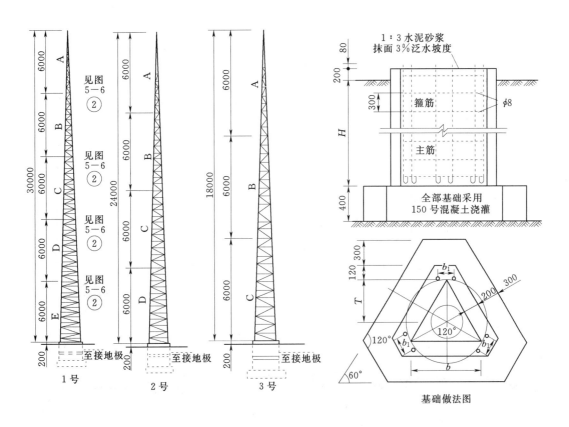

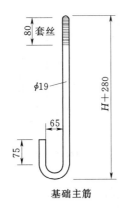

基础主筋

单支避雷针基础各部尺寸表

型号	基础距离 b	接合板		埋设深度 H
		代号	孔距 b₁	
1 号	800	DE	160	2200
2 号	640	BC、CD	100	2000
3 号	480	BC、CD	100	1800
针尖	320	AB	80	1600

图 11-20　独立避雷针安装工艺图（一）

独立避雷针安装工艺图之二见图 11-21。

避雷针各段材料规格表

	段别	A 段	B 段	C 段	D 段	E 段
各段材料规格	主材	$\phi16$ 圆钢	$\phi19$ 圆钢	$\phi22$ 圆钢	$\phi25$ 圆钢	$\phi25$ 圆钢
	横材	$\phi12$ 圆钢	$\phi16$ 圆钢	$\phi16$ 圆钢	$\phi19$ 圆钢	$\phi19$ 圆钢
	斜材	$\phi12$ 圆钢	$\phi16$ 圆钢	$\phi16$ 圆钢	$\phi19$ 圆钢	$\phi19$ 圆钢
	接合板厚度	8mm 钢板	12mm 钢板	12mm 钢板	12mm 钢板	12mm 钢板
	支撑板	$50\times50\times5$	$50\times50\times5$	$75\times75\times6$	$75\times75\times6$	$75\times75\times6$
	螺栓	$M16\times70$	$M16\times75$	$M18\times75$	$M18\times75$	
	质量(kg)	39	99	134	206	229

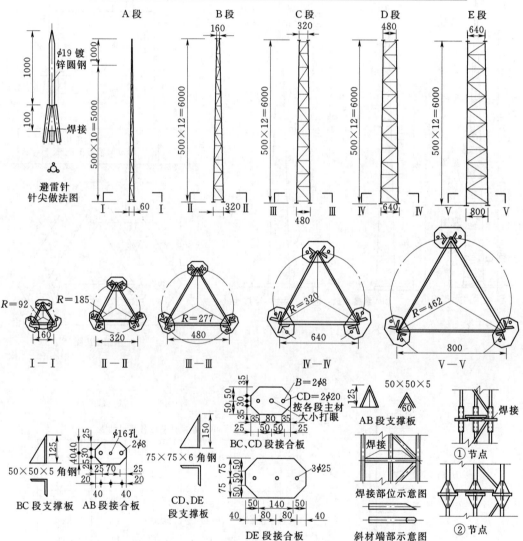

图 11-21 独立式避雷针安装工艺图（二）

注 1. 针塔所用钢材均为"钢3"，一律采用电焊焊接。组装调直时，不允许重力敲击，以免影响质量。各部施工误差不应超过±1mm。

2. 避雷针塔为分段装配式，其断面为等边三角形。

3. 全部金属构架需刷樟丹油一道、灰铅油两道。

4. Ⅰ—Ⅰ、Ⅱ—Ⅱ、Ⅲ—Ⅲ也可采用①节点做法安装。

烟囱避雷针安装工艺图见图 11-22。

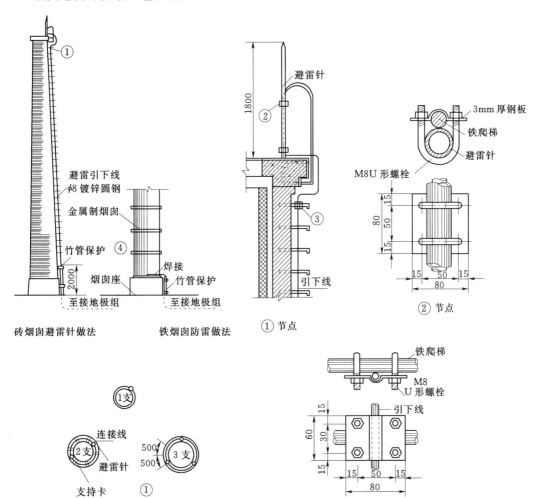

避雷针数量选择表

烟囱尺寸		避雷针
内径 （m）	高度 （m）	数量 （支）
1.0	15～30	1
1.0	31～50	2
1.5	15～45	2
1.5	46～80	3
2.0	15～30	2
2.0	31～100	3
2.5	15～30	2
2.5	31～100	3
3.0	15～100	3

图 11-22 烟囱避雷针安装工艺图

注 1. 避雷针的引下线与接地装置由设计图决定。

2. 烟囱顶部有信号台等金属构筑物时，应与引下线连接。

3. 避雷针采用 φ25 镀锌圆钢或 φ40 镀锌钢管，安装前应与引下线焊接牢固。

第十二章　室　内　外　配　线

第一节　室内外配线常用绝缘导线

室内外配线导线的最小截面积和敷设间距见表 12-1。

表 12-1　　　　　　　　室内外配线导线的最小截面积和敷设间距

配 线 方 式		绝缘导线 最小截面 （mm²）		敷 设 间 距 要 求					
		铜芯	铝芯	绝缘导线截面 （mm²）		前后支持物间 的最大距离 （m）	线间最 小距离 （mm）	与地面最小距离 （m）	
				铜芯	铝芯			水平敷设	垂直敷设
室内	塑料护套线	0.5	1.5			0.2		0.15	0.15
	木槽板线	0.5	1.5			0.3 或 0.5 （底钉间）		0.15	0.15
	瓷夹板明线	1.0	2.5	1.0～2.5		0.6		2.2	1.3
				4.0～10.0		0.8			
	鼓形绝缘子明线	1.0	2.5	1.0～2.5		1.5	35	2.2	1.3
				4.0～10.0		2.0	50		
				16.0～25.0		2.5	50		
	针式（蝶式）绝缘子明线	2.5	4.0	4.0		6.0	100	2.2	1.3
				2.5 及以上	6.0 及以上	10.0	150		
室外	塑料护套线	1.0	2.5			0.2		2.2	1.3
	鼓形绝缘子明线	在雨雪不能落到导线的地方，允许采用。其要求与户内瓷柱明线相同							
	针式（蝶式）绝缘子 装在墙铁板上	2.5	6.0	2.5 及以上	6.0 及以上	10.0	150	同进户线规定	
	装在电杆横担上	2.5	6.0	2.5	6.0	10.0	200		
				4.0 及以上	10.0 及以上	25.5			

各种绝缘导线结构示意图见图 12-1。

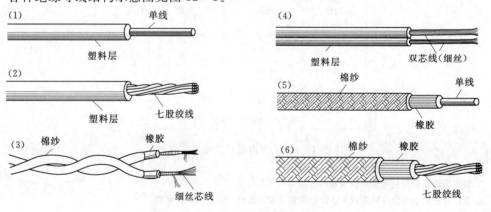

(1) 单线　塑料层
(2) 塑料层　七股绞线
(3) 棉纱　橡胶　细丝芯线
(4) 塑料层　双芯线（细丝）
(5) 棉纱　单线　橡胶
(6) 棉纱　橡胶　七股绞线

图 12-1　各种绝缘导线结构示意图

常用绝缘导线的型号、名称及主要用途见表12－2。

表 12－2　　　　　　　**常用绝缘导线的型号、名称及主要用途**

型号		名　　称	主　要　用　途
铜芯	铝芯		
BX	BLX	棉纱编织橡皮绝缘导线	固定敷设用，可明敷、暗敷
BXF	BLXF	氯丁橡皮绝缘导线	固定敷设用，可明敷、暗敷，尤其适用于户外
BV	BLV	聚氯乙烯绝缘导线	室内外电器、动力及照明固定敷设
	NLV	农用地下直埋铝芯聚氯乙烯绝缘导线	直埋地下最低敷设温度不低于－15℃
	NLVV	农用地下直埋铝芯聚氯乙烯绝缘护套导线	
	NLYV	农用地下直埋铝芯聚乙烯绝缘聚乙烯护套导线	
BXR		棉纱编织橡皮绝缘软线	室内安装，要求较柔软时用
BVR		棉纱编织聚氯乙烯软导线	同BV型，安装要求较柔软时用
RXS		棉纱编织橡皮绝缘双绞软线	室内干燥场所日用电器用
RX		棉纱编织橡皮绝缘软线	
RV		聚氯乙烯绝缘软线	日用电器、无线电设备和照明灯头接线
RVB		聚氯乙烯绝缘平型软线	
RVS		聚氯乙烯绝缘绞型软线	

注　凡聚氯乙烯绝缘导线安装温度均不应低于－15℃。

屋内外配线线芯最小允许截面见表12－3。

表 12－3　　　　　　　**屋内外配线线芯最小允许截面**

用　　途		线芯最小允许截面（mm²）		
		多股铜芯软线	铜线	铝线
灯头引下线		屋内：0.4 屋外：1.0	屋内：0.5 屋外：1.0	屋内：1.5 屋外：2.5
移动式用电设备引线		生活用：0.2 生产用：1.0	不宜使用	不宜使用
固定敷设的导线支持点间距离	1m以内	—	屋内：1.0；屋外：1.5	屋内：1.5；屋外：2.5
	2m以内		屋内：1.0；屋外：1.5	2.5
	6m以内		2.5	4.0
	12m以内		2.5	6.0

500V橡皮、塑料绝缘导线在空气中敷设时长期连续负荷允许载流量见表12－4。

表 12-4　　500V 橡皮、塑料绝缘导线在空气中敷设时长期连续负荷允许载流量　　单位：A

截面 （mm²）	500V 单芯橡皮线		500V 单芯聚氯乙烯塑料线	
	铜芯	铝芯	铜芯	铝芯
0.75	18	—	16	—
1.0	21	—	19	—
1.5	27	19	24	18
2.5	35	27	32	25
4	45	35	42	32
6	58	45	55	42
10	85	65	75	59
16	110	85	105	80
25	145	110	138	105
35	180	138	170	130
50	230	175	215	165
70	285	220	262	205
95	345	265	325	250

注　1. 适用的导线型号：单芯聚氯乙烯塑料绝缘导线有 BV、BLV、BVR；单芯橡皮绝缘导线为 BX、BXF、BLXF、
BXR。

　　2. 导线线芯最高允许的工作温度为 +65℃。

　　3. 周围环境温度为 +25℃。

500V 单芯橡皮绝缘导线穿钢管时在空气中敷设长期连续负荷允许载流量见表 12-5。

表 12-5　500V 单芯橡皮绝缘导线穿钢管时在空气中敷设长期连续负荷的允许载流量　　单位：A

截面 （mm²）	穿二根导线		穿三根导线		穿四根导线	
	铜线	铝线	铜线	铝线	铜线	铝线
1.0	15	—	14	—	12	—
1.5	20	15	18	14	17	11
2.5	28	21	25	19	23	16
4	37	28	33	25	30	23
6	49	37	43	34	39	30
10	68	52	60	46	53	40
16	86	66	77	59	69	52
25	113	86	100	76	90	68
35	140	106	122	94	110	83
50	175	133	154	118	137	105
70	215	165	193	150	173	133
95	260	200	235	180	210	160
120	300	230	270	210	245	190
150	340	260	310	240	280	220
185	385	295	355	270	320	250

注　1. 适用的导线型号有 BX、BLX、BXF、BLXF。

　　2. 导电线芯最高允许工作温度为 +65℃。

　　3. 周围环境温度为 25℃。

500V 单芯橡皮绝缘导线穿塑料管时在空气中敷设长期连续负荷的允许载流量见表 12－6。

表 12－6 　　　　　**500V 单芯橡皮绝缘导线穿塑料管时在空气中敷设**

长期连续负荷的允许载流量 　　　　　单位：A

截面 （mm²）	穿二根导线		穿三根导线		穿四根导线	
	铜芯	铝芯	铜芯	铝芯	铜芯	铝芯
1.0	13	—	12	—	11	—
1.5	17	14	16	12	14	11
2.5	25	19	22	17	20	15
4	33	25	30	23	26	20
6	43	33	38	29	34	26
10	59	44	52	40	46	35
16	76	58	68	52	60	46
25	100	77	90	68	80	60
35	125	95	110	84	98	74
50	160	120	140	108	123	95
70	195	153	175	135	155	120
95	240	184	215	165	195	150
120	278	210	250	190	227	170
150	320	250	290	227	265	205
185	360	282	330	255	300	232

注　1. 适用的导线型号有 BX、BLX、BXF、BLXF。

　　2. 导电线芯最高允许工作温度为＋65℃。

　　3. 周围环境温度为＋25℃。

500V 单芯聚氯乙烯绝缘导线穿塑料管时在空气中敷设长期连续负荷的允许载流量见表 12－7。

表 12－7 　　　　　**500V 单芯聚氯乙烯绝缘导线穿塑料管时在空气中敷设**

长期连续负荷的允许载流量 　　　　　单位：A

截面 （mm²）	穿二根导线		穿三根导线		穿四根导线	
	铜芯	铝芯	铜芯	铝芯	铜芯	铝芯
1.0	12	—	11	—	10	—
1.5	16	13	15	11.5	13	10
2.5	24	18	21	16	19	14
4	31	24	28	22	25	19
6	41	31	36	27	32	25
10	56	42	49	38	44	33
16	72	55	65	49	57	44
25	95	73	85	65	75	57
35	120	90	105	80	93	70
50	150	114	132	102	117	90
70	185	145	167	130	148	115
95	230	175	205	158	185	140
120	270	200	240	180	215	160
150	305	230	275	207	250	185
180	355	265	310	235	280	212

注　1. 适用的导线型号有 BV、BLV。

　　2. 导电线芯最高允许工作温度为＋65℃。

　　3. 周围环境温度为＋25℃。

　　4. 实际环境温度下载流量的校正系数，与地埋线适用的校正系数相同。

500V 单芯聚氯乙烯绝缘导线穿钢管时在空气中敷设长期连续负荷的允许载流量见表 12-8。

表 12-8　　　500V 单芯聚氯乙烯绝缘导线穿钢管时在空气中敷设

长期连续负荷的允许载流量　　　　　单位：A

截面 （mm²）	穿二根导线		穿三根导线		穿四根导线	
	铜芯	铝芯	铜芯	铝芯	铜芯	铝芯
1.0	14	—	13	—	11	—
1.5	19	15	17	13	16	12
2.5	26	20	24	18	22	15
4	35	27	31	24	28	22
6	47	35	41	32	37	28
10	65	49	57	44	50	38
16	82	63	73	56	65	50
25	107	80	95	70	85	65
35	133	100	115	90	105	80
50	165	125	146	110	130	100
70	205	155	183	143	165	127
95	250	190	225	170	200	152
120	290	220	260	195	230	172
150	330	250	300	225	265	200
185	380	285	340	255	300	230

注　1. 适用的导线型号有 BV、BLV。

2. 导电线芯最高允许工作温度为 +65℃。

3. 周围环境温度为 +25℃。

额定电压为 380V 电动机用绝缘铝导线截面的估算表见表 12-9。

表 12-9　　　额定电压为 380V 电动机用绝缘铝导线截面的估算表

截面（mm²） 电机容量（kW） 电机与变压器之间的距离（m）	2.8	4.5	7	10	14	20	28	40	55	75	100
50	6	6	10	10	16	16	25	35	50	95	120
100	6	10	10	16	16	25	35	50	70		
200	10	10	16	16	16	25	50	70			
300	10	16	16	16	16	25	70				
500	16	16	16	16	25	35					
1000	16	16	25	35	50	70					

第二节 常规室内外配线安装工艺

低压架空接户线、套户线、进户线示意图见图 12-2。

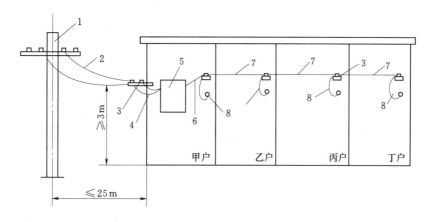

图 12-2 低压架空接户线、套户线、进户线示意图
1—接户杆；2—接户线；3—室外第一支持点；4—进表线；5—集 4 块
电能表表箱（四表箱）；6—出表线；7—套户线；8—进户线

低压架空接户线、进户线及室外第一支持点四种形式示意图见图 12-3。

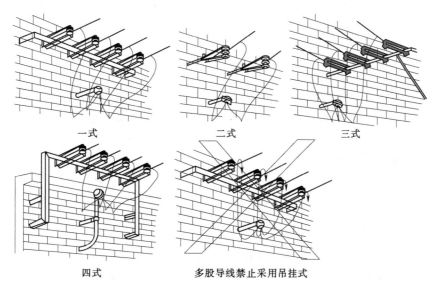

图 12-3 低压架空接户线、进户线及室外第一支持点四种形式示意图
注 1. 凡引入线直接与电能表接线者，由防水弯头"倒人字"起至配电盘间的一段导线，均
用 500V 铜芯橡胶绝缘导线；如有电流互感器时，二次线应用铜线。
2. 角钢支架燕尾螺栓一律随砌墙埋入。
3. 引入线进口点的安装高度，距地面不应低于 2.7m。

室外第一支持点四种形式安装工艺图见图 12-4。

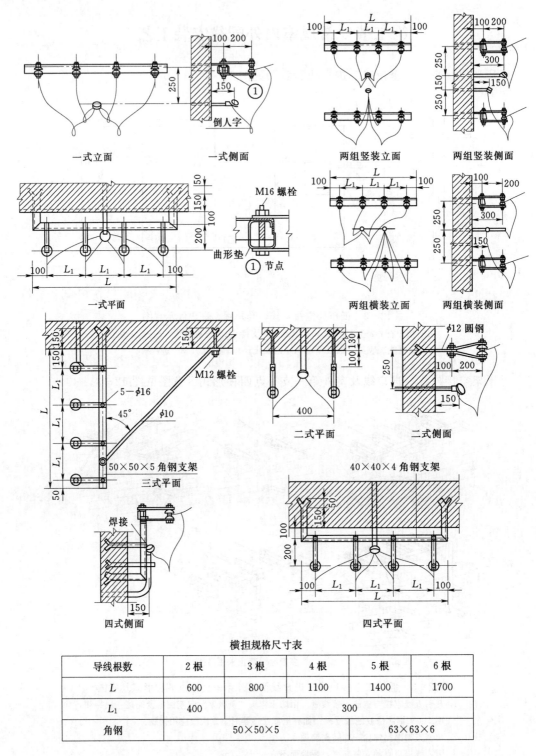

导线根数	2 根	3 根	4 根	5 根	6 根
L	600	800	1100	1400	1700
L₁	400	300			
角钢	50×50×5			63×63×6	

横担规格尺寸表

图 12-4　室外第一支持点四种形式安装工艺图（单位：mm）

扩套线的连接工艺与支持点定位工艺图见图 12-5。

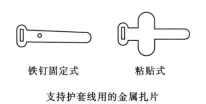

铁钉固定式　　　　粘贴式

支持护套线用的金属扎片

护套线最小允许使用截面表　　　　单位:mm²

导线类型	户内		户外	
塑料护套线	铜芯	铝芯	铜芯	铝芯
	0.5	1.5	1	2.5

护套线支持点定位点数表

定位项目	转角部分		十字交叉部分				进入木台	穿管时	
定位部位	前	后	上	下	左	右	进入前	入管前	出管后
定位点数	1	1	1	1	1	1	1	1	1

注 直线部分两点间距为 0.2m

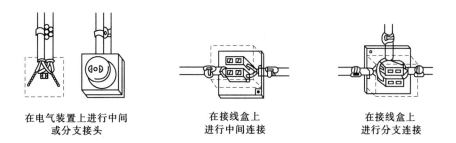

在电气装置上进行中间　　在接线盒上　　　　在接线盒上
或分支接头　　　　　　进行中间连接　　　进行分支连接

护套线的连接工艺图

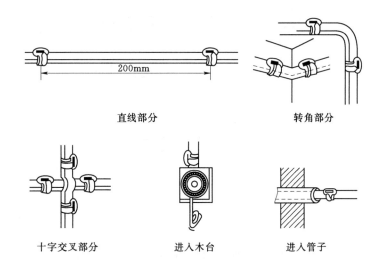

直线部分　　　　　　　　　　　　转角部分

十字交叉部分　　　　　进入木台　　　　　进入管子

护套线支持点定位示意图

图 12-5　护套线的连接工艺与支持点定位工艺图

护套线敷设安装工艺图见图 12-6。

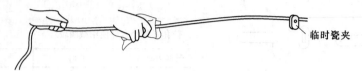

护套线的勒直方法

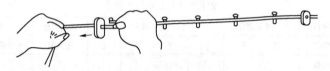

长距离直线部分收紧方法

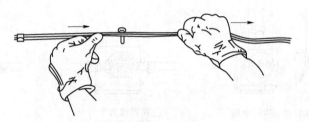

短距离直线部分收紧方法

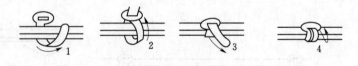

金属扎片夹持的操作步骤

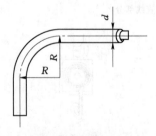

护套线转弯时的曲率半径

$$R=(3\sim4)d$$

图 12-6　护套线敷设安装工艺图

瓷夹板配线安装工艺图见图 12-7。

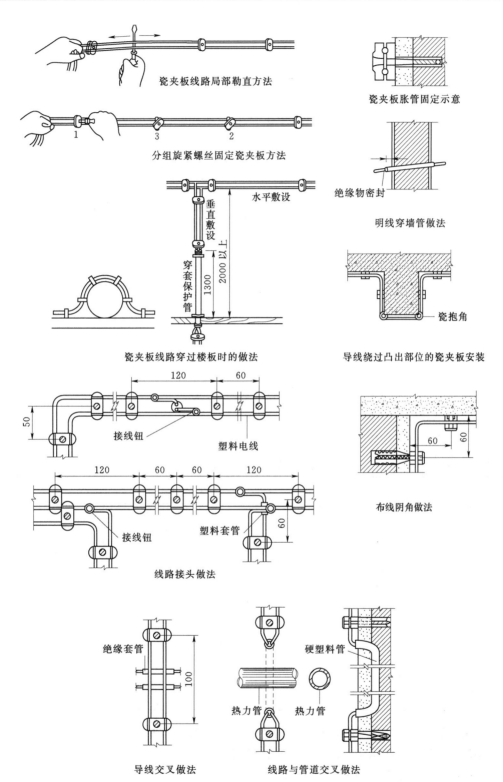

瓷夹板线路局部勒直方法

分组旋紧螺丝固定瓷夹板方法

水平敷设

瓷夹板线路穿过楼板时的做法

瓷夹板胀管固定示意

绝缘物密封

明线穿墙管做法

瓷抱角

导线绕过凸出部位的瓷夹板安装

接线钮

塑料电线

接线钮

塑料套管

线路接头做法

布线阴角做法

绝缘套管

导线交叉做法

硬塑料管

热力管

热力管

线路与管道交叉做法

图 12-7　瓷夹板配线安装工艺图（单位：mm）

瓷珠配线示意图见图 12-8。

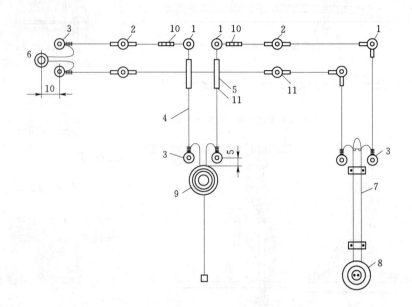

图 12-8 瓷珠配线示意图（单位：cm）

1—受力瓷珠；2—加挡瓷珠；3—终端瓷珠；4—异线；5—瓷套管；

6—穿墙瓷套管；7—硬塑料管；8—插座；9—拉线开关；

10—导线接头；11—绑线

瓷珠、导线和绑线的配合表见表 12-10。

表 12-10　　　　　　　　　　瓷珠、导线和绑线的配合表

导线截面（mm²）	瓷珠规格（直径×高度）（mm×mm）	瓷珠间距离（m）	纱包铁芯绑线		线间最小距离（mm）
			直径（mm）	号数	
1，1.5，2.5	ϕ35×35 ϕ30×38	1.5	0.56	24	室内：50；室外：100
4	ϕ38×38	1.5	0.17	22	
6	ϕ38×50	2.0			
10	ϕ50×50	2.0	0.89	20	
16	ϕ50×65	3.0			

瓷珠（低压鼓形绝缘子）配线各种做法见图 12-9。

瓷珠（低压鼓形绝缘子）配线绑扎工艺见图 12-10。

低压绝缘子敷设工艺图见图 12-11。

低压绝缘子沿桁架圆钢下弦布线及灯具安装工艺图见图 12-12。

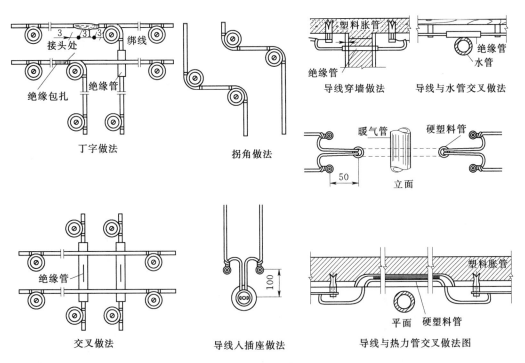

图 12-9 瓷珠（低压鼓形绝缘子）配线各种做法（单位：mm）

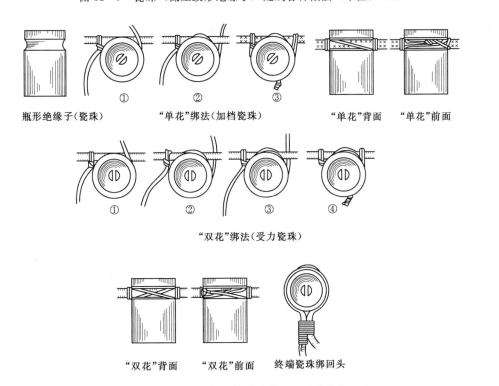

图 12-10 瓷珠（低压鼓形绝缘子）配线绑扎工艺

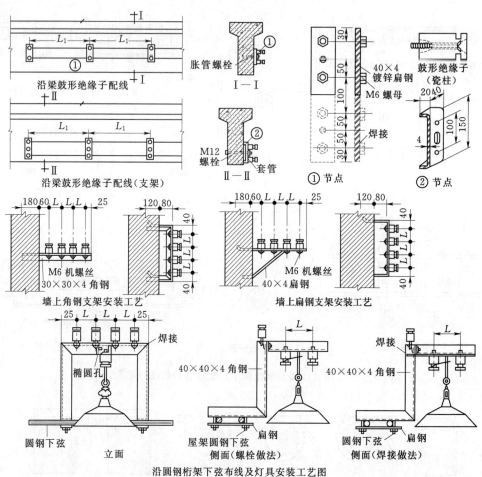

沿圆钢桁架下弦布线及灯具安装工艺图

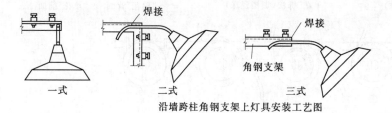

沿墙跨柱角钢支架上灯具安装工艺图

鼓形绝缘子(瓷珠)安装尺寸表			
导线截面 （mm²）	鼓形绝缘 子型号	固定点间最 大距离 L_1 （mm）	导线间最小 允许距离 L （mm）
1.5～4	G38(296 号)	1200～1500	100
6～10	G50(294 号)	1500～2500	100

针式绝缘子(瓷瓶)安装尺寸表			
导线截面 （mm²）	针式绝缘 子型号	固定点间最 大距离 L_1 （mm）	导线间最小 允许距离 L （mm）
6～16	PD—1—3	6000	100
25～35	PD—1—2	6000	100～150
50～95	PD—1—1	6000	150

图 12-11 低压绝缘子敷设工艺图（单位：mm）

注 1. 图中 L、L_1 的尺寸要求见下表内数字。

2. 一式、二式和三式灯具安装做法，系用于线路有交叉并联安装灯具时的做法，二式、三式适用于无振动的车间；对于有振动的车间，应采用一式。

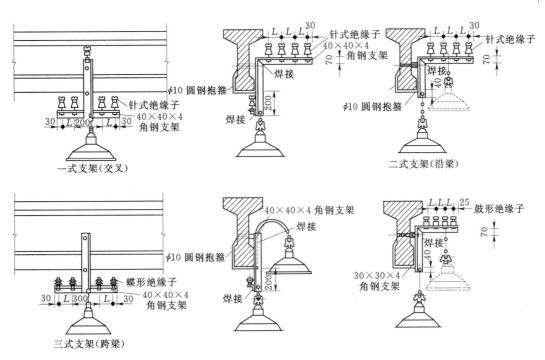

图 12-12 低压绝缘子沿桁架圆钢下弦布线及灯具安装工艺图

低压绝缘子在钢屋架上布线及灯具安装工艺图见图 12-13。

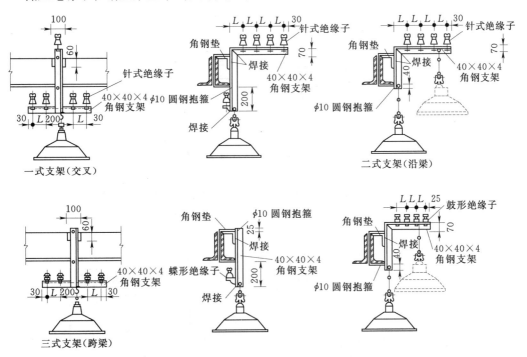

图 12-13 低压绝缘子在钢屋架上布线及灯具安装工艺图（单位：mm）

注 图中 L 的尺寸要求见图 12-11 表内数字

塑料线夹配线所用塑料线夹、接线盒外形示意图见图 12-14。

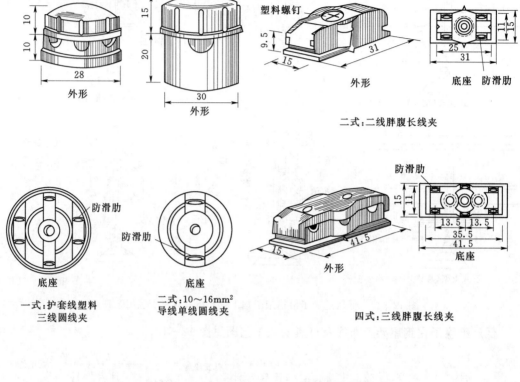

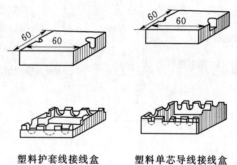

塑料线夹配线对导线截面和各种间距的要求

塑料线夹型式	导线最大截面（mm²）	塑料线夹间距（m）	导线对敷设面最小距离（mm）
一、三、四式	2.5	0.6	10
二式	10~16	1.5	20

图 12-14　塑料线夹配线所用塑料线夹、接线盒外形示意图（单位：mm）

塑料线夹配线敷设安装工艺图见图 12-15。

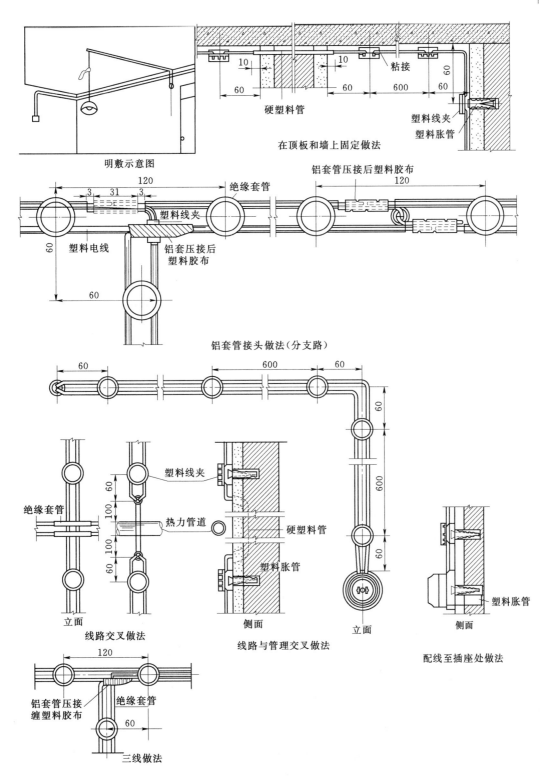

图 12-15 塑料线夹配线敷设安装工艺图(单位:mm)

钢索吊鼓形绝缘子、吊塑料护套线安装工艺图见图 12-16。

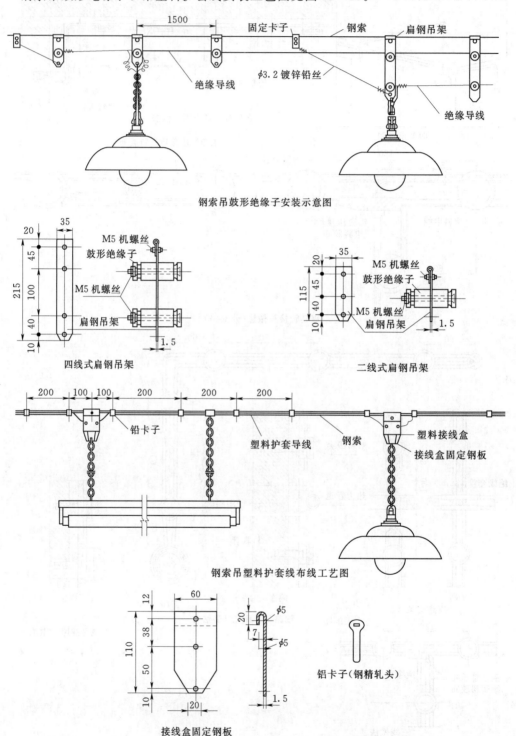

图 12-16 钢索吊鼓形绝缘子、吊塑料护套线安装工艺图（单位：mm）
注 导线截面及灯型选择按工程图纸要求做

钢索吊钢管或塑料管安装工艺图见图 12 - 17。

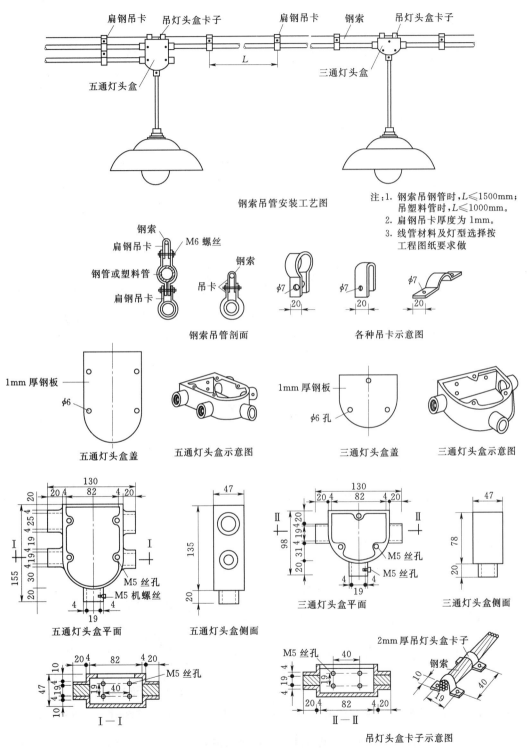

图 12 - 17　钢索吊钢管或塑料管安装工艺图（单位：mm）

钢索及其紧固、连接配件安装工艺图见图 12-18。

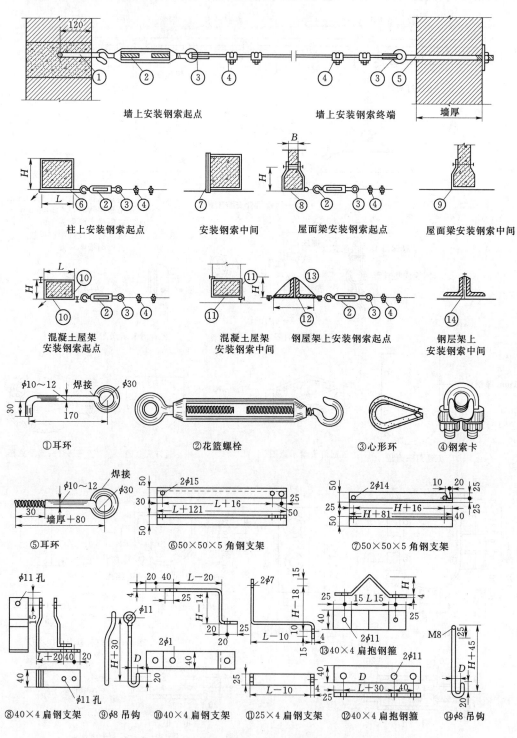

图 12-18　钢索及其紧固、连接配件安装工艺图（单位：mm）

注　图中 H、B、M、L 尺寸需按构筑物的实际尺寸配制

护套电缆在圆钢吊杆、T形钢架上固定安装工艺图见图 12-19。

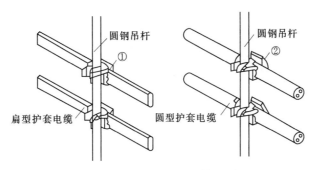

护套电缆固定在圆钢吊杆做法示意图

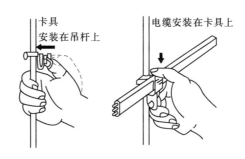

$\phi 8$、$\phi 12$ 安装示意图

①扁形卡具

②圆形卡具

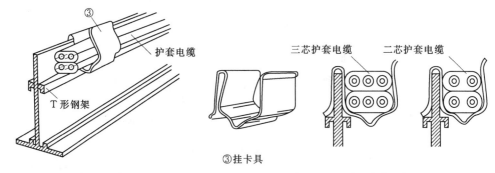

护套电缆固定在 T 形钢架做法示意图　　　　　　挂卡具安装示意图

图 12-19　护套电缆在圆钢吊杆、T 形钢架上固定安装工艺图

扩套电缆在槽钢、角钢上固定安装工艺图见图 12-20。

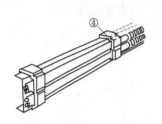

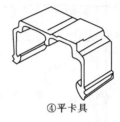

④平卡具

护套电缆固定在槽钢做法示意图

平卡具安装示意图

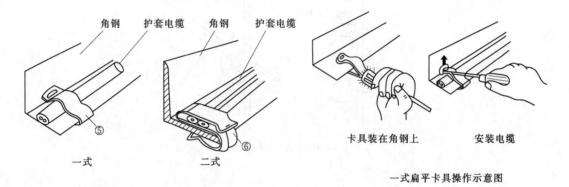

角钢　　护套电缆　　角钢　　护套电缆

一式　　　　二式

护套电缆固定在角钢安装做法示意图

卡具装在角钢上　　安装电缆

一式扁平卡具操作示意图

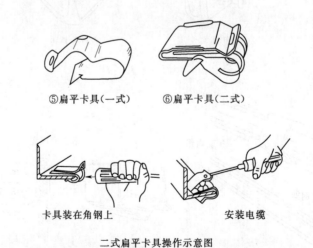

⑤扁平卡具（一式）　　⑥扁平卡具（二式）

卡具装在角钢上　　安装电缆

二式扁平卡具操作示意图

图 12-20　护套电缆在槽钢、角钢上固定安装工艺图

第三节 照明灯具安装

灯具在楼板下安装工艺图见图 12 - 21。

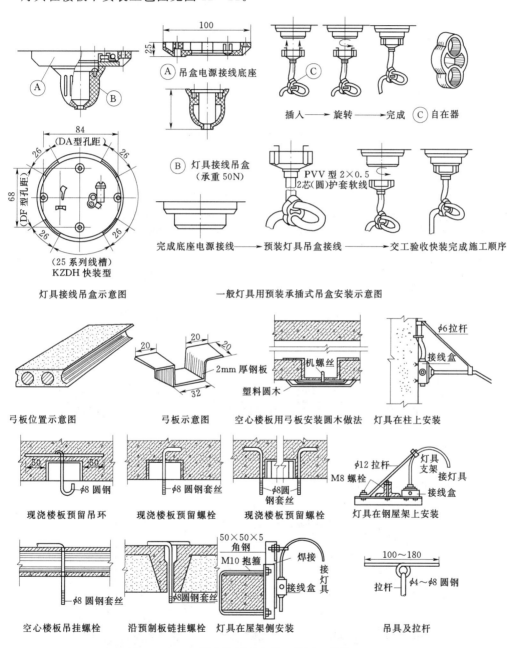

图 12-21 灯具在楼板下安装工艺图（单位：mm）

白炽灯灯具吸顶式安装工艺图见图 12-22。

白炽灯灯具楼板下直附安装工艺图见图 12-23。

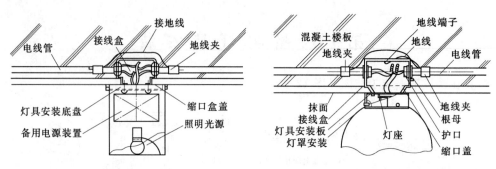

图 12-22　白炽灯灯具吸顶式安装工艺图　　　图 12-23　白炽灯灯具楼板下直附安装工艺图

荧光灯灯具在混凝土楼面下安装工艺图见图 12-24。

荧光灯灯具在混凝土楼板下安装工艺图见图 12-25。

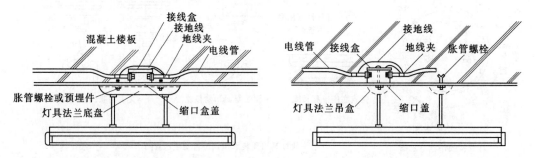

图 12-24　荧光灯灯具在混凝土楼面下安装工艺图　　图 12-25　荧光灯灯具在混凝土楼板下安装工艺图

荧光灯灯具楼板下直附安装工艺图见图 12-26。

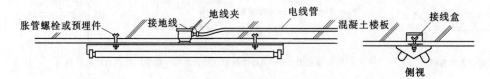

图 12-26　荧光灯灯具楼板下直附安装工艺图

荧光灯照明器在通风管道下部安装工艺图见图 12-27。

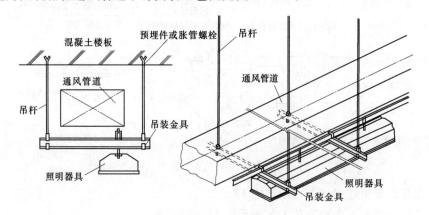

图 12-27　荧光灯照明器在通风管道下部安装工艺图

护套软线吊顶下吊装灯具安装工艺图见图 12-28。

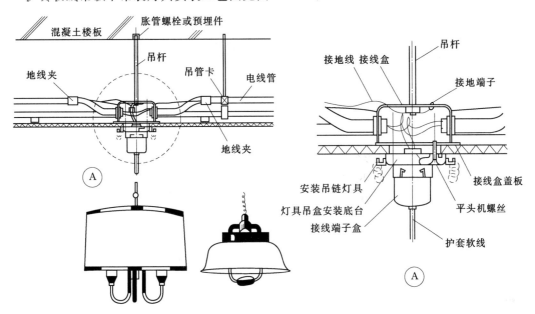

护套软线吊装安装工艺图之一

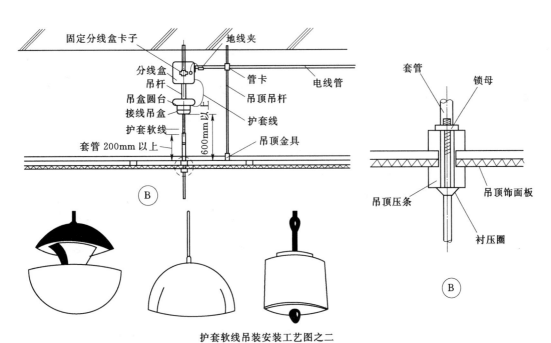

护套软线吊装安装工艺图之二

图 12-28　护套软线吊顶下吊装灯具安装工艺图

吊顶下荧光灯照明支持金具安装工艺图见图 12-29。

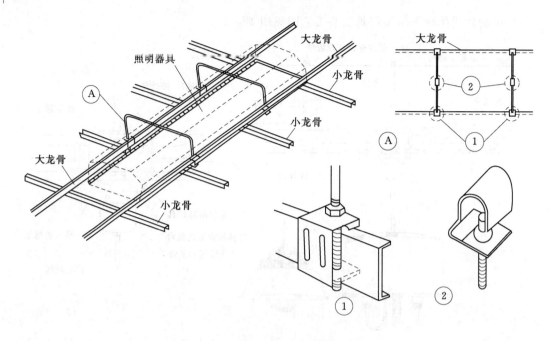

荧光灯照明器支持金具安装工艺图之一

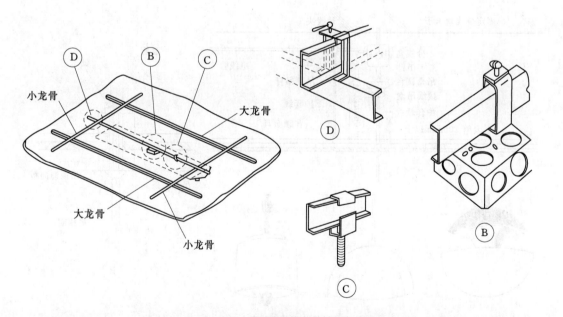

荧光灯照明器支持金具安装工艺图之二

图 12－29　吊顶下荧光灯照明支持金具安装工艺图

荧光灯照明灯具吊顶内安装工艺图见图 12－30。

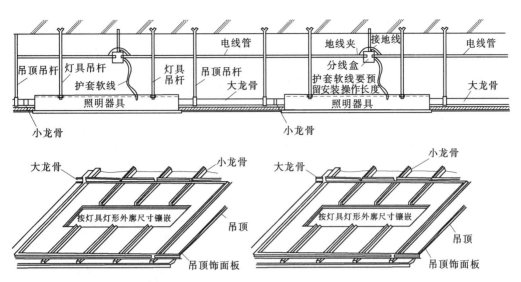

图 12-30　荧光灯照明灯具吊顶内安装工艺图

荧光灯照明灯具吊顶下直附安装工艺图见图 12-31。

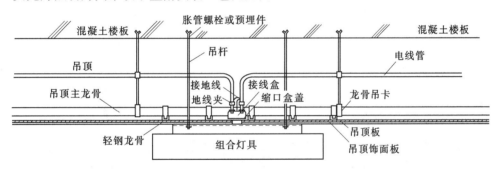

图 12-31　荧光灯照明灯具吊顶下直附安装工艺图

荧光灯具吊顶下安装工艺图见图 12-32。

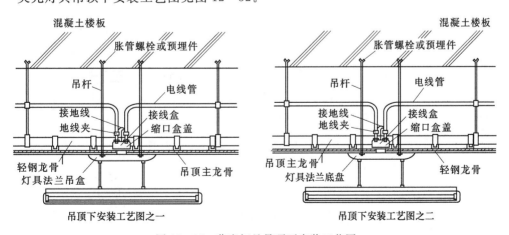

图 12-32　荧光灯具吊顶下安装工艺图

电器具配管在 T 形龙骨吊顶内安装工艺图见图 12-33。

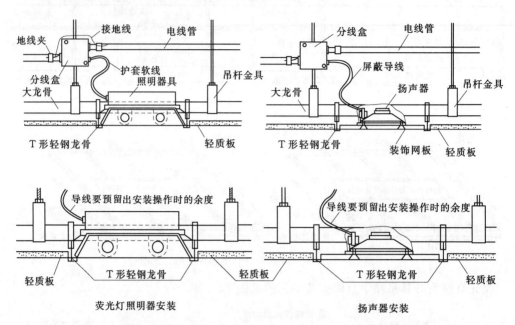

荧光灯照明器安装

扬声器安装

图 12-33　电器具配管在 T 形龙骨吊顶内安装工艺图

吊装金属线槽式荧光灯照明器安装工艺图见图 12-34。

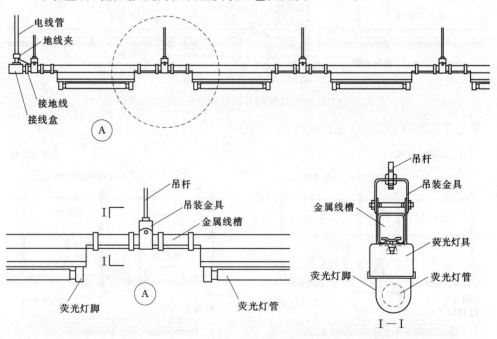

图 12-34　吊装金属线槽式荧光灯照明器安装工艺图

白炽灯照明器吊顶内安装工艺图见图（之一）12-35。

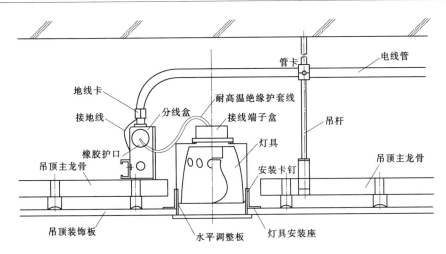

图 12-35 白炽灯照明器吊顶内安装工艺图（一）

白炽灯照明器吊顶内安装工艺图（之二）见图 12-36。

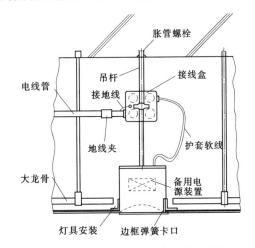

图 12-36 白炽灯照明器吊顶内安装工艺图（二）

白炽灯照明器吊顶下直附安装工艺图见图 12-37。

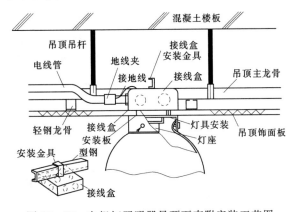

图 12-37 白炽灯照明器吊顶下直附安装工艺图

墙壁上灯具安装工艺图见图 12-38。

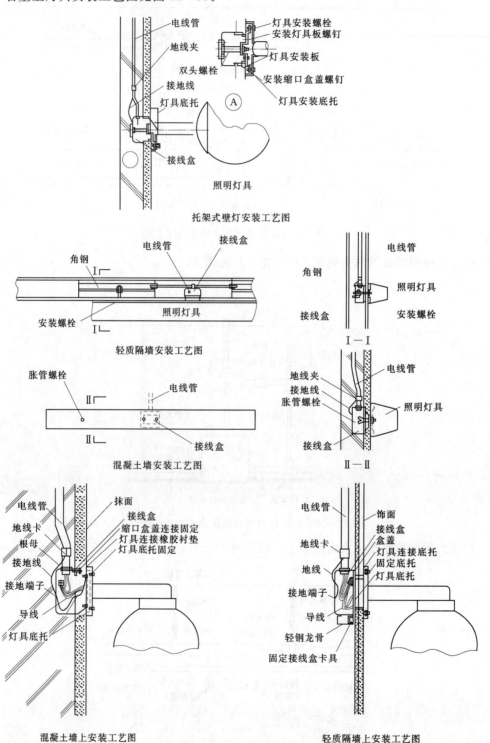

图 12-38 墙壁上灯具安装工艺图

标志灯箱安装工艺图（之一）见图 12 - 39。

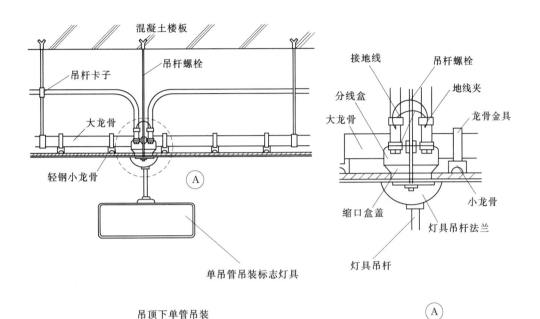

吊顶下单管吊装

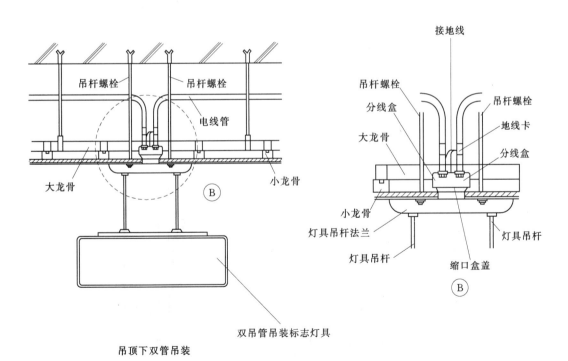

吊顶下双管吊装

图 12 - 39　标志灯箱安装工艺图（之一）

标志灯箱安装工艺图（之二）见图 12-40。

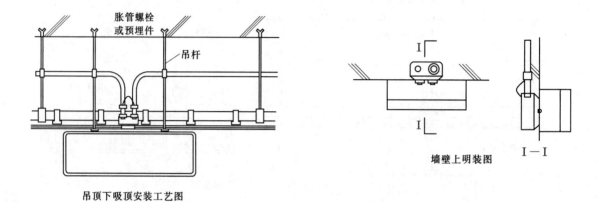

吊顶下吸顶安装工艺图　　　　　　　墙壁上明装图

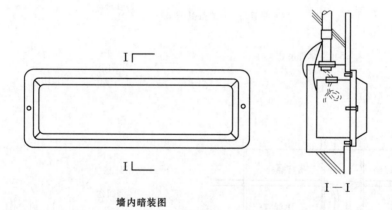

墙内暗装图

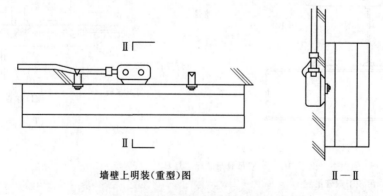

墙壁上明装（重型）图

图 12-40　标志灯箱安装工艺图（之二）

户外轻型柱灯安装工艺图见 12-41。

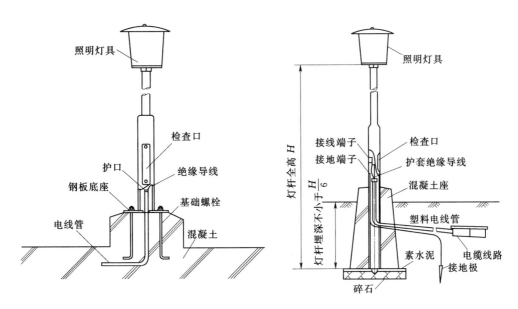

图 12-41　户外轻型柱灯安装工艺图

户外投光灯安装工艺图见图 12-42。

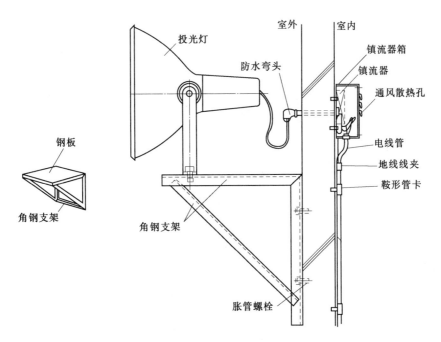

图 12-42　户外投光灯安装工艺图

建筑物彩灯安装工艺图见图 12-43。

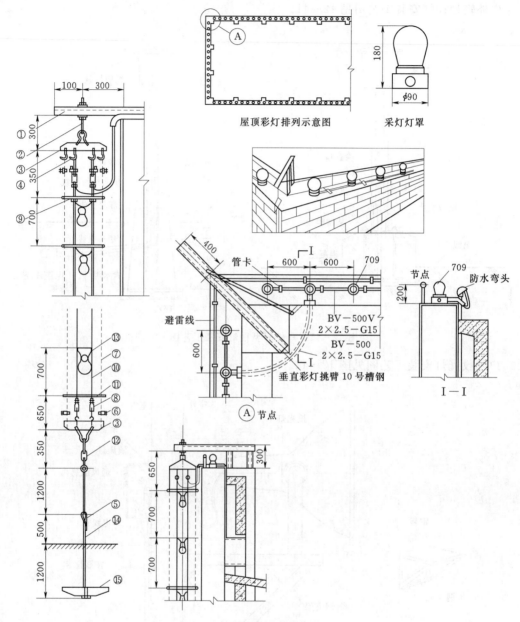

屋顶彩灯排列示意图　　采灯灯罩

垂直顶部彩灯安装示意图

①垂直彩灯悬挂挑臂，10 号槽钢。
②开口吊钩螺栓，ϕ10 圆钢制作，上、下均附垫圈、弹簧垫圈及螺母。
③梯形拉板，300×150×5 镀锌钢板。
④开口吊钩，ϕ6 钢制作，与拉板焊接。
⑤心形环，0.3 号槽钢。
⑥钢丝绳卡子，Y1－6 型。
⑦钢丝绳，X－t 型，直径 4.5mm，7×7＝49m。
⑧瓷拉线绝缘子。
⑨绑线。
⑩RV6（mm²）铜芯聚氯乙烯绝缘线。
⑪硬塑料管，VG15×300。
⑫花篮螺栓，CO 型 14。
⑬防水吊线灯。
⑭底把，ϕ16 圆钢。
⑮底盘，做法与外线拉线底盘相同。

图 12－43　建筑物彩灯安装工艺图（单位：mm）

吊扇、排风扇安装工艺图见图 12-44。

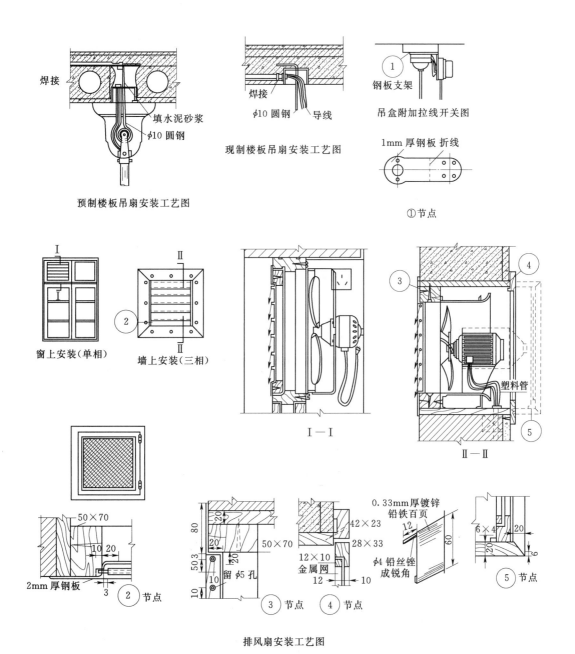

图 12-44 吊扇、排风扇安装工艺图（单位：mm）

注 1. 排风扇安装方式及高度由设计指定。

2. 金属构件部分均刷樟丹油一道、灰色油漆两道、木活部分油漆颜色与建筑墙面相同。

一般常用灯具安装图见图 12-45。

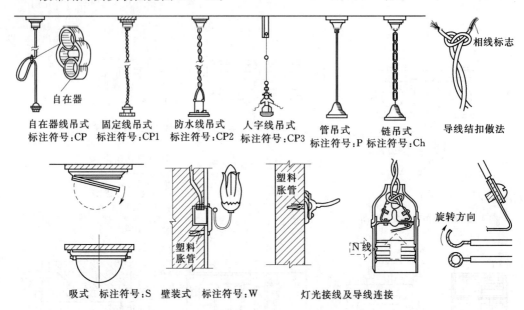

图 12-45　一般常用灯具安装图

一般灯具安装配件选择表见表 12-11。

表 12-11　　　　　　　　　一般灯具安装配件选择表

安装方式		线吊式	链吊式	管吊式	吸顶式	壁装式
设计图中标注符号		CP	Ch	P	S	W
导线		JBVV2×0.5	RVS2×0.5	与线路相同		
吊盒或灯架		一般房间用胶质，潮湿房间用瓷质	金属吊盒		金属灯架	
灯口		100W 以下用胶质灯口，潮湿房间及封闭式灯具用瓷质灯口				
木或塑料制底台	厚度（mm）	20		25		30
	油漆	四周先刷防水漆一道，外表面再刷白漆两道				
	固定方式 一般	采用机螺丝固定，如用木螺丝时，应用塑料胀管或预埋木砖固定，固定螺丝应不少于 2 个				
	灯具总质量为 3kg 以上时	按以上图示各种做法结合具体情况规定施工				
金具	材料	用 0.5mm 铁板或 1.0mm 厚的铝板制造，超过 100Wh，应做通风孔				
	油漆	内表面喷银粉，外表面烤漆				

注　1. 设计图中对线吊式的标准符号：CP 为自在器线吊式；CP1 为固定线吊式；W 为弯式；T 为台上安装式；BR 为墙壁嵌入式；J 为支架安装式；Z 为柱上安装式；CP2 为防水线吊式；CP3 为人字线吊式；DR 为吸顶嵌入式；ZH 为座装式。

　　2. 活动线吊的导线长度，应以垂直伸长时灯泡距该处地面不小于 800mm 为准。

荧光灯照明灯具吊顶内安装工艺图见图 12-46。

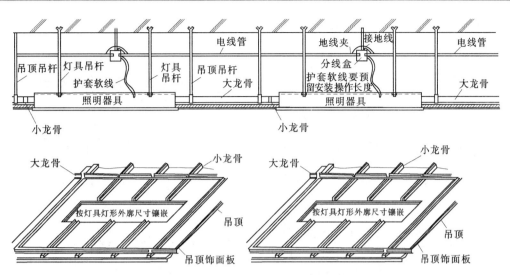

图 12-46　荧光灯照明灯具吊顶内安装工艺图

荧光灯照明灯具吊顶下直附安装工艺图见图 12-47。

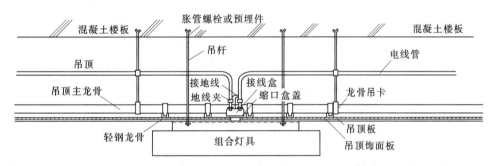

图 12-47　荧光灯照明灯具吊顶下直附安装工艺图

荧光灯具吊顶下安装工艺图见图 12-48。

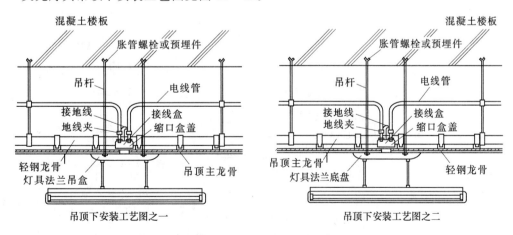

图 12-48　荧光灯具吊顶下安装工艺图

电器具配管在 T 形龙骨吊顶内安装工艺图见图 12－49。

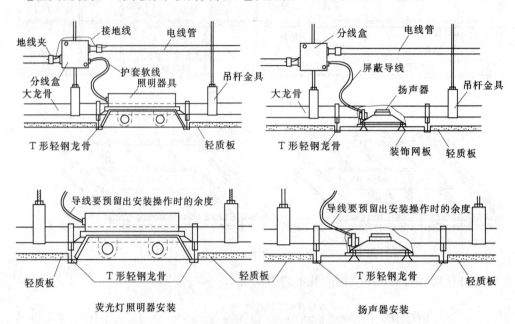

图 12-49　电器具配管在 T 形龙骨吊顶内安装工艺图

吊装金属线槽式荧光灯照明器安装工艺图见图 12－50。

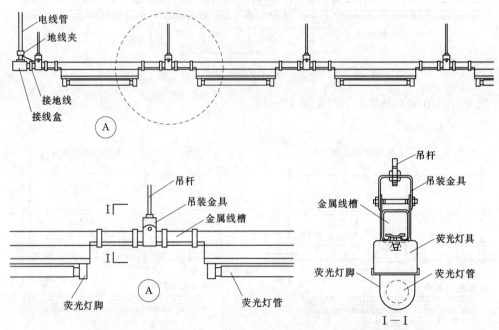

图 12-50　吊装金属线槽式荧光灯照明器安装工艺图

第四节 电气装置件组装

电气装置件名称、图形及规格和技术参数见表12-12。

表 12-12　　　　电气装置件名称、图形及规格和技术参数

名　称	图　形	面板规格		技术参数
		宽×长（mm×mm）	接线盒安装孔距（mm）	
单、双控跷板式开关		75×75	50	250V 6A
		86×86	60	
单、双控跷板式开关		75×75	50	250V 6A
		86×86	60	
单、双控跷板式开关		75×100	71	250V 6A
单、双控跷板式开关		75×125	96	250V 6A
单、双控跷板式开关		75×150	125	250V 6A
		86×146	121	
单相二极插座		75×75	50	250V 10A
		86×86	60	
单相三极插座		75×75	50	250V 10A
		86×86	60	
单相二极插座与单、双控跷板式开关		75×100	71	250V 10A 6A
单相三极插座与单、双控跷板式开关		75×100	71	250V 10A 6A
单相二极插座		75×125	96	250V 10A
单相二、三极插座		75×125	96	250V 10A
单相三极插座		75×125	96	250V 10A
单相二极插座与单、双控跷板式开关		75×150	125	250V 10A 6A
		86×146	121	

续表

名　称	图　形	面板规格		技术参数
		宽×长 （mm×mm）	接线盒安装孔距 （mm）	
相二、三极插座与单、双控跷板式开关		75×150	125	250V 10A
		86×146	121	6A
单相三极二联普通多功能插座		75×118	83.5	250V 10A
单相三极普通插座、开关		75×118	83.5	250V 10A
单相三极多功能插座、开关		75×118	83.5	250V 10A

电气装置件配件组装示意图见图12-51。

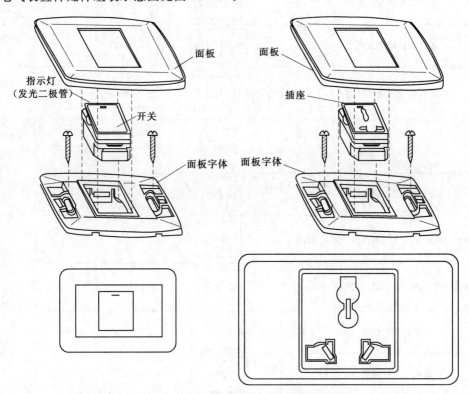

图12-51 电气装置件配件组装示意图

注　1.75T系列特型产品系按国际标准生产，各种功能装置件可随意组合和调换。产品品种有调光开关、风扇调速开关、电铃开关、电话插座、电视插座、延时开关、温控开关及节能开关等。单控或双控开关均有发光二极管指示灯。多功能电源插座能任意插入12种不同形状的插头。开头触头采用复合银，插座接电片为优质磷铜制品，导电功能可靠。

　　2.75T系列特型产品适用于宾馆、大厦、公寓、写字楼及别墅等新建建筑等。

电气装置件墙上暗装示意图见图 12-52。

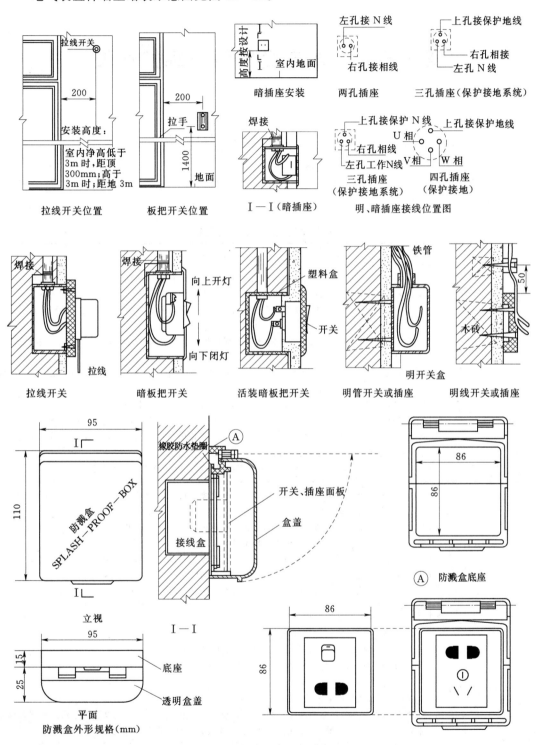

图 12-52 电气装置件墙上暗装示意图（单位：mm）

第十三章　配电台区运行维护管理

第一节　农村供电所配电网工程管理

农村供电所配电网络工程管理见表13-1。农村供电所技改工程管理标准化作业工作流程图见图13-1。

表 13-1　　　　　　　　　　　　　农村供电所配电网络工程管理

项　　目	主　要　内　容
工程立项	(1) 供电所配电网络工程管理是指对 10kV 支线及三相四线制低压线路的新建、改造、迁移、业扩报装等工程项目所进行的设计、预算、施工、竣工验收、决算的全过程管理。 (2) 搞好工程管理有利于降低工程的投资、确保工程质量、加快工程进度、提高工程的投资效益。 (3) 10kV 支线至低压三相四线制线路工程项目可分为内部工程和外部工程，其立项程序如下： 1) 内部工程（指由供电所管理的公用配电网络）由供电所向县公司主管部门提出工程项目申请，经主管领导审批后方可立项。 2) 外部工程（指产权归用户的配电工程）先由用户向供电所提出工程项目申请，供电所经初步勘测后签署出初步意见（代替可行性研究报告）后上报县公司；经县公司生技科审核后批准立项。用户工程项目申请书的主要内容应有：用电目的、用电类别、用电性质、用电要求、用电地址、法人及法定代表人等。 (4) 220V 低压生活用电的业扩报装工程由用户写出用电申请，供电所可直接受理承办
工程设计	(1) 工程设计必须服从全县或乡镇经济发展规划，遵照有关设计规程的规定，进行勘测设计，要使设计方案既经济合理又安全可靠。 (2) 工程勘测设计原则上由县公司生技科负责进行，特殊情况也可由生技科委托有力量的供电所负责进行。设计完成后由生技科审核签章。 (3) 新建工程若对原配电网络造成较大影响需较大范围改变网络结构时，或新增负荷可能超过网络供电允许范围时，则需报主管领导审批同意。 (4) 220kV 生活用电工程由供电所制订方案，报县公司备案即可
工程预算	(1) 工程预算的前期准备工作。 1) 了解当地的砂、卵石等材料单价。 2) 了解当地建材的单价，如砖、水泥、钢材、木材等。 3) 了解当地运输单价，本工程交通运输情况等。 4) 工程所处地理环境，如沼泽、河流、丘陵、高地、平原等。 (2) 工程预决算的依据。 1) 项目划分及费用标准执行国家能源局 2009 年公布的，《20kV 及以下配电网工程建设预算费用构成及计算标准》、等有关电力工业基本建设预算管理制度及规定。 2) 预算定额采用国家能源局 2009 年公布的《20kV 及以下配电网工程》（一套共六册）。 3) 工程设备材料按当时的市场价格

续表

项　目	主　要　内　容
工程施工	(1) 各项工程施工，必须与施工队伍签订施工合同。 (2) 施工队伍必须具备相应等级的施工资质。施工人员必须具备相关的电工岗位资质。 (3) 工程开展中，有条件的地方，在认可供电所人员技术素质和技术条件的基础上，将部分项目委托给供电所实施。 (4) 220V 生活用电工程由供电所直接实施。 (5) 施工队伍以及供电所参与工程的人员应严密组织，精心施工，保质、保量、按时完成施工任务
工程材料及设备	(1) 工程所需材料、设备的选型、采购，必须符合国家标准的规定，严禁假冒伪劣、"三无"电力物资流入农村配电网工程。 (2) 工程材料、设备的价格必须合理，任何部门不得以任何理由故意抬高价格，提高工程费用，增加用户负担。 (3) 工程材料、设备必须归口到县供电公司物资部门统一管理。由公司物资部门负责工程物资的采购与供应，任何部门或个人（包括施工、建设单位）均不得任意购取。 (4) 物资部门在采购过程中应实行公开招标，竞价采购的办法，从而保证让价廉物优的产品使用在农网工程中，有效控制工程成本
工程资金渠道和使用监督	(1) 工程资金必须坚持"收支两条线"的原则。 1) 工程建设资金由县公司统一管理，并设立工程建设资金专户。 2) 资金收取：外部工程由用户按照施工合同的规定及时交纳工程费用，并及时存入工程建设资金专户。内部工程则由供电所写出工程资金使用报告经主管领导审批后，由县公司财务部门下拨资金到供电所工程建设专户。 3) 资金使用：先由施工单位提出资金使用申请，经县公司主管部门审核后按规定及时拨付，并建立好资金往来台账，做到账账相符，账物相符。 (2) 供（配）电贴费。 1) 凡新增、扩容的动力用户，均需按有关规定的标准缴纳供（配）电贴费。 2) 供（配）电贴费必须专户入账。公司财务设立供（配）电贴费专用账户，用户可直接缴纳入账，也可委托供电所代收。供电所代收后应及时上缴公司专户入账，不得任意截留或转入其他账号。 3) 供（配）电贴费原则上用户应按有关标准足额缴纳，确有特殊原因需缓交、减交的，则需报公司主管领导审批同意。 (3) 检查与监督。工程资金的使用必须接受县公司财务、审计部门的检查与监督
竣工验收	(1) 工程完成后，施工单位应依照设计标准进行组织初检。自检合格后，即可向建设单位提出竣工验收报告，要求对工程进行竣工验收。 (2) 建设单位（用户）接到施工单位要求竣工验收报告后，应向县公司主管部门办理工程验收的委托申请，并在施工合同规定的时间内由县公司主管部门牵头，会同生技、安监、审计、财务等部门按设计要求进行验收。验收时若发现不符工程质量要求的应限时改进，若工程缺陷危及人身安全或运行安全的，则拒绝验收，并责成施工单位全面返工，待整改后，另行重新组织验收，由此造成的经济损失由施工单位负责赔偿。 (3) 工程验收合格后，施工单位与建设单位即可办理工程移交手续。施工单位应提供工程竣工图纸及必要的技术交底
产权归属认证	(1) 工程竣工投运前，建设单位与供电部门必须办理好工程产权归属认证手续。 (2) 建设单位自愿同意将工程产权无偿移交给供电部门管理的，则由建设单位出具产权划拨委托书，供电部门应予接受。供电部门接收后应负责该产权的维护管理及安全责任。 (3) 建设单位确定自行管理的，建设单位与供电部门应及时确定产权分界点，并按产权的归属承担各自应负的维护、管理、安全责任
工程档案	(1) 所有新增工程项目均需建立完整的技术档案，技术档案由县公司主管部门统一管理，供电所存档备查。 (2) 工程竣工验收后，建设单位必须向县公司有关部门提交工程竣工图、施工记录、隐蔽工程记录、设备技术规范书、设备试运行报告、设备材料产品合格证、工程移交报告等技术文件，县公司有关部门必须按有关规定存档备查

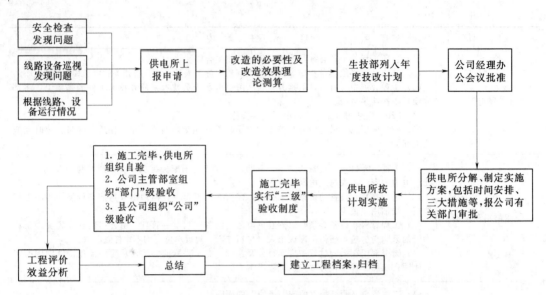

图 13-1　农村供电所技改工程管理标准化作业工作流程图

第二节　农村供电所配电线路运行维护管理

农村供电所配电线路运行维护管理见表 13-2。

农村供电所设备巡视管理标准化作业工作流程图见图 13-2。农村供电所春秋查管理标准化作业工作流程图见图 13-3。

表 13-2　　　　　　　　　　农村供电所配电线路运行维护管理

项　　　目	主　要　内　容
供电所所辖配电设备运行特点	（1）配电线路长、调压成为重要问题。 （2）经过的地区比较空旷、自然条件差、事故率高且多具瞬时性，需要有效的自动重合措施。 （3）配电线的分支多，负荷分散、故障查寻困难，故切除故障分支，重合非故障部分，成为必要措施。 （4）农村负荷小、分布面积广，受农业生产季节性影响，负荷峰谷差较大，农用配电变压器平均负荷率很低。 （5）农村配电线路的无功负荷主要集中在低压配电线路上，因而低压无功补偿缺乏严重。 （6）农村配电网的建设受经济条件的限制，远景规划与近期要求难以一致，电网发展规模不能一步到位
供电所所辖配电线路管理范围	（1）供电所所辖 10kV 配电线路是从变电站出线的，因此，以变电站出线 0 号杆（无 0 号杆时以 1 号杆）上的耐张线夹（或蝶式绝缘子）向线路方向延伸 1m 处为分界点，1m 以外由供电所负责运行维护。 （2）所辖配电线路与高压计量箱以计量箱的输入、输出引线与配电线路的接点为分界点，两接点之间的设备由供电所营业部门负责管理。 （3）所辖配电线路与用户之间以用户计量设备向户外侧延伸 1m 处为分界点

项 目	主 要 内 容
线路杆塔运行标准	(1) 杆塔倾斜度不应超过15/1000。终端杆不得向导线侧倾斜，向拉线侧倾斜应在200mm以内。 (2) 钢筋混凝土的杆身允许挠度不应大于杆长的5/1000。 (3) 杆塔不应有严重裂纹、流铁水，保护层不应严重脱落、酥松。不应有纵向裂纹、横向裂纹的宽度不超过0.5mm，长度不超过1/3圆周长。 (4) 木杆腐朽截面缩减至50%以下或直径缩至70%以下时，应进行更换。 (5) 线路上的每基杆、塔应有统一的标志牌。靠道路附近的电杆应统一写在道路侧，大地里的电杆，应统一写在面向电源的右侧。一条线路的标志牌基本在一侧
线路导线横担运行标准	(1) 运行中导线的电流、电压应符合以下要求： 1) 线路负荷不应超过导线长期允许电流。 2) 高、低压线路的主干线（网架）及负荷大的分支线路，三相负荷应力求平衡，导线载流量基本符合经济电流密度。 3) 线路电压损失不超过允许值。 (2) 导线的接头应无烧伤、过热变色，接头的电阻不应大于同长度导线的电阻。 (3) 导线流过短路电流或因其他原因使导线丧失原有机械强度时应予更换。 (4) 导线断股或损伤减少的截面符合以下规定之一时应割断重接： 1) 单一金属线超过总截面的17%。 2) 钢芯铝线超过铝截面的25%。 3) 钢芯铝线的钢芯断股。 (5) 导线弛度偏差不应超过弛度表规定值的-5%、+10%。档距导线弛度相差不应超过50mm。 (6) 架空线路对地面设施的距离

线路跨越地区		对地距离（m）		
		0.4kV	6～10kV	35kV
地面	居民区（村庄、街道）	5.5	6.5	7
	非居民区（田野、耕地）	4.5	5.5	6
	居民难以到达地区	4	4.5	5
	山区丘陵地带	4	4.5	5
	不通航湖河洪水位	2.5	3	3
道路	农村道路	4.5	6	6
	公路、城市道路	6	7	7
	铁路轨顶	7.5	7.5	7.5
树秆作物	垂直	1	2	3
	水平	1	3	3
房屋及建筑	垂直	2.5	3	4
	水平	1	1.5	2
弱电流线路	有防雷保护	1.25	2	3
	无防雷保护	1.25	4	5
电力线路	0.4kV	0.6	2	3
	6～10kV	不许	2	3
	5kV	不许	不许	3

(线路导线横担运行标准)

项　　目	主　要　内　容
线路导线横担运行标准	（7）导线过引线、引下线对相邻物体的距离。 1）导线过引线、引下线对电杆构件、拉线、电杆间的净空距离，不应小于下列数值：1～10kV，0.2m；1kV 以下，0.1m。 2）每相导线过引线、引下线对邻相导体、过引线、引下线的净空距离，不应小于下列数值：1～10kV，0.3m；1kV 以下，0.15m。 3）高压（1～10kV）引下线与低压（1kV 以下）线间的距离，不应小于 0.2m。 （8）横担与金具应无严重锈蚀、变形、腐朽。铁横担，金具锈蚀不应起皮和出现严重麻点，锈蚀表面积不宜超过 1/2，木横担腐朽深度不应超过横担宽度的 1/3。横担上下倾斜，左右偏歪，不应大于横担长度的 2%。 （9）木横担线路绝缘子应根据电压等级选择，铁横担线路应选用高一级的绝缘子。用 2500V 兆欧表测量绝缘电阻，其值不低于 300MΩ。 （10）绝缘子、瓷横担应无裂纹，釉面剥离面积不应大于 100mm²，瓷横担线槽外端头釉面落面积不应大于 200mm²，铁脚无弯曲，铁件无严重锈蚀。 （11）金具的机械强度应符合设计要求，并无严重锈蚀、变形
线路拉线运行标准	（1）拉线锈蚀、损伤面积不超过下列数值： 1）防风拉线截面损伤 40%。 2）张力拉线截面损伤 20%。 （2）拉线应无松弛、抱箍无下滑，拉线地把无上拔现象。 （3）拉线棒锈蚀截面不超过 20%
防雷装置与接地装置运行标准	（1）防雷装置应在雷季之前投入运行（可根据本地区气象资料确定雷季。无资料时，可按 3 月 15 日～11 月 1 日作为雷季），雷季过后方可停止运行。 （2）防雷装置的巡视按线路巡视周期进行。 （3）防雷装置检查试验周期： 1）防雷装置清扫检查，每年一次； 2）避雷器绝缘电阻试验，1～2 年一次； 3）避雷器工频放电试验，3 年至少一次。 （4）3～10kV 避雷器绝缘电阻测量应使用 2500V 兆欧表，测试前先将避雷器清扫干净，其绝缘电阻值不小于 2000MΩ。低压避雷器应用 500V 兆欧表进行测试，其绝缘值应不小于 500MΩ。 （5）接地装置巡视检查应与设备巡视同时进行。 （6）接地装置的接地电阻测量每 2 年至少一次。接地电阻测量应在干燥季节进行。接地电阻在四季中均应符合有关要求，但防雷装置的接地电阻与雷季符合即可。 （7）总容量在 100kVA 及以上的变压器，接地装置的接地电阻应不大于 4Ω，每个重复接地装置的接地电阻，应不大于 10Ω。总容量在 100kVA 以下的变压器，接地装置的接地电阻应不大于 10Ω。每个重复接地装置的接地电阻，应不大于 30Ω。 （8）油开关或隔离开关的接地装置的接地电阻应不大于 10Ω。 （9）中性点非直接接地系统中，居民区无避雷线的高压线路混凝土杆、金属杆塔宜接地，其接地电阻不宜超过 30Ω。配电室的接地电阻不应大于 4Ω 配电室内各部构件接地应良好。 （10）接地卡子和钢引线连接处不应有锈蚀。引下线各接头应良好
接户线运行标准	（1）线间、对地及其他距离应符合规定。 （2）无松弛现象。 （3）绝缘外皮比较完整。 （4）构架牢固，无严重锈蚀或腐朽。 （5）绝缘子无破损、裂纹。 （6）同一接户线使用同一型号导线，每根导线接头应不多于一个

项　目	主　要　内　容
线路运行通道标准	(1) 配电线路的运行通道，即导线边线向两侧延伸各 5m（35kV 为 10m）所形成的两平行线内的区域称防护区。在线路的防护区内，应全部清除临时性的障碍物或易燃物体，如电视天线、席篷草堆、棚架等。 (2) 配电线路底下的屋顶为非易燃物体造成的建筑设施，其与导线之间的垂直距离在导线最大弧垂时不应小于 3m（35kV 为 4m）；配电线路边线与建筑物之间的距离，在最大计算风偏时，不应小于 1.5m（35kV 为 8m）。 (3) 配电线路通过林区时，须砍伐通道的宽度应为线路宽度加 10m（35kV 为线路宽度加林区主要树种高度的 2 倍）。但大面积砍伐森林通道时，应与有关单位协商，并按国务院颁发的《国家建设征用土地条例》及有关规定执行，同时签订协议。 (4) 处于交通要道口的电杆，应设保护桩，并涂以红白两色间隔的醒目标志；结合整修，应补齐线路上缺少的或残缺的杆号、相序标志和必要的警告牌
线路巡视检查周期	(1) 定期巡视检查。高压线路每月一次；低压线路每 3 个月至少一次。 (2) 特殊巡视检查。气候恶劣或气候剧变（如大雾、狂风、导线覆冰等）时，应对线路进行巡查，可由供电所视情况自定。 (3) 夜间巡视。线路高峰负荷时，检查导线及导线连接点的发热情况。有雾、小雨雪时，检查绝缘子的闪络放电情况。可由供电所视情况而定。 (4) 故障巡视。根据值班调度员的通知，查明故障线路的故障点及发生原因。 (5) 检查性巡视。县级供电企业局领导、配电专责技术人员及以上干部，为了解线路设备状况和检查巡线人员的工作，每年必须进行线路巡视
线路杆塔巡视检查项目	(1) 杆塔是否倾斜，各部件有无锈蚀、歪斜、变形。 (2) 杆塔部件固定处是否缺螺栓、螺栓丝扣长度不够、螺帽松扣；铆焊处有无裂纹、开缝。 (3) 混凝土杆有无裂纹、酥松、钢筋外露情况。 (4) 木杆、木构件有无腐朽、烧焦、开裂、绑桩、松动、木楔变形或脱出。 (5) 杆塔有无冻鼓现象。 (6) 杆塔基础周围土壤有无挖掘或沉陷，塔基有无裂纹、损坏、下沉或上拔。 (7) 杆塔位置是否合适，有无被车撞、水淹、冲的可能。 (8) 杆塔周围杂草是否过高，有无危及安全的鸟巢、风筝及藤蔓类植物附生。 (9) 杆号牌、警告牌等标志是否齐全、明显。 (10) 防洪设施有无裂纹、损坏、坍塌等
线路导线横担巡视检查项目	(1) 导线有无断股、锈蚀、损坏、烧伤等痕迹。 (2) 导线弛度、线间距离是否合乎规定，有无不同期摆动和振动现象。 (3) 导线对地、对交叉跨越设施与其他物体的距离是否合乎规定。 (4) 导线接头是否良好，有无过热现象，连接线夹是否缺弹簧和螺帽松扣现象。 (5) 过（跳）引线有无断股、歪扭变形，与杆塔间空气间隙是否合乎规定。 (6) 绝缘子的绑线有无松弛或断开情况。 (7) 导线上有无抛掷物或风吹落物，如风筝、塑料袋等。 (8) 绝缘子有无脏污、裂纹、破损、闪络烧伤痕迹，有无机械损伤、铁杆弯曲、歪斜等情况。 (9) 金具有无锈蚀、变形，销子针及各部螺帽有无松脱、缺损等。 (10) 横担有无锈蚀，腐朽、弯曲、歪斜等
线路防雷设备接地装置巡视检查项目	(1) 避雷器瓷件有无脏污、裂纹、损坏及闪络痕迹。 (2) 避雷器、放电间隙固定是否牢固。 (3) 放电间隙有无烧损、距离变动、锈蚀和被外物短接情况。 (4) 引线连接是否良好，与邻相、对地距离是否合乎要求。 (5) 防雷设施在雷季是否齐全，有无漏投。 (6) 测磁装置和雷电记录器等是否良好。 (7) 接地引下线有无锈蚀、断股、断路、丢失等情况。 (8) 接地引下线与接地体连接是否牢固，接地线夹的螺丝有无松动或缠绕不紧。 (9) 接地体有无外露，在埋设范围内有无其他土方工程，是否有被水冲的可能。 (10) 接地线的保护设施是否破损、腐朽、丢失等

项 目	主 要 内 容
线路拉线巡视检查项目	(1) 拉线有无锈蚀、松弛、断股、张力分配不均现象。 (2) 拉线棒（或下把）、抱箍等连接金具有无变形、松动或锈蚀。 (3) 拉线地锚、下把有无松动、缺土、上拔、下沉等。 (4) 顶（撑）杆、拉线杆、拉线保护桩、围档等有无腐朽、损坏，拉线在木杆捆绑处有无陷入杆内等。 (5) 拉紧绝缘子有无缺少、损坏等情况。 (6) 拉线有无妨碍交通或被车辆碰撞的可能。 (7) 水平拉线对地距离是否符合要求
架空线路柱上电气设备的巡视检查内容	(1) 柱上油开关。 1) 瓷套管是否有裂纹损坏，油面位置是否降低，操作机构是否灵活，合、分指针是否明显，位置是否正确。 2) 瓷套管裂纹损坏应更换。 3) 有进水痕迹应换油，并在接合处换垫。 4) 油量不足时应补充油至标准位置。 5) 操作机构不灵应调整。 6) 用兆欧表测量绝缘电阻，如绝缘电阻明显下降，并出现绝缘油变质现象，应拆换下来，进厂大修。 (2) 柱上隔离开关（刀闸）。 1) 刀闸是否接触不良，绝缘件是否损坏。 2) 用兆欧表测量绝缘电阻。 3) 发现绝缘子有裂纹或损坏时，应予更换。 4) 发现接触不长，应先清除刀片上的烧伤斑点及氧化物，磨平后调节传动轴的螺丝和弹簧。 5) 对正刀片与闸嘴的中心线，刀片合上后应接触紧密。如传动机构过紧，可适当加润滑油。 (3) 跌落式熔断器。 1) 安装是否正确，倾斜度是否符合标准。 2) 导电触头接触是否不良，有无烧伤。 3) 瓷件有无裂纹、闪络。 4) 熔丝管是否弯曲变形。 5) 转动机构是否失灵。 6) 发现跌落式熔断器有严重缺陷或损坏时应通过整修或更换恢复其完整性
并联电容器运行标准	(1) 配电线路上电容器装设点的运行电压不应高于电容器额定电压的1.1倍。 (2) 配电线路的电容器独立设置时，应装设氧化锌避雷器保护，避雷器应尽量靠近电容器装设。 (3) 熔丝的额定电流按电容器额定电流的1.5～2.0倍选用。 (4) 电容器组的容量在200kvar以下，且跌落开关的断流容量符合要求时，方可设置跌落开关。 (5) 电容器每年进行一次极对地绝缘电阻试验。用2500V兆欧表测定，其值不应低于1000MΩ。 (6) 电容器有下列情况之一时，应立即停止运行，并进行处理： 1) 电容器爆炸，喷油或起火。 2) 电容器严重过热或接点熔化。 3) 套管严重放电闪络。 4) 单台熔丝熔断。 5) 内部有异常的响声

项 目	主 要 内 容
并联电容器的巡视检查	(1) 电容器巡视、清扫检查周期与线路巡视、清扫检查同时进行。 (2) 电容器的巡视检查内容： 1) 瓷套管有无闪络、裂纹、破损现象。 2) 瓷套管的脏污程度。 3) 外壳有无渗、漏油、鼓肚和锈蚀。 4) 各行线间及对地距离是否足够，接点接触是否良好。 5) 单台熔丝的配备是否齐全，有无异状。 6) 接地装置是否良好。 (3) 与配电变压器并联装设的电容器的操作：先断开变压器的低压侧开关，后断开高压侧开关，投入运行时操作顺序相反。 (4) 断开电容器后，必须立即进行放电
接户线巡视检查项目	(1) 线间距离和对地、对建筑物等交叉跨越是否符合规定。 (2) 绝缘层是否老化、损坏。 (3) 接点接触是否良好，有无电化腐蚀现象。 (4) 绝缘子有无破损、脱落。 (5) 支持物是否牢固，有无锈蚀、损坏等现象。 (6) 弛度是否合适，有无混线、烧伤现象
沿架空线路全线的巡视检查内容	(1) 沿线有无易燃、易爆物品和腐蚀性液、气体。 (2) 导线对地、对道路、公路、铁路、管道、索道、河流、建筑物等距离是否符合规定，有无可能触及导线的铁烟筒、天线等。 (3) 周围有无被风刮起危及线路安全的金属薄膜、杂物等。 (4) 有无威胁线路安全工程设施（机械、脚手架等）。 (5) 查明线路附近的爆破工程有无爆破申请手续，其安全措施是否妥当。 (6) 查明防护区内的植树、种竹情况及导线与树、竹间距离是否符合规定。 (7) 线路附近有无射击、放风筝、抛扔外物、飘洒金属和在杆塔、拉线上拴牲畜等

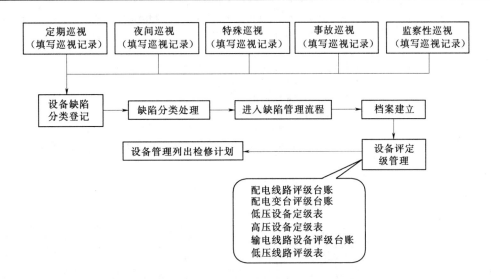

图 13-2 农村供电所设备巡视管理标准化作业工作流程图

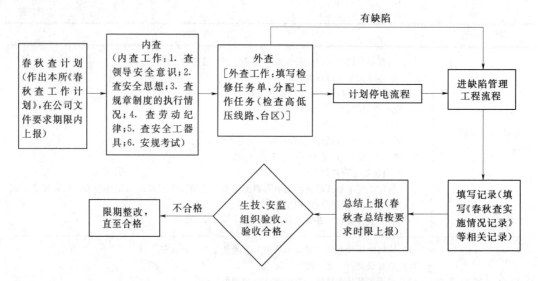

图 13-3　农村供电所春秋查管理标准化作业工作流程图

第三节　农村供电所配电变压器运行维护管理

农村供电所配电变压器运行标准和巡视检查见表 13-3。

表 13-3　　　　　　　　农村供电所配电变压器运行标准和巡视检查

项目	主 要 内 容
变压器运行标准	(1) 新变压器或检修后的变压器投入运行时应符合以下要求： 1) 变压器的铭牌清楚、牢固，额定电压、容量符合要求。 2) 分接头开关切换良好，分接头位置正确、合适。 3) 持有变压器试验合格证和油化验合格证（必须是局技术部门指定的鉴定单位发的合格证即指除制造厂出的合格证外在投入系统运行前电业局试验所等的合格证）。 4) 绝缘电阻测量合格，外部检查合乎要求。 (2) 停运的变压器在恢复送电时，必须进行清扫、检查、绝缘电阻试验，停运期超过 6 个月，须按检修后鉴定项目做试验。 (3) 变压器绝缘电阻测量注意事项： 1) 测量绝缘电阻应使用 2500V 的兆欧表。 2) 运行中的变压器应在气温 5℃ 以上的干燥天气下（湿度不超过 85%）进行。 3) 测量绝缘电阻时，必须测量变压器温度。封闭式变压器无测温孔时的测温部位为变压器中上背阴处。 (4) 10kV 配电变压器绝缘电阻容许值（MΩ） {{TABLE}} (5) 新变压器投入运行前绝缘电阻值，应不低于制造厂所测值的 70%（换算到同一温度）。运行中变压器的绝缘电阻值（换算为相同温度时）应不低于初试值的 50%。

测量项目	变压器温度（℃）							
	10	20	30	40	50	60	70	80
一次对二次及地	450	300	200	130	90	60	40	25
二次对地	40	20	10	5	3	2	1	1

项　　目	主　要　内　容
变压器运行标准	（6）绝缘电阻换算系数 （7）绝缘电阻值低于允许值的变压器不得进行工频耐压试验。试验时试验电压应均匀升起至规定值，并保持1min。在试验过程中，应仔细探听变压器内部的响声，如果仪表指示正常，没有绝缘击穿放电声、焦烟等现象，则认为变压器工频耐压试验合格。 （8）工频耐压试验值（kV） （9）操作波试验的间隙距离、峰值电压参考表 （10）绝缘油简化试验标准 （11）为了防止变压器油劣化过速，上层油温不宜经常超过85℃。新的或检修后的变压器油应进行简化试验。为使试验值正确反映绝缘油的状况，应做好下列工作： 1）取油样的油瓶必须用白土洗净，进行干燥后方可使用。 2）取油样必须在晴朗干燥天气进行，取油样前，应先将变压器放油栓上的污秽擦净。 3）采集的油样应保持干净，防止受潮。 （12）配电变压器不宜过负荷运行，在有下列条件之一时，方可考虑短时过负荷： 1）有值班人员监视变压器过负荷运行。 2）有自动记录仪记载的负荷资料。 3）有最高负荷、最低负荷时多次测量所确定的可靠数据 （13）油浸式配电变压器短时过负荷允许时间规定（时：分）

（6）绝缘电阻换算系数

温度差（℃）	5	10	15	20	25	30	35	40	50
二次对地	1.2	1.5	1.8	2.3	2.8	3.4	4.1	5.25	7.6

（8）工频耐压试验值（kV）

电压等级	一次绕组		二次绕组	
	新产品	交接预防性试验	新标准	交接预防性试验
10	35	30	5	4
6	25	21	5	4
3	18	15	5	4

（9）操作波试验的间隙距离、峰值电压参考表

电压等级（kV）	10		6		3		备注
	新产品及大修后	运行中	新产品及大修后	运行中	新产品及大修后	运行中	
峰值电压（kV）	65	57	48	40	34	29	
间隙距离（mm）	24.8	20	15.9	13	10.8	9	球直径5cm

（10）绝缘油简化试验标准

序号	试验项目	新油	运行中油
1	闪点（℃）	不低于135	不比新油标准降低5℃ 与前次测量值比不低于5℃
2	机械混合物	无	无
3	游离碳	无	无
4	酸价KOH毫克/克油	≤0.05	不大于0.1
5	酸碱反应	中性	pH≥4.2
6	水分	无	无
7	电气击穿强度（kV）	≥25℃	≥20℃

项　　目	主　要　内　容

过负荷倍数	过负荷前后上层油的温升（K）					
	18	24	30	36	42	48
1.05	5：50	5：25	4：50	4：00	3：00	1：30
1.10	3：50	3：25	2：50	2：10	1：25	0：10
1.15	2：50	2：25	1：50	1：20	0：35	—
1.20	1：40	1：40	1：15	0：45	—	—
1.25	1：35	1：15	0：50	0：25	—	—
1.30	1：10	0：50	0：30	—	—	—

（14）变压器运行人员应根据历年测得的最大负荷数据确定能否增加负荷。

（15）变压器负荷增加估算表

电动机台数	系数	估算方法
1～2	1	
3～4	1.15	
5～7	1.20	1. 变压器容量（kVA）＝ $\dfrac{\text{电动机功率（kW）}\times 1.25}{\text{系数}}$
8～10	1.25	
11～15	1.30	2. 变压器容量（kVA）＝ $\dfrac{\text{电动机功率数}}{\text{系数}}$
16～20	1.35	
20 以上	1.40	

（16）变压器电流、电压的测量

1）测量时间，每年高峰负荷时必须进行。

2）主要测量点，变压器二次出口电压和线路末端用户受电电压。

3）变压器二次电压应比用电器具额定电压高 0～＋5％。用户受电电压应符合有关规定。

4）变压器的最大负荷不宜低于额定值的 65％。变压器出口三相电流的不平衡度不应大于 15％。

5）不平衡度＝ $\dfrac{\text{中性线电流}}{\text{最大相电流}}\times 100\%$

（17）变压器一次侧、二次侧熔断器熔丝的选择

1）三相变压器一、二次熔丝额定电流

额定容量	熔丝额定电流（A）				额定容量	熔丝额定电流（A）			
(kVA)	10 (kV)	6 (kV)	3 (kV)	400 (V)	(kVA)	10 (kV)	6 (kV)	3 (kV)	400 (V)
10	5	5	5	15	160	15	25	40	230 (250)
20	5	5	7.5	30	180	15	25	50	250 (300)
30	5	5	10	50	200	20	30	50	300
40	5	7.5	15	60	250	25	35	60	350 (400)
50	5	10	20	75	315	30	40	75	450 (500)
63	7.5	15	25	100	320	30	40	75	450 (500)
75	10	15	30	100 (150)	400	35	50	100	
80	10	15	30	120	500	40	60	100	
100	15	20	30	150	560	50	75	—	
125	15	20	35	180 (200)					

注　括号内数字为变压器过载运行时（不得超过允许时间）用的熔点。

左侧合并单元格：变压器运行标准

项 目	主 要 内 容
变压器运行标准	2）10～100kV 变压器一次熔丝的额定电流，应按变压器额定电流的 2～3 倍选用，不足 5A 的选用 5A 熔丝；100kVA 以上变压器按变压器额定电流 1.5～2 倍左右选用。 3）变压器二次熔丝额定电流按变压器二次额定电流选用。 4）单台电动机的专用变压器，考虑起动电流影响，二次熔丝额定电流可增大 30%。 5）熔丝（片）不得用其他金属丝代替。 6）多台变压器共用一组跌落式开关时，其熔丝的额定电流应按变压器综合容量的 1.0～1.5 倍选用。 （18）一个变台上的几台配变一般不要采用并列运行方式，若需并列运行时，应同时满足以下几个条件： 1）额定电压和变压相同。 2）短路阻抗相同。 3）接线组别、极性相同。 （19）额定电压、短路阻抗略有差异的变压器并列运行时，变压器的负荷应加以限制，使任何一台变压器不过载运行

（1）变压器巡视检查试验周期

序号	项 目	周 期	备 注
1	定期巡视	2 个月至少一次	
2	清扫套管检查熔丝	6 个月至少一次	
3	电流电压测量	每年至少一次	
4	绝缘电阻测量	每年一次	
5	工频耐压试验	必要时	
6	绝缘油耐压、水分试验	3～5 年一次	有条件的也可做简化试验
7	匝、层间绝缘试验	必要时	新上、检修后必须做
8	变压器大修	10 年一次	

注 匝、层间绝缘试验，采用倍频波试验或操作波试验均可。

（2）变压器外部巡视检查的一般项目如下：
1）有无漏、渗油、油面、油色、油温是否正常，有无异味等。
2）套管是否清洁，有无裂纹、损伤、放电痕迹，耐酸胶垫有无脆化、破裂等情况。
3）变压器音响是否正常。
4）一、二次熔丝容量是否合适，各处接点有无烧损现象。
5）一、二次引线与母线有无异状，与其他导线有无接触的可能，工作人员上、下电杆有无感应电的危险。
6）铭牌及其他标志是否齐全，有无锈蚀现象
7）呼吸器是否正常、有无堵塞现象。
8）各个电气连接点有无锈蚀、过热和烧损现象。
9）分接开关指示位置是否正确，换接是否良好。
10）外壳有无脱漆、锈蚀；焊口有无裂纹、渗油；接地是否良好。
11）各部密封垫有无老化、开裂，缝隙有无雨渗漏油现象。
12）各部螺栓是否完整，有无松动

变压器台架巡视检查内容

（1）变压器台架高度是否符合规定，有无锈蚀、倾斜、下沉；木构件有无腐朽；砖、石结构台架有无裂缝和倒塌的可能；地面安装的变压器，围栏是否完好。
（2）变压器台上的其他设备（如：表箱、开关等）是否完好。
（3）台架周围有无杂草丛生、杂物堆积，有无生长较高的农作物、树、竹、蔓藤类植物接近带电体

续表

项　　目	主　要　内　容
新的或大修后的变压器投入运行前的试验项目	（1）变压器性能参数：额定电压（各分接端电压）、额定电流、载损耗、负载损耗、空载电流及阻抗电压。 （2）工频耐压。 （3）绝缘电阻和吸收比测定。 （4）直流电阻测量。 （5）绝缘油简化试验。 （6）有条件的单位，还可做匝间、层间绝缘耐压试验
绝缘电阻和绝缘油耐压试验	变压器停运满一个月者，在恢复送电前应测量绝缘电阻，合格后可投入运行。搁置或停运 6 个月以上的变压器，投运前应做绝缘电阻和绝缘油耐压试验。干燥、寒冷地区的排灌专用变压器，停运期可适当延长，但不宜超过 8 个月
变压器运行要求	（1）运行变压器所加一次电压不应超过相应分接头电压值的 105%。 （2）最大负荷不应超过变压器额定容量（特殊情况除外）。 （3）上层油温不宜超过 85℃
变压器应进行检查、处理的情况	变压器有下列情况之一者应进行检查、处理。 （1）瓷件裂纹、击穿、烧损、严重污秽；瓷裙损伤面积超过 6mm²。 （2）导电杆端头过热、烧损、熔接。 （3）漏油、严重渗油、油标上见不到油面。 （4）绝缘油老化，油色显著变深。 （5）外壳和散热器大面积脱漆，严重锈蚀。 （6）有异音、放电声、冒烟、喷油和过热现象等
配电变压器并列运行	配电变压器并列运行应符合下列条件： （1）额定电压相等，电压比允许相差±0.5%。 （2）阻抗电压相差不得超过 10%。 （3）接线组别相等。 （4）容量比不得超过 3∶1。 配电变压器并列运行前应做核相试验，并列运行后，应在低压侧测量电流分配，在最大负荷时，任何一台变压器都不应过负荷
配电变压器台上工作安全注意事项	（1）配电变压器台（架、室）停电检修时，应使用第一种工作票；同一天内几处配电变压器台（架、室）进行同一类型工作，可使用一张工作票。高压线路不停电时，工作负责人应向全体人员说明线路上有电，并加强监护。 （2）在配电变压器台（架、室）上进行工作，不论线路已否停电，必须先拉开低压刀闸 [不包括低压熔断器（保险）]，后拉开高压隔离开关（刀闸）或跌落熔断器（保险），在停电的高压引线上接地。上述操作在工作负责人监护下进行时，可不用操作票。 （3）在吊起或放落变压器前，必须检查配电变压器台的结构是否牢固。吊起或放落变压器时。应遵守邻近带电部分有关规定。 （4）配电变压器停电做试验时，台架上严禁有人，地面有电部分应设围栏，悬挂"止步，高压危险！"的标示牌，并有专人监护

配电变压器常见故障原因及处理方法见表13－4。

表 13－4 配电变压器常见故障原因及处理方法

故障		故障现象	产生故障的可能原因	处理方法
铁芯部分	铁芯片间绝缘损坏	(1) 空载损失增大。 (2) 油温升高。 (3) 油色变深	(1) 受剧烈振动，铁芯片间摩擦引起。 (2) 铁芯片间绝缘老化，或有局部损坏	硅钢片常两面涂漆，对1611号漆，用松节油稀释。涂漆后在炉温200℃下，干燥10～20min，对1030号漆，用苯或纯净汽油稀释，在炉温105±2℃下，干燥2h。两面漆膜总厚为0.01～0.015mm
	铁芯片间局部熔毁	(1) 高压熔丝熔断。 (2) 油色变黑、并有特殊气味，温度升高	(1) 铁芯的穿芯螺栓的绝缘损坏，螺栓与铁芯片短路引起绝缘损坏。 (2) 铁芯两点接地	
	接地片断裂或铁芯接触不良	铁芯与油箱间有放电声	(1) 安装时螺丝没有拧紧。 (2) 接地片没有插好	
	铁芯松动	有不正常震动声或噪声	(1) 铁芯叠片中缺片。 (2) 铁芯油道内或夹片下面有未夹紧的自由端。 (3) 铁芯的紧固件松动。 (4) 铁芯间有杂物	
绕组部分	匝间短路	(1) 一次电流略增大。 (2) 油温增高。 (3) 油有时发生"咕嘟"声。 (4) 三相直流电阻不平衡。 (5) 高压熔丝熔断，跌开式保险脱落。 (6) 油枕盖有黑烟。 (7) 二次线电压不稳，忽高忽低	(1) 变压器进水，水浸入绕组内。 (2) 自然损坏、散热不良，或长期过载使匝间绝缘老化。 (3) 绕制时没有发现导线毛刺，焊接处不平滑，使匝间绝缘受到破坏。 (4) 油道内掉入杂物	重绕绕组
	线圈断线	(1) 断线处发生电弧，有放电声。 (2) 断线的相没有电压和电流	(1) 导线焊接不良。 (2) 匝间、层间或相间短路，造成断线。 (3) 雷击造成断线。 (4) 搬运时强烈振动使引线断开	
	对地击穿	(1) 高压熔丝熔断。 (2) 匝间短路	(1) 主绝缘老化或有剧烈折断等缺陷。 (2) 绝缘油受潮。 (3) 绕组内有杂物落入。 (4) 过电压引起。 (5) 短路时绕组变形引起。 (6) 渗漏油引起严重缺油。 (7) 二次引线转动造成接地	
	绕组相间短路	(1) 高压熔丝熔断。 (2) 油枕往外喷油，油温剧增	原因与对地击穿相同	

	故障	故障现象	产生故障的可能原因	处理方法
分接开关部分	触头表面熔化与灼伤	(1) 油温增高。 (2) 高压熔丝熔断。 (3) 触头表面产生放电声	(1) 装配不当，如手轮指示位置晃量大，上、下错位，造成表面接触不良。 (2) 弹簧压力不够	为使触头接触良好，可以定期（如每年一、二次）将运行中的分接开关转动几周。再放在需要的位置上，操作时应停电
	相间触头放电或各分接头放电	(1) 高压熔丝熔断。 (2) 油枕盖冒烟。 (3) 有"咕嘟"声	(1) 过电压引起。 (2) 变压器油内有水。 (3) 螺丝松动。触头接触不良，产生爬电，烧坏绝缘	
变压器油	油质变坏	变压器油的颜色变暗	(1) 变压器发生故障时，产生气体所引起。 (2) 变压器油长期受热恶化	应定期（如每年一次）对变压器油进行检查、试验、决定，是否要过滤或换油
套管部分	对地击穿	高压熔丝熔断	瓷件表面较脏或有裂纹	瓷件应经常检查、清理。若有裂纹，应更换套管
	套管间放电	高压熔丝熔断	(1) 套管间有杂物。 (2) 套管间有小动物	

箱式变压器运行维护与事故处理见表13-5。

表 13-5　　　　　　　　　　箱式变电站运行维护与事故处理

项　目	主　要　内　容
箱变开关设备完好标准	(1) 接点接触良好，不过热，无伤痕。操作机械灵活、无卡滞现象。 (2) 开关分、合闸位置正确。 (3) 瓷件无裂纹，无放电痕迹。 (4) 引线垂度及间距适当、完好，接头不发热。 (5) 试验项目全部合格
箱变高低压配电盘完好标准	(1) 盘面平整，涂漆均匀美观，色调一致。 (2) 构架有足够强度，一次设备操作，不致造成二次设备误动，构架有良好接地。 (3) 金属件镀层牢固，无变质、脱落及锈蚀。 (4) 盘上指示灯、操作把手完好，把手操作灵活、可靠，分、合闸指示正确。 (5) 母线连接接触良好，排列整齐美观，用黄、绿、红三色标示出相位关系；母线应全部进行绝缘封闭。母线和裸导线在允许载流量下，长期运行时允许发热温度为70℃，短时最高温升为：铜母线排250℃；铝母线排150℃
箱变投运前应检查项目	(1) 完成一切试验项目，试验结果合格。相关人员在记录簿上签字可以投入运行。运行维护人员验收合格。 (2) 箱变应装有"止步，高压危险"的警告牌。 (3) 箱变的声级水平，在空载状态下应不大于50dB。 (4) 各部元件温升均应符合规程规定。 (5) 箱体的起吊装置，应保证整个箱变在垂直方向受力均衡。 (6) 箱变主接地点应有明显的接地标志。箱体内应设多于两个与接地系统相连的端子，各需接地的部件必须有效接地。 (7) 箱变所用的负荷开关、熔断器等组件均应符合标准的规定。 (8) 箱变箱体应防锈处理。 (9) 箱变本体设计图纸及供电网络图纸资料齐全、完整，符合有关档案管理的要求

项 目	主 要 内 容
对运行中箱变的巡视内容	(1) 箱变的外壳是否有锈蚀和破损现象。 (2) 箱变的围栏是否完好。 (3) 箱变内的空气开关是否运行良好，是否有过热现象。 (4) 箱变内低压母线的绝缘护套是否良好、有无过热现象。 (5) 箱变的油位是否在正常范围内，箱变的声音是否正常。 (6) 箱变的标志是否齐全和清晰。 (7) 箱变内是否有正确的低压网络图。 (8) 无小动物进入的可能，周围整洁，无威胁安全、阻塞通行的堆积物。 (9) 箱内是否有结露或结霜现象
对运行中箱变的特殊巡视内容	(1) 雷电后检查设备有无放电烧伤痕迹。 (2) 雾天、阴雨天检查绝缘瓷套有无放电现象。 (3) 霜雪天检查接点有无发热现象。 (4) 气温突变检查引线是否过紧、过松，油位是否在标准线内，有无严重渗、漏油。检查瓷套有无裂纹。 (5) 设备在满载及过载时，检查检点及载流导体有无发热、发红、变色现象
巡视箱变周期	箱式配变站正常巡视时间为每月一次，应进行特殊巡视的情况如下： (1) 天气突变或气候非常恶劣，如大风、大雪、粘雪、初雨、暴雨、浓雾和雷电后等。 (2) 设备在严重缺陷或异常状态下运行，如设备有异音、温度不正常、端子过热、注油设备严重漏油等。 (3) 系统事故时或系统事故后，如系统接地、振荡、开关跳闸等。 (4) 高峰负荷及设备过负荷时。 (5) 新装、备用及大修后的设备。 (6) 法定节、假日及上级通知有重要供电任务期间
巡视箱变安全注意事项	(1) 雷雨天气需要巡视时，应穿绝缘靴。 (2) 巡视时不得进行其他工作。要严格遵守安全工作规程的有关规定
箱变的倒闸操作要求和注意事项	(1) 停电操作应严格执行先操作低压回路开关，后低压二次主开关，再操作一次负荷开关的程序。送电操作应与之相反。 (2) 当发生危及人身生命和设备安全情况时，可按规定先行断开有关电源进行紧急处理，而后报告领导。 (3) 倒闸操作必须由两人进行，一人监护，一人操作，并执行操作复诵制度。 (4) 正常倒闸操作按生产调度命令执行，必须填写倒闸操作票。 (5) 故障修理需进行倒闸操作时，应填写故障修理票，值班修理负责人可下达操作命令。 (6) 操作前或操作中遇有异常和事故时应立即停止操作，待查明原因将异常和事故处理结束，再进行或继续操作
箱变事故处理	(1) 箱式配变站事故处理的主要任务为： 1) 尽快限制事故发展，消除事故根源，并解除对人身和设备的威胁。 2) 用一切可能的方法保持设备继续运行，以保证对用户的正常供电。 3) 尽快对已停电的用户恢复供电。 4) 抢修人员到达事故现场后，应立即组织查明事故原因，确定处理方案。 (2) 箱式配变站有下列情况之一者应立即停运： 1) 变压器声响明显增大，很不正常，内部有爆裂声。 2) 箱变严重漏油或喷油，使油面下降到低于油位的指示限度。 3) 套管有严重的破损和放电现象。 4) 箱变冒烟着火。 5) 接线端子熔断，形成非全相运行。 6) 箱变附近的设备或物品着火、爆炸或发生其他情况，对箱变构成严重威胁时。 (3) 事故处理时严禁无关人员进入事故现场，此时抢修人员严禁做一切无关事宜。 (4) 夜间事故处理应有充足的照明

农村供电所负荷管理、电压管理、缺陷管理和事故管理见表 13-6。

表 13-6　　　　　农村供电所负荷管理电压管理缺陷管理和事故处理

项目	具体要求
负荷管理	(1) 配电变压器不应过负荷运行，应经济运行，最大负荷电流不宜低于额定电流的 60%，季节性用电的专用变压器。应在无负荷季节停止运行。 (2) 变压器的三相负荷应力求平衡，不平衡度不应大于 15%，只带少量单相负荷的三相变压器，中性线电流不应超过额定电流的 25%，不符合上述规定时，应将负荷进行调整，不平衡度的计算式为： $$不平衡度 = \frac{最大电流 - 最小电流}{最大电流} \times 100\%$$ (3) 变压器熔丝选择，应按熔丝的安一秒特性曲线选定。如无特性曲线可按以下规定选用。 1) 一次熔丝的额定电流按变压器额定电流的倍数选定，10~10kVA 变压器为 1~3 倍，100kVA 以上变压器为 1.5~2 倍。 2) 多台变压器共用一组熔丝时，其熔丝的额定电流按各变压器额定电流之和的 1.0~1.5 倍选用。 3) 二次熔丝的额定电流按变压器二次额定电流选用。 4) 单台电动机的专用变压器，考虑起动电流的影响，二次熔丝额定电流可按变压器额定电流的 1.3 倍选用。 5) 熔丝的选定应考虑上下级保护的配合
电压管理	(1) 配电运行人员应掌握配电网络中高压线路和低压台区的电压质量情况，运行部门要采取技术措施，为提高供电电压质量而努力。 (2) 供电局供到用户受电端（产权分界点）的电压变动幅度应不超过受电设备（器具）额定电压的下列指标范围： 1) 1~10kV 用户，±7%； 2) 低压动力用户，±7%； 3) 低压照明用户，+7%~-10%。 (3) 配电线路的电压损失，高压不应超过 5%，低压不应超过 4%。 (4) 低压网络每个台区的首、末端每年至少测量电压一次。 (5) 有下列情况之一者，应测量电压： 1) 投入较大负荷。 2) 用户反映电压不正常。 3) 三相电压不平衡，烧坏用电设备（器具）。 4) 更换或新装变压器。 5) 调整变压器分接头
缺陷管理	(1) 缺陷管理的目的是为了掌握运行设备存在的问题，以便按轻、重、缓、急消除缺陷，提高设备的健康水平、保障线路、设备的安全运行。另一方面对缺陷进行全面分析总结变化规律，为大修、更新改造设备提供依据。 (2) 缺陷按下列原则分类： 1) 一般缺陷。是指对近期安全运行影响不大的缺陷。可列入年、季检修计划或日常维护工作中去消除。 2) 重大缺陷。是指缺陷比较严重，但设备仍可短期继续安全运行。该缺陷应在短期内消除，消除前应加强监视。 3) 紧急缺陷。是指严重程度已使设备不能继续安全运行，随时可能导致发生事故或危及人身安全的缺陷，必须尽快消除或采取必要的安全技术措施进行临时处理。 (3) 运行人员应将发现的缺陷详细记入缺陷记录内，并提出处理意见，紧急缺陷应立即向领导汇报，及时处理
事故处理	(1) 变压器一、二次熔丝熔断按如下规定处理： 1) 一次熔丝熔断时，必须详细检查高压设备及变压器，无问题后方可送电。 2) 二次熔丝（片）熔断时，首先查明熔断器接触是否良好。然后检查低压线路，无问题后方可送电，送电后立即测量负荷电流，判明是否运行正常。 (2) 变压器有冒烟、冒油或外壳过热现象时，应断开电源并待冷却后处理。 (3) 事故巡查人员应将事故现场状况和经过做好记录，并收集引起设备事故的一切部件，加以妥善保管，作为分析事故的依据。 (4) 发生人身事故应记录触电部位、原因、抢救情况。 (5) 供电所应备有一定数量的物资、器材、工具作为事故抢修用品

第四节　农村供电所电力设施保护管理

农村供电所电力设施保护管理见表 13-7。

表 13-7　　　　　　　　　　　　农村供电所电力设施保护管理

项　目	主　要　内　容
电力设施保护的基本原则	(1) 为保障电力生产和建设的顺利进行，维护公共安全，国家依法对中华人民共和国境内国有、集体、外资、合资、个人已建或在建的电力设施（包括发电设施、变电设施和电力线路设施及其有关辅助设施，下同）给予保护。 (2) 电力设施受国家法律保护，禁止任何单位或个人从事危害电力设施的行为。任何单位和个人都有保护电力设施的义务，对危害电力设施的行为，有权制止并向电力管理部门、公安部门报告。 (3) 电力设施的保护，实行电力管理部门，公安部门、电力企业和人民群众相结合的原则。 (4) 电力管理部门，公安部门、电力企业和人民群众都有保护电力设施的义务。各级地方人民政府设立的由同级人民政府所属有关部门和电力企业（包括：电网经营企业、供电企业、发电企业）责任人组成的电力设施保护领导小组，负责领导所辖行政区域内电力设施的保护工作，其办事机构设在相应的电网经营企业，负责电力设施保护的日常工作。 (5) 电力设施保护领导小组，应当在电力线路沿线组织群众护线，群众护线组织成员由相应的电力设施保护领导小组发给护线证件。 (6) 各省（自治区、直辖市）电力管理部门可制定办法，规定群众护线组织形式、权利、义务、责任等
电力设施保护的基本规定	(1) 任何单位或个人不得冲击、扰乱发电、供电企业的生产工作秩序，不得移动、损害生产场所的生产设施及标志物。 (2) 任何单位和个人不得在距电力设施周围 500m 范围内（指水平距离）进行爆破作业。因工作需要必须进行爆破作业时，应当按国家颁发的有关爆破作业的法律法规，采取可靠的安全防范措施，确保电力设施安全，并征得当地电力设施产权单位或管理部门的书面同意，报经政府有关管理部门批准。 在规定范围外进行的爆破作业必须确保电力设施的安全。 (3) 任何单位或个人不得在距架空电力线路杆塔、拉线基础外缘的下列范围内进行取土、打桩、钻探、开挖或倾倒酸、碱、盐及其他有害化学物品的活动： 1) 35kV 及以下电力线路杆塔、拉线周围 5m 的区域。 2) 66kV 及以上电力线路杆塔、拉线周围 10m 的区域。 (4) 在杆塔、拉线基础的上述距离范围外进行取土、堆物、打桩、钻探、开挖活动时，必须遵守下列要求： 1) 预留出通往杆塔、拉线基础供巡视和检修人员、车辆通行的道路。 2) 不得影响基础的稳定，如可能引起基础周围土壤、砂石滑坡，进行上述活动的单位或个人应当负责修筑护坡加固。 3) 不得损坏电力设施接地装置或改变其埋设深度。 (5) 在保护区内禁止使用机械掘土、种植林木；禁止挖坑、取土、兴建建筑物和构筑物；不得堆放杂物或倾倒酸、碱、盐及其他有害化学物品。 (6) 任何单位或个人不得从事下列危害电力设施建设的行为： 1) 非法侵占电力设施建设项目依法征用的土地。 2) 涂改、移动、损害、拔除电力设施建设的测量标桩和标记。 3) 破坏、封堵施工道路，截断施工水源或电源。 (7) 未经有关部门依照国家有关规定批准，任何单位和个人不得收购电力设施器材

续表

项　　目	主　要　内　容
电力企业的职责	（1）电子企业必须加强对电力设施的保护工作。对危害电力设施安全的行为，电力企业有权制止并可以劝其改正、责其恢复原状、强行排除妨害，责令赔偿损失、请求有关行政主管部门和司法机关处理，以及采取法律、法规或政府授权的其他必要手段。 （2）在依法划定的电力设施保护区内种植的或自然生长的可能危及电力设施安全的树木、竹子，电力企业应依法予以修剪或砍伐。 （3）电力企业对已划定的电力设施保护区域内新种植或自然生长的可能危及电力设施安全的树木、竹子，应当予以砍伐，并不予支付林木补偿费、林地补偿费、植被恢复费等任何费用
供电所的职责	（1）接受省、地、县电力公司委托，对通过辖区境内的超高压、高压电力输电线路加强保护工作，对危害输电线路安全的行为，有权制止并劝其改正，责其恢复原状，并立即向有关上级汇报。 （2）对本供电所辖区内的配电线路和配电台区以及其他电力设施加强保护工作，定期和不定期巡视。修剪和砍伐可能危及电力设施安全的树木、竹子。 （3）完成电力管理部门、上级部门交办的保护电力设施的任务
发电设施、变电设施的保护范围	（1）发电厂、变电站、换流站、开关站等厂、站内的设施。 （2）发电厂、变电站外各种专用的管道（沟）、储灰场、水井、泵站、冷却水塔、油库、堤坝、铁路、道路、桥梁、码头、燃料装卸设施、避雷装置、消防设施及其有关辅助设施。 （3）水力发电厂使用的水库、大坝、取水口、引水隧洞（含支洞口）、引水渠道、调压井（塔）、露天高压管道、厂房、尾水渠、厂房与大坝间的通信设施及其有关辅助设施。 （4）发电设施附属的输油、输灰、输水管线的保护区。为管线两侧各 0.75m 所形成的两平行线内的区域
危害发电设施、变电设施的行为	任何单位或个人不得从事下列危害发电设施、变电设施的行为： （1）闯入发电厂、变电站内扰乱生产和工作秩序，移动、损害标志物。 （2）危及输水、输油、供热、排灰等管道（沟）的安全运行。 （3）影响专用铁路、公路、桥梁、码头的使用。 （4）在用于水力发电的水库内，进入距水工建筑物300m区域内炸鱼、捕鱼、游泳、划船及其他可能危及水工建筑物安全的行为。 （5）其他危害发电、变电设施的行为
电力线路设施的保护范围	（1）架空电力线路：杆塔、基础、拉线、接地装置、导线、架空地线、金具、绝缘子、登杆塔的爬梯和脚钉，导线跨越航道的保护设施，巡（保）线站，巡视检修专用道路、船舶和桥梁，标志牌及其有关辅助设施。 （2）电力电缆线路：架空、地下、水底电力电缆和电缆联结装置，电缆管道、电缆隧道、电缆沟、电缆桥，电缆井、盖板、人孔、标石、水线标志牌及其有关辅助设施。 （3）电力线路上的变压器、电容器、电抗器、断路器、隔离开关、避雷器、互感器、熔断器、计量仪表装置、配电室、箱式变电站及其有关辅助设施。 （4）电力调度设施：电力调度场所、电力调度通信设施、电网调度自动化设施、电网运行控制设施
危害架空电力线路设施的行为	任何单位或个人，不得从事下列危害电力线路设施的行为： （1）向电力线路设施射击。 （2）向导线抛掷物体。 （3）在架空电力线路导线两侧各 300m 的区域内放风筝。 （4）擅自在导线上接用电器设备。 （5）擅自攀登杆塔或在杆塔上架设电力线、通信线、广播线，安装广播喇叭。 （6）利用杆塔、拉线作起重牵引地锚。 （7）在杆塔、拉线上拴牲畜、悬挂物体、攀附农作物。 （8）在杆塔、拉线基础的规定范围内取土、打桩、钻探、开挖或倾倒酸、碱、盐及其他有害化学物品。 （9）在杆塔内（不含杆塔与杆塔之间）或杆塔与拉线之间修筑道路。 （10）拆卸杆塔或拉线上的器材，移动、损坏永久性标志或标志牌。 （11）其他危害电力线路设施的行为

续表

项　　目	主　要　内　容
架空电力线路保护区	（1）架空电力线路保护区，是为了保证已建架空电力线路的安全运行和保障人民生活的正常供电而必须设置的安全区域。 （2）架空电力线路导线边线向外侧水平延伸并垂直于地面所形成的两平行面内的区域，在一般地区各级电压导线的边线延伸距离如下： 　　　　　　　　1～10kV　　　　　　5m 　　　　　　　　35～110kV　　　　10m 　　　　　　　　154～330kV　　　15m 　　　　　　　　500kV　　　　　　20m （3）在厂矿、城镇、集镇、村庄等人口密集地区，架空电力线路保护区为导线边线在最大计算风偏后的水平距离和风偏后距建筑物的水平安全距离之和所形成的两平行线内的区域。各级电压导线边线在计算导线最大风偏情况下，距建筑物的水平安全距离如下： 　　　　　　　　1kV 以下　　　　　1.0m 　　　　　　　　1～10kV　　　　　　1.5m 　　　　　　　　35kV　　　　　　　　3.0m 　　　　　　　　66～110kV　　　　4.0m 　　　　　　　　154～220kV　　　5.0m 　　　　　　　　330kV　　　　　　　6.0m 　　　　　　　　500kV　　　　　　　8.5m
在架空电力线路保护区内必须遵守的规定	（1）任何单位或个人在架空电力线路保护区内，必须遵守下列规定： 1）不得堆放谷物、草料、垃圾、矿渣、易燃物、易爆物及其他影响安全供电的物品。 2）不得烧窑、烧荒。 3）不得兴建建筑物、构筑物。 4）不得种植可能危及电力设施和供电安全的树木、竹子等高秆植物。 （2）任何单位或个人必须经县级以上地方电力管理部门批准，并采取安全措施后，方可进行下列作业或活动： 1）在架空电力线路保护区内进行农田水利基本建设工程及打桩、钻探、开挖等作业。 2）起重机械的任何部位进入架空电力线路保护区进行施工。 3）小于导线距穿越物体之间的安全距离，通过架空电力线路保护区。 （3）超过 4m 高度的车辆或机械通过架空电力线路时，必须采取安全措施，并经县级以上的电力管理部门批准
电力设施占用土地及其防护区	（1）修建电力线路，如需拆迁房屋、砍伐树木，应与有关单位协调，并按国务院《国家建设征用土地条例》及其他有关规定执行。 （2）电力线路的杆塔、拉线、支柱及附属设施本身所占用的土地和为保证基础稳定所需的土地是留用土地。 （3）留用土地应按国务院颁布的《国家建设征用土地条例》及其他有关规定征用。 （4）架空电力线路的防护区为导线边线向两侧延伸一定距离所形成的两平行线内的区域。1～10kV 为 5m；35～110kV 为 10m。 （5）架空电力线路经过工厂、矿山、港口、码头、车站、城镇等人口密集的地区，不规定防护区，但导线边线与建筑物之间的距离，在最大计算风偏情况下，不应小于下列数值： 1）1～10kV 为 1.5m。 2）35kV 为 3.0m。 （6）在无风情况下，导线与不在规划范围内的城市建筑物之间的水平距离，不应小于上列数值的一半。应该注意： 1）导线与城市多层建筑物或规划建筑线之间的距离，指水平距离； 2）导线与不在规划范围内的现有建筑物之间的距离，指净空距离。

续表

项　目	主　要　内　容
电力设施占用土地及其防护区	（7）电力线路与铁路、道路、河流、管道、索道及各种架空线管交叉或接近，如完全符合有关规定，可不另签订协议。但建设单位应将有关技术资料，在设施批准前送交有关单位核对；有关单位如有意见，应在收到资料后一个月内提出。 （8）电力线路经过地区的机关、工厂、矿山、部队、村庄、学校和居民区等有协助保护电力线路的责任。 （9）在未考虑作交通道路的地点，直接在架空电力线路下面通过的运输车辆或农业机械（包括机上人员）与导线间的距离，不应小于下列数值：1～10kV 为 1.5m；35～110kV 为 2.0m。如通过的车辆或机械（包括机上人员）的高度超过 4m，应事先取得电力线路运行单位的同意。
架空线路通过林区的有关规定	（1）架空电力线路通过林区时，应砍伐出通道。1～10kV 线路的通道宽度，不应小于线路宽度加 10m。35～330kV 线路的通道宽度，不应小于线路宽度加林区主要树种高度的 2 倍。通道附近超过主要树种高度的个别树木，应砍伐。 （2）在下列情况下，如不妨碍架线施工，可不砍伐通道：①树木自然生长高度不超过 2m；②导线与树木（考虑自然生产高度）间的垂直距离，不小于下列数值： 　1）1～10kV 为 3.0m。 　2）35～110kV 为 4.0m。 （3）架空电力线路通过公园、绿化区或防护林带，导线与树木间的净空距离，在最大计算风偏情况下，不应小于下列数值： 　1）1～10kV 为 3.0m。 　2）35～110kV 为 3.5m。 （4）架空电力线路通过果林、经济作物林或城市灌木林不应砍伐出通道。导线与果树、经济作物、城市灌木林以及街道行道树之间的垂直距离，不应小于下列数值： 　1）1～10kV 为 1.5m。 　2）35～110kV 为 3.0m。 （5）修剪树木，应保证在修剪周期内生长的树枝与导线间的距离，均不小于上述规定的数值
在防护区和通道内的防护规定	（1）架空电力线路的下面，不应修建屋顶为燃烧材料做成的建筑物。修建耐火屋顶的建筑物，应事先与电力线路运行单位协商。线路下面的建筑物与导线之间的垂直距离在导线最大计算弧垂弛度情况下，不应小于下列数值： 　1）1～10kV 为 3.0m。 　2）35kV 为 1.0m。 （2）严禁破坏、拆毁电力线路的一切设备。 （3）严禁攀登杆塔以及向导线、绝缘子抛掷任何物体。 （4）严禁堆放谷物、草料、易燃物、易爆物以及可能影响供电安全的其他物品。 （5）在地下电缆路径的上面，严禁倾倒酸、碱、堆放物品或垃圾。 （6）在水底电缆的防护区内，严禁打桩、抛锚、撑篙及设渔梁等。 （7）不得修筑畜圈、围墙或围栏；不得利用杆塔或拉线拴牲畜、攀附农作物，不得野炊或烧荒。 （8）不得在架空电力线路附近射击，放风筝。 （9）在防护区内进行开挖、修建、修缮、筑路、架线、疏浚等施工，在线路附近进行爆破施工，在地下电缆的路径上进行开挖、打桩、敷设地下管道等施工，均应取得电力线路运行单位的同意。必要时，运行单位应派人协助监护。 （10）电力线路运行单位的工作人员，对下列事项可先处理，但事后应及时通知有关单位。 　1）修剪超过规定界限的树木。 　2）砍伐为处理电力线路事故所必需的林区个别树木。 　3）清除可能影响供电安全的收音机天线等其他金属凸出物。 　4）为处理地下电缆事故，在有关单位的地面上开挖

项　目	主　要　内　容
电力电缆线路保护区	(1) 江河电缆保护区的宽度为： 1) 敷设于二级及以上航道时。为线路两侧各100m所形成的两平行线内的水域； 2) 敷设于三级以下航道时，为线路两侧各50m所形成的两平行线内的水域。 (2) 地下电力电缆保护区的宽度为地下电力电缆线路地面标桩两侧各0.75m所形成两平行线内区域。 (3) 海底电缆一般为线路两侧各2海里（港内为两侧各100m）
在电力电缆线路保护区内必须遵守的规定	(1) 任何单位或个人在电力电缆线路保护区内。必须遵守下列规定： 1) 不得在地下电缆保护区内堆放垃圾、矿渣、易燃物、易爆物。倾倒酸、碱、盐及其他有害化学物品，兴建筑物、构筑物或种植树木、竹子。 2) 不得在海底电缆保护区内抛锚、拖锚。 3) 不得在江河电缆保护区内抛锚、拖锚、炸鱼、挖沙。 (2) 任何单位或个人必须经县级以上地方电力管理部门批准。并采取安全措施后。方可在电力电缆线路保护区内进行作业。 (3) 禁止在电力电缆沟内同时埋设其他管道。 (4) 未经电力企业同意，不准在地下电力电缆沟内埋设输油、输气等易燃易爆管道。管道交叉通过时。有关单位应当协商，并采取安全措施，达成协议后方可施工
对电力设施与其他设施互相妨碍的处理原则	(1) 电力设施的建设和保护应尽量避免或减少给国家、集体和个人造成的损失。 (2) 电力管理部门应将经批准的电力设施新建、改建或扩建的规划和计划通知城乡建设规划主管部门，并划定保护区。 (3) 新建架空电力线路不得跨越储存易燃、易爆物品仓库的区域；一般不得跨越房屋，特殊情况需要跨越房屋时，电力建设企业应采取安全措施，并与有关单位达成协议。 (4) 公用工程、城市绿化和其他工程在新建、改建或扩建中妨碍电力设施时，或电力设施在新建、改建或扩建中妨碍公用工程、城市绿化和其他工程时，双方有关单位必须按照《电力设施保护条例》和国家有关规定协商，就迁移、采取必要的防护措施和补偿等问题达成协议后方可施工。 (5) 新建、改建或扩建电力设施，需要损害农作物，砍伐树木、竹子，或拆迁建筑物及其他设施的，电力建设企业应按照国家有关规定给予一次性补偿。 　　架空电力线路一般不得跨越房屋。对架空电力线路通道内的原有房屋，架空电力线路建设单位应当与房屋产权所有者协商搬迁，拆迁费不得超出国家规定标准；特殊情况需要跨越房屋时，设计建设单位应采取增加杆塔高度、缩短档距等安全措施，以保证被跨越房屋的安全。被跨越房屋不得再行增加高度。超越房屋的物体高度或房屋周边延伸出的物体长度必须符合安全距离的要求。 (6) 新建架空电力线路建设工程、项目需穿过林区时，应当按国家有关电力设计的规程砍伐出通道，通道内不得再种植树木；对需砍伐的树木由架空电力线路建设单位按国家的规定办理手续和付给树木所有者一次性补偿费用，并与其签订不再在通道内种植树木的协议。 (7) 架空电力线路建设项目、计划已经当地城市建设规划主管部门批准的，园林部门对影响架空电力线路安全运行的树木，应当负责修剪，并保持今后树木自然生长最终高度和架空电力线路导线之间的距离符合安全距离的要求。 (8) 根据城市绿化规划的要求，必须在已建架空电力线路保护区内种植树木时，园林部门需与电力管理部门协商，征得同意后，可种植低矮树种，并由园林部门负责修剪以保持树木自然生长最终高度和架空电力线路导线之间的距离符合安全距离的要求。 (9) 架空电力线路导线在最大弧垂或最大风偏后与树木之间的安全距离为： 对不符合上述要求的树木应当依法进行修剪或砍伐，所需费用由树木所有者负担

电压等级（kV）	最大风偏距离（m）	最大垂直距离（m）
35～110	3.5	4.0
154～220	4.0	4.5
330	5.0	5.5
500	7.0	7.0

项　目	主　要　内　容
奖励与惩罚	（1）电力管理部门对检举、揭发破坏电力设施或哄抢、盗窃电力设施器材的行为符合事实的单位或个人，给 2000 元以下的奖励；对为保护电力设施与自然灾害作斗争，成绩突出或为维护电力设施安全作出显著成绩的单位或个人，根据贡献大小，给予相应物质奖励。 　　对维护、保护电力设施作出重大贡献的单位或个人，除按以上规定给予物质奖励外，还可由电力管理部门、公安部门或当地人民政府根据各自的权限给予表彰或荣誉奖励。 　　（2）下列危害电力设施的行为，情节显著轻微的，由电力管理部门责令改正；拒不改正的，处 1000 元以上 10000 元以下罚款： 　　1）损坏使用中的杆塔基础的； 　　2）损坏、拆卸、盗窃使用中或备用塔材、导线等电力设施的； 　　3）拆卸、盗窃使用中或备用变压器等电力设备的。 　　（3）破坏电力设备、危害公共安全构成犯罪的，依法追究其刑事责任。 　　（4）电力管理部门为保护电力设施安全，对违法行为予以行政处罚，应当依照法定程序进行。 　　（5）违反电力设施保护条例及其实施细则的规定，在依法划定的电力设施保护区内进行烧窑、烧荒、抛锚、拖锚、炸鱼、挖沙作业，危及电力设施安全的，由电力管理部门责令停止作业、恢复原状并赔偿损失

　　农村供电所电力设施保护条例实施标准化作业工作流程图见图 13-4。

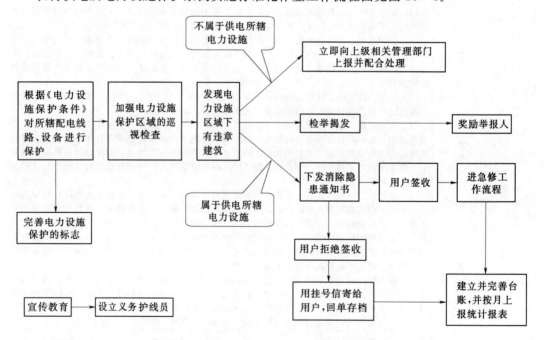

图 13-4　农村供电所电力设施保护条例实施标准化作业工作流程图

第五节　农村供电所设备缺陷管理

　　农村供电所设备缺陷管理见表 13-8。

表 13 - 8　　　　　　　　　　　　　农村供电所设备缺陷管理

项　　目	主　要　内　容
供电所设备缺陷管理的基本要求	（1）供电所应设兼职或专职资料员负责设备缺陷管理，进行分类缺陷登记和注销。 （2）设备缺陷一般按其缺陷的严重程度分为紧急缺陷、重大缺陷和一般缺陷三类。供电所应掌握所辖线路、设备的全部缺陷情况。 （3）缺陷记录应按记录簿格式要求逐项填写。内容正确，用语规范，字迹工整清楚，不得随意涂改。 （4）已消除的缺陷应及时加盖消除章，并加注消除日期。 （5）巡线员在巡线过程可以自行消除的缺陷不必登入缺陷记录簿内，但应在巡线卡上注明。巡线员不能消除的缺陷应登入缺陷记录簿内，同时须在巡线卡上注明已登入字样
供电所设备缺陷管理程序	（1）设备缺陷管理流程方框图。 巡线员填写现场发现缺陷 → 巡线卡 → 资料员登记缺陷填写消除卡片并经技术员审核 ⇄ 消除卡片 / 消除卡片 → 供电所负责人签署处理意见 → 消除卡片 → 检修人员消除签名 （2）巡线人员在现场将发现的缺陷填入巡线卡片，缺陷要判断准确，记录应清楚，并交资料员核实登记。 （3）现场发现的紧急和重大缺陷，除做好记录外，并立即报告供电所负责人，安排立即消除，重大缺陷在一月内安排消除，紧急缺陷24h内消除。供电所负责人应按月审阅缺陷记录，组织有关人员进行运行分析，根据缺陷性质、季节特点提出预防事故的措施，在月度或年度计划中消除。 （4）线路运行人员应根据缺陷记录填写缺陷消除卡片，卡片要编号留底，填好后交供电所领导安排消除。 （5）消除后线路检修人员在消除卡片上及时填入消除情况，日期和消除人，交回供电所经技术人员审核无误后返回运行人员。 （6）运行人员验收后，资料员应在缺陷记录上注销该项缺陷，重大、紧急缺陷应随时验收，一般缺陷巡线人员在下月巡视中验收注销，缺陷消除和传递过程同时进行，卡片不反回缺陷不注销，不得存在有缺陷无卡片或有卡片无记录的现象
设备紧急缺陷判断标准	（1）导地线断股、损伤、锈蚀到需切断重接的程度。 （2）导地线压接管明显抽动或发热变色。 （3）跳线连接点温度超过允许值，且已变色。 （4）导线上挂有长异物，极易造成接地或短路。 （5）承力拉线被破坏（或被盗），随时有可能造成倒杆者，杆塔倾斜严重，随时有倾倒的可能。 （6）导地线挂线金具穿钉随时有脱出的可能。 （7）导线对被交叉跨越物的最小距离，大大低于规定值，有引起放电的可能。 （8）球头锈蚀严重，使瓷瓶串随时有脱落危险。 （9）其他随时可能造成线路故障和人身安全的缺陷
设备重大缺陷判断标准	（1）导地线弧弛度垂正负误差，三相不平衡值超过规程要求，不得超过200mm。 （2）钢芯铝绞线断股，损伤截面积占总铝股截面积的10%～25%。 （3）电杆有多处裂纹。长度较长，宽度超过0.2mm或多处露筋，对电杆强度有较大影响。 （4）电杆严重倾斜，其倾斜度或挠度大于2%者，但短期内不至于倒杆，转角杆向内角侧正常受力，受力拉线严重断股或严重锈蚀。 （5）铁塔重要部位缺材或总计缺塔材5条以上，主材包钢和主要受力构件连接处缺螺栓占该处螺栓总数1/3以上。 （6）杆塔或拉线基础被冲刷、破坏、塌陷、使基础稳固受到较大影响。 （7）破损绝缘子一片。

续表

项 目	主 要 内 容
设备重大缺陷判断标准	（8）绝缘子串缺弹簧销子，导地线挂线金具上穿钉和开口销子，螺杆有脱落的可能，跳线连接处螺栓松动压板有间隙有温升，跳线对拉线及电杆空气间隙小于规程距离。 （9）导线对树木及房屋建筑物的净空距离明显小于规程距离，对电力线、通信线的最小交跨距离减少到规程规定的 70% 以下。 （10）导地线上挂有异物、影响安全运行、线路防护区内有危及线路安全的施工作业及采石放炮点而未采取有效措施者
设备一般缺陷判断标准	不够重大缺陷的缺陷列为一般缺陷

农村供电所设备缺陷管理标准化作业工作流程图见图 13-5。

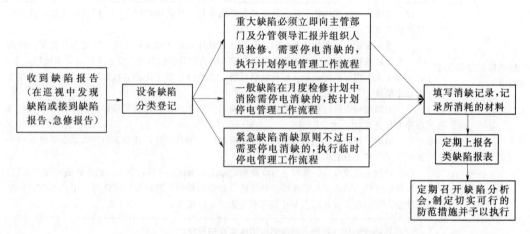

图 13-5 农村供电所设备缺陷管理标准化作业工作流程图

第六节 农村供电所设备检修管理

农村供电所设备检修管理见表 13-9。

表 13-9   农村供电所设备检修管理

项 目	主 要 内 容
设备检修的目的、检修方针与检修制度	（1）设备检修是设备全过程管理中的一个重要环节，是延长设备使用寿命，最大限度地发挥设备效能的基本手段。 （2）设备检修必须坚持预防为主、安全第一、质量第一的方针。 （3）设备检修应该按照状态检修与计划检修并重和应修必修、修必修好的原则，把诊断检修与周期检修结合起来，不断改善设备的技术状况和提高设备的技术性能。 （4）设备检修有两种制度，一种是计划检修，另一种是状态检修。两种制度都是贯彻"预防为主"的检修方针，根据实际情况采用能将事故消灭在发生之前，避免发生严重事故。同时，便于事先针对设备状态作好准备，为提高检修质量和缩短检修工期创造条件

续表

项　目	主　要　内　容
设备检修的原则	（1）"贯彻""预防为主"的检修方针，做到"应修必修、修必修好"。"应修"包括达到预定检修间隔或经过分析论证可以延长检修间隔或在特殊情况下必须缩短检修间隔时，应按计划对设备进行检修。"修好"是对检修质量的要求，供电所应注意采用科学的方法和先进的修理技术，加强设备维护，改进检修管理延长检修周期。 （2）检修计划要按电网统一安排，搞好协调配合，减少设备停运时间，提高电网运行可靠性和设备可用率。 （3）设备检修要与技术更新相结合，针对设备存在缺陷和电网不断发展完善的需要，作出设备更新改造规划，有计划地结合检修进行。 （4）检修要达到"六好"要求： 1）安全好。检修中应不发生人身、设备工艺事故，力求不发生不安全现象。 2）准备齐。修前应通过详细调查分析或专门测试，制定计划充分做好技术、物资、人力、生活、协作配合关系等各方面的准备。 3）措施严。标准（常修）项目应按有关规程规定施工。非标准（非常修）项目，应事前制定安全、技术、工艺、组织等措施，并严格执行。 4）消耗少。对检修材料、零件提倡大不小用、精不粗用、贵不贱用、物尽其用，杜绝大拆大换，避免返工浪费，尽量减少各种消耗。 5）工期短。施工中切实安排好调度好拆、修、装各个环节的进度，在保证检修质量的前提下，力争缩短工期。 6）质量优。已检修的设备都应达到优良等级，保证检修间隔时间内设备能正常运行
设备检修的分类	（1）大修。设备大修是指对设备进行全面检查、维护、处理缺陷和改进等的综合性工作。大修的目的是为了恢复设备的设计性能。设备大修一般应按规定周期和预定的项目、标准进行。 （2）小修。设备小修是对设备进行扩大性的检查、维护、保养和缺陷处理。设备小修的显著特点是具有周期性，并应列为计划检修。被确定为小修的设备必须按规定周期从运行状态中退出，从而对其进行专题试验、校验、检验或换油、清扫等工作。 （3）临时检修（非计划检修）。设备在运行中发生严重异常，必须在计划检修以外退出运行并立即安排检修者，称为临时检修。临时检修须经调度批准，一般作为小修处理。当缺陷严重，修理费用较高时，经批准也可按大修处理。 （4）事故检修。设备因突发性事故而不得不退出运行或因严重异常危及设备及电网安全来不及等待调度批复需立即停止运行所进行的检修，称为事故检修。事故检修同临时检修性质相似，一般作小修处理，特别严重时，也可按大修处理
设备检修中的施工管理：检修前的准备与开工前的检查	（1）做好检修进度安排。设备检修一般有修前测试、解体拆卸、检查修理、装换、修后试验五个环节。各具体项目的开始和终止时间不同。 （2）"三大"措施准备。供电所设备检修要针对工程项目编制组织、安全、技术措施。就是提出人力调配、协作、轮班的办法；制订保证人身、设备、电网运行安全的对策；拟订保证检修质量的施工方法；协调好检修与运行的配合关系；做好与试验有关的安排等。为实施这些措施，还要做好场地、安全设施、器具仪表、图纸资料、记录表格等方面的准备。为了严格执行工艺要求，必要时还要事先进行专业培训、进行技术表演等。 （3）物资准备标准检修项目耗用的物资，应事先分项制订标准定额，交物资部门储备，非标准检修项目确定后，所需物资再补充提交物资部门备办，需要早期准备的重要物资，如原型单台设备或部件特种形状的材料，申请层次复杂或制造厂已不生产的部件等，力求列为备品或酌情提前订货。 （4）生活准备。特别针对野外、高寒、水下、酷暑作业的特殊需要结合检修时间做好准备，力争将检修期间的生活安排好。 （5）开工前的检查。检修指挥机构在开工前对各项准备工作进行全面检查，主设备大修或全网性检修，应在开工前3～5天作全面检查，重点是技术组织措施准备的完成情况，要求责成专人限期落实

项　　目	主　要　内　容
设备检修中的施工管理：检修施工五个阶段	（1）设备从脱离运行起到向调度声明恢复运行或备用止，都属于检修施工时间。检修施工有试—拆—修—装—运五个阶段。 （2）检修前检查试验阶段。检查试验的目的一是测出修前数据供调整某些检修项目决策或供修后装复核对；二是观测某些运行中不便发现的问题，落实某些作业项目的工作量，经检查分析后，必要时可调整检修项目及检修进度。 （3）拆卸解体阶段。对检修进度有重大影响的部件要提前拆卸，拆卸时要注意不要影响正在运行的设备。 （4）修理阶段。这是检修的主要阶段，是保证安全、质量、进度，达到"修必修好"要求的重要环节。 　1）检修指挥人员要经常深入现场，协调各方面关系，及时研究解决在修理中新发现的问题。 　2）检修指挥人员应强调施工工艺和安全。 　3）要贯彻检修质量负责制，坚持质量标准，检修指挥人员应重点进行质量检查。 　4）严格实行自检与定检相结合的三级验收制度。 　5）要重视隐蔽装配部件、局部试运行项目的验收。 （5）全面组装、局部启动阶段。这阶段重点要及时协调装配和中间试验过程各作业面的配合关系，对关键项目要尽早组装调校。为全面组装争取时间，要防止误装、漏装、错装，特别要防止异物丢失在检修现场或被检修设备中。 （6）整组启动试运行。 　1）审查原始记录和局部结论，进行总体预验收。 　2）为了给启动后可能出现的问题预留出处理时间。整组启动宜尽量提前。 　3）为便于逐项过细检查，启动过程宜分步进行，间断操作，并对可能发生的异常事先拟订好对策
设备检修中的施工管理：检修分析与总结	（1）设备检修竣工后，检修单位应及时对设备和检修工作进行工作总结和分析，从中找出检修过程中存在的问题及原因，是否有某种规律性的东西，以便有针对性地采取对策。 （2）由检修负责人按规定格式填写"检修报告"连同检修中各种技术记录、化验试验报告、竣工图纸资料、分段验收资料等，经有关人员审核签字后，由资料管理人员存入设备随机档案。 （3）由供电所对主要设备写出设备检修总结。重点阐述设备检修前后的技术性能情况、分析存在的问题和不足。订出反事故措施计划。另外还应总结检修工作中的经验教训，提出改进建议或意见；计算与比较检修工时消耗、材料消耗，不断完善定额管理。 （4）对检修中的特殊项目，应做出专题总结。 （5）结合检修的实际情况修订工作标准，补充检修工艺规程，促进和完善检修工作。 （6）搞好信息反馈，按照制订—实施—考核—处理（PDCA）的管理循环，将存在问题和资料反馈到有关部门，为下次 PDCA 循环提供依据
设备的计划检修管理	（1）计划检修是为了加强设备检修，防止设备带病运行，有计划地进行预防检修的一种检修安排方式。 （2）供电所每年要按照规程规定的设备大修间隔期，结合设备的技术运行状况，将已到期应修设备和存在严重缺陷的需要继续完善和改进的设备及上级和单位制定的设备"两措"，编制本所的年度大修计划。设备大修计划制订好后，要广泛征求电工组的意见，并力求修改完善。 （3）供电所制订的设备大修计划要力争全面、准确、不漏项，并应抓紧落实资金。 （4）大修计划下达后，应认真按计划组织实施。各级人员都要自觉维护计划的严肃性，没有特殊情况，不得随意变更计划；确需变更的须经单位分管局长批准，报请地市供电企业批准。

项　　目	主　要　内　容
设备的计划检修管理	（5）供电设备的计划检修要根据电力设备点多、面广、线长的特点，安排好用户和所辖设备的配合检修，尽量提高设备利用率和供电可靠率、减少设备停电时间，增加供电量。 （6）供电所设备计划检修应实行分散管理与集中管理相结合、技术管理与经济管理相结合、专业管理与群众管理相结合的方法，全面完成设备的计划检修任务。 （7）在计划检修管理中要注意结合状态检修，根据生产需要，逐步采用现代故障诊断和状态监测技术，发展以状态监测为基础的预知检测，在保证安全质量的前提下，合理延长检修周期，改善传统的计划检修方式。 （8）设备检修考核的技术经济指标： 1）设备完好率＝$\dfrac{完好设备台数}{设备总台数}\times100\%$ 2）设备故障率＝$\dfrac{故障停电时间}{设备运行时间}\times100\%$ 3）维修费用率＝$\dfrac{维修费用}{生产费用总额}\times100\%$
设备的状态检修管理	（1）设备状态检修是改变以时间为依据的定期检修方式为以设备运行状况的一组信息量为依据的设备预防性检修。设备状态检修的管理机构、检修制度及检修规定与定期检修相同。 （2）不能误以为设备状态检修是"不坏不修"，它是通过对电气设备的测试、分析和判断，诊断发现设备运行异常及缺陷，将部分事故检修转为预见性维修，而实现电气设备的状态检修。 （3）实行设备状态检修的关键是要充分利用各种检测手段，正确科学地分析、判断设备所处的状态，恰当安排设备检修，同时要不断推广和应用带电测试和在线监测技术，加强设备的监督。 （4）供电所技术人员应综合运行、检修、试验等工作人员从不同角度对设备所做出的初步状态分析评价，然后根据状态资料数据做出状态评价。向供电所负责人提出所辖设备的状态检修计划。 （5）设备状态检修的重要依据是高压试验监督和绝缘油色谱分析。因此要保证做到试验方法正确，试验数据准确。 （6）设备部件异常，不影响整体，可以做部件检修或更换，而不进行整体大修。 （7）严格执行缺陷管理制度，保证设备完好率。对异常情况应按时组织分析处理；对带有绝缘缺陷运行的设备，必须有跟踪监督的措施。 （8）新投运设备要按有关规定进行全部项目解体、检测、试验、严把验收关，不留缺陷。在设备进入状态检修前，必须要先积累1～2年的状态数据及检修维护记录。 （9）设备状态检修要把好零配件质量关和检修工艺关。做好设备检测、试验，保证设备修后状态良好。 （10）设备状态检修主要是分析设备运行状态，从而决定是否要对其进行检修。 （11）每台设备必须有状态评价表，并随设备检修台账保存
设备检修中的施工管理：检修前的准备与开工前的检查	（1）编制检修计划。供电所一般应在上年中期编制下年度检修计划。编制计划应考虑的原则是： 1）所辖配网通盘考虑安排，尽量不影响正常供电。 2）已到检修周期的设备，没有可靠依据证明其仍能安全运行时，必须尽快安排检修。 3）虽未到检修间隔，但确已存在某种缺陷或需马上予以改进的设备，应考虑纳入计划。 4）次年轮不到大修，但需停役进行年度预防性检查试验的设备，以及其他不影响配网正常运行的设备，可以酌情插入次年检修计划，并结合执行计划检修的设备进行检修。 （2）制订检修项目。主要设备的常规检修项目（又称标准项目），一般可从检修规程中查得。特殊检修项目（又称非标准项目），每次检修一般不同，可根据设计、制造、安装等方面的资料、运行分析结论、外单位的经验、上次检修遗留问题，最近检查测试发现的问题或缺陷，适应技术进步或电网发展需要来确定

项　　目	主　要　内　容
设备检修中备品、配件、器材和工具管理	(1) 为了保证设备检修计划的顺利实施和事故抢修的需要，必须加强备品、配件、器材及工具的管理。 (2) 供电所应有器材仓库，并设兼职保管员，负责备品、配件、器材及工具的保管，定期试验检验，确保齐全合格。 (3) 保管员对已消耗或损坏的备品、配件、器材及工具应及时提出补充购置计划，报批后予以配合储备数量。 (4) 备品、配件、器材及工具应建立卡片台账，进库器材要验收核实、建账，出库器材要经批准办理领料和财务出账手续，做到表卡账物相符。 (5) 事故抢修用备品、备件、器材平时不得挪用，事故抢修后应及时购置和补充。 (6) 备品、配件、器材和工具，如无故损坏或丢失时责任者必须赔偿
配电设备检修管理的基本要求	(1) 配电设备由于运行环境复杂，因此应根据四季气候特点，设备缺陷情况，事故特征和各种设备检修、试验周期等来申请资金，妥善安排好年度、季度、月度设备检修工作，并制订工作计划。 (2) 配电设备检修通常分为小修、大修、非计划检修。非计划检修主要包括设备临修和事故抢修。 (3) 配电设备检修管理通常又分为配电线路检修管理配电变压器检修管理和配电设备电气试验管理
配电线路的小修	(1) 配电线路小修的目的是为了维持线路及附属设备的完整可靠、抵御外力影响，保证安全运行的维护工作。 (2) 线路小修期限每年两次，其中部分项目可根据各单位检修力量和线路停运的许可情况，结合大修进行。每年两次的小修是指按季节和检修项目的性质分别安排的检修，不是简单的重复。 (3) 线路小修标准项目如下： 1) 绝缘子清扫。 2) 镀锌铁塔紧螺栓。 3) 杆塔金具及金属基础防腐。 4) 杆塔倾斜扶正。 5) 导线连接螺栓校紧。 6) 拉线棒防腐。 7) 其他。 (4) 线路定期检修除按规程规定的周期外，季节性工作必须如期完成，如接地装置的修复，交叉跨越的处理，杆塔防腐，防护区内树木砍伐，避雷装置的投入等，应在每年四月份完成；线路清扫、避雷装置退出等应在每年 11 月份完成
配电线路的大修	(1) 配电线路大修的目的是为了恢复线路及其附属设备的电气性能和机械性能，使其达到原设计的水平；消除发现的缺陷使外观整洁如新；提高线路的健康水平，预防事故的发生，达到安全、经济、可靠运行的目的。 (2) 大修期限每年一次。由供电所根据大修计划和季节特点及缺陷性质，适当安排施工计划，并在限定的时间内完成。为防止季节性事故和减少对农作物的损坏、赔偿，换杆、换线工程应尽量安排在秋后进行。防雷防污闪措施应在雷雨季节和雾季前完成。 (3) 线路大修项目是小修标准项目外的项目。大修项目是线路一般缺陷的集中处理，不包括重大、紧急缺陷的处理。 (4) 线路大修标准项目如下： 1) 年久老化锈蚀严重的导线。 2) 混凝土电杆保护层剥落露筋，严重裂纹。

项　　目	主　要　内　容
配电线路的大修	3）锈蚀严重的拉线及接地装置。 4）交叉跨越对地距离不足的线段。 5）配电线路卡脖子、开关容量不足等。 （5）大修前的准备工作： 1）编制组织、技术、安全三大措施。 2）组织有关人员学习经审批后的组织、技术、安全三大措施。 3）在预开工日期前的充分准备时间里，按工程批准的材料计划办理领料、清点，出库验收等，为施工备好材料和设备。 4）按施工需要配齐施工机具，并试验合格。 5）现场的土石方工程已完成并验收合格，重大器材已运至现场，特殊工作的防雨设施已齐备。 6）供电所负责人应组织工程有关人员全面检查工程准备情况。检查人员配备、器材是否合格充足；施工措施是否得当；对外联系工作是否落实；停电前的准备工作是否已完成。 （6）检修施工阶段的具体要求如下： 1）具有批准的开工报告； 2）施工中严格执行安全运行、设计规程和施工及验收规范； 3）每项工程和分段工程由施工人员按实际施工情况填写施工记录，由施工负责人组织进行自验，做出评价及记录。 （7）竣工验收阶段的具体要求如下： 1）线路大修工程竣工前二日，应由施工供电所填写竣工报告及申请验收报告，交组织验收单位。 2）由施工单位提交下列验收资料：竣工图、变更设计的证明文件（包括施工内容明细表）、安装技术记录（包括隐蔽工程记录）、交叉跨越距离记录及有关协议文件、调整试验记录，接地电阻实测记录，有关批准的文件。 （8）工程总结。 1）工程竣工后，施工单位应组织有关人员进行总结与分析，总结工程全部实际情况、成熟的经验、技术攻关、新技术应用经验等。 2）总结分析竣工验收中提出的意见和发生的问题，找出原因和规律，制定改进措施，落实执行人员和完成时间。 3）表彰执行规程、措施的先进人物和好人好事。 4）检修工程总结由供电所负责组织，并书面上报上级主管部门
配电线路的非计划检修	（1）事故抢修是由于自然灾害，外力破坏及运行维护不良等造成的倒杆塔、断线、金具损坏、导线损坏、绝缘子损坏、导线落地、污闪等停电事故，需尽快进行的抢修工作，事故抢修由所属供电所组织抢修，必要时应集中所有人力、物资、车辆以尽快速度修复运行。 　　为能及时修复线路故障，各供电所应常年组织好抢修队伍，雷雨季节昼夜加强值班，固定电话畅通无阻，组织严密常备不懈，无论任何时间、任何天气下事故发生时做到招之即来，来之能战。 （2）线路临修：是指未列入月度检修计划，临时提出而必须进行的检修工作。由于气候异常变化或外力引起运行中线路部分损坏，虽未完全停止运行或保护动作重合成功，但却不能保证继续运行，似此类缺陷应视为重大或紧急缺陷须及时处理。如需停电处理应办理非计划停电申请，申请中应说明缺陷的严重程度和处理办法。重大紧急缺陷多数为雷击污秽引起的绝缘子闪络击穿、线路附近有开山爆破采石炸伤导线、建筑物搭架碰上导线引起短路、暴风雨冲刷杆塔基础导致杆塔严重倾斜等现象

项　　目	主　要　内　容
配电变压器的小修	（1）配电变压器小修的目的是为了保证露天运行的配电变压器的较多附件的正常运行，就要做好附件缺陷的处理，以及清扫绝缘子等。这些工作光靠大修是不行的，因为大修周期长，所以在大修的周期间隔内，适当安排配电变压器的小修是有益的。 （2）配电变压器小修工期短，作业量少，以处理比较容易解决的小问题为主。正常小修项目如下： 1）检查并消除已发现的就地能消除的缺陷。 2）清扫绝缘子瓷件、外壳和散热器。 3）检查并拧紧引出线的接头。 4）检查冷却系统、处理发现的缺陷。 5）检查油枕、油位、套管"将军帽"的密封情况，放出油枕集泥器中的油污，对油位低的油枕给以补油。 6）检查放油阀门及垫圈。 7）检查气体继电器及保护装置。 8）更换呼吸器的硅胶
配电变压器的大修	（1）配电变压器的大修包括对变压器附件和器身的检查修理。因此大修是对变压器彻底的检修。 （2）大修周期。根据运行规程规定，配电变压器如未过负荷运行，每隔10年大修一次。 （3）大修前的准备工作。 组织学习与变压器大修有关的安全规程、检修工艺规程；收集变压器运行时发现的设备缺陷记录，使检修的项目具有很强的针对性，也有利于检修器材部件的准备工作；检修的场地和工具应安排妥当；做好检修人力准备，特别是对一些特殊工种应考虑周到，计划好可以避免由于人力不足或技术水平低而造成的窝工或质量事故；检修所需的器材、设备、材料等准备充足。 （4）大修的项目： 1）检查清扫外壳，将附件解体检修（箱体、顶盖、油枕、散热器、放油阀、套管等）。 2）打开变压器箱盖，吊出器身，检查铁芯、绕组、压紧装置、垫块、引线、各部分螺丝、油路及接线等，消除发现的缺陷问题。 3）检修冷却装置。 4）检修分接开关触点。 5）清扫套管，检查并处理漏渗油。 6）滤油或换油。 7）按规程进行规定项目的试验
配电设备的电气试验	（1）电气试验的意义和目的： 1）电气设备的绝缘在制造、运输、检修过程中，有可能发生意外事故而残留有缺陷。它在长期运行中，又会受到水分潮气的侵入，还会受到机械应力的作用、电场的作用、导体发热的作用以及大自然等各种因素的影响，这些都会使绝缘逐渐发生老化而形成缺陷，绝缘缺陷的存在和发展造成设备损坏，又可能使电力系统发生意外的停电事故，从而影响工农业生产，给国民经济造成很大的损失。 2）电气设备的预防性试验是为了保证电力系统的安全运行，预防电气设备损坏，通过试验手段掌握电气设备的"情报"，从而进行相应的维护、检修、甚至调换，是防患于未然的有效措施，"预防性试验"由此而得名。 3）对于新安装和大修后的电气设备也要进行试验，称为交接验收试验。其目的是为了鉴定电气设备本身及其安装质量和大修质量，以判断设备能否投入运行。 （2）对电气试验人员的基本要求： 1）了解常用电气材料的名称、规格、性能及用途。

续表

项　　目	主　要　内　容

2）了解被试验电气设备（试品）的名称、规格、基本结构、工作原理和用途。

3）熟悉试验设备及仪器、仪表的基本结构、工作原理和使用方法，并能排除一般故障。

4）能正确完成试验室和现场试验的接线、操作及测量，并熟知外界因素的影响及其消除方法。

5）对试验结果能进行计算、分析，并作出正确的判断。

6）坚持实事求是的科学态度，编写试验报告书。

（3）配电变压器试验项目及周期。

序号	项目	周期
1	绕组直流电阻	1）2～3 年。 2）大修前后。 3）分接开关检修前后。 4）必要时
2	绕组绝缘电阻	1）2～3 年。 2）大修前后。 3）必要时
3	绝缘油试验	1）新投入运行前。 2）大修后。 3）2～3 年进行一次击穿电压试验
4	交流耐压试验	1）更换。 2）必要时

（4）6～10kV 架空线路试验项目及周期

序号	项目	周期
1	检查导线连接管的连接情况	1）2～3 年。 2）线路检修时
2	绝缘电阻（有带电的平行线路时不测）	线路检修后
3	检查相位	线路连接有变动时

（5）0.4kV 及以下配电装置和电力布线试验项目及周期

序号	项目	周期	备注
1	绝缘电阻	设备大修时	1）配电装置绝缘电阻≥0.5MΩ。 2）电力布线绝缘电阻≥0.5MΩ
2	配电装置的交流耐压试验	设备大修时	1）48V 及以下的配电装置不做此项。 2）可用 2500V 兆欧表试验代替
3	检查相位	更动设备或接线时	

（6）阀型避雷器试验项目及周期

序号	项目	周期
1	绝缘电阻	2～3 年
2	工频放电电压	①大修后。 ②必要时

（7）金属氧化物避雷器的试验项目及周期

序号	项目	周期
1	绝缘电阻	①2～3 年。 ②必要时
2	直流 1mA 电压（U_{1mA}）及 $0.75U_{1mA}$ 下的泄漏电流	①2～3 年。 ②必要时

项目栏：配电设备的电气试验

续表

项　目	主　要　内　容			
配电设备的电气试验	(8) 接地装置的试验项目及周期			
	序号	项　目	周期	备　注
	1	配电变压器接地电阻	2～3 年	1) 100kVA 及以上配电变压器的接地电阻≤4Ω。 2) 100kVA 以下配电变压器的接地电阻≤10Ω
	2	1kV 以下电力设备的接地电阻	不超过 6 年	使用同一接地装置的所有电力设备，当总容量≥100kVA 时，接地电阻≤4Ω；如总容量＜100kVA 时，接地电阻≤10Ω
	3	与架空线路直接连接的避雷器，柱上开关的接地电阻	2～3 年	接地电阻≤10Ω

农村供电所设备检修标准化作业工作流程图见图 13-6。

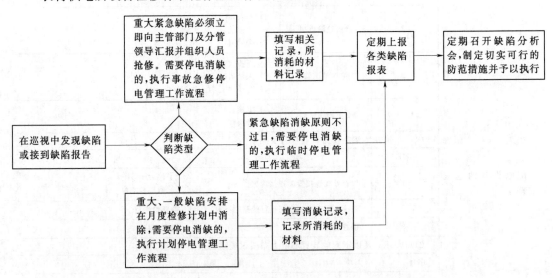

图 13-6　农村供电所设备检修标准化作业工作流程图

农村供电所预防性试验管理标准化作业工作流程图见图 13-7。

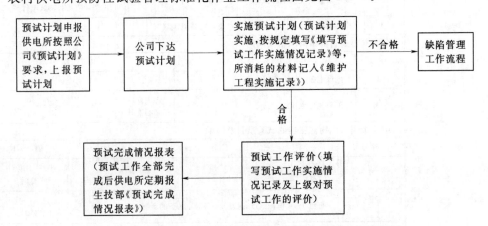

图 13-7　农村供电所预防性试验管理标准化作业工作流程图

农村供电所备品备件管理标准化作业工作流程图见图13-8。

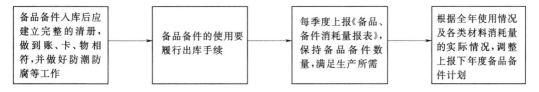

图13-8　农村供电所备品备件管理标准化作业工作流程图

农村供电所设备评定级管理标准化作业工作流程图见图13-9。

图13-9　农村供电所设备评定级管理标准化作业工作流程图

第七节　农村供电所设备技术资料管理

农村供电所设备技术资料管理见表13-10。农村供电所设备资料（台账）管理标准化作业工作流程图见图13-10。

表13-10　　　　　　　　　农村供电所设备技术资料管理

项目	主　要　内　容	项目	主　要　内　容
供电所设备档案资料与设备记录管理	(1) 供电所应健全以下设备档案资料： 1) 高压电力线路地理接线图。 2) 用电村高、低压电力线路设备地理接线图。 3) 供电所辖区内用电村历年设备演变情况。 4) 高低压电力线路台账。 5) 变压器台账。 6) 维护（产权）分界点协议书。 7) 其他。 (2) 供电所必须建立以下有关设备记录： 1) 值班记录。 2) 停、送电记录。 3) 设备事故记录。 4) 人身事故记录。 5) 巡线记录。 6) 设备缺陷记录。 7) 配电变压器检修、试验记录。 8) 高压线路设备检修记录。 9) 高压电力线路评级记录。 10) 高压电力线路平面图。	供电所设备档案资料与设备记录管理	11) 交叉跨越及对地距离测量记录。 12) 接地电阻测量记录。 13) 用电村电力设备评级记录。 14) 设备状态评价记录。 15) 其他
		供电所应保存的电力工程交接验收资料	(1) 供电所应保存的线路工程交接验收资料： 1) 竣工图。 2) 变更设计的证明文件（包括施工内容明细表）。 3) 安装技术记录（包括隐蔽工程记录）。 4) 交叉跨越距离记录及有关协议文件。 5) 调整试验记录。 6) 接地电阻实测记录。 7) 有关批准文件。 (2) 供电所应保存的变压器工程交接验收资料： 1) 变更设计部分的实际施工图。 2) 变更设计的证明文件。 3) 制造厂家提供的产品说明书、试验记录、合格证件及安装指导图纸等文件。

续表

项目	主 要 内 容	项目	主 要 内 容
供电所应保存的电力工程交接验收资料	4）安装技术记录、器身检查记录、干燥记录等。 5）试验报告。 6）备品配件移交清单	供电所应备有关设备的规程	（7）电业生产事故调查规程。 （8）架空配电线路及设备运行规程。 （9）架空配电线路设计规程。 （10）电气安装工程施工及验收规范。 （11）电力变压器运行规程。 （12）电力设备过电压保护设计技术规程。 （13）电力设备接地设计技术规程。 （14）电气设备预防性试验规程。 （15）配电系统供电可靠性统计办法。 （16）并联电容器装置设计技术规程。 （17）农村低压电力技术规程。 （18）剩余电流动作保护器农村安装运行规程。 （19）国网公司颁布的《电力安全工作规程》
供电所应备有关设备的规程	（1）电业安全工作规程（发电厂和变电所电气部分；电力线路部分）。 （2）电业安全工作规程（热力和机械部分）。 （3）农村安全用电规程。 （4）农村低压电气安全工作规程。 （5）电业生产人员培训制度。 （6）电力设施保护条例。		

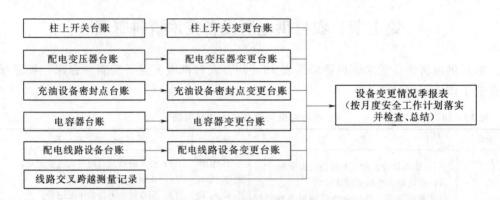

图 13-10 农村供电所设备资料（台账）管理标准化作业工作流程图

第四篇 农村供电所营销管理和优质服务

第十四章 农村供电所营销管理

第一节 供电企业电能计量管理

供电企业电能计量管理见表 14-1。

表 14-1 供电企业电能计量管理

项 目	主 要 内 容
电能计量管理的职能	(1) 电能作为一种特殊的商品，在其生产和销售过程中与其他商品一样也都需要计量。对电能计量的工具称为电能计量装置或用电计量装置。电能计量装置包括各类电能表以及与其配合使用的互感器以及连接互感器到电能表的二次回路接线、电能计量柜（箱）等。 (2) 电力企业的电能计量装置是用来记录电力生产的各个环节，通过正确计量电能，考核电力企业的经济效益。 (3) 用户的电能计量装置是电力用户与供电部门结算用电量的共同依据。电能表是电能计量装置的核心，在我国被列为强制检定器具。供电企业应当按照国家核准的电价和用电计量装置的记录，向用户收取电费。同时供电企业通过电能计量装置，指导用电单位合理、科学地使用电能，以提高全社会的综合经济效益。 (4) 电能计量管理是指包括计量方案的确定、计量器具的选用、订货验收、检定、检修、保管、安装竣工验收，运行维护。现场检验，周期检定（轮换）、抽检、故障处理、报废的全过程，以及与电能计量有关的电压失压计时器、电能计费系统、远方集中抄表系统等相关内容的管理。 (5) 电能计量管理的职能就是保证电能量值的准确和统一，保证计量装置安全、可靠、客观、正确地计量电能的传输和消耗，以满足公正计费和正确计算电力系统经济指标的要求。 (6) 运行中的电能计量装置，按其所计量电能量的多少和计量对象的重要程度分为五类（Ⅰ、Ⅱ、Ⅲ、Ⅳ、Ⅴ）进行管理。负荷容量为 315kVA 以下的计费用户、发供电企业内部经济技术指标分析、考核用的电能计量装置属于Ⅳ类电能计量装置。单相供电的电力用户计费用电能计量装置属于Ⅴ类电能计量装置。 (7), 电能计量装置管理以供电营业区划分管理范围，以供电企业、发电企业管理为基础，分类、分工、监督、配合、统一归口管理为原则。 (8) 供电企业负责管理本供电营业区内所有用于贸易结算（含发电厂上网电量）和本企业内部考核技术、经济指标的电能计量装置。 (9) 电力企业的运行部门和电力用户负责电能计量装置日常监护。 (10) 全面推行计算机技术在电能计量装置管理上的应用，建立电能计量装置微机管理信息系统

项　目	主　要　内　容
供电企业技术管理机构及职责	(1) 供电企业应有电能计量技术机构，负责本供电营业区内的电能计量装置业务归口管理，并设立电能计量专职（责）人，处理日常计量管理工作。 (2) 供电企业应根据工作需要和管理方便的原则来建立电能计量技术机构。 (3) 电能计量技术机构应具有用以进行各项工作的工作场所；应有专职（责）工程师负责处理疑难计量技术问题，管理维护标准装置和标准器、电能计量计算机信息系统和人员技术培训等。 (4) 电能计量技术机构的职责： 1) 贯彻执行国家计量工作方针、政策、法规及行业管理的有关规定。 2) 按照国家电能计量检定系统表建立电能计量标准并负责其使用、维护和管理。 3) 参与电力建设工程、地方公用电厂、用户自备电厂并网、用电业扩工程中有关电能计量方式的确定、电能计量设计方案审查。 4) 负责电能计量器具的选用，编制电能计量器具的订货计划；负责新购入电能计量器具的验收；开展电能计量装置的竣工验收。 5) 开展电能计量器具的检定、修理和其他计量测试工作；负责电能计量装置的安装、维护、现场检验、周期检定（轮换）及抽检工作。 6) 开展电能计量故障差错的查处及本供电营业区内有异议的电能计量装置的检定，处理。 7) 管理各类电能计量印证；管理电能计量装置资产和电能计量技术资料。 8) 电能计量人员的技术培训及管理。 9) 实施计量新技术的推广计划和计量技术改造。 10) 参与电能量计费系统和集中抄表系统的选用、安装与管理。 11) 负责编报有关电能计量装置管理的各类总结、报表。 12) 完成上级交办的其他计量任务
供电企业电能计量专职（责）人的职责	(1) 贯彻执行国家和上级制定的法规、标准、规程及计量工作方针、政策。 (2) 组织制订与实施所辖区域电网内的电能计量装置的配置、更新与发展计划。 (3) 参与电力建设工程，地方公用电厂和用户自备电厂并网及用电业扩工程供电方案中有关电能计量方式的确定和电能计量装置设计的审查。 (4) 监督检查电能表、互感器和计量标准设备的检定（轮换、现场检验）计划的执行情况。 (5) 组织印模、印钳的标准化管理，组织制订与实施电能计量技术改进和新技术推广计划；收集并汇总电能计量技术情报与新产品信息；监督检查新购入计量产品的质量。 (6) 负责组织有关电能计量技术业务的培训和交流。 (7) 负责办理电能表、互感器和计量标准设备的封存、报废、淘汰手续。 (8) 组织电能计量重大差错、故障和重大窃电案件的调查与处理。 (9) 制订电能计量技术规范和计量管理制度。 (10) 负责电能计量业务管理方面的考核、统计与报表工作
电能计量装置	(1) 根据《中华人民共和国电力法》、《电力供应与使用条例》和《供电营业规则》的规定，客户用电前应当先安装用电计量装置。客户使用的电力电量，以计量检定机构依法认可的用电计量装置的记录为准。 (2) 用电计量装置是由计费电能表、电压、电流互感器及二次连接导线三个部分组成。 (3) 电能计量方式： 1) 直接计量方式：直接按照电能表的记录电量计收电费的计量方式。 2) 间接计量方式：电能表配用互感器计算电量计收电费的计量方式。间接计量根据实际需要又分为：低供低计、高供低计、高供高计三种计量方式。 (4) 电能表的分类。 1) 按用途分为：有功电能表、无功电能表、最大需量表。 2) 按构造原理分为：单相电能表、三相电能表。 3) 按制造元器件分为：机械式电能表、电子式电能表；电子表又分为：数字记录电量的单相全电子表、多功能复费率电子表和单相、三相磁卡表。 (5) 计量互感器。 计量装置配用的互感器包括电流互感器（TA）和电压互感器（TV）两种，低供低计和高供低计客户的计量装置配用电流互感器，高供高计客户的计量装置要配用电压互感器（压变）和电流互感器。表用互感器的一次电流应接近批准容量，以防止过大致使计量装置长期运行在轻负荷状态，造成计量偏慢。负荷电流一般不应小于电流互感器额定电流的 20%

续表

项　　目	主　要　内　容
用电计量装置的配装要求与维护要求	（1）供电企业应在客户每一个受电点内按不同电价类别，分别安装用电计量装置。每个受电点作为客户的一个计费单位。 （2）对于各种照明实行单一制电价计费的。应安装有功电能表；对于单一制电价计费的生活照明和生产照明及两部制电价计费的生活照明，应分线装表，分表计量。 （3）客户为满足内部核算的需要，可自行在其内部装设考核能耗用的电能表，但该表所示读数不得作为供电企业计费依据。 （4）在客户受电点内难以按电价类别分别装设用电计量装置时，可装设总的用电计量装置，然后按其不同电价类别的用电设备容量的比例或实际可能的用电量，确定不同电价类别用电量的比例或定量进行分算，分别计价。供电企业每年至少对上述比例或定量核定一次。 （5）高压用户的成套设备中装有自备电能表及附件时，经供电企业检验合格，加封并移交供电企业维护管理的，可作为计费电能表。客户销户时，供电企业应将该设备交还。 （6）供电企业在新装、换装及现场校验后应对用电计量装置加封、并请客户在工作凭证上签章。 （7）对10kV及以下电压供电的客户，应配置专用的电能计量柜（箱）；对35kV及以上电压供电的客户，应有专用的电流互感器二次绕组和专用的电压互感器二次连接线，并不得与保护、测量回路共用。电压互感器专用回路的电压降（二次压降）不得超过允许值（具体规定见计量规程）。超过时应予以改造或采取必要的技术措施予以更正。 （8）用电计量装置原则上应装在供电设施的产权分界处。如产权分界处不适宜装表的，对专线供电的高压客户，可在供电变压器出口装表计量；对公用线路供电的高压客户，可在客户受电装置的低压侧计量。当用电计量装置不安装在产权分界处时，线路与变压器损耗的有功与无功电量均由产权所有者负担。在计算客户基本电费（按最大需量计收时），电度电费及功率因数调整电费时，应将上述损耗电量计算在内。 （9）城镇居民用电实行一户一表。农村居民照明为实现城乡同网同价，也应逐步向一户一表过渡。 （10）临时用电客户应安装用电计量装置。对不具备安装条件的，可按其用电容量、使用时间、规定的电价计收电费。 （11）电费电能表及附件的购置、安装、移动、更换、校验、拆除、加封及表计接线等，均由供电企业负责办理，客户应提供工作上的方便。 （12）计费电能表装设后，客户应妥善保护。不应在表计堆放妨碍抄表或影响计量准确及安全的物品。如发生计费电能表丢失、损坏或过负荷烧坏等情况，客户应及时告知供电企业，以便供电企业采取措施。如因供电企业责任或不可抗力致使计费电能表出现或发生故障的，供电企业应负责换表，不收费用。其他原因引起的，客户应负担赔偿费或修理费。 （13）在变压器投入运行后，应检查电能表运转是否正常，相序是否正确，并立即抄录电能表底数，作为电费起点的依据。 （14）装表接电工作是业务扩充工作的最后一道工序，这道程序完成后意味着用电客户正式立户。 （15）业务报装完成供电可行性审查论证、拟订供电方案、供电条件勘查、用户电气工程中间检查和试验、竣工验收、签订供用电合同、装表接电等程序后，用电营业机构的业务员将报装接电的全部资料建账立卡归案，作为今后抄表收费和正常营业管理的依据
电能计量装置的接线方式	（1）接入中性点绝缘系统的电能计量装置，应采用三相三线有功、无功电能表。 （2）接入非中性点绝缘系统的电能计量装置，应采用三相四线有功、无功电能表或三只感应式无止逆单相电能表。 （3）接入中性点绝缘系统的三台电压互感器，35kV及以上宜采用Y/y方式接线；35kV以下的宜采用V/V方式接线。 （4）接入非中性点绝缘系统的三台电压互感器，宜采用YN/yn方式接线，其一次侧接地方式和系统接地方式相一致。 （5）低压供电负荷电流为50A及以下时，宜采用直接接入式电能表。 （6）低压供电负荷电流为50A以上时，宜采用经电流互感器接入式的接线方式。 （7）对三相三线制接线的电能计量装置、两台电流互感器的二次绕组与电能表之间宜采用四线连接。 （8）对三相四线制接线的电能计量装置，三台电流互感器二次绕组与电能表之间宜采用六线连接

续表

项　目	主　要　内　容			

准确度等级	电能计量装置类别	准确度等级			
		有功电能表	无功电能表	电压互感器	电流互感器
	Ⅳ	2.0	3.0	0.5	0.5
	Ⅴ	2.0	—	—	0.5

注　电压互感器二次回路电压降应不大于其额定二次电压的 0.5%

电能计量装置的配置原则

（1）贸易结算用的电能计量装置原则上应设置在供用电设施产权分界处。

（2）在发电企业上网线路，电网经营企业间的联络线路和专线供电线路的另一端应设置考核用电能计量装置。

（3）35kV 以上贸易结算用电能计量装置中，电压互感器二次回路应不装设隔离开关辅助触点，但可装设熔断器。

（4）35kV 及以下贸易结算用电能计量装置中，电压互感器二次回路应不装设隔离开关辅助触点和熔断器。

（5）安装在用户处的贸易结算用电能计量装置，10kV 及以下电压供电的用户应配置全国统一标准的电能计量柜或电能计量箱。35kV 电压供电的用户。宜配置全国统一标准的电能计量柜或电能计量箱。

（6）贸易结算用高压电能计量装置应装设电压失压计时器。未配置计量柜（箱）的，其互感器二次回路的所有接线端子、试验端子应能实施铅封。

（7）互感器二次回路的连接导线应采用铜质单芯绝缘导线。

1）对电流二次回路，连接导线截面积应按电流互感器的额定二次负荷计算确定，至少应不小于 4mm²。

2）对电压二次回路，连接导线截面积应按允许的电压降计算确定，至少应不小于 2.5mm²。

（8）互感器实际二次负荷应在 25%～100% 额定二次负荷范围内。电流互感器额定二次负荷的功率因数应为 0.8～1.0；电压互感器额定二次功率因数应与实际二次负荷的功率因数接近。

（9）电流互感器额定一次电流的确定，应保证其在正常运行中的实际负荷电流达到额定值的 60% 左右，至少应不小于 30%。否则应选用高动热稳定电流互感器以减小变比。

（10）为提高低负荷计量的准确性，应选用过载 4 倍及以上的电能表。

（11）经电流互感器接入的电能表，其标定电流宜不超过电流互感器额定二次电流的 30%，其额定最大电流应为电流互感器额定二次电流的 120% 左右。直接接入式电能表的标定电流应按正常运行负荷电流的 30% 左右进行选择。

（12）执行功率因数调整电费的用户，应安装能计量有功电量、感性和容性无功电量的电能计量装置。

（13）按最大需量计收基本电费的用户应装设具有最大需量计量功能的电能表。

（14）实行分时电价的用户应装设复费率电能表或多功能电能表。

（15）带有数据通信接口的电能表，其通信规约应符合《DL/T 645 多功能电能表通信规约》的要求。

（16）具有正、反向送电的计量点应装设计量正向和反向有功电量以及四象限无功电量的电能表

电能计量装置运行管理：周期检定（轮换）、抽检及运输

（1）电能计量技术机构应根据电能表运行档案和规定的轮换周期、抽样方案和地理区域、工作情况等，应用计算机、制定出每年（月）电能表的轮换和抽检计划。

（2）运行中的 Ⅳ 类电能表的轮换周期为 4～6 年。Ⅴ 类双宝石电能表的轮换周期为 10 年。

（3）对所有轮换拆回的 Ⅳ 类电能表应抽取其总量的 5%～10%（不少于 50 只）进行修调前检验，且每年统计合格率。

（4）Ⅳ 类电能表的修调前检验合格率应不低于 95%。

（5）运行中的 Ⅴ 类电能表，从装出第六年起，每年应进行分批抽样，做修调前检验，以确定其整批表是否继续运行。抽样统计表格式如下：

续表

项　　目	主　要　内　容
电能计量装置运行管理：周期检定（轮换）、抽检及运输	**Ⅴ类电能表抽样检验考核统计表** <table><tr><td>批号</td><td>批量</td><td>样本量</td><td>厂家</td><td>型号</td><td>投运年份</td><td>不合格数</td><td>结论</td></tr></table> （6）低压电流互感器从运行的第 20 年起，每年应抽取 10％进行轮换和检定，统计合格率应不低于 98％，否则应加倍抽取、检定、统计合格率，直至全部轮换。 （7）对安装了主副电能表的电能计量装置，主副电能表应有明确标志。运行中主副电能表不得随意调换，对主副表的现场检验和周期检定要求相同。两只表记录的电量应同时抄录。当主副电能表所计电量之差与主表所计电量的相对误差小于电能表准确度等级值的 1.5 倍时，以主电能表所计电量作为贸易结算的电量；否则应对主副电能表进行现场检验，只要电能表不超差，仍以其所计电量为准；主电能表超差而副电能表不超差时才以副电能表所计电量为准；两者都超差时，以主电能表的误差计算退补电量，并及时更换超差表计。 （8）待装电能表和现场检验用的计量标准器、试验用仪器仪表在运输中应有可靠有效的防震、防尘、防雨措施；经过剧烈震动或撞击后，应重新对其进行检定。 （9）电能计量技术机构应配备性能良好的专用电力计量车进行现场高、低压电能计量装置安装、轮换和现场检验。专用电力计量车不准挪作他用
电能计量装置易发生的故障现象和原因分析	（1）电能表在投入运行时，由于运输、装接、雷击、湿潮热等影响及装配工艺、修理技术等原因，会出现一些故障： 1）互感器变比差错。 2）电能表与互感器接线差错。 3）倍率差错。 4）电能表的机械故障和电气故障（包括卡字、倒转、擦盘、跳字、潜动）。 5）电流互感器开路或匝间短路。 6）电压互感器熔丝断开或二次回路接触不良。 7）雷击或过负荷烧毁电能表或互感器。 8）因计量标准器具失准造成大批量电能表、互感器的重新检定。 （2）过热烧坏。在统计故障退表中，60％以上是端钮盒烧毁。故障原因是长期过负荷使用，内引线在内接线端上未紧固，外引线端上、下螺钉未拧紧等引起局部发热。直到绝缘破坏，造成对地短路。

第二节　农村供电所电能计量装置管理

　　农村供电所电能计量装置管理见表 14-2。电能表计（公司资产）管理标准化作业流程图见图 14-1。电能表计（客户资产）管理标准化作业工作流程图见图 14-2。

表 14 – 2　　　　　　　　　　　农村供电所电能计量装置管理

项　　目	主　要　内　容
电能计量装置的安装及安装后的验收	（1）电能计量装置的安装应严格按通过审查的施工设计或用户业扩工程确定的供电方案进行。 （2）安装的电能计量器具必须经有关电力企业的电能计量技术机构检定合格。 （3）使用电能计量柜的用户或发、输、变电工程中电能计量装置的安装可由施工单位进行，其他贸易结算用电能计量装置均应由供电企业安装。 （4）电能计量装置安装应执行电力工程安装规程的有关规定和《DL/T 448—2000 电能计量装置技术管理规程》的规定。 （5）电能计量装置安装完工应填写竣工单，整理有关的原始技术资料，做好验收交接准备。 （6）电能计量装置安装后投运前应进行全面验收，验收项目及内容是：技术资料、现场核查、验收试验、验收结果的处理。 （7）投运后由供电企业管理的电能计量装置应由供电企业电能计量技术机构负责验收。 （8）验收的技术资料如下： 1）电能计量装置计量方式原理接线图，一、二次接线图，施工设计图和施工变更资料。 2）电压互感器、电流互感器安装使用说明书、出厂检验报告、法定计量检定机构的检定证书。 3）计量柜（箱）的出厂检验报告、说明书。 4）二次回路导线或电缆的型号、规格及长度。 5）电压互感器二次回路中的熔断器、接线端子的说明书等。 6）高压电气设备的接地及绝缘试验报告。 7）施工过程中需要说明的其他资料。 （9）现场核查内容如下： 1）计量器具型号、规格、计量法制标志、出厂编号等应与计量检定证书和技术资料的内容相符。 2）产品外观质量应无明显瑕疵和受损。 3）安装工艺质量应符合有关标准要求。 4）电能表、互感器及其二次回路接线情况应和竣工图一致。 （10）验收试验项目如下： 1）检查二次回路中间触点、熔断器、试验接线盒的接触情况。 2）电流互感器、电压互感器实际二次负载及电压互感器二次回路压降的测量。 3）接线正确性检查。 4）电流互感器、电压互感器现场检验。 （11）验收结果的处理要求： 1）经验收的电能计量装置应由验收人员及时实施封印。封印的位置为互感器二次回路各接线端子，电能表接线端子，计量柜（箱）门等。实施铅封后应由运行人员或用户对铅封的完好签字认可 2）经验收的电能计量装置应由验收人员填写验收报告，注明"计量装置验收合格"或者"计量装置验收不合格"及整改意见。整改后再行验收。 3）验收不合格的电能计量装置禁止投入使用。 4）验收报告及验收资料应归档
电能计量装置的运行维护及故障处理	（1）供电企业生产运行场所安装的电能计量装置，由运行人员负责监护，保证其封印完好，不受人为损害。 （2）安装在用户处的电能计量装置，由用户负责保护封印完好，装置本身不受损坏或丢失。 （3）当发现电能计量装置故障时，应及时通知电能计量技术机构进行处理。贸易结算用电能计量装置故障，由供电企业的电能计量技术机构依据《中华人民共和国电力法》及其配套法规的有关规定进行处理。 （4）电能计量技术机构对发生的计量故障应及时处理，对造成的电量差错，应认真调查、认定、分清责任，提出防范措施，并根据有关规定进行差错电量的计算。 （5）对于窃电行为造成的计量装置故障或电量差错，用电管理人员应注意对窃电事实的依法取证，应当场对窃电事实写出书面认定材料，由窃电方责任人签字认可

续表

项　　目	主　要　内　容
电能计量装置的现场检验	（1）电能计量技术机构应制订电能计量装置的现场检验管理制度，编制并实施年、季、月度现场检验计划。现场检验应严格遵守电业安全工作规程和农村低压电气安全工作规程。 （2）现场检验用标准器准确度等级至少应比被检品高两个准确度等级，其他指示仪表的准确度等级应不低于 0.5 级，量限应配量合理。电能表现场检验标准应至少每三个月在试验室比对一次。 （3）现场检验电能表应采用标准电能表法，利用光电采样控制或被试表所发电信号控制开展检验。宜使用可测量电压电流相位和带有错接线判别功能的电能表现场检验仪。现场检验仪应有数据存储和通信功能。 （4）现场检验时不允许打开电能表罩壳和现场调整电能表误差。当场检验电能表误差超过电能表准确度等级值时应在 3 个工作日内更换。 （5）新投运或改造后的Ⅰ、Ⅱ、Ⅲ、Ⅳ类高压电能计量装置应在 1 个月内进行首次现场检验。 （6）运行中的低压电流互感器宜在电能表轮换时进行变比、二次回路及其负载检查。 （7）现场检验数据应及时存入计算机管理档案，并应用计算机对电能表历次现场检验数据进行分析，以考核其变化趋势
电能计量装置易发生的故障现象和原因分析	（1）计度器故障。故障表中 30％为计度器的各类故障，主要是：①进位故障，在进位时发生卡字，尤其在轻载时造成圆盘呆滞或停转。②组装差错，包括齿轮轴、横轴连接片变形、铭牌或刻度盘松动脱落、传动轮组装错位、计度器传动比与铭牌常数不符；洗涤剂使用不当，使有关零件腐蚀生锈、部分紧固螺钉松动等造成。 （2）表响（噪声）。表响对计量精度的影响不大，但产生的噪声对环境有影响，产生的主要原因是：①铁芯组装不紧凑；②电压线圈或防潜舌片及元件上的调整装置，漏磁气隙内所嵌的铜片、各类紧固螺钉松动；③转盘静平衡不好、上、下轴承不同心或宝石轴承等安装配合不好；④当上轴针的固有频率与 50Hz 相近时产生的谐振。 （3）预防电能表在无负荷时表空转。产生的主要原因有：①防潜装置失灵；②防潜钩松动、位移或断裂；③电磁元件安装不对称、倾斜；④轻补偿力矩过大；⑤三相相序与调整时的相序不一致。 （4）灵敏度不合格。表计起动不灵敏或不起动。主要原因是：①工作气隙中有铁屑等杂物；②转盘不平整，起动时有轻微碰盘；③转动部分安装或调整不合理或元件变形；④防潜动力矩调整过大；⑤计度器呆滞；⑥表计密封性差，致使蜗杆、轮、轴承等有油垢
电能计量装置常见故障处理方法	（1）推广使用长寿命、宽负荷且机械工艺质量优良的电能表，淘汰使用年久、绝缘老化、机械磨损的电能表；在居民用电中逐步淘汰标定电流过小的电能表。 （2）电力部门要加强检修和检定中工艺质量的监督检查，严格走字试验。 （3）经常落雷的地区，宜在低压三相电能表的进线处安装低压避雷器。 （4）加强资产管理和安装管理，防止互感器的错发，误装或同一组互感器变比不同的现象发生。 （5）严格倍率管理，要经过必要的复核；如互感器改变后，要重新计算倍率，并将有关更正结果示于明处。 （6）制定电能计量二次回路的管理制度，防止任意接入、改动、拆除、停用电能计量二次回路。 （7）封闭电能计量装置的关键部位，包括电压互感器的隔离开关操作把手；电流互感器二次绕组端子和电能计量柜，箱采用的长尾接线盒电能表的表尾等。 （8）加强计量监督，严格电能计量器具的检定周期，严格电能表，互感器及次回路、二次负荷的现场检验。 （9）改善电能表、互感器的运输条件

续表

项　目	主　要　内　容
退补电量的计算公式	（1）因计量装置误差超出范围的退补电量 $$退补电量=\frac{G\times实走电量数}{1+G}KB$$ 式中　G—电能表的实际误差值，负值表示表慢，应为补交电量，正值表示表快，应为退还电量。　K—电流互感器、电压互感器倍率乘积。　B—退补月数，起讫时间查不清时，按6个月计算。 （2）电能表潜动应退电量 $$应退电量=\frac{天数\times停电时间（光16h、力8h）\times3600}{潜动一圈所需的时间（s）\times电能表常数}\times倍率$$ （3）电能表跳字应退电量 应退电量＝已收电量－1/2（原正常月的日均电量＋抄表后至抄表日均电量）×30（天）（隔月抄表按60天计算） （4）因卡盘、卡字、电压线圈不通、电压互感器熔丝断等的应补电量 1）照明用户应补电量＝$\frac{1}{2}$×事故日数×（原表正常前1个月抄表电量/这个月的抄表用电日数＋换表后至抄表日的抄表用电量/换表后至抄表日用电日数） 2）3只单相电能表中1只或2只出现故障应补电量 1只故障应补电量＝2只正确电能表当月电量/2－故障表电量 2只故障应补电量＝1只正确电能表当月电量×2－2只故障表电量 3）1只三相电能表或3只单相电能表全部发生故障停止运行时，月用电量比较正常的按照照明用户或新装照明用户办理，即月用电量不正常时，可根据用户的产品产量以及有关用电记录等计算

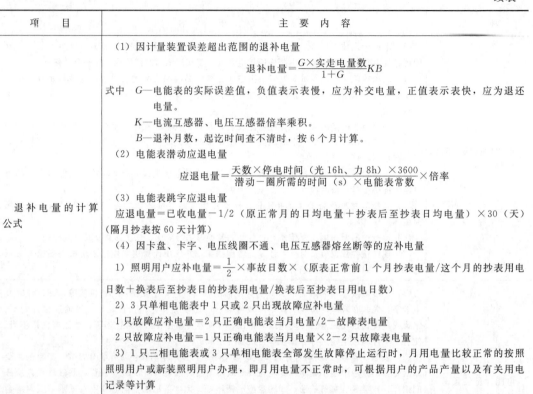

图14-1　电能表计（公司资产）管理标准化作业工作流程图

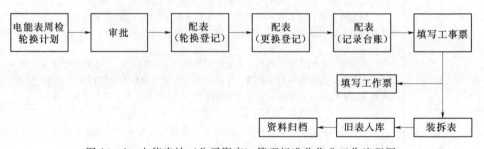

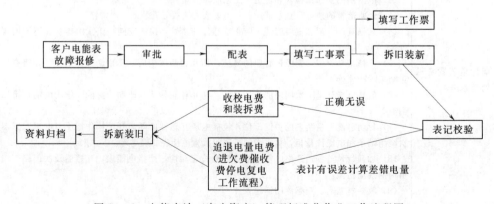

图14-2　电能表计（客户资产）管理标准化作业工作流程图

第三节　农村供电所电费管理

农村供电所电费管理见表 14-3。

表 14-3　　　　　　　　　　　　　农村供电所电费管理

项　目	主　要　内　容
供电所电费管理的意义	（1）电力销售是电力供应的最后一个环节，把电能销售给用户，并且是作为一种特殊的商品销售给用户，应该按照公平等价交换的原则，从用户处收取电费，这是电力企业生产全过程的最后环节，也是电力企业生产经营成果的最后体现。 （2）担任电能销售工作的供电所，不仅应有计划地组织销售企业产品——电能，同时还要及时地回收产品的销售收入——电费。 （3）加强供电所电费管理，有利于严格执行国家电价政策，维护电力企业和农村用户双方的经济利益，加强电费核算管理，可为用户正确核算其产品成本中的动力费用提供准确数据，也可为电力企业经营成果和决策提供准确信息，特别是在当前处在我国国民经济体制改革时期，电力企业正由生产型转变为经营型的过程中，加强供电所电费管理工作，对于电力企业和整个国民经济更有重要意义
供电所电费管理的任务	（1）严格执行国家电价政策。 （2）做到应收必收。 （3）收必合理。 （4）实现农村电力营销"五统一"（统一电价、统一发票、统一抄表、统一核算、统一考核），"四到户"（销售到户、抄表到户、收费到户、服务到户），"三公开"（电量公开、电价公开、电费公开）和一户一表用电。 （5）供电所电费工作人员应按时到农村用户处抄录每月的电量。 （6）严格按照国家电价规定，正确计算和核算电费，并将电费及时回收和上缴。 （7）供电所电费工作人员应作为电力部门和用户之间的桥梁。 （8）经常宣传国家能源政策和电力部门有关用电管理的方针政策，解答用户对有关规定的询问和意见。 （9）掌握了解用户是否严格按规章制度办事、按供用电合同办事，是否有违约用电和窃电现象。 （10）电能计量装置运行是否正常
供电所电费管理的基础资料建立	（1）建立用户用电分户账是供电企业每月向用户抄录所消耗的电量、计算电费、开具单据、收取电费所不可少的基础资料。用户分户账使用比较频繁，要求字迹工整、妥善保管，不得随意涂改。如果需要改写时，应用红笔画上横线，并加盖印章后另用蓝笔重新写上正确的数据。 　1）供电所用户用电分户账的基本内容包括：用户户号、户名、用电地址、供电电压、受电变压器容量或用电设备容量、最大需量表；有功及无功电能表的厂名、表号、安培表示数、倍率；计量方式、变压器损耗的计算方式；电价、附加费率、行业用电分类、联系人及电话等。 　2）供电所居民用户用电分账的基本内容包括：用电台区、集表箱号、户名、电能表产地、型号、出厂编号、容量、转速、表编码号、用电负荷、联系电话等。 （2）建立供电所用电业务工作传票（工作凭证）制度是建立用户分户账页和更动其记载内容的重要依据。它是根据业务扩充、电能计量和用电检查等部门传来的工作凭证来建立用户分户账页和更动其记载内容，它是从几个渠道汇集到电费管理部门的。所以应保证渠道畅通、及时传递，内容填写应清楚、准确。供电所用电业务工作传票的内容一般包括：用户新装、增容、减容、更换表计、验表记录、更改户名、暂停供电、恢复供电、拆表销户等。

项　　目	主　要　内　容
供电所电费管理的基础资料建立	（3）建立用户户务档案是供电所对用户的电能销售业务往采的所有资料，是明确供、用电双方责任与义务、正确核算电费的重要依据。用户户务档案非常重要，应统一保管，存档备查。 　　用户户务档案应包括的资料有：供电方案、负荷审批文件；有关输变电工程设计、材料、投资负担或供、配电贴费交纳、供用电合同，调度协议、电费结算协议、用电申请书、装表工作传票、电能表校验记录，以及日常用电中发生的各种用电业务工作传票等一系列有关用电业务性文件资料
抄表	（1）抄表是将用户计费电能表指示电量据实抄录的过程。抄表是供电所核算电户电量、收取电费、统计线损、统计行业分类电量、分析用户用电情况及考核的重要依据，也是用电检查的一个重要环节。 　　（2）抄表制度。 　　1）"定人、定时、定点、定路线"（四定）进行抄表，做到"抄必到位，抄录正确"。 　　2）认真整理抄表卡片，详细检查用户更换电能表、互感器情况，以备现场核对。 　　3）外出抄表前，要认真检查抄表工具，交通用具是否齐全适用，有关证件是否带齐。 　　4）抄表卡应用钢笔书写，各项数据应填写整齐，字迹端正清楚，不得随意涂改。 　　（3）抄表周期。 　　1）一般为每月一次，也可对居民用户每两月抄一次表。抄表日期在一个周期内均衡安排，顺序进行。 　　2）农电工要在规定的日期内对用户电能表进行实抄，实抄率要达到100%。 　　（4）抄表方式。 　　1）人工走抄。 　　2）推广先进的技术手段，实现远程抄表、集中抄表、抄表器抄表等
电费核算与开票	（1）电费核算是电费管理的中枢。电费是否按照规定及时准确地收回，账务是否清楚，统计数字是否准确，关键在于电费核算质量。 　　（2）核算员应根据抄表员（电工）交回的电费卡片，按照抄表工作手册的有关记录，首先核对卡片户数，确认其户数必须与电费卡片户名明细表相符。 　　（3）对电费卡片逐户审核其实用电量、倍率、单价、金额、子母关系；加减变压器损耗电量；光力比分算电量、基本电费、电量电费、功率因数调整电费、加价电量及电费、代收电费等是否正确、有无遗漏等。 　　（4）一旦发现抄表差错，除应立即改正电费卡片及核算单外，还应及时通知有关人员于当日或次日处理。 　　（5）因电能表故障或其他原因造成的电量损失，应进行追补电量、电费的核算。 　　（6）加强电费票据管理，具体要求如下： 　　1）所有电费票据由县及以上供电企业统一印刷，并严格领用和使用手续。 　　2）电费票据要能反映出电能表起止码、电量、电价和各种电费等内容。 　　3）全面推广计算机开票到户，提高工作效率
电费工作质量管理	（1）正确核算电费是进行电力销售的重要环节，它的工作质量是从各个岗位中的服务质量和工作管理来体现的。 　　（2）根据质量管理的要求，结合岗位责任制和经济责任制，制定各岗位的工作质量标准。 　　（3）建立复合审查制度。 　　（4）利用计算机进行质量管理。 　　（5）建立健全电费工作质量差错管理制度等
欠费管理	（1）欠费是指用户应交而未交的电费。用户欠交电费，实际上是占用电力企业的货币资金，同时也挤占了国家的财政收入，因此，各供电所应把电费回收当作主要工作来抓，对欠费户应抓紧催交，加强管理，并采取一些必要的措施。

续表

项　　目	主　要　内　容
欠费管理	（2）加大《中华人民共和国电力法》、《电力供应与使用条例》、《供电营业规则》等法律法规的宣传力度。 （3）加强对用户进行电力是商品意识的宣传。 （4）经常向地方政府，电力管理部门、经济管理部门汇报工作，取得政府的理解和支持。 （5）将催收欠费与用电计划、负荷控制相结合。 （6）将催收欠费与业扩报装相结合。 （7）有理、有据、有度地采取停、限电措施。应将停电的用户、原因、时间报本单位负责批准。在停电前三至七天内，将停电通知书送达用户，对重要用户的停电，应将停电通知书报送同级电力管理部门。在停电前 30min，将停电时间再通知用户一次，方可在通知规定时间实施停电。 （8）做好欠费用户的统计分析工作，弄清欠费的原因、金额；对目录电价、电建基金、三峡基金、地方附加费应分别统计；掌握用户资金情况、还款计划，做到心中有数，分别情况，采取不同措施，尽快将所欠电费如数上缴
电费的统计方法和统计指标	（1）电费的统计实际上是分组与归纳的过程，即将每页表卡按照用户在国民经济中的行业性质或用电性质，正确地划分类型，将各项统计指标汇总出来。 （2）统计方法有两种，一种是按国民经济行业用电分类统计，如农业、轻工业、重工业、或第一产业、第二产业、第三产业等；另一种是按用电类别统计，将各种用电按不同电价类别分类汇总，如大工业、非普工业、农业、居民、非居民、商业、贫困县农排和趸售用电等。 （3）在统计工作中常用的统计综合指标有总量指标（或称绝对数），相对数和平均数。 （4）总量指标。总量指标是一定的销售电量与销售收入的具体体现，不只是抽象的数字，还有计量单位。如实物单位：千瓦时、用户户数、千瓦；货币单位：人民币元、千元等。总量指标是原始的、基本的，总量指标是相对数和平均数的基础，没有总量指标就不可能计算相对数和平均数。 （5）相对数。相对数就是两个指标之比。它是综合和分析统计资料的重要数据。电能销售统计不只是以计算绝对数为限，相对数的作用在于能够帮助供电所通过销售电量和销售收入等统计资料的数字对各行业的用电现象给予更为明显的说明，使各行业的用电在其相互的数量差余中说明大量现象和过程的本质。由于相对数是两个指标的对比关系，所以这两个指标必须有可比性。例：售电计划完成率＝实际售电量/计划售电量×100%。 （6）平均数。平均数就是按某一数量指标说明同质总体在一定历史条件下的典型特征的综合指标。利用平均数可以比较总体或分组在不同时间上的典型水平，可以说明大量现象及其发展趋势。例如：售电平均单价、平均负荷等。 （7）电费统计是电费管理的基础工作，应客观的实事求是地反映电力企业经营成果，应保证它的真实性与准确性
电费汇总与电费分析	（1）电费汇总的程序和内容。 1）电费核算完成后，每月按分册的电费核算单，逐项审核并汇总出总核算单。 2）全部电力用户电费卡片审核完成后，按不同用电类别统计做出应收电费核算凭单。 3）当天的全部核算必须在抄表次日完成，每日的电费核算应于次日转交综合统计人员。 4）核算人员应在每月月末计算出实抄率、差错率、电费回收率等有关指标。 a. 电能表实抄率＝$\dfrac{实抄户数}{应抄户数}×100\%$ b. 电能表差错率＝$\dfrac{差错户数}{实抄总户数}×100\%$ c. 电能表电费回收率＝$\dfrac{实收电费}{应收电费}×100\%$ （2）每月要定期对当月抄表收费情况进行分析，发现问题及时解决。严格控制电费电价差错率，加强内部经济责任制考核

项　　目	主　要　内　容
电费汇总与电费分析	1）全面分析：对所有的户数，进行售电量、平均电价、电费收取等情况的分析。 2）典型分析：对某一行业、某一用户的电量、电价、电费及其构成进行分析。 3）专题分析：对某一个问题进行深入的分析，如售电量、电价、电费以及一些带有普遍性的问题
电费回收的作用和方式	（1）按期回收电费是电力企业经营成果的货币表现，是电力企业的一项重要经济指标，为电力企业上缴税金和提供资金。从而保证国家的财政收入，还可为维持电力企业再生产过程中补偿生产资料耗费资金，以促进电力企业的安全生产不断进行，更好地完成发、供电任务，满足国民经济发展和人民生活对电能的需要。 （2）供电所费回收的方式，主要有电工坐收、走收、电费储蓄、委托银行代收等
电费违约金	（1）用户应按国家规定向供电企业存出电费保证金。 （2）用户应按供电企业规定的期限和交费方式交清电费，不得拖延或拒交电费。 （3）电费违约金是对不按规定交费期限而逾期交付电费的用户所加收的款项，也可以说是逾期罚款。所谓逾期是指超过营业部门规定用户应交付电费的期限的日期。用户交费的期限一般为抄表次日起10天次之内。 （4）用户在供电企业规定的期限内未交清电费时，应承担电费滞纳的违约责任。电费违约金从逾期之日起计算至交纳日止。每日电费违约金按下列规定计算： 1）居民用户每日按欠费总额的千分之一计算。 2）其他用户。 a. 当年欠费部分，每日按欠费总额的千分之二计算。 b. 跨年度欠费部分，每日按欠费总额的千分之三计算。 （5）电费违约金收取总额按日累加计收，总额不足1元者按1元收取
电费差错管理	（1）差错分类。一般可分为：质量差错造成多计或少计电量万千瓦时以上、多收或少收电费千元以上者；丢失电费卡片、单据和工作凭证者；漏报电费应收和漏立电费账卡者；违反财经纪律及无故不到位抄表者，均为重大差错。 （2）差错统计：凡是个人出手以后经别人复审发现的差错，都要加以统计，做好原始记录，作为计算差错次数，分析差错类别的依据。 （3）差错分析报告：定期召开质量差错分析会，对重大差错，应认真追查，严肃对待
电费与电价分析的意义和方法	（1）电费与电价分析是供电所经济活动的重要内容，其意义如下： 1）掌握农村各行业用电的基本情况，分析用电结构及升、降幅度的变化规律，搞好基础资料，为国家制定电价政策提供依据。 2）检验电价及电价制度的这个价格杠杆作用的实际经济效果，如峰谷电价对促进移峰填谷的效果。 3）改善供电企业的经营管理，提高企业经济效益。 4）可以帮助用户充分利用电价的经济杠杆作用，降低生产成本，提高社会经济效益。 （2）电费与电价常用的分析方法： 1）比较法。即将两个计算期的时期进行比较，找出差异。如本期电量—同期售电量。 2）比例法。将两个计算期的数据进行比较，找出增减幅度变化的一种计算方法。如售电量、收入增长率。 3）比重法。计算某一指标占总电量指标多少的一种计算方法。如大工业售电量占售电量百分比。 4）因素分析法。是用来计算几个相互联系的因素，对综合经济指标影响程度的一种方法。 （3）电费与电价的分析工作，必须以大量的资料为基础，搜集的资料应力求达到既有局部，又有整体；既有一般，也有典型；既有历史，也有现实；既有统计数据，也有文字说明；既有直接资料，又有相关资料

注　随着电力改革的进一步深化，政府将逐渐淡出对电力价格的控制，逐渐加大对可替代性再生能源的政策支持。2004年9月份部分地区电价调整，按全国平均，每千瓦时提高1.4分人民币。

农村供电所电费抄、核、收标准化作业流程图见图14－3。

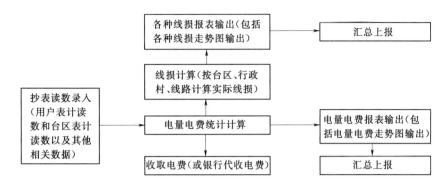

图14-3　农村供电所电费抄、核、收标准化作业工作流程图

农村供电所欠费催收、停电、复电标准化作业工作流程图见图14-4。

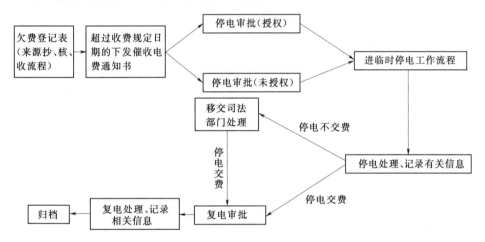

图14-4　农村供电所欠费催收、停电、复电标准化作业工作流程图

抄表卡片传递流程图见图14-5。

抄表日志传递流程图见图14-6。

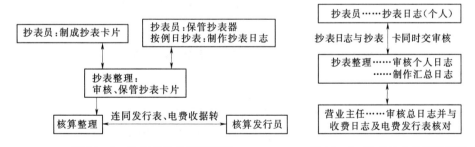

图14-5　抄表卡片传递流程图　　　　图14-6　抄表日志传递流程图

电费通知单传递流程图见图14-7。

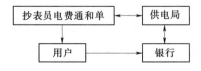

图14-7　电费通知单传递流程图

农村供电所抄表标准化作业工作流程图见图 14-8。

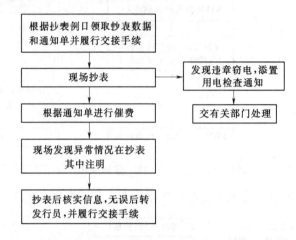

图 14-8　农村供电所抄表标准化作业工作流程图

农村供电所经济活动分析会标准化作业流程图 14-9。

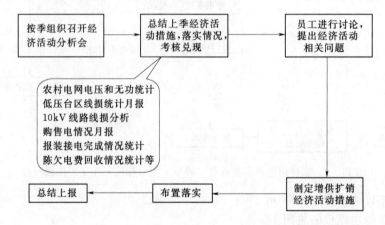

图 14-9　农村供电所经济活动分析会标准化作业工作流程图

第四节　农村供电所业扩报装管理

农村供电所业扩报装标准化作业工作流程图见图 14-10。

农村供电所低压新装标准化作业工作流程图见图 14-11。

农村供电所高压业扩工程管理标准化作业工作流程图见图 14-12。

低压用户业扩报装流程工作内容如图 14-13 所示。

高压用户业扩报装流程工作内容，如图 14-14 所示。

农村供电所低压变更用电标准化作业工作流程，如图 14-15 所示。

电力客户增容、减容流程图，如图 14-16、图 14-17 所示。

用电客户暂停、暂换、迁址、移表、暂拆、更名或过户、分户或并户流程图，如图 14-18～图 14-24 所示。

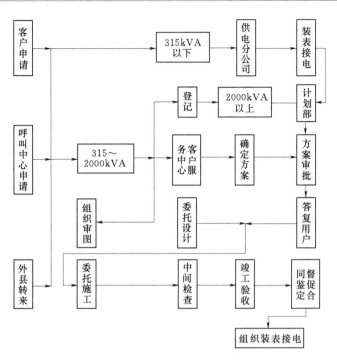

图 14-10　农村供电所业扩报装标准化作业工作流程图

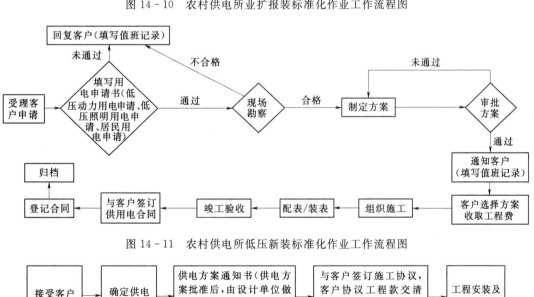

图 14-11　农村供电所低压新装标准化作业工作流程图

图 14-12　农村供电所高压业扩工程管理标准化作业工作流程图

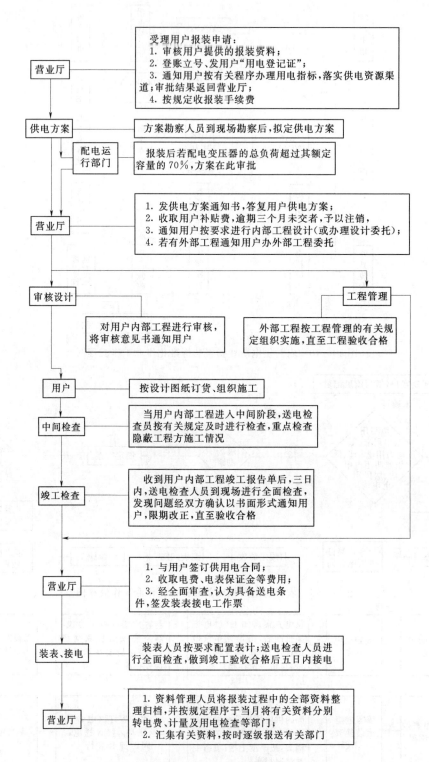

图 14-13　低压用户业扩报装流程工作内容

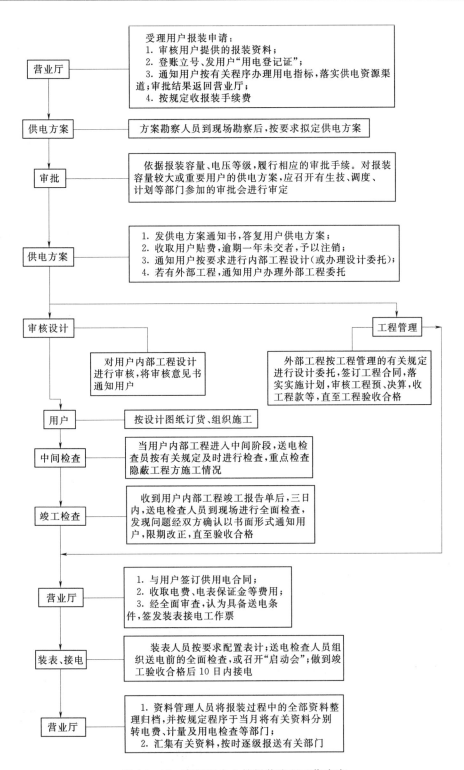

营业厅 — 受理用户报装申请:
1. 审核用户提供的报装资料;
2. 登账立号、发用户"用电登记证";
3. 通知用户按有关程序办理用电指标,落实供电资源渠道;审批结果返回营业厅;
4. 按规定收报装手续费

供电方案 — 方案勘察人员到现场勘察后,按要求拟定供电方案

审批 — 依据报装容量、电压等级,履行相应的审批手续。对报装容量较大或重要用户的供电方案,应召开有生技、调度、计划等部门参加的审批会进行审定

供电方案 —
1. 发供电方案通知书,答复用户供电方案;
2. 收取用户贴费,逾期一年未交者,予以注销;
3. 通知用户按要求进行内部工程设计(或办理设计委托);
4. 若有外部工程,通知用户办理外部工程委托

审核设计 — 对用户内部工程设计进行审核,将审核意见书通知用户

工程管理 — 外部工程按工程管理的有关规定进行设计委托,签订工程合同,落实实施计划,审核工程预、决算,收工程款等,直至工程验收合格

用户 — 按设计图纸订货、组织施工

中间检查 — 当用户内部工程进入中间阶段,送电检查员按有关规定及时进行检查,重点检查隐蔽工程方施工情况

竣工检查 — 收到用户内部工程竣工报告单后,三日内,送电检查人员到现场进行全面检查,发现问题经双方确认以书面形式通知用户,限期改正,直至验收合格

营业厅 —
1. 与用户签订供用电合同;
2. 收取电费、电表保证金等费用;
3. 经全面审查,认为具备送电条件,签发装表接电工作票

装表、接电 — 装表人员按要求配置表计;送电检查人员组织送电前的全面检查,或召开"启动会";做到竣工验收合格后 10 日内接电

营业厅 —
1. 资料管理人员将报装过程中的全部资料整理归档,并按规定程序于当月将有关资料分别转电费、计量及用电检查等部门;
2. 汇集有关资料,按时逐级报送有关部门

图 14-14 高压用户业扩报装流程工作内容

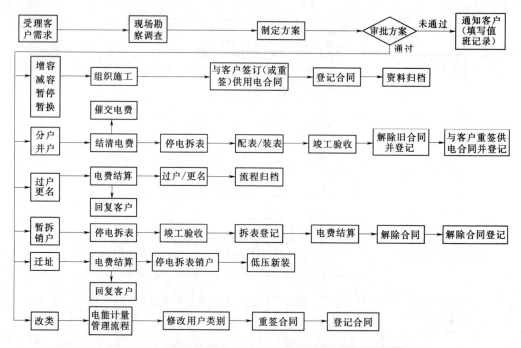

图 14-15 农村供电所低压变更用电标准化作业工作流程图

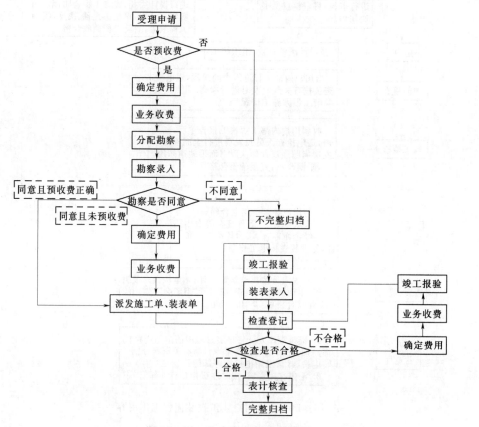

图 14-16 电力客户增容流程图

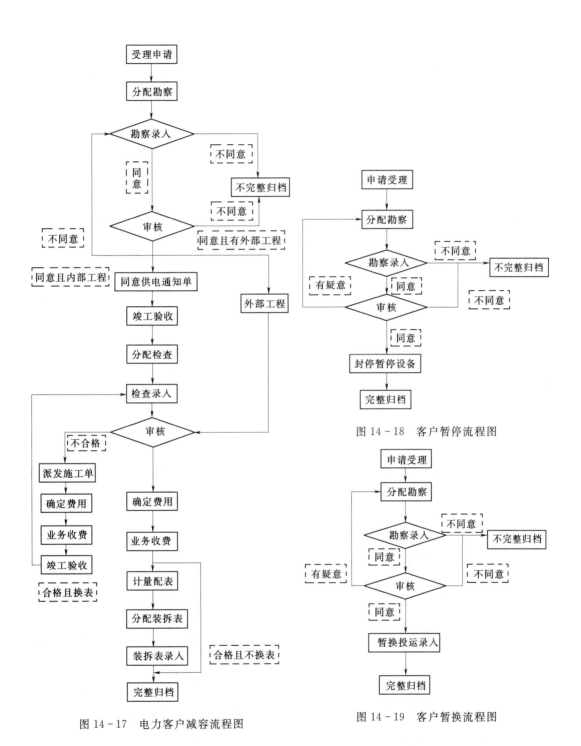

图 14-17 电力客户减容流程图

图 14-18 客户暂停流程图

图 14-19 客户暂换流程图

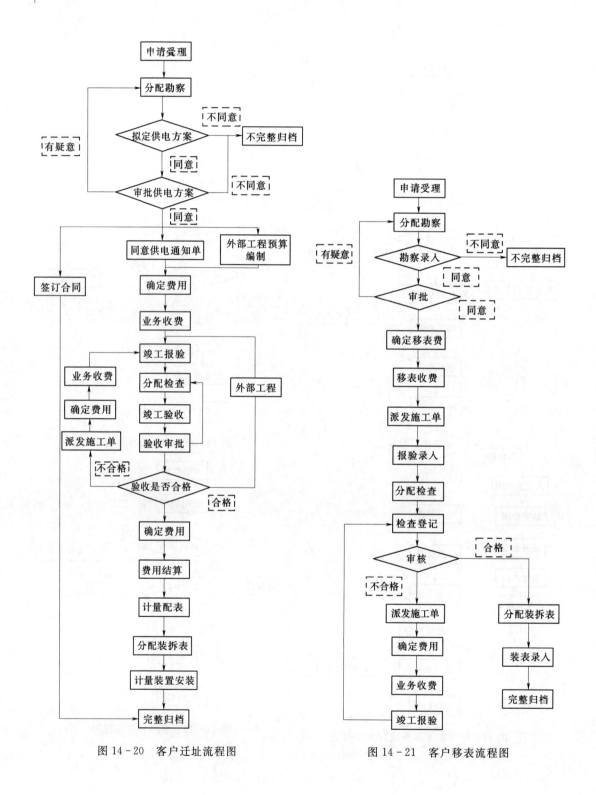

图 14-20 客户迁址流程图　　　　　图 14-21 客户移表流程图

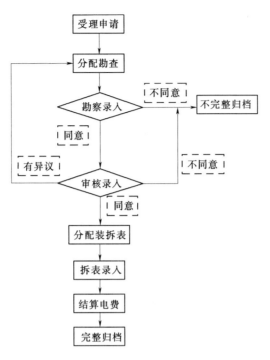

图 14-22 客户暂拆流程图

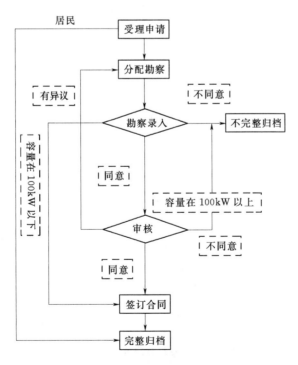

图 14-23 客户更名或过户流程图

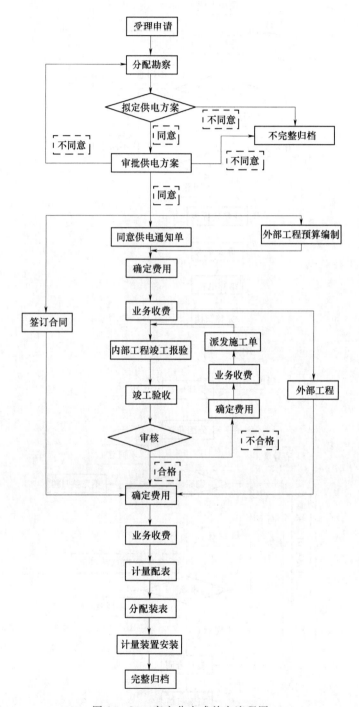

图 14-24　客户分户或并户流程图

第十五章　农村供电所线损管理

第一节　农村供电所线损管理概论

农村供电所线损管理概论见表 15-1。

表 15-1　　　　　　　　　　　　农村供电所线损管理概论

项　目	主　要　内　容
线损	(1) 线损是电能在传输过程中所产生的有功、无功电能和电压损失的简称。在习惯上只将有功电能损失称为线损，它以发热的形式通过空气和介质散发掉。无功电能损失称为无功损失，它使功率因数降低、线路电流增大、从而使有功损失加大、电压降低，并使发变电设备负载率降低。电压损失称为电压降或压降，它使负载端电压降低，用电设备出力下降甚至不能正常使用或造成损坏。 (2) 线损是供电企业的一项重要经济技术指标，也是衡量供电企业综合管理水平的重要标志，加强线损管理是供电企业的一项重要工作。 (3) 月、季及年度线损的统计是线损率指标管理及考核的基础，定义如下： $$线损率 = \frac{供电量 - 售电量}{供电量} \times 100\%$$ 其中　供电量＝发电厂上网电量＋外购电量＋电网输入电量－电网输出电量 　　　售电量＝所有客户的抄见电量 为了分级统计的需要，一次网把输往本公司下一级电网的电量视为售电量。直属抽水蓄能电厂的线损视同联络线线损统计、计算。 (4) 线损率是衡量线损高低的指标，它综合反映和体现了电力系统规划设计、生产运行和经营管理的水平，是电网经营企业，省（自治区、直辖市）、地（市）、县供电公司，乡镇供电营业所的一项重要技术经济指标
电能损耗分类	电能损耗按损耗的特点可以分为不变损耗和可变损耗两大类。 (1) 不变损耗（或固定损耗）。这种损耗的大小与负荷电流的变化无关，与电压变化有关，而系统电压是相对稳定的，所以其损耗相对不变。如变压器、互感器、电动机、电能表等铁芯的电能损耗，以及高压线路的电晕损耗、绝缘子损耗等。 (2) 可变损耗。这种损耗是电网各元件中的电阻在通过电流时产生，大小与电流的平方成正比。如电力线路损耗、变压器绕组中的损耗
线损分类	按线损的性质分类可以分为技术线损与管理线损两大类。 (1) 技术线损，又称为理论线损。它是电网各元件电能损耗的总称，主要包括不变损耗和可变损耗。技术线损可通过理论计算来预测，通过采取技术措施达到降低的目的。 (2) 管理线损。由计量设备误差引起的线损以及由于管理不善和失误等原因造成的线损。如窃电和抄表核算过程中漏抄、错抄、错算等原因造成的线损。管理线损通过加强管理来降低

续表

项　目	主　要　内　容
电能损耗变化规律及其组成	(1) 按损耗的变化规律可分为空载损耗、负载损耗和其他损耗三类。 1) 空载损耗，即不变损失。与通过的电流无关，但与元件所承受的电压有关。 2) 负载损耗，即可变损失，与通过的电流的平方成正比。 3) 其他损耗，与管理因素有关的损失。 (2) 电能的损失组成。 1) 升压和降压变压器的铁芯损耗和在绕组电阻中的损耗。 2) 架空线路和电缆线路电阻的损耗。 3) 高压线路上（一般为 110kV 及以上）的电晕损耗。 4) 串联和并联在线路上（或变电所内）的电抗器中的损耗。 5) 架空线路绝缘子表面泄漏损耗和电缆线路的介质损耗。 6) 各类互感器、保护装置和计量仪表及二次回路中的损耗。 7) 电力系统中无功功率补偿设备中的有功损耗，包括调相机及其辅助设备中的损耗，发电机作调相运行时的损耗，并联电容器中的损耗。 8) 接户线电阻中的损耗。 9) 其他不明损耗
线损指标管理	(1) 为了便于检查和考核线损管理工作，各企业应建立主要线损指标内部统计与考核制度。 1) 关口电能表所在的母线电量不平衡率。 2) 10kV 及以下电网综合线损率及有损线损率。 3) 月末日 24 时抄见售电量的比重。 4) 变电站（所）用电指标。 5) 变电站高峰、低谷负荷时的功率因数。 6) 电压合格率。 (2) 各企业应总结线损管理经验，分析节能降损项目的降损效益，确保年度指标的完成。 (3) 关口设置与计量管理
农村供电所线损管理范围	(1) 配电线路损失。 (2) 配电变压器损失。 (3) 低压线路损失。 (4) 配电线路无功以及低压无功补偿管理。 (5) 配电线路和低压线路的电压损失管理
降低管理线损措施	(1) 必须加强用电管理，加强各营业管理岗位责任制，减少内部责任差错，防止窃电和违约用电，充分利用高科技手段进行防窃电管理。坚持开展经常性的用电检查，对发现由于管理不善造成的电量损失采取有效措施，以降低管理线损。 (2) 严格抄表制度，应使每月的供、售电量尽可能对应，以减少统计线损的波动。所有客户的抄表例日应予固定。 (3) 严格变电站用电管理，变电站的大修、基建、生活多经用电应由当地供电部门装表收费。 (4) 用电营销部门要加强对客户无功电力的管理，提高客户无功补偿设备的补偿效果，按照《电力供应与使用条例》和《电力系统电压和无功电力管理条例》，促进客户采用集中和分散补偿相结合的方式来提高功率因数

项 目	主 要 内 容
降低技术线损措施	（1）各级电力公司在进行电力网的规划建设时，应遵照国家及行业颁布的有关规定，完善网络结构、降低技术线损，不断提高电网的经济运行水平。 （2）各企业应制定年度节能降损的技术措施、计划，分别纳入大修、技改等工程项目安排实施。重点抓好电网规划、升压改造、淘汰高能耗变压器等工作。 （3）要采取各种行之有效的降损措施，简化电压等级，缩短供电半径，减少迂回供电，合理选择导线截面和变压器规格、容量，制定防窃电措施。 （4）依据《电力系统电压和无功电力技术导则》和《电力系统电压质量和无功电力管理条例》及其他有关规定，按照电力系统无功优化计算结果，合理配置无功补偿设备，提高无功设备的运行水平，做到无功分压、分区就地平衡、改善电压质量，降低电能损耗。 （5）积极推广应用新技术、新工艺、新设备和新材料，利用科技进步的力量降低技术线损。 （6）促进利用现代化技术，提高线损科学管理水平。 （7）各级电力调度部门要根据电网的负荷潮流变化及设备的技术状况，及时调整运行方式，实现电网经济运行
工作质量要求	（1）各供电企业要做好年度降损项目的经济效益分析。定期进行情况调查，特别是要加强定量分析。 （2）各供电企业每月7日（节假日顺延）前上报线损完成快报，并通过网络直接进行传送。出现线损率波动大的情况时要进行简要分析，及时沟通信息。 （3）各供电企业需每季一次分析，每半年一次小结、每年二月底以前上报上一年度线损总结报告，年度报告中需要总结的项目包括： 1）线损率指标完成情况。 2）按全公司线损率、网损率、地区线损率分析。 3）线损率分电压等级列出。 4）扣除无损客户电量、趸售电量之后的线损率。 5）典型送变电线损率中的分线线损率。 6）典型配电线损率的分线、分台区的线损率。 7）分析存在的问题和要采取的措施。量化造成线损率升、降的各种原因的影响程度和比例。 8）提出解决对策和下一步工作的重点。 （4）各企业必须定期组织负荷实测，进行线损理论计算，为电网建设和技术改造提供依据。 1）35kV及以上电网一年一次。 2）10kV电网两年一次。 （5）各企业要重视线损管理人员素质的提高，鼓励线损管理有关人员加强学习，增长才干
奖惩	（1）各企业必须建立相对独立的线损奖励制度。 （2）线损奖的分配办法由各企业自定。 （3）对于完不成线损指标计划、虚报指标、弄虚作假的单位和个人，要给予处罚，并通报批评

第二节 农村供电所线损理论计算

农村供电所线损理论计算见表 15-2。

表 15 - 2　　　　　　　　　　　　　　农村供电所线损理论计算

项　目	主　要　内　容
供电所线损理论计算的目的和要求	（1）线损理论计算是降损节能、加强线损管理的一项重要的技术管理手段。通过理论计算可发现电能损失在电网中分布规律，通过计算分析能够暴露出管理和技术上的问题，对降损工作提供理论和技术数据，能够使降损工作抓住重点，提高节能降损的效益，使线损管理更加科学。 （2）根据《供电所线损管理办法》要求，供电所辖区内的高低压线路每 3 年进行线损理论计算。在电网发生较大变化时，还应及时进行计算，重新制订线损指标。在理论损失率超过一定数值时，应考虑对电网结构进行调整或改造，使电网处于一个经济的运行状态。 （3）电网建设和改造前应先进行理论计算，论证其经济合理性。线损理论计算的结果，就是线损管理的目标。达到这个目标，管理线损就可以降为零。在电网结构不变的情况下，这是最理想的管理结果。 （4）为了做好线损理论计算工作，要注意积累线路、设备参数资料和负荷变化等资料。准备的资料越实际，越丰富，计算的结果也就越精确。 （5）线损理论计算是项繁琐复杂的工作，特别是配电线路和低压线路由于分支线多、负荷量大、数据多、情况复杂，这项工作难度更大。为提高计算的工作效率，要积极推行计算机线损理论计算工作
等值电阻法计算 10kV 配电网理论线损	（1）等值电阻法的简化计算假设。 　配电网的电能损失，包括配电线路和配电变压器损失。由于配电网点多面广，结构复杂，客户用电性质不同，负载变化波动大。要想模拟真实情况，计算出某一条线路在某一时刻或某一段时间内的电能损失是很困难的。因为不仅要有详细的电网资料，还要有大量的运行资料，如各段、各台变压器在某一时间段内的运行电流等资料。有些运行资料是很难取得的。另外，某一段时间的损失情况，不能真实反映长时间的损失变化，因为每个负载点的负载随时间、随季节发生变化。而且这样计算的结果只能用于事后的管理，而不能用于事前预测，所以在进行理论计算时，都要对计算方法和步骤进行简化。 　为简化计算，一般假设： 　1）线路总电流按每个负载点配电变压器的容量占该线路配电变压器总容量的比例，分配到各个负载点上。 　2）每个负载点的功率因数 $\cos\varphi$ 相同。 　这样，就能把复杂的配电线路利用线路参数计算并简化成一个等值损耗电阻。这种方法叫等值电阻法。 （2）等值电阻计算过程 　设线路有 m 个负载点，把线路分成 n 个计算段，每段导线电阻分别为 R_1，R_2，R_3，…，R_n，如下图所示。 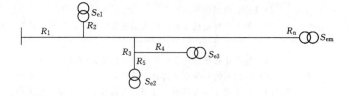 　1）基本等值电阻 R_e $$R_e = \frac{1}{S_{e\Sigma}^2} \sum_{i=1}^{n} S_{ei}^2 R_i$$ 式中　$S_{e\Sigma}$——线路配电变压器容量之和（kVA）； 　　　　S_{ei}——第 i 计算段后配电变压器容量之和（kVA）； 　　　　R_i——第 i 计算段导线基本电阻（20℃时）（Ω）。 　20℃时的导线电阻值 R_i 为

项　目	主　要　内　容

等值电阻法计算 10kV 配电网理论线损

$$R_i = \rho L$$

式中　ρ—导线电阻率（Ω/km）；

　　　　L—导线长度（km）。

20℃时导线电阻率及最大载流量可由下表查出

导线型号	截面积（mm²）	16	25	35	50	70	95
LJ	电阻率 ρ(Ω/km)	1.98	1.28	0.92	0.64	0.46	0.34
	最大载流量 I(A)	110	142	179	226	278	341
LCJ	电阻率 ρ(Ω/km)	2.04	1.38	0.85	0.65	0.46	0.33
	最大载流量 I(A)	110	142	179	231	230	352

2）温度附加电阻 R_{eT}

$$R_{eT} = \alpha\,(t_p - 20)\,R_e$$

式中　α—导线温度系数，铜、铝导线均取 $\alpha = 0.004$；

　　　　t_p—平均环境温度，℃。

3）负载电流附加电阻 R_{ez}

$$R_{ez} = I^2 A_r$$

$$A_r = \frac{0.2}{S_{e\Sigma}^4} \sum_{i=1}^{n} \frac{S_{ei}^4 R_i}{I_i^4}$$

式中　A_r—等值附加电阻常数；

　　　　I—计算用线路总电流（A）；

　　　　I_i—第 i 计算段导线最大载流量（A）。

4）在线路结构未发生变化时，网络实际电阻

$$R = R_e + R_{eT} + R_{ez}$$

R_e、R_{eT}、R_{ez} 三个等效电阻其值不变，就可利用这些运行参数计算线路损失

均方根电流法计算理论线损

（1）利用均方根电流法计算线损精度较高，而且方便。

（2）利用代表日线路出线端电流记录，就可计算出均方根电流 I_j 和平均电流 I_p。

$$I_j = \sqrt{\frac{I_1^2 + I_2^2 + I_3^2 + \cdots + I_n^2}{n}}$$

$$I_p = \frac{I_1 + I_2 + \cdots + I_n}{n}$$

取修正系数　　　　$K = \dfrac{I_j}{I_p}$

（3）在一定性质的线路中，K 值有一定的变化范围。有了 K 值就可用 I_p 代替 I_j。I_p 可用线路供电量计算得出，即

$$I_p = \frac{W}{\sqrt{3}\,U\cos\varphi\,T}$$

式中　U—线路首端平均电压值（kV）；

　　　　T—供电时间（h）。

功率因数用有功电量 W 和无功电量 Q 算出，即

$$\cos\varphi = \frac{W}{\sqrt{W^2 + Q^2}}$$

续表

项　　目	主　要　内　容
电能损失法计算理论线损	(1) 线路损失功率 ΔP（kW） $$\Delta P = 3(KI_P)^2(R_e + R_{eT} + R_{ez}) \times 10^{-3}$$ 如果精度要求不高，可忽略温度附加电阻 R_{eT} 和负载电流附加电阻 R_{ez}。 (2) 线路损失电量 ΔW $$\Delta W = \Delta PT$$ (3) 线损率 η $$\eta = \frac{\Delta W}{W} \times 100\%$$ (4) 配电变压器损失功率 ΔP_B $$\Delta P_B = \sum P_0 + (KI_P)^2 \frac{3U^2}{S_{e\Sigma}^2} \sum P_T$$ 式中　$\sum P_0$—线路配电变压器、空载损失功率之和； 　　　$\sum P_T$—线路配电变压器、短路损失功率之和。 (5) 配电变压器损失电量 ΔW_B $$\Delta W_B = \Delta P_B T$$ (6) 变损率 η_B $$\eta_B = \frac{\Delta W}{W} \times 100\%$$ (7) 综合损失率为 $\eta + \eta_B$
简单低压线路的损失计算	(1) 单相供电线路 1) 一个负荷在线路末端时： $$\Delta P = 2I_j^2 R = 2(KI_P)^2 R$$ 式中　I_j，I_P—线路的均方根电流和平均电流（A）； 　　　R—线路总电阻（Ω）； 　　　$K = \dfrac{I_j}{I_P}$—修正系数。 2) 多个负荷时，并假设均匀分布： $$\Delta P = \frac{2}{3}I_j^2 R = \frac{2}{3}(KI_P)^2 R$$ (2) 3×3（三相三线）供电线路 1) 一个负荷在点在线路末端 $$\Delta P = 3I_j^2 R = 3(KI_P)^2 R$$ 2) 多个负荷时，假设分布均匀且无大分支线： $$\Delta P = I_j^2 R = (KI_P)^2 R$$ (3) 3×4（三相四线）供电线路 1) $L1$、$L2$、$L3$ 三相负载平衡，中性线 I_N 中没有电流流过 $I_N = 0$，其计算方法 3×3 供电线路。 2) 当 $L1$、$L2$、$L3$ 三相负载不平衡，$I_N \neq 0$， $$平均电流\ I_P = (I_1 + I_2 + I_3)/3$$ 不平衡系数 α $$\alpha = \frac{1 + \beta_1^2 + \beta_2^2 + \left(1 - \dfrac{\beta_1 + \beta_2}{2}\right)^2}{(1 + \beta_1 + \beta_2)^{2/3}}$$ 式中　β_1、β_2—负载较小的两相与最大负载那一相电流的比值，β_1、$\beta_2 \leqslant 1$，α 值如下表所示。

项 目	主 要 内 容					
简单低压线路的损失计算	β_2 \\ β_1	1.0	0.9	0.8	0.7	0.6	0.5

	β_1					
β_2	1.0	0.9	0.8	0.7	0.6	0.5
1.0	1.00					
0.9	1.003	1.006				
0.8	1.014	1.017	1.030			
0.7	1.034	1.038	1.052	1.078		
0.6	1.065	1.072	1.089	1.119	1.165	
0.5	1.110	1.120	1.141	1.178	1.233	1.313

简单低压线路的损失计算

由表中可见，当负载不平衡度较小时，α 值接近 1，电能损失与平衡线路接近，可用平衡线路的计算方法计算。

a. 一个负载时

$$\Delta P = 3\alpha I_j^2 R = 3\alpha (KI_P)^2 R$$

b. 有多个负载均匀分布时

$$\Delta P = \alpha I_j^2 R$$

（4）各参数取值说明：

1）电阻 R 为线路总长电阻值。

2）电流为线路首端总电流。可取平均电流和均方根电流。取平均电流时，需要用修正系数 K 进行修正。平均电流可实测或用电能表所计电量求得。

3）在电网规划时，平均电流用配电变压器二次侧额定值，计算最大损耗值，这时 $K=1$。

4）修正系数 K 随电流变化而变化，变化越大，K 越大；反之就小，它与负载的性质有关

复杂低压线路的损失计算

（1）较简单的低压线路几乎不存在，低压线路的结构一般都较复杂。在三相四线线路中，单相、三相负荷交叉混合；有许多的分支线和下户线，在一个配电台区中又有多路出线。

（2）分支线对总损失的影响

假设一条 0.4kV 主干线路有几条相同分支线，每条分支线负荷均匀分布。主干线长度为 L，每条分支线长度为 l，则

主干线电阻 $R_m = r_0 L$

分支线电阻 $R_b = r_0 l$

总电流为 I，分支电流 $I_b = I/n$

1）主干线总损失 ΔP_m

$$\Delta P_m = 3I^2 R_m / 3 = I^2 R_m = n^2 I_b^2 R_m$$

2）各分支线总损失 ΔP_b

$$\Delta P_b = n I_b^2 R_b$$

3）线路全部损失 ΔP

$$\Delta P = \Delta P_m + \Delta P_b = I_b^2 n (n R_m + R_b) = I^2 r_0 \left(L + \frac{l}{n} \right)$$

4）分支线与主干线损失电

$$\frac{\Delta P_b}{\Delta P_m} = \frac{n I_b^2 R_b}{n^2 I_b^2 R_m} = \frac{l}{nL}$$

即分支线损失占主干线的损失比例为 l/nL。一般分支线均小于主干线长度，$l/nL < 1/n$。

（3）多分支线路损失计算。若各分支长度不同，分别为 l_1, l_2, …, l_n，但单位长度负载量和导线截面均相同，则

$$\Delta P_b = \sum_{i=1}^{n} I_{bi}^2 R_{bi} = I_0^2 r_0 \sum_{i=1}^{n} l_i^3$$

续表

项　　目	主　要　内　容
复杂低压线路的损失计算	式中　I_0—单位长度负载电流，$I_0 = I/\sum l$； 　　　$\sum l$—分支线长度总和。 线路总损失 $$\Delta P = \Delta P_m + \Delta P_b = I^2 R_m + I_0^2 r_0 \sum_{i=1}^{n} l_i^3 = I^2 r_0 \left(L + \frac{\sum_{i=1}^{n} l_i^3}{\sum l} \right)$$ （4）等值损失电阻 R_e： 1）主干、分支导线截面相同时的等值电阻 $$R_e = \frac{r_0}{3} \left(L + \frac{\sum_{i=1}^{n} l_i^3}{\sum l} \right)$$ 2）主干、分支导线截面均不同，即 r_0 不同 $$R_e = \frac{1}{3} \left(r_{0m} L + \frac{\sum_{i=1}^{n} r_{0bi} l_i^3}{\sum l} \right)$$ 3）主干、分支导线截面相同，各分支长度相等 $$R_e = \frac{1}{3} r_0 \left(L + \frac{l}{n} \right)$$ （5）损失功率： $$\Delta P = 3\alpha I_j^2 R_e$$ 三相三线线路 $\alpha = 1$，三相四线线路的 α 值以主干线导线截面来查表。 （6）多线路损失计算。 配变台区有多路出线（或仅一路出线，在出口处出现多个大分支）的损失计算。 设有 m 路出线，每路负载电流为 I_1，I_2，…，I_m 台区总电流　　　　　　　$I = I_1 + I_2 + \cdots + I_m$ 每路损失等值电阻 R_{e1}，R_{e2}，…，R_{em} 则 $$\Delta P = \Delta P_1 + \Delta P_2 + \cdots + \Delta P_m = 3 \left(I_1^2 R_{e1} + I_2^2 R_{e2} + \cdots + I_m^2 R_{em} \right)$$ 如果各出线结构相同，即 $I_1 = I_2 = \cdots = I_m$ $$R_{e1} = R_{e2} = \cdots = R_{em}$$ 则 $$\Delta P = \frac{3}{M} I^2 R_{e1}$$ （7）下户线的损失。 主干线到各个用户的线路称为下户线。下户线由于线路距离短，负载电流小，其电能损失所占比例也很小，在要求不高的情况下可忽略不计。 取下户线平均长度为 l，有 n 条下户线总长为 L，线路总电阻 $R = r_0 L$，每条下户线的负载电流相同均为 I_0，则 1）单相下户线 $$\Delta P = 2I^2 R = 2I^2 r_0 L$$ 2）三相三线或三相四线下户线 $$\Delta P = 3I^2 R = 3I^2 r_0 L$$

续表

项　　目	主　要　内　容
低压配电线路电能损失的估算方法	（1）线路损失理论计算需要大量的有关线路结构和负载的资料。尽管在计算时又做了大量的简化，但计量工作量仍然很大，而且需要具有一定专业知识的人员才能进行。一旦资料不完善或缺少专业人员，就无法进行理论计算工作。 （2）用测量电压损失估算线路电能损失的方法还是简便宜行的。其基本原理是依据线路损失率 η 与电压损失百分数 $\Delta U\%$ 成正比。$\Delta U\%$ 可以通过测量线路首端和末端电压取得。 （3）线路电阻 R，阻抗 Z 之间的关系式是 $$R = Z\cos\varphi_z$$ （4）线路损失率 $$\eta = \frac{\Delta P}{P} \times 100\% = \frac{I^2 R}{IU\cos\varphi} \times 100\% = \frac{IZ\cos\varphi_z}{U\cos\varphi} \times 100\% = \frac{\Delta U}{U} \times \frac{\cos\varphi_z}{\cos\varphi} \times 100\% = k\Delta U\%$$ k 为损失修正系数，它与负载的功率因数和线路阻抗角有关，为计算方便，可用查表法查得单相低压线路和三相无大分支低压线路的 k 值。

单相线路损失修正系数 k

导线截面（mm²）＼cosφ	1.0	0.95	0.90	0.85	0.80	0.75	0.70	0.65	0.60
25	1.28	1.347	1.422	1.506	1.6	1.707	1.829	1.969	2.133
35	1.24	1.305	1.378	1.459	1.55	1.653	1.771	1.908	2.067
50	1.173	1.235	1.304	1.38	1.467	1.564	1.676	1.805	1.956
70	173	1.137	1.2	1.271	1.35	1.44	1.543	1.662	1.8

三相低压线路损失率修正系数 k

导线截面（mm²）＼cosφ	1.0	0.95	0.90	0.85	0.80	0.75	0.70	0.65	0.60
25	1.109	1.167	1.232	1.304	1.386	1.478	1.584	1.705	1.848
35	1.074	1.13	1.193	1.263	1.342	1.432	1.534	1.652	1.79
50	1.016	1.07	1.129	1.195	1.27	1.355	1.452	1.563	1.694
70	0.935	0.985	1.039	1.1	1.169	1.247	1.336	1.439	1.559

　　在求取低压线路损失时，要测量出线路电压降 ΔU，知道负载功率因数就能算出该线路的电能损失率。

　　（5）由于负载无时无地不在变化，因此要取得平均电能损失率，应尽量取几个不同情况进行测量，然后取平均数。如果线路首端和末端分别装有自动电压记录仪，只要测出一段时间的电压降，就可得到较准确的电能损失率。

　　（6）如果一个配电变台区有多路出线，应对每条线路测取一个电压损失值，并用该线路的负载占总负载的比值修正这个电压损失值，然后求和算出总的电压损失百分数和总损失率。

$$\eta = \frac{P_1}{P} k_1 \Delta u_1\% + \frac{P_2}{P} k_2 \Delta u_2\% + \cdots + \frac{P_n}{P} k_n \Delta u_n\%$$

　　（7）线路只有一个负载时，k 值要进行修正，实际 k 值是表中所列数值的 1.5 倍。

　　（8）线路中负载个数较少时，表中 k 值要再乘以 $(1+1/2n)$，n 为负载个数

第三节　农村供电所线损分析及降损措施

农村供电所线损及降损措施见表 15-3。

农村供电所线损管理标准化作业工作流程图见图 15-1。

表 15-3　　　　　　　　　农村供电所线损分析及降损措施

项　　目	主　要　内　容
供电所线损分析的目的	线路中的电能损失与线路结构和负载性质有关。通过线损分析找出影响损失的主要因素，并针对各要素采取相应的措施，以取得较大降损效果和较好的经济效益
线损分布规律分析	(1) 线损在线路中不是平均分布的，而是线路前端损失大，主干损失大于分支损失。 (2) 下图为一典型线路，线路中有 n 个相同的负载，并假设将线路分为相等的 n 段。 则有 $$r_1 = r_2 = r_3 = \cdots = r_{n-1} = r_n = r$$ $$S_1 = S_2 = S_3 = \cdots = S_{n-1} = S_n = S$$ 设每个负载的电流为 I，总电流为 nI 各段电流分别为： $$I_1 = nI, I_2 = (n-1)I, I_3 = (n-2)I, \cdots$$ $$I_{n-1} = 2I, \quad I_n = I$$ (3) 线路损失功率 ΔP $$\Delta P = \frac{1}{6} I^2 r n (n+1)(2n+1)$$ 前 m 段损失占线路总损失的比重，从首端到末端累计损失比重列于下表。

m/n	0.1	0.2	0.3	0.4	0.5	0.6	0.7	0.8	0.9	1.0
$\Delta P_m / \Delta P$ (%)	27.1	48.8	65.7	78.4	87.5	93.6	97.3	99.2	99.9	100
损失增量（%）	27.1	21.7	16.9	12.7	9.1	6.1	3.7	1.9	0.7	0.1

1) 从首端起，10% 的线路其损失占线路总损失的 27.1%，到 60% 的线路时，损失比已达到 93.6%。

2) 由前往后同样长度的线路段损失比迅速降低。

3) 线路损失集中在线路前半部分，应重点考虑这部分线路的降损措施

项目	内容
分支损失与主干损失分析比较	(1) 设某主干线路截为相等的 n 段，有 n 个分支的线路，各分支线路结构相同，每个分支均匀连接着彼此相等的 n 个负载，则共有 n^2 个负载。设每个负载的电流为 I。 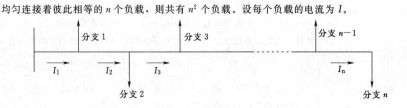

项　目	主　要　内　容
分支损失与主干损失分析比较	（2）分支损失功率之和 $$\sum P_b = \frac{1}{6}I^2rn^2\,(n+1)\,(2n+1)$$ （3）主干线路损失功率 $$\Delta P_m = \frac{1}{6}I^2rn^3\,(n+1)\,(2n+1)$$ （4）分支线路与主干线路损失功率比 $$\frac{\sum\Delta P_b}{\Delta P_m}=\frac{1}{n}$$ （5）当分支较多时，分支损失占的比重较小。当分支数少于 n 或各分支线长度小于主干线时，其比重小于 $1/n$。因此可知线路中的损失大部分集中在主干线上
线路结构对损失的影响分析	（1）电源点的首端设在主干线路的中间，如下图所示。 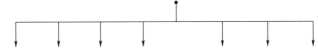 这时线路总损失由 ΔP 变为 $\Delta P'$，即 $$\Delta P'=\frac{1}{24}I^2r\left(n+\frac{1}{2}\right)\left(2n+\frac{1}{2}\right)$$ 与原损失的比为 $$\frac{\Delta P'}{\Delta P}\approx\frac{1}{4}$$ 线损降为原来的四分之一。 （2）首端供电的十字状分支线路改为由十字中心供电的分支线路，如下图所示。 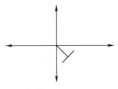 （3）假设各分支对称，每支路有 n 个负载，共为 $4n$ 个负载。 1）首端供电的十字分支线路损失为 $$\Delta P_1=\frac{1}{6}I^2rn(80n^2+30n+1)$$ 2）电源点在十字分支点供电的分支线路损失为： $$\Delta P_2=\frac{2}{3}I^2rn(n+1)(2n+1)$$ 3）这两种情况供电线路损失比，当 $5\leqslant n\leqslant100$ 时 $$8.16\leqslant\frac{\Delta P_1}{\Delta P_2}\leqslant9.89$$ 可见首端供电的十字分支线路的损失是以十字中心点供电的十字分支线路损失的8倍以上。 （4）从上面的分析看出，电源应放在负荷中心，使电网呈网状结构，线路向周围辐射，这种电网结构，损失最小。应尽量避免采用链状或树状结构

447

项　　目	主　要　内　容
无功电流对线路损失的影响分析	（1）在线路的负载中存在着大量感性负载使得线路功率因数降低。在输送同样的功率下，功率因数下降，负载电流就提高，线路损失成平方比增加。要减少损失，就必须减少电流。 （2）线路电流 I 分为有功电流分量 I_r，无功电流分量 I_x。如果功率因数为 $\cos\varphi$，线路损失为 ΔP，则 $$I_r=I\cos\varphi$$ $$I_x=I\sin\varphi$$ 有功电流造成的损失为 $$\Delta P_r=\Delta P\cos^2\varphi$$ 无功电流造成的损失分量为 $$\Delta P_x=\Delta P\sin^2\varphi=\Delta P(1-\cos^2\varphi)$$ （3）在一定的线路中，有功电流造成的损失分量 ΔP_r 是不可改变的，但 ΔP_x 可通过无功补偿方法，减少无功电流使 ΔP_x 减少，使总损失 $\Delta P=\Delta P_r+\Delta P_x$ 减少。 （4）无功电流在线路中造成的损失功率与 $\sin^2\varphi$ 成正比，在 $\cos\varphi$ 较低时，ΔP_x 占 ΔP 的比例是很大的。 例　$\cos\varphi=0.6$ 时，$\Delta P_x=0.64\Delta P$ 　　$\cos\varphi=0.8$ 时，$\Delta P_x=0.36\Delta P$ 所以，降低无功消耗、加强无功补偿是降低线路损失的一个重要措施
降损技术措施：调整完善电网结构	（1）电源应设在负荷中心，线路由电源向周围辐射。农村低压用电要尽量使配电变压器安装在负荷的中心位置。高压线路可以进村，改变过去将变台设在村外，低压线路进村与各负荷连接成树状供电方式的做法。 （2）缩短供电半径，避免近电远供和迂回供电。农村配电变压器应按小容量、密布点、短半径的要求设置。10kV 配电线路供电半径应不大于 15km；0.4kV 配电线路供电半径应不大于 0.5km。在设备容量密度为 $200\sim400kW/km^2$ 的地区，供电半径可以放宽。但不应大于 0.7km。在设备容量密度小于 $200kW/km^2$ 的平原地区应不大于 1.0km，带状地区应不大于 1.5km。 （3）合理选择导线截面。应该从线路首端到末端，从主干线到分支线由大截面到小截面的顺序选择阶梯型导线截面，同时还应考虑留有今后的发展和电压降的余地。 1）10kV 配电线路导线截面：主干线不宜小于 $70mm^2$，支干线不宜小于 $50mm^2$，分支线不宜小于 $35mm^2$。 2）0.4kV 低压主干线按最大工作电流选取导线截面，但不应小于 $35mm^2$，分支线不得小于 $25mm^2$，禁止使用单股、破股线和铁线。 （4）选择节能型配电变压器，并合理选择容量。配电变压器损失在配电系统电能损失中，占有很大的比重。减少配电变压器损失，对降低综合损失具有重要作用。减少配电变压器损失的方法就是采用节能型变压器和提高配电变压器负荷率。 1）积极推广应用 S9 系列和非晶体合金变压器，坚决淘汰更换 64、73 系列高耗能配电变压器。 2）提高配电变压器负载率。一般农村配电变压器负载率较低，其铁损功率大于铜损功率，减少变压器容量，提高其负载率使其在一个经济状态下运行，达到变损总量的降低。变压器经济运行负载率，因型号、容量不同而有所差别，一般按下式计算 $$\eta=\sqrt{\frac{P_0}{P_{Cu}}}$$ 式中　P_0——变压器铁损功率； 　　　P_{Cu}——变压器铜损功率。 在实际应用中在对负载性质、无功损耗和最大负荷进行综合考虑。容量最小应满足最大负荷的要求，并富有一定余度。配电变压器容量与用电设备容量之比，采用 $1:1.5\sim1:1.8$ 为宜

续表

项　目	主　要　内　容
降损技术措施：调节线路电压	（1）在负载功率不变的条件，提高线路电压，线路电流会相应减少，线路损失会随之降低。如果将 6kV 升压到 10kV，线路损失降低 64%；将 10kV 升压到 35kV，线路损失会降低 92%。对负载容量较大，离电源点较远的用户宜采用较高电压等级的供电方式。 （2）对于运行在一定电压下的线路，电压在额定数值上下允许一定的波动范围。配电线路电压允许波动范围为标准电压的 ±7%，低压线路电压允许波动范围为标准电压的 ±10%。如果线路电压运行在上限或下限，线路的电能损失是不同的，电压高则损失低，反之损失高。例如 10kV 配电线路上限电压为 10.7kV，下限电压为 9.3kV，输送同样的功率，用上限电压供电比用下限电压供电减少线路电能损失 24%，0.4kV 线路用上限电压供电比用下限电压供电减少电能损失 33%。 （3）提高配电线路供电电压会增加配电变压器的损耗。因变压器空载损耗与所加电压的平方成正比，有时提高电压会使综合损失增加，所以要线损、变损综合考虑。线路负荷高峰期应提高电压，低谷时不易提高电压；变压器空载损失功率大于线路损失功率时不易提高电压，应适当降压。 （4）低压线路提高供电电压也会增加机械电能表电压线圈的电能损失，但一般来说线路损失大于电能表线圈损失，故提高低压线路电压是减少低压线损的一个有效措施
降损技术措施：提高功率因数	（1）当客户月用电平均功率因数高于标准值时，以减少电费的形式进行奖励，功率因数越高，奖励的比例越大。反之，功率因数低于标准值，将以增加电费的形式进行惩罚，功率因数越低，惩罚的比例越大，上交电费就越多。 （2）合理选择变压器容量，避免变压器在空载和轻载下运行。一般来讲，变压器的负荷率在 50% 以上时比较经济。 （3）正确选用交流异步感应电动机的型号和容量，避免空载和轻载下运行。电动机在额定功率时的功率因数约为 0.85～0.89。 （4）用无功补偿设备来补偿用电设备所需的无功功率以达到提高功率因数的目的。无功补偿设备有并联电容器、同步电动机和同步调相机等。电容器补偿因具有有功损耗小、安装维护方便、投资少而被广泛采用。 （5）电容器补偿方法有线路补偿、变电所集中补偿、随器就地补偿、随机就地补偿。 （6）补偿容量可按下式计算求得： $$Q = P(\tan\varphi_1 - \tan\varphi_2) = Pq$$ 式中　　Q—补偿容量（kvar）； 　　　　P—被补偿设备、线路的有功功率（kW）； $\tan\varphi_1$，$\tan\varphi_2$—补偿前、后功率因数角的正切值。 $q = (\tan\varphi_1 - \tan\varphi_2)$ 称为补偿率（kvar/kW），可直接从下表查出：

$\cos\varphi_1$ \ $\cos\varphi_2$	0.8	0.82	0.84	0.85	0.86	0.88	0.9	0.92	0.94	0.96	0.98	1.00
0.50	0.98	1.04	1.09	1.11	1.14	1.19	1.25	1.31	1.37	1.44	1.52	1.73
0.52	0.89	0.94	1.00	1.02	1.05	1.10	1.16	1.21	1.28	1.35	1.44	1.64
0.54	0.81	0.86	0.91	0.94	0.97	1.02	1.07	1.13	1.20	1.27	1.36	1.56
0.56	0.73	0.78	0.83	0.86	0.89	0.94	0.99	1.05	1.12	1.19	1.28	1.48
0.58	0.66	0.71	0.76	0.79	0.81	0.87	0.92	0.98	1.04	1.12	1.20	1.41
0.60	0.58	0.64	0.69	0.71	0.74	0.79	0.85	0.91	0.97	1.04	1.13	1.33
0.62	0.52	0.57	0.62	0.65	0.67	0.73	0.78	0.84	0.90	0.98	1.06	1.27
0.64	0.45	0.50	0.56	0.58	0.61	0.66	0.72	0.77	0.84	0.91	1.00	1.20
0.66	0.39	0.44	0.49	0.52	0.55	0.60	0.65	0.71	0.78	0.85	0.94	1.14

项　目	主　要　内　容											
降损技术措施：提高功率因数	$\cos\varphi_1$ \ $\cos\varphi_2$	0.8	0.82	0.84	0.85	0.86	0.88	0.9	0.92	0.94	0.96	0.98	1.00
	0.68	0.33	0.38	0.43	0.46	0.48	0.54	0.59	0.65	0.71	0.79	0.88	1.08
	0.70	0.27	0.32	0.38	0.40	0.43	0.48	0.54	0.59	0.66	0.73	0.82	1.02
	0.72	0.21	0.27	0.32	0.34	0.37	0.42	0.48	0.54	0.60	0.67	0.76	0.96
	0.74	0.16	0.21	0.26	0.29	0.31	0.37	0.42	0.48	0.54	0.62	0.71	0.91
	0.76	0.10	0.16	0.21	0.23	0.26	0.31	0.37	0.43	0.49	0.56	0.65	0.85
	0.78	0.05	0.11	0.16	0.18	0.21	0.26	0.32	0.38	0.44	0.51	0.60	0.80
	0.80		0.05	0.10	0.13	0.16	0.21	0.27	0.32	0.39	0.46	0.55	0.73
	0.82			0.05	0.08	0.10	0.16	0.21	0.27	0.34	0.41	0.49	0.70
	0.84				0.03	0.05	0.11	0.16	0.22	0.28	0.35	0.44	0.65
	0.85					0.03	0.08	0.14	0.19	0.26	0.33	0.42	0.62
	0.86						0.05	0.11	0.17	0.23	0.30	0.39	0.59
	0.88							0.06	0.11	0.18	0.25	0.34	0.54
	0.9								0.06	0.12	0.19	0.28	0.49

降损管理措施：建立组织管理体系

（1）县供电企业应当建立县、乡、村三级管理网，分级、分专业、分线路、分电压，分用电村进行管理和考核。

（2）对各级人员明确职责、层层落实责任，严格考核。

（3）供电所应当设立线损专责人，在所长领导下对供电所营业区域内的高压配电网络和低压配电网络的线损工作负责管理和协调。

（4）电工组负责所辖用电村低压线损管理工作

降损管理措施：建立指标管理体系

（1）线损率指标是一个综合性的指标，它的高低能够反映企业的技术、设备和管理等多方面的水平，要使线损率达到一定的水平，必须以其他一系列指标的实现做保证。

（2）供电所线损率指标保证体系：

1）高低压线路配电变压器的理论线损指标，管理线损指标及综合线损指标。

2）每条线路的和用户单位的功率因数指标。

3）高低压电压合格率指标。

4）电能表的校验轮换率指标。

5）电能表实抄率、电费核算差错率指标。

6）补偿电容器投运率指标。

7）线路设备的节能改造指标。

（3）指标制订要科学合理，并层层分解落实，以保证总指标的实现

降损管理措施：线损分析

（1）电能平衡分析。就是对输入端电量与输出端电量的比较分析。主要用于变电所，配电室和计量箱的输入与输出电能分析，母线电能平衡分析。计量总表与分表电量的比较，用于监督电能计量设备的运行情况和变电站本身耗能情况。这是很有效的分析方法，经常开展这项活动（至少每月一次）能够及时发现问题，及时采取措施，使计量装置保持在正常运行状态。

（2）理论线损与实际线损对比分析。实际线损与理论线损的偏差的大小，能看出管理上的差距，能分析出可能存在的问题，并结合其他分析方法，找出管理中存在的问题，然后采取相应措施。

项　目	主　要　内　容
降损管理措施：线损分析	（3）现实与历史同期比较分析。有些用电负载与季节有联系，随季节变化而变化，如农业用电。另外，同期的气象条件也基本一致，所以与历史同期的数值比较，有很大的可比性，通过比较能够发现问题。 （4）与平均水平比较分析。一个连续的较长时间的线损平均水平，能够消除因负载变化，时间变化、抄表时间差等形成的线损波动现象，这个线损水平能反映线损的实际状况，与这个水平相比较，就能发现当时的线损是否正常。 （5）与先进水平比。 1）本单位的线损完成情况，与周围单位比，与省内，国内同等单位比，就能发现自己在电网结构和管理中存在的差距。 2）线损分析有年度分析、季度分析和月度分析。分析应该有重点，有针对性
降损管理措施：加强营销管理，堵塞各种漏洞	（1）建立同步抄表制度，减少因抄表时间差造成的线损波动，消除时间线损。 （2）减少抄表误差。抄表要到位，杜绝估抄、漏抄和错抄等现象。积极推广应用计算机远程集中抄表、无线电集中抄表等先进的抄表手段和方法，提高抄表效率和质量，真正实现同期同步自动化抄表。使抄表时间差和表码误差降到最低限度。 （3）加强电量、电价、电费的核算管理，积极推广计算机核算工作，减少核算误差，确保电量、电价、电费正确无误。 （4）加强计量管理工作。供电所应设立专（兼）职计量管理员，负责计量装置的日常管理工作。 1）对客户电能表实行统一管理、建立台账，统一按周期修、校、轮换，提高表计计量的准确性。 2）推广应用新型电能表或长寿命电能表，并可适当采用集中抄表系统；坚决淘汰老型号电能表。 3）加强计量装置的配置管理。根据客户的设备容量、负荷性质和变化情况，科学地配置计量装置，使计量装置在较高的负载率下运行，提高计量的准确性。对农村生活用电的计量，应采用户外集中计量的方式，把若干户的电能表集中在计量箱内，这样便于管理又防止窃电 （5）实现县乡电力一体化管理，全面推行"五统一"（统一电价、统一发票、统一抄表、统一核算、统一考核）、"四到户"（销售到户、抄表到户、收费到户、服务到户）和"三公开"（电量公开、电价公开、电费公开），农村用户实行一户一表，由县供电企业的职工（电工）直接抄表。 （6）加强用电检查工作。 1）用电检查的主要任务就是防止窃电和保证正确计费。 2）窃电是一种违法行为，它扰乱正常的用电秩序，用非法手段谋取利益，对供电企业造成损害，给国家造成损失。对窃电行为应根据《中华人民共和国电力法》和《电力使用与供应条例》等有关法规的规定予以严厉打击，坚决制止。 3）窃电方式很多，有绕表接线，电压、电流回路开路或短路，改变计量接线方式，改变计量 TA 倍率，开启电能表调整误差或改变计数器的变速比以及增加表盘的阻尼或外加磁场干扰等手段。上述窃电方式中不论哪一种手段都是为了使电能表失效或减少所计电量，达到窃电的目的。 4）窃电行为一般比较隐蔽，应根据其特点和可能采取的方式，不定期不定时突击检查，发现窃电要依法严惩。同时要积极采用防窃电技术措施，如采用防窃电多功能电能表，防窃电计量箱，配电柜等

项　目	主　要　内　容
降损管理措施：加强运行管理	（1）调整线路电压，使电压处在合格范围，并处在经济运行状态。 （2）调整线路设备的功率因数，按照负载的变化及时投切补偿电容器。 （3）调整变压器的负载率，使其运行在经济运行区。 　1）单台运行的变压器长期在低负载或满载、超载的情况下，应调整变压器容量。 　2）两台以上变压器的经济运行。某一负载值使单台运行的损耗等于两台同时运行的损耗，这个负载值称为临界负载。当实际负载小于临界负载时，采用单台变压器运行；高于临界负载时，两台变压器运行较经济。 　3）对季节性变压器应根据季节变化及时停运空载变压器。 　4）用经济手段调整负荷需求。如执行峰谷分时电价，达到削峰填谷、平衡用电的目的。 　5）平衡低压配电网中的三相负载，使配电变压器出口电流不平衡度不大于10%，干线及主要支线始端的电流不平衡度不大于20%。 （4）开展线损理论计算工作，使计算成果在线损管理中发挥作用，达到管理线损降为零的目标

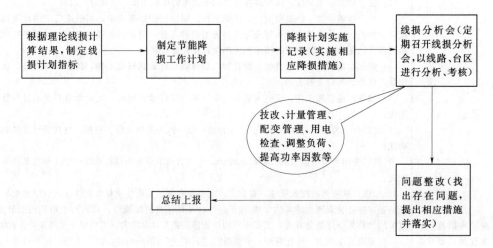

图 15-1　农村供电所线损管理标准化作业工作流程图

第十六章　优质服务和用电检查

第一节　供电服务"十项承诺"和事故处理

一、十项承诺

国家电网公司供电服务"十项承诺"如下：

(1) 城市地区：供电可靠率不低于99.90%，居民客户端电压合格率不低于96%。农村地区：供电可靠率和居民客户端电压合格率，经国家电网公司核定后，由各省（自治区、直辖市）电力公司公布承诺指标。

(2) 供电营业场所公开电价、收费标准和服务程序。

(3) 电方案答复期限：居民客户不超过3个工作日，低压电力客户不超过7个工作日，高压单电源客户不超过15个工作日，高压双电源客户不超过30个工作日。

(4) 城乡居民客户向供电企业申请用电，受电装置检验合格并办理相关手续后，3个工作日内送电。

(5) 非居民客户向供电企业申请用电，受电工程验收合格并办理相关手续后，5个工作日内送电。

(6) 当电力供应不足，不能保证连续供电时，严格执行政府批准的限电序位。

(7) 供电设施计划检修停电，提前7天向社会公告。

(8) 提供24小时电力故障报修服务，供电抢修人员到达现场的时间一般不超过：城区范围45分钟；农村地区90分钟；特殊边远地区2小时。

(9) 客户欠电费需依法采取停电措施的，提前7天送达停电通知书。

(10) 电力服务热线"95598"24小时受理业务咨询、信息查询、服务投诉和电力故障报修。

二、农村供电所事故处理

农村供电所事故处理见表16-1。

表 16-1　　　　　　　　　　　　农村供电所事故处理

项　　目	主　要　内　容
事故处理的原则	(1) 尽快消除事故根源，防止事故扩大和重演。 (2) 用一切可能的方法，保障农村配电网络设备的继续运行，使用户能正常用电。 (3) 对已停电的用户应尽快恢复供电

续表

项　目	主　要　内　容
事故处理准备	（1）供电所应建立事故抢修组织，明确职责分工和联系办法。 （2）供电所应储备一定数量的备品、配件和抢修工具，并指派专人负责保管，每年检查一次。所备物资应为合格产品。 （3）事故动用后应及时补齐，非事故抢修情况不准挪用
事故处理方法 与处理技术	（1）线路发生故障（不论重合是否成功）或线路发生频发性瞬间接地等异常现象，应迅速派人对异常线路进行全面巡查。必要时，调度人员应通知用电监察人员查明高压用户的设备情况，直至故障点全部查出为止。 （2）发生接地故障的混凝土电杆应详细检查根部有无烧伤，并做好记录。 （3）高压分支线路保险丝熔断或油开关掉闸时，不得盲目试送电，必须详细检查线路，查明原因，消除故障后方可送电。 （4）重合未成功的短路故障，应迅速查出原因。将线路停电地段缩至最小范围。 （5）中性点不接地系统发生永久性接地故障时，可利用柱上油开关分段选出故障段。 （6）变压器一次侧或二次侧熔丝熔断时，按如下规定办理： 1）低压熔丝熔断时，除接触不良外，必须检查低压线路，无问题后方可送电。送电后应立即测量负荷电流，判明是否确无问题。 2）高压熔丝熔断时，必须详细检查高压设备（如检查油色、油温、油味等），测量变压器绝缘电阻，必要时还应做耐压、匝层间绝缘试验，测量直流电阻，无问题后方可送电
事故处理 注意事项	（1）事故巡查时，巡查人员应将事故状况做好现场记录，收集引起故障的一切物件并妥善保管，作为分析事故的依据。 （2）事故发生后，供电所应及时组织有关人员进行调查，分析原因，制定防止事故的对策。 （3）事故处理在紧急情况下因条件、时间等限制，在保障线路安全运行的前提下可采取临时措施，但事后要及时改善

第二节　农村供电营业规范化服务窗口标准

农村供电营业规范化服务窗口标准见表16－2。

表16－2　　　　　　　　农村供电营业规范化服务窗口标准

项　目	内　容
1.总则	（1）为进一步加强农村供电服务规范化、标准化建设，不断提升农村供电营业规范化服务水平，国家电网公司于2005年6月2日颁布并实施《农村供电营业规范化服务窗口标准》（试行）。 （2）本标准为农村供电营业窗口应达到的基本服务质量标准。适用于国家电网公司所属各区域电网公司、省（自治区、直辖市）电力公司县级供电企业农村供电营业窗口。 （3）农村供电营业窗口指县供电企业供电营业场所，与城市供电营业窗口相对应。包括：营业厅、室、所、站，供电所，以及95598客户服务中心

项　目	内　容
2. 服务环境	（1）营业窗口外设置国家电网公司规定的统一标识和营业时间牌。 （2）营业窗口内外环境整洁、服务设施齐备，设有客户等候休息处和书写台，备有饮用水及必要的文具、老花镜、用电业务服务指南、用电常识、用电申请表、客户意见簿、宣传资料等。 （3）室内应设置办理各类业务的标志、标牌，并统一制式，定置摆放。在显著位置公布工作人员的姓名、岗位、工号和照片，公布服务承诺、服务内容、业务流程、现行电价、收费标准及供电服务电话。少数民族地区应设有汉字和民族文字对应的标识。 （4）服务场所卫生整洁，车辆定点存放，并确定卫生责任区和责任人。营业厅内有明显的禁烟标志
3. 服务行为	（1）工作人员着装统一，整洁大方。经培训后，持证挂牌上岗。 （2）接待客户主动、礼貌、耐心、热情，使用规范化文明用语。对客户提出的问题不推诿、不搪塞。当出现差错时。及时向客户表示歉意并纠正。 （3）上门为客户服务时应主动出示工作证件。尊重客户的风俗和习惯。工作完成后，做到设备整洁、场地清洁，并向客户发放"征求意见书"，征求客户的意见和建议。 （4）工作人员不得在客户处就餐
4. 服务规范	（1）供电可靠率、居民客户端电压合格率符合国家规定标准，同时满足省（自治区、直辖市）电力公司公布的承诺标准。 （2）按时结算和回收电费，有完备的电费月结月清收缴制度，无截留挪用电费事件。 （3）严格执行分类到户电价政策。实行"三公开"（电价公开、电量公开、电费公开），"四到户"（销售到户、抄表到户、收费到户、服务到户）"五统一"（统一电价、统一票据、统一抄表、统一核算、统一考核）。 （4）电费票据实行微机开票，凭票收费，据使用县（市）供电企业统一规定的格式，票据内容应明确反映电价、电量、电费。 （5）严格执行相关收费标准，有完善的收费管理制度及监督管理办法，明确收费项目和标准。无乱收费、乱加价、乱摊派行为。 （6）业扩报装等业务由柜台统一受理，按规定流程，一口对外。供电方案答复期限：居民客户不超过 3 个工作日，低压电力客户不超过 7 个工作日，高压单电源客户不超过 15 个工作日，高压双电源客户不超过 30 个工作日。居民客户向供电企业申请用电，受电装置检验合格并办理相关手续后，3 个工作日内送电。非居民客户向供电企业申请用电，受电工程验收合格并办理相关手续后，5 个工作日内送电。 （7）有完善的故障抢修制度和措施，公开报修电话，实行 24 小时值班制度，有完备的故障抢修记录。接到客户报修电话，抢修人员应及时赶到现场处理故障。从接到电话到报修地点的时间一般不超过：城区范围 45 分钟；农村地区 90 分钟；特殊边远地区 2 小时。 （8）有完善的检修停电计划和措施，在检修停电前 7 天通知客户。突发停电或电力供需紧张限电时，应向咨询客户做好解释工作
5. 便民服务	（1）供电营业窗口实行无周休日工作制度，95598 客户服务电话及电力故障报修实行 24 小时不间断服务。 （2）有便民服务制度，建立特殊客户服务档案，对确有需要的军烈属、残疾人和孤寡老人提供上门服务。 （3）营业场所设立咨询台，设有专人负责客户咨询接待工作。有条件的，应设置电费自助查询系统，为客户提供方便快捷的服务。 （4）居民办理交费业务的高峰期要适当增设收费窗口，缩短收费时间

续表

项 目	内 容
6. 服务监督	（1）设立并公布服务投诉电话，对客户投诉做好受理记录，投诉在5个工作日、举报在10个工作日内答复客户处理情况。 （2）在营业场所设立客户意见箱或意见簿，实行领导接待日制度。 （3）聘请服务质量和行风监督员，定期开展客户走访活动，召开客户座谈会，听取意见或建议并有记录有答复

农村供电所电力紧急服务标准化作业工作流程图见图16-1。

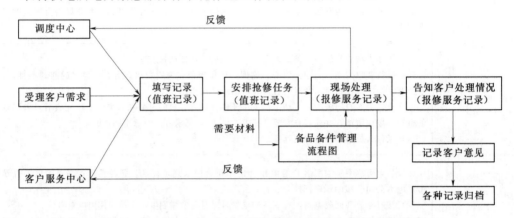

图16-1 农村供电所电力紧急服务标准化作业工作流程图

农村供电所优质服务标准化作业工作流程图见图16-2。

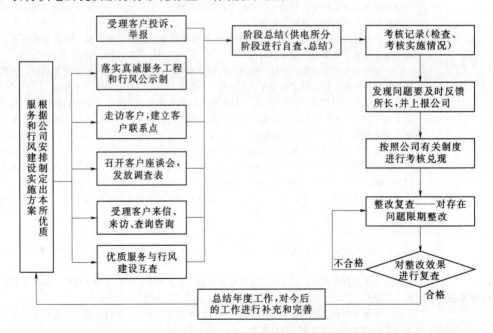

图16-2 农村供电所优质服务标准化作业工作流程图

第三节　农村供电所供电质量

农村供电所供电质量见表 16-3。

农村供电所供电质量管理见表 16-4。

表 16-3　　　　　　　　　　　　**农村供电所供电质量**

项　目	主　要　内　容
供电所电压质量管理应执行的规定	（1）供电所电压质量管理是指在保证农村电网工作电压始终在规定范围内运行的调整全过程的管理。 （2）电压质量管理应执行的规定： 1）电力供应与使用条例。 2）供电营业规则。 3）电力系统电压质量和无功电力管理规定。 4）农村电网电压质量和无功电力管理办法
供电所电压质量管理的任务	（1）做好电压质量监测、统计、考核和奖惩工作。 （2）执行无功分级管理责任制，不断加强无功电力补偿管理，落实相应无功补偿措施。 （3）严格执行调度下达的无功电压曲线。 （4）认真执行供用电合同，保证功率因数在合同规定的范围内运行。 （5）充分利用变电站有载调压变压器实现调压运行。 （6）合理选择配电变压器分接开关位置，并根据电压变化及时进行调整。 （7）根据负荷和电压的变化情况及时进行无功补偿容量的调整。 （8）保证农村电网无功分层分区平衡，凡投入运行的无功补偿装备，应随时保持完好状态
用户供电可靠性管理的重要意义	（1）电力工业企业可靠性管理是提高企业管理水平的一项重要基础工作，是电力工业现代化管理的一项重要内容。电力工业可靠性管理是实现电力工业管理技术从定性管理走向比较科学的定量管理的重要手段。 （2）供电系统用户可靠性管理是指供电系统对用户持续供电的能力，是电力可靠性管理的一项重要内容，是供电系统的规划、设计、基建、施工、设备选型、生产运行、供电服务等方面的质量和管理水平的综合体现，反映了电力工业对国民经济电能需求的满足程度。 （3）随着农村电气化水平的不断提高，农村生活和农村经济对电力的依赖性日益增强，农村电网的配电可靠性已引起了社会各界和供电企业的普遍关注。 （4）农村电网供电可靠性管理工作是多方面的，关键是要抓好配电可靠性的统计分析和考核。通过对用户的供电可靠性的统计和分析，可以了解电力为农业现代化、为农村经济、为增加农民收入的服务情况，为供电企业进行以下工作提供决策依据： 1）城镇农网的规划、设计和改造。 2）编制供电系统运行方式、检修计划和制定有关生产管理措施。 3）选择提高供电可靠性的可行途径，制定提高优质服务的措施。 4）制定供电可靠性的标准和准则

表 16-4　　　　　　　　　　　　**农村供电所供电质量管理**

项　目	主　要　内　容
供电可靠性指标的统计分类	（1）供电企业应对其全部管辖范围内的供电系统用户的供电可靠性进行统计、计算、分析和评价。 （2）管辖范围内的供电系统是指本企业产权范围的全部以及产权属于用户而委托供电部门运行、维护、管理的电网及设施。 （3）供电系统的状态可分为两种状态，即供电状态和停电状态。 1）供电状态是指用户随时都可从供电系统中获得所需合格电能的状态。 2）停电状态是指用户不能从供电系统获得所需电能的状态，包括用户与供电系统失去电的联系和未失去电的联系。

续表

项 目	主 要 内 容
供电可靠性指标的统计分类	(4) 停电状态性质分类： 停电 → 故障停电 → { 内部故障停电 / 外部故障停电 } 停电 → 预安排停电 → 计划停电 → { 检修停电 / 施工停电 / 用户申请停电 } 预安排停电 → 临时停电 → { 临时检修停电 / 临时施工停电 / 用户临时申请停电 } 预安排停电 → 限电 → { 系统电源不足限电 / 供电网限电 }
供电可靠性统计指标的计算公式	(1) 用户平均停电时间——供电用户在统计期间内的平均停电小时数。 $$用户平均停电时间 = \sum \frac{(每次停电持续时间 \times 每次停电用户数)}{总用户数} (h)$$ (2) 若不计外部影响时，则 用户平均停电时间(不计外部影响) = 用户平均停电时间 - 用户平均受外部影响停电时间(h) (3) $$用户平均受外部影响停电时间 = \sum \frac{(每次外部影响停电持续时间 \times 每次受其影响的停电户数)}{总用户数}(h)$$ (4) 若不计系统电源不足限电时，则 用户平均停电时间(不计系统电源不足限电) = 用户平均停电时间 - 用户平均限电停电时间(h) (5) $$用户平均限电停电时间 = \sum \frac{(每次限电停电持续时间 \times 每次限电停电户数)}{总用户数} (h)$$ (6) 供电可靠率——在统计期内，对用户有效供电时间总小时数与统计期间小时数的比值，即 $$供电可靠率 = \frac{1 - 用户平均停电时间}{统计期间时间} \times 100\%$$ (7) 若不计外部影响时，则 $$供电可靠率(不计外部影响) = \frac{1 - 用户平均停电时间 - 用户平均受外部影响停电时间}{统计期间时间} \times 100\%$$ (8) 若不计系统电源不足限电时，则 $$供电可靠率(不计系统电源不足限电) = \frac{1 - 用户平均停电时间 - 用户平均限电停电时间}{统计期间时间} \times 100\%$$ (9) 用户平均停电次数——供电用户在统计期间内的平均停电次数，即 $$用户平均停电次数 = \sum \frac{每次停电用户数}{总用户数} (次)$$ (10) 若不计外部影响时，则 $$用户平均停电次数(不计外部影响) = \sum \frac{每次停电用户数 - 每次受外部影响的停电用户数}{总用户数}(次)$$ (11) 若不计系统电源不中限电时，则 $$用户平均停电次数(不计系统电源不足限电) = \sum \frac{每次停电用户数 - 每次限电停电用户数}{总用户数}(次)$$ (12) 用户平均故障停电次数——供电用户在统计期间内平均故障停电次数，即 $$用户平均故障停电次数 = \sum \frac{每次故障停电用户数}{总用户数} (次)$$ (13) 用户平均预安排停电次数——供电用户在统计期间内的平均预安排停电次数，即 $$用户平均预安排停电次数 = \sum \frac{每次预安排停电用户数}{总用户数} (次)$$ (14) 若不计系统电源不足限电时，则 用户平均预安排停电次数 $$不计系统电源不足限电 = \sum \frac{(每次预安排停电用户数) - (每次限电停电用户数)}{总用户数}(次)$$

续表

项　目	主　要　内　容
有关供电可靠性统计中的规定说明	（1）由于电力系统中发、输变电系统故障而造成的未能在 6 小时（或按供电合同要求的时间）以前通知主要用户的停电，不同于因装机容量不足造成的系统电源不足限电，其停电性质为故障停电。 （2）用户由两回及以上供电线路同时供电，当其中一回停运而不降低用户的供电容量（包括备用电源自动投入）时，不予统计。如一回线路停运而降低用户供电容量时，应计停电一次，停电用户数为受其影响的用户数，停电容量为减少的供电容量，停电时间按等效停电时间计算，其方法按不拉闸限电的公式计算。 （3）用户由一回 35kV 或以上高压线路供电，而用 10kV 线路作为备用时，当高压线路停运，由 10kV 线路供电并减少供电容量时，应进行统计，统计方法按不拉闸限电公式计算。对这种情况的用户，仍算作 35kV 或以上的高压用户。 （4）对装有自备电厂且有能力向系统输送电力的高压用户，若该用户与供电系统连接的 35kV 或以上的高压线路停运，且减少（或中断）对系统输送电力而影响对 35kV 或以上的高压用户的正常供电时，应统计停电一次，停电用户数应为受其影响而限电（或停电）的高压用户数之和，停电时间按等效停电时间计算，其方法同前。 （5）凡在拉闸限电时间内，进行预安排检修或施工，应按预安排检修或施工分类统计。当预安排检修或施工的时间小于拉闸限电时间，由检修或施工以外的时间作为拉闸限电统计。 （6）用户申请（包括计划申请和临时申请）停电检修等原因而影响其他用户停电，不属于外部原因。在统计停电用户时，除申请停电的用户不计外，受其影响的其他用户必须按检修分类进行统计。 （7）由用户自行运行、维护、管理的供电设施故障引起其他用户停电时，属内部故障停电。在统计停电用户数时，不计该故障用户。 （8）对单回路停电，分阶段处理逐步恢复送电时，作为一次事故，但停电持续时间按等效停电持续时间计算，计算公式如下： $$等效停电持续时间 = \sum \frac{各阶段停电持续时间 \times 各阶段停电时用户数}{受停电影响的总户数} \quad (h)$$ 式中，"受停电影响的总户数"中的每一用户只能统计一次。 （9）配电线路跌落式熔断器如有一相跌开时引起的停电应统计为一次停电事故。 　1）当一相熔断，全线为动力负荷时，视全线路停电。 　2）当一相熔断，该线路以照明等非动力负荷为主时，可粗略地认为该线路有三分之一负荷停电。 　3）当一相熔断，该线路动力负荷与非动力负荷大体相当时，可粗略地认为该线路有一半负荷停电。 （10）由一种原因引起扩大性故障停电时，应按故障设施分别统计停电次数及停电时的户数。例如：因线路故障，开关（包括相应保护）拒动，引起越级跳闸，则应计线路故障一次，停电时用户则为该线路供电时的户数；但还要另计开关或保护拒动故障一次，其停电时用户数为除故障线路外的其他跳闸线路供电时的用户数。余可类推
提高供电可靠性的措施	（1）认真搞好设备管理。基建选型尽量采用安全可靠的先进设备，适当提高设计标准要求，是提高供电可靠性的首要条件。 （2）认真搞好设备全面质量管理，使设备从安装调试，交接预试、维护检修，验收启动等环节，都置于全面质量监督之下，保证设备质量全优。在一个检修周期内不发生缺陷的临修，这是提高设备可用率的保证。 （3）认真搞好全面计划管理是提高设备可用率的重要措施，也是企业现代化管理的要求。加强计划的严密性，全员参加计划管理。变电工作与线路工作统筹安排；一次设备与二次设备检修统筹安排；更改工程与大修理工作统筹安排等。尽可能减少不必要的重复停电，是提高设备可用率和全面计划管理内容之一。 （4）加强设备运行监督，随时掌握设备运行状态和规律，做好事故的预防和防范工作。 （5）认真做好电力用户的技术服务，监督电力用户搞好设备管理，也是提高企业供电能力的有力措施。用户设备的安全可靠对提高供电企业可靠性运行是至关重要的

续表

项　目	主　要　内　容
供电所加强供电质量管理的措施	（1）电压质量管理和供电可靠性管理作为供电质量管理的重要内容，专业性强、要求严格，供电所应抓紧对有关人员的培训，使之能胜任此项工作。 （2）供电质量管理工作要求数据有系统性、历史性，为此，供电所应在建立之初就着手建立电压质量和供电可靠性等基础统计数据。对于原乡镇电管站已有的历史统计数据应予保留，尽可能地采纳，以利比较、分析。 （3）供电所加强统计工作，根据规定设置电压监测点、统计电压频率；认真统计停电时间、最大限度减少停电时间。 （4）建立定期分析例会制度，对电压质量、供电可靠性等指标进行定期、及时的分析。对分析出的问题要及时采取相应措施，使电能质量得到保证并不断提高。 （5）建立考核制度，对有关供电质量管理工作进行考核、奖惩，为稳定和提高供电质量提供制度保证

农村供电所电压监测管理标准化作业工作流程图见图 16 - 3。

图 16 - 3　农村供电所电压监测管理标准化作业工作流程图

农村供电所供电可靠性目标管理标准化作业工作流程图见图 16 - 4。

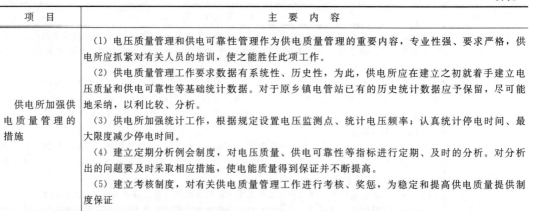

图 16 - 4　农村供电所供电可靠性目标管理标准化作业工作流程图

农村供电所计划停电标准化作业工作流程图见图 16 - 5。

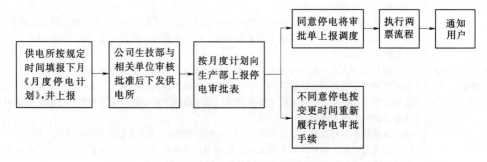

图 16 - 5　农村供电所计划停电标准化作业工作流程图

农村供电所临时停电标准化作业工作流程图见图16-6。

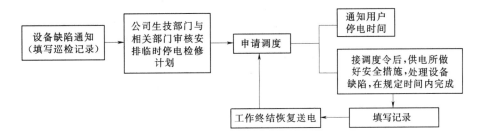

图16-6 农村供电所临时停电标准化作业工作流程图

农村供电所事故停电管理标准化作业工作流程图见图16-7。

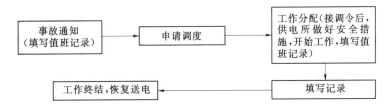

图16-7 农村供电所事故停电管理标准化作业工作流程图

农村供电所电压质量无功电力管理见表16-5。

表 16-5　　　　　　　　　　农村供电所电压质量无功电力管理

项　目	主　要　内　容
电压质量和无功电力管理的任务和要求	(1) 电压质量和功率因数是农电企业的重要技术指标。电压是电能的主要质量指标之一,电压质量对电网稳定及电力设备安全运行、线路损失、工农业安全生产、产品质量、用电单耗和人民生活用电都有着直接的影响。无功电力是影响电压质量和电网经济运行的一个重要因素。因此各级农电部门和用电单位都要加强对电压质量和无功电力的综合管理,切实改善电压质量和搞好无功电力的补偿。 (2) 坚持电压质量和无功补偿综合治理的原则,充分利用有载调压的手段,改善农网输出的电压质量,并根据无功情况及时投切电容补偿装置。 (3) 改进农村电网电压质量和无功电力管理的措施应编入各级电力公司电网发展规划和年度计划之中加以落实。 (4) 农村电网电压质量和无功电力管理实行网省(自治区、直辖市)、地(市)、县电力公司分级管理。各级农电部门领导、专业人员及有关工作人员都要熟悉和掌握电压质量标准和功率因数考核指标及部颁《电力系统电压和无功电力管理条例》(能源电〔1988〕18号)《电力系统电压和无功电力技术导则(试行)》(SD 325—89)和《农村电网电压质量和无功电力管理办法(试行)》(国农电〔2001〕45号)的内容,并严格执行
县电力公司职责	(1) 县电力公司负责所辖电网(包括用户和联网小火、水电厂)的电压和无功管理工作。 (2) 负责制定本公司电压和无功管理工作计划和完善改进电压质量及提高无功补偿率的技术措施。贯彻执行上级有关电压和无功专业方面的文件,规程和管理制度。 (3) 参与基建和技改工程中有关电压和无功内容的设计审查,负责电压和无功专项工程的组织协调工作,把好工程施工质量关、设备质量关和验收投运关。 (4) 加强电压和无功设备的运行管理,提高设备健康水平和投运率。对整个县电网的电压质量和设备情况进行定期巡检查,做好基础数据的统计分析汇总,并按时上报。 (5) 县电力公司设电压和无功专职(兼职)人员一名

461

续表

项　目	主　要　内　容
供电所职责	（1）对县电力公司安装在本供电所辖区内的低压用户监测点上的电压监测装置进行定期检查和检验，并掌握其正确操作方法。 （2）对该电压监测装置进行不定期运行巡视检查。 （3）对随器补偿的电容器组进行定期巡视检查和不定期运行巡视检查。 （4）完成县电力公司下达的电压质量和无功补偿指标
电压和无功专业管理	（1）各级农电部门要建立健全电压和无功管理制度和奖惩办法。 （2）县电力公司要建立以分管领导负责的由生技、用电、调度、运行和检修等专业人员组成的电压和无功管理网。 （3）县电力公司应加强电压和无功电力调度管理，制定电压曲线并及时调整电压，保证县电网电压处于合格范围之内。 （4）县电力公司应有电压监测点和无功补偿装设点的位置网络图，并注明有关技术数据。 （5）县电力公司应要求重要高压用户及小电厂设立电压和无功管理人员。 （6）县电力公司电压和无功专责人员要对供电所人员、高压用户的电工及有关人员进行电压和无功专业技术的培训，使他们掌握低压补偿设备的运行维护技术及电压和无功管理知识。 （7）农网电压和无功统计报表实行分级管理逐级上报的方式 （8）县电力公司实行月报制，每月5日前向地（市）电力公司报出上一个月报表。月报表格式如下：

农村电网电压和无功统计月报表

填报单位：　　　　　　　　　　　　　　　　　　　　　　　　　　　　　县电力公司

主变压器				电容器补偿容量					
总量		有载调压变		变电站				高压用户补偿容量（kvar）	低压用户补偿容量（kvar）
数量（台）	容量（kVA）	数量（台）	容量（kVA）	变电所数量（个）	总容量（kvar）	可投运容量（kvar）	可投运率（%）		

电　压　质　量									
A类		B类		C类		D类		农村居民用户端电压合格率承诺指标（%）	与承诺相比电压合格的县级电网所占比例（%）
应装监测点（个）	实装监测点（个）	应装监测点（个）	实装监测点（个）	应装监测点（个）	实装监测点（个）	应装监测点（个）	应装监测点（个）		

低压居民用户电压质量情况分析	
目前电压质量存在的问题	
研究与采取的改进措施	
采取的改进措施的效果分析	
低压居民用户对电压质量投诉情况	
下一步工作的安排和建议	

审批人：

填报人：　　　　　　　　　　　　　　　　　　　　　　　　　　　　　　日期：

续表

项　目	主　要　内　容
电压质量标准	（1）农网电力系统各级电压网络系统额定电压值为：220kV、110kV、63kV、35kY、10kV、6kV、380V、220V。 （2）发电厂和变电所的母线电压允许偏差值： 1）发电厂和220kV变电所的35～110kV母线：正常运行方式时，电压允许偏差为相应系统额定电压的－3％～＋7％；事故运行方式时为系统额定电压的－10％～＋10％。 2）发电厂和变电所的10（6）kV母线电压偏差值应使所带线路的全部高压用户和经配电变压器供电的低压用户的电压满足以下各条款的要求，其具体偏差范围由当地调度部门确定。 （3）用户受电端的电压允许偏差值： 1）35kV及以上高压用户供电电压正负偏差绝对值之和不超过额定电压的10％。 2）10kV高压用户受电端（入口电压）电压允许偏差值为额定电压的－7％～＋7％（9.3～10.7kV）。 3）380V电力用户电压允许偏差值为额定电压的－7％～＋7％（353～407V）。220V电力用户的电压允许偏差值为系统额定电压的－10％～＋7％（198～236V）。 4）对电压质量有特殊要求的用户，供电电压允许偏差值及其合格率由供用电协议确定
电压监测点设置原则	（1）小火（水）电厂与农网并网的连接处应设一个电压监测点，以监测小火（水）电厂的电压质量。 （2）每一座110kV（63kV）、35kV变电所供电区至少设一个高压用户监测点。该监测点应设在具有代表性的高压用户分界点。 （3）农村电网所属的110kV（63kV）变电所的10kV母线，35kV变电所的10kV母线及35kV用户受电端，都应设定电压监测点。对两台主变压器并列运行的只选其中一台主变压器的二次侧母线为电压监测点。对双母线的只选主母线为电压监测点。 （4）每座变电所供电区至少设低压监测点两个，其中一个监测点设在配电变压器二次出口，另一个设在具有代表性的低压干线末端。 （5）低压用户电压监测点设置数量按每百台配电变压器至少设一个监测点来确定，但要确保每个供电所至少设一个监测点。 （6）当县电力公司配电变压器总数超过2000台时，超过部分按每两百台设一个监测点来确定。县城和城镇低压用户电压监测点不得少于3个，设在负荷性质不同的低压干线末端。 （7）可以另行设置移动式统计型电压监测点，用以抽测典型时间段居民用户电压质量状况，作为调查分析的补充
电压监测装置	（1）按要求确定的电压监测点，都必须装设自动记录型电压监测仪。变电所如已装设自动化装置，并满足电压监测和统计功能要求，可以不装设电压监测装置。 （2）电压监测装置必须能连续不断地对电压进行监测，其测量精度不应低于0.5级，并至少保证停电24h不丢失已监测到的数据。 （3）县电力公司应制定并实施电压监测装置定期检查和校验制度。电压和无功专职人员应掌握电压监测装置的正确操作方法，并应加强对电压监测装置的运行巡视检查，对不合格的装置及时进行更换，提高监测的准确性
电压监测统计	（1）每月至少选定2个典型日作为电网电压监测代表日。 （2）代表日期间各监测点都要全天24h整点记录。 （3）每月月底最后一天的24时，汇总打印出全月的功能数据
电压合格率的计算和考核原则	（1）电压合格率是指实际运行电压在允许电压偏差范围内累计运行时间与对应的总运行统计时间之比的百分值。 （2）电压质量的监测、统计和计算实行分级统计和考核的管理办法。 （3）县电力公司供电综合电压合格率应达到96％及以上。 （4）县电力公司农村居民客户端电压合格率考核指标根据各地对外承诺的电压合格率指标而定

续表

项 目	主 要 内 容
县电力公司供电综合电压合格率计算公式	$$V=0.5A+0.5(B+C+D)/N$$ 式中 V—县电力公司供电综合电压合格率; A—A类电压监测点变电所10kV母线电压合格率,即 $A=\left[1-\sum_1^n 电压监测点电压超出偏差时间(min)/\sum_1^n 电压监测点运行时间(min)\right]\times100\%$; B—B类电压监测点35kV及以上专线用户电压合格率,其计算方法同A; C—C类电压监测点10kV用户电压合格率,其计算方法同A; D—D类电压监测点380/220V低压用户电压合格率。其计算方法同A; n—监测点的个数; N—B、C、D类别数
农村电网无功补偿的原则和方式	(1) 农村电网无功补偿的原则为:全面规划,合理布局,分散补偿,就地平衡。 (2) 农村电网无功补偿的方式为: 1) 集中补偿与分散补偿相结合,以分散补偿为主。 2) 高压补偿与低压补偿相结合,以低压补偿为主。 3) 调压与降损相结合,以降损为主
对农村电网无功补偿设备的管理	(1) 农网新建的变电所应采用节能型有载调压变压器,对已投运的无载调压变压器要逐步进行有载调压改造。 (2) 加强有载调压开关的日常运行管理,当操作次数到达规定次数时,要及时进行检修维护。 (3) 按规定对无功补偿相关设备进行定期巡视检查,发现问题及时解决,确保设备可投运率达到95%及以上
对农村电网功率因数的要求	(1) 县电力公司年平均功率因数应在0.90及以上。 (2) 220kV及以下电压等级变电所中主变压器二次侧功率因数应在0.90及以上。 (3) 每条10kV出线的功率因数应在0.9及以上。 (4) 100kVA及以上容量的用户变压器二次侧功率因数应在0.9及以上。 (5) 农业用户配电变压器低压侧功率因数应在0.85及以上
无功补偿容量的确定	(1) 35kV及以上变电所原则上只补偿主变压器无功损耗,并考虑留有一定的补偿裕度,可按主变压器容量的10%～15%来补偿。 (2) 10kV配电变压器容量在100kVA及以上的用户,必须进行无功补偿,并应采用自动投切补偿装置,其补偿容量根据负荷性质来确定。 (3) 10kV配电线路可以根据无功负荷情况采取分散补偿的方式进行补偿。 (4) 5kW及以上的交流异步电动机应进行随机补偿,其补偿容量为电机额定容量的20%～30%。 (5) "十五"期间农业用户配电变压器低压侧功率因数达不到0.85水平的要全部完成其二次侧的无功补偿

农村供电所电压无功管理标准化作业工作流程图见图16-8。

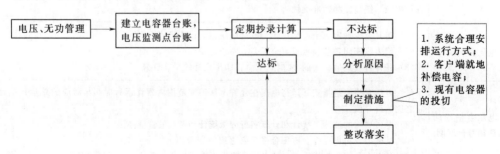

图16-8 农村供电所电压无功管理标准化作业工作流程图

各类工业企业的全厂需用系数及自然功率因数表见表 16－6。

表 16－6　　　　　各类工业企业的全厂需用系数及自然功率因数表

工业分类		需用系数	自然功率因数	
非金属加工		0.65～0.90	0.82～0.85	
燃料加工	煤球制造	1.00	0.85	
	煤气制造	0.45	0.78	
	石油加工	0.30	0.56～0.80	
钢铁冶炼	电炉炼钢	1.00	0.87	
	平炉炼钢	0.60	0.77	
	转炉炼钢	0.65	0.82	
	轧钢	1.00	0.80	
有色金属开采冶炼	铜冶炼	0.60～0.80	0.75～0.85	
	铝加工	0.45～0.65	0.60～0.70	
	铜加工	0.50～0.70	0.65～0.75	
金属加工	机器制造	0.20～0.50	0.45～0.65	
	旋转电机	0.40～0.60	0.60～0.90	
	电力设备	0.30～0.60	0.75～0.95	
	电线电缆	0.40～0.65	0.65～0.80	
	金属制品	0.65～0.85	0.70～0.80	
	船舶修造	0.40～0.60	0.60～0.80	
化学加工	基本化学生产品	0.60～0.80	0.75～0.85	
	染料及燃煤	0.28～0.45	0.50～0.75	
	化学制药	0.30～0.50	0.60～0.80	
建筑材料及玻璃工业	水泥制造	0.70	0.70～0.85	
	砖瓦	0.75～0.90	0.75～0.85	
	玻璃	0.62	0.80	
纺织工业	织布	0.75～0.90	0.70～0.85	
	棉纺	0.55～0.75	0.70～0.80	
	染织漂整	0.40～0.65	0.60～0.80	
	绢丝	0.50～0.70	0.60～0.80	
	丝织	0.80	0.75	
	毛织	0.40～0.60	0.65～0.80	
	针织及其他	0.50～0.80	0.70～0.80	
	麻织	0.60	0.75	
造纸工业		0.60～0.90	0.70～0.85	
食品工业	碾米	0.90～1.00	0.70～0.80	
	面粉	0.70～1.00	0.80～1.00	
	榨油	0.40～0.70	0.65～0.80	
	冷藏	0.55～0.80	0.75～0.85	
	烟草	0.43～0.63	0.70～0.80	
其他工业	油脂及肥皂	0.45～0.55	0.70～0.80	
	制革	0.30～0.50	0.65～0.75	
	木材	0.30～0.50	0.65～0.75	
	胶版	0.30～0.35	0.60～0.65	
	印刷出版	0.35～0.47	0.65～0.75	

第四节 用 电 检 查

用电检查工作内容见表16-7。

对违约用电行为和窃电行为的现场查处规定见表16-8。

对六类危害供用电安全、拨乱正常供用电秩序行为的处理办法见表16-9。

常见用电户的窃电类型和窃电手法见表16-10。

防范窃电技术措施在用户中的配置见表16-11。

农村供电所用电检查标准化作业工作流程图见图16-9。

表 16-7 用 电 检 查 工 作 内 容

项 目	主 要 内 容
用电检查的内容	(1) 检查客户执行国家有关电力供应与使用的法规、方针、政策、标准、规章制度情况。 (2) 检查客户受（送）电装置工程施工质量。 (3) 检查客户受（送）电装置中电气设备运行的安全状况。 (4) 检查客户保安电源和非电性质的保安措施。 (5) 检查客户反事故措施。 (6) 检查客户进网作业电工的资格，进网作业安全状况及作业安全保障措施。 (7) 检查客户执行计划用电、节约用电情况。 (8) 检查电能计量装置、电力负荷控制装置（继电保护和自动装置、调度通信等安全运行情况）。 (9) 检查供用电合同及有关协议履行的情况。 (10) 检查受电端电能质量状况。 (11) 检查违约用电和窃电行为。 (12) 检查并网电源、自备电源并网安全状况
用电检查的范围	(1) 用电检查的主要范围是客户受电装置。 (2) 但被检查的客户有下列八种情形之一者，检查的范围可延伸到相应的目标所在处，如下表所示。 表格见下

客户情形	延伸检查到的范围
有多类电价的	按不同电价计费的用电设备
有自备电源设备的	1）自备电源与电网电源的分界点。 2）自备电源并网运行的并车装置。 3）发电频率、电压等主要技术参数。 4）送入电网电量的计量装置
有二次变压配电的	1）二次变压器的接地装置。 2）绝缘性能。 3）过流、过压、短路和气体保护等装置
有违约用电现象	违约用电的用电设施和责任人
有影响电能质量的用电设备的	1）有大电流频繁启动的设备。 2）谐波源设备
发生影响电力系统的事故	1）造成系统设备损坏、越级跳闸的设备。 2）非并网设备向电网倒送电引起事故
客户情形	延伸检查到的范围
客户主动要求	按客户主动要求帮助检查的内容和范围
法律规定的其他用电检查	1）文化娱乐场所、仓库的预防电气火灾事故的检查。 2）易燃易爆场所预防电气火灾事故的检查

项　目	主　要　内　容
用电检查注意事项和检查要求	（1）供电企业用电检查人员实施现场检查时，用电检查人员的人数不得少于两人。 （2）用电检查人员在检查前，应首先按规定填写《用电检查工作单》，经审核批准后，方能赴客户执行查电任务。 （3）用电检查人员在执行查电任务时，应向被检查客户出示《用电检查证》，客户不得拒绝检查，并应派员随同配合检查。 （4）经现场检查确认客户的设备状况、电工作业行为、运行管理等方面有不符合安全规定的，或者在电力使用上有明显违反国家有关规定的，用电检查人员应开具《用电检查结果通知书生》或《违约用电、窃电通知书》一式两份，一份送达客户并由客户代表签收，一份存档备查
用电检查人员执行用电检查的纪律	（1）应持《用电检查证》上岗工作，并按《用电检查工作单》规定项目和内容进行检查。 （2）遵守客户的保密保卫规定。 （3）不得在检查现场替代客户电工进行电工作业。 （4）遵纪守法、依法检查、廉洁奉公、不徇私舞弊、不以电谋私。 （5）现场检查确认有危害供用电安全或扰乱供用电秩序行为的，用电检查人员应在现场予以制止。拒绝接受供电企业按规定处理，可按国家规定的程序停止供电，并请求电力管理部门依法处理，或向司法机关起诉，依法追究其法律责任

表 16－8　　　　　　　　对违约用电行为和窃电行为的现场查处规定

项　目	主　要　内　容	
对客户违约用电行为和窃电行为的现场查处规定	（1）在电价低的供电线路上，擅自接用电价高的用电设备或擅自改变用电类别用电的，应责成客户拆除擅自接用的用电设备或改正其用电类别，停止侵害供电企业的行为，并按规定追收其差额电费和加收电费。 （2）擅自超过注册或合同约定的容量用电的，应责成客户拆除或封存私增电力设备，停止侵害供电企业的行为，并按规定追收基本电费和加收电费。 （3）超过计划分配的电力、电量指标用电的，应责成其停止超用，按国家有关规定限制其所用电力并扣还其超用电量或按规定加收电费（在电力市场由卖方市场演变为买方市场的情况下，此款已无实际意义）。 （4）擅自使用已在供电企业办理暂停使用手续的电力设备或启用已被供电企业封存的电力设备的，应再次封存该电力设备，制止其使用，并按规定追收基本电费和加收电费。 （5）擅自迁移、更动或操作供电企业用电计量装置，电力负荷控制装置，供电设施以及合同（协议）约定的在供电企业调度范围内的客户设备的，应责成其改正，并按规定加收电费。 （6）未经供电企业许可，擅自引入（或供出）电源或将自备电源擅自并网的，应责成客户当即拆除接线，停止侵害供电企业，并按规定加收电费。 （7）现场检查确定有窃电行为的，用电检查人员应当予以中止供电，制止其对供电企业利益的侵害，并按规定追补电费和加收电费。对拒绝接受处理的，应报请电力管理部门依法给予行政处罚。情节严重，违反治安管理处罚规定的，由公安机关依法予以治安处罚。构成犯罪的，由司法机关依法追究刑事责任	
客户违约用电的行为及应承担的相应违约责任	客户违约行为	应承担的违约责任
	在电价低的供电线路上，擅自接用电价高的用电设备或私自改变用电类别的	（1）按实际使用日期补交其高低电价差额电费。 （2）承担 2 倍的差额电费的违约使用电费，若使用的起止日期难以确定的，实际使用时间按 3 个月计算

项　目	主　要　内　容	
	客户违约行为	应承担的违约责任
客户违约用电的行为及应承担的相应违约责任	私自超过合同约定的容量用电的，属违约私自增容行为	(1) 拆除私增容设备。 (2) 属于两部制电价的客户，应补交私增设备容量使用月数的基本电费，并承担 3 倍私增容量基本电费的违约使用电费。 (3) 两部制电价以外的其他客户，应承担私增容量每千瓦（kVA）50 元的违约使用电费。 (4) 客户要求继续使用者，按新增容量办理用电申请手续，以取得合法用电权
	擅自使用已在供电企业办理暂停手续的电力设备或启用供电企业封存的电力设备的	(1) 应停用违约使用的设备。 (2) 属于两部制电价的客户，应补交擅自使用或启用封存设备容量和使用月数的基本电费，并承担 2 倍补交基本电费的违约使用电费。 (3) 其他客户应承担擅自使用或启用封存设备容量每千瓦（kVA）30 元的违约使用电费。 (4) 若启用因私增容而被封存的设备的，则违约使用者还应承担第 2 条规定的违约责任
	私自迁移、更动和擅自操作供电企业的用电计量装置、电力负荷管理装置、供电设施以及约定由供电企业调度的客户受电设备者	(1) 属于居民客户的，应承担每次 500 元的违约使用电费。 (2) 属于其他客户的，应承担每次 5000 元的违约使用电费
	未经供电企业同意，擅自引入（供出）电源或将备用电源和其他电源私自并网的	除当即拆除接线外，应承担其引入（供出）或并网电源容量每千瓦（kVA）500 元的违约使用电费
	客户拖欠电费	供电企业有权加收违约金，其标准是： (1) 居民客户每日按欠费的千分之一计算； (2) 其他客户当年欠费，每日按欠费总额的千分之二计算，跨年度欠费，每日按欠费总额的千分之三计算
客户的窃电行为判定	(1) 在供电企业的供电设施上，擅自接线用电（即无用电申请、无批准手续、无计量的用电行为）。 (2) 绕越供电企业用电计量装置用电。 (3) 伪造或者开启供电企业加封的用电计量装置封印用电。 (4) 故意损坏供电企业用电计量装置。 (5) 故意使用供电企业用电计量装置不准或失效。 (6) 采用其他方法窃电	
对窃电行为的处理	(1) 供电企业对查获的窃电者，应予以制止，并可当场中止供电。 (2) 窃电者应按所窃电量补交电费，并承担补交电费 3 倍的违约使用电费。 (3) 拒绝承担窃电责任的，供电企业应报请电力管理部门依法处理。 (4) 窃电数额较大或情节严重的，供电企业应提请司法机关依法追究刑事责任	

续表

项　目	主　要　内　容
客户窃电电量的确定方法	（1）在供电企业的供电设施上，擅自接线用电的，所窃电量按私接设备额定容量（千伏安视同千瓦）乘以实际用电时间计算确定。 （2）以其他行为窃电的，所窃电量按计量电能表标定的最大电流值（对装有限流器的，按限流器整定电流值）所指的容量（千伏安视同千瓦）乘以实际窃电的时间计算确定（例如：电能表铭牌标定电流值为4~20A，则按20A所指的容量4kW计算窃电设备容量）。 （3）窃电时间无法查明时，窃电日数至少以180天计算，每日窃电时间：电力户按12h计算，照明户按6h计算
客户违约用电或窃电的有关连带赔偿责任	（1）因违约用电或窃电造成供电企业的供电设施损坏的，责任者必须承担供电设施的修复费用或进行赔偿。 （2）因违约用电或窃电导致他人财产、人身安全受到侵害的，受害人有权要求违约用电或窃电者停止侵害，赔偿损失，供电企业应予协助
对检举、查获窃电或违约用电的人员的奖励办法（参考）	（1）供电企业职工的奖金每次按违约使用电费总额的15%计算，奖金额最高每人次不超过500元，最低不少于50元。 （2）非供电企业人员的奖金，每次按违约金总额的20%计算，奖金最高额每人每次不超过1000元，最低不少于100元

表 16 - 9　对六类危害供用电安全、扰乱正常供用电秩序行为的处理办法

序号	六类用电行为	电力工业部令第4号《供用电监督管理办法》第二十八条	电力工业部令第6号《用电检查管理办法》第二十条	电力工业部令第8号《供电营业规则》第一百条
0	总要求	电力管理部门除协助供电企业追缴电费外，应分别给予下列处罚	用电检查人员现场予以制止。拒绝接受处理，可停止供电，并请求电力管理部门依法处理	供电企业对查获的违约用电行为应及时予以制止，责其承担相应的违约责任
1	擅自改变用电类别	（1）责令其改正，给予警告。 （2）再次发生的，可下达中止供电命令，并处以1万元以下的罚款	责成用户拆除擅自接用的用电设备或改正其用电类别，停止侵害，并按规定追收其差额电费和加收电费	按实际使用日期补交其差额电费，并承担2倍差额电费的违约使用电费。使用起讫日期难以确定的，实际使用时间按3个月计算
2	擅自超过合同约定的容量用电	（1）责令其改正，给予警告。 （2）拒绝改正，可下达中止供电命令，并按私增容量每千瓦（或每千伏安）100元，累计总额不超过5万元的罚款	责成用户拆除或封存私增电力设备，停止侵害，并按规定追收基本电费和加收电费	（1）应拆除私增容设备。 （2）属两部制电价的用户，应补交私增设备容量使用月数的基本电费，并承担3倍私增容量基本电费的违约使用电费。 （3）其他用户应承担私增容量每千瓦（千伏安）50元的违约使用电费。 （4）如用户要求继续使用，按新装增容办理手续

续表

序号	六类用电行为	电力工业部令第4号《供用电监督管理办法》第二十八条	电力工业部令第6号《用电检查管理办法》第二十条	电力工业部令第8号《供电营业规则》第一百条
3	擅自超过计划分配的用电指标	(1)责令其改正，给予警告，并按超用电力、电量分别处以每千瓦每次5元和每千瓦时10倍电量电价累计总额不超过5万元的罚款。(2)拒绝改正的，可下达中止供电命令	责成其停止超用，按国家有关规定限制其所用电力并扣还其超用电量或按规定加收电费	应承担高峰超用电力每千瓦1元和超用电量于现行电价5倍的电量电价的违约使用电费
4	擅自使用已经在供电企业办理暂停使用手续的电力设备，或者擅自启用已经被供电企业查封的电力设备	(1)责令其改正，给予警告。(2)启用电力设备危及电网安全的，可下达中止供电命令，并处以每次2万元以下的罚款	再次封存该电力设备，制止其使用，并按规定追收基本电费和加收电费	(1)停用违约使用的设备。(2)属于两部制电价的用户应补交擅自使用或启用封存设备容量和使用月数的基本电费，并承担2倍补交基本电费的违约使用电费。(3)其他用户应承担擅自使用或启用封存设备容量每次每千瓦(千伏安)30元的违约使用电费。(4)启用属于私增容被封存的设备的，违约使用者还应承担第2类用电行为规定的违约责任
5	擅自迁移、更动或者擅自操作供电企业的用电计量装置、电力负荷控制装置、供电设施以及约定由供电企业调度的用户受电设备	(1)不构成窃电和超指标用电的，应责令其改正，给予警告。(2)造成他人损害的，还应责令其赔偿。(3)危及电网安全的，可下达中止供电命令，并处以3万元以下的罚款	责成其改正，并按规定加收电费	(1)属于居民用户的，应承担每次500元的违约使用电费。(2)属于其他用户的，应承担每次5000元的违约使用电费
6	未经供电企业许可擅自引入、供出电源或将自备电源擅自并网	(1)责令其改正给予警告。(2)拒绝改正的，可下达中止供电命令并处以5万元以下的罚款	责成用户当即拆除接线，停止侵害，并按规定加收电费	除当即拆除接线外，应承担其引入(供出)或并网电源容量每千瓦(千伏安)500元的违约使用电费

表 16 - 10　　　　　　　　　　**常见用电户的窃电类型和窃电手法**

窃电类型	分类	常 用 窃 电 手 法
欠压法	三相电力用户欠压法	经电压互感器	(1) 松开 TV 的熔断器使熔断器开路或接触不良。 (2) 弄断保险管内的熔丝。 (3) 松开电压回路的接线端子使接线端子开路或接触不良。 (4) 弄断电压回路导线的线芯使连接导线开路。 (5) 松开电能表电压连片使电压连片开路或接触不良。 (6) 拧松 TV 的低压保险或人为制造接触面的氧化层使其接触不良。 (7) 在 TV 的二次回路串入电阻降压。 (8) 将三个单相 TV 组成 Y/Y 接线的 V 相二次反接
		不经电压互感器	(1) 拧松电能表的电压连片使其开路或人为制造接触面的氧化层。 (2) 将三相四线三元件电能表或用三只单相电能表计量三相四线负荷时的中性线取消，同时在某相再并入一只单相电能表。 (3) 将三相四线三元件电能表的表尾中性线接到某相相线上
	单相用电户欠压法		(1) 拧松电能表的电压连片使其开路或人为制造接触面的氧化层使其接触不良。 (2) 将进表中性线开路，出表中性线经电阻接地或另户。 (3) 进出表中性线开路，户内中性线接地或另户
欠流法	三相电力用户欠流法	经电流互感器	(1) 松开 TA 二次出线端子、电能表电流端子或中间端子牌的接线端子使电流回路开路。 (2) 弄断电流回路导线的线芯。 (3) 人为制造 TA 二次回路中接线端子的接触不良故障，使之形成虚接而近乎开路。 (4) 短接。TA 一次侧或二次侧。 (5) 加接旁路使部分负荷绕越电能表。 (6) 在低压三相三线两元件电能表 V 相接入单相负荷。 (7) 更换不同变比的 TA 来改变原来 TA 的变比。 (8) 改变抽头式 TA 的二次抽头改变 TA 的变比。 (9) 改变穿心式 TA 的原边匝数改变 TA 变比。 (10) 将原边有串、并联组合的接线方式改变
		不经电流互感器	(1) 加装旁路线使部分负荷电流绕越电能表。 (2) 短接电能表的电流端子。 (3) 在低压三相三线两元件电能表的 V 相接入单相负荷
	单相用电户欠流法	经电流互感器	(1) 短接 TA 一次侧或二次侧。 (2) 断开 TA 二次出线端子或松开 TA 二次出线端子。 (3) 改变 TA 的变比。 (4) 加接旁路线绕越电能表。 (5) 相线和中性线对调，同时将中性线接地或接邻户线。 (6) 相线和中性线对调，同时与邻户联手
		不经电流互感器	(1) 加接旁路线绕越电能表。 (2) 短接电流表电流端子。 (3) 相线与中性线对调，同时中性线接地或接邻户。 (4) 相线与中性线对调，同时接邻户线与邻户联手

续表

窃电类型	分 类		常 用 窃 电 手 法
移相法	三相电力用户移相法	经电压互感器、电流互感器	(1) 调换 TA 一次侧的进出线改变电流回路。 (2) 调换电能表电流端子的进出线。 (3) 调换 TA 二次侧的同名端改变 TA 极性。 (4) 调换 TA 至电能表连线的相别。 (5) 调换单相 TV 原边或副边的极性改变电压回路。 (6) 调换 TV 至电能表连线的相别。 (7) 改变 TA 的极性和相别。 (8) 改变 TV 的极性和相别。 (9) 改变电流极性和电压相别。 (10) 改变电压极性和电流相别。 (11) 用变流器或变压器附加电流,如用一台原副边没有电联系的变流器或副边绕组匝数较少的电焊变压器的二次侧倒接入电能表的电流线圈。 (12) 用外部电源使电能表倒转,如将手摇发电机接入电能表;将逆变电源接入电能表。 (13) 用一台原副边没有电联系的升压变压器将某相电压升高后反相加入表尾中性线。 (14) 用电感或电容移相,如将三相三线两元件电能表负荷侧 U 相接入电感或 W 相接入电容
		不经电流互感器电压互感器	(1) 调换电能表电流端子进出线。 (2) 调换进表线相别。 (3) 用隔离变压器、变流器附加电流。 (4) 用外部电源使电能表倒转。 (5) 用变压器将某相电压升高接入表层中性线。 (6) 用电感或电容移相
	单相用电户移相法		(1) 调换电能表电流端子进出线。 (2) 调换 TA 极性。 (3) 用变压器或变流器附加电流。 (4) 用外部电源使电表倒转
扩误差法	拆开电能表	感应型电能表	(1) 减少电流线圈匝数。 (2) 短接电流线圈。 (3) 增大电压线圈的串联电阻。 (4) 断开电压线圈。 (5) 更换传动齿轮或减少齿数。 (6) 损坏传动齿轮。 (7) 增大机械阻力。 (8) 增大轴承阻尼。 (9) 改变表内接线。 (10) 倒转表码
		电子式电能表	(1) 改变表内零件参数。 (2) 改变表内有关接线。 (3) 制造表内接线或零件故障。 (4) 制造表内传动部件故障。 (5) 倒转表码

窃电类型	分　类	常　用　窃　电　手　法
扩误差法	不拆开电能表	（1）用过载电流烧坏电流线圈。 （2）用短路电流冲击电能表。 （3）用机械外力损坏电能表。 （4）改变电磁型电能表安装角度。 （5）用机械振动干扰电能表。 （6）用外部磁场，如用永久磁铁产生的磁场干扰电能表
	无表法	（1）未经报装入户就私自在供电部门的线路上接线用电。 （2）有表用户私自甩表用电

注　针对五类窃电类型和70多种窃电手法，电力企业在防范窃电的斗争中，总结出一些行之有效的技术措施，主要的有以下14条技术措施。

（1）采用专用计量箱或专用电能表箱。

（2）封闭配电变压器低压侧出线端至计量装置的导体。

（3）采用防撬铅封。

（4）采用双向计量或逆止式电能表。

（5）规范电能表的安装接线。

（6）规范低压配电线路的安装架设。

（7）三相四线用电户改用三块单相电能表计量。

（8）三相三线二元件电能表改用三相三线三元件电能表。

（9）低压用户配置剩余电流断路器。

（10）计量电压互感器回路配置失压记录仪或失压保护。

（11）采用防窃电能表或在电能表内加装防窃电器。

（12）禁止在单相用户间跨相用电。

（13）禁止私拉乱接和非法计量。

（14）改进电能表外部结构使之利于防范窃电。

表 16－11　　　　　　　防范窃电技术措施在用户中的配置

用　电　户　类　别		应配置防范窃电技术措施
专变高压电力用户	高供高计电力用户	（1）采用专用计量箱（柜）。 （2）采用防撬铅封。 （3）采用双向计量或逆止式电能表。 （4）规范电能表安装接线。 （5）配置失压记录仪或失压保护
	高供低计电力用户	（1）采用专用计量箱（柜）。 （2）采用防撬铅封。 （3）采用双向计量或逆止式电能表。 （4）规范电能表安装接线。 （5）采用三只单相电能表。 （6）封闭配电变压器低压侧出线端至计量装置的导体

续表

用 电 户 类 别		应配置防范窃电技术措施
公变低压用电户	三相用电户	(1) 采用专用计量箱。 (2) 采用防撬铅封。 (3) 采用双向计量或逆止式电能表。 (4) 规范电能表安装接线。 (5) 配置剩余电流断路器。 (6) 三相四线电能表改用三只单相电能表。 (7) 三相三线二元件电能表改用三元件电能表
	单相用电户	(1) 采用专用计量箱。 (2) 采用防撬铅封。 (3) 采用双向计量或逆止式电能表。 (4) 规范电能表安装接线。 (5) 配置剩余电流断路器。 (6) 采用防窃电器或防窃电电能表。 (7) 规范低压线路安装架设。 (8) 禁止在单相用户间跨相用电。 (9) 禁止私拉乱接和非法计量。 (10) 改进电能表外部结构使之利于防范窃电

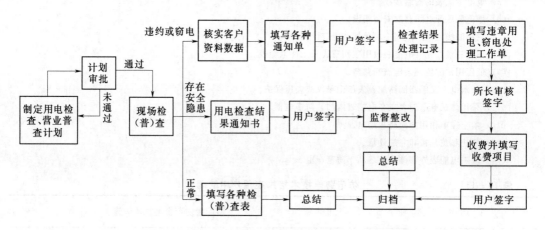

图 16-9　农村供电所用电检查标准化作业工作流程图

第五节　供 电 监 管

国家电力监管委员会令

第 27 号

《供电监管办法》已经 2009 年 11 月 20 日国家电力监管委员会主席办公会议审议通过，现予公布，自 2010 年 1 月 1 日起施行。

主席　王旭东

2009 年 11 月 26 日

《供电监管办法》共分五章 40 条。

第一章总则有 5 条，第二章监管内容有 20 条，第三章监管措施有 6 条，第四章处罚类有 7 条，第五章附则有 2 条。2005 年 6 月 21 日电监会曾经发布的《供电服务监管办法（试行）》于 2010 年 1 月 1 日废止。

电力监管机构对供电企业的如下事项实施监管（供电企业是指依法取得电力业务许可证、从事供电业务的企业）：

（1）供电能力。

（2）供电质量。

（3）设置电压监测点的情况。

（4）保障供电安全的情况。

（5）履行电力社会普遍服务义务的情况。

（6）办理用电业务的情况。

（7）向用户受电工程提供服务的情况。

（8）实施停电、限电或者中止供电的情况进行监管。

（9）处理供电故障的情况。

（10）履行紧急供电义务的情况。

（11）处理用电投诉的情况。

（12）执行国家有关电力行政许可规定的情况。

（13）公平、无歧视开放供电市场的情况。

（14）执行国家规定的电价政策和收费标准的情况。

（15）签订供用电合同的情况。

（16）执行国家规定的成本规则的情况。

（17）信息公开的情况。

（18）报送信息的情况。

（19）执行国家有关节能减排和环境保护政策的情况。

（20）实施电力需求侧管理。

电力监管机构对供电企业违反《供电监管办法》的处罚见表 16 - 12。

表 16 - 12　　　　　　　　　　电力监管机构对供电企业违规处罚

序号	供电企业违规表现	电力监管机构处罚
1	供电企业违反国家有关供电监管规定	依法查处并予以记录
	供电企业造成重大损失或者重大影响	对供电企业的主管人员和其他直接责任人员依法提出处理意见和建议
2	供电企业损害用户合法权益和社会公共利益的行为	将其行业及对该行业的处理情况向社会公布
3	供电企业没有满足其供电区域内用电需求的供电能力，不能保障供电设施的正常运行，并造成严重成果	变更或吊销电力业务许可证，指定其他供电企业供电

续表

序号	供电企业违规表现	电力监管机构处罚
4	（1）供电质量不符合规定。 （2）电压监测点设置、电压监测和统计等不符合规定。 （3）不能保障安全供电。 （4）未能履行电力社会普遍服务义务，未能保障任何人按照国家规定的价格获得最基本的供电服务。 （5）办理用电业务的期限超过规定。 （6）未能向用户受电工程提供服务，对其受电工程实施检查验收。 （7）未按规定对用户停电、限电或者中止供电。 （8）没有完善的报修服务制度，未按规定时间到达故障现场抢修。 （9）未能及时对抢险救灾、突出事件履行义务供电。 （10）未按规定建立用电投诉处理制度，未依法在规定时限内提出处理意见并签发用户。 （11）未执行国家规定的供电成本核算制度。 （12）未能完成降损节能任务，未能执行对淘汰企业、关停企业或者环境违法企业停电的决定擅自对限期整改的用户恢复送电	（1）责令改正，给予警告。 （2）情节严重的，对直接负责的主管人员和其他直接责任人员，依法给予处分
5	（1）无正当理由拒绝用户用电申请。 （2）对冠购转售电企业符合国家规定条件的输配电设施，拒绝或者拖延接入系统。 （3）违反市场竞争规则，以不正当手段损害竞争对手的商业信誉或者排挤竞争对手。 （4）对用户受电工程指定设计单位，施工单位和设备材料供应单位。 （5）其他违反国家有关公平竞争规定的行为	（1）责令改正。 （2）拒不改正的处10万元以上100万元以下罚款（以上，以下均包括本数）。 （3）对直接负责的主管人员和其他直接责任人员，依法给予处分。 （4）情节严重的，可以吊销电力业务许可证
6	（1）未遵守国家电价政策，自定电价，擅自变更电价，擅自在电费中加收或者代收国家政策规定以外的其他费用。 （2）自立项目或者自定标准收费。 （3）对用户提供有偿服务未执行政府定价或政府指导价	责令改正并向有关部门提出行政处罚建议
7	（1）拒绝或者阻碍电力监管机构及其从事监管工作人员依法履行监管职责的。 （2）提供虚假或者隐瞒重要事实文件、资料的。 （3）未按照国家有关电力监管规章、规则的规定公开有关信息的	对左栏所列情形之一的处罚： （1）责令改正。 （2）拒不改正的，处5万元以上30万元以下罚款。 （3）对直接负责的主管人员和其他直接责任人员，依法给予处分。 （4）构成犯罪的依法追究刑事责任
8	违反《供电监管办法》并造成严重后果的供电企业主管人员或者直接责任人员	可以建议将其调离现任岗位，3年内不得担任供电企业同类职务

第五篇　新时期农村供电所建设

第十七章　农村供电所管理

第一节　农村供电所管理的基础工作

供电所管理的方针、特点和范围见表 17-1。供电所管理的基础工作见表 17-2。

表 17-1　　　　　　　　　　供电所管理的方针、特点和范围

项　目	主　要　内　容	项　目	主　要　内　容
供电所管理的方针	(1) 以科学管理为基础。 (2) 以技术进步为动力。 (3) 以安全生产为中心。 (4) 以降损、节能和提高经济效益为重点。 (5) 以优质服务为宗旨	供电所管理的范围	(1) 供电所管理的基础工作。 (2) 供电所人力资源管理。 (3) 供电所生产管理。 (4) 供电所经营管理。 (5) 供电所安全管理。 (6) 供电所营业管理。 (7) 供电所计量管理。 (8) 供电所线损管理。 (9) 供电所电费管理。 (10) 现代化管理。 (11) 规范化服务等
供电所管理的特点	(1) 隶属上的单纯性。 (2) 职能上的多样性。 (3) 业务上的集中性。 (4) 组织上的稳定性。 (5) 运作上的规范性		

表 17-2　　　　　　　　　　供电所管理的基础工作

项　目	主　要　内　容
建立以责任制为核心的规章制度	(1) 用以解决人与物、物与物之间关系的规定通称为规章；用以解决人与人、人与企业、企业与社会之间的关系的规定通常称制度。供电所制定的管理规章制度是为保证供电所生产经营活动正常进行所作的以文字形式表达的规定，是全体职工应共同遵守的工作规范与行为准则。 (2) 供电所必须建立健全各种科学管理的规章制度，尽快实现生产经营管理工作规范化、制度化。 (3) 供电所有关规章制度的制定、执行及修订、废除，要依据供电所的实际情况，贯彻民主集中制的原则，遵照一定的程序。 (4) 供电所的规章制度应包括基本制度、工作制度和责任制度。制度条文要简明扼要，准确易懂，既保持相对的稳定性，又能结合实际适时修定，使之具有实用价值

项　目	主　要　内　容
原始记录	（1）原始记录是供电所生产运行，检修维护、用电管理等情况最初的直接记录，是反映供电所客观实际的第一手材料。 （2）设备情况记录。以台账形式记录供电所主要生产设备的生产厂家、出厂时间、规格型号、性能规范以及投产验收、调试、调换、变更时间等。 （3）设备运行维护记录。记录设备投运、负荷、异常、事故、维修、拆换、改进、消除缺陷、操作及巡回检查等。 （4）原始记录必须准确、及时、全面、系统。 （5）原始记录是供电所日常生产经营管理的重要手段；原始记录是统计工作的重要依据和基础。统计工作是原始记录的加工、分析，从而揭示问题并预测发展趋势
统计工作	（1）统计工作是指按规定要求的统计方法，对原始记录资料进行加工，以反映供电所生产经营活动实际，满足管理需要，取得比较完整、系统的资料数据的过程。 （2）统计工作是供电所进行生产、经营、管理决策，制定规划、负荷预测的重要依据，是供电所进行经济活动分析的重要手段。 （3）必须严格执行国家统计制度和行业统计办法的规定，认真编制和填报各种统计报表，如实反映供电所的真实情况。 （4）统计工作应做到准确性、全面性、及时性和系统性。 1）准确性：数据真实准确，实事求是。 2）全面性：有生产经营活动发生，就应当有原始记录和统计资料。 3）及时性：按规定要求的时间及时记录、填报，能迅速主动反映生产经营活动变化，逐步运用电子计算机管理信息系统。 4）系统性：原始记录和统计应有连续性，不中断或脱节
计量工作	（1）计量是用一种标准的单位量对另一同类的量值进行测定。 （2）计量工作包括计量检定、测试、分析等，是以科学的手段和方法，对供电所生产经营活动中有关量和质的数值进行测定，为供电所购售电量管理提供准确的数据。 （3）测定仪表和计量仪表是电力企业生产和管理取得真实有效数据的唯一手段。 （4）供电所计量工作的任务是： 1）设立计量专职人，在技术业务上接受县公司电能表室的领导或指导。 2）严格计量管理责任制度。 3）正确选择和使用计量仪表仪器。 4）定期校验、检查和维修计量仪表仪器。 5）充实和完善必需的计量手段，加强计量人员的培训
定额工作	（1）定额是指在一定生产技术组织条件下，对企业生产经营活动中人力、物力、财力资源的消耗、利用、占用所规定的数量标准。定额工作是指制定、执行和管理各类技术经济定额的工作。 （2）供电所的定额工作是编制农村电网规划、用电计划、负荷预测的计算依据；是供电所进行经济活动分析的依据和标准。 （3）供电所的定额分类： 1）设备完好率定额。 2）设备利用率定额。 3）供电质量定额。 4）线损率定额。 5）材料消耗定额。 6）用电单耗定额。 7）农村电网施工工程费、预算定额。 8）各种费用定额等

项　目	主　要　内　容
定额工作	（4）供电所各项定额的制定一般是由县电力公司制定的。定额制定是一项细微、繁重的综合性技术经济工作。供电所定额制定应切合实际，既先进又合理，可以逐步完善不断修订，但又应有一定的稳定性。供电所定额应与供电所的指标体系相衔接，并有充分的科学依据和计算说明。 （5）定额制定常用的方法有经验估算法、统计分析法和技术测定法。供电所在实际制定定额时，可以采用多种方法反复分析比较，求得先进合理。 （6）经验估算法是根据以往同类工作的实际经验，参考有关资料，对所制定定额的相关因素进行经验分析后来确定定额。 （7）统计分析法是根据积累的原始数据和统计资料，结合当前生产技术组织条件，加以分析计算来确定定额。 （8）技术测定法是在制定某一项定额时。可选择一个当前认为先进的模式，对其进行实地测试计算。最后取平均先进水平作为先进合理的定额
标准化工作	（1）标准是规定事物应该达到的统一尺度。标准化工作则是制定、执行和管理各项技术标准、管理标准和工作标准的工作。 （2）技术标准是标准化的主体，包括产品标准（如电能质量标准）、技术规程、工艺操作规程、安全规程、维护检修规程等。 （3）管理标准主要包括管理基础标准、技术管理标准、质量管理标准、生产计划管理标准、设备管理标准、能源管理标准、经营管理标准、财务管理标准、劳动人事管理标准及其他管理标准。 （4）工作标准主要包括通用工作标准、领导干部工作标准、中层干部工作标准、工程技术及专业技术人员工作标准、班组长工作标准、生产工人工作标准、辅助工人工作标准及其他人员工作标准。 （5）供电所应结合自身特点，建立包括技术标准、管理标准和工作标准在内的标准化体系，以确保农村电网的电能质量和安全、经济、可靠
档案管理	（1）企业档案是企业在各项活动中形成的全部档案的总和。企业档案的构成是以技术档案为主体，包括计划统计、经营销售、财务管理、劳动工资、教育培训以及党、政、工、青、妇工作等方面的档案。 （2）企业档案工作是企业管理基础工作的组成部分，是维护企业经济利益、合法权益和历史真实面貌的一项重要工作。 （3）企业文件的归档范围主要有12个方面，即产品生产、经营销售、设备仪器、技术管理、计划统计、劳动工资、财务管理、教育培训、党政工青妇工作、科学技术研究、工程建设及其他。 （4）档案应分类归档，常用的方法有按产品型号分类、按设备型号分类、按科研课题分类、按工程项目分类、按专业性质分类、按组织机构分类、按时间分类等。 （5）档案统计主要有档案管理基本情况统计、档案数量统计，档案提供利用及其效果的统计。 （6）档案信息开发利用是企业档案管理的一项重要内容。其重点是要服务于改善经营管理、提高产品质量和服务质量、降低物质消耗和增加经济效益。 （7）档案信息开发利用的几种形式： 1）档案开架阅览。 2）编制并交流档案目录。 3）对档案进行加工整理。 4）汇编专题"资料或简介、文摘、数据手册、图表手册、市场信息、用户反映、同行业生产经营情况等。 （8）企业档案开发与提供利用，必须严格执行保密制度

续表

项　目	主　要　内　容
班组建设	（1）班组建设是企业管理的基础。企业的各项经济技术指标最终要靠班组来完成；各项规章制度、工艺规程、技术标准、管理标准、工作标准都要靠班组来贯彻；大量数据和信息要靠班组来提供；企业的各项专业管理都要靠班组来落实。 （2）班组的组织建设。选拔和培养责任心强、技术熟练、作风正派、能团结人的同志担任班组长。同时要根据班组的具体情况选好"几大员"，如政治宣传员、质量检查员、经济核算员、安全员、生活管理员、工具保管员等。还要选好工会小组长，党团小组长配合班组长搞好班组的思想、管理、生活等各项工作。 （3）加强班组的思想建设、业务建设和制度建设，坚持两个文明建设一起抓，把班组建设成为一个生产上团结协作、政治上民主和谐、生活上互相友爱，精神上奋发向上的劳动集体。 （4）班组建设的几项重点工作。 1）加强班组的基础工作。 2）加强各项专业管理。 3）完善和发展班组经济责任制。 4）加强班组的科学管理。 5）搞好班组的民主管理。 6）开展班组间的社会主义劳动竞赛和评比奖励

第二节　农村供电所岗位职责

农村供电所岗位职责见表 17-3。

表 17-3　　　　　　　　农村供电所的岗位职责

岗位名称	岗　位　职　责
供电所	（1）认真贯彻执行国家有关电力的各项方针、政策、法律、法规、标准和上级主管部门颁发的规章制度。严格执行电价政策，搞好农村电费、电价管理。 （2）负责供电区域内农村 10kV 及低压电网的运行、维护和检修管理。 （3）按规定受理客户的业扩报装申请，及时办理变更用电及临时用电等用电业务。对业务界定范围内不属于供电所办理的高压客户申请，由供电所受理后转报上一级办理。 （4）负责供电区域内的抄表、审核、电费票据管理和电费收缴、合同管理和开拓农村电力市场。 （5）负责供电区域内计量装置的安装、更换、维护和管理。 （6）负责供电区域内 10kV 及低压配电台区的线损管理。 （7）搞好农村供用电优质服务，认真履行供电服务承诺，树行业新风，搞好两个文明建设。 （8）搞好农村用电检查，宣传普及安全用电常识。指导客户安全用电、节约用电、依法用电，维护农村供用电秩序。 （9）建立和完善所内的各项规章制度、基础资料，搞好综合管理。并按规定及时、准确地填报有关业务报表。 （10）做好供电所人员的培训考核，积极推广农电新技术、新材料、新工艺、新设备，推进现代化管理。 （11）完成县级供电企业下达的各项技术经济指标和其他工作任务

岗位名称	岗　位　职　责
所长	（1）认真贯彻执行国家有关电力方针、政策、法律、法规和上级主管部门颁发的各项规章制度，维护国家和企业利益。带领全所职工努力完成上级下达的各项生产、经营任务和安全、技术经济指标。 （2）制定本所年、季、月的工作计划，并具体组织实施落实。抓好综合基础管理，建立和完善各项规章制度。 （3）坚持"安全第一、预防为主"的方针，加强设备运行、维护管理工作。落实安全生产责任制，定期组织安全检查，制定和落实防范事故措施，做到安全、可靠、经济供电。 （4）加强电力营销管理，严格执行电价政策，认真落实"三公开"、"四到户"、"五统一"管理。 （5）定期主持召开经济活动分析例会，对售电量、线损、售电单价、电费回收、增供扩销等工作进行分析研究，提出改进工作的办法与措施，并组织实施。 （6）严格执行上级有关财务管理制度，遵守财经纪律。 （7）加强行风建设，提高服务质量，坚持客户接待与走访制度，按有关规定处理好客户的来信、来访和投诉。 （8）定期组织对全所人员的技术业务、安全规程、职业道德的培训，提高人员素质。 （9）督促有关业务报表的按时、准确报送
安全管理	（1）坚持"安全第一、预防为主"的方针，认真贯彻国家有关安全生产的方针、政策、法律、法规和上级主管部门颁发的规章制度。 （2）提出本所安全生产工作计划和工作目标，监督本所各岗位安全责任制的落实，监督各项安全生产规章制度、安全措施、反事故措施的落实。 （3）严格执行"两票"、"三制"。协助所长定期或不定期地召开安全工作例会，分析安全形势，研究安全工作，制定并落实安全管理办法，认真开展安全考核。 （4）组织对 10kV 及以下电力设施进行定期安全巡视检查，搞好劳动保护和安全工器具的管理。 （5）抓好安全工作，按照"四不放过"的原则，参与事故调查，并做好事故的调查、统计和上报工作。 （6）协助所长组织季节性安全检查，对检查中发现的问题与事故隐患，要及时提出整改意见，并详细做好记录，向领导汇报。 （7）依法保护供电区域内的电力设施，负责做好交通、防火、防盗等安全工作。 （8）负责全所人员的安全技术培训、安全规程学习与考试工作，按时、准确填报安全报表
设备运行检修管理	（1）严格按照有关规程的要求，负责全所设备的运行、检查、维护管理工作。 （2）组织对设备的日常巡视检查工作，定期巡视配电室、变压器、线路、接地装置、漏电保护装置等，确保设备的正常运行。 （3）对供电区域内的电力设施进行周期性维护和有针对性维护，按照设备的检修试验周期，编制检修计划，并负责组织实施。 （4）按规定组织对供电设备的测量检查，包括配变中性点的接地电阻、线路的对地距离、交叉跨越距离的测试，并认真做好记录。 （5）负责供电设备的缺陷管理及消缺工作。发现设备缺陷应进行现场鉴定，做好详细记录，并进行分类处理。 （6）负责供电区域内高低压电力设备的评级工作，提高设备完好率，完成供电可靠性指标。 （7）建立健全供电区域内的供电设施资产台账，加强备品备件管理，按规定建立备品备件管理制度，定期对备品备件进行检查、修复、补充、满足事故抢修的需要。 （8）按时、准确地填报有关业务报表

岗位名称	岗 位 职 责
电费管理及核算	（1）认真贯彻执行电价政策，负责电费电价管理和客户的电费、电价查询工作。 （2）负责抄表卡（抄表器）的发放与回收，以及电费发票的领取与管理；负责组织按时、准确地输入、核算、打印、分发电费票据。 （3）负责本所抄表卡、电费结算单、电费票据、应收电费清单的审核与传递，建立健全客户电费台账资料，并编制应（实）收电费月报表，按时完成电费回收任务。 （4）负责计算退补电费，填写退补电费审批表，办理退补电费手续。 （5）监督供电营业工作中的"三公开"、"四到户"、"五统一"的执行情况，杜绝农村用电中的"三乱"和"三电"现象。 （6）对本所售电量、平均电价、抄表率、电费回收率、客户用电的波动情况进行统计分析。 （7）负责供电所相关费用的收支管理，按时、准确填报有关业务报表
业扩管理	（1）认真执行有关业扩报装政策与规定，负责本所的业扩报装工作。严格按照业扩报装流程和服务承诺，为客户办理业扩报装及相关手续。 （2）建立客户台账资料，负责接待客户有关业扩报装及用电业务的咨询和服务。 （3）按照业务界定，负责办理营业区域内客户的新装、增容、变更用电和临时用电业务。 （4）经县级供电企业授权，与客户签订供用电合同。 （5）负责营业区域内的负荷预测以及农村电力发展规划和需求预测管理工作。 （6）按时、准确地填报有关业务报表
计量管理	（1）认真执行《计量法》和有关电能计量装置管理方面的规定，负责全所的计量管理工作。 （2）负责计量装置的检查、检定和维护管理工作。 （3）负责《计量法》在本所的贯彻实施与落实，按规定负责对业务范围内电能计量装置的定期检修、校验和轮换工作。 （4）按业务界定的要求，根据客户的报装容量、负荷性质和负荷变化情况，科学合理地配置、安装计量装置，并建立计量管理档案，记录客户计量装置的新装、暂停、迁址、轮换等相关资料。 （5）负责客户表计和用电数据的管理，建立健全计量管理台账。 （6）编制本所计量装置的定期轮换和计量器具、仪表的送检计划。 （7）按时、准确地填报有关业务报表
线损管理	（1）负责线损管理工作，完成上级下达的线损指标。 （2）编制 10kV 及低压线损管理的工作计划和指标分解方案，并协助所长提出对本所人员的线损考核和奖惩。 （3）提出并落实供电区域内的电网结构优化、无功补偿配置，改善电压质量及其他降损节能的技术措施。 （4）按时对供电区域内的电压质量、线路功率因数和负荷分布变化情况进行统计分析。 （5）定期组织营业普查。查处违约用电，打击窃电行为，堵塞管理漏洞，对用电量波动异常的客户，及时调查分析。 （6）协助所长定期召开经济活动分析会，提供各种分析资料，制定并落实降损措施。 （7）按时、准确地填报有关业务报表
专职电工	（1）负责供电区域内高低压设备的运行维护、巡视检查。 （2）负责供电区域内低压客户计费表计的抄表和收费工作。 （3）负责供电区域内低压用电客户的用电检查和低压用电报装申请的传递工作。 （4）负责完成供电所下达的电费回收、线损、安全、抄表率等经济技术指标，及时反映和汇报工作中出现的问题，提出改进工作的建议。 （5）遵守《农村电工服务守则》，履行服务承诺，服从统一调配，参加紧急业务处理。 （6）做好农村安全用电的宣传，普及安全用电常识，做好剩余电流保护装置的运行管理工作；指导客户安全用电、节约用电、依法用电，维护农村供用电秩序。 （7）完成供电所交办的其他工作

续表

岗位名称	岗 位 职 责
电工组组长	（1）在供电所所长的领导下，负责本组的日常管理工作。 （2）监督、检查辖区内供电设备和线路的安全运行，领导、组织并监督本组电工执行安全工作规程。 （3）领导、组织本组电工对辖区内用户抄表、收费等工作，做好各项用电管理工作。 （4）组织好对辖区内设备、线路的检修、维护和巡查等工作。 （5）在供电所的统一布置下，组织全组电工开展安全学习、生产培训等活动。 （6）领导全组人员开展优质服务活动，组织对突发事故的抢修工作。 （7）参加辖区内设备、线路、人身事故的调查工作。 （8）完成领导交办的其他任务

第三节　农村供电所安全生产管理

农村供电所安全生产管理要求及职责等见表 17-4。

表 17-4　　　　　　　农村供电所安全生产管理要求及职责

项　目	主 要 内 容
供电所安全责任制	（1）供电所应建立安全责任制。所长为第一责任人，对本所安全生产负全面责任，并与县公司第一安全责任人签订安全责任状。 （2）供电所要设一名专职或兼职安全员，负责本所安全管理工作计划的具体实施，指导农电工做好安全用电管理工作。 （3）供电所所长要与农电工签订安全协议书，农电工的安全责任要与其工资奖金挂钩。 （4）供电所在与客户签订供用电合同时，要明确安全责任。安全责任划分以资产产权分界点为界。资产归谁所有，发生事故由谁负责。乡办或村办企业和个体企业电力设备若委托供电所代管，产权虽不属供电所，但发生责任事故后应由代管方负主要责任
供电所安全职责	（1）负责对工作人员的安全培训及安全考核工作。 （2）负责辖区内电力设施的巡视检查、维护检修、安装验收，保证设备安全运行。保证设备完好率和安全可靠性。 （3）贯彻执行县公司的各种安全用电管理办法，加强对配电变压器剩余电流动作保护器和农户家用剩余电流动作保护器的定期检查，保证剩余电流动作保护器的安装率、投运率和动作率达到有关规定要求。 （4）进行农村安全用电知识的宣传和普及工作，不断提高用户的安全用电意识，防止发生人身触电事故。 （5）依靠《中华人民共和国电力法》、《电力设施保护条例》等有关法律、法规，加强对电力设施的保护
对农电工的安全工作要求	（1）应熟知《农村安全用电规程》、《农村低压电气安全工作规程》、《农村低压电力技术规程》，经考试合格后持证上岗，凡是在工作中不听从指挥，自行其是，缺乏安全意识的人员，一律予以解聘。 （2）农电工在担任电气工作负责人和许可人前，必须经县供电企业资质审查，进行培训，经考试合格并得到县公司领导批准后，方可担任此项工作

续表

项 目	主 要 内 容
班组长的安全职责	(1) 班组长是本班组的安全第一责任人，对本班组人员在生产劳动过程中的安全和健康负责；对所管辖设备的安全运行负责。 (2) 负责制订和组织实施控制异常和未遂的安全目标，按设备系统（施工程序）进行安全技术分析预测，做到及时发现问题和异常，并进行安全控制。 (3) 带领本班组人员认真贯彻执行安全规程制度，及时制止违章违纪行为，及时学习事故通报，吸取教训，采取措施，防止同类事故重复发生。 (4) 主持召开好班前、班后会和每周一次或每个轮值的班组安全日活动，并做好安全活动记录。 (5) 负责和督促工作负责人做好每项工作任务（倒闸操作、检修、施工、试验等）事先的技术交底和安全措施交底工作，并做好记录。 (6) 做好岗位安全技术培训、新进入企业人员的三级安全教育和全班人员（包括临时工）经常性的安全思想教育；积极组织班组人员参加急救培训，做到人人能进行现场急救。 (7) 开展好本班的定期安全检查活动、"安全生产周"等活动，落实上级和本企业、本车间下达的反事故措施。 (8) 经常检查本班组工作场所（每天不少于一次）的工作环境、安全设施、设备工器具的安全状况。对发现的隐患做到及时登记上报，本班组能处理的应及时处理。对本班组人员正确使用劳动防护用品进行监督检查。 (9) 支持班组安全员履行自己的职责。对本班组发生的异常、障碍、未遂及事故，要及时登记上报，保护好事故现场，并组织分析原因，总结教训，落实改进措施
安全生产管理工作要求	(1) 负责 10kV 及以下配电网的规划、建设、安全运行、维护检修和电力设施的保护。 (2) 负责供电区域内各种剩余电流保护装置的检测和维护管理。 (3) 负责供电区域内安全用电的宣传普及和客户用电的安全管理。 (4) 负责对本所人员安全知识、技术技能的培训和安全生产业绩的考核
安全生产管理的基础工作	(1) 坚持"安全第一、预防为主"的方针，认真贯彻执行国家有关安全生产的方针、政策、法律法规和电力行业有关安全生产的规程、标准和制度。 (2) 建立健全以所长为第一责任人的安全生产责任制，明确各类人员的安全生产职责。 (3) 建立健全安全生产规章制度，定期组织安全活动。 (4) 建立健全安全生产管理的各种技术资料、台账、记录，按规定及时编报反事故措施计划、安全技术措施计划、设备大修和更新改造计划
界定产权分界点	(1) 严格界声设备的产权分界点，依产权归属明确双方的安全责任。 (2) 电力客户没有能力维护其产权设备的，供电所可代其维护管理，但必须签订"代理维护协议"，并报县级供电企业批准后实施
按有关规程的要求，对供电区域内配电线路及设备设置明显标志	(1) 配电线路名称和杆塔编号。 (2) 配电台区的名称和编号。 (3) 相位标志。 (4) 线路断路器、隔离开关的调度名称及编号。 (5) 变压器、电容器、电缆端头、杆上断路器和隔离开关、户外配电箱（柜）以及配电设备经过特殊地段的警示牌
设备管理	(1) 对供电区域内设备管理分工明确，责任到人。 (2) 按照有关规程要求开展设备的巡视、检查、试验、维护和检修。 (3) 对设备缺陷要做好记录，并按缺陷等级．分类处理。 (4) 严格执行三制：交接班制、巡回检查制、设备定期试验轮换制

项　目	主　要　内　容
安全用电检查	(1) 根据《用电检查管理办法》的规定。定期或不定期地对供电区域内的客户安全用电情况进行检查。 (2) 对检查中发现的问题，应以书面形式通知客户．并督促限期整改
剩余电流动作保护装置	(1) 按照 DL/T 736—2000《剩余电流动作保护器农村安装运行规程》的要求，定期或不定期对各级剩余电流动作保护器进行巡视、检查、测试、维护。 (2) 保证各级剩余电流动作保护器的安装率、投运率、正确动作率达到部颁标准的要求
电压合格率	(1) 加强配电网电压管理，采取措施提高电能质量。 (2) 一般客户端电压合格率要达到 90％以上
负荷管理	(1) 加强设备的负荷管理。 (2) 防止设备过负荷运行。 (3) 防止设备三相负荷严重不平衡运行
宣传	(1) 宣传《中华人民共和国电力法》、《电力供应与使用条例》、《电力设施保护条例》等法律法规和电力行业的规章制度。 (2) 做好电力设施的保护和安全用电知识的普及工作
两票三制	(1) 对供电设备进行操作和检修时，必须严格执行"两票"。 (2) 工作票、操作票应按月统计，妥善保管。"两票"合格率应达到 100％。 (3) 供电所工作负责人、工作许可人、工作监护人由县级供电企业组织培训、考试，并发文公布
工器具配备	(1) 执行"择优选购、按需配备、登记造册、定期检验、坏的封修、缺的补齐、正确使用、妥善保管"的三十二字原则。 (2) 搞好安全工器具和施工工具的配备、检验、使用和保管
备品备件	(1) 根据设备状况和检修计划，编制备品备件的计划。 (2) 择优选购，分类存放，妥善保管
事故报告及事故处理	(1) 发生农电生产和农村触电伤亡事故，应及时报告县级供电企业并立即组织事故处理。 (2) 坚持"四不放过"的原则，协助县级供电企业搞好事故的调查、分析、处理和上报。 (3) 尽快查出事故地点和原因，消除事故根源，防止事故扩大。 (4) 尽量缩小事故停电范围和减少事故损失，对已停电的用电客户要尽快恢复供电
安全奖惩	(1) 贯彻安全生产重奖重罚规定，制定出明确的安全生产考核细则。 (2) 对在安全生产中做出显著贡献的集体和个人给予奖励。 (3) 对严重失职、违章作业、违章指挥造成事故者给予处罚

供电设施责任分界点的具体确定方法见表 17－5。

部分安全术语的含义见表 17－6。

习惯性违章的种种表现见表 17－7。

农村供电所安全性评价标准化作业流程图见图 17－1。

农村供电所工作票标准化作业工作流程图见图 17－2。

表 17 - 5　　　　　　　　供电设施责任分界点的具体确定方法

序号	责任分界点确定方法		示意图或说明
1	公用低压线路供电的，以供电接户线用户端最后支持物为分界点。支持物属供电企业	(1) 以用户处的接户线最后支持物为分界点，支持物属电业	
		(2) 以进户熔断器作为分界点. 熔断器属电业	
2	10kV 及以下公用高压线路供电的。以用户厂界外或配电室前的第一断路器或第一支持物为分界点，第一断路器或第一支持物属于供电企业	(1) 以线路跨越用户围墙处前架空线路第一断路器为分界点，第一断路器及电杆属电业	
		(2) 以线路跨越用户配电室前架空线路第一断路为分界点，第一断路器及电杆属电业	
		(3) 以架空线与用户高压设备接线桩头为分界点，引下线及接线桩头属用户	
		(4) 以用户配电室进线套管为分界点，穿墙套管属用户	

续表

序号	责任分界点确定方法	示意图或说明
3	采用电缆供电的，本着便于维护管理的原则，分界点由供电企业与用户协商确定。一般应以电缆任一端的连接处为分界点	
4	产权属于用户且由用户负责运行维护的用户专用线路，以公用线路分支杆或专用线路接引的公用变电站外第一基电杆为分界点，专用线路第一基电杆属用户	（1）以公用线路分支杆为分界点。分支杆属电业，专用线路第一基电杆属用户 公用架空线（电业）　用户专用线路　架空线（用户）　第一基电杆（用户）　分支杆（电业） （2）以供电企业变电站的二次侧断路器或供电企业开关站的出口断路器为分界点 电业变电所　出线断路器（电业）　责任分界点　用户专线　引出线电杆（用户）　围墙（电业） （3）以供电企业变电站围墙外第一基杆塔为分界点 电业变电所　出线断路器（电业）　用户专线　责任分界点　引出线（用户）　围墙（电业）　电杆（用户） （4）以供电企业变电所电缆出线或架空线连接处为分界点 电业变电所　围墙（电业）　用户专线　责任分界点　引出线（电业）　电杆（用户）　出线断路器（电业）
5	在电气上的具体分界点，由供用电双方协商解决	

注　1. 供电设施责任分界点的作用。
　　（1）划分供电设施的运行维护管理范围。
　　（2）确定在供电设施上发生事故引起的法律责任。
　　2. 供电设施责任分界点的确定。
　　供电设施责任分界点确定的唯一方法是按产权归属确定。产权归属于谁，谁就负责其拥有的供电设施的运行维护管理，谁就承担其拥有的供电设施上发生事故引起的法律责任。

表 17 - 6　　　　　　　　　　部分安全术语的含义

序号	安全术语	含　义
1	一反四查	反违章、查思想、查领导、查措施、查制度
2	两措	反事故措施、安全技术劳动保护措施
3	两票三制	操作票、工作票，交接班制、巡回检查制、设备定期试验轮换制
4	三级教育	一级（厂级）安全教育、二级（车间级）安全教育、三级（班组级）安全教育
5	三交待	交待工作任务、交待安全措施、交待技术措施
6	三违	违章、违纪、违法
7	三无	无违章个人、无违章班组、无违章企业
8	三不伤害	不伤害别人、不伤害自己、不被他人伤害
9	三误	误整定、误（漏）接线、误投（漏）或误停（包括压板）
10	三熟、三能	熟悉系统及设备的构造、性能 熟悉设备的装配工艺、工序和质量标准 熟悉安全施工规程 能掌握本职业的基本技能 能干与本职业密切相关的其他一两种手艺 能看懂与本职业相关的图纸并能绘制简单零部件图
11	三全管理	对安全工作实行全方位、全过程、全口径管理
12	四全管理	对安全工作实行全方位、全过程、全口径、全员管理
13	四大措施	检修（新建）工程制订安全措施、技术措施、组织措施、文明施工措施
14	四个阶段	安全检查宣传发动阶段、自查阶段、免查验收阶段、总结评比整改阶段
15	四不放过	事故原因不清楚不放过 事故责任煮和应受教育者没有受到教育不放过 没者采取防范措施不放过 事故责任者没有受到处罚不放过
16	五同时	对于安全工作要与生产工作同时计划、同时布置、同时检查、同时总结、同时考核
17	五无	调度人员要做到：无误判断、无误下令、无误操作、无处理事故失误造成事故扩大、无违反调度纪律
18	六复核	调度运行要做到：复核运行方式、复核调度规程、复核继电保护配置、复核安全自动装置、复核反事故措施、复核保厂用电措施
19	六统一	统一安排调度计划 统一安排设备检修 统一调度规程 统一配置自动化装置和继电保护装置 统一事故演习 统一制定起动方案
20	三违	违章操作、违章作业、违章指挥
21	四性	习惯性违章具有一定的顽固性、潜在性、传染性、排他性
22	五误	误入、误碰、误触、误接线、误操作

表 17－7　　　　　　　　　　　　　　习惯性违章的种种表现

分 类	序号	表　　现
生产、施工现场	1	进入生产施工现场（主控室除外）人员未按规定戴安全帽
	2	安全措施不完备、安全措施不符合工作现场实际
	3	生产、施工现场照明不足
	4	进入生产施工现场穿高跟鞋、裙子（裙裤）、拖鞋、背心、短裤、露趾凉鞋
	5	在电缆孔洞等地方施工完毕后，孔、网、洞、沟盖板未封堵盖好
	6	进出高压室未随手将门关好
	7	私自拆除、更换运用中的设备
	8	酒后进入生产现场
	9	在禁止使用烟火的场所使用烟火（办理了动火工作票的除外），在生产现场吸烟
	10	线路施工，立杆、拔杆、放线、收线、紧线无专人统一指挥
	11	更换杆塔拉线或抱杆拉线过渡转移时，不打临时拉线
	12	杆塔组立，无关人员在杆下 1.2 倍杆（塔）的距离以内
	13	值班人不认真履行交接班制，不按规定填写交接内容，敷衍了事
	14	运行值班人员擅自脱岗
	15	巡视设备不认真、不到位
	16	事故巡视不认真、不到位
	17	工作场所不能保持清洁完整
	18	随意在楼板或建筑物结构上打洞、凿孔
	19	在需要加盖板之处，不加盖盖板
	20	在通道口随意放置物件
	21	将消防器材挪作他用
	22	在工作场所存放易燃易爆物品
	23	不按规定穿用工作服
	24	翻越栏杆，在运行的设备上行走或坐立
	25	进出高压室不随手将门锁好
高处作业	1	高处作业未穿防滑鞋
	2	高处作业位移时，失去安全带保护
	3	高处作业未戴安全帽
	4	高处作业上下传递物件不用吊绳、工具袋
	5	使用梯子登高作业时，无专人护住梯子（固定牢固除外）
	6	无可靠的防止人身坠落伤亡事故的措施便擅自开始高处作业
	7	高处作业未系安全带或安全带未系在牢固构件上
	8	使用不合格的登高工具
	9	攀登电杆未检查杆钉的牢固性和是否缺少
	10	上爬梯不注意逐档检查

分　类	序号	表　现
高处作业	11	使用吊篮工作不使用安全带
	12	站在梯顶上工作
	13	将梯子放在门前使用
	14	肩荷重物攀登移动式梯子或软梯
	15	高处作业随意跨越斜拉条
	16	骑在跳板的端头撤跳板
	17	在高处平台上倒退着行走
	18	擅自使用有缺陷的吊篮作业
	19	在导线上腰系小绳往下落
	20	吊篮作业、手搬葫芦下端不卡元宝螺丝
	21	自做卡凳，未采取防护措施
	22	从井架外侧攀爬上下
	23	非起重人员从事起重作业
	24	在带电线路内侧拆除越线架
	25	传送跳板不系安全绳
	26	使用非起重正具进行起重作业
	27	高悬空间处所不设防护措施
	28	新立电杆未牢固便攀登作业
	29	冒险在 T 形单梁上行走
起重	1	起吊、拖拉设备重件时。在尖锐轮廓处拴套绳不加垫块
	2	起吊重物前不检查起重设备及制动装置
	3	起吊物需悬空停留时不支持稳固
	4	起吊、牵引过程中，在受力钢丝绳的四周、上下方、内侧角、起吊重物的下面逗留、通过
	5	用管道悬吊重物或起重滑车
	6	利用吊物上升或下降
	7	手拉缆绳顶端手部伤害
	8	脚蹬吊物指挥起吊或人上吊物平衡重物
	9	没得到指挥信号，卷扬机司机松开溜绳
	10	起吊时超重起吊
	11	约定手势作指挥信号
	12	指挥斜拉吊物
	13	非指挥人员进行指挥
	14	修理正在运行的起重机
	15	非起重工绑系绳扣

续表

分 类	序号	表 现
操作票	1	无票操作
	2	单独一人从事电气工作
	3	操作人员不按规定认真填写倒闸操作票,用草稿票操作
	4	倒闸操作不认真进行模拟预演
	5	现场倒闸操作不核对设备名称、编号和位置
	6	现场操作中不唱票、不复诵,监护流于形式,甚至无监护操作
	7	现场操作中操作人员闲谈
	8	操作中发生疑问时不向有关人员报告。擅自更改操作
	9	擅自解除电气防误闭锁装置或不执行万能钥匙管理制度
	10	使用不合格或超期未试的安全工器具
	11	操作时未穿戴相关的防护用品
	12	发布和接受调度命令时未用录音
	13	调度员(值班员)下达(接受)调度命令未使用双重编号
	14	发布和接受命令双方不互通报姓名、时间,未认真执行复诵制
	15	受令人无故延误或拒不执行调度员的正确命令
	16	违反调度纪律、私自操作(工作)运用中的设备
	17	对投运的设备(包括机械锁)随意退出或解锁
	18	接错电源相,用手触摸电气设备触电
工作票	1	无工作票进行检修作业
	2	签发空的工作票,不带工作票盲目作业
	3	工作票不始终在工作现场,未拿到现场
	4	约时停送电
	5	未办理工作许可手续
	6	擅自扩大工作范围
	7	不履行工作监护制、监护不到位
	8	开工前不宣读工作票,来交待带电部位及安全注意事项
	9	部分设备停电工作,不按规定装设遮栏,不按规定悬挂标示牌
	10	工作人员擅自改变已布置好的安全措施
	11	挂接地线(合接地刀闸)前未验电(或未对验电器进行检查试验)
	12	未按规定挂设接地线,如不使用线夹而是缠绕,接地端未固定牢固,接地棒埋深不足 0.6m,工作地段两侧或多侧未挂接地线
	13	事故抢修未办理工作许可手续,未完善现场安全措施及工作监护
	14	高压试验加压过程中,未设遮栏、设警戒线、监护不严
	15	工作中随意穿越移动遮栏
	16	在二次线上或低压带电作业的工作,未采取防止短路接地和防触电的措施

续表

分　类	序号	表　　现
工作票	17	工作票结束后，未在有关记录簿上做记录并签名
	18	装卸高压保险不使用护目镜和绝缘手套
	19	公路、人口稠密地段施工未设安全围栏
	20	施工人员未全部下杆（塔）就拆除接地线
	21	约时停用和恢复重合闸
	22	带电作业时突然停电，便视为设备无电
	23	等电位作业传递工具和材料时不使用绝缘工具或绝缘绳索
	24	带电拆除试验线夹
	25	签发违章冒险施工方法的工作票
	26	带电部位不设明显警告标志
管理性（指挥性）违章（各级领导、工作票签发人、工作负责人）	1	指派不具备相应资格的人员作业，不考虑工人的工种和技术等级进行分工
	2	应办理操作票、工作票、安全措施作业票而不办，即组织生产施工
	3	没有安全技术措施、没有进行工作交底、没有创造生产安全的必备条件即开始允许作业
	4	不按规定要求填写、签发操作票、工作票、安全措施作业票
	5	擅自变更已经批准的安全技术措施
	6	擅自变更操作票、工作票、安全措施作业票
	7	擅自变更、拆除或停用安全装置和设施
	8	对职工发现的装置性违章不积极组织消除，强行组织生产施工
	9	决定设备带病运行、超出力运行或让职工冒险作业而没有采取相应的技术措施和安全保障措施
	10	不按规定为职工配备必需的劳动安全卫生防护用品
	11	不顾职工身体实际状况，强行让职工疲劳作业、加班加点、超负荷劳动
	12	不按规定对职工进行技术培训、安全教育和安全考试
	13	允许无特殊工种合格证人员从事特殊工种作业、无证上岗
	14	基建、技改、业扩和大修工作，未认真进行查勘，施工现场无"三大措施"，无安全技术交底
	15	对外来承包的工程队伍，发包单位未进行资质及"三大措施"审核、无安全技术交底记录
	16	在生产、施工现场进行临时性用工之前，对劳动者不进行安全教育
	17	动火作业不按规定办理动火工作票（事故抢修除外，但必须措施得当）
	18	特殊工作人员未取得合格证，未按规定复查审核从事特殊工种作业
交通	1	无照开车，不是驾驶员随意开车
	2	驾驶员酒后开车
	3	驾驶员开车不系好保险带
	4	不按规定超车、让车

分 类	序号	表 现
交通	5	下陡坡熄火空档滑行
	6	超速行车，开"英雄车"、"赌气车"
	7	装载设备及物件不捆扎牢固
	8	货运汽车载人，人货混装
	9	在驾驶室内存放易燃物品
	10	车未停稳便上、下车
其他	1	手持电气工器具未装剩余电流动作保护器
	2	低压电器金属外壳未接地或接零
	3	电气设备、电线有绝缘破损导体裸露
	4	旋转机具无罩壳防护
	5	接触高温物体工作，不戴防护手套、不穿专用防护服
	6	在机器转动时装拆或校正皮带
	7	在机器未完全停止之前进行修理工作
	8	在机器运行中，清扫、擦拭或润滑转动部位
	9	随意拆除电器的接地装置
	10	使用电动工具不戴绝缘手套
	11	不熟悉使用方法，擅自使用电气工具
	12	不熟悉使用方法，擅自使用风动工具
	13	不熟悉使用方法，擅自使用喷灯
	14	采用掏挖的方法挖掘
	15	上下基坑时攀登水平支撑或撑杆
	16	在开挖的土方斜坡上放置物件
	17	在带电设备周围用钢卷尺测量

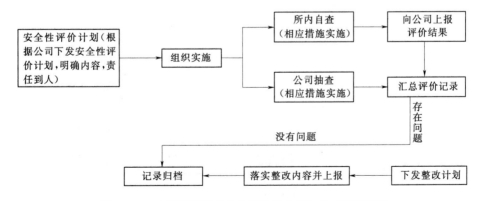

图 17-1 农村供电所安全性评价标准化作业工作流程图

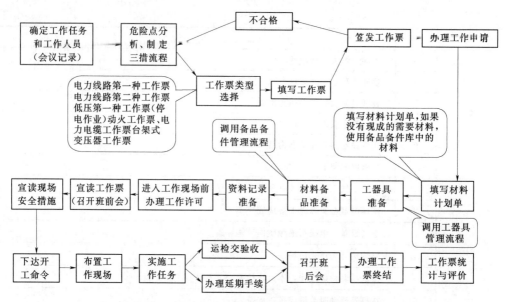

图 17-2 农村供电所工作票标准化作业工作流程图

农村供电所操作票标准化作业工作流程图见图 17-3。

图 17-3 农村供电所操作票标准化作业工作流程图

农村供电所安全工器具管理标准化作业工作流程图见图 17-4。

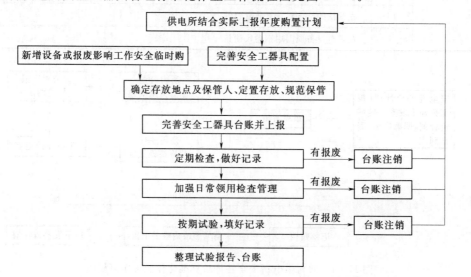

图 17-4 农村供电所安全工器具管理标准化作业工作流程图

农村供电所安全工作（制度）实施标准化作业工作流程图见 17-5。

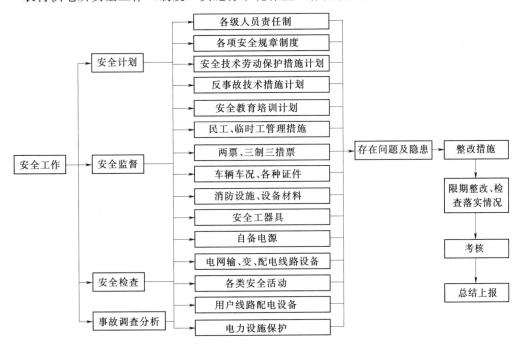

图 17-5　农村供电所安全工作（制度）实施标准化作业工作流程图

农村供电所周安全活动标准化作业工作流程图见图 17-6。

图 17-6　农村供电所周安全活动标准化作业工作流程图

农村供电所安全生产例会标准化作业工作流程图见图 17-7。

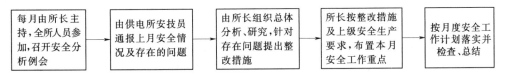

图 17-7　农村供电所安全生产例会标准化作业工作流程图

农村供电所双电源、自备电源管理标准化作业工作流程图见图 17-8。

农村供电所剩余电流动作保护器管理标准化作业工作流程图见图 17-9。

农村供电所安全监督检查标准化作业工作流程图见图 17-10。

实施"平安工程"，确保人身安全和农网安全。认真抓好农电队伍安全教育，提高安全意识和安全技能。推行标准化作业，积极开展"无违章个人、无违章供电所（班组）"创建活动。珍惜生命、关爱农民，积极开展安全用电、文明用电宣传，普及用电常识，提高农民安全用电意识，促进安全用电。加强农村电力设施保护的宣传和落实工作。培育"平安文

495

双电源：

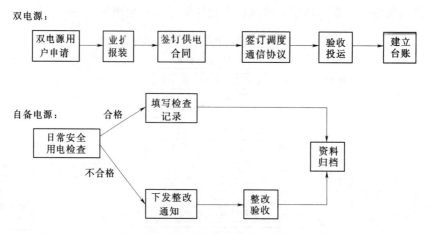

图 17-8 农村供电所双电源、自备电源管理标准化作业工作流程图

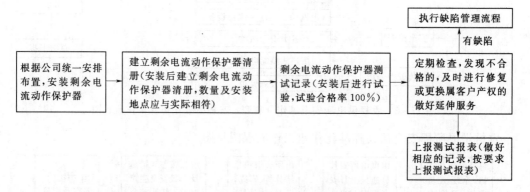

图 17-9 农村供电所剩余电流动作保护器管理标准化作业工作流程图

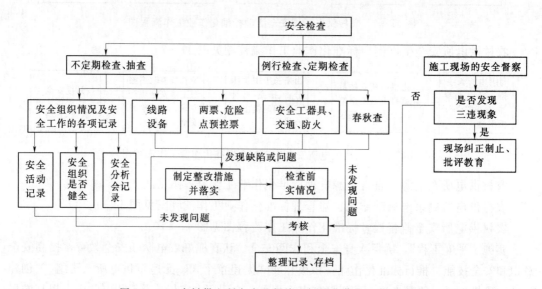

图 17-10 农村供电所安全监督检查标准化作业工作流程图

化"，形成"人人遵章守纪，杜绝习惯性违章"的良好风气，从基础抓起、从基层抓起、从基本功抓起，切实改变农电安全生产薄弱的状况，全面提高农电企业安全素质。

下面是关系人身安全和生产安全的制度，须牢牢记在心并落实在行动上。

一、"三个体系"

（1）安全生产风险管理体系。

（2）安全生产应急管理体系。

（3）安全生产事故调查体系。

二、"三个百分之百"

（1）人员的百分之百，全员保安全。

（2）时间的百分之百，每一时、每一刻保安全。

（3）力量的百分之百，集中精神、集中力量保安全。

三、"三要六查"

（1）要吸取事故教训，查思想认识，查责任落实。

（2）要学习规程规定，查规章执行，查遵章守纪。

（3）要强化安全管理，查隐患治理，查预案落实。

四、"三不伤害"

（1）不伤害自己。

（2）不伤害他人。

（3）不被他人伤害。

五、"三铁"反"三违"，杜绝"三高"

1. "三铁"

（1）铁的制度。

（2）铁的面孔。

（3）铁的处理。

2. "三违"

（1）违章指挥。

（2）违章作业。

（3）违反劳动纪律。

3. "三高"

（1）领导干部高高在上。

（2）基层员工高枕无忧。

（3）规章制度束之高阁。

六、"三误"

（1）误动。

（2）误碰。

（3）误（漏）接线。

七、新、改、扩建工程的安全"三同时"

（1）同时设计。

（2）同时施工。

（3）同时投产。

八、"三个从严"

（1）从严要求。

（2）从严管理。

（3）从严考核。

九、督促整改的"三定"原则

（1）定人。

（2）定时间。

（3）定项目。

十、农电"三防"

（1）防止触电伤害。

（2）防止高空坠落。

（3）防止倒（断）杆伤害。

十一、电网安全稳定的"三道防线"

（1）第一道防线是电网在发生常见的单一严重故障时，依靠快速可靠的继电保护与有效的预防性控制措施保持电网稳定运行和电网的正常供电。

（2）第二道防线是电网在发生概率较低的严重故障时，采用稳定控制装置及切机、切负荷等紧急控制措施继续保持稳定运行。

（3）第三道防线是当电网遇到概率很低的多重严重事故使稳定破坏时，设置失步解列、频率及电压紧急控制装置，防止事故扩大而引发大面积停电。

十二、"四不放过"

（1）事故原因不清不放过。

（2）事故责任者和应受教育者没有受到教育不放过。

（3）没有采取防范措施不放过。

（4）事故责任者没有受到处罚不放过。

十三、"四全"

（1）全面。

（2）全员。

（3）全过程。

（4）全方位。

十四、春检前"五查"

（1）查领导。

（2）查思想。

（3）查管理。

（4）查制度。

（5）查隐患。

十五、安全生产"五要素"

（1）安全文化。

（2）安全法制。

（3）安全责任。

（4）安全科技。

（5）安全投入。

十六、"五防"

（1）防止误分、误合断路器。

（2）防止带负荷拉、合隔离开关或手车触头。

（3）防止带电挂（合）接地线（接地刀闸）。

（4）防止带接地线（接地刀闸）合断路器（隔离开关）。

（5）防止误入带电间隔。

十七、农电反"六不"

（1）不办工作票。

（2）作业前不交底。

（3）现场不监护。

（4）作业不停电。

（5）不验电。

（6）不挂接地线。

十八、安全文明施工"六化"

（1）安全管理制度化。

(2) 安全设施标准化。

(3) 现场布置条理化。

(4) 机料摆放定置化。

(5) 作业行为规范化。

(6) 环境影响最小化。

十九、农电"十要"反事故措施

(1) 工作前要勘察施工现场，提前进行危险点分析与预控。

(2) 检修、施工要使用工作票，作业前现场进行安全交底。

(3) 施工现场要设专人监护，严把现场安全关。

(4) 电气作业要先进行停电，验明无电后即装设接地线。

(5) 高空作业要戴好安全帽，脚扣登杆全过程系安全带。

(6) 梯子登高要有专人扶守，必须采取防滑、限高措施。

(7) 人工立杆要使用抱杆，必须由专人进行统一指挥。

(8) 撤杆撤线要先检查杆根，必须加设临时拉线或拉绳。

(9) 交通要道施工要双向设置警示标志，并设专人看守。

(10) 放、撤线邻近或跨越带电线路要使用绝缘牵引绳。

二十、"十确认"

(1) 确认劳保用品穿戴是否齐全、规范。

(2) 确认工作票上写的设备是否与现场设备名称、编号对应。

(3) 确认所做安全措施的部位是否正确。

(4) 确认安全措施是否齐全。

(5) 确认工作间隔是否悬挂安全警示牌。

(6) 确认工作间隔门是否打开、相邻间隔门是否锁好。

(7) 确认工作票上的缺陷处理完后设备是否还有其他缺陷。

(8) 确认工作结束后所带检修物品是否完整。

(9) 确认被检修设备上是否遗留其他物件。

(10) 确认工作地点是否工完料净。

二十一、"十不准"

(1) 工作地点看不见接地线不准工作。

(2) 手车开关不在检修位置不准进行其回路上的工作。

(3) 安全距离不符合规程要求、无防护措施不准工作。

(4) 邻近带电间隔不加锁不准工作。

(5) 停电设备无名称、编号不清楚不准工作。

(6) 高空作业不系安全带不准工作。

(7) 设备侧有电、没有警告标志、无人监护不准工作。

（8）劳保用品穿戴不齐全或不规范不准工作。

（9）工作间隔的门没有打开不准工作。

（10）不准使用不合格的安全工具。

第四节　农村供电所营销管理

农村供电所营销管理见表 17－8。

表 17－8　　　　　　　　　　　　　　农村供电所营销管理

项　目	主　要　内　容
工作要求	（1）以为农民生活、农村经济、农业生产服务为宗旨，以经济效益为中心，开拓电力市场，建立全过程的营销管理机制，规范营销管理工作。 （2）负责受理客户的业扩报装、抄表、核算、收费及其他日常用电营业工作。对于从用电申请受理、批复、装表、接电到正常用电的全过程，都要有人负责、有人监督。 （3）严格执行国家电价政策和物价部门批准的电价标准，做到电价准确、电费账务清楚。 （4）农村居民用电全部实现一户一表，健全客户营业档案，全面实行供电"四到户"管理。 （5）按业务界定负责供电区域内计量装置的安装、维护、管理工作，做到计费准确、公正。 （6）积极推行计算机在营销工作中的应用，逐步建立县（市）、乡（镇）一体化的营业管理体系
业扩管理	（1）受理营业区域内客户的新装、增容、变更用电和临时用电等业务。 （2）严格按规定的时间办理相关手续，按时限要求进行现场勘察，确定供电方案，并正式通知客户。 （3）负责或参与对业扩工程施工的中间检查，发现问题及时通知施工单位进行处理。 （4）安装竣工后，应按规程规定进行竣工验收。验收合格后，按业务界定与客户签订供用电合同。对于居民客户，在受理用电申请后，要在规定时间内送电；对于其他客户，在受电装置验收合格后，在规定时间内送电。 （5）送电前应严格按照国家规定收取用电业务的各种费用，供电所不得擅自减免。 （6）业扩报装工作要有明晰的工作流程，一般可按如下业扩报装工作流程图所示的流程办理： 受理客户申请　→　现场勘察确定供电方案　→　供电所审批答复客户 签定供用电合同　←　竣工验收　←　工程安装及中间检查 办理用电手续收取有关费用　→　装表接电填卡建档　→　抄表计费
计量管理	（1）对客户计量装置实行统一管理，建立计量装置台账，落实周期检定计划，确保计量准确性。有条件的县（市）供电企业可依法在供电所设校表点，以方便客户。 （2）推广电能计量新技术、新装置，提高计量装置的技术水平。 （3）根据客户的报装容量、负荷性质和负荷变化情况配置计量装置。农村低压客户计量装置配置方案由供电所确定，高压客户的计量装置按业务界定，由供电所提出初步配置方案，报县供电企业批准后执行。 （4）抄表人员在抄表时要注意检查计量装置运行情况，计量管理人员应定期对计量装置进行检查，发现问题及时处理。 （5）客户要求校验电能表时，应尽快办理，并按规定收取校表费，如客户对校验结果有异议时，可要求计量监督部门处理

续表

项 目	主 要 内 容
抄表、核算、收费	(1) 建立定期抄表制度。按照规定的日期和周期对电能表进行实抄，积极推广先进技术，提高抄、核、收的工作效率，计费电能表实抄率要达到100％。 (2) 使用县供电企业统一制定的抄表卡、电费台账，推广应用计算机核算，确保电量、电价、电费正确无误。 (3) 合理设置电费回收点。推广农村金融机构代收电费、电费储蓄和预付电费等先进的电费管理方式，确保电费回收率达到100％。 (4) 加强电费的票据管理，所有电费票据由县或县以上供电企业统一印制，并严格领取和使用，电费票据应反映出电能表起止码、电量、电价和各类电费等内容，要实行计算机开票到户。 (5) 加强电价、电费管理，定期接受县供电企业的专项检查，对发现的问题及时解决。加强内部考核，严格控制电费电价差错率。 (6) 抄表、核算、收费工作一般执行如下所示的抄表、核算、收费工作流程图： 抄表员按规定日期领取抄表卡，按规定区域抄表 → 算费员录入电量，计算电费 审核员对算费结果进行审核 ← 打印电费清单和票据，同时完成线损、电费电价相关统计及月报 收费员领取电费票据进行收费或由银行代收 → 电费管理员核对实收金额并存入银行专户，按时上划县供电企业专户，同时完成实收电费月报
用电检查管理	(1) 以国家有关电力供应与使用的政策法规及电力行业的标准为准则，对客户的电力使用情况定期进行检查。 (2) 检查人员进行现场检查时，人数不得少于两人，并要向被检查客户出示《用电检查证》。 (3) 经现场检查，确认客户的设备状况、用电行为、运行管理等方面有不符合安全规定的，或者在电力使用上有明显违反国家有关规定的，用电检查人员应开具《用电检查结果通知书》或《违约用电、窃电通知书》一式两份，一份送达客户并由客户代表签收，一份存档备查。 (4) 对用电检查中发现的问题要及时按程序上报，并交有关部门处理
供用电合同管理	(1) 供电所负责授权范围内供用电合同的起草、会审（会签）、签约、履行、终止全过程的管理，建立合同档案。 (2) 供用电合同的条款与内容要明确产权界定、客户的用电需求、供电方式、供用电双方的权利和义务。 (3) 双方本着平等、自愿的原则，根据供电企业的供电能力和客户的用电需求，确定合同有关《电费结算协议》、《调度协议》等内容，并依法签订。合同签订后，承办人应将合同副本及时送达有关业务部门。 (4) 供用电合同的变更或解除应依照有关法律、法规，及时与客户协商修改有关内容。当国家有关政策、规定发生变化时，应及时修改相应条款。 (5)《供用电合同》履行期限一般为1～3年，到期后重新签订，原合同废止。如出现对合同部分条款进行修改、补充时，经供用电双方认可，合同可继续有效

第五节　农村供电所线损管理

农村供电所线损管理见表 17-9。

表 17-9　　　　　　　　　　　　　农村供电所线损管理

项 目	主 要 内 容
线损管理的范围和目的	(1) 线损率是供电企业的一项重要经济技术指标，也是衡量企业综合管理水平的重要标志。 (2) 供电所线损管理范围为配电线路、配电变压器和低压线路的电能损失、电压损失和无功损耗。 (3) 线损管理的目的是优化电网结构。合理调配负荷，实现最佳的经济技术指标
技术指标	(1) 电能损失率指标： 1) 配电线路综合损失率（包括配电变压器损失）≤10％； 2) 低压线路损失率≤12％。 (2) 线路末端电压合格率≥90％： 1) 配电线路电压允许波动范围为标准电压的±7％； 2) 220V 低压线路到户电压允许波动范围为标准电压的−10％～+7％。 (3) 功率因数指标： 1) 农村生活和农业线路 cosφ≥0.85； 2) 工业、农副业专用线路 cosφ≥0.90
线损理论计算与线损指标考核	(1) 供电所所辖高低压线路都应进行理论计算，用于电网的建设、改造与管理．使线损管理科学化、规范化。县供电企业每三年对高、低压电网进行一次理论线损计算，根据各供电所的电网结构、负荷量和管理现状，每年制定一次高、低压线损指标。供电所再分解到每条线路、每个电工组和用电村。 (2) 高、低压电网的建设、改造前应进行理论线损计算，在达到最大设计负荷时应满足线损指标的要求。在理论线损的基础上并考虑合理的管理线损，制定线损指标。 (3) 电能损失的考核按年、季、月考核，月度电能损失波动率应小于 3％；分线路、分电压等级同步考核。 (4) 线路损失考核依据： 1) 配电线路损失以线路出线总表和与线路连接的变压器二次侧计量总表为考核依据； 2) 低压线路以配电变压器二次侧计量总表和该变压器所接低压客户费表为计算考核依据。 (5) 电压损失考核依据。电压损失的考核以电压自动记录仪对电压的记录作为考核依据，记录仪设在线路末端。配电线路以变电站的母线为单位设置监测点。低压线路每百台区设一电压监测点。 (6) 功率因数以配电线路为考核单位。 (7) 线损完成情况要与经济责任挂钩，奖优罚劣，严格考核和兑现
降损技术措施	(1) 农村变电站和配电台区的设置，应选在负荷中心。坚持多布点、小容量、短半径的原则。 (2) 优化电网结构。缩短供电半径，降低线路损失： 1) 10kV 配电线路供电半径≤15km。 2) 低压线路供电半径≤0.5km。 (3) 淘汰高耗能变压器；合理选择变压器容量，提高变压器负载率。 (4) 优化无功补偿。坚持就地分散补偿和线路集中补偿相结合的原则。线路集中补偿的补偿点应根据负荷分布及线路长度确定，并备有调峰的补偿设备

续表

项　目	主　要　内　容
降损管理措施	（1）县级供电企业要建立对供电所的线损管理制度；供电所设专责人；从事线损统计、分析、考核和其他线损管理工作。 （2）建立线损分析例会制度，及时发现和纠正问题。并对以后的线损进行预测，制定降损措施。 （3）建立同步抄表制度，实行高压、低压计量表同步抄表；尽量消除因抄表时间差出现的线损波动。 （4）建立定期母线电能表平衡制度，母线电能表不平衡率小于2％。采取多级电能表平衡方法，分析线损，监控表计运行。 （5）建立计量表管理制度，明确计量表的管辖权限，积极推广应用新技术、新产品，提高计量准确度。 （6）加强营业管理，杜绝估抄、漏抄、错抄、违约用电、计量事故、错误接线，加强打击窃电力度

第六节　农村供电所电压和无功管理

农村供电所电压和无功管理见表17-10。

表 17-10　　　　　　　　　　农村供电所电压和无功管理

项　目	主　要　内　容
工作要求	（1）贯彻执行上级有关电压和无功专业方面的文件、规程和管理制度。制定本供电所电压和无功管理工作计划和完善改进电压质量及提高无功补偿的技术措施。 （2）对整个供电区域电网的电压质量和设备情况进行定期巡视检查，做好基础数据的统计、分析和上报。 （3）建立定期分析例会，对电压质量进行定期及时分析，加强电压和无功设备的运行管理，提高设备健康水平和投运率
指标	按照部颁《电力系统电压和无功电力管理条例（试行）》（能源电〔1988〕18号）的有关规定执行。 （1）线路电压指标： 线路末端电压合格率≥90％； 10kV线路电压允许波动范围为额定电压的±7％； 低压线路到户允许波动范围：380V为额定电压的±7％；220V为额定电压的-10％～+7％。 （2）功率因数指标： 农村生活和农业线路 $\cos\varphi \geq 0.85$； 工业、农副业专用线路 $\cos\varphi \geq 0.90$。 （3）供电所农村居民客户端电压合格率考核指标根据各地的供电承诺指标而定
电压监测和统计	（1）电压监测和统计以及无功补偿容量的确定按照《国家电力公司农村电网电压质量和无功电力管理办法（试行）》（农电〔2001〕45号）的有关规定执行。 （2）加强对电压监测装置的运行、巡视检查，发现问题及时上报，提高监测的准确性。 （3）掌握配电网络的电压情况，当电压变化幅度超过规定指标时，要采取措施提高电压质量
无功补偿	（1）无功补偿方式应采用：集中补偿与分散补偿相结合，以分散补偿为主；高压补偿与低压补偿相结合，以低压补偿为主；调压与降损相结合，以降损为主。 （2）对无功补偿设备进行定期巡视检查，发现问题及时处理，确保设备可投运率达95％及以上

第七节　农村供电所供电可靠性管理

农村供电所供电可靠性管理见表 17 – 11。

表 17 – 11　　　　　　　　　　　农村供电所供电可靠性管理

项　　目	主　要　内　容
工作要求	（1）贯彻执行上级有关供电可靠性专业方面的文件、规程和管理制度，制定本供电所供电可靠性工作计划，完善供电可靠性的技术措施。 （2）对电网的供电可靠性进行定期分析，做好基础数据的统计、分析、汇总，并按时上报
管理措施	（1）供电可靠性的计算方法按照《国家电力公司农村电网供电可靠性管理办法（试行）》（农电〔2002〕35 号）执行。 （2）供电可靠率指标根据各地供电承诺指标而定。 （3）认真作好客户的技术服务，指导客户提高设备的安全可靠性。 （4）定期召开分析例会，对供电可靠性进行定期及时分析，使供电可靠率得到保证并不断提高
缺陷管理	（1）加强配电设备的防护工作，防止发生外力破坏事故。 （2）做好设备缺陷登记及检修计划上报，加强计划停电的管理，充分利用 10kV 线路检修停电及变电所检修停电期间进行设备维护和缺陷处理，对影响同一电源线路的缺陷要进行集中处理，尽量减少停电次数和停电时间
检修措施	（1）进行配电网施工和检修时，要做好施工方案优化和施工前准备工作，尽量缩短停电时间。 （2）加强故障抢修管理，保证检修工具和检修材料的及时充足供应；加强临时停电管理，控制停电时间。 （3）加强对配电设备的巡视、预防性试验和缺陷管理，做好配电变压器的负荷监测工作。 （4）积极试行和推广设备状态检修技术和带电作业技术，检修尽量采用"零点"工程

第八节　农村供电所优质服务管理

农村供电所优质服务管理见表 17 – 12。

表 17 – 12　　　　　　　　　　　农村供电所优质服务管理

项　　目	主　要　内　容
客户服务部（厅、室）的服务功能	（1）每个供电所要至少设立一个客户服务部（厅、室）。 （2）客户服务部（厅、室）的服务功能必须达到"一口对外"的要求，满足客户办理各种用电业务需要。 （3）提供用电咨询服务。 （4）提供客户各项用电业务费用、电费结算服务。 （5）提供客户新装、增容及变更用电和日常营业申请等服务。 （6）提供客户电能表计的修校、供用电工程业务等服务。 （7）受理客户紧急报修业务。 （8）受理客户投诉、举报

续表

项　目	主　要　内　容
客户服务部（厅、室）的服务设施	（1）客户服务部（厅、室）要统一标志，标志样式应与本省（自治区、直辖市）、市或县供电企业的标志配套、统一。 （2）业务办理、收费、查询均应逐步实现计算机管理。 （3）在客户服务部（厅、室）外醒目位置标识营业时间、事故的报修电话、投诉电话、监督电话，设置客户投诉箱。 （4）上墙公布业务流程、现行电价及收费标准、供电服务承诺内容，用电监督栏（营业人员免冠照片、上岗号、岗位名称）。 （5）摆放业务、宣传资料（用电业务服务指南、用电常识、用电申请表等）及客户意见簿。 （6）应配备书写台和必要的文具，设置客户等候、休息及饮用水等设施。 （7）各类服务台有服务业务座牌标志，营业人员要统一着装，并佩带胸牌标志
电力紧急服务	（1）供电所电力紧急服务工作流程，按如下所示的电力紧急服务工作流程图办理： 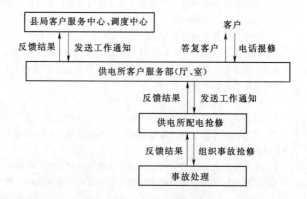 （2）供电所要对外公布电力紧急服务电话，配备抢修队伍（包括电能计量专业人员）、通信和交通工具以及足够的备品、备件和抢修工器具，满足电力紧急服务的需要。 （3）供电所与县供电企业客户服务中心、电力调度部门通过办公电话及传真或数字语音信息支持系统保持联系，要保证全天24小时通信畅通。 （4）受理供电区域内电力紧急服务电话报修，24小时为客户提供服务，并及时将报修信息传送给配电抢修人员或电力调度部门，对处理全过程跟踪考核。 （5）供电所接到工作通知后，要立即组织人员赴现场处理，并将处理情况及时反馈。到达客户现场时间按对外服务承诺执行。 （6）配电抢修人员要做到文明服务，方便客户，不得拖延抢修时间。 （7）配电抢修人员在电力抢修过程中要牢记"安全第一"的宗旨，防止顾此失彼。 （8）配电抢修人员日常工作中要做好事故预想，制定预案，对可能发生的洪水、地震、水灾、风雪灾害等要提前准备，提高防灾、减灾能力。 （9）加强工作检查与考核。考核重点放在工作单传送时间、抢修人员到达现场时间、规定时间内恢复送电率、抢修人员文明服务和行业作风，考核情况要纳入供电所经济责任制考核办法进行奖惩

因触电引起的人身损害赔偿范围见表17-13。

居民用户家用电器损坏处理办法见表17-14。

表 17－13　　　　　　　　　　　　**因触电引起的人身损害赔偿范围**

序号	费用项目	数额计算依据和计算方法
1	医疗费	（1）指医院对因触电造成伤害的当事人进行治疗所收取的费用。 （2）医疗费根据治疗医院诊断证明、处方和医药费、住院费的单据确定。 （3）医疗费还应当包括继续治疗费和其他器官功能训练费以及适当的整容费。 （4）继续治疗费既可根据案情一次性判决，也可根据治疗需要确定赔偿标准。 （5）费用的计算参照公费医疗标准。 （6）当事人选择的医院应当是依法成立的、具有相应治疗能力的医院、卫生院、急救站等医疗机构。 （7）当事人应当根据受损害的状况和治疗需要就近选择治疗医院
2	误工费	（1）有固定收入的，按实际减少的收入计算。 （2）没有固定收入或者无收入的，按事故发生的上年度职工平均年工资标准计算。 （3）误工时间可以按照医疗机构的证明或者法医鉴定确定。 （4）依此无法确定的，可以根据受害人的实际损害程度和恢复状况等确定
3	住院伙食补助费和营养费	（1）住院伙食补助费应当根据受害人住院或者在外地接受治疗期间的时间，参照事故发生地国家机关一般工作人员的出差伙食补助标准计算。 （2）人民法院应当根据受害人的伤残情况、治疗医院的意见决定是否赔偿营养费及其数额
4	护理费	（1）受害人住院期间，护理人员有收入的，按照误工费的规定计算；无收入的，按照事故发生地平均生活费计算，也可以参照护工市场价格计算。 （2）受害人出院以后，如果需要护理的，凭治疗医院证明，按照伤残等级确定。 （3）残疾用具费应一并考虑
5	残疾人生活补助费	（1）根据丧失劳动能力的程度或伤残等级，按照事故发生地平均生活费计算。 （2）自定残之月起，赔偿20年。但50周岁以上的，年龄每增加1岁减少1年，最低不少于10年，70周岁以上的，按5年计算
6	残疾用具费	受害残疾人因日常生活或辅助生产劳动需要必须配制假肢、代步车等辅助器具的，凭医院证明按照国产普通型器具的费用计算
7	丧葬费	（1）国家或者地方有关机关有规定的，依该规定。 （2）没有规定的，按照办理丧葬实际支出的合理费用计算
8	死亡补偿费	（1）按照当地平均生活费计算，补偿20年。 （2）对70周岁以上的，年龄每增加1岁少计1年，但补偿年限最低不少于10年
9	被抚养人生活费	（1）以死者生前或残者丧失劳动能力前实际抚养的、没有其他生活来源的人为限，按当地居民基本生活费标准计算。 （2）被抚养人不满18周岁的，生活费计算到18周岁。 （3）被抚养人无劳动能力的，生活费计算20年，但50周岁以上的，年龄每增加1岁抚养费少计1年，但计算生活费的年限最低不少于10年；被抚养人70周岁以上的，抚养费只计5年
10	交通费	是指救治触电受害人实际必需的合理交通费，包括必须转院治疗所必需的交通费
11	住宿费	是指受害人因客观原因不能住院也不能住在家里需就地住宿的费用，其数额参照事故发生地国家机关一般工作人员的出差住宿标准计算
12	当事人的亲友的费用	当事人的亲友参加处理触电事故所需交通费、误工费、住宿费、伙食补助费，参照上述有关规定计算，但计算费用的人数不超过3人

续表

序号	费用项目	数额计算依据和计算方法
13	其他费用	依照表中规定计算的各种费用，凡实际发生和受害人急需的，应当一次性支付；其他费用，可以根据数额大小、受害人需求程度、当事人的履行能力等因素确定支付时间和方式。如果采用定期金赔偿方式，应当确定每期的赔偿额并要求责任人提供适当的担保

注　1. 本表依据《最高人民法院关于审理触电人身损害赔偿案件若干问题的解释》（法释〔2001〕3号）编制。

2. 本表适用于因高压电，包括1kV及其以上电压等级的高压电，造成人身损害的案件；对因非高压电，1kV以下电压等级为非高压电，造成的人身损害赔偿可以参照处理。

3. 因高压电造成人身损害的案件，由电力设施产权人依照民法通则第一百二十三条的规定承担民事责任。但对因高压电引起的人身损害是由多个原因造成的，按照致害人的行为与损害结果之间的原因确定各自的责任。致害人的行为是损害后果发生的主要原因，应当承担主要责任；致害人的行为是损害后果发生的非主要原因，则承担相应的责任。

4. 因高压电造成他人人身损害有下列情形之一的，电力设施产权人不承担民事责任：

(1) 不可抗力。

(2) 受害人以触电方式自杀、自伤。

(3) 受害人盗窃电能，盗窃、破坏电力设施或者因其他犯罪行为而引起触电事故。

(4) 受害人在电力设施保护区从事法律、行政法规所禁止的行为。

表17-14　　　　　　　　居民用户家用电器损坏处理办法

项目	索赔依据和处理办法
居民用户可以索赔的情形	(1) 由供电企业以220/380V电压供电的居民用户，因发生电力运行事故导致电能质量劣化，引起居民用户家用电器损坏时，居民用户可向供电企业提出索赔处理。 (2) 电力运行事故，是指在供电企业负责运行维护的220/380V供电线路或设备上因供电企业的责任发生的下列事件： 1) 在220/380V供电线路上，发生相线与中性线接错或三相相序接反。 2) 在220/380V供电线路上，发生中性线断线。 3) 在220/380V供电线路上，发生相线与中性线互碰。 4) 同杆架设或交叉跨越时，供电企业的高电压线路导线掉落到220/380V线路上或供电企业高电压线路对220/380V线路放电
索赔方法	(1) 由于上述列举的原因出现若干户家用电器同时损坏时，居民用户应及时向当地供电企业投诉，并保持家用电器损坏原状。 (2) 供电企业在接到居民用户家用电器损坏投诉后，应在24小时内派员赴现场进行调查、核实。 (3) 供电企业应会同居委会（村委会）或其他有关部门，共同对受害居民用户损坏的家用电器名称、型号、数量、使用年月、损坏现象等进行登记和取证。 (4) 登记笔录材料应由受害居民用户签字确认，作为理赔处理的依据
赔偿处理办法	(1) 损坏的家用电器经供电企业指定的或双方认可的检修单位检定，认为可以修复的，按第2条规定处理；认为不可修复的，按第3条规定处理。 (2) 对损坏家用电器的修复，供电企业承担被损坏元件的修复责任。修复时应尽可能以原型号、规格的新元件修复；无原型号、规格的新元件可供修复时，可采用相同功能的新元件替代。 修复所发生的元件购置费、检测费、修理费均由供电企业负担。 不属于责任损坏或未损坏的元件，受害居民用户也要求更换时，所发生的元件购置费与修理费应由提出要求者负担。 (3) 对不可修复的家用电器，其购买时间在6个月及以内的，按原购货发票价，供电企业全额予以赔偿；购置时间在6个月以上的，按原购货发票价，并按第4条规定的使用寿命折旧后的余额，予以赔偿。使用年限已超过第4条规定仍在使用的，或者折旧后的差额低于原价10%的，按原价的10%予以赔偿。使用时间以发货票开具的日期为准开始计算。 (4) 各类家用电器的平均使用年限为： 1) 电子类：如电视机、音响、录像机、充电器等，使用寿命为10年。

续表

项　目	索 赔 依 据 和 处 理 办 法
赔偿处理办法	2）电机类：如电冰箱、空调器、洗衣机、电风扇、吸尘器等，使用寿命为 12 年。 3）电阻电热类：如电饭煲、电热水器、电茶壶、电炒锅等，使用寿命为 5 年。 4）电光源类：白炽灯、气体放电灯、调光灯等，使用寿命为 2 年。 （5）对无法提供购货发票的，应由受害居民用户负责举证，经供电企业核查无误后，以证明出具的购置日期时的国家定价为准，按前款规定清偿。 （6）以外币购置的家用电器，按购置时国家外汇牌价折人民币计算其购置价，以人民币进行清偿。 （7）清偿后，损坏的家用电器归属供电企业所有
供电企业不承担赔偿责任的情形	（1）从家用电器损坏之日起 7 日内，受害居民用户未向供电企业投诉并提出索赔要求的，即视为受害者已自动放弃索赔权。超过 7 日的，供电企业不再负责其赔偿。 （2）供电企业如能提供证明，居民用户家用电器的损坏是不可抗力、第三人责任、受害者自身过错或产品质量事故等原因引起，并经县级以上电力管理部门核实无误后，供电企业不承担赔偿责任。 （3）第三人责任致使居民用户家用电器损坏的，供电企业应协助受害居民用户向第三人索赔，并可比照本办法进行处理
费用开支	供电企业对居民用户家用电器损坏所支付的修理费用或赔偿费，由供电生产成本中列支

注 本表依据电力工业部令第 7 号《居民用户家用电器损坏处理办法》编制，自 1996 年 9 月 1 日起施行。

第九节　农村供电所人力资源管理

农村供电所人力资源管理见表 17-15。

表 17-15　　　　　　　　农村供电所人力资源管理

项　目	主　要　内　容
劳动工作制与劳动纪律	（1）供电所的工作性质虽然具有分散、持续、无时限和公益性强等特点，也应实行定时工作制，有条件的还可以实行集中食宿，以加强对供电所人员的管理和更好地为客户服务。 （2）供电所应实行挂牌值班制度，建立健全交接班记录，并必须保证 24 小时有人值班。 （3）供电所人员实行一专多能、一人多岗制度。 （4）供电所管理人员和专职电工的工作岗位可以在全县范围内统一调配、流动。 （5）供电所应执行《中华人民共和国劳动法》，妥善安排人员工作，保证每人每月有 4～5 天的轮休日。连续工作一年以上的，每年可享受带薪年休假，时间不超过 15 天（根据农村负荷特点，尽量安排在农忙季节）。以超过天数的按事假对待，补办事假手续。 （6）供电所应建立请假、销假制度和登记簿，并确定专人负责统计。所内人员请假时，一律由所长批准。所长需请假由县供电公司主管部门负责人批准。病假应有乡以上医疗单位的诊断证明。 （7）供电所应实行班前会、班后会、工作例会和工作日志制度。 （8）供电所应严肃劳动纪律： 1）不迟到早退。 2）按时参加例会、培训、值班。 3）不得脱岗睡觉，及时接听电话。 4）在岗工作期间要服装整洁、尽职尽责。 5）上班不准吃请、喝酒、下棋打牌、看电视。 6）接待客户要态度热情、文明礼貌。 7）不准截留电费、营私舞弊、以权谋私。 8）严格执行请销假手续

续表

项　目	主　要　内　容
劳动定额管理	(1) 供电所人员的日常工作应按照各自的职责予以程序化和量化管理。 (2) 10kV 架空配电线路劳动定额为：平均每月 64 个工日/百 km。其中： 1) 设备巡视每月 1.5 次，24 个工日/百 km。 其中：正常巡视每月 1 次，一次 4~5 个工日/百 km； 　　　　特殊巡视（故障、夜间）两个月 1 次，每次 8~9 个工日/百 km。 2) 设备检修每月 40 个工日/百 km。 其中：预防性试验、清理通道、横担检修、线距调整、拉线调整、电杆培土为每年 1 次；防雷接地、除锈喷杆号、避雷器更换为每年 2 次。两项合计每年 240 个工日/百 km，平均每月 18~20 个工日/百 km。 故障处理（导线更换补强、杆基扶正、接引线改造、变压器更换迁移、变压器台改造、临时事故）为每年 180 个工日/百 km，平均每月 15 个工日/百 km。 工程验收、技术资料为每年 60 个工日/百 km，平均每月 5 个工日/百 km 3) 工作范围包括：10kV 配电线路巡视、预防性试验、清理通道、护线宣传、线路设备检修和维护、零星改造、故障排除、台区检修、变压器更换、接引线更新、改造、技术资料管理等。 (3) 220~380V 架空配电线路劳动定额为：平均每月 52.5 个工日/百 km。其中： 1) 设备巡视每月 1 次，2.5 个工日/百 km。 其中：正常巡视每季 1 次，每次 2 个工日/百 km；特殊巡视（故障、夜间）平均每 2 个月 1 次，每次 2 个工日/百 km。 2) 设备检修每月 50 个工日/百 km。 其中：清理通道、上杆检修、线间距离调整、拉线调整为每年 1 次，防雷接地、除锈喷杆号每年 2 次，合计为每年 320 个工日/百 km，平均每月 26 个工日/百 km。 故障处理（导线更换补强、杆基扶正、接户线改造、线路更新迁移、临时事故）每年 240 个工日/百 km，平均每月 20 个工日/百 km。 工程管理、技术资料整理，每年 50 个工日/百 km，平均每月 4 个工日/百 km。 3) 工作范围与 10kV 架空配电线路基本相同。 (4) 315kVA 以下配电变压器（配电站）劳动定额为平均每月 22 个工日/百台。其中，定期巡视每月 1 次；绝缘试验每季 1 次；清扫维护、预防性试验每年 2 次，以及负荷调整、缺陷处理、技术资料等工作内容。工作范围包括配电变压器、配电站及附属设备巡视、检查、维护、试验、负荷测定、取油样、设备操作及缺陷处理等。 (5) 10kV 开关（4 组及以下）工作范围与配电变压器（配电站）基本相同；其劳动定额为平均每月 9 个工日/站。 (6) 小城市用电营业管理，工作范围有抄表、核算、收费、业务扩充、用电监察、调荷节电、安全用电、电能计量等。 1) 抄表、核算、收费工作范围包括：抄表、核费、收费、表卡整理、电费账务、营业统计、现场营业调查、违章处理、用电稽查、营业管理、技术资料管理等，其劳动定额为平均每月 105 工日/千户。具体工作内容劳动定额如下表所示：

工作内容	周　期	劳动定额
现场抄表	每月 1 次	每次 27 个工日/千户
核电量、填卡	每月 1 次	每次 3~4 个工日/千户
复核审核、电费登记	每月 1 次	每次 3 个工日/千户
开票、核收据	每月 1 次	每次 6 个工日/千户
收费	每月 1 次	每次 37 个工日/千户
电费汇总、整理、报表	每月 1 次	每次 6 个工日/千户
抽查、现场调查	每月 1 次	每次 3 个工日/千户
稽查违章处理、收据对账	每月 1 次	每次 3 个工日/千户
过用户卡账	每年 1 次	每 1 个工日/千户
合计	平均	每月 105 个工日/千户

项 目	主 要 内 容
劳动定额管理	2）业务扩充工作范围包括：营业窗口登记、勘察、设计、审图、内部联系审查、审批、检查验收、装表接电、技术资料管理等。 3）用电检查工作范围包括：监督、协助用户贯彻用电规则、电工培训、查窃电、违约处理、安全用电管理等。 4）调荷节电、安全用电工作范围包括：计划用电、合理用电、负荷管理、安全用电、节约用电、用电宣传等。 5）电能计量工作劳动定额为： 单相表校验：380 个工日/万只 三相表校验：1590 个工日/万只 外勤校验：1280 个工日/千户 （7）配电值班（供电所值班）工作范围包括：供电运行值班、配电线路及设备的事故处理、接户线零星修理、人身触电急救、技术资料管理等；其劳动定额为： 3 万户及以下为 6.4 人/站（所） 3 万～6 万户为 9.6 人/站（所） 6 万～10 万户为 10.8 人/站（所） （8）供电所可参照上述定额标准，结合各岗位的具体职责，根据其相对固定的工作内容，拟定时间和质量要求。对工作内容不固定、又无劳动定额的工作，应拟定指标和质量要求
对供电所的劳动考核检查	（1）对供电所的劳动考核检查内容 1）执行国家电价政策。 2）维护农村供用电秩序。 3）电费回收。 4）安全管理。 5）线损管理。 6）供电可靠性。 7）营业管理。 8）成本费用。 9）优质服务和创一流工作。 （2）对供电所的劳动考核检查指标如下表所示。

指标名称	考核依据和方法	考核单位
售电量 （万 kW·h）	以农户低压表计用电量为依据按月或按季、年度累计完成情况考核	县供电公司用电管理部门
平均电价 （元/万 kW·h）	以农户低压用电为依据，按月或按季、年度累计完成情况	县供电公司用电管理部门
电费回收率 （%）	以农户低压用电应收电费为依据，按月、年度累计完成情况考核	县供电公司营销部门
安全	以安全天数考核，或以 10kV 及低压设备事故率、总保护投运率、农村触电事故率为依据，按月、年度累计完成情况考核	县供电公司安全管理部门
线损率 （%）	以 10kV 线路线损率或以配电台区低压线损率为依据，按月、年度累计完成情况考核	县供电公司生产或经营管理部门
供电可靠率 （%）	以设备完好率、10kV 线路掉闸次数、配电台区停电次数为依据，按月、年度累计完成情况考核	县供电公司生产或计划部门
成本费用 （万元）	以本所实际发生的人员工资、办公费用、设备维修费用为依据，按月、年度累计完成情况考核	县供电公司财务部门
优质服务	以"三为服务"、文明建设、行风评议、来信采访、规范化管理统计情况为依据，按月、年度累计完成情况考核	县供电公司纪检或农电管理部门

项　目	主　要　内　容
对供电所专职电工的考核	(1) 对供电所专职电工劳动考核检查内容： 1) 执行国家电价政策。 2) 维护农村供用电秩序。 3) 电费回收。 4) 安全管理。 5) 线损管理。 6) 优质服务。 7) 交办任务等。 (2) 对供电所专职电工劳动考核检查办法： 1) 尽量作到符合实际、简单具体、可操作强； 2) 实行百分制考核或实行按完成任务比例奖罚； 3) 考核制度化、指标具体化、记录台账化。 (3) 对供电所专职电工劳动考核检查指标如下表所示：

指标名称	考核依据和方法	考核人
售电量 （万 kW·h）	以农户低压表计实抄电量为依据，按月或按季、年度完成情况考核	供电所用电统计专责
执行电价正确率 （%）	以农户低压用电检查情况为依据，按月或按季、年度考核	供电所所长、用电专责
电费回收率 （%）	以农户低压用电应收电费为依据，按月、年度完成情况考核	供电所用电管理专责
安全	以安全天数考核，或以配变台区停电次数、低压设备事故率、总保护投运率、农村触电事故为依据；按月、年度考核	供电所所长、安全运行专责
线损率 （%）	以配变台区低压线损率为依据按月、年度累计完成情况考核	供电所所长、线损专责
劳动纪律	以值班记录、参加例会、应召抢修情况为依据，按月、年度考核	供电所所长、考勤员
优质服务	以文明建设、工作作风、来信来访统计情况为依据，按月、年度考核	供电所所长
其他交办工作	以工作安排为依据，按月、年度考核	供电所所长

项　目	主　要　内　容
供电所的人员培训	(1) 由于供电所人员中有较大部分来自原农村电工，在客观上造成了分散、自由、纪律性不强、缺乏责任心，队伍素质相对较低。因此，必须重视和加强对供电所的人员培训。 (2) 县供电公司要组织好对供电所人员的上岗技术培训，使各类人员掌握应知应会基本技能，符合上岗条件，适应工作需要。 (3) 供电所的管理人员必须具有一定的电工基础知识和技术业务水平；熟悉《中华人民共和国电力法》、《电力设施保护条例》以及有关电力规程；熟悉《电力供应与使用条例》、《供电营业规则》以及国家有关电价政策；熟悉本企业的规章制度和工作程序；具有一定的分析、判断和处理问题的能力。 (4) 供电所的专职电工必须具有一定的电工技术和安全用电常识，熟悉用电核算办法；掌握一定的农电管理知识，能够分析、判断和处理一般性的有关问题；能胜任岗位职责等。 (5) 要加强对供电所人员的职业道德教育，不断提高工作人员的政治水平和法制观念，遵守供电职工职业道德规范，树立良好的企业形象

第十节 农村供电所管理现代化

农村供电所管理现代化见表 17-16。

表 17-16 农村供电所管理现代化

项 目	主 要 内 容
供电所管理现代化的内容与特点	(1) 供电所管理现代化的主要内容: 1) 管理思想与观念现代化。 2) 管理组织现代化。 3) 管理方法现代化。 4) 管理手段现代化。 (2) 供电所管理现代化的特点: 1) 对采用现代化管理手段的要求比一般企业更迫切。 2) 要把实现优质为用电客户服务列为供电所现代化管理的重要内容。 3) 在供电所搞现代化管理将涉及全体员工。 4) 在供电所搞现代化管理,人员培训是重中之重
计算机管理信息系统	(1) 信息是经过加工后的数据,它对接收者有用,它对决策或行为有着现实的或潜在的价值。信息处理已成为当今世界上一项主要的社会活动。计算机已经成为查询,处理信息的重要工具,在企业管理工作规范化、标准化、程序化过程中起着不可替代的作用。 (2) 系统是由一些部件组成的,这些部件间存在着密切的联系,通过这些联系,达到某种目的。系统是为了达到某种目的的相互联系的事物的集合,目标、部件、连接是系统的不可缺少的因素。 (3) 如果一个系统输入的是数据资料,经过处理后输出的信息,这个系统就是信息系统。它通过外界环境,将数据收集起来,进行综合和解释,变成信息提供给管理人员,以便由他们去决策,然后再将决策信息输送到外界去。 (4) 管理信息系统是一个由人、计算机等组成的能进行信息的收集、传送、储存、加工、维护和使用的系统。管理信息系统能实测企业的各种运行情况;能利用过去的数据预测未来发展趋势;能从企业全局出发辅助企业进行决策;能利用信息控制企业的行为;能帮助企业实现其规划目标。 (5) 管理信息系统的功能。 1) 准备和提供统一格式的信息,使各种统计工作简化,使信息成本最低。 2) 及时全面地提供不同要求的、不同细度的信息,以期分析解释现象最快,及时产生正确的控制。 3) 全面系统地保存大量的信息,并能很快地查询和综合,为组织的决策提出信息支持。 4) 利用数学方法和各种模型处理信息,以期预测未来和科学地进行决策。 (6) 计算机管理信息系统的组成 计算机管理信息系统: 　硬件: 　　主机:中央处理器(运算器、控制器)、主存储器 　　外部设备:输入设备、输出设备、外存储器 　软件: 　　系统软件:操作系统、程序设计语言处理程序、高级语言系统、服务性程序 　　应用软件:通用软件包、用户程序 1) 运算器,英文缩写 ALU,是计算机用来进行数据运算的部件

续表

项 目	主 要 内 容
计算机管理信息系统	2）控制器，是计算机的指挥中心，计算机之所以能有条不紊地工作就是因为有控制器的控制。 3）存储器，是具有记忆能力的部件，用来存放程序和数据。 4）输入设备，是用来输入程序和数据的部件，它由两部分构成，输入接口电路和输入装置。输入装置很多，如键盘、鼠标器、光笔、图像扫描仪、数字化仪、磁盘机等
供电所实现管理手段现代化的必要性	供电所在县级供电企业经营管理中担负着重要的使命，虽然辖区一般都不太大，但是它必须直接面向辖区内所有大小电力客户，成年累月地处理着业扩报装、电量电费、电能计量、用电检查、配网线损、配电生产等方面的业务，由于这些业务具有数据量大、加工处理过程复杂、工作负担重等特点，采用笨重的手工处理方式，光靠台账记录、靠人查找、统计、汇总分析，很难做到准确、完整、及时，无法满足管理好配用电业务工作的需要，因此不能从根本上解决过去一直困扰着基层供电部门的业务数据零散不全，各专业统计口径不统一、差错漏洞多、信息不能共享等诸多弊端。随着农村电力体制改革的深入，全国范围内将建立起大量的供电所，而且对供电所的管理提出了更新更高的要求。要想真正搞好供电所的配电生产和用电营销工作，跟上信息时代的步伐，必须尽快为供电所开发一套功能齐全、技术先进、安全可靠、界面友好的计算机管理系统，让供电所在诞生之初就能实现管理手段的现代化
开发供电所计算机管理系统必须坚持的原则	（1）选用先进的技术，开发实用的软件。目前，计算机技术飞速发展，新的开发工具层出不穷。因此，在选择技术先进的开发工具的同时还要兼顾它的通用性。而开发过程中还要考虑到农电系统计算机应用基础差、水平参差不齐的现状，开发出的应用系统要保证界面简洁直观、操作简便、易于维护、运行安全可靠。 （2）以结构灵活适用不同的需求。我国幅员广阔地区差异大，因此，我们要从管理和业务流程上使供电所的管理规范化和标准化。同时，在计算机技术实现手段上要结构灵活，既要有单用户运行方式，也要有多用户运行方式，以保证适应不同的地区、不同的业务数据量、不同的经济条件的供电所的应用。 （3）保证系统接口规范。供电所计算机管理系统是县级供电企业 MIS 的子系统，是县级供电企业 MIS 的数据加工和采集点，因此必须保证两级系统之间的接口完好。同时，供电所计算机管理系统作为一个独立系统要保证与其他相关系统有开放的数据规约和接口。 （4）供电所计算机管理系统必须以《供电所营销管理办法》、《供电所线损管理办法》、《供电所安全管理制度》、《供电所规范化服务规定》等文件为依据，明确供电所的业务范围和岗位责任，应包括以下子系统：营销管理、安全生产管理、优质服务管理等。 用户　　设备 营销管理 GDS 2000YX　安全生产管理 GDS 2000AS　电话语音服务 GDS 2000YY　其他相关设备 县级供电企业计算机管理系统 （5）输出设备，是用于输出结果的部件，它由两部分构成，输出接口电路和输出装置。显示器是计算机最基本的输出装置，此外还有打印机、绘图仪和磁盘机等。 （6）系统软件，指管理、监控和维护计算机系统正常工作的程序和有关资料。在系统软件中，操作系统最重要，因为它直接与硬件接触，管理和控制硬件资源，为用户使用计算机提供了一个友好的界面。 （7）应用软件，指为解决某个实际问题而编制的程序和有关资料。应用软件分为通用软件包和用户程序。通用软件包是软件公司为解决带有通用性问题而精心研制的程序；而用户程序是特定为用户解决特定问题而开发的软件

项　目	主　要　内　容
实现供电所计算机管理应具备的条件	（1）领导重视、支持和参与是供电所计算机管理系统开发和应用成功的关键。 （2）具备有先进适用的计算机硬件设备。 （3）具备有一套先进适用的计算机软件，特别要求有一套能满足供电所配电、安全、营销、服务各项管理内容的功能齐全安全可靠、界面友好的应用软件。 （4）具有一定的科学管理基础。供电所应建立规范化的管理制度和标准化的业务流程，逐步实现管理工作程序化、报表文件统一化，只有这样，才能充分发挥计算机管理系统的效能。 （5）加强计算机专业人员和广大职工的计算机知识培训。根据计算机管理系统的功能划分，每台计算机岗位上的操作人员，还应进行专门的岗位程序与操作手册培训。计算机管理系统的系统管理员，需要对计算机理论知识、硬件网络、系统软件、应用软件程序有更深入地学习，才能胜任系统管理员的工作
供电所营销管理子系统应实现的功能	（1）业扩报装模块。实现业扩报装与用电变更管理的自动化，对各类工作票进行动态管理，建立和修改用户用电档案，收取贴费、保证金等各种业务费用，真正实现"一口对外"。该模块的重点是取消手工工作票传递，把用电申请和与工作票相关的业务渗透到工作票的管理中。通过工作票的管理，将业扩报装的各个步骤连接起来形成规范的流程，并随流程采集、整理出用户用电档案。 （2）电量电费模块。实现对供电营业区内所有用户的抄表、核算、收费、差错、欠费处理等日常营业工作进行管理。 （3）计量管理模块。实现对辖区内用户计费和线损考核的电能计量装置的全面管理，包括电能表和互感器的档案管理、定期轮换管理、计量差错和追退电量管理，以及对新装、撤出、故障更换等工作管理。 （4）检查管理模块。实现用户人身触电事故、设备事故及违约用电、窃电的管理。 （5）线损管理模块。是对供电营业所辖的高压线路和配电台区的供电量和售电量进行准确统计，并产生有关考核指标，进行对比分析。对供电量、售电量、损失电量、当月线损率、当年累计线损率的统计、查询，可按配电台区、乡村、高压线路、全所等分类进行，并可方便地输出各类报表。线损分析可以帮助管理人员掌握当年各月线损率的变化趋势以及与去年同期线损率的对照比较，分析结果可以形象的以数据列表和多种图形形式显示。 （6）综合查询模块。将各项业务（业扩报装、电量电费、线损管理、计量检查）所产生的原始数据进行处理，生成各种统计报表和相应的直方图、折线图、饼图，显示重要信息和主要经营指标，为管理人员的决策、分析提供帮助。同时该模块可以将统计生成的各类统计报表转化为DBE文件，通过调制解调器联网使数据上报县（市）供电公司。本模块还应具有自定义报表的编辑功能，使管理人员可根据需要添加新的报表，并对报表的数据来源、显示格式进行编辑、修改。 （7）数据维护模块。主要是针对供电营业所计算机管理系统中所用到的一系列对照表、用户信息、计量信息、电费信息、线损考核信息等基础数据进行维护，同时也是对基础数据标准化、规范化过程。在系统的前期运行中，主要用于准备各种基础数据，起到初始化整个系统的作用。而在系统正常运作后，为了保证系统安全稳定的运行及数据的完整性、正确性，可以在操作人员权限许可的情况下进行正常的数据修改
供电所安全生产管理子系统应实现的功能	（1）电气接线图管理。实现配网（10kV线路及380V、220V低压配电线路）图形的编辑、修改、放大、缩小、漫游、量尺、制图成册功能，图中以标准符号表示每种设备，图符与设备数据相对应，实现配电变压器、油开关、跌落保险等设备的查询。 （2）设备档案管理。设备档案作为配电管理的基础，包括架空线路档案、变压器档案、杆塔与导线档案、柱上开关档案、刀闸档案、跌落保险档案、避雷器档案、电容器档案和交叉跨越点档案。在配电管理的实际工作中，各种设备具有一定的层次关系。《供电所计算机管理系统——安全生产管理》软件根据实际情况，利用树状结构形象地表示出设备的层次关系。 （3）运行管理。实现对配网线路及其设备运行的巡视工作管理。 （4）检修管理。实现对配网线路及其设备的检修工作管理。

续表

项　目	主　要　内　容
供电所安全生产管理子系统应实现的功能	（5）测试管理。实现配电设备定期测试和试验管理。 （6）电压监测管理。实现电压监测点档案和电压监测数据记录。并根据监测数据分别计算各监测点、各条线路以及整个配电网的电压合格率。 （7）配电管理统计、查询。实现对设备情况、设备缺陷和设备完好率进行统计。并针对统计内容。可以使用各种组合条件进行查询。 （8）安全管理。实现安全合格证管理、安全"四种人"管理（工作票签发人、工作许可人、工作监护人、工作负责人）、工作票管理、人身事故管理、设备事故管理、机动车管理和安全用具管理
供电所优质服务管理子系统的应用电话语音系统应实现的功能	（1）查询功能实现电力法规、服务指南（公约）、营业指南、收费标准、电费查询、节电常识、安全用电的语音查询功能。 （2）自动催费实现电话语音自动催交客户所欠电费，电费违约金等。 （3）事故抢修服务实现用电事故报修录音、事故抢修工作人员自动寻呼。 （4）投诉录音实现用户举报投诉电话自动录音功能

第十八章 规范化管理农村供电所考核与标准化示范供电所建设

第一节 规范化管理农村供电所考核

规范化管理农村供电所考核条件见表 18-1。

规范化管理农村供电所申报表格式见表 18-2。

表 18-1　　　　　　　　　　规范化管理农村供电所考核条件

考核内容	考核标准	标准分	检查内容	扣分规定
一、机构和人员管理	（1）供电所有明显、统一的标志。 （2）有必要的办公室、客户服务部（营业厅、营业室）、材料库房、工器具室（柜）和值班室。 （3）能体现行业"窗口"的特点	25	（1）供电所名称设置情况。 （2）办公室、客户服务部（营业厅、营业室）、材料库房、工器具室（柜）和值班室	（1）供电所名称不明显、不规范扣3分。 （2）每缺一种设置扣5分
	（1）岗位设置及定编、定员精干、高效。 （2）岗位细致、明确。 （3）员工实行持证上岗	25	（1）岗位设置情况。 （2）人员的"三定"工作。 （3）人员考核、辞退、聘用办法。 （4）人员花名册。 （5）是否持证上岗	（1）岗位设置缺一项扣5分。 （2）未完成"三定"工作缺一项扣3分。 （3）无人员考核、辞退、聘用办法扣5分。 （4）每超员1人扣3分。 （5）未建立人事档案扣3分。 （6）发现未持证上岗每人扣1分
	（1）全面、准确、细致、规范地制定岗位职责。 （2）认真严格履行岗位职责，职责明确	20	岗位职责及履行情况	（1）岗位职责每缺一项扣5分。 （2）岗位职责不全面、不准确、不细致、不规范各扣2分。 （3）未按职责规定认真严格履行的，每发现一例扣2分
	（1）人员管理科学规范。 （2）实行统一考核，统一择优录用。 （3）合同管理、统一取酬	20	（1）人员聘用合同书。 （2）人员动态管理办法及实施情况	（1）未实行"三统一"，缺一项扣3分。 （2）员工无聘用合同，扣5分。 （3）合同不规范扣2分。 （4）无人员动态管理办法扣5分。 （5）有人员动态管理办法但未实施扣3分

续表

考核内容	考核标准	标准分	检查内容	扣分规定
一、机构和人员管理	（1）建立健全合理的按劳分配制度。 （2）实行工效挂钩考核办法。 （3）对人员进行经济责任制考核	20	（1）经济责任制考核办法及记录（公司对所的考核）。 （2）供电所员工经济责任制考核办法及记录	（1）无经济责任制考核办法及实施细则扣10分。 （2）无考核记录扣5分。 （3）考核内容不够全面扣3分
	（1）建立健全人员岗位培训制度，努力提高员工政治、业务素质。 （2）建立考勤制度。 （3）严格按章执行	20	（1）岗位培训制度。 （2）员工培训记录。 （3）考勤制度及执行情况	（1）无人员岗位培训制度扣4分。 （2）无人员季度培训计划扣3分。 （3）培训记录内容不全扣3分。 （4）无考勤制度扣5分。 （5）有考勤制度但执行不严扣3分
	（1）建立例会制度。 （2）定期召开例会（工作例会、所务会、民主生活会、安全例会等）	20	（1）各种例会记录。 （2）安全活动记录	（1）未实行例会制度每项扣3分。 （2）会议记录每缺一次扣1分。 （3）会议记录及安全活动记录不规范扣2分
小计	共7项19条	150	17条	27条
二、安全生产及设备管理	（1）坚持"安全第一，预防为主"的方针。 （2）认真执行国家有关安全生产规章、政策。 （3）认真执行电力安全生产规程。 （4）落实安全生产责任制。 （5）定期开展安全活动	15	（1）有关安全生产规程。 （2）安全管理制度。 （3）安全责任制。 （4）安全活动记录	（1）安全生产管理制度、责任制、记录不齐全，每缺一项扣3分。 （2）未落实安全生产责任制扣5分。 （3）安全活动记录不全扣2分
	（1）加强农电资产安全管理。 （2）明确资产产权分界点。 （3）定期与双电源用户、备用电源自动投入用户等特殊客户签订安全合同	10	（1）供用电合同中有安全协议部分。 （2）电力客户资产代维护管理的代维护协议	（1）供用电合同中未对产权分界点进行确定扣3分。 （2）安全责任不明确扣3分。 （3）未签订代维护协议扣3分。 （4）与双电源等特殊客户未签订安全合同扣3分
	（1）加强配电设备与线路管理。 （2）做到相关名称、编号、相位标志规范、统一。 （3）做到相关配电设备与线路安全警示牌齐全	10	（1）配电设备台账。 （2）辖区内10kV网络结构图。 （3）配电线路名称和杆塔编号。 （4）配电台区名称和编号。 （5）10kV线路相位标志。 （6）线路开关、刀闸调度名称及编号。 （7）变压器、电容器、户外配电箱（柜）以及配电线路、设备经过特殊地段的安全警示牌	（1）无配电设备装置台账扣4分。 （2）配电线路、设备名称、编号、相位标志不规范、不统一扣4分。 （3）编号不齐全扣2分。 （4）安全警示牌未挂，每少一处扣2分

续表

考核内容	考核标准	标准分	检查内容	扣分规定
二、安全生产及设备管理	(1) 供电区域内配电线路、设备管理分工明确、责任到人。 (2) 按有关要求定期开展设备巡视、检查、试验、维护和检修。 (3) 制定缺陷管理制度。 (4) 对设备缺陷及时分类处理	15	(1) 配电线路、设备管理网络责任图。 (2) 配电线路与设备巡视人检查记录。 (3) 配电线路、设备检修记录。 (4) 电力设备缺陷记录	(1) 无管理网络责任图扣3分。 (2) 未定期巡视、检查配电线路、设备扣2分。 (3) 巡视、检查记录不全扣2分。 (4) 无电力设备缺陷管理制度扣2分。 (5) 对配电线路、设备缺陷未及时处理扣2分。 (6) 电力线路、设备消缺记录不全扣1分
	(1) 定期组织季节性安全检查。 (2) 制定和落实防范措施。 (3) 按《用电检查管理办法》规定,定期或不定期对辖内客户安全用电情况进行检查。 (4) 做到安全、可靠、经济供电	15	(1) 安全生产检查记录。 (2) 客户安全用电情况检查记录	(1) 安全检查每少一次扣4分。 (2) 检查无记录扣2分。 (3) 无总结材料扣2分。 (4) 对检查中发现问题未及时处理扣2分
	(1) 农村低压电网实行二级或三级剩余电流动作保护。 (2) 按有关要求定期进行巡视、检查、测试、维护剩余电流动作保护装置。 (3) 保证剩余电流动作保护器安全可靠运行	15	(1) 剩余电流动作保护器安装运行管理办法。 (2) 剩余电流动作保护器运行、测试、试跳记录	(1) 无剩余电流动作保护器安装运行管理办法扣3分。 (2) 未实行二级或三级剩余电流动作保护扣3分。 (3) 未安装总保护或总保护退出运行,每发现一处扣4分。 (4) 无运行、测试、试跳记录扣2分。 (5) 总保护未定期测试扣2分。 (6) 未定期试跳扣2分。 (7) 保护正确动作率每低1%扣1分
	(1) 制定年度安全用电宣传教育计划并认真实施。 (2) 采取多种形式开展安全用电宣传教育。 (3) 做好电力设施保护和安全用电知识的普及工作	15	(1) 年度安全用电宣传教育计划。 (2) 年度安全用电宣传教育计划执行情况	(1) 无年度安全用电宣传教育计划扣3分。 (2) 有年度安全用电宣传教育计划,但未实施扣4分。 (3) 无记录扣4分
	(1) 严格执行供电所高低压"两票"、"三制"。 (2) 记录要齐全、完整。 (3) 两票合格率达100%	15	(1) "两票""三制"管理办法。 (2) 高低压"两票"执行记录。 (3) 两票合格率统计资料	(1) 无"两票"、"三制"管理办法扣3分。 (2) 无"两票"统计记录扣3分。 (3) 每发现一张不合格"两票"扣2分。 (4) "两票"执行不全面扣2分

考核内容	考核标准	标准分	检查内容	扣分规定
二、安全生产及设备管理	妥善做好安全工器具和施工工具的配备、检验、试验、使用和保管	10	（1）安全工器具管理制度。 （2）安全工器具台账。 （3）施工工具台账。 （4）安全工器具、施工工器具定期试验记录	（1）无安全工器具管理制度扣4分。 （2）无安全工器具、施工工器具台账各扣2分。 （3）安全、施工工器具定期试验，每项超周期扣2分。 （4）无试验记录扣2分。 （5）未贴合格证扣2分
	按规定编制年度检修技改计划及"两措"计划，并认真组织实施	10	年度检修、技改计划、"两措"计划及实施情况	（1）无年度检修、技改计划和"两措"计划各扣6分。 （2）计划未按时完成各扣2分。 （3）"两措"完成率每低1%扣1分
	（1）实现无人身（员工重伤和农村人身触电死亡责任）和设备事故。 （2）无轻伤和障碍。 （3）控制未遂和异常。 （4）确保实现安全生产年度目标	10	（1）年度安全目标。 （2）实现安全目标的保证措施。 （3）轻伤和障碍统计表。 （4）未遂和异常统计表	（1）无年度安全目标扣3分。 （2）无实现安全目标的保证措施扣2分。 （3）未落实保证措施扣2分。 （4）每发生一起人身和设备事故扣10分。 （5）每发生一起轻伤或障碍扣3分。 （6）每发生一起未遂或异常扣1分
	（1）按时上报安全生产月报表和农村触电伤亡事故报表。 （2）发生的事故，落实"四不放过"原则	10	（1）触电伤亡分析、统计、上报制度。 （2）安全生产月报表。 （3）农村触电伤亡事故报表。 （4）事故处理分析报告	（1）无触电伤亡事故分析、统计、上报制度扣2分。 （2）发生事故隐瞒不报发现一次扣10分。 （3）发生事故，未落实"四不放过"原则，每次扣3分
	（1）按照安全生产奖罚规定，将安全生产纳入经济责任制考核，与工资奖金挂钩。 （2）制定安全生产考核实施细则	10	（1）安全经济责任制考核办法。 （2）安全考核记录	（1）无安全经济责任制考核办法扣3分。 （2）安全生产未与经济责任制挂钩扣3分。 （3）安全生产考核记录不真实、不全面扣2分
	（1）按规定要求对线路配电装置开展安全性评价及评级工作。 （2）农村10kV线路完好率100%。 （3）低压线路及配电装置完好率达到90%以上，其中一类设备达到80%以上	10	（1）安全性评价相关资料。 （2）设备、线路评级报表。 （3）低压线路、配电装置评价明细表及其完好率统计表	（1）未开展配电线路、设备安全性评价及评级工作扣3分。 （2）安全性评价相关资料不全或不真实扣2分。 （3）10kV线路完好率、低压配电装置完好率低于标准1%扣1分，一类设备低于标准1%扣1分

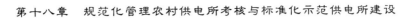

续表

考核内容	考核标准	标准分	检查内容	扣分规定
二、安全生产及设备管理	(1) 制定安全教育培训计划。 (2) 定期对所属人员进行培训并考核。 (3) 努力提高全所员工的安全意识和安全生产管理水平	10	(1) 安全培训计划。 (2) 安全培训记录。 (3) 安规考试记录。 (4) 工作票签发人、工作许可人、工作负责人资格认定	(1) 无安全培训计划扣3分。 (2) 无安全培训考核记录扣3分。 (3) 未进行工作票签发人、工作许可人、工作负责人资格认定扣5分
小计	共15项44条	180	47条	61条
三、营销管理	(1) 业扩报装按流程和制度办理,从申请、勘察、施工到竣工验收、装表接电,做到闭环管理。 (2) 按规定收取相关费用	20	(1) 业扩报装流程和制度,业扩工作传票。 (2) 相关费用的收取。 (3) 供用电合同等业扩资料。 (4) 高低压客户档案	(1) 业扩流程或制度不全扣5分。 (2) 相关费用收取,违规一起扣3分。 (3) 供用电合同等业扩资料未归档扣4分。 (4) 无高低压客户档案各扣3分。 (5) 未实行"一口对外"扣5分
	(1) 执行电能计量管理制度。 (2) 对计量装置实行统一管理。 (3) 严禁安装淘汰或伪劣计量装置。 (4) 合理设置网点。 (5) 电能表按周期校验。 (6) 建立客户电能表台账	20	(1) 电能计量管理制度及执行情况。 (2) 表计更换记录。 (3) 表计定期校验记录。 (4) 封印钳的使用和保管情况。 (5) 客户电能表台账	(1) 无电能计量管理制度扣3分。 (2) 未严格执行电能计量管理制度扣3分。 (3) 表计更换、校验无记录各扣3分。 (4) 表计更换、校验记录不全各扣1.5分。 (5) 安装使用淘汰或伪劣计量装置,每处扣0.5分,最多扣10分。 (6) 电能表超周期未校,每只扣0.3分,最多扣8分
	(1) 建立供电所抄、核、收管理制度和工作流程制度。 (2) 定期抄表、核算、收费,做到不漏抄、不估抄、不错抄。 (3) 确保月抄表符合要求	20	(1) 抄、核、收管理制度和工作流程制度。 (2) 抄表卡及相关电费台账。 (3) 供电所供电量、电费月报表	(1) 无抄、核、收管理制度和工作流程制度各扣5分。 (2) 抄表卡未妥善保管扣3分。 (3) 抄表卡填写不清楚、不完全扣2分。 (4) 电费台账及相关资料不全扣3分。 (5) 月抄表率每降低1%扣2分
	(1) 按时结算和回收电费。 (2) 实行微机统一开票。 (3) 电费差错率控制在0.05%以内	20	(1) 电费差错率统计记录。 (2) 电费回收制度。 (3) 走访客户,查阅用户保存的电费发票。 (4) 用电客户台账	(1) 电费差错率每超0.01%扣2分。 (2) 无用电客户台账扣3分。 (3) 未推行电费坐收等先进收费办法扣3分。 (4) 未实行微机开票扣5分

考核内容	考核标准	标准分	检查内容	扣分规定
	(1) 定期开展用电营业普查。 (2) 规范用电类别，严格执行分类到户电价政策。 (3) 用电检查规范、合法。 (4) 制订反窃电、反违约用电工作计划。 (5) 加大反窃电工作力度	20	(1) 供电所营业普查记录。 (2) 营业普查总结材料。 (3) 分类到户电价清册。 (4) 用电检查情况。 (5) 反窃电、反违约用电工作计划及执行情况。 (6) 对窃电和违约用电的查处记录及追补电量情况	(1) 未定期进行用电营业普查扣4分。 (2) 普查记录不全扣2分。 (3) 发现问题未及时解决扣3分。 (4) 无分类到户电价清册扣2分。 (5) 电价执行不规范，每例扣0.5分。 (6) 用电检查违规一次扣3分。 (7) 无反窃电、反违约用电工作计划扣3分。 (8) 反窃电、反违约用电工作计划执行不力扣2分。 (9) 对窃电和违约用电处理未按程序执行扣5分。 (10) 对窃电和违约用电的查处记录不规范、追补电量不正确扣1分
三、营销管理	(1) 严格执行农村电价政策。 (2) 农村用电实行"四到户"管理。 (3) 加强电价，电费考核，杜绝"三乱"行为和"三电"现象	20	(1) 农村电价政策执行情况。 (2) 电价电费考核办法。 (3) 农村用电"四到户"情况。 (4) 走访客户，随机抽查电价	(1) 未实行"四到户"管理，有一项扣3分。 (2) 无电价电费考核办法扣3分。 (3) 发现"三乱"行为或"三电"现象，每一例扣10分
	(1) 执行农村供用电合同管理制度。 (2) 加强农村供用电合同管理。 (3) 规范农村供用电行为	20	(1) 农村供用电合同管理制度。 (2) 农村供用电合同管理制度执行情况。 (3) 农村供用电合同	(1) 无农村供用电合同管理制度扣3分。 (2) 未签订供用电合同，一例扣1分。 (3) 因合同不规范发生纠纷，造成经济损失的扣5分
	(1) 按县公司制定的供电所财务收支两条线管理办法执行。 (2) 财务管理制度。 (3) 加强电费票据管理。 (4) 统一设置核算账簿、财务报表、电费发票。 (5) 严格领取和使用各种票据	20	(1) 财务收支两条线管理办法。 (2) 财务管理制度。 (3) 财务核算账簿、财务报表。 (4) 电费发票管理办法。 (5) 票据领用记录	(1) 无财务收支两条线管理办法及财务管理制度各扣3分。 (2) 办法、制度执行不严，扣4分。 (3) 财务核算账簿、财务报表不规范各扣3分。 (4) 财务有超支、坐支、作假现象，发现一例扣5分。 (5) 电费发票和相关票据无专人保管扣2分。 (6) 发现外购发票或自制收据扣10分

续表

考核内容	考核标准	标准分	检查内容	扣分规定
三、营销管理	（1）提高经济效益。 （2）按时完成县公司下达的电量、售电均价、电费回收等技术经济指标	20	（1）县公司下达的各项技术经济指标。 （2）完成指标情况。 （3）相关记录（报表）	（1）技术经济指标未分解落实扣3分。 （2）未完成公司下达的技术经济指标每项扣5分。 （3）无完成指标保证措施扣3分。 （4）未落实保证措施扣2分
	（1）开拓农村电力市场。 （2）促进农村电力销售工作。 （3）定期进行营销分析。 （4）及时解决营销中出现的问题	20	（1）开拓农村电力销售市场及实施情况。 （2）电力营销报表。 （3）营销分析记录	（1）未有效地开拓农村电力销售市场扣2分。 （2）未定期填报电力营销分析表扣2分。 （3）无营销分析记录扣5分。 （4）分析结果未落实扣2分
小计	共10项36条	200	40条	51条
四、技术管理	（1）将县公司下达的线损指标，分解到配电台区。 （2）制定线损考核办法。 （3）严格考核和兑现奖惩	20	（1）县公司下达的线损指标。 （2）公解到各配电台区的线损指标。 （3）人员分工情况。 （4）供电所线损考核办法。 （5）线损报表、考核记录。 （6）奖惩情况	（1）县公司下达的线损指标未分解到配电台区考核，扣5分。 （2）未责任到人扣3分。 （3）无线损考核办法扣5分。 （4）未严格考核扣4分。 （5）奖惩未兑现扣4分
	（1）10kV综合线损（含配变损失）≤10％。 （2）低压线损≤12％。 （3）制定降损计划措施。 （4）认真实施降损计划和措施。 （5）做好降损节能工作	20	（1）降损计划。 （2）降损措施。 （3）降损计划和措施落实情况。 （4）线损实际	（1）未制定降损计划、措施各扣5分。 （2）未认真实施降损计划措施各扣5分。 （3）无记录各扣3分。 （4）线损实际每超标准的1％扣3分
	（1）建立线损分析例会制度。 （2）及时发现问题采取对策。 （3）纠正问题、降低线损、提高效益	20	（1）线损分析例会记录。 （2）针对问题而采取的措施。 （3）措施落实情况	（1）无供电所线损分析例会记录扣4分。 （2）记录不全扣2分。 （3）无针对性降低线损措施扣5分。 （4）措施未落实扣5分
	（1）配电台区设置在负荷中心。 （2）坚持做到"小容量、密布点、短半径"原则。 （3）10kV线路供电半径≤15km。 （4）低压线路供电半径≤0.5km。 （5）淘汰高能耗配电变压器	20	（1）随机抽查配变设置情况。 （2）配电装置及线路台账	（1）配变位置严重偏离负荷中心扣5分。 （2）三相负荷严重不平衡扣5分。 （3）无高耗变淘汰计划扣3分。 （4）未实施淘汰计划扣3分。 （5）10kV线路供电半径每超1km，扣1分。 （6）低压线路供电半径每超0.1km扣1分

续表

考核内容	考核标准	标准分	检查内容	扣分规定
四、技术管理	(1) 优化无功补偿。 (2) 采取集中、分散、随机补偿方式。 (3) 制定无功管理计划。 (4) 功率因数指标力争符合要求：农村生活和农业线路 $\cos\varphi \geqslant 0.85$，工业、农副业专用线路 $\cos\varphi \geqslant 0.90$	20	(1) 执行上级有关无功管理文件落实情况。 (2) 无功管理工作计划。 (3) 无功补偿技术措施。 (4) 查看无功补偿设备安装点。 (5) 无功补偿设备定期巡视检查记录	(1) 无上级文件分配的补偿技术指标扣 3 分。 (2) 无无功管理计划扣 3 分。 (3) 未采取措施扣 3 分。 (4) 无补偿设备巡视记录扣 2 分。 (5) 农村生活和农业线路功率因数每降低 0.01% 扣 1 分。 (6) 农副业专用线路功率因数每降 0.01% 扣 1 分
	(1) 电压监测点设置合理。 (2) 对供电区域电网的电压品质和设备情况进行定期监测巡视。 (3) 10kV 电压偏差为额定电压 ±7%。 (4) 380V 电压偏差为额定电压 ±7%。 (5) 220V 电压偏差为额定电压 +7%～-10%。 (6) 努力履行对电压合格率的服务承诺	20	(1) 电压监测装置运行记录。 (2) 电压品质和设备情况检查记录。 (3) 定期分析记录。 (4) 相关报表。 (5) 服务承诺履行情况	(1) 未按规定装设电压监测装置扣 5 分。 (2) 无电压监测装置运行记录扣 4 分。 (3) 无电压品质和设备情况检查记录扣 4 分。 (4) 各电压等级每低于或高于标准的扣 1 分。 (5) 无定期分析记录扣 4 分。 (6) 无电压合格率统计表扣 3 分
	(1) 制定供电可靠性工作计划。 (2) 采取提高供电可靠率的技术措施。 (3) 尽可能地减少停电次数和停电时间	15	(1) 供电可靠性工作计划。 (2) 供电可靠性工作计划执行情况。 (3) 采取的提高供电可靠率的技术措施。 (4) 提高供电可靠率技术措施落实情况	(1) 无可靠性工作计划扣 5 分。 (2) 未按计划执行扣 3 分。 (3) 未尽量采取"零点"工程等提高供电可靠性的措施扣 5 分。 (4) 未落实措施扣 3 分
	(1) 对辖区电网的供电可靠率进行定期分析。 (2) 做好供电可靠率的统计、分析、汇总和上报工作。 (3) 努力履行对供电可靠率的服务承诺	15	(1) 供电可靠率定期分析记录。 (2) 供电所供电可靠率统计表	(1) 无供电可靠性定期分析记录扣 5 分。 (2) 记录不全扣 2 分。 (3) 无供电可靠率统计表扣 3 分
小结	共 8 项 32 条	150	31 条	37 条

续表

考核内容	考核标准	标准分	检查内容	扣分规定
五、优质服务	（1）供电所客户服务部（厅、室）应具备"一口对外"功能。 （2）能提供报装、报修、咨询、投诉、电费和用电业务费的收取等各项服务功能	30	（1）客户服务部（厅、室）的"一口对外"功能。 （2）报装、报修、咨询、投诉、电费和用电业务费收取等各项服务	（1）客户服务部（厅、室）"一口对外"功能不具备扣3分。 （2）报装、报修、咨询、投诉、电费和用电业务费收取等各项服务不规范，每发现一项扣3分
	（1）客户服务部（厅、室）有明显统一的名称标志。 （2）有醒目的营业时间。 （3）有事故报修、投诉、监督电话。 （4）配备客户坐椅、饮用水、文具、老花镜等便民设施	20	（1）客户服务部（厅、室）。 （2）营业时间。 （3）事故报修、投诉、监督电话。 （4）便民设施配备。 （5）环境状况	（1）无客户服务部（厅、室）名称标志扣3分。 （2）标志不统一、不明显各扣1分。 （3）无营业时间、事故报修、投诉、监督电话分别扣2分。 （4）不醒目扣1分。 （5）便民设施每缺一项扣1分
	（1）倡导文明礼貌的服务行为。 （2）客户服务部（厅、室）工作人员业务熟练、着装整洁、接待热情、服务周到、仪容大方、举止文明、行为规范。 （3）营业人员挂牌上岗。 （4）上门服务尊重民风民俗，并出示证件	20	（1）工作人员接待客户、接听电话使用文明用语情况。 （2）营业人员仪容仪表着装情况。 （3）营业人员的业务知识。 （4）营业人员挂牌情况。 （5）工作人员证件（工作证）是否齐全。 （6）上门服务的规定	（1）接待客户或接听电话用语不规范扣2分。 （2）营业人员着装不整洁或仪容不规范扣2分。 （3）现场提问回答错误或不全扣1～3分。 （4）营业人员未挂牌服务扣2分。 （5）工作人员证件不全每人扣1分。 （6）无上门服务规定扣1分
	（1）保持文明整洁的工作环境。 （2）办公设施、工器具摆放整齐。 （3）资料有专柜、存放有序。 （4）值班室、餐厅、厨房、卫生间等整洁卫生	20	（1）办公场所及各种标牌、标示。 （2）整体环境卫生状况。 （3）各类档案资料存放及管理情况。 （4）工器具备品备件存放情况	（1）办公室及楼院每发现一处卫生不合格扣1分。 （2）资料及工器具摆放不符合规定扣3分。 （3）资料及工器具摆放不整齐扣2分
	（1）开展便民服务活动。 （2）制定便民服务制度计划。 （3）建立特殊客户服务档案。 （4）定期开展便民服务并有记录。 （5）客户服务部（厅、室）设立咨询台，有专（兼）职人员负责咨询接待工作	20	（1）便民服务规定、计划。 （2）便民服务工作开展情况。 （3）为特殊客户提供上门服务。 （4）咨询接待及用电宣传开展情况	（1）无便民服务计划扣2分。 （2）未按制度及计划执行扣1分。 （3）无特殊客户服务档案，扣2分。 （4）未开展为特殊客户上门服务扣2分。 （5）营业场所无专（兼）职人员负责咨询接待工作扣2分。 （6）无用电宣传标语、广告扣2分

续表

考核内容	考核标准	标准分	检查内容	扣分规定
五、优质服务	（1）建立故障报修制度。 （2）设立报修值班室。 （3）实行24小时报修值班制度。 （4）有值班记录及故障报修工作传票。 （5）抢修时限符合要求。 （6）故障报修实行闭环管理。 （7）计划检修停电应提前7天公告	30	（1）报修值班室。 （2）报修值班制度及值班情况。 （3）值班记录。 （4）故障报修工作传票及相关记录。 （5）计划检修停电公告。 （6）抢修工作时限及闭环管理情况	（1）未建立报修值班室扣5分。 （2）无报修电话扣2分。 （3）未实行24小时值班制度扣3分。 （4）报修值班制度不健全扣1分。 （5）报修值班无记录扣2分。 （6）故障报修无工作传票扣2分。 （7）工作传票内容不全或填写不规范扣1分。 （8）抢修工作时限超过规定扣2分。 （9）抢修不闭环扣1分。 （10）计划检修未按规定公告扣3分
	（1）供电所推行社会服务承诺。 （2）承诺内容要全面充实。 （3）有切实的承诺保证措施，确保有诺必践	30	（1）社会服务承诺。 （2）承诺保证措施。 （3）承诺兑现情况	（1）无承诺扣5分。 （2）承诺内容不全或低于承诺标准扣3分。 （3）无相应的保证措施扣2分。 （4）承诺内容有一项未兑现扣3分
小计	共7项29条	170	30条	36条
六、基础资料管理	备有《农村供电所规范化管理标准（试行）》国家电力公司农发〔2002〕20号文中规定的有关制度	20	资料室中备有供电所的所有制度	（1）制度每缺一种扣2分。 （2）制度内容不符合规定，每种扣1分
	备有《农村供电所规范化管理标准（试行）》中规定的记录、台账、资料、图表	25	（1）客户服务部（厅、室）。 （2）办公室。 （3）资料室（柜）。 （4）安全工器具室（柜）。 （5）个人工具柜。 （6）悬挂图表记录、台账、资料	每缺一项扣2分
	上级文件和各种制度、办法、标准要分类归档	15	资料室（柜）相关资料	未分类归档的每种扣3分
	客户服务部（厅、室）必须备有电力法规、客户用电须知、供电业务指南、收费标准、承诺内容、安全用电知识等方面宣传资料	15	客户服务部（厅、室）宣传材料常备情况	每缺一项扣4分
	客户服务部（厅、室）应明示以下项目： （1）农村现行电价价目表及用电收费标准。 （2）用电业扩报装流程图。 （3）服务人员监督台。 （4）社会服务承诺	15	客户服务部（厅、室）明示图表常备情况	（1）每缺一种图表扣5分。 （2）每种图表内容不完善扣2分。 （3）每发现一处错误扣1分

续表

考核内容	考核标准	标准分	检查内容	扣分规定
六、基础资料管理	办公室应方便查阅到以下图表： （1）供电所 10kV 电网地理接线图。 （2）供电所设备情况一览表。 （3）供电所生产经营情况一览表	15	办公室查阅图表	（1）办公室每缺一种图表扣4分。 （2）每种图表内容不完善扣2分。 （3）每发现一处错误扣1分
	应备有下列常用的国家级法规： （1）电力法。 （2）电力供应与使用条例。 （3）电力设施保护条例及实施细则。 （4）供电营业规则。 （5）用电检查管理办法。 （6）居民用户家用电器损坏管理办法。 （7）供用电监督管理办法。 （8）进网电工培训管理办法及考核大纲。 （9）关于审理触电人身损害赔偿条件若干问题的解释。 （10）与电力法相关的其他法律条文	20	法律、法规文本	（1）每缺一项法律、法规扣4分。 （2）存放不便查阅扣4分。 （3）没有专人管理扣3分。 （4）没有借阅记录扣2分
	应备有下列国家级常用的技术规程： （1）电业安全工作规程。 （2）低压配电设计规程。 （3）架空配电线路设计技术规程。 （4）农电事故调查统计规程。 （5）架空配电线路及设备运行规程。 （6）电力线路防护规程。 （7）农村低压电力技术规程。 （8）农村低压电气安全工作规程。 （9）农村安全用电规程。 （10）剩余电流动作保护器农村安装运行规程。 （11）与农村供电所技术业务相关的规程	20	技术规程文本	（1）每缺一项规程扣4分。 （2）存放不便于查阅扣4分
小计	共8项32条	150	13 条	17 条
总计	共六大项55项192条	1000	178 条	229 条

供电所所长签字：
　　　　　年　月　日

县公司考核组组长签字：
　　　　　年　月　日

注　当供电所所有必备条件都通过考核后，就具备申报规范化管理供电所的资格。当各项考核内容的自查得分率≥80％时，可认为合格。这时，可以请县供电企业下来进行考核。

表 18 - 2 **规范化管理农村供电所申报表格式**

封面：

<table>
<tr><td colspan="2" style="height:220px; text-align:center; vertical-align:top;">

规范化管理农村供电所申报表

</td></tr>
<tr><td>县供电企业名称：（公章）</td><td>填报日期： 年 月 日</td></tr>
</table>

考 核 汇 总 表

序号	供电所名称	县供电企业考核结果							考核是否合格
		总评分	其中：单项得分						
			机构和人员管理	安全生产及设备管理	营销管理	技术管理	优质服务	基础资料管理	
1									
2									
3									
⋮									
⋮									
⋮									
县供电企业自查情况								（公章） 年 月 日	
省电力公司审查意见								（公章） 年 月 日	

供电所考核情况表

供电所名称：＿＿＿＿＿＿＿＿＿＿＿

（一）供电所基本情况

年售电量 （万 kW·h）		供电所人数	管理人员	
			专职电工	
用电户数（万户）		配电变压器台数		

（二）主要指标完成情况

序号	指标名称	单位	考核年实际完成情况	上年完成情况	备注
1	供电所人员死亡事故	人/次			
2	农村人身触电重大事故	人/次			
3	农村人身触电伤亡事故	人/次			
4	重大责任设备事故	次			
5	农村营销"四到户"率	％			
6	高压综合线损率	％			
7	低压线损率	％			
8	年电费回收率	％			
9	剩余电流动作保护器安装率	％			
10	农村供电可靠率	％			

（三）考核得分

	总分	单 项 分					
		机构和人员管理	安全生产及设备管理	营销管理	技术管理	优质服务	基础资料管理
供电所 自查得分							
县供电 企业考核 得分及意见							

供电所自查时间：　　年　月　日　　县供电企业考核时间：　　年　月　日

第二节　标准化示范供电所建设

标准化示范供电所考核标准见表18-3。

表18-3　　　　　　　　　　　　标准化示范供电所考核标准

考核项目	标准要求	重点检查内容及检查方法	标准分	扣分规定
1. 组织机构			100	
1.1　供电所的定位和设置	(1) 供电所是县供电企业的派出机构, 人、财、物已纳入县供电企业统一管理。 (2) 按照便于管理、方便客户、经济合理的原则设置供电所	(1) 供电所组织机构图。 (2) 县供电企业机构设置相关文件、供电所供电区域的地理接线图	20	未纳入统一管理扣10分; 供电所 (含营业网点) 设置不科学合理扣10分
1.2　供电所的机构设置	按照国家电网公司有关要求, 设置专业班组和岗位, 实行专业化分工, 实现营配分开、抄收分离	(1) 县供电企业作业组织专业化相关文件。 (2) 现场抽查工作实施情况	20	有一项不符合要求扣3分; 缺少一项扣5分
1.3　供电所的岗设置	岗位职责明确、工作标准清晰, 并有县供电企业对供电所、供电所对班组和工作岗位的考核办法	(1) 供电所人员岗位工作标准。 (2) 考核记录	30	有一项不符合要求扣3分; 未实施考核发现一处扣2分
1.4　供电所的定编定员	严格按照国家电网公司《乡镇及农村配电与营业业务定员标准》, 认真开展"定编定岗定员"工作。供电所组织结构优化, 人员配置符合要求	(1) 经上级主管部门批复的定编定员实施方案。 (2) 供电所人员花名册	30	无批复文件扣5分, 有一项未按要求落实扣2分
2. 基础管理			120	
2.1　标准体系	(1) 根据国家电网公司农电标准体系建设中的供电所管理基础标准目录, 县供电企业结合本地实际, 整合有关内容, 更新、补充完善供电所规章制度。 (2) 供电所依据规章制度开展各项工作。 (3) 供电所通过计算机实现规章制度和基础资料信息化管理, 及时更新、上传	(1) 供电所管理基础标准及目录表。 (2) 现场抽查制度的落实情况。 (3) 资料信息化管理情况	40	工作标准更新、补充完善不及时扣10分, 标准内容不实扣3分; 有一项标准未落实扣5分, 实效性不强扣2分; 资料未实现信息化管理扣10分, 有一项不符合要求扣5分

考核项目	标准要求	重点检查内容及检查方法	标准分	扣分规定
2.2　基础资料	（1）县供电企业根据网省公司的要求，对供电所的管理制度、记录、台账和生产管理过程中生成的数据等基础资料，按照简洁、实用、闭环的原则，统一规范，明确内容、格式和填写要求 （2）供电所根据工作实际，据实填写各项记录、台账，健全基础资料，分专业班组存放，资料目录清晰并管理规范；各种规程、规章制度、各类技术标准健全，保存完善	（1）供电所资料目录索引。 （2）供电所资料格式。 （3）供电所各类资料填写要求。 （4）有关规程目录和分布统计表。 （5）现场抽查各项记录、台账	50	缺一项扣5分，有一项内容不实用扣2分 缺一项扣5分，一项内容不规范扣2分，未反映出工作过程；管理的每一项扣3分
2.3　例行工作	按规定做好各种工作计划，召开规定的会议，组织开展计划内的学习活动，并取得实效。	（1）例会制度及会议记录。 （2）年、月度工作计划	30	缺一项扣5分，有一项不符合要求扣2分
3.基础设施			100	
3.1　硬件建设	（1）供电所严格按照网省公司统一的供电所基础设施建设标准建设，并经上级主管部门审批后实施，应具备营业厅、办公室、值班（抢修）室、工器具室、备品备件室、资料档案室等功能区域。 （2）供电所各功能区实现定置管理，简洁规范，办公环境整洁、有序，有科学合理的功能划分，环境卫生始终保持良好，体现标准化企业的良好形象	（1）供电所基础设施建设标准。 （2）现场检查各功能区。 （3）定置图及管理情况	40	有一项未按要求设置扣5分，有一项不符合要求扣5分
3.2　视觉识别系统应用	（1）供电所已应用国家电网公司统一制定的VI视觉识别系统内容，必须具备门楣、背景板、标牌、营业时间、灯箱、防撞条等必选件。 （2）按照网省公司统一的上墙公示内容和样式，在显著位置公布服务监督栏、"三个十条"、电价标准及业扩报装流程等内容，做到各类标志清晰醒目	（1）公司VI视觉识别系统。 （2）公司营业窗口统一上墙公示内容	40	必选件应用或上墙公示内容缺一项扣5分，有一项内容不符合要求扣3分
3.3　抢修交通工具	供电所配备有抢修车辆，统一使用国家电网公司标识系统，定期进行保养和维修。根据实际情况，配备应急供电设备	（1）查看抢修车辆及其技术状况。 （2）应急供电设备配备情况	20	无抢修车不得分，未应用公司标识系统扣10分，技术状况差扣5分。必要时未配备应急设备的，扣5分

考核项目	标准要求	重点检查内容及检查方法	标准分	扣分规定
4. 流程管理			150	
4.1 流程标准	按照国家电网公司标准化管理流程的要求，制定适合本企业工作实际的标准化管理流程	管理流程标准	40	无流程标准不得分，实效性不强扣 5 分，有一项不符合要求扣 5 分
4.2 流程执行	供电所按照标准化管理流程开展工作，相关责任部门对其工作流程的开展情况进行监督检查，并以考核的形式进行落实。相关人员熟练掌握业务流程，严格按照流程标准要求及时、高效做好本岗工作	(1) 工作流程执行情况 (2) 考核记录，现场抽查情况	60	有一项未按要求实施扣 15 分，一人不熟悉流程扣 10 分
4.3 流程管理	业扩报装、计量管理、抢修管理、缺陷处理、设备管理等流程实现信息化闭环管理	工作流程的信息化闭环管理情况	50	有一项未按要求实现扣 10 分
5. 现场作业			140	
5.1 配电设施管理	(1) 按要求建设配电台区和线路，配电设置及生产设备管理规范，资产清晰，设备档案资料齐全，运行维护到位。认真开展配电设施"两清理"工作，配电线路标识、编号等规范。 (2) 安全工器具及时试验，保管规范，出入库记录清晰。 (3) 备品备件配置符合要求，管理规范，定置摆放，账、卡、物相符	(1) 供电设备台账。 (2) 配电线路、台区。 (3) 安全工器具室及备品备件库等	40	发现配电设施建设、管理，安全工器具校验、出入库记录，备品备件账、卡、物一致性、摆放等一处不符合要求扣 5 分
5.2 安全生产管理	(1) 安全生产三大体系（管理、监督、保证）健全，责任落实到位。 (2) 安全管理体系健全，及时开展安全培训教育、安全检查及评价工作，并圆满完成安全生产实绩指标。 (3) 安全生产责任到人，并与薪酬挂钩。 (4) 台区剩余电流动作保护装置管理规范，及时督促客户安装末级剩余电流动作保护器。 (5) 积极开展创建无违章供电所和争做无违章先进个人活动，效果明显	(1) 安全组织机构及各类规章制度。 (2) 安全体系图，安全生产责任状。 (3) 安全分析、周安全活动和安全培训记录；安全检查记录及考核情况；安全目标完成情况。 (4) 剩余电流动作保护装置（器）管理情况。 (5) "无违章争创活动"情况	50	(1) 组织机构不健全、安全生产任务未完成不得分。 (2) 安全检查及评价工作中一处不符合要求扣 2 分。 (3) 安全考核不到位扣 10 分。 (4) 发现一处剩余电流动作保护装置（器）管理不规范扣 2 分。 (5) "无违章争创活动"开展不扎实，效果不明显扣 10 分

续表

考核项目	标准要求	重点检查内容及检查方法	标准分	扣分规定
5.3　现场作业实施	（1）认真执行"两票、三制"，工作票、操作票合格率100%；两措计划完成率达100%。 （2）现场作业严格按照标准化作业指导书（卡）执行。 （3）充分利用标准化作业辅助系统编制现场标准化作业指导书（卡），简洁规范。 （4）现场施工达到标准化作业标准	（1）两票、施工安全措施，两措计划完成情况 （2）现场工作记录、班前班后会记录 （3）标准化作业指导书、标准化作业辅助系统	50	（1）现场记录、两票填写等发现一处不符合要求扣5分，两措计划未完成每项扣5分。 （2）未编制使用标准化作业指导书扣10分，编制内容不符合要求扣2分。 （3）未按规定进行现场勘察每次扣2分；每项工程开工前必须具备安全措施审批手续或工作票，发现一次不具备扣5分；开工前召开班前会，开工前不召开班前会扣2分；经现场考问工作人员回答不清楚工作内容每人次扣2分；工作现场不按规定着装每人次扣2分
6. 专业管理			120	
6.1　业扩报装	（1）业扩报装（高、低压分开）、变更用电严格按照工作流程进行，实行"一口对外"，工作时限符合规定，各种资料完备、翔实。 （2）业扩报装（高、低压分开）等流程实现信息化闭环管理。做到现场实际、客户档案和营销系统相符。 （3）规范客户工程服务，在设计、施工、材料供应方面严格遵循"三不指定"要求	（1）用电申请和供电方案、设计预算、工作票、装表单及验收纪要（单）、客户意见表 （2）客户抄表账卡、档案 （3）客户供用电合同	20	未严格按照工作流程和时限开展工作扣3分，缺一项扣2分；未严格执行报装流程每环节2分，发现线路有私增容现象，扣5分；新增客户未经验收私自上卡，每户扣3分；有一户微机档案不齐全扣1分，供用电合同主体不合法扣5分、填写不规范1处扣2分
6.2　计量管理	（1）落实电能计量装置管理的各项标准和制度，严格执行计量装置检验和轮换工作流程，建立健全计量台账，计量装置配置、安装符合规范，异常处理程序规范。周期校验率、计量装置轮换率均达到100%，计量故障差错率不大于1%。 （2）计量装置完好率达到100%。按规定领用合格的装表接电新表计。 （3）封印应专人管理；领用封印有备案手续，并不得转借、丢失	（1）轮换企业资产表计计划及轮校客户表计情况。 （2）轮换工作单。 （3）电能表档案	20	未按时轮换（轮校）每户扣1分；轮换的工作单填写不规范每户扣1分；出现账、卡、物不相符情况每户扣1分；计量装置有一处不符合要求扣2分；发现转借、外借封印每次扣5分；不履行备案手续扣1分

考核项目	标准要求	重点检查内容及检查方法	标准分	扣分规定
6.3 抄核收管理	(1) 认真执行抄、核、收分离制度，落实工作流程管理，按时足额回收电费，月结月清，电能表实抄率达到100%，电费差错率为0。抄核收和欠费催收均依法按照流程执行。 (2) 实行微机开票，采用座收、银行代收、邮政储蓄、自助缴费等多种收费方法，方便客户缴费。 (3) 严格执行国家电价政策，杜绝搭车收费，电价执行正确率100%；完成公司下达的年度经营指标	(1) 实抄率记录。 (2) 电费发票	20	抄表率达到要求(居民≥98%、其他100%)、电费差错率为0，一项未达到扣2分；电价执行不正确发现一处扣2分；未实行微机实时开票扣5分，发现无票收费每户扣2分；电费交销手续不健全或不及时扣2分
6.4 营业普查和用电检查	(1) 定期开展营业普查、随机开展用电检查。营业普查计划、检查记录规范，按阶段开展工作，及时小结和总结，用电检查按计划完成率100%，问题查处率100%。 (2) 有针对性地开展反窃电和反违章用电工作，做到依法查处	(1) 用电营业普查、检查计划。 (2) 营业普查记录。 (3) 反窃电和反违章用电查处记录	20	有记录不全、资料不实、报表不相符等现象一处扣3分
6.5 节能降损管理	(1) 按照县供电企业线损规范化管理标准开展线损管理工作。线损指标管理科学，实行分线、分压、分台区和分责任人管理，完成县供电企业下达的考核指标。 (2) 完善线损考核办法，设立线损考核指标和激励指标，严格考核和兑现奖惩，严禁所有考核指标相同，严禁以包代管、严禁全奖全罚，实行按月统计、按月考核、按规定兑现奖惩。 (3) 定期召开经营分析会，分析线损变化原因，制定整改措施并监督落实和反馈。 (4) 认真开展线损理论计算与统计分析，线损指标控制在规定范围，降损效果明显	(1) 线损管理体系。 (2) 线损指标计划、分析、总结。 (3) 线损理论计算资料。 (4) 经济活动分析。 (5) 高、低压线损率统计台账。 (6) 线损考核记录	20	线损管理组织不健全扣2分；线损指标计划、总结、分析每缺少1项扣2分；由于本所原因造成年度技措未按时完成扣2分；资料不符合要求每项扣1分；未与经济责任制挂钩扣1分；降损措施无针对性、实效不明显扣2分；措施未落实扣2分；未每年进行一次低压线损理论计算扣2分；线损理论计算报告不完整，指导性不强，不符合实际情况扣1分；实际降损效果测算及经营分析报告不符合要求扣1分；高、低压线损率统计台账和月线损统计分析资料未按月完成扣1分，未按时上报扣1分，与实际不相符扣1分

考核项目	标准要求	重点检查内容及检查方法	标准分	扣分规定
6.6 电压无功管理	(1) 严格执行落实县供电企业电压无功管理工作规定，积极开展无功优化管理，改进电压质量，提高无功补偿能效，完成县供电企业下达的电压合格率、功率因数等指标。 (2) 加强对配变及线路无功补偿装置的巡视、维护，确保电容器可用率达97%，每月上报可用率报表；要督促客户按规定配置无功补偿装置，实现无功功率就地平衡，提高功率因数，10kV单条线路的功率因数达到0.9及以上。 (3) 按照网省公司要求合理设置电压监测点，定期对电压监测装置进行巡视检查，作好基础数据的统计、分析和上报	(1) 电压无功管理指标落实情况。 (2) 统计报表、台账、分析、总结。 (3) 电压监测点分布图、现场检查	10	缺一项扣2分，有一项内容不符合要求扣1分，未完成指标扣2分
6.7 供电可靠性管理	(1) 严格落实供电可靠性工作计划，采取提高供电可靠率的技术措施，尽可能地减少停电次数和停电时间，完成县供电企业下达的指标。 (2) 对辖区内配网的供电可靠率进行定期分析，做好统计、汇总和上报工作。 (3) 计划检修，按规定提前做好停电公告工作	(1) 可靠性工作计划、保电技术措施。 (2) 供电可靠率指标落实、考核情况。 (3) 统计报表、分析、总结。 (4) 综合计划检修落实情况，检查工作票、操作票、停送电记录、事故抢修记录、停电检修计划等基础资料	10	缺一项扣2分，有一项内容不符合要求扣1分，未完成指标扣2分
7. 客户服务			100	
7.1 服务质量管理	优质服务职责分工明确，建立应急预案和事故防控预案，全面落实县供电企业优质服务突发事件和供电服务质量事故处理的有关规定	应急预案和事故防控预案	10	缺一项扣2分，有一项不符合要求扣1分，开展不力有一项扣1分
7.2 95598客户服务系统	落实95598服务闭环管理流程，报修工作系统实现闭环管理，及时受理、处理、回复95598传递的业务咨询、故障报修、投诉举报等电子工单	(1) 95598客户服务系统。 (2) 闭环管理记录	15	工作过程中未及时回复扣2分，有一项未按要求完成扣5分
7.3 员工服务行为规范	(1) 严格遵守国家电网公司员工服务"十个不准"，窗口和现场服务员工服务行为规范，办理客户业务时限符合国网公司要求等。 (2) 上门服务人员遵循当地风俗习惯，行为文明规范，工作结束后并征求客户意见和建议	现场抽查	10	有一项不符合要求扣2分

考核项目	标准要求	重点检查内容及检查方法	标准分	扣分规定
7.4　业务回访	建立健全业扩、报修等客户业务回访制度，定期对客户进行回访，来信、来访、咨询、投诉处理率100%	(1) 工作满意调查等信息反馈情况。 (2) 来信、来访、咨询、投诉记录	15	缺一项扣5分，有一项不符合要求扣2分，开展不力一项扣2分
7.5　行风监督及信息反馈	落实行风监督及信息反馈机制制度，扎实开展工作；定期召开监督员座谈会(供电所每年至少一次)或走访客户，为客户提供多种信息反馈渠道	(1) 行风工作计划及总结。 (2) 座谈会或和走访客户记录	10	缺一项扣5分，有一项不符合要求扣3分，开展不力一项扣2分
7.6　便民服务活动和农电特色服务	(1) 根据上级要求，结合当地特色，有针对性地开展便民服务活动和农电特色服务，效果明显。 (2) 制定便民服务计划，建立特殊客户档案，定期开展便民服务	(1) 便民服务计划、特色服务实施情况。 (2) 特殊客户档案	15	有一项不符合要求扣3分，效果不明显扣2分
7.7　首问负责制	实行"首问负责制"，提高办事效率，为客户提供优质、方便、快捷的服务	工作实绩	10	有一项不符合要求扣2分
7.8　优质服务常态机制	落实营业窗口的优质服务常态机制，客户评价满意率≥98%；十项服务承诺兑现率100%	(1) 满意率调查统计表。 (2) 承诺兑现情况	15	有一项不符合要求扣2分
8.队伍建设			90	
8.1　用工管理	落实用工管理制度，依法用工，全员实行合同管理。劳动合同管理规范，及时签订、变更劳动合同	劳动合同书	10	有一项不符合要求扣5分
8.2　农电工管理	根据国家电网公司有关要求，认真落实省公司或县供电企业制定的农电工管理办法	(1) 管理办法或制度。 (2) 考核奖惩记录	10	有一项不符合要求扣5分
8.3　薪酬管理	(1) 落实县供电企业薪酬管理办法，实现同岗同薪。 (2) 实行全员绩效考核，按时发放工资，定期考核，兑现绩效工资	(1) 考核记录。 (2) 绩效工资兑现表及绩效考核办法	20	有一项不符合要求扣2分
8.4　持证上岗	积极落实农电员工岗位轮训常态机制，加强技能培训。供电所全面实现人员持证上岗(通过培训考试合格，每人具备国家电网公司供电所人员上岗证)，持证率达100%	(1) 员工持证情况。 (2) 基本技能掌握情况	20	有一人无上岗证扣2分。抽查有一人技能不符合要求扣2分
8.5　人员学习培训	年度培训计划具体明确、落实到人，并做好相关记录	(1) 职工培训计划。 (2) 职工培训的档案和试卷。	20	培训资料不齐全有一项扣3分，一项不符合要求扣2分
8.6　团队文化	积极培育团队文化的氛围，倡导团结向上的氛围，增强凝聚力，有自己的团队文化	工作实绩	10	效果不明显扣3分；一项不符合要求扣2分

考核项目	标准要求	重点检查内容及检查方法	标准分	扣分规定
9. 信息系统应用			80	
9.1 网络建设	（1）建有一体化的信息网络，网络运行正常可靠，实现与县供电企业数据实时传输 （2）计算机配置及数量满足办公和业务流转的需要，其中管理人员、营业窗口每人一台	（1）网络运行情况。 （2）计算机台账	15	网络运行不稳定扣 5 分，未实现数据实时传输扣 5 分，计算机配置不能满足工作需要有一人扣 2 分
9.2 系统建设	供电所信息管理系统应用高效、通畅，具备设备信息、营销数据、流程控制、指标分析、业绩考核等实时管理功能，操作票、工作票、业扩流程等安全生产、营销管理工作流程实现网络流转。信息化管理系统有网络防病毒措施，系统数据定期进行异地备份。建立固定的数据库操作权限控制机制、系统权限授予制度和密码管理办法	查看信息管理系统功能及运行情况	30	功能有一项不全扣 10 分，有一个流程未实现扣 5 分。信息系统安全措施不到位，扣 5 分
9.3 工作人员应用情况	相关工作人员熟练使用信息管理系统，能按规定时限完成相关工作任务，根据实际情况及时更新数据信息	实地抽查工作人员，查看系统数据更新情况	20	人员不能熟悉使用本岗位的功能模块发现一人扣 10 分，数据更新不及时发现一处扣 5 分
9.4 科技信息技术应用	应用集中抄表等改进营销服务手段，部分台区采用新技术、新设备方便客户用电	工作实绩	15	未采用集抄扣 5 分；应用新技术、新设备效果不明显扣 3 分
合计			1000 分	

注 1. 标准化示范供电所从已通过验收的标准化供电所中选拔优秀者由县供电企业自愿申报。

2. 已具备典型示范的标准化供电所，由网省公司直接推荐上报国家电网公司。

3. 考评总分要达到 900 分，且九大项各项考得分率均在 90％以上。

4. 标准化示范供电所不仅考评总分达标，而且必须具备"必备条件"：

（1）达到网省公司标准化供电所的评价标准且具有典型示范效应。

（2）积极开展农电标准化建设工作，完成供电所标准体系建设任务。

（3）申报年度和考核年度内，无人身伤亡事故，无设备事故，无责任性农村人身触电死亡事故，无负主要责任的交通事故，无火灾事故。

（4）供电所的优质服务工作达到国家电网公司《农村供电营业规范化服务示范窗口标准》要求，申报年度和考核年度内未发生责任投诉以及越级上访、集体上访事件，无行风突发事件，无因供电所人员服务不到位引起的新闻媒体曝光及造成重大社会负面影响的事件。

（5）根据《中华人民共和国劳动法》和《中华人民共和国劳动合同法》等国家法律法规有关要求，依法用工，履行合法用工手续，并按照属地原则缴纳基本社会保险。农电队伍和谐稳定，无工作人员违法违纪事件。

（6）主要经济技术指标：

1）考核期前三年电费结零，当年电费回收率 100％。

2）高压线损率≤4.5％，低压线损率≤7.5％。

3）居民客户端电压合格率≥98％。

（7）贯彻落实供电所作业组织专业化工作要求，按专业分工进行机构设置，实现营配分开、抄核收分离。

（8）全面开展现场标准化作业，作业指导书（卡）规范，现场作业人员熟练掌握作业流程、作业标准、危险点的辨识与控制及工艺质量的内容。

（9）按国家电网公司或网省公司制定的规范化管理流程开展业务工作，实现信息化闭环管理；实现与县供电企业实时数据传输，供电所综合管理信息系统通过地市或网省公司实用化验收。

5. 国家电网公司下文命名并授牌的标准化示范供电所有效期为两年，到期后命名自动失效。

参 考 文 献

[1] 本书编写组. 乡镇供电营业所电工考核培训教材（2003 年版）[M]. 北京：中国电力出版社，2003.

[2] 王晋生，郑春华. 乡镇供电营业所电工手册 [M]. 北京：中国电力出版社，1999.

[3] 金德生，蔡小平. 供用电实用手册 [M]. 北京：中国电力出版社，2003.

[4] 王抒祥. 供电所管理 [M]. 北京：中国电力出版社，2000.

[5] 周希章. 常用电工计算 [M]. 北京：中国电力出版社，2002.

[6] 牛新国. 电工技术常用公式与数据手册 [M]. 北京：金盾出版社，2001.

[7] 张盖楚，陈振明. 电工基本操作技能 [M]. 北京：金盾出版社，2001.

[8] 王谷承. 电力设施保护工作必读 [M]. 北京：中国电力出版社，2002.

[9] 郑尧，李兆华，谭金超，等. 电能计量技术手册 [M]. 北京：中国电力出版社，2002.

[10] 田雨平，任端良，周凤鸣. 习惯性违章及其纠正与预防 [M]. 北京：中国电力出版社，2002.

[11] 国家电力公司农电工作部. 农电文件规定汇编（2001 年度、2002 年度）[M]. 北京：中国电力出版社，2002、2003.

[12] 国家电力公司农电工作部. 农村供电所管理规定汇编（2002 年版）[M]. 北京：中国电力出版社，2002.

[13] 国家电力公司农电工作部. 农村供电所标准规定汇编（2002 年版）[M]. 北京：中国电力出版社，2002.

[14] 王清葵. 送电线路运行和检修 [M]. 北京：中国电力出版社，2003.

[15] 吕光大. 建筑电气安装工程施工图集 [M]. 北京：中国电力出版社，2000.

[16] 工厂常用电气设备手册编写组. 工厂常用电气设备手册（补充本）[M]. 北京：中国电力出版社，2003.

[17] 工亚星. 怎样读新标准实用电气线路图 [M]. 北京：中国水利水电出版社，2002.

[18] 王政，严培奇，郑春华. 工业与民用配电安装手册 [M]. 北京：中国电力出版社，2003.

[19] 王子午，陈昌. 10kV 及以下供配电设计与安装图集 [M]. 北京：煤炭工业出版社，2002.

[20] 李慎安. 法定计量单位实用手册 [M]. 北京：机械工业出版社，1988.

[21] 山西省电力公司. 供电企业安全生产技术问答 [M]. 北京：中国电力出版社，2001.

[22] 王家兴. 农村供电所规范服务指南 [M]. 北京：中国电力出版社，2002.

[23] 阎士琦. 阎石. 10kV 及以下电力电缆线路施工图集 [M]. 北京：中国电力出版社，2003.

[24] 唐海，唐定曾，崔顺芝. 现代建筑电气安装 [M]. 北京：中国电力出版社，2001.

[25] 张隆兴，周裕厚. 10kV 及以下电力电缆实用技术 [M]. 北京：中国物资出版社，1998.

[26] 乔新园，余建华. 动力与照明实用技术 [M]. 北京：中国水利水电出版社，1998.

[27] 上海市电力公司，上海超高压输变电公司. 变电运行操作技能必读 [M]. 北京：中国电力出版社，2001.

[28] 王京伟. 供电所电工图表手册 [M]. 北京：中国水利水电出版社，2005.

[29] 《农村供电所农电工岗位轮训教材》编写组. 农村供电所农电工岗位轮训教材 [M]. 北京：中国

水利水电出版社，2007.

[30] 《农网配电营业工岗位及职业技能鉴定培训教材》编写组. 农网配电营业工岗位及职业技能鉴定培训教材 ［M］. 北京：中国水利水电出版社，2006.

[31] 《农村供电所人员岗位培训必备法规和规程》编写组. 农村供电所人员岗位培训必备法规和规程 ［M］. 北京：中国水利水电出版社，2007.

[32] 罗毅，张艳华. 抄表核算收费员（知识技能题库）［M］. 北京：中国水利水电出版社，2010.